U0228351

Photopolymerization technology and application

光固化技术与应用

聂　俊　朱晓群　等编著

化学工业出版社

·北京·

内 容 简 介

《光固化技术与应用》组织众多国内从事光固化技术的各领域教授、专家,对光固化技术与应用进行了较全面的介绍,尤其是光固化的新技术、新应用。本书首先介绍了光引发剂、光固化涂料、水性光固化涂料、光固化油墨等产品的生产与应用,并重点介绍了光固化技术在印制线路板、3D打印技术、光固化喷墨、光学膜、防伪、汽车配件及涂装、生物材料、光刻胶、复合材料制备中的应用;最后,对红外诱导光聚合技术、阳离子光固化技术、电子束固化技术进行了介绍。

本书内容全面,阐述深入,适合从事光固化产品研发的工程技术人员,大专院校、研究机构从事相关研究的科研人员学习参考。

图书在版编目(CIP)数据

光固化技术与应用/聂俊等编著. —北京:化学工业出版社,2020.11(2023.1重印)
ISBN 978-7-122-37678-7

Ⅰ.①光… Ⅱ.①聂… Ⅲ.①光固化涂料-研究
Ⅳ.①TQ637.83

中国版本图书馆 CIP 数据核字(2020)第 167671 号

责任编辑:丁尚林 　　　　　　　　文字编辑:林　丹　毕梅芳
责任校对:宋　夏 　　　　　　　　装帧设计:刘丽华

出版发行:化学工业出版社(北京市东城区青年湖南街 13 号　邮政编码 100011)
印　　装:北京盛通数码印刷有限公司
710mm×1000mm　1/16　印张 31¼　字数 634 千字　2023 年 1 月北京第 1 版第 3 次印刷

购书咨询:010-64518888 　　　　　　售后服务:010-64518899
网　　址:http://www.cip.com.cn

凡购买本书,如有缺损质量问题,本社销售中心负责调换。

定　价:180.00 元

前

言

　　光聚合技术，也称为光固化技术，作为一种绿色环保技术，经过短短 50 余年的发展，已经用于诸多领域，如涂料、油墨、胶黏剂等。一些新的应用也不断被开发出来，例如 3D 打印、生物材料、电子材料、复合材料等。我国的光聚合技术起步相对较晚，第一个商业化的光固化产品——PCB 油墨出现在 20 世纪 80 年代末，比国外整整晚了 20 多年。但随着我国改革开放的不断发展，光固化在我国的应用逐渐展开，近年呈现快速增长的势头，尤其是受环保政策的影响，光固化技术的应用得到了空前的重视。在过去的一段时间内，我国出版了多部光固化的书籍，推动了光固化技术的发展。近年来，光固化技术的应用比以往任何时候都发展快速，虽然基础方面没有过多的新理论出现，但应用方面却是日新月异。为让我国的光固化研究人员及相关从业者了解最新技术，我们组织国内从事光固化的教授、专家，对光固化技术与应用进行了较全面的介绍，希望能让更多的技术工作者了解光固化的新知识、新应用，为行业的发展贡献一份力量。

　　光是具有一定能量的光子在介质的传播，具有不同的波长。狭义光固化主要以发射紫外光谱区的光为光源；随着技术的发展或一些新的应用的出现，又发展了以长波长为光源如近红外光光固化、短波高能量的电子束为光源的电子束固化。因此，广义的光固化就包括了上述各种固化方式，也可统称为辐射固化。根据固化机理，光固化又包括自由基固化和阳离子固化机理。

　　本书第一章对我国光固化的发展历程进行了回顾，由北京化工大学聂俊、朱晓群完成；第二章对光引发剂的发展进行了全面的总结，由北京师范大学庞玉莲、邹应全完成；第三章对光固化涂料的应用进行了总结，由北京化工大学楼鹏飞、何勇完成；第四章对水性光固化涂料进行了详细的总结，由广东工业大学罗青宏、尹敬峰、陈颖茵、张婷、刘晓暄完成；第五章详细总结了光固化油墨的发展，由北京印刷学院杨晓、黄蓓青完成；第六章总结了光固化技术在印制电路板方面的应用，由江南大学王浩东、刘仁完成；第七章对目前快速发展的 3D 打印技术与应用进行了全面总结，由南昌大学黄笔武完成；第八章对近年迅速发展的光固化喷墨打印技术的应用与发展进行了总结，由中科院理化技术研究所张雪琴、赵榆霞完成；第九章介绍了光固化技术在光学功能膜中的应用，由广州申威新材料科技有限公司袁慧雅完成；第十章全面介绍了光固化技术在防伪方面的应用，由中钞特种防伪技术有限公司蹇钰、朱军完成；第十一章对光固化技术在汽车配件及涂装方面的应用进行了介绍，由中山大学杨建文完成；第十二章总结了光固化技术在生物材料中的应用状况，由华东理工大学包春燕、朱麟勇完成；第十三章全面介绍了光刻胶的现状与发展，由北京师范大学王力元完成；第十四章介绍了光固化技术在复合材料制备中的应用，由暨南大学杨奇志、邢飞跃、肖浦完成；这些章节的内容是目前发展比较成熟的技术领域。从第十五章开始，我们特别安排了四章的篇幅来介绍目前国内起步较晚，正处于发展初期的新领域。第十五章介绍了近红外光诱导光聚合技术，由江南大学李治全完成；第十六章综述了阳离子光固化技术的发展，由同济大学武星宇、金明完成；第十七章总结了光固化技术在航空方面的应用，由南昌航空大学杨海涛、梁红波完成；第十八章介绍了电子束固化技术及其应用，由北京化工大学朱晓群、郭雨舒、林海、万雨卓、贾凯航、陈淳之完成。

全书由聂俊和朱晓群统稿和校正。

本书的读者对象是从事光固化产品研发的工程技术人员，大专院校、研究机构从事相关研究的科研人员，材料专业在校研究生，对光固化感兴趣的读者等。

由于光固化是一门快速发展的技术，基础研究与产品开发处于不断更新之中，一些相关理论还没有完全形成，加上其应用领域涉及的基础知识面广，限于作者的水平及阅历，书中疏漏之处在所难免，恳请读者和同仁提出宝贵意见。

编著者

2020 年 8 月于北京化工大学

目录

第一章
光固化技术原理及在我国的发展

　　光固化技术早在 2000 多年前的埃及，就用于木乃伊的保存，虽然那时人们并不知道光固化，但他们把沥青涂在木乃伊的外部，在太阳下暴晒，沥青中的双键聚合而固化，这层涂料使得木乃伊得以长期保存。近代光固化技术虽然很早就已经出现，但美国 Inmot 公司在 1946 年才获得第一个紫外光固化方面的专利，而 1967 年德国拜尔（Bayer）公司首次将光固化涂料❶用于木材的加工，标志着光固化真正进入实用阶段。当时的光固化配方与现在的产品有很大区别，那时还没有大量使用丙烯酸酯体系，而是不饱和聚酯与苯乙烯体系。随后，瑞士汽巴-嘉基〔Ciba-Geigy，1996 年后重组改名为汽巴精化（Ciba SC）〕、美国太阳化学（Sun Chemical）、意大利宁柏迪（Lamberti）等公司逐渐开发出不同种类的光引发剂，尤其是汽巴公司大量引发剂的商业化，大大推动了光固化技术的应用与发展。20 世纪 70 年代末到 80 年代初丙烯酸技术的发展及巴斯夫丙烯酸大量产业化，衍生出各种丙烯酸酯单体及丙烯酸树脂，如美国沙多玛（Sartomer）、国际特品（ISP）、陶氏化学（Dow Chemicals），日本化药（Nippon Kayaku）、东亚合成（Toagosei），德国赫斯（Huls），比利时联合化学（UCB），等等。这些原材料的发展，为配方公司提供了更多的选择，进一步加强了光固化的应用，出现了UV 油墨、UV 光纤涂料、UV 上光剂、UV 胶黏剂等不同产品。目前光固化主要集中在三大地区，北美、欧洲及亚太。北美仍是光固化创新的源头，他们开发了光固化的许多新的应用，包括光固化复合材料、生物材料、现场施工、EB 固化等。每两年一次的北美辐射固化年会上，都会出现一些新产品，最近北美光固化的发展主要是 3D 打印、喷墨打印、LED 固化、印刷、食品包装等。亚太的日本以光固化在微电子行业的应用为主，包括光刻胶、光学薄膜、打印电子、高端油墨及新原料等，尤其在 OLED、LED、LCD 等行业的应用优势明显。中国在原材料的生产方面有明显的优势，光引发剂、单体及树脂在全球的占比逐年提高，但高端产品及新产品开发方面不足。配方多以中低端为主，木材、塑料仍是主要应用领域，急需新技术、新产品的开发。随着我国对环境要求越来越高，大量溶剂

---

　　❶　以下均简称 UV 涂料、UV 油墨、UV 胶黏剂等。

型产品的应用受到限制，光固化作为替代产品之一，在今后的几年将会有一个快速的增长，尤其是在光固化油墨及涂料方面会有明显的变化。欧洲虽然早期光固化发展较快，但目前的速度有所降低，光固化应用主要是在传统领域如木材、家具、塑料、印刷等。近年欧洲在光固化复合材料、阳离子光固化方面发展迅速。

光固化虽然在节能、减排等方面有其优势，但由于原料价格及设备投资方面的原因，光固化涂料、油墨在整个涂料及油墨中的占比仍然比较低，不超过 10％，涂料行业产量占比更低，不到 5％。因而光固化的发展仍有较大的空间。

第一节　光固化技术原理

光固化技术是利用光或电子束为能量，引发具有化学活性的液态材料快速固化交联，瞬间固化成固态材料的技术，具有高效、环保、节能等特点，被誉为面向 21 世纪绿色工业的新技术。2004 年 5 月在美国夏洛特市召开的北美辐射固化国际会议上，光固化和电子束固化技术被归纳为具有"5E"特点的工业技术：efficient（高效）；enabling（适应性广）；economical（经济）；energy saving（节能）；environmental friendly（环境友好）。

一、光固化物质组成

光固化反应体系通常由单体、低聚物和引发剂组成。

1. 单体

单体也叫活性稀释剂，黏度低，和溶剂类似，可以对低聚物和光引发剂等起到稀释和溶解的作用；但是和溶剂不同的是，其化学结构上含有可发生光固化反应的活性官能团。

2. 低聚物

低聚物是一些分子量从几百、几千到上万的、分子量相对较小的光敏树脂，其上也含有和单体一样的活性官能团，可参与光固化反应。低聚物由于具有一定的分子量，所以黏度往往较大，固化后的材料性能通常由其提供。低聚物主要有两大类，分别是丙烯酸酯类树脂和环氧类树脂。

如果体系中仅有单体和低聚物，一般非常稳定，难以进行光固化反应（电子束固化除外），进行光固化反应还需要光引发剂的引发。

3. 引发剂

光引发剂是对光敏感的化学物质，受到合适的光照后可以产生活性种，如自由基或者阳离子活性种，引发单体和低聚物发生固化。通常，在避光条件下，液态光敏树脂体系非常稳定，可以稳定储存半年到一年甚至更长，但是一旦见光就会发生快速固化反应。由于液态光敏树脂体系的平均官能度通常大于1，所以固化后形成交联的高分子网络体系，液态光敏树脂变成了固态的交联高分子网络。

二、光固化种类

在光固化技术中，光源的波长和光强是光固化反应两个比较重要的物理因素，分别决定了是否能发生光固化反应，何种反应机理以及反应的速度等，且最终会影响材料的性能。光源的波长一定要与光引发剂的吸收波长匹配方可引发光固化反应。

根据固化反应机理可以分为自由基光固化和阳离子光固化。

1. 自由基光固化

自由基光固化是由自由基光引发剂经过光照后，产生自由基，自由基引发双键聚合而固化。自由基光固化反应速度快，且在传统 UV 行业自由基光固化应用多，技术成熟度高，单体、树脂、引发剂种类多，已大规模应用，不仅可选择性多，而且材料成本也相对较低。

常用的自由基光固化单体有丙烯酸酯类、乙烯基类、乙烯基醚类单体；官能度可以为1、2、3以及多官等。

自由基光固化的树脂有聚氨酯丙烯酸酯、环氧丙烯酸酯、聚酯丙烯酸酯、以及聚醚丙烯酸酯等。一般来讲，聚氨酯丙烯酸酯具有柔顺性和耐磨性好，但由于大量胺酯键的存在，分子内或分子间存在大量的氢键，使得树脂黏度通常较大；环氧丙烯酸酯具有固化速度快、强度高，但是脆性大、易泛黄；聚酯丙烯酸酯具有固化质量较好、树脂性能可调范围较大；聚醚丙烯酸酯由于分子链上存在大量的醚键，分子链的柔韧性好，耐黄变性好，但是材料比较软，机械强度、硬度和耐化学性较差。自由基光固化树脂的官能度通常大于2。

自由基光引发剂的种类多，有裂解型和夺氢型光引发剂。

2. 阳离子光固化

阳离子光固化是阳离子引发剂在光照下产生活性中心超强质子酸，质子酸引发环氧、氧杂环丁烷开环固化或乙烯基醚类材料发生固化。环氧或氧杂环丁烷开环固化具有体积收缩小，不存在氧阻聚等优点。但是阳离子光固化固化诱导期相对较长，反应速度慢，在传统光固化领域应用相对较少，单体、树脂、引发剂的种类少，可选择性少，配方体系的成本较自由基体系高。

可用于阳离子光固化的单体有环氧类、氧杂环丁烷、乙烯基醚类单体。常用的树脂主要是环氧树脂。引发剂主要有硫鎓盐、碘鎓盐和增感剂。

第二节 光固化在中国的发展

一、发展历程

我国光聚合的基础研究起源于 20 世纪 60 年代的北京大学、清华大学、北京师范大学、中山大学以及后来的中科院感光所、华东理工大学、北京化工大学、湖北化学研究所、湖南师范大学等。20 世纪 70 年代末到 80 年代初我国的青岛木材厂、天津木材厂、北极星钟表厂、北京木材厂从国外引进了 UV 涂装线及 UV 涂料，开始在木材表面进行 UV 上光处理。北京天坛家具厂是我国最早将 UV 用于家具的公司之一。虽然当时引进了多条 UV 生产线，但由于国内涂料的开发没有跟上，他们使用的 UV 涂料全部依靠进口，价格高，因而推广受到了巨大的阻碍。另外，由于当时信息不公开，国内的研发机构也不知道国内 UV 涂装线的状况，使得我国的 UV 光固化产品进展缓慢。当时的光固化涂料使用的是聚合速度较慢的不饱和树脂-苯乙烯体系，加上光源的功率也不够高，因而光聚合速度比较慢。在设备的后端还装有一个短波长的 254nm 的黑光管灯，以解决涂装表面氧阻聚问题。

我国第一个自主开发的光固化产品是"液体感光树脂版"。"六五"期间，经济日报社引进国外先进激光制版印刷技术，取代高污染铅字印刷技术，虽然印刷设备是赠送的，但液体感光树脂需要从日本旭化成公司进口，成本高，价格在数百元每公斤。为此，"六五""七五"期间国务院重大项目办公室组织了"液体感光树脂版制版系统及装置"印刷专项，全国 11 个单位共同攻关，由王选院士主持负责激光照排技术研发，中科院感光所杨永源研究员、北京师范大学余尚先教授、陕西印刷技术研究所朱梅生等承担液体感光树脂的开发，经过三年的艰难攻关，顺利完成各项任务，并实现产业化，并在《经济日报》《大众日报》《四川日报》《工人日报》《陕西日报》等报社应用，将液体感光树脂价格降至 100 元以内，替代了进口，为国家节省了大量外汇，后来该项目获得国务院重大项目一等奖，从而开启了我国光固化的历程。

我国第一个大规模使用 UV 涂料的行业是光纤生产。20 世纪 80 年代，我国从国外引进了多条光纤生产线，这些生产线都是光固化的，引进不仅包括设备，还包括石英棒、光固化涂料等，是成套引进，当时光纤涂料的进口价格是上千元人民币每公斤，这一状况保持了数十年。虽然"六五"期间，国家组织了化工部晨光化工研究院、中科院感光所、湖北化学研究所等单位开展了光纤涂料的研究，但由于原材料缺乏等原因，研究一直没有太大进展，随后国家也停止了对该类研究的支持，转为长期进口。直到 21 世纪初上海飞凯公司的出现，才打破了国外公司的垄断，而且产品价格也大幅降低。

20 世纪 90 年代初，湖南亚大公司的成立，将我国早期的 UV 事业推向高潮，他们开发出了系列光固化产品，如 UV 木材涂料、UV 地板涂料、UV 塑料涂料、UV 摩托车涂料、UV 皮革涂料、UV 大理石涂料等。但当时 UV 涂料的几个重要原料主要依赖进口，价格仍然较高。但庆幸的是，国内木地板行业接受了 UV 固化技术，并将这一技术迅速在国内推广，不仅提升了木地板的质量，而且使加工速度大大提高，为当时木地板的出口创造了机会。目前，我国木地板行业几乎都在使用 UV 涂料。UV 涂料在我国发展的第二个阶段是 UV 塑料喷涂技术，这一技术可以说是中国对 UV 固化行业的贡献。当时我国大量生产摩托车，如嘉陵、钱江、建设、大运、轻骑等品牌都用上了 UV 涂料；而随后的家用电器外壳，如冰箱、洗衣机、电视、空调等也开始使用 UV 涂料；到 21 世纪初，手机外壳大量使用 UV 喷涂技术，使 UV 在塑料行业中的应用达到了顶峰。

20 世纪 80 年代末，浙江缙云化工厂进行安息香醚的开发，并生产出安息香丁醚等产品，虽然产品还不是非常完善，但确实开启了我国光引发剂的自主发展之路，后来常州华钛、常州强力、长沙新宇、上海优缔等相继开始光引发剂的产业化，随后北京英力、浙江扬帆、天津久日、湖北固润、深圳有为、大连雪源、甘肃金盾、南京贸桥、上海秦禾、杭州佳圆、靖江宏泰、大丰德尔明、连云港德泽、德清美联等引发剂公司的发展，使我国成为光引发剂的生产大国，市场占有率高达 70% 左右。在引发剂的发展过程中，苏州大学周湘演教授、清华大学尹应武教授做出了重要贡献。周教授是常州强力电子材料有限公司和常州华钛化学公司的技术顾问，先后帮助两家公司开发自由基、阳离子光引发剂。目前强力电子新材料有限公司是国际上最大的微电子用光引发剂生产企业，天津久日化学公司收购华钛化学公司后成为全球最大的光引发剂公司之一。尹教授创办了北京英力科技有限公司，专注光引发剂的研发与生产，对我国光固化行业的发展起了至关重要的作用。

20 世纪 90 年代初期，我国一些从事光固化的公司自行合成光固化树脂，主要以环氧丙烯酸酯为主，由此开启了我国漫长的 UV 固化原材料的发展之路。湖南华新公司虽然存在的时间很短，但对我国光固化树脂及单体的开发有着重要作用，虽然由于种种原因，产品没有大量推向市场，但由此开启了我国单体的自主化。随后天津天骄辐射固化材料公司、天津市化学试剂研究所、天津高科化工公司、辽宁奥克集团、江苏三木集团、江苏利田开始生产丙烯酸酯单体，而随后的江苏开磷瑞阳化工股份有限公司、中山市千叶（佑）化学材料有限公司、中山市科田电子材料有限公司、宜兴市宏辉化工有限公司、江苏泰特尔化工有限公司、广东博兴新材料科技有限公司、陕西喜莱坞实业有限公司、江苏银燕化工股份公司、上海泰禾（集团）公司、无锡金盏助剂厂、无锡博尼尔化工公司、无锡万博涂料化工公司、常熟三爱富中昊化工新材料公司、南通新兴树脂公司、南京大有精细化工公司、洞头美利丝油墨涂料公司、岳阳昌德化工实业公司、江门恒光新材料公司、江门君力化工实业公司、恒昌涂料（惠阳）公司、东莞宏德化工公司，以及台湾及海外公司如长兴化学工业股份有限公司、湛新树脂（上海）有限公司、沙多玛（广州）化学有限公司、张家港东亚迪爱生化学有限公司、台湾石梅公司、台湾新力美科技股份公司等将我国单体树脂的生产推向高潮。

光固化需要光源来引发聚合，因而光源必不可少。我国最早从事光源研究的机构是北京电光源研究所，他们的研究包括白炽灯、荧光灯、紫外灯等。河北涿州的蓝天特灯在国内最早将 UV 汞灯产业化并推向市场，为我国光固化的早期发展做出了重要贡献。从最早的丝网印刷到 UV 涂料、UV 油墨，再到 UV 黏合剂都用到了国产的 UV 光源，又由于其价格优势，使 UV 技术在国内得到认可。目前 UV 光源的主要厂商有德国贺利氏、深圳润沃机电等公司。由于汞的毒性及其臭氧的原因，当前光源正在经历从传统汞灯向 UV-LED 转化，随着 UV-LED 技术的发展以及全球对汞的限制，相信 UV-LED 会有一个快速的发展。

我国在光固化的研究方面起步较早，北京师范大学的陈光旭教授最早研究了不饱和聚酯光固化；冯新德院士是我国早期系统从事光聚合研究的科学家，冯先生在《高分子合成》一书中首次将感光高分子列为独立一章，随后北京大学的曹维孝教授、清华大学的宋心琦教授继续从事光化学及光聚合的基础研究；北京化工大学黄毓礼等翻译的《光聚合高分子材料及应用》一书对我国早期的光聚合研究有重要意义；洪啸吟教授在国内最早系统介绍了感光高分子材料，他在《涂料化学》《非银盐感光材料》（与曹维孝等合著）和《光照下的缤纷世界》中均介绍了光固化技术。21 世纪初，由中山大学陈用烈、杨建文、曾兆华合著出版的《辐射固化材料及应用》《光固化涂料及其应用》两部专著推动了国内光固化技术的应用推广和普及。

20 世纪 80 年代初，中科院理化所王尔鉴、吴世康、杨永源三位研究员先后前往瑞典皇家工学院，在 Ranby 教授的指导下进行光固化的研究。回国后三位研究员继续从事相关研究，吴世康研究员主要从事光固化及光降解的基础研究，发表了大量的学术论文，并任中科院感光所创办的《感光科学与光化学》的主编，该杂志对我国光聚合的发展有非常重要的贡献。吴老师还著有《高分子光化学导论》一书，2003 年由科学出版社出版。杨永源研究员则更多关注光固化的应用，除与北京师范大学、陕西印刷技术研究所共同开发出我国第一个 UV 固化产品"液体感光树脂版"材料外，1982 年杨永源研究员开始自主研究 PCB 油墨，1987 年完成所有基础及应用研究，并与佛山市实验化工厂（现在的佛山三求电子材料有限公司）合作，展开了从树脂合成到配方调试等全方位的研究，这是个产学研合作成功的典型实例，二者密切配合，使这一产品能在短时间内完成，并创造出良好的经济效益。1992 年该产品获得广东省科技进步二等奖，后来改进的技术于 1990 年在广东环球电子公司进行转让。我国目前 PCB 油墨的优势，在很大程度上与这一最早的研究有关。后来北京化工大学感光室也加入了 PCB 油墨的研究行列。王尔鉴研究员在光聚合基础研究及应用方面都有涉及，研究涉及光聚合动力学、引发剂、光纤涂料、阳离子光聚合，在 PCB 油墨等方面也与其他企业合作，成功实现产业化。中科院理化所（原中科院感光所）对我国的光固化发展也起到重要作用，有大量的研究人员参与，其中佟振合、吴俪珠两位院士在光化学方面的研究非常突出。洪啸吟教授 1981 年赴美国北达科他州立大学聚合物与涂料系任博士后研究员，其导师就是国际上最早从事光固化的几位学者之一 Peter Pappas，他所著的《UV Curing》被认为是光固化的圣经。1985 年回国后开始进行阳离子固化及立体光刻的光固化树脂研究，而后西安交通大学也加入了该研究行列，开始了我国 3D 打印的基础研究及应用开发。随后我国又有多位科研工作者赴瑞典皇家工学院从事光聚合的研究，中山大学的陈用烈教授是第一个在瑞典皇家工学院获得光固化相关研究博士学位的中国学者，主要从事聚烯烃电缆、水管的 UV 交联的研究，回国后继续从事光聚合的研究，在光固化涂料和油墨、水性 UV 涂料、电子器件保形涂料等方面进行了长期的研究，推动了光固化在我国的发展。陈老师还培养了一批光固化学者及企业家，如刘晓暄、杨建文、庞来兴、袁慧雅等。原中国感光学会辐射固化专委会主任施文芳教授和她的丈夫瞿保均教授都是 Ranby 教授的学生。施老师作为中国科技大学的教授及辐射固化学会的领导，对我国光固化行业的发展做出了重要贡献，在超支化光聚合、光聚合阻燃材料、新型光固化树脂等方面都有贡献，尤其是培养了一大批光固化的学生如梁红波、寇慧光、吕世昌、包芬芬等，目前是行业的中坚力量。瞿老师将光交联技术用于电缆制备，大幅提升了电缆性能，目前有多条生产线在国内运行。北京化工大学杨万泰院士，也是 Ranby 教授的学生，长期从事光接枝及表面改性研究，多项技术实现产业化。

　　20 世纪 80 年代，北京师范大学的余尚先教授致力于我国光刻胶及印刷版材的研究。"六五""七五"期间承担了国务院重大项目——印刷项目专项"液体感光树脂版制版系统及装置"项目，"七五"期间承担了国家攻关项目"环化橡胶抗蚀剂研究"，"八五"期间和北京试剂所一起承担了国家攻关项目"一步法合成环化橡胶抗蚀剂"，该项目获得"二部一委"的重大科技成果奖。1984 年开始和化工部第二胶片厂就 PS 版感光液进行合作研究，1985 年该项目通过研制技术鉴定，感光印刷版材的开发成功，有力推动了我国印刷业的进步，使印刷告别铅与火的时代。与此同时，与北京印刷技术研究所合作研制的新型丝印感光胶液通过了研制鉴定，并在同年获得北京科技进步二等奖。20 世纪 90 年代，和中国科学院感光化学研究所一起承担了"863"项目"多波段计算机直接制版项目"。之后，与威海天成化工有限公司承担了中小企业"863"攻关项目。该公司合成了 8 种成膜树脂和 8 种接枝母体树脂，并全部通过了技术鉴定。有 4 项被评为国际先进水平，14 项是填补国内空白。余老师因为在印刷界的突出贡献，荣获新闻总署颁发的印刷领域最高奖——毕昇奖。余老师培养了一大批从事光聚合的学生，多位学生已是大学教授，如刘晓亚、邹应全、王力元等，他们不仅在北京师范大学继续从事光聚合的研究，还将这一研究带入其他大学，为我国光固化的发展培养了新生力量。余老师还有大量学生进入工业界，在光固化领域发挥作用。

　　虽然国内目前光刻胶行业备受关注，成为"卡脖子技术"，但我国光刻胶的研究起步并不晚，只是由于当时国力的限制及决策的影响，光刻胶没有实现产业化，导致我国光刻胶目前基本依赖进口的局面。

20 世纪 60 年代中科院化学所习复研究员等开始光刻胶研究，并写有专著；洪啸吟教授于 1973 年在北京化工研究院联合北京化工厂和化工五厂进行光刻胶研究和生产；中科院理化所杨永源研究员进行了电子束光刻胶研究；苏州化工研究所、上海交大也从事光刻胶研究；洪啸吟教授还与中科院半导体所进行光刻技术研究；北京师范大学余尚先在国内最早进行了橡胶叠氮系光刻胶研究。20 世纪 80 年代，洪啸吟教授和余尚先教授进行了化学增幅抗蚀剂的研究，北京化学试剂所作为合作企业，对我国正性光刻胶的研究和生产起到了重要作用。

在光刻技术基础研究方面，值得我们骄傲的是清华大学洪啸吟教授等开发的无显影气相光刻技术颠覆了传统光刻工艺，但由于当时我国光刻设备无法跟上，这一研究成果一直未能产业化，但仍使钱人元、冯新德等七位院士对该项目做出了很高的评价。

现在，中山大学、四川大学、江南大学、北京化工大学、同济大学、广东工业大学、中国科技大学、华中科技大学、南昌航空大学、中科院理化所、湖南师范大学、上海交通大学、西安交通大学、南开大学、北京大学等都有从事光聚合研究的团队。

辐射固化的另外一个辐射源电子束（EB）固化技术在我国的发展速度一直比较慢，主要原因是 EB 设备国产化困难，主要依靠进口，设备价格高，一般用户难以接受；缺乏 EB 固化的基础研究，配方产品开发比较滞后；EB 固化的速度非常快，其应用行业应该具有大量的产能才能用到该技术，国内目前还很难找到这种应用。到目前为止，国内 EB 固化设备用于涂装的仅有十几条生产线，应用领域主要是印刷、食品包装、特种表面涂装、复合材料等。其应用保密性极强，设备多为美国进口，涂料配方也来自国外。随着我国自身 EB 设备的投产，相信 EB 在我国的发展会有一个良好的前景。

二、中国感光学会辐射固化专业委员会对我国光固化的贡献

我国光固化行业的迅速发展，与中国感光学会辐射固化专业委员会（RadTech China）的积极推动密不可分。

1992 年我国有两个非常重要的讲座：一是联合国原子能机构在上海举办的辐射固化训练班，马瑞德、徐茂均、潘治平等参加，训练班的讲义"印刷油墨、涂料、色漆紫外光和电子束固化配方"应该是国内最早的关于光固化的资料；二是施文芳教授在北京燕山大酒店组织的沙多玛公司的光固化讲座，为我国辐射固化学会的成立做了良好的铺垫。1992 年底开始，经过半年多的筹备，于 1993 年 5 月中国同位素与辐射行业协会辐射固化分会在清华大学近春楼诞生，并举办第一届学术会议。来自全国 28 所高校和科研院所及 27 家企业的 98 名代表出席了会议，其中 9

家企业参加了产品展示。1995 年在桂林举办第二届中国辐射固化年会，并同期举办亚洲辐射固化会议，让国内代表了解了国内外 UV 技术的发展。会议期间，中国辐射固化学会考虑到 UV 行业在国内外以光固化为主，因而开始与中国感光学会商讨，将中国同位素与辐射行业协会下属的辐射固化分会整体并入中国感光学会。1997 年在张家界举办了第三届中国辐射固化年会，并于同年开始出版行业内部刊物《辐射固化通讯》，如今每年四期的《辐射固化通讯》已成为会员们之间交流及技术共享的平台。两年之后在杭州举办了第四届中国辐射固化年会。经过近四年的连续工作，考虑到我国辐射固化行业主要以发展光固化技术为主的实际情况，2000 年 5 月中国科协同意中国感光学会关于成立"中国感光学会辐射固化专业委员会"的申请报告，原中国同位素与辐射行业协会辐射固化分会正式更名为中国感光学会辐射固化专业委员会，为中国感光学会的二级社团组织，为了与国际辐射固化组织对应，对外称"RadTech China"。延续中国辐射固化的传统，每两年举办一次学术年会，进行技术交流，中国辐射固化学会于 2001 年、2003 年、2005 年、2007 年分别在昆明、珠海、上海、上海举办了四次学术年会。此时，我国 UV 行业进入快速发展期，新产品、新技术、新应用大量出现，企业对技术的渴望十分明显。从 2008 年起，中国辐射固化学会决定每年举办一次学术年会。中国辐射固化学会成立不久就开始举办各种类型的学习班、讲习班、小型培训班等，大专院校老师、国内外企业技术负责人为学员授课，传授新知识、新概念；讲解配方原理；共享成功经验。2003 年 10 月，由中国科技大学施文芳教授组织的第一届辐射固化技术高级研讨班在合肥召开，随后每年都至少举办一次这类高级研讨班，让更多的从业者了解 UV 固化技术的新发展、新趋势。该培训班为我国的 UV 行业发展做出了重要贡献，至今这一活动还在延续。2006 年开始学会又成立了学术委员会及技术委员会，从学术研究及工程技术两方面入手，发展我国的 UV 事业。2006 年开始又不定期出版英文刊物"News Letter"，用于中国辐射固化学会与国际相关组织的交流，宣传我国 UV 事业的发展状况。

辐射固化行业组织成立以来，经历了两届中国同位素与辐射行业协会辐射固化分会理事会和历届中国感光学会辐射固化专委会（以下简称专委会）主任委员会，全体理事会委员和主任委员会委员积极工作，不辞辛苦，为发展我国辐射固化产业做出了卓越贡献。

第三节　光固化的发展趋势

光固化作为一门以应用为主的技术，随着市场的发展而快速进步，从最早的木材涂装，向不同行业渗透。应用主要包括光固化涂料、油墨、胶黏剂等，应用领域涉及电子产品（如光固化 PCB 油墨、光刻胶等）、生物材料（如可见光固化牙科修复、骨科修复材料、手术无线缝合光固化胶黏剂等）、交通运输（如光固化复合材料、汽车配件光固化材料等）、通信产品（如手机制造、涂装等）、印刷技术（光固化印刷版材、光固化印刷油墨、光固化喷墨等）、高端制造（如光固化 3D 打印、高性能 EB 材料等）、国防军工（如 EB 航空复合材料、光固化军工产品快速修复等）、建筑装饰（如光固化现场施工、光固化建材涂装、光固化墙纸等）等。随着技术的不断发展及环保意识的逐步加强，光固化的发展将迎来新的发展机遇，可能的发展趋势包括以下几方面。

光固化设备的发展。早期的光固化是以汞灯为主，包括有极灯、无极灯等产品。随着《水俣公约》的签署及人们对汞危害认识的深入，大量废弃汞灯带来的汞污染受到越来越多的关注；传统汞灯由于产生大量短波，会在使用过程中生成大量的臭氧，臭氧不仅对人体有害，还会对大气产生污染；汞灯的发光效率不高，会产生大量的热量，造成能源浪费，并且使用寿命比较短。目前汞灯逐步被取代已是趋势，取而代之的是 UV-LED。LED 由于发光效率高、无臭氧产生、发热量低、即时开关、能耗小、波长可调节、使用寿命长等优势，越来越多的应用开始使用 UV-LED 灯，但目前高功率 UV-LED 的波长主要集中在 385nm、395nm、405nm，这些波长与当前商业化的引发剂波长不匹配，因此开发新的引发剂成为 UV-LED 能否取代传统汞灯的关键因素之一。另外，对于长波长 UV-LED，与之匹配的光引发剂也是长波长，从而会带来涂层材料的颜色问题，对清漆的应用有一定的局限性；短波长的 UV-LED 目前发光效率低、使用寿命短、光强不够高，能否开发出高功率、长寿命、短波长 UV-LED 是又一个决定性的因素。UV-LED 的价格目前还相对较高，相信随着技术的进步这些问题都将得到解决。

光固化主要原料如引发剂、树脂、单体的绿色化生产。虽然光固化一直作为绿色技术在宣传，其本身应用也是绿色的，但部分原料的生产过程需要进一步高效环保。引发剂为有机小分子，其生产过程会带来一定的废水、废渣、废气，如何让引发剂生产过程绿色化是摆在企业科研机构面前的重大问题；树脂、单体由于其结构变化较大，生产工艺也各不相同，但生产过程产生废水、废渣是不可避免的，如何让树脂、单体生产工艺绿色化是另外一个重要课题。引发剂的全绿色化生产目前还有一定的困难，但单体、树脂的绿色化已经取得不少进展，比如固体催化剂、固体阻聚剂的应用；无溶剂酯化反应；微反应器的应用；新催化剂的开发等。

新原料的开发。光固化技术发展已超过半个世纪，目前应用的主要原料如引发剂、树脂、单体已经多年没有太大的更新，例如主要引发剂品种不超过 10 种、大量应用的丙烯酸酯单体也就十余种、树脂的结构几乎以丙烯酸酯为主等，但新的应用日新月异，这样对原料就提出新的要求，因而需要开发出新产品来满足各种应用需求。从目前的文献来看，光固化的原料发展主要有以下几种：长波长自由基引发剂、高效引发剂、低成本阳离子引发剂、高活性单体、低黏度树脂、高附着力树脂、生物基树脂基单体、水性单体及树脂、低温粉末树脂、新型低成本阳离子树脂、可降解树脂、可重复利用树脂等。

光固化技术从表面到本体材料的发展。目前，光固化主要用于表面处理如涂料、油墨、胶黏剂等，这主要是因为光的穿透能力有限，一般在微米级别，无法制备厚材料，这大大限制了光固化技术的应用。如何提高光固化材料的厚度一直是科研工作者的梦想。现在科学家利用前线光聚合技术、光引发多米诺固化技术、光加热双固化工艺、光上转化聚合技术、即时光照工艺、逐层堆积固化工艺等已经能够制备一定厚度的材料，最厚能达到几十厘米，这些技术一方面可以扩充光固化的应用领域，另一方面也会带来材料性能的革新，例如这些技术可以用于制备梯度材料、功能材料等。

光固化技术新应用与潜在应用。随着光固化技术的发展，越来越多的领域开始利用光固化技术与工艺。每项应用考虑的因素不一样，价格、成本、时间、环境、性能、功能等都可能成为优势。目前可以预期的应用包括以下几个方面。

① 光固化 3D 打印用于工业科研模型、医学教具、人体器官组织支架、个性化义肢义齿、康复贴身器具等快速定制，这也是目前 3D 打印应用最热门的方向。

② 玻纤/碳纤（FRP）增强 UV/EB 固化材料快速制造装备，用于城市下水管道、住宅化粪罐、长距离排水管、输油管、大型储罐、救生船、无人船、隐身快艇潜航器、防弹车体、新能源轻型汽车车体、空降单兵防弹铠甲、防弹衣、飞机壳体、工程无人机、战斗无人机等制造与修复。

③ UV 地坪涂料与涂装，用于大型室内卖场、货仓、车库、机库等的快速涂装。尤其是对于时间要求比较紧的施工，如学校需要利用短暂的假期完成装修，医院需要利用夜间休诊完成手术室的装修等。

④ UV/EB 固化电池材料，包括 UV/EB 固化锂离子电池的电解质层、阳极层、阴极层、粘接密封胶等，可大幅加快锂离子电池生产过程，并提高电池性能的一致性。

⑤ UV 固化印刷电子产品，包括柔性透明导电膜、OLED 显示屏（含其中电子传输层、空穴传输层、发光层制作）、密封阻隔胶、柔性电容触摸屏等。印刷电子已成为目前最热门的研究之一，而光固化技术的应用又是其重点研究的方向。

⑥ UV/EB 固化技术与材料用于光伏电池背板密封、表面低折射涂层、导电膜等制作。

⑦ 汽车车体及零部件 UV 涂装与保护，这一应用将大大加快汽车制造业的速度，同时提高性能。

⑧ UV/EB 固化风力发电机叶片制造，包括叶片增强胶衣涂层、纤维增强叶片壳体等。

⑨ UV 固化农林水土保持应用，包括种子的 UV 固化水凝胶培养、沙漠治理等。这一应用如果能推广，将大大提升光固化材料的产量。

⑩ UV/EB 固化环保压敏胶无挥发气味，耐高温，性能优异。传统溶剂型压敏

胶制备过程中有大量溶剂挥发，对环境的污染较大。

⑪ EB固化室内外装修保护用各种预制建材，包括高性能墙纸、立面墙板、外饰墙板、板条等。不仅可以提高材料性能，还能减少污染，提高人们生活健康水平。

⑫ EB交联强化工程防水卷材制造等。该技术的成功应用将大幅提升材料的防水性能及材料使用寿命，综合成本也比较低。

⑬ EB固化印铁、彩钢涂装，替代当前污染严重、低效的溶剂涂装工艺。这一应用目前在我国已经展开，主要驱动力来源于对环境污染的控制，相信不久国内会有多条生产线投产。

辐射固化技术在我国目前正处于发展的迅速提升时期，各种新材料、新应用、新技术不断出现，未来我国的辐射固化技术一定会有更好的发展。

第二章
光引发剂研究现状及发展趋势

　　光引发剂是一类在紫外光区（250～400nm）或可见光区（400～600nm）吸收一定波长的能量后产生自由基、阳离子等活性种，从而引发单体聚合交联的化合物。这类化合物关系到配方体系在光辐照时低聚物及稀释剂能否迅速交联固化、由液态转变为固态，是光固化体系的重要组成部分。光引发剂分子在紫外可见光区（250～600nm）吸收光能，其吸收光子（$h\nu_A$）后会在 $10^{-13}\sim10^{-15}$ s 内发生电子跃迁，从基态 S_0 通过 $\pi—\pi^*$ 和 $n—\pi^*$ 跃迁到激发单线态（S_1，S_2）。其中处于激发单线态 S_1 的分子会经历四种可能的反应路径（见图 2.1）：①发生系间窜越（ISC）跃迁到激发三线态（T_1）；②发生辐射猝灭放出光子产生荧光（fluorescence，$h\nu_F$）回到基态 S_0；③发生非辐射猝灭即内部转换（IC）释放热量回到基态 S_0；④发生电子转移反应（PET），增感其他助引发剂产生活性种。其中，通过系间窜越（ISC）到达三线态 T_1 的分子，也会经历四种可能的反应路径：①发生光物理和光化学反应生成活性自由基，从而引发聚合反应；②发生另一种辐射猝灭产生磷光（phosphorescence，$h\nu_P$）回到基态 S_0；③通过系间窜越（ISC）回到基态；④发生电子转移反应（PET），增感其他助引发剂产生活性种（见图 2.1）。以

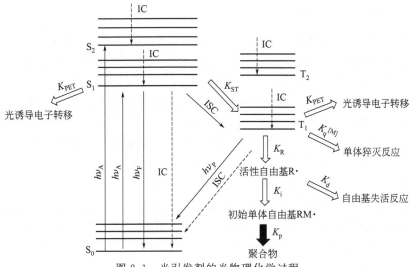

图 2.1　光引发剂的光物理化学过程

上所有过程中对光引发聚合反应最有利的途径，就是激发三线态分子发生光物理和光化学反应，生成活性种的过程。光引发剂分子的荧光与磷光现象会对此过程产生竞争，一般说来荧光与磷光效率越低，越有利于光引发剂发挥作用。

光引发剂按照产生活性粒种的方式、种类及作用机理的不同，可分为自由基光引发剂和非自由基光引发剂。其中，自由基光引发剂又可分为Ⅰ型自由基光引发剂和Ⅱ型自由基光引发剂。非自由基光引发剂又包括阳离子光引发剂、光产碱剂等。接下来将会对这些光引发剂的研究现状及发展趋势作详细的论述。

第一节　自由基光引发剂

自由基光引发剂是在光辐照后通过自身裂解或与环境中物质快速反应产生活性自由基，从而引发单体发生交联聚合反应的一类物质。按照产生活性自由基方式的不同，又可分为Ⅰ型自由基光引发剂（Norrish Ⅰ，即裂解型自由基光引发剂）和Ⅱ型自由基光引发剂（Norrish Ⅱ，即夺氢型自由基光引发剂）。本节将对这两大类光引发剂的类型、作用机理及使用方法作详细介绍。

一、Ⅰ型自由基光引发剂——裂解型自由基光引发剂

裂解型自由基光引发剂经光辐照后，自身迅速发生裂解反应，产生可引发（甲基）丙烯酸酯类单体聚合的活性自由基。此类光引发剂的类型主要包括：α-羟基酮类光引发剂、α-氨基苯酮类光引发剂、酰基膦类光引发剂、α-氧酰基肟酯类光引发剂、酰基锗或锡类光引发剂、六芳基双咪唑类光引发剂等。这些光引发剂的特点及作用机理介绍如下。

（一）α-羟基酮类光引发剂

α-羟基酮类光引发剂是一类应用广泛的光引发剂。这类化合物在大多数条件下具有较高的引发效率、稳定性好、几乎无黄变，被广泛应用于 UV 透明涂料和清漆中。这类光引发剂具有良好的表层固化能力，经常与其他光引发剂配合使用，可以使涂层快速地实现表干。市场上常见的 α-羟基酮类光引发剂是化合物 1（1173）、化合物 2（184）、化合物 3（2959）（图 2.2）。化合物 1（1173）的光引发聚合机理如图 2.3 所示，化合物 1 分子吸收光子后，经激发单线态 1a，到达激发三线态 1b，然后裂解产生自由基 1c 和 1d，继而引发自由基单体发生聚合反应。

这类光引发剂也有明显的缺点，即迁移性较强，这限制了其在很多方面，如食品包装、婴幼儿用品包装等材料上的应用。为了充分利用此类光引发剂的优点，同时最大可能降低其高迁移性带来的限制，研究人员做了很多工作后发现增加光引发剂分子量是降低其迁移性的可行方法之一。例如，研究发现以下双官能团的 α-羟基酮类光引发剂化合物 4~6（图 2.4）不仅提高了引发效率，还降低了迁移性。

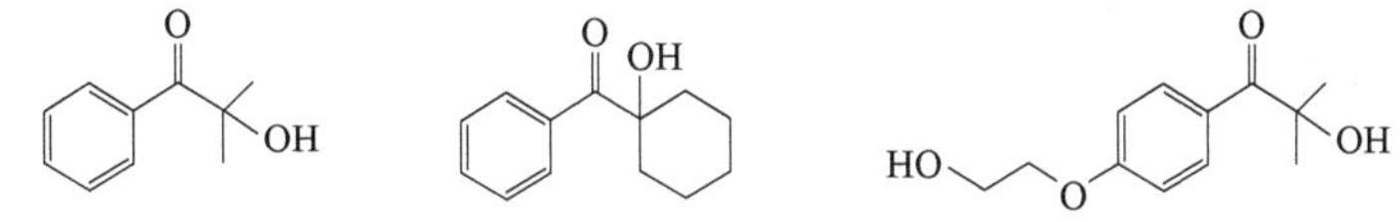

(a) 化合物1(1173)　(b) 化合物2(184)　(c) 化合物3(2959)

图 2.2 化合物 1（1173）、化合物 2（184）和化合物 3（2959）

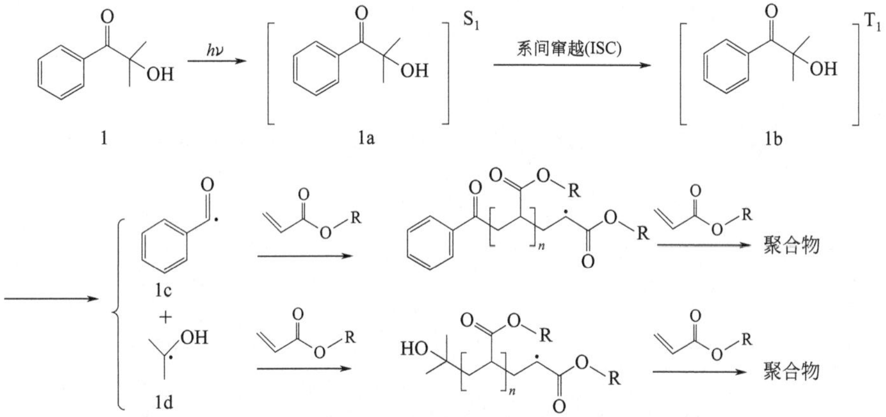

图 2.3 化合物 1（1173）的光引发聚合反应机理

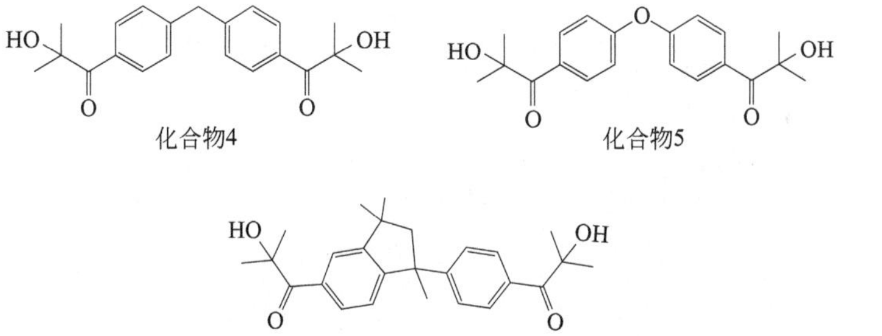

化合物4　化合物5

化合物6

图 2.4 双官能团的 α-羟基酮类光引发剂化合物 4～6

另外，在结构式中引入可聚合基团，如丙烯酸酯、二异氰酸酯等可聚合基团，生成可聚合型光引发剂也是一种降低光引发剂迁移性的可行方法。此类光引发剂既可以引发聚合反应，又能参与聚合反应，经光辐照后，残余的光引发剂及反应产生的光引发剂碎片都会被固定在聚合物涂层中，从而降低了光引发剂的迁移性。化合物 7～11（图 2.5）是报道较多的 α-羟基酮类可聚合型光引发剂。

虽然通过引入丙烯酸酯可聚合基团生成可聚合型光引发剂，可以降低光引发剂或其裂解产物的迁移性，但是丙烯酸酯的活泼性降低了光引发剂的储存稳定性，这在一定程度上限制了它们的推广应用。鉴于此，一种将肉桂酰基引入 α-羟基酮类小分子光引发剂（化合物 12～14，图 2.6）的研究结果表明：此类光引发剂光引发自由基聚合性能良好，储存稳定性良好，同时由于可聚合基团肉桂酰基的引入，降低了光引发剂的迁移性。

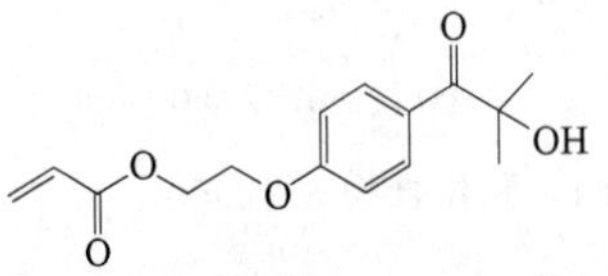

化合物7

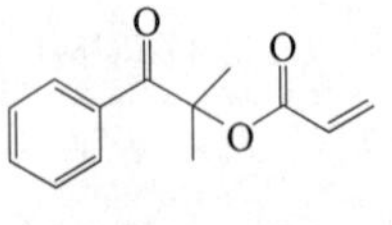

化合物8

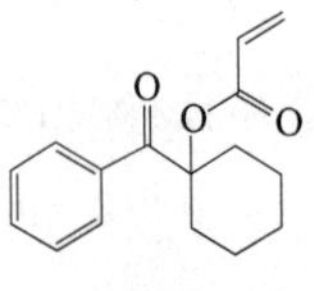

化合物9

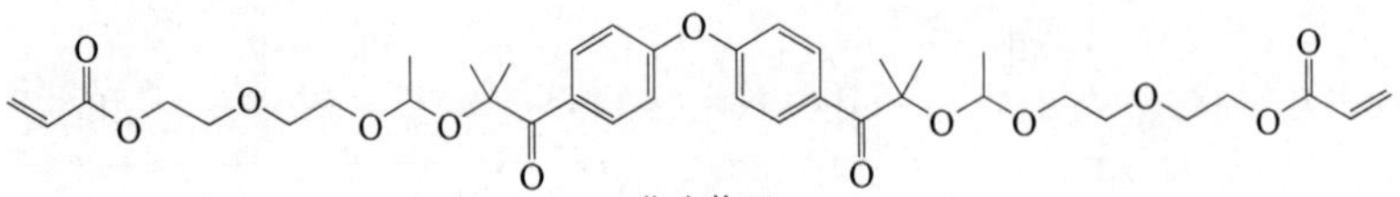

化合物10

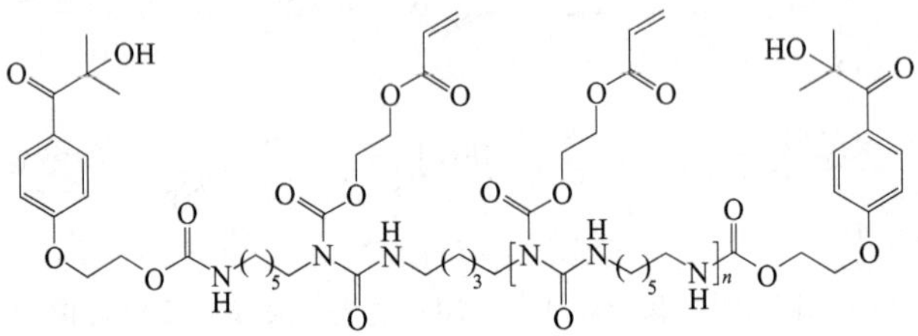

化合物11

图 2.5 可聚合型 α-羟基酮类光引发剂化合物 7～11

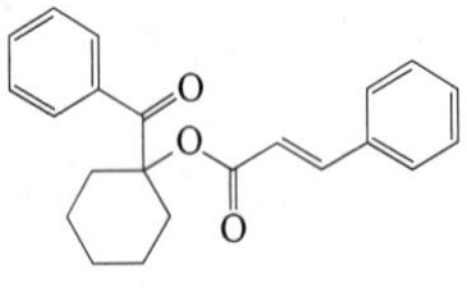

化合物12

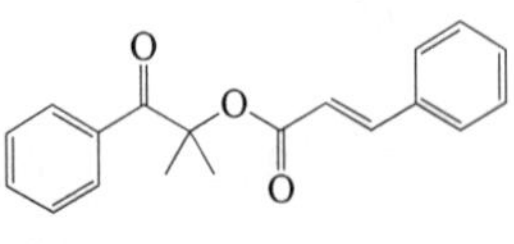

化合物13

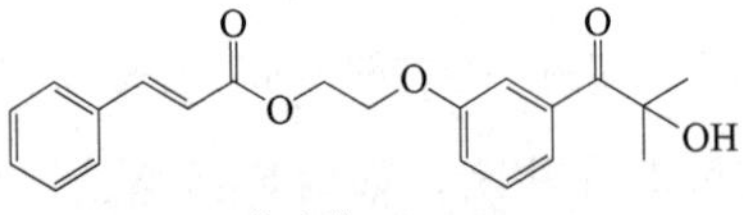

化合物14

图 2.6 含肉桂酰基低迁移性的光引发剂化合物 12～14

α-羟基酮类光引发剂的另一个问题是波长偏短，不利于在长波长 UV-LED 光源下使用。为解决此问题，研究人员在此化合物基础上引入了长波长生色团，改善了其紫外吸收性能。例如化合物 15～17（图 2.7）就是一类适用于长波长 UV-LED 光源的光引发剂。

因为 Si—O 键键能（368kJ/mol）比 Si—Si 键键能（197kJ/mol）大，所以 Si—O 键有更强的耐光性和稳定性，加之有机硅产品具有低表面能、低表面张力的特性，可以满足一些材料在表面性能方面的特殊要求，所以研究人员将 Si—O 键引入传统光引发剂中，制备了很多含硅光引发剂。例如将有机硅引入传统引发剂α-胺烷基/羟基苯酮上的研究成果表明：利用含硅大分子光引发剂（化合物 18、化合物 19，图 2.8）的材料表面性能较利用传统光引发剂有了很好的改善。

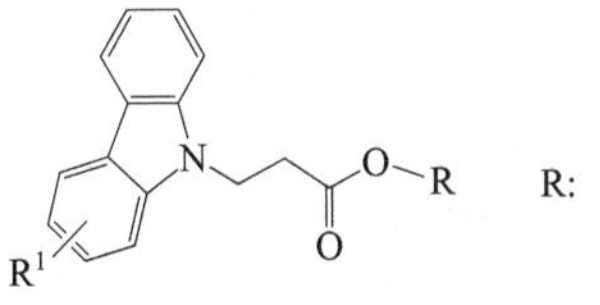

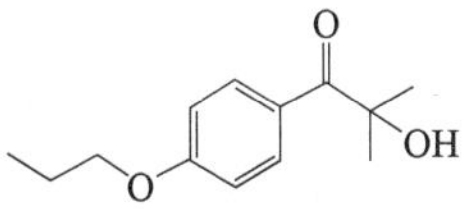

化合物15

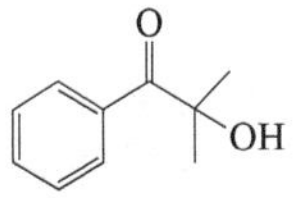

化合物16

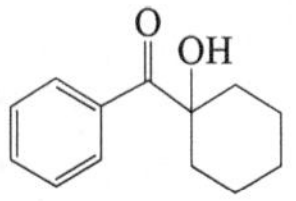

化合物17

图 2.7　适用于长波长 UV-LED 光源的 α-羟基酮类光引发剂化合物 15～17

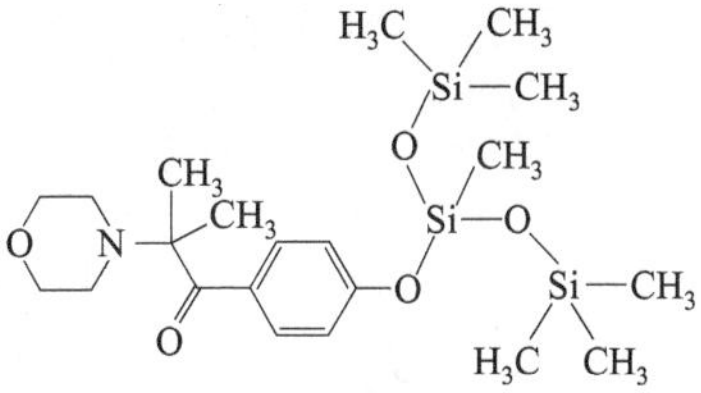

化合物18

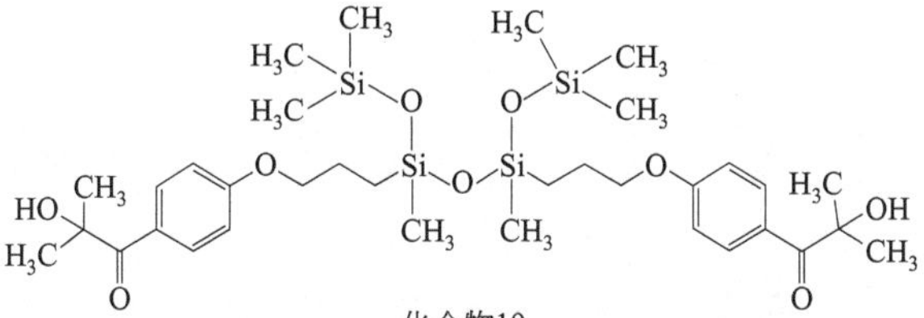

化合物19

图 2.8　聚硅氧烷光引发剂化合物 18、化合物 19

将化合物 1（1173）引入一种超支化含氢硅油化合物中的研究结果显示：超支化有机硅大分子光引发剂化合物 20（图 2.9）具有较高的光聚合反应活性，且体系固化后具有很好的热稳定性。

将 Si—Si 键引入传统光引发剂化合物 1（1173）、苯偶姻（BE）、1-氯-4-羟基硫杂蒽酮（CPTX）的研究结果显示：三种含硅光引发剂化合物 21（PI-1）、化合物 22（PI-2）、化合物 23（PI-3）（图 2.10）在有氧气或无氧气条件下都有比较高的引发性能。这是因为聚硅烷光敏度较强，经紫外光照射后，Si—Si 键裂解产生硅烷基自由基（图 2.11），它具有非常高的量子效率，且甲硅烷基自由基对乙烯基单体具有很高的引发活性，通过聚硅烷裂解产生的含多官能团的自由基可以与不同的单体进行共聚，从而可以制备出性能各异的光敏性聚合物。

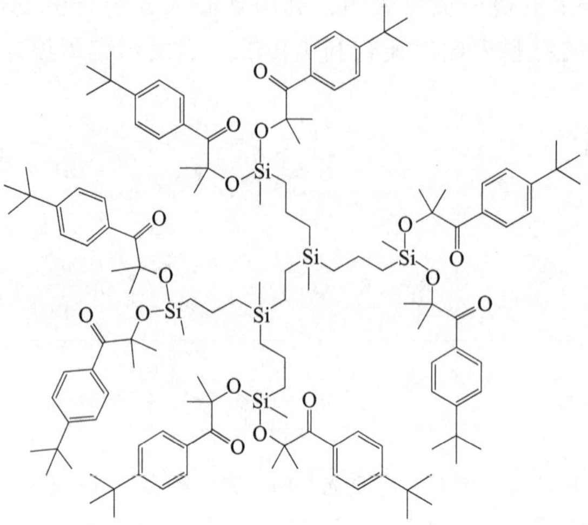

图 2.9 超支化有机硅大分子光引发剂化合物 20

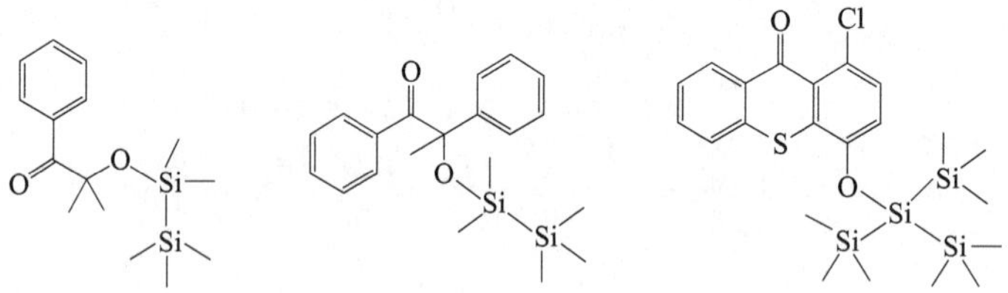

化合物21　　化合物22　　化合物23

图 2.10 光引发剂化合物 21、化合物 22、化合物 23 化学式

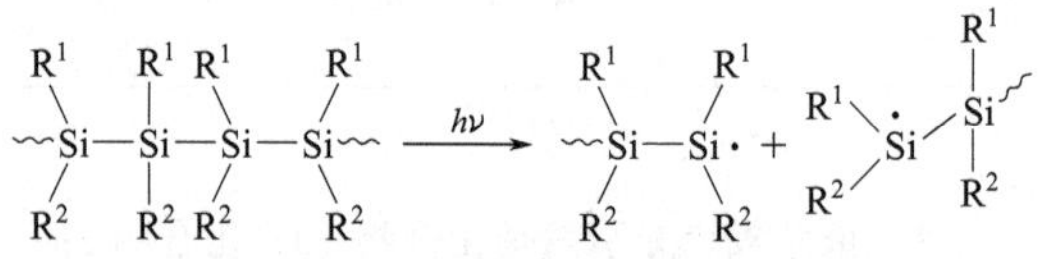

图 2.11 聚硅烷的光解机理

以化合物 2（184）和异佛尔酮二异氰酸酯（IPDI）、羟基封端聚硅氧烷（HOSiOH）为原料，制备新型含硅大分子光引发剂化合物 24（HISiH，图 2.12）的研究表明：化合物 24 具有较强的光引发活性，且与很多树脂体系都有很好的相容性。

有机硅大分子光引发剂化合物 25［W-Si-(2959)，图 2.13］的研究结果表明：这种光引发剂是一种双官能度、水溶性、裂解型光引发剂，具有较好的光引发活性，具有较强的抗氧阻聚作用。

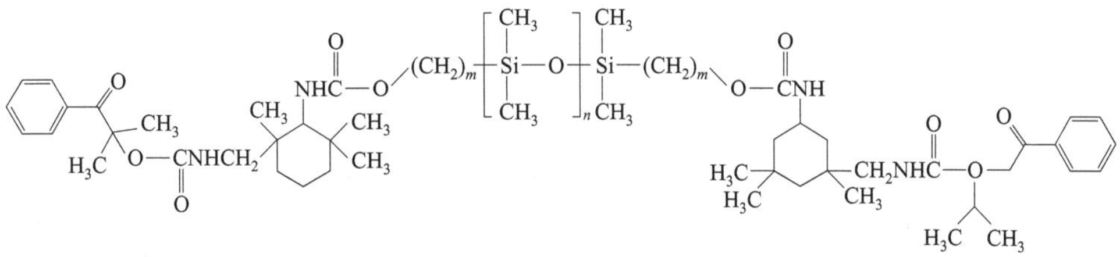

图 2.12　含硅大分子光引发剂化合物 24 HISiH

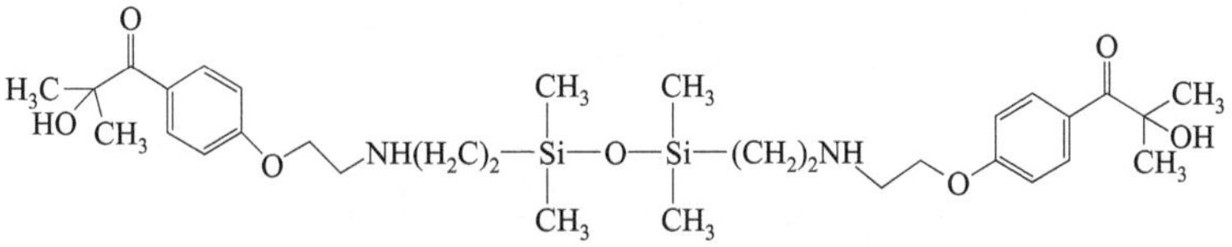

图 2.13　光引发剂化合物 25 ［W-Si-(2959)］

此外，一系列含硅光引发剂化合物 26（HBP-Si-X）、化合物 27（HBP-Si-A）、化合物 28（NH₂-2959-2）、化合物 29（NH₂-2959-4）、化合物 30（NH₂-2959-CC）（图 2.14）的研究结果表明：此类引发剂具有自发上浮的能力，可以在体系中形成浓度的梯度分布和表面的富集，可制备分子量梯度聚合物，并同时解决氧阻聚问题。

以化合物 2（184）和聚硅氧烷为原料制备的光引发剂化合物 31（184-AC-Si，图 2.15，）具有很好的光引发性能，在体系中也能形成浓度的梯度分布和表面的富集，可用于制备梯度聚合物。含硅大分子光引发剂既具有较高的引发活性，又可以改善材料性能，还能降低氧阻聚及光解碎片的迁移性，是光引发剂研究的一个热点。

另外，因为 C—F 键键能高（486kJ/mol），含氟化合物的分子内聚能强，具有表面迁移性，易在表面聚集，所以研究人员将氟原子引入光引发剂结构中，制备的含氟光引发剂可以在固化体系表层聚集，形成一层氧阻隔层，具有克服氧阻聚的优点。含氟光引发剂也是自由基光引发剂研究的一个热点。含氟光引发剂化合物 32（1173-F）和化合物 33（184-F）（图 2.16）的研究结果表明：此类光引发剂具有很好的光学活性；具有表面富集作用，可以有效克服氧阻聚；在溶剂和单体里都有很好的迁移性，能短时间内迁移到表面形成梯度分布，可制备梯度聚合物；还可以进行二次聚合，从而对材料表面进行改性。化合物 32 的光解机理如图 2.16 所示。

含氟光引发剂化合物 34（F-2959，图 2.17）的研究结果表明：化合物 34 比化合物 32（1173-F）具有更高的引发活性；比化合物 3（2959）具有更优异的抗氧阻聚能力；还可以在亲水高分子表面形成疏水层。

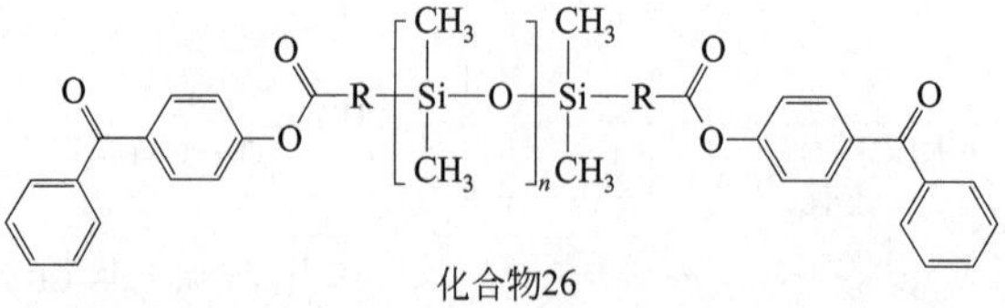

图 2.14　化合物 26 (HBP-Si-X)，化合物 27 (HBP-Si-A)，化合物 28 (NH$_2$-2959-2)，
化合物 29 (NH$_2$-2959-4)，化合物 30 (NH$_2$-2959-CC)

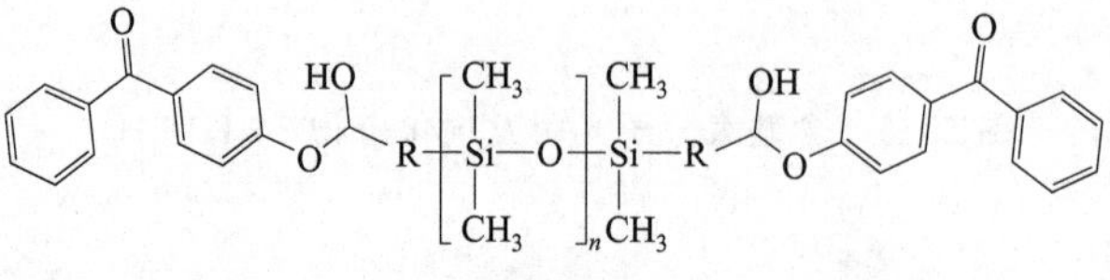

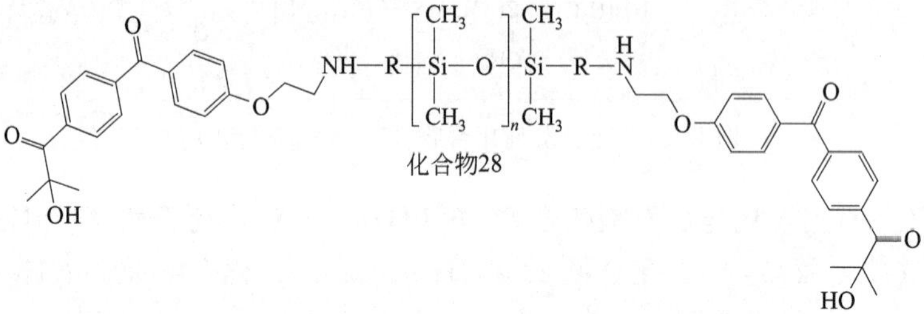

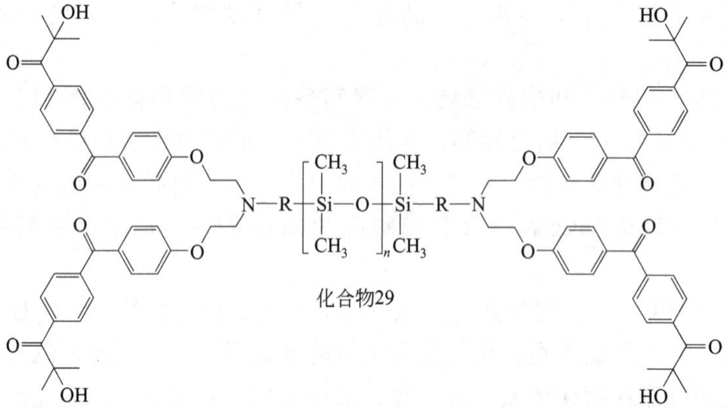

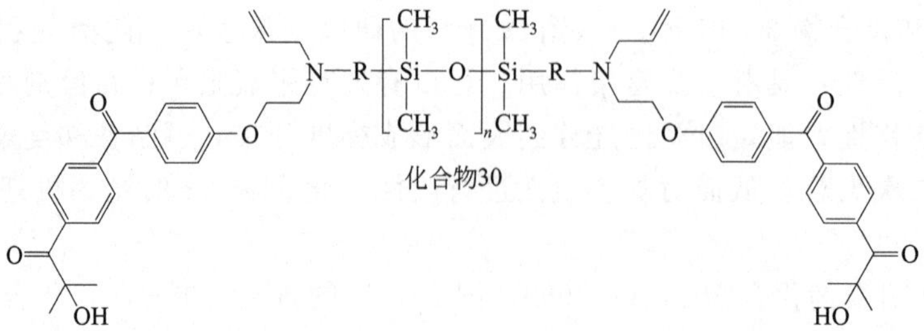

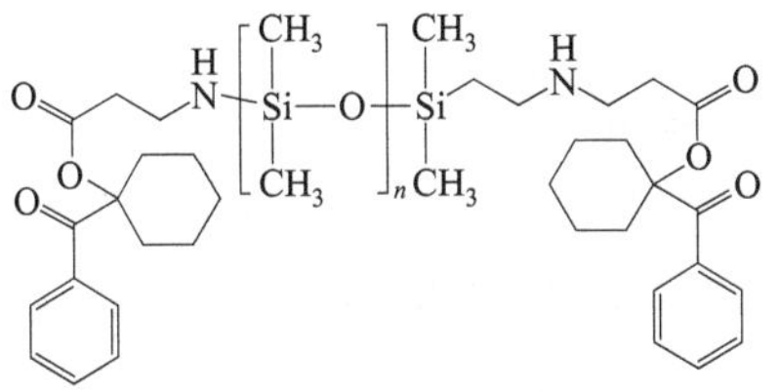

图 2.15 化合物 31（184-AC-Si）

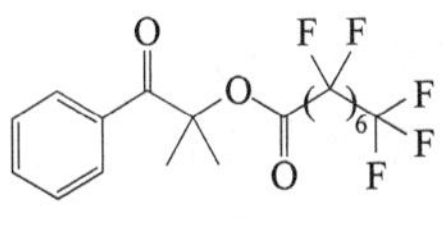

化合物32 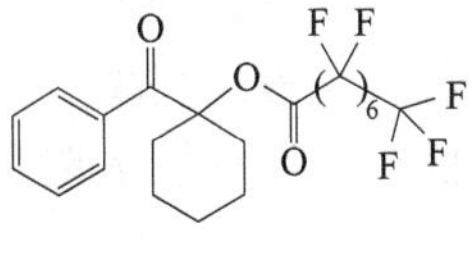　　　　　　　　化合物33

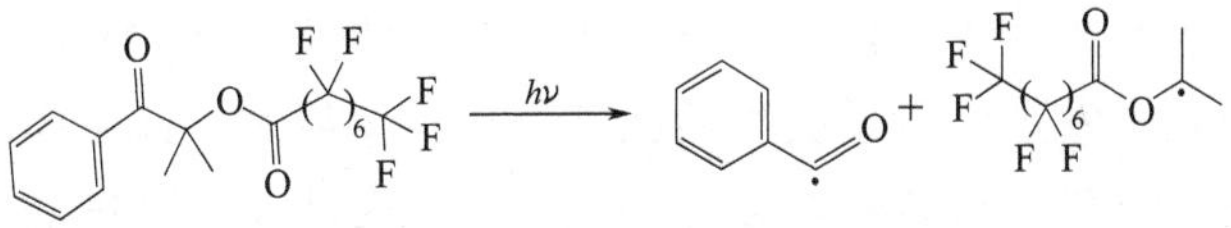

图 2.16 化合物 32（1173-F），化合物 33（184-F）
及化合物 32（1173-F）的光解机理

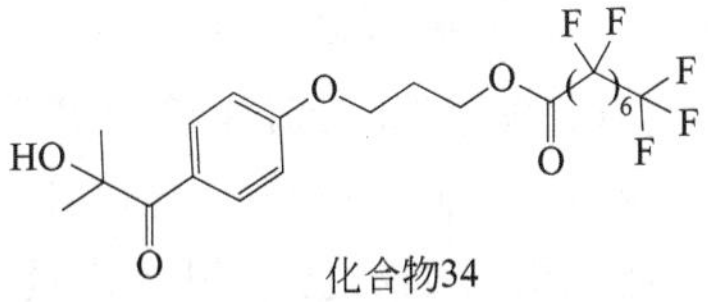

化合物34 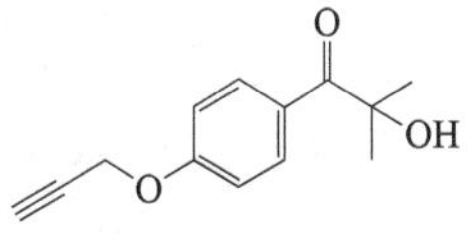　　　　　　　　　　化合物35

图 2.17 化合物 34（F-2959）和化合物 35（PI-4）

　　含氟光引发剂在市场上的产品不多，很多研究报道仍处于实验室研究阶段。不过，随着可光聚合氟化单体，例如含氟（甲基）丙烯酸酯、含氟乙烯基醚、含氟氧杂环丁烷等的发展与应用，与含氟单体相容性好的含氟光引发剂也会得到深入的研究与发展。

　　化合物 35（图 2.17）的研究结果表明，炔基的引入使得化合物 35（PI-4）具有极低的迁移率，同时还保持了其极好的引发效果。

　　研究人员还在改善生物相容性及水溶性方面对此类光引发剂做了一些研究。水溶性木质素大分子光引发剂化合物 36（L-PEG-2959，图 2.18）的研究结果表明：化合物 36 具有优异的光吸收性能，且其光引发效率与化合物 3（2959）的光引发效率相当；含有 L-PEG-2959 的水凝胶的迁移率比含化合物 3 的水凝胶显著降低；体外细胞毒性实验初步证明：L-PEG-2959 的生物安全性优于化合物 3，可用于制备生物安全水凝胶。

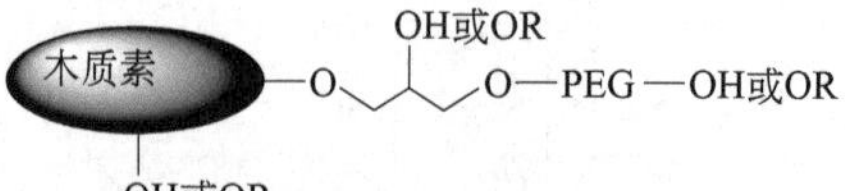

图 2.18　化合物 36（L-PEG-2959）

因为 α-羟基化合物具有较强的光敏性，且其本身具有的羟基基团为研究人员对其进行结构改造带来便利，所以研究人员在 α-羟基化合物光引发剂基础上做了大量工作。由此可见，在进行新型光引发剂开发的时候综合考虑传统光引发剂的特点，包括分子结构特点及作为光引发剂的优缺点，同时结合现实需求，例如降低其迁移性、延长其吸收波长、提高抗氧阻聚性能等将会有利于开发出满足市场需求的新型光引发剂。

（二）α-氨基酮类光引发剂

α-氨基苯乙酮类光引发剂是一类具有良好吸收性能的含 N 光引发剂，此类光引发剂为裂解型光引发剂，分子吸光后跃迁至激发单线态，经系间窜越到激发三线态，在其激发单线态或三线态时，分子结构呈不稳定状态，其中的弱化学键会发生均裂，产生初级活性自由基，引发低聚物或活性稀释剂聚合交联，适用于厚膜的深层固化。典型代表化合物为图 2.19 所示的化合物 37〔2-甲基-1-[4-（甲硫基）苯]-2-吗啉丙酮，907〕、化合物 38〔2-苄基-2-二甲氨基-1-（4-吗啉苯基）丁酮，369〕和化合物 39〔2-(4-甲基苄基)-2-二甲氨基-1-（4-吗啉苯基）丁酮，379〕。此类化合物由于在苯乙酮的苯环上引入了给电子基团，使吸收光谱延伸到近紫外和可见光区，在 320nm 左右有非常高的摩尔消光系数，与硫杂蒽酮配合使用效果更佳。此类分子中含有的三级胺结构，是二苯甲酮类光引发剂的促进剂，故具有较高的光引发活性。化合物 37（907）的光解反应机理如图 2.20 所示。化合物 38 有 α 和 β 两种裂解方式，但以 α 裂解为主（见图 2.21、图 2.22）。

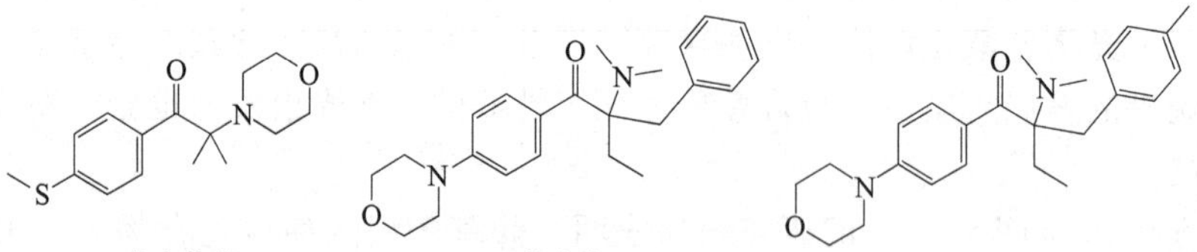

化合物37　　　　　化合物38　　　　　化合物39

图 2.19　化合物 37～39

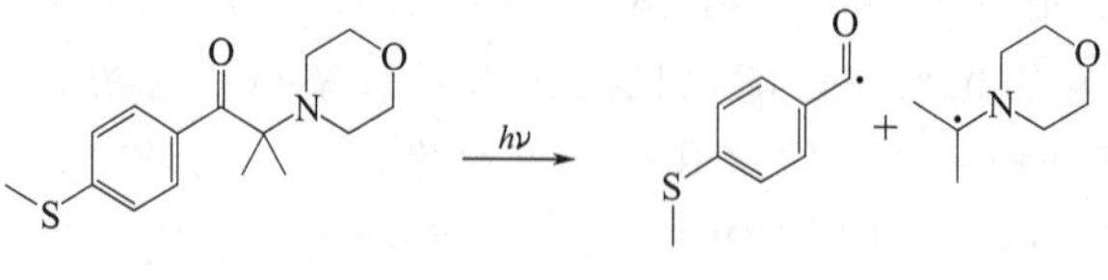

图 2.20　化合物 37（907）的光解机理

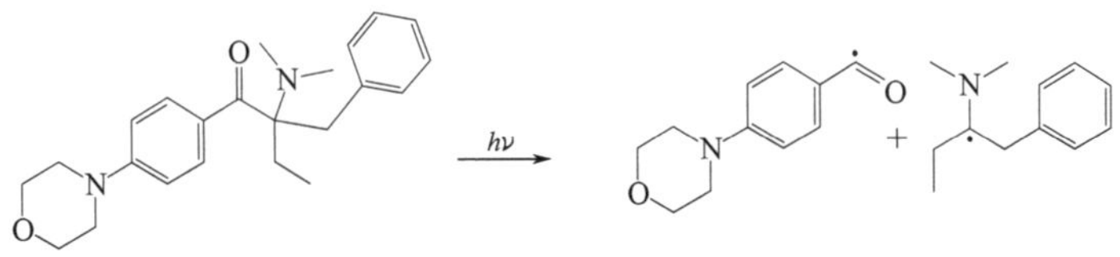

图 2.21　化合物 38（369）的 α 光裂解机理

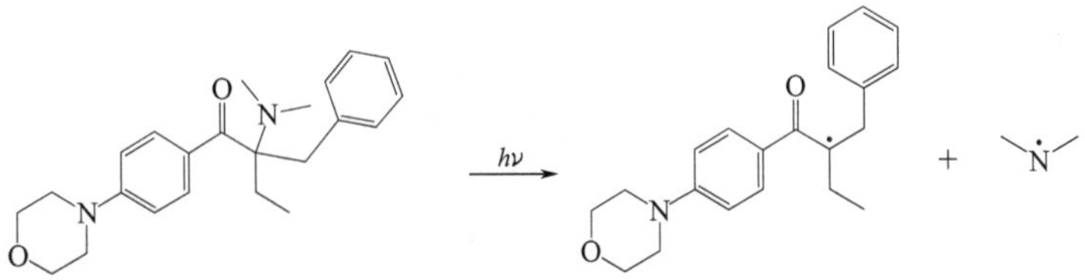

图 2.22　化合物 38（369）的 β 光裂解机理

　　鉴于此类化合物良好的光敏性，研究人员在此化合物的基础上做了一些研究工作。例如将 S 原子引入裂解型光引发剂 α-氨基烷基酮中，制备了含硫 α-氨基烷基酮引发剂化合物 40（图 2.23），研究成果表明：化合物 40 较 α-氨基烷基酮的光引发效率有了进一步的提升。

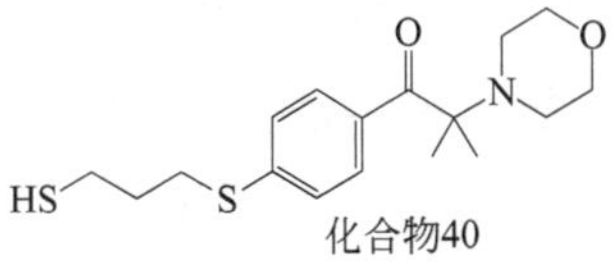

化合物40

图 2.23　含硫 α-氨基烷基酮光引发剂化合物 40

　　虽然小分子胺类光引发剂有良好的光引发效果，但是胺类物质具有较强的毒性，尤其是对肝脏的毒性较大，限制了此类光引发剂的广泛应用。为了解决这个问题，开发光引发效率高、毒副作用小、挥发性低、生物相容性好的大分子胺类光引发剂成为近年来的研究热点。研究人员制备了一系列的大分子光引发剂如化合物 41（Ploymeric 910，图 2.24）、化合物 42（图 2.25）、化合物 43（图 2.26）、化合物 44（图 2.27）等。以目前研究来看，化学结构高分子化可以有效降低光引发剂的迁移性及毒性，但是高分子引发剂也存在一定的缺点，即高分子活性基团的运动

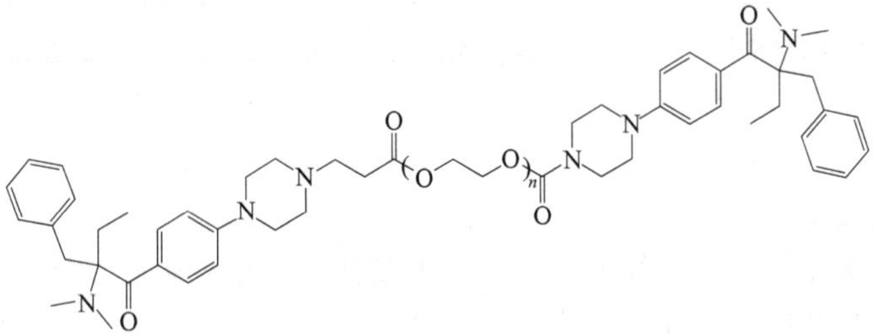

图 2.24　光引发剂化合物 41 Polymeric 910

图 2.25   含乙醇胺的 α-氨基酮类大分子光引发剂化合物 42

图 2.26   含仲胺的多官能团 α-氨基酮类大分子光引发剂化合物 43

图 2.27   新型 α-氨基酮类大分子光引发剂化合物 44

活性低于小分子活性基团，导致光聚合速率降低。所以仅仅将小分子光引发剂大分子化是不够的，还需要关注光引发剂的引发活性。

因为结构和合成工艺的复杂性，α-氨基苯乙酮类光引发剂并没有像 α-羟基酮类光引发剂那样进行广泛的结构改性研究。尽管其波长偏短，但与硫杂蒽酮光敏剂配合使用时具有不错的引发性能，在一定程度上可以满足 UV-LED 光源的需求。

(三) 酰基膦光引发剂

酰基膦光引发剂是 90 年代开发的一类性能优良的光引发剂，现在市场上的产品主要以图 2.28 所示的化合物 45（819）、化合物 46（TPO）、化合物 47（TPO-L）为典型代表。酰基膦光引发剂具有优异的引发性能，被广泛用于涂料、油墨、黏合剂、抗蚀剂、阻焊剂等工业领域中。此类化合物在紫外区和可见光区有很强的吸收，分解速度快，自由基量子产率高，光固化速度快，固化后几乎不发生黄变，同时还具有光漂白作用，有利于厚膜固化。因为光引发剂转化效率高，引发剂在光照后几乎没有剩余，因此有利于防止涂层在老化过程中发生降解。但此类引发剂的缺点是抗氧阻聚效果比较弱，不利于表层固化，常与 ITX、1173、184 配合使用以改善表层固化效果。

鉴于酰基膦光引发剂优异的光引发性能及较宽的紫外吸收范围，研究人员以上述化合物结构为基础，做了大量的结构改性工作，以增强储存稳定性，降低迁移性，提高抗氧阻聚作用等。将 TPO 接在高聚物链上制备化合物 48 poly（MAPO）

系列光引发剂（图 2.29）的研究结果表明：当 TPO 接在高聚物链上时，无论在轻度曝光还是水解条件下，其稳定性高于小分子的 TPO，在 UV 固化涂层配方中有更好的储存稳定性。

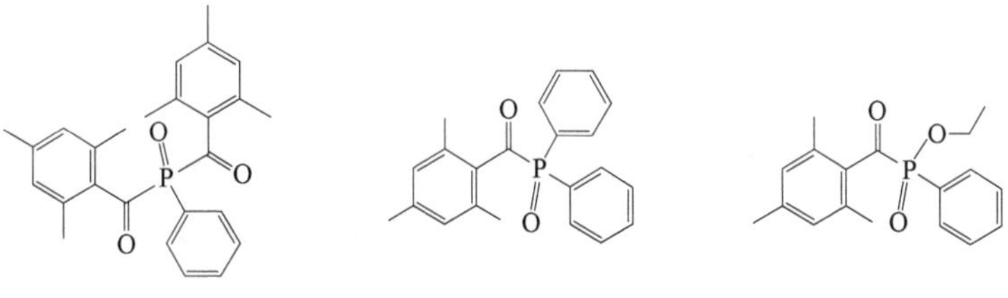

化合物45　　　　　　化合物46　　　　　　化合物47

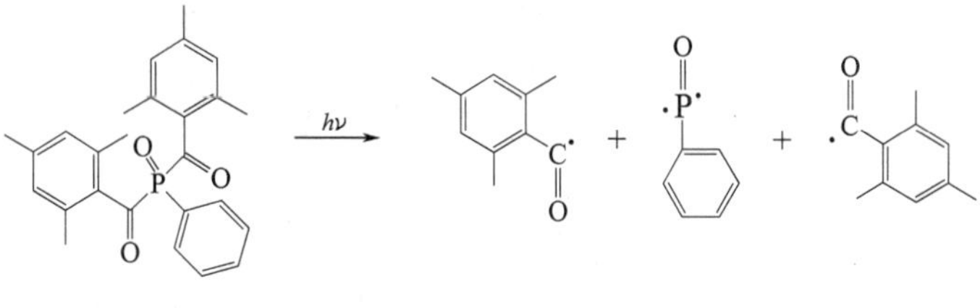

化合物45

图 2.28　化合物 45（819）、化合物 46（TPO）、化合物 47（TPO-L）
及化合物 45 的光解机理

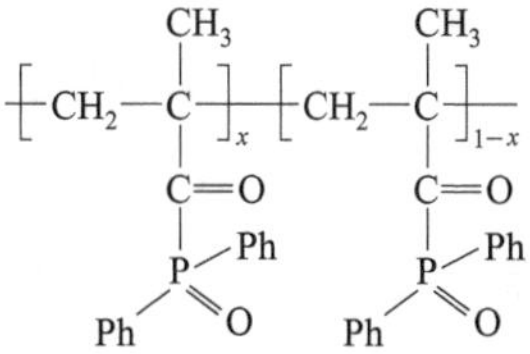

图 2.29　化合物 48 poly（MAPO）系列光引发剂
$x=1$，poly（MAPO）；$0<x<1$ poly（MAPO-co-MMA）

　　研究人员在可聚合型酰基膦光引发剂方面也做了很多工作，乙烯基功能化的酰基氧化膦光引发剂化合物 49～51（图 2.30）的研究结果表明：这些乙烯基功能化的酰基膦氧化物可进一步与乙烯基单体二甲基丙烯酰胺（DMA）或 N-乙烯基吡咯烷酮（NVP）或乙酸乙烯酯（VAC）共聚，得到大分子的含酰基氧化膦基团的光引发剂（PPIs），该类大分子光引发剂有较高的光引发效率和较好的水溶性，可作为蓝光光引发剂应用在光聚合制备水凝胶工艺上。将化合物 45（819）高分子化的研究结果表明：高分子化的化合物 52（APBPO，图 2.31）仍然具有较高的引发活性，且气味得到了明显改善。丙烯酸酯功能化的酰基氧化膦化合物 53、54（图 2.32）的研究结果表明：此类物质具有较高的引发活性，同时迁移性大大降低。

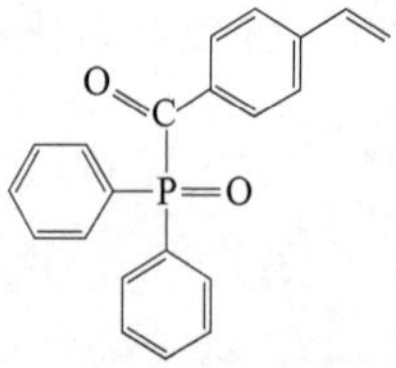

化合物49 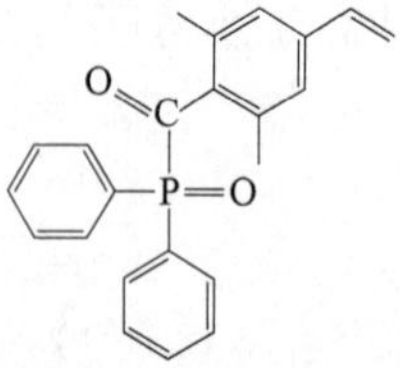　　　　　　化合物50 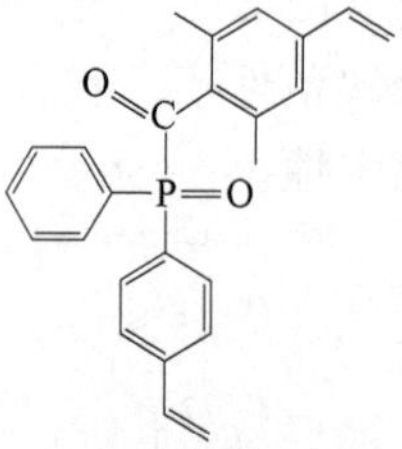　　　　　　化合物51

图 2.30　乙烯基功能化的酰基氧化膦光引发剂化合物 49～51

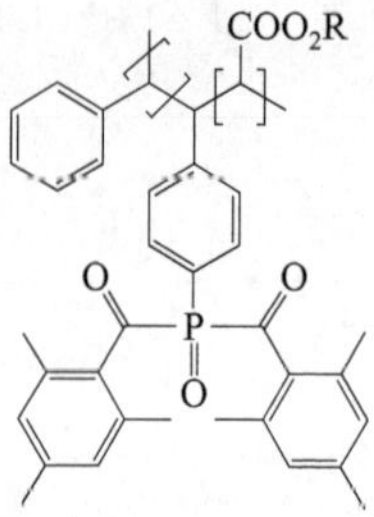

图 2.31　APBPO 酰基膦高分子光引发剂化合物 52

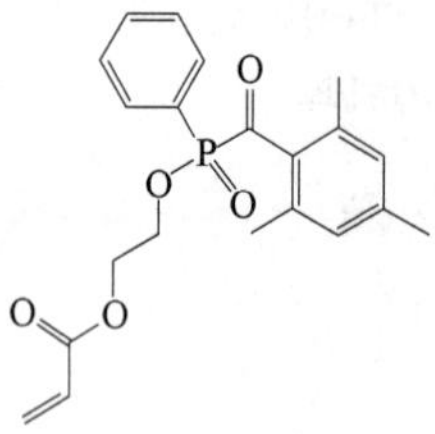

化合物53 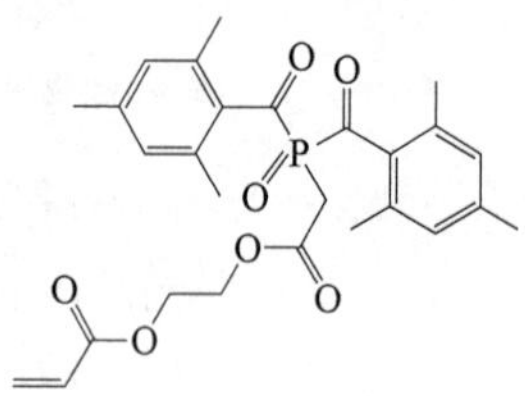　　　　　　　　　　化合物54

图 2.32　丙烯酸酯功能化的酰基氧化膦化合物 53、54

　　在酰基磷光引发剂研究早期，研究人员就已发现水溶性酰基氧化膦光引发剂具有优异的深层固化效率和较好的水溶性。典型代表是衍生自 TPO-L 的水溶性单酰基膦氧化物的聚乙二醇酯衍生物化合物 55，以及单酰基次磷酸盐光引发剂 56（图2.33），研究表明单酰基次磷酸锂盐和钠盐可用作生物医学水性应用的光引发剂和水性油墨喷墨中的光引发剂。

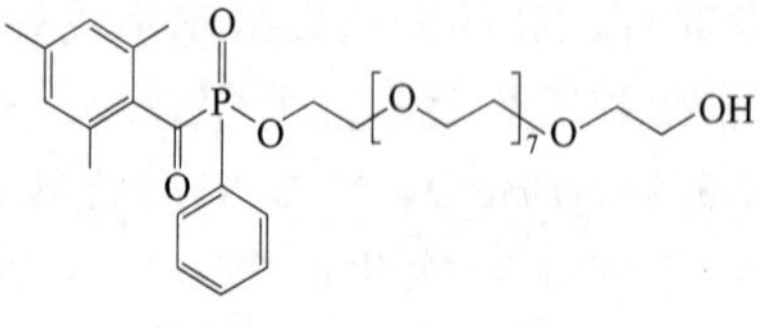

化合物55 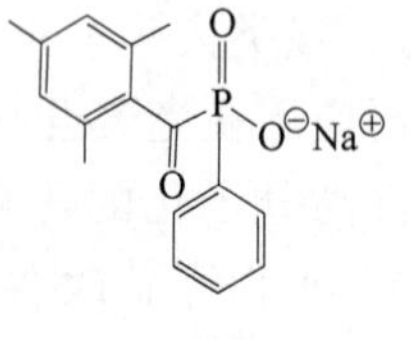　　　　　　　　　化合物56

图 2.33　水溶性单酰基氧化膦光引发剂化合物 55、56

考虑到 395nm UV-LED 辐射光源在水性涂料及水性油墨应用中的快速推广，开发 395nm 附近具有高灵敏度的水溶性光引发剂成为迫切需求。于是研究人员在这方面做了很多工作。水溶性双酰基氧化膦光引发剂化合物 57～60（见图 2.34）的研究结果显示：这些以水溶性碱金属盐或铵盐的形式存在的次磷酸的衍生物具有很好的水溶性和稳定性；用于水基聚氨酯丙烯酸酯分散体的 UV 喷墨油墨中，制备的油墨具有优异的储存稳定性；可用在 395nm UV-LED 辐射源下，氧阻聚作用低于 UV 喷墨油墨配方的标准。

化合物57

化合物58

化合物59

化合物60

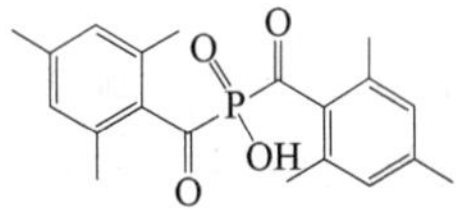

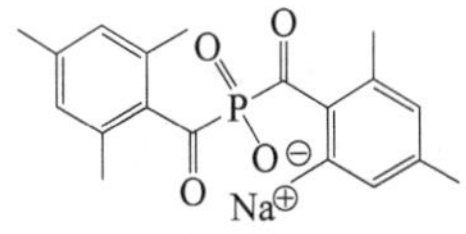

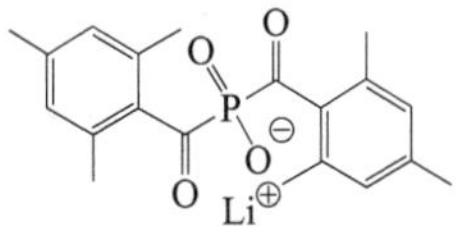

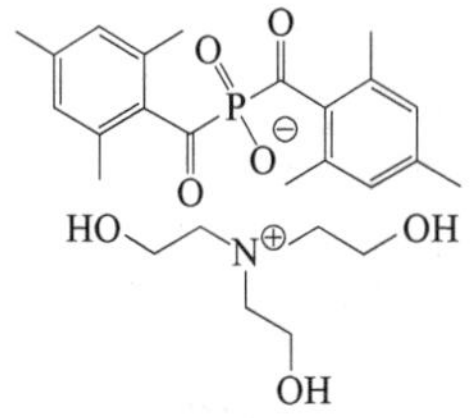

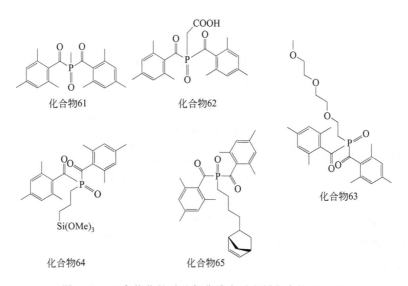

图 2.34 水溶性双酰基氧化膦光引发剂化合物 57～60

另外，P 原子官能化的酰基氧化膦光引发剂化合物 61～65（图 2.35）的研究结果表明：这类化合物易于合成；由于 R_2PO 自由基的高反应活泼性，使材料可以

化合物61

化合物62

化合物63

化合物64

化合物65

图 2.35 P 官能化的酰基氧化膦光引发剂化合物 61～65

被容易地改性，有利于制备光活性聚合物和光活性表面；可用于合成共嵌段聚合物以及在非常温和的条件下开发新的成像涂层技术。

化合物 47（TPO-L）是一种高效的液体光引发剂，与应用体系有较好的相容性，研究人员以化合物 47（TPO-L）为基础做了一些研究工作，以降低其迁移性，提高抗氧阻聚能力，扩展其应用范围。例如用乙炔基取代乙基的研究结果显示：含乙炔基的化合物 66（PI-9，图 2.36）的紫外吸收光谱曲线与 TPO 相似，在最大吸收 372nm 处的摩尔消光系数略大于 TPO，引发效果与 TPO 相似，但是迁移率有了明显的降低。

将苯甲酮结构引入 TPO 结构中的研究结果显示：新型光引发剂化合 67（BzTPO，图 2.37）与 TPO 虽然有相似的紫外吸收光谱特征，但在中心波长为 420nm 光源条件下，BzTPO 表现出较高的引发效率。

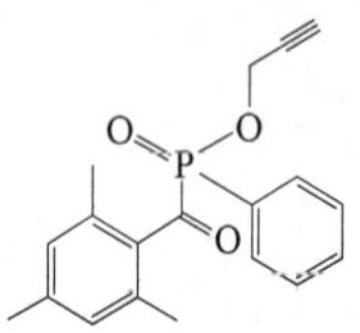

图 2.36　化合物 66（PI-9）

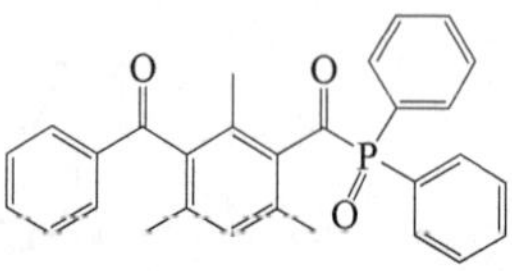

图 2.37　化合物 67 BzTPO

用长氟碳链取代乙基的研究显示：含长氟碳链的化合物 68（TPO-F，图 2.38）与化合物 47（TPO-L）有相似的紫外吸收，但在长波长处的摩尔吸光度略高；具备显著的迁移富集特征，抗氧阻聚能力有了显著提高；TPO-F 光引发效率显著高于 TPO-L，二者组合可进一步提升光引发效率。此研究解决了普通酰基氧化膦类光引发剂因为氧阻聚作用不能快速实现表干的问题。

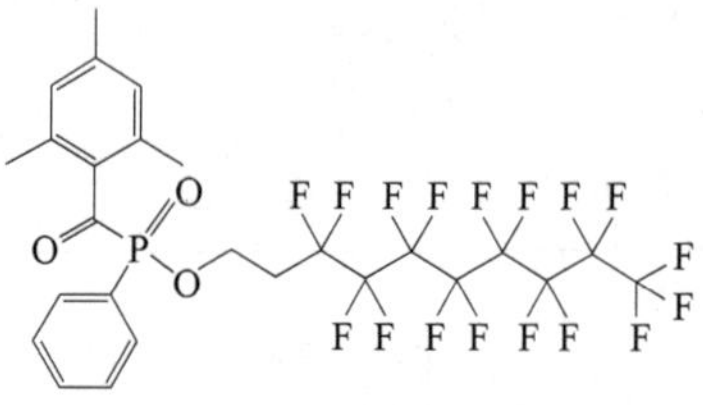

图 2.38　化合物 68 TPO-F

TPO、819、TPO-L 是应用比较广泛的酰基膦自由基型光引发剂，在市场上的销量也比较大。可聚合型、高分子化及其他官能化的酰基膦光引发剂多在研究报道中提到，市场上的产品不多，但是随着研究的深入、应用需求的提高以及合成工艺的改善，此类光引发剂将会有较好的市场前景。

（四）α-氧酰基肟酯类光引发剂

肟酯类光引发剂是一类研究比较早的具有光活性的化合物，1970 年 G. A. Delzenne 和 U. L. Laridon 首次将此化合物用作光引发剂。随后出现了商品化的光引发剂产品化合物 69（PDO，图 2.39），但是因其热稳定性不佳，限制了它的广泛应用，随后逐渐被其他光引发剂取代而退出了光引发剂市场。但是在 2000 年左右，研究人员将二苯硫醚、咔唑等大 π 键基团引入化合物分子结构中，极大地提高了此类物质的热稳定性及感光活性，自此肟酯类光引发剂又重新引起了人们的广泛关注，现在典型的商业化产品是 OXE-1 和 OXE-02。肟酯结构中，肟的 N 羟基具有一定的酸性（OXE-02 中 N 羟基 pK_a 为 11.46，OXE-01 中 N 羟基 pK_a 为 9.14，PDO 中 N 羟基 pK_a 为 9.28），其酸性与酚羟基（pK_a 9.86）相近，有的甚至高于酚羟基，所以它与羧酸形成的脂（肟酯）是活性酯，容易裂解为自由基。PDO 不仅容易光解成自由基，而且在湿度较大的环境中（常温）也不稳定，容易发生裂解。当引入大的共轭基团后，共轭作用增加了肟酯的稳定性，而且使吸收光谱变宽并发生红移，更好地适应了光固化技术发展的需求。

OXE-01（化合物 70）是 Ciba 公司于 1998 年开发出的一种苯硫醚肟酯类光引发剂（图 2.40），这种光引发剂为裂解型光引发剂，光解机理见图 2.41，其热稳定性较之前的肟酯有了很大的改善，且感光活性高，应用到含颜料光刻胶的制作中，大大提高了颜料光刻胶的稳定性和透明度，改善了彩色光阻的性能，较好地满足了高端 LCD 的制作要求。另外，图 2.42 所示的化合物 71（TR-PBG-305）结构与 OXE-01 类似，但是热稳定和光敏性更好的苯硫醚肟酯类光引发剂可以很好地应用在颜料体系中。

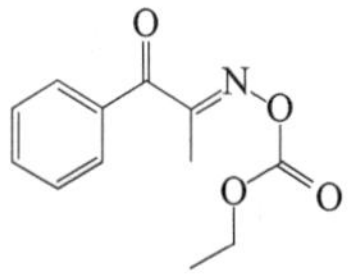

图 2.39　化合物 69（PDO）

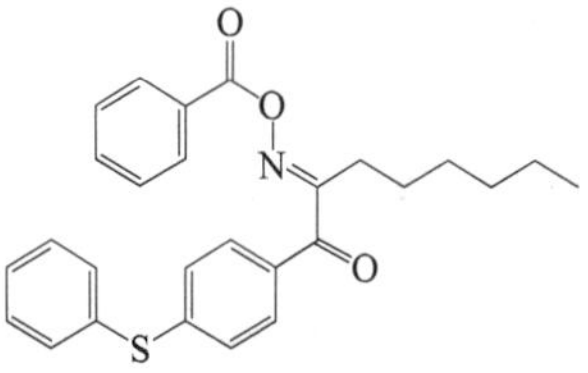

图 2.40　化合物 70（OXE-01）

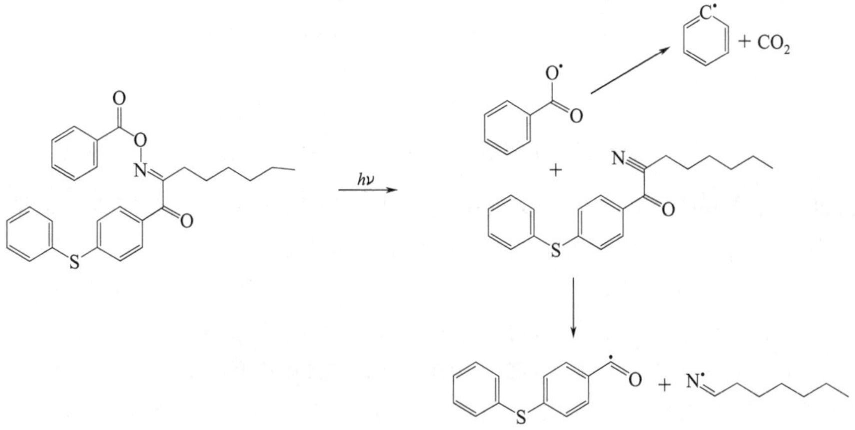

图 2.41　化合物 70（OXE-01）的光解机理

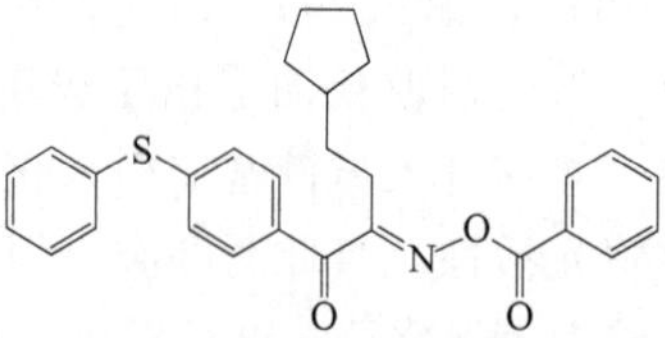

图 2.42　化合物 71（TR-PBG-305）

化合物 72（OXE-02）是 Ciba 公司于 2001 年开发出的一种 N-乙基咔唑肟酯类光引发剂（图 2.43）。此化合物相对于 OXE-01 具有更高的光敏性，被用于高色素的彩色光阻抗蚀剂和高光学密度的黑色矩阵制作中。图 2.44 是 OXE-02 的光解机理。

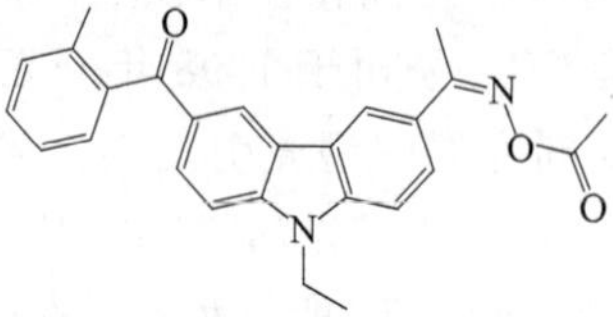

图 2.43　化合物 72（OXE-02）

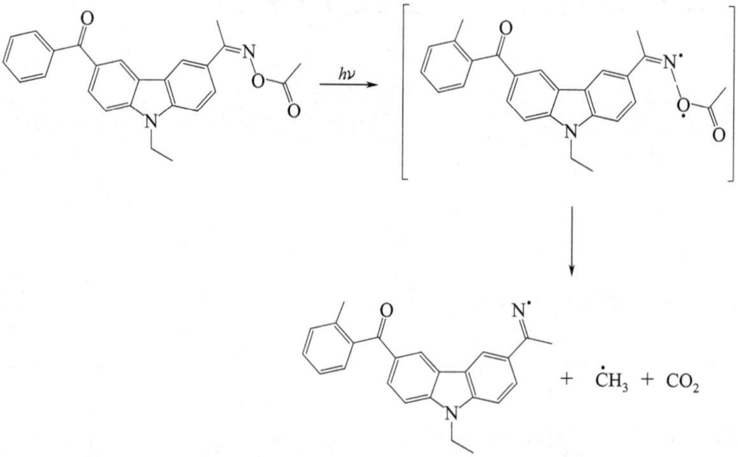

图 2.44　化合物 72（OXE-02）的光解机理

另外，含氨基的香豆素肟酯类光引发剂化合物 73（图 2.45）的研究结果显示：此种光引发剂的紫外吸收范围在 400～480nm，与 405nm 及 450nm 的 LED 光源匹配，适用于 LED 可见光固化；其在 450nm LED 光源照射下可以有效诱导丙烯酸酯和巯基点击光聚合；具有优异的光漂白能力，可实现厚材料（约 4.8mm）的光聚合。此外，关于双光子吸收香豆素肟酯光引发剂化合物 74（OEC3-1）、化合物 75（OEC3-2）、化合物 76（OEC4）（图 2.46）的研究显示：此类物质在光裂解脱羧后产生自由基，可引发丙烯酸酯的聚合。其中，OEC3-1（化合物 74）和 OEC3-

2（化合物 75）都是高效的光引发剂，对广泛的可见光波长敏感；在双光子 3D 打印测试中，OEC3-2 表现出了优异的性能，可用于 3D 打印。

图 2.45　含氨基香豆素肟酯类光引发剂化合物 73

OEC3-1　R=phenyl　化合物74
OEC3-2　R=vinyl　化合物75

OEC4　化合物76

图 2.46　双光子香豆素肟酯类光引发剂化合物 74（OEC3-1）、
化合物 75（OEC3-2）和化合物 76（OEC4）

　　此外，将香豆素肟酯引入上转换红外激光纳米材料表面的研究显示：当 980nm 激光光源照射到表面接有香豆素肟酯的上转换纳米材料（化合物 77，图 2.47）后，上转换纳米材料会从中心发射出香豆素基团敏感的紫外光，从而导致肟酯基团裂解形成自由基，自由基会进一步引发聚合反应。因为红外激光较强的穿透性，即使较深层的纳米粒子也可以被激发放射出紫外光，所以此类光引发剂可应用于深度固化。另外，巧妙的结构设计使得纳米材料表面可以接入很多香豆素肟酯，使此类光引发剂可以释放很多自由基，从而提高引发效率。

UC@SiO$_2$-OEC

图 2.47　蒲公英形红外光高效香豆素肟酯光引发剂化合物 77

　　关于 O-酰基肟酯化合物 78～80（图 2.48）的研究结果显示：此类化合物的吸收范围在 350～420nm，适用于长波长 UV-LED 光源；具有良好的热稳定性及光引发活性，是一类优质的肟酯类光引发剂。

　　关于 3-酮香豆素肟酯化合物 81（图 2.49）的研究显示：此类化合物紫外吸收波长在 300～450nm；在 395nm 和 405nm UV-LED 光源下表现出较好的光引发性

能；在单体中具有较好的储存稳定性；合成工艺简单，是一类具有应用前景的肟酯类光引发剂。

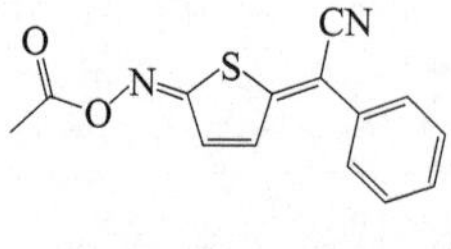

化合物78 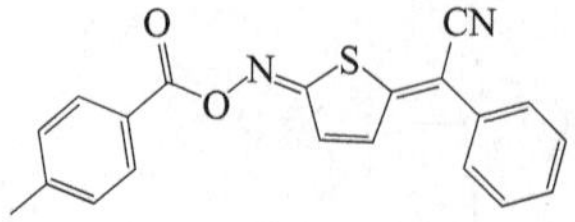   化合物79 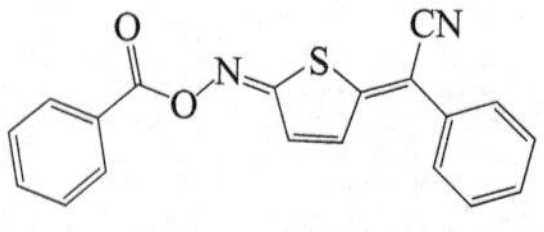   化合物80

图 2.48   O-酰基肟酯类光引发剂化合物 78～80

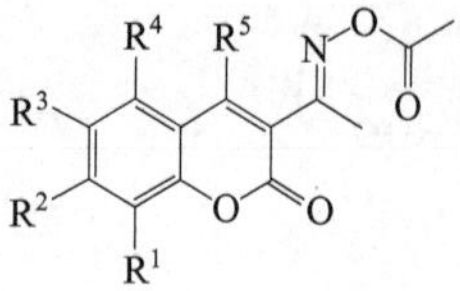

图 2.49   3-酮香豆素肟酯化合物 81

关于一类长波长共轭吩噻嗪肟酯类自由基光引发剂化合物 82～84（Ph-PTZ-OXE，TPA-PTZ-OXE 和 CZ-PTZ-OXE）（图 2.50）的研究显示：吩噻嗪基团的引入使肟酯的紫外吸收波长延长至 455nm 以上，适用于 405nm 及 455nm 的可见光LED；三种化合物可以很好地引发三丙二醇二丙烯酸酯（TPGDA）单体聚合；将此类肟酯体系与碘鎓盐（ION）复配后，在促进自由基聚合方面表现出很高的引发效率。

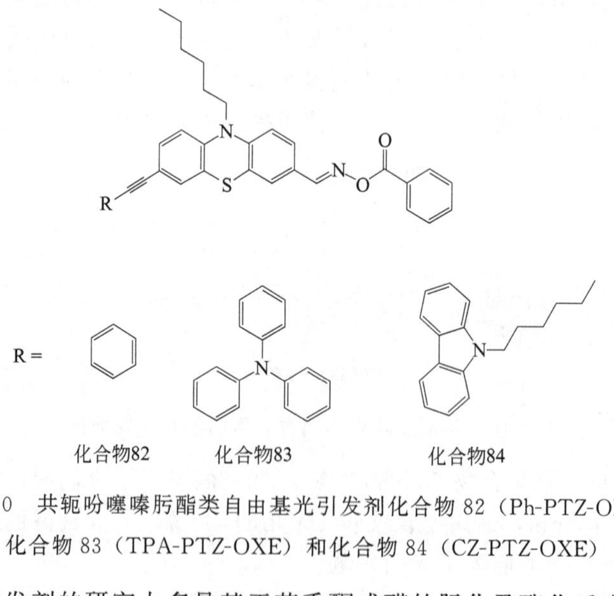

R =

化合物82   化合物83   化合物84

图 2.50   共轭吩噻嗪肟酯类自由基光引发剂化合物 82（Ph-PTZ-OXE），
化合物 83（TPA-PTZ-OXE）和化合物 84（CZ-PTZ-OXE）

肟酯类光引发剂的研究大多是基于芳香酮或醛的肟化及酯化反应实现的。所以开发此类光引发剂的关键是找到吸收波长适宜的酮或醛。目前此类光引发剂的发展方向是延长其吸收波长，提高稳定性，进一步提高感度。研究人员在二官能度或三官能度肟酯的开发方面进行了研究。

（五）酰基锗或锡类光引发剂

牙科材料是光固化材料的重要应用之一，鉴于牙科材料会在人体中存留较长时间，所以为了最大限度降低此类材料的毒副作用（例如过敏、癌变、组织损伤等），对所使用的的引发剂有非常高的要求。因此，开发高效、低毒的光引发剂一直是牙科材料研究者的目标。酰基锗类光引发剂的研究结果显示：此类光引发剂感度很高、稳定性好、毒性低，可应用于牙科材料中。酰基锗类光引发剂按酰基的个数分为单酰基锗、双酰基锗以及三或四酰基锗类光引发剂，常见的酰基锗光引发剂为化合物 85～89（图 2.51）。

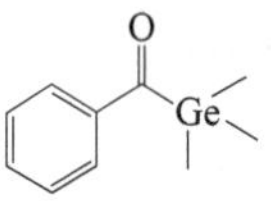

化合物85

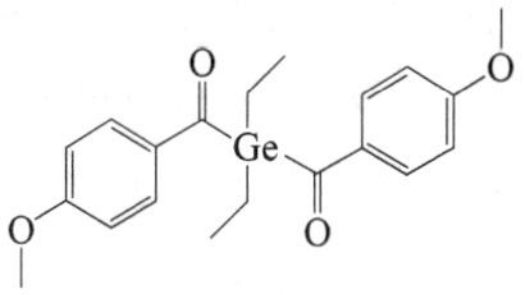

化合物86

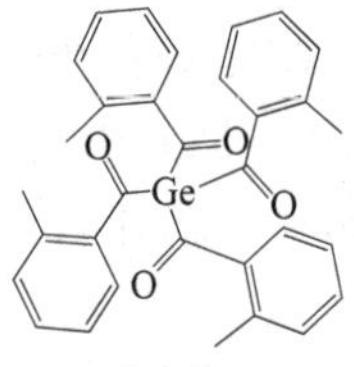

化合物87

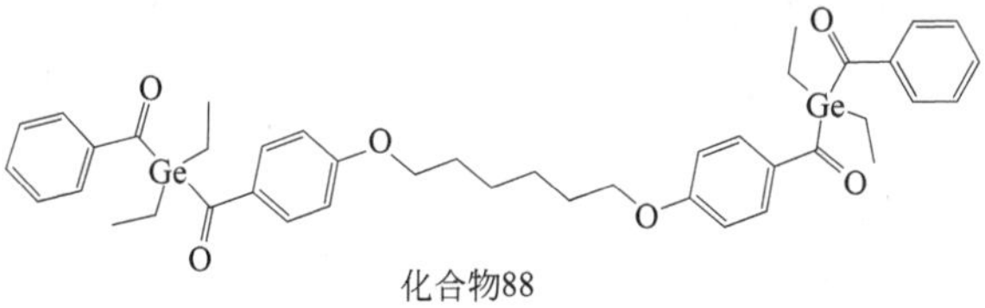

化合物88

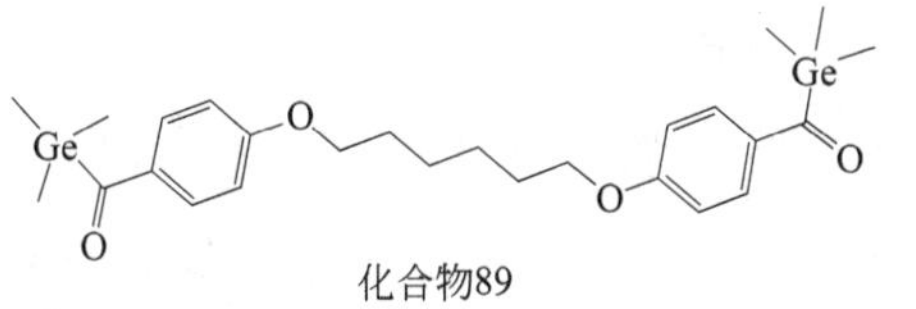

化合物89

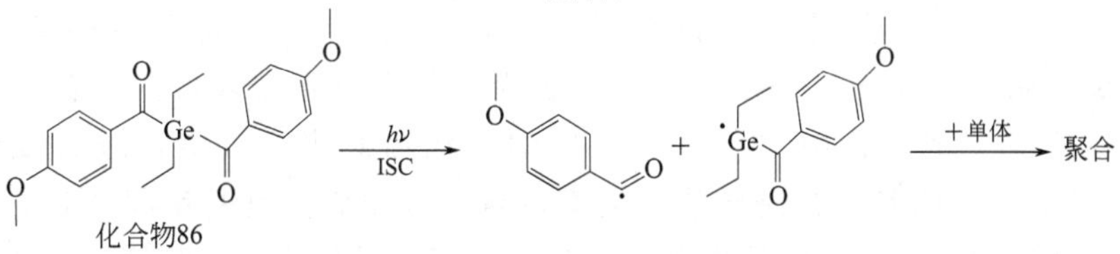

化合物86

图 2.51　酰基锗光引发剂化合物 85～89 及化合物 86 的光解机理

酰基锗光引发剂因为 n—π* 跃迁，具有优异的可见光吸收性能。这些光引发剂经光照射后 Ge—C 发生 α 自由基均裂产生自由基（图 2.51）。研究表明：所产生的自由基能够引发（甲基）丙烯酸酯单体发生自由基聚合反应，甚至在自由基促进阳离子聚合反应机理下，可以引发环氧化物单体发生开环聚合反应。另外，还有报道表明：二酰基锗烷可以通过自由基开环聚合和自由基聚合两步法制备环己烯和苯乙烯的嵌段共聚物。

　　商品化的双酰基锗烷光引发剂是化合物 86，双（4-甲氧基苯甲酰基）二乙基锗烷，商品名 Ivocerin。与单酰基锗光引发剂相比，Ivocerin 等双酰基锗光引发剂具有更大的消光系数，更高的光引发效率。不过，Ivocerin 的缺点是在波长大于 450nm 的光源下不能发生深层固化。另外，因为生产工艺复杂，导致此类光引发剂生产成本和价格较高，所以限制了此类光引发剂的工业化生产及广泛应用，目前主要用于高成本的牙科复合材料中。

　　迄今为止，基于磷的引发剂（单酰基和双酰基氧化膦）得到了很好的开发与应用，但是此类化合物及它们的光解产物被报道具有一定的毒性。为了满足低毒性光引发剂的需求，研究人员开发出了低毒性和长波长的以锗为中心的光引发剂，以期其作为酰基氧化膦光引发剂的替代品。但是地壳中锗的丰度很低，加之生产工艺复杂，导致锗基光引发剂的价格高。为此，低毒性酰基锡类光引发剂化合物 90 及化合物 91（图 2.52）引起了人们的兴趣。研究表明：尽管大多数有机锡化合物毒性较大，但是酰基锡却表现出了极低的毒性和出色的生物相容性。

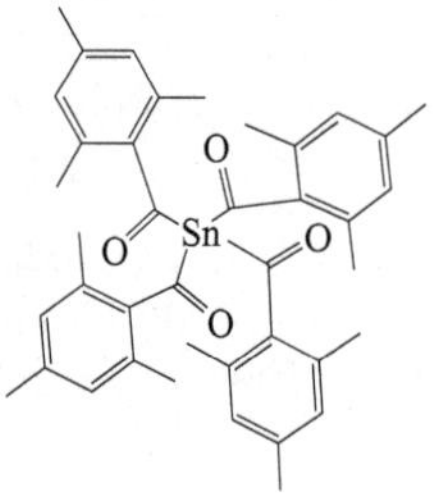

化合物90 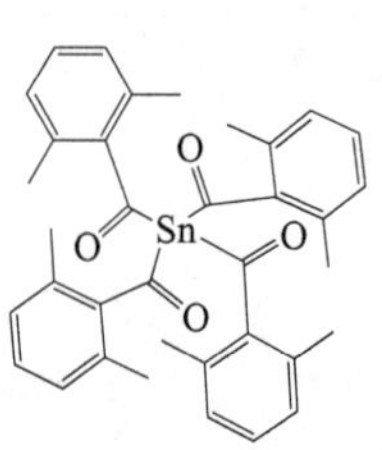　　　　　　　　　　化合物91

图 2.52　酰基锡光引发剂化合物 90、91

　　四酰基锡烷化合物 90 ［四（2,4,6-三甲基苯甲酰基)-锡烷］、化合物 91 ［四（2,4,-二甲基苯甲酰基)-锡烷］的合成方法非常简单，具有非常低的细胞毒性，能够在绿光照射（522nm LED，532nm 激光）下引发聚合，可用于深层固化体系。其在溶液及聚合物中均具有非常好的光漂白效果，污染物致突变性试验（AMES 试验）证明其不会诱导基因突变，与结构相似的酰基锗同样具有相似的低细胞毒性。因此，酰基锡烷类化合物是非常好的可用于生物相容性应用的光引发剂。

（六）六芳基双咪唑类光引发剂

　　六芳基双咪唑类光引发剂（HABI）具有优异的稳定性和较高的引发活性，常用于感光成像材料及印刷电路制造等领域。HABI 的代表性产品有化合物 92（邻氯代六芳基二咪唑，BCIM）、化合物 93 ［2,2′,4,4′-四（2-氯苯基)-5,5′-二（3,4-二甲氧基苯基）二咪唑，TCTM］和化合物 94 ［2,2′,5-三（2-氯苯基)-4-(3,4-二甲氧基苯基)-4′,5′-二苯基二咪唑，TCDM]。其中化合物 92（BCIM）（图 2.53）是杜邦公司 1974 年开发的第 1 代产品，应用最为广泛。其紫外吸收峰在 255～275nm，近紫外和可见光没有吸收，常与米氏酮、香豆素酮等光敏剂配合使用，以满足各种光线条件下的使用要求。TCTM 是杜邦公司在 1980 年开发的第 2 代产品，在 350nm 有一个小吸收峰，在 365nm 的紫外消光系数比 BCIM 有了很大提高，最长吸收接近 400nm，感光性能优良，但是在有机溶剂中的溶解性稍差，是最常见的感光干膜光引发剂。TCDM 是杜邦公司在 1986 年开发的第 3 代产品，感光性能与 TCTM 相似，成本比 TCTM 低，多用于感光成像领域。

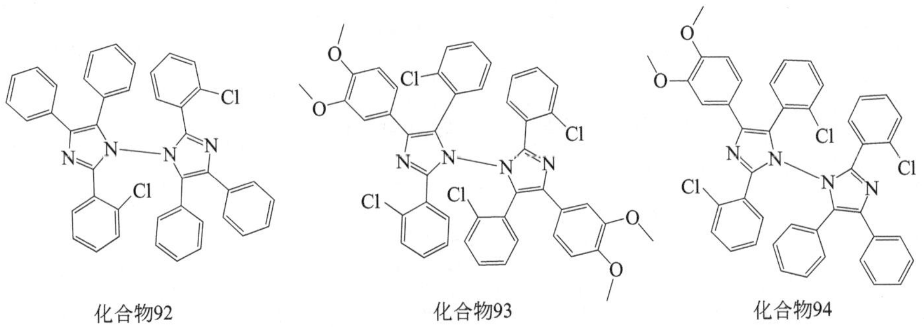

图 2.53　六芳基双咪唑类光引发剂化合物 92（BCIM）、化合物 93（TCTM）、化合物 94（TCDM）

此类化合物经光照后可发生均裂反应，产生三芳基咪唑自由基，故被视为裂解型光引发剂。但是三芳基咪唑自由基也可以从供氢体上夺取氢原子，产生活性自由基，从而引发自由基聚合反应。引发机理如图 2.54 所示，图中 L_2 为六芳基双咪唑；E 为增感剂 4,4-二（N,N'-二甲氨基）苯甲酮（EMK）；DH 为供氢体 N-苯基甘胺酸（NPG）。增感剂 EMK 在紫外光照射下吸收能量后从基态激发到三线态，之后再将能量转移给基态的六芳基双咪唑，生成激发态的六芳基双咪唑，激发态的六芳双咪唑 C—N 键断裂生成两个三芳基咪唑自由基，此自由基体积较大，由于位阻效应难以直接引发单体聚合，但其易夺取供氢体 NPG 上的活泼氢，产生活性自由基，进而引发丙烯酸酯类单体或低聚物的光聚合。

$$E \longrightarrow E^*$$
$$E^* + L_2 \longrightarrow L_2^* + E$$
$$L_2^* \longrightarrow 2L$$
$$L\cdot + DH \longrightarrow LH + D$$

图 2.54　六芳基双咪唑类化合物的引发机理

此外，研究人员还设计合成了带有 8 个羟基的新型 HABI 类引发剂四氯八羟基 HABI 化合物 96（图 2.55）及带有咔唑基的新型双咪唑光引发剂化合物 97（图 2.56）。

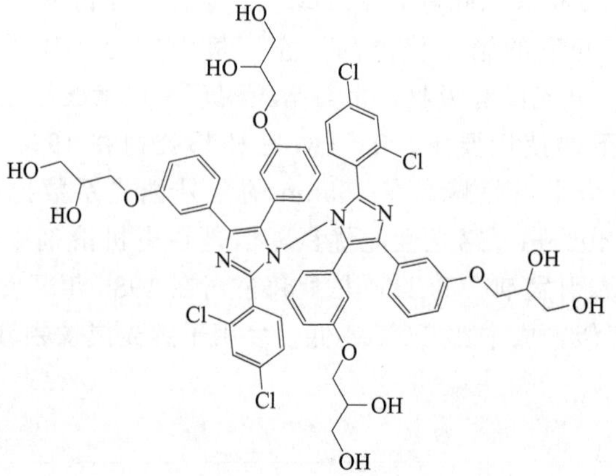

图 2.55   四氯八羟基 HABI 化合物 96

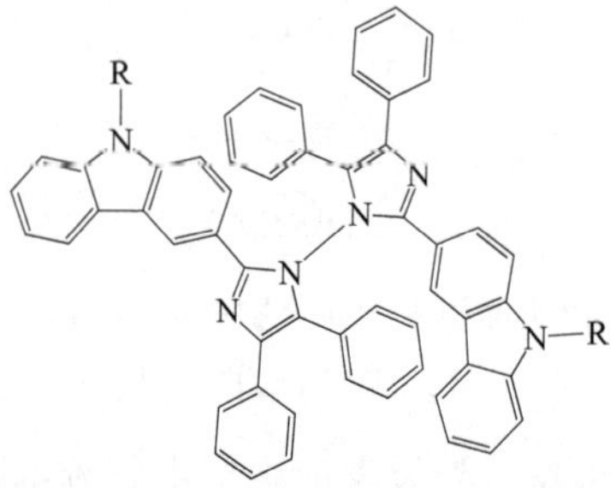

(R:甲基，乙基，丙基，丁基，苄基，苯基)

图 2.56   含咔唑基的新型双咪唑光引发剂化合物 97

二、Ⅱ型自由基光引发剂——夺氢型自由基光引发剂

Ⅱ型自由基光引发剂（Norrish Ⅱ型，夺氢型自由基光引发剂）吸收光能后，在激发态与助引发剂发生分子间作用，通过夺氢反应或电子/质子转移形成活性自由基，其引发速率一般低于Ⅰ型自由基光引发剂（Norrish Ⅰ型，裂解型光引发剂）。这类引发剂以芳香酮类化合物为主，代表物有二苯甲酮（BP）类、硫杂蒽酮类、醌类及其衍生物等。其中，二苯甲酮、硫杂蒽酮及其衍生物在近紫外区有着很好的紫外吸收特性以及较好的引发效率，在 UV 光固化领域有着非常广泛的应用。由于空间位阻和不成对电子的离域效应，这类光引发剂在光解后形成的羰基自由基比较稳定，会在光聚合反应过程中充当链终止剂。为了避免羰基自由基引发链终止反应，通常会在体系中加入一些锍盐、溴代物等添加剂，这些添加剂会与羰基自由基发生氧化或溴化反应，阻止链终止反应的发生。此外，锍盐与羰基自由基反应生成的苯自由基还可以引发聚合反应，这在一定程度上提高了光聚合反应速率。

在此类体系中，乙烯基单体的聚合反应通常由激发态光引发剂分子与供氢体发生供氢反应，或电子/质子转移反应后形成活性自由基引发的。通常情况下芳香酮类光引发剂在光照下可以与树脂配方中含有活性氢的化合物发生夺氢反应，但由此引起的光聚合反应的速度非常缓慢。所以选择能够与激发态引发剂迅速反应的供氢体，对提高聚合反应速率非常重要。常见的供氢体有胺类、醚类、硫化物以及硫醇等。叔胺与芳香酮类光引发剂的光致电子转移反应速率远高于醚类、硫醇以及硫化物等助引发剂与芳酮之间的夺氢反应速率。胺类化合物价格低廉、可以有效克服氧阻聚，是应用最为广泛的助引发剂。一般来讲，作为助引发剂的活性胺都是至少含有一个 α-H 的叔胺，其在反应过程中会生成非常活泼的胺烷基自由基，故聚合反应速率非常快。但是，胺类助引发剂也存在一些缺点，例如具有强烈的气味、易黄变、生物毒性等。

（一）二苯甲酮及其衍生物

二苯甲酮类光引发剂是结构最简单的夺氢型自由基光引发剂，常与三级胺配合使用，光反应机理如图 2.57 所示。化合物 98（二苯甲酮，BP）的生产工艺简单，价格低廉，在工业中应用也较为广泛。但是它的缺点是活性低、光固化速率慢、易发生黄变。为了解决二苯甲酮自身的缺点并发挥它的长处，研究人员在二苯甲酮基础上做了很多研究工作，研发出了许多二苯甲酮类大分子光引发剂、可聚合二苯甲酮光引发剂、水性二苯甲酮光引发剂及混杂型二苯甲酮类光引发剂。

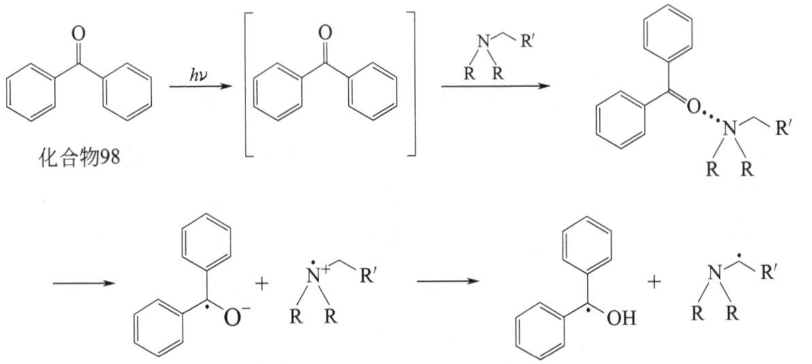

图 2.57　化合物 98（二苯甲酮）与三级胺的光化学反应机理

化合物 99（米蚩酮，图 2.58）是一种重要的二苯甲酮类光引发剂，其兼有二苯甲酮和胺的结构。光照后，激发态的米蚩酮可以通过分子内的夺氢反应，产生自由基，引发聚合反应，光引发活性优于二苯甲酮/胺的配合物。但是由于其毒性较强，被检出有致癌性，该引发剂目前已被禁用。

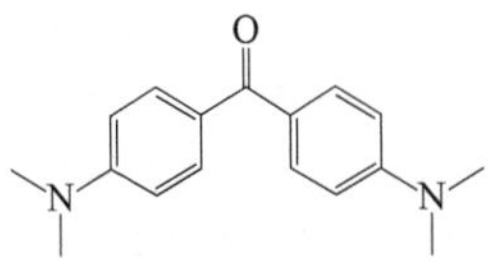

图 2.58　化合物 99（米蚩酮）

　　另外，研究人员发现在二苯甲酮苯环上引入硫基后，能大大提高光引发剂的感度，并能使光引发剂的最大紫外吸收红移，同时硫原子的光解反应可以提高此类物质的光引发效率，于是人们开发出了含硫二苯甲酮类光引发剂。其中，图 2.59 所示的化合物 100（BMS）就是一种常见的硫醚基二苯甲酮类光引发剂。

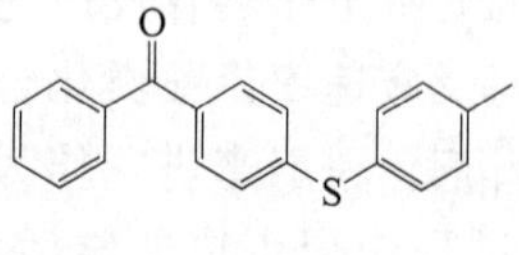

图 2.59　化合物 100（BMS）

　　为了降低二苯甲酮类光引发剂的迁移性，研究人员对其进行了高分子化改性。例如，含叔胺和二苯甲酮结构的高分子光引发剂化合物 101（1-*co*-DMAEM，图 2.60）的研究结果表明，其光引发效果优于二苯甲酮，且无毒。

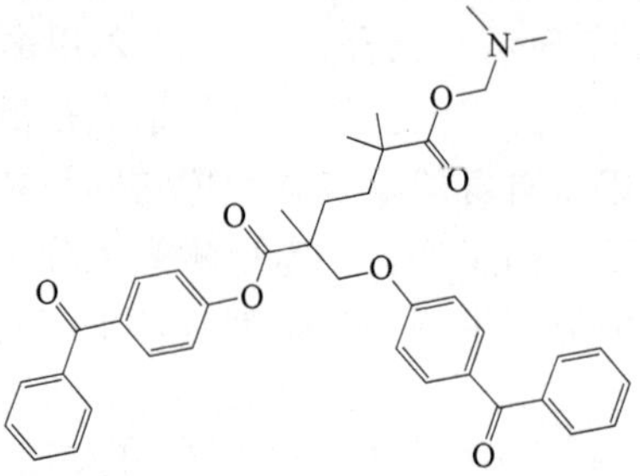

图 2.60　化合物 101（1-*co*-DMAEM）

　　聚氨酯型高分子光引发剂化合物 102（PU-HMBP）、化合物 103（PU-TMBP）、化合物 104（PU-IMBP）（图 2.61）的研究结果表明：此类光引发剂的迁移率显著降低；在分子结构中含有的叔胺结构作为共引发剂，引发效率也有了很大改善。

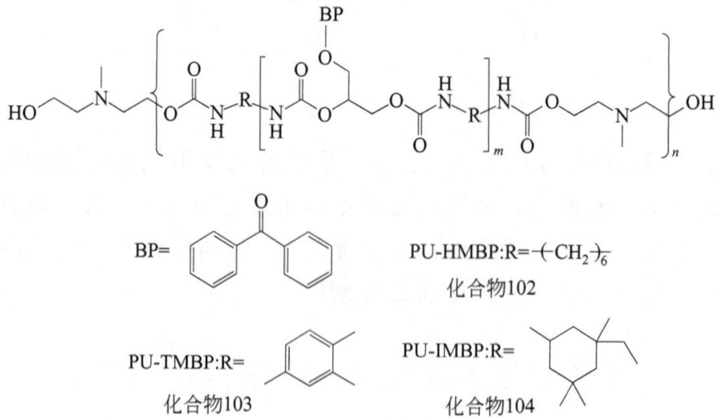

图 2.61　聚氨酯型高分子光引发剂化合物 102（PU-HMBP）、
化合物 103（PU-TMBP）、化合物 104（PU-IMBP）

　　如前文所述，在小分子结构上引入可聚合基团，也是降低迁移性的方法之一。例如，关于化合物 105［丙烯酸酯基二苯甲酮（MBPAc），图 2.62］的研究结果显示：其对丙烯酸酯单体有较好的引发效果；与 BP 相比迁移率极低；细胞毒性实验表明，它对 L929 细胞的生长和繁殖是无害的，可用于食品包装材料领域。

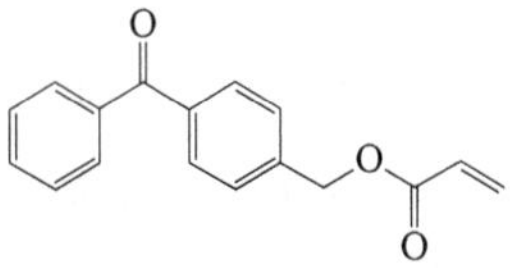

图 2.62　化合物 105［丙烯酸酯基二苯甲酮（MBPAc）］

　　鉴于硅烷、硅氧烷良好的光敏性和二苯甲酮较好的紫外吸收特性，研究人员在二苯甲酮结构上引入硅烷、硅氧烷，制备了效果不错的光引发剂。例如，小分子光引发剂取代的化合物 106 超支化聚硅烷 BPHPS（图 2.63）的研究结果显示：BPHPS 的自由基引发效率高于未经取代的支化聚硅烷和它们对应的小分子光引发剂的引发效率；光解后产生的硅自由基可以有效克服氧干扰。

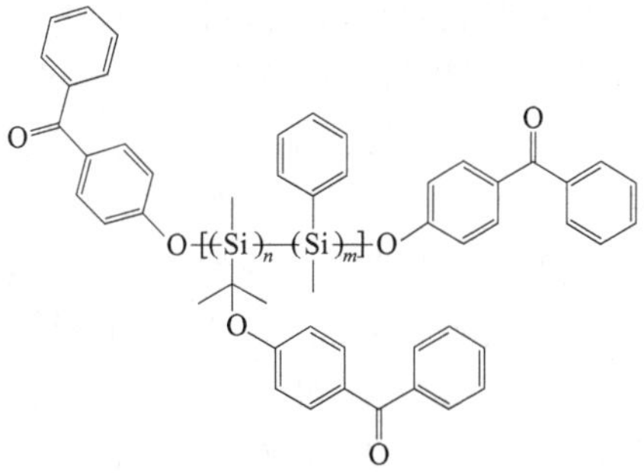

图 2.63　化合物 106 二苯甲酮取代的超支化聚硅烷（BPHPS）

　　含二苯甲酮片段的聚二甲基硅氧烷大分子光引发剂化合物 107（图 2.64）的研究结果显示：此光引发剂的迁移性和挥发性较小分子光引发剂显著降低；生成的聚合物的稳定性和耐候性都有了很大的改善。

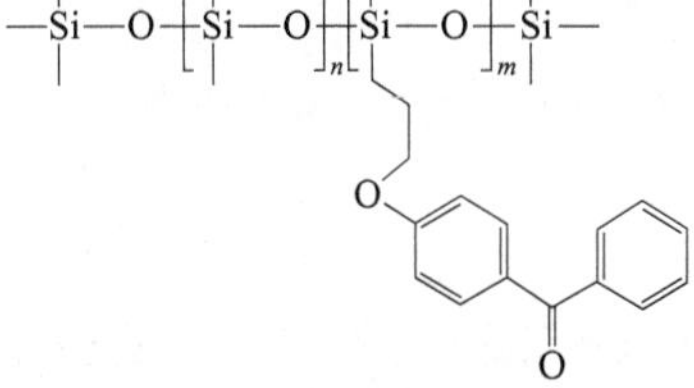

图 2.64　含二苯甲酮片段的聚二甲基硅氧烷大分子光引发剂化合物 107

　　聚硅氧烷类光引发剂化合物 108（BSK，图 2.65）的研究显示：此引发剂可用于蓝光和绿光 LED 光源；其与碘鎓盐配合使用时具有优异的光引发效果；可作为樟脑醌替代物用在牙科材料中，以及一些不能含胺的光固化配方中。

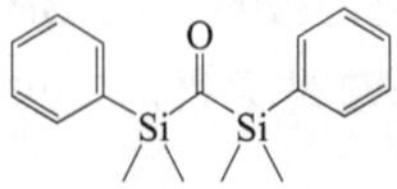

图 2.65　化合物 108 新型聚硅氧烷光引发剂（BSK）

将二苯甲酮分子接到亲水性超支化聚醚胺的研究显示：该大分子光引发剂为两性超支化聚合的光引发剂；大分子光引发剂的主链包含聚环氧乙烷（PEO）短链和共引发剂胺，使光引发剂（PI）兼具高分子化和水溶性的特点；具有低迁移性、低毒性，是环境友好的高效光引发剂。

含硅光引发剂性能虽好，但是其合成难度大，生产成本高，大大限制了这类光引发剂的生产与应用，不过随着研究及合成工艺的发展，含硅光引发剂会成为一种应用广泛的光引发剂。

（二）硫杂蒽酮类化合物及其衍生物

硫杂蒽酮类光引发剂是一类重要的夺氢型含硫自由基光引发剂，其中化合物109（ITX，图 2.66，）与和化合物 110（DETX，图 2.67）是应用较为广泛的商品。硫杂蒽酮类化合物在 370～380nm 间有较强的吸收，紫外吸收范围可延至450nm。在硫杂蒽酮结构单元中，有通过苯环连接的作为电子接受体的羰基和作为电子给予体的硫原子，所以其紫外吸收强、峰形宽、夺氢能力强。化合物在受到紫外光辐照后会被激发至激发单线态，后经态间跃迁至激发三线态，然后与供氢体（叔胺）发生电荷转移反应，生成初级活性自由基，进而引发单体发生聚合反应。其光解机理如图 2.68 所示。硫杂蒽酮与三级胺组成的二元体系及再与鎓盐化合物组成的三元体系，具有非常高的感度。

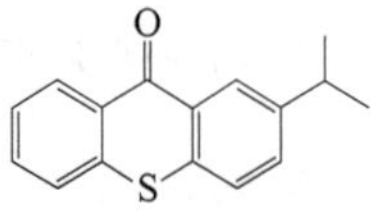

图 2.66　化合物 109（ITX）

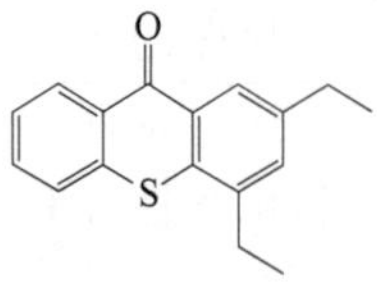

图 2.67　化合物 110（DETX）

鉴于硫杂蒽酮优异的紫外吸收特性，国内外学者以硫杂蒽酮为基础进行了大量研究，合成出了许多油溶性、水溶性及大分子的硫杂蒽酮类光引发剂（图 2.69）。众所周知，硫醇是一种助引发剂，可以与过氧化物自由基反应，形成能引发单体聚合的活性自由基，从而起到抗氧阻聚的作用，将硫醇引入硫杂蒽酮中制备化合物111（2-巯基硫杂蒽酮，图 2.69）的研究表明：该引发剂可以发生分子内的夺氢反应，产生自由基引发聚合反应。图 2.69 中另外三种引发剂化合物 111～114 也是在硫杂蒽酮基础上通过结构改性制备的化合物，光引发性能较硫杂蒽酮都有了不同程度的提高。

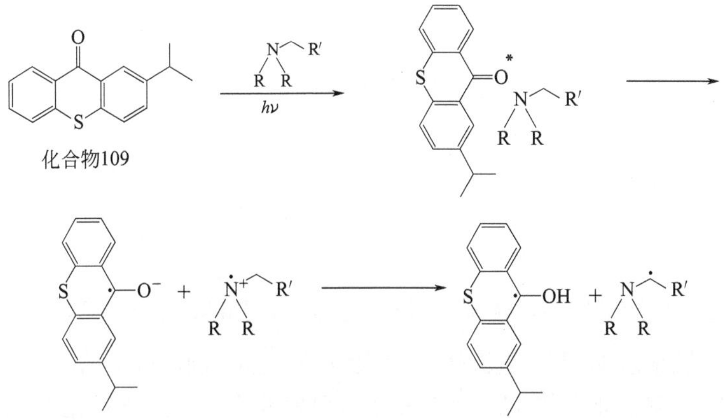

图 2.68　化合物 109（ITX）光解反应机理

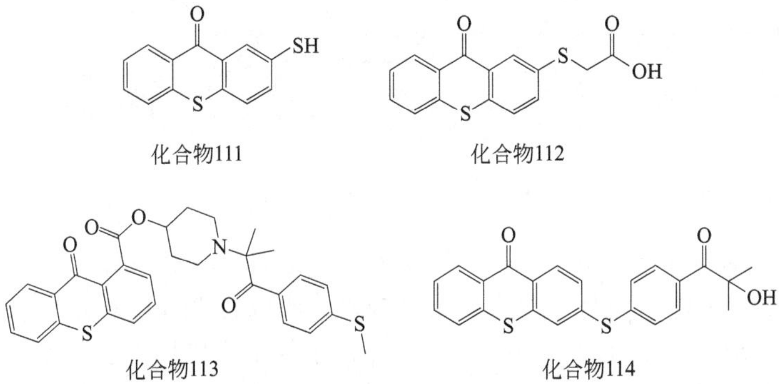

图 2.69　硫杂蒽酮衍生物化合物 111~114

高分子化硫杂蒽酮光引发剂化合物 115（PITX，图 2.70）的研究结果表明：其光引发效果优于 ITX，且迁移性降低了很多，可应用于 385nm、405nm UV-LED 光源中。

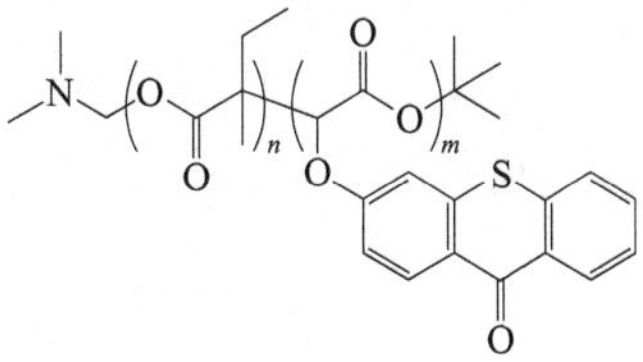

图 2.70　含硫杂蒽酮结构高分子光引发剂化合物 115（PITX）

将硫杂蒽酮引入超支化聚硅烷结构中制备化合物 116（TX-HPS，图 2.71）的研究表明：其光解后产生的硅自由基可以有效克服氧干扰；引发性能高于未经取代的超支化聚硅烷和 ITX 的引发效率。

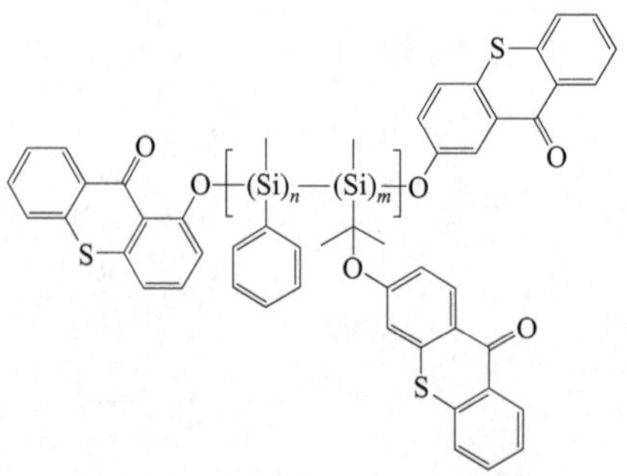

图 2.71　化合物 116（硫杂蒽酮取代的超支化聚硅烷光引发剂 TX-HPS）

　　另外，将硫杂蒽酮引入苯乙烯聚合物中制备化合物 117（ITX-PSt-4200，图 2.72）的研究表明：化合物 117 具有较高的引发效率，且迁移性比 ITX 大大降低。

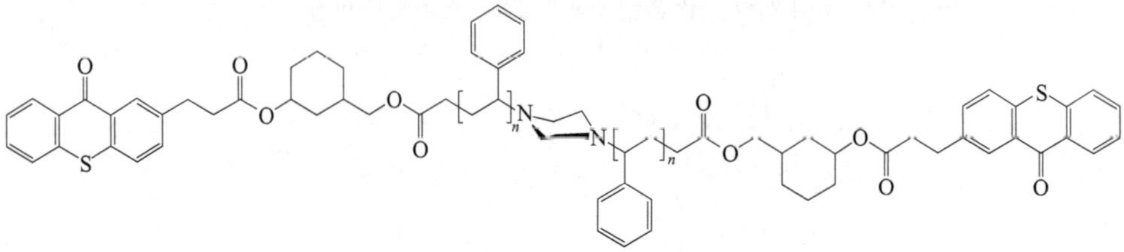

图 2.72　硫杂蒽酮苯乙烯聚合物光引发剂化合物 117（ITX-PSt-4200）

　　樟脑醌化合物 118（图 2.73）。樟脑醌（CQ）是一种高效低毒的光敏剂，其在可见光区 400～500nm 范围内有良好的紫外可见吸收，具有良好的光源响应能力和光源匹配性，在医学和工业上都有广泛应用。医学上主要用于制作牙科材料，例如牙齿填料、牙釉质修补剂、牙黏结剂等，经常与胺类化合物配合使用。工业上，可用于制备印刷电路板、光电仪器的密封绝缘件等。图 2.73 所示的另外三种胺类化合物 119～121 是与三种常与 CQ 复配的胺类助引发剂。

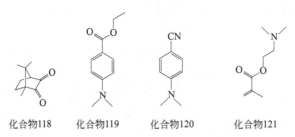

化合物118　　　化合物119　　　　化合物120　　　　化合物121

图 2.73　化合物 118（CQ）及化合物 119（DMABE）、化合物 120（DMABN）、
化合物 121（DMAEMA）

　　可聚合及大分子化也是此类光引发剂的研究方向之一，毕竟最大限度地降低光引发剂及光照副产物的迁移性，也就在一定程度上降低了光固化材料的毒性。经丙烯酸酯改性的樟脑醌单体，通过均聚、共聚制备大分子樟脑醌光引发剂的研究发

现：具有聚合结构的樟脑醌，其光引发性能与对应的小分子衍生物在复配胺体系相同时有着相似的光引发性能，而且在材料交联固化时有助于减少光解副产物。

(三) 酰基酯类光引发剂

G. S. Hammond 等在 1961 年发现了丙酮酸乙酯的光解特性，随后的研究表明：包括丙酮酸乙酯在内的脂肪族的 α-酮酯不仅具有光解特性，还具有光引发自由基聚合反应的效果，可作为光引发剂用于光聚合反应。进一步研究发现 α-酮酯在紫外光照射下表现出夺氢型光引发剂（Norrish Ⅱ 型）的光解特性，此类化合物经光照后的光产物 α-羟基酯化合物无毒无害。对不同结构的 α-酮酯化合物 122～125（图 2.74）的研究结果显示：在无氧条件下，在无胺类助引发剂存在时，最大聚合速率可以与传统自由基Ⅱ型光引发剂相媲美；不存在黄变问题；在油性及水性体系中都表现出很好的溶解性以及良好的生物相容性。其中，丙酮酸乙酯是美国 FDA 认证的食品添加剂，所以此类产品可被用于食品包装和医疗用途中。另外，含氟的 α-酮酯化合物 126（图 2.75）也被开发出来以增加其与含氟单体的相容性，用于含氟单体的聚合体系。

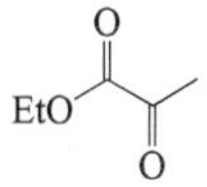
化合物122

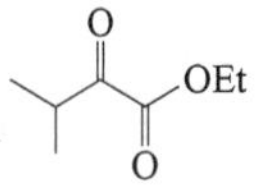
化合物123

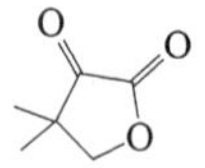
化合物124

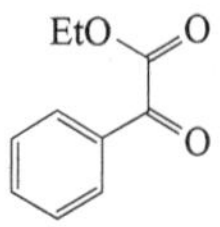
化合物125

图 2.74　酰基酯类光引发剂化合物 122～125

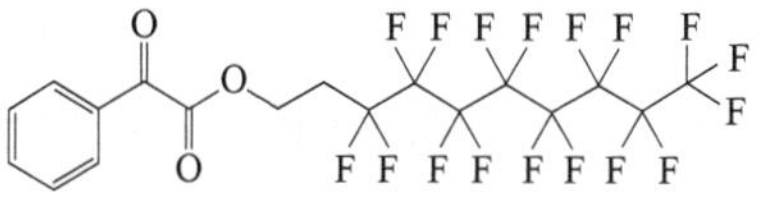

图 2.75　含氟酰基酯类光引发剂化合物 126

此类化合物常见于 UV 喷墨油墨及 UV 涂料应用的报道中。例如苯基乙醛酸酯衍生物化合物 127 和化合物 128（图 2.76）常用于 UV 涂料配方中。这些光引发剂经 UV 光源辐照不会发生裂解，比Ⅰ型光引发剂如 α-羟基酮的反应性略低，它们通过光诱导的羰基还原反应产生自由基，类似于Ⅱ型光引发剂，但该光化学反应是单分子反应而不是双分子反应，因此不需要共引发剂。此类光引发剂具有无黄变、对氧气的敏感度低、不会生成小分子量的裂解产物的优点。

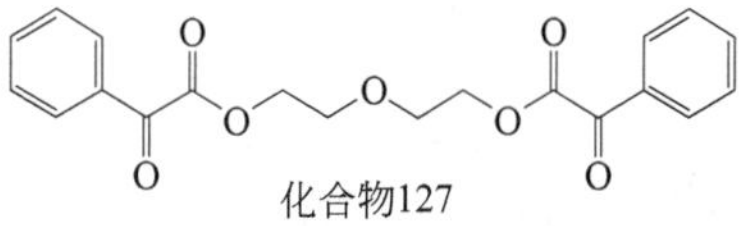
化合物127

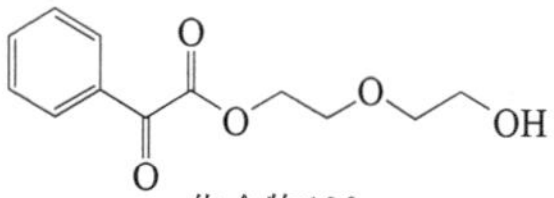
化合物128

图 2.76　苯基乙醛酸酯衍生物化合物 127、128

另外，苯乙酮酸酯还可以与单酰基氧化膦光引发剂组合，用于一些特殊场合，如使用UV喷墨油墨技术生产光学材料等。基于咔唑生色团的长波长乙酮酸衍生物化合物129和化合物130（图2.77）被报道可替代ITX，应用于UV-LED喷墨技术中。

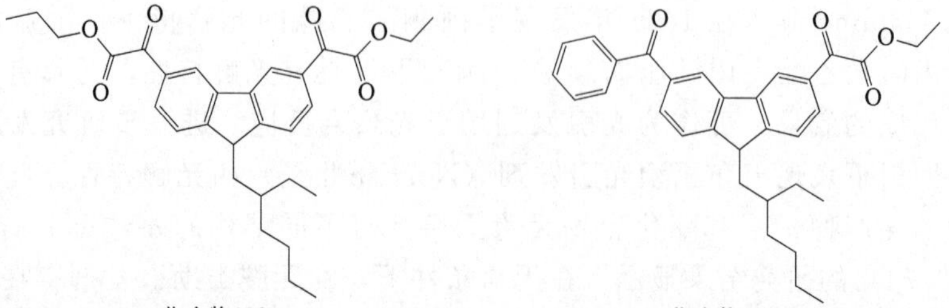

化合物129　　化合物130

图2.77　基于咔唑生色团的长波长乙醛酸衍生物129、130

（四）香豆素酮类光引发剂

早在20世纪80年代初，香豆素酮类化合物131和化合物132（图2.78）就被报道是一类有效的适用于交联聚合反应的三重态电子转移光敏剂和光引发剂，可用于自由基光聚合反应。

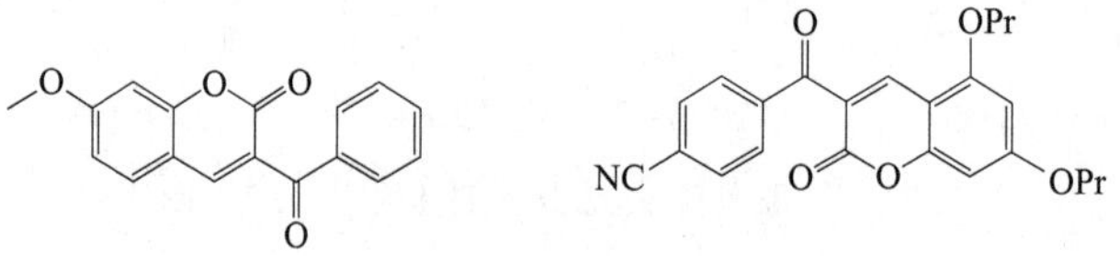

化合物131　　化合物132

图2.78　香豆素酮类化合物131、132

之后，研究人员对香豆素酮类化合物进行了较深入的研究，结果表明：在瞬态光谱中以410nm为中心的吸收应归因于香豆素酮的三重态；3-芳甲酰基香豆素光敏剂化合物133～137（图2.79）有比BP更高的敏化效率；3-芳甲酰基香豆素引发甲基丙烯酸甲酯的光聚合效率优于二苯甲酮-三乙胺体系。

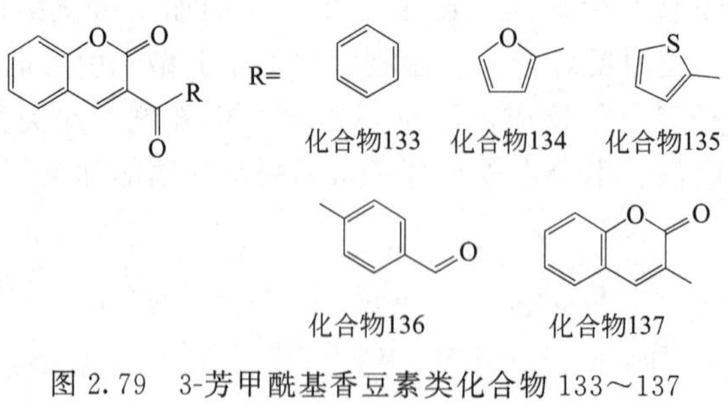

化合物133　化合物134　化合物135

化合物136　化合物137

图2.79　3-芳甲酰基香豆素类化合物133～137

光诱导电子转移能力的研究结果表明：尽管香豆素有较强的分子内电荷转移倾向，但由于碘鎓盐阳离子的强拉电子能力，使得它们之间可以发生快速电子转移而生成离子自由基，得到电子的碘鎓盐迅速发生裂解反应，产生芳基自由基，并进一步生成活性自由基，进而引发丙烯酸酯类单体聚合（图 2.80）。

$$香豆素酮 \xrightarrow{h\nu} 香豆素酮^* \xrightarrow{Ar_2I^+ \ X^-} 香豆素酮^{\cdot +} + X^- + Ar_2I^\cdot$$

$$Ar_2I^\cdot \longrightarrow Ar^\cdot + ArI \xrightarrow{MMA} PMMA$$

图 2.80　香豆素衍生物与碘鎓盐的增感作用机理

另有研究表明：香豆素染料（特别是 7-氨基香豆素染料）作为电子给予体，能够使光敏引发系统有效吸收可见光，并且获得较高的光敏引发效率。二苯基碘鎓盐的氧化还原负电位低，激发态能量高，因此由香豆素染料与碘鎓盐组成的光敏引发系统，在无可见光照时电子转移反应的自由能 ΔG 大于零，具有良好的热稳定性；而光照时 ΔG 小于零，具有良好的光诱导电子转移反应驱动力。

化合物 138 [7-N,N-二乙氨基-3-(2′-苯并咪唑基) 香豆素，DEDC] 在可见光的作用下对碘鎓盐敏化作用的研究结果表明：其主要通过激发单重态与六氟磷酸碘鎓盐发生快速电子转移反应，产生自由基，引发单体 MMA 聚合。在过去的研究中，用来敏化碘鎓盐的香豆素染料常常是香豆素酮染料，受 O_2 影响较大。然而当使用带有杂环取代基的香豆素染料作为光敏剂时发现，染料与碘鎓盐作用主要是通过染料的单重态进行的，受 O_2 影响不大。

研究人员还对含有香豆素染料的长波长光敏引发聚合体系进行了研究。对化合物 139 (3-乙酰基-7-N,N-二乙氨基香豆素，KC1)、化合物 140 [3-(4-N,N-二乙氨基肉桂酰基)-7-N,N-二乙氨基香豆素，KC2)、化合物 141 (3-(4-N,N-二甲氨基肉桂酰基)-7-N,N-二乙氨基香豆素，KC3) 分别与光引发剂化合物 92 (BCIM)、助引发剂化合物 142 (十二烷基硫醇) 组成的 3 类长波长光敏引发体系的研究结果显示：在波长大于 400nm 的光源下 3 类引发体系都可以引发丙烯酸酯类单体聚合，可以在胶印 PS 版上得到较好的图像，而不含香豆素光敏剂的引发体系则不能形成图像，这说明 3 种香豆素光敏剂能吸收大于 400nm 的光而跃迁到激发态，通过电子转移机制，使 BCIM 产生自由基，该自由基又可与 SH 反应产生更活泼的自由基，引发单体聚合，使曝光区和非曝光区的溶解度差异变大，通过显影液可将非曝光区的感光层溶解除去，形成图像，而 BCIM 在可见光区吸收极小，无法产生自由基引发单体聚合，因而无法得到图像。

香豆素染料中 7-氨基香豆素类染料作为电子给体能够使光敏引发体系有效地吸收可见光，具有较强的光敏效率。其中较典型的化合物是化合物 143 [3,3′-二(7-二乙胺基) 香豆素酮，R] 和波长比它红移约 20nm 的化合物 144 [9,9′-二(1,2,4,5-四氢-3 氢,6 氢,10 氢)苯并呋喃-10-酮]。其中化合物 143 具有更好的溶解度，可以与胺类、碘鎓盐体系、二茂铁体系及六芳基双咪唑体系组成高效的可见光光敏体系，可用于长波长 Ar^+ (488nm) 激光光源下。

另一种香豆素酮可见光敏化染料化合物 145 [3 (4 二乙氨基-苯丙烯酰基) 7

二乙胺基香豆素，S〕的研究结果显示：普通碘钨灯照射下，S/邻氯六芳基双咪唑（HABI）体系比化合物 146〔3,3′二（7 二乙胺基）香豆素酮〕/HABI 体系的光漂白效率及引发聚合效率更好，是一种高效的可见光光敏聚合引发体系；化合物 146 在不同溶剂中的最大吸收波长在 452～489nm 之间，比化合物 142 红移了 16～30nm，因此该体系可以更好地与 Ar^+（488nm）激光器匹配；化合物 146 与 HABI 的光反应主要是通过其三线态进行的，初级光反应机理推测如图 2.81 所示，其中化合物 147MMT 为链转移剂 4-甲基-4H-1,2,4-三唑-3-硫醇。

$$S + h\nu \longrightarrow {}^1S \qquad\qquad ①$$
$$^1S \longrightarrow {}^3S \qquad\qquad ②$$
$$^3S + HABI \longrightarrow S^{+\cdot} + HABI^{\cdot-} \qquad ③$$
$$HABI^{\cdot-} \longrightarrow HAI^{\cdot} + HAI^- \qquad ④$$
$$HAI^{\cdot} + MMT \longrightarrow HAI + MMT^{\cdot} \qquad ⑤$$

图 2.81　香豆素染料与 HABI 的作用机理

关于一系列二苯乙烯修饰的新型香豆素酮衍生物化合物 148～151（图 2.82）的研究结果显示：此类具有强电子给体基团的化合物具有优异的双光子吸收性能，它们的双光子吸收截面比普通 UV-Vis 光敏剂大两个数量级，可用于双光子引发聚合反应；这些化合物可以敏化化合物 92（邻氯代六芳基二咪唑，BCIM）和 4,4′-二甲基二苯基碘六氟磷酸盐（DPI）产生自由基引发聚合反应。其中，化合物 154（图 2.83）与化合物 92（图 2.53）的组合已经初步证明可用于制造 3D 微结构。

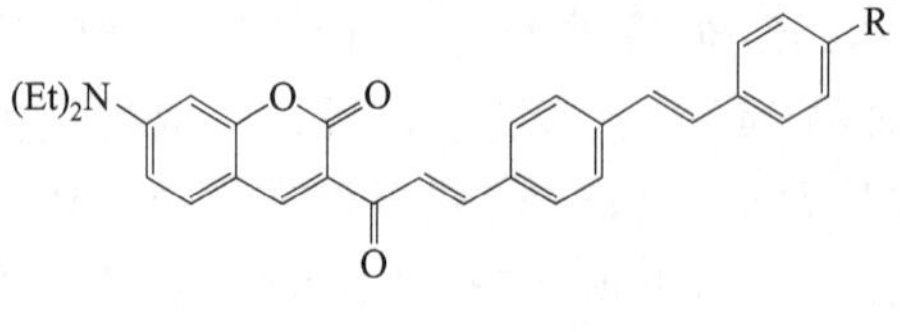

R:　—Me　　—OMe　　—N(Me)₂　　—N(Et)₂

化合物148　　化合物149　　化合物150　　化合物151

图 2.82　二苯乙烯修饰的新型香豆素酮衍生物化合物 148～151

化合物 152～155（图 2.83）也是可用于双光子聚合的香豆素酮光引发剂。研究显示：在两个二烷基氨基上引入长链（化合物 154，化合物 155）有效改善了化合物的溶解性。这些化合物作为 α,β-不饱和酮，显示出供体-受体-供体（D-A-D）生色团的性质；光物理性质研究显示此类化合物荧光量子效率很低，具有合适的双光子吸收（2PA）横截面，800nm 处双光子吸收截面值在 150～400GM，产生双光子光引发；直接采用这些化合物作为敏化剂或引发剂，通过双光子引发聚合成功地制备了两维（2D）和三维（3D）纳米图案。细胞毒性研究显示，此类化合物具有极低的细胞毒性，可被用于制造生物材料支架。

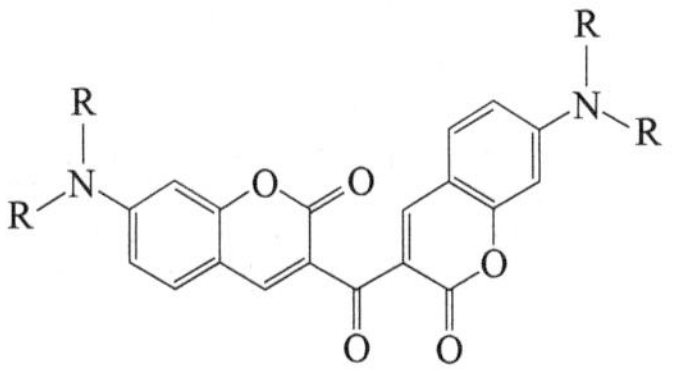

R=C$_6$H$_{13}$(化合物152), C$_{12}$H$_{25}$(化合物153)

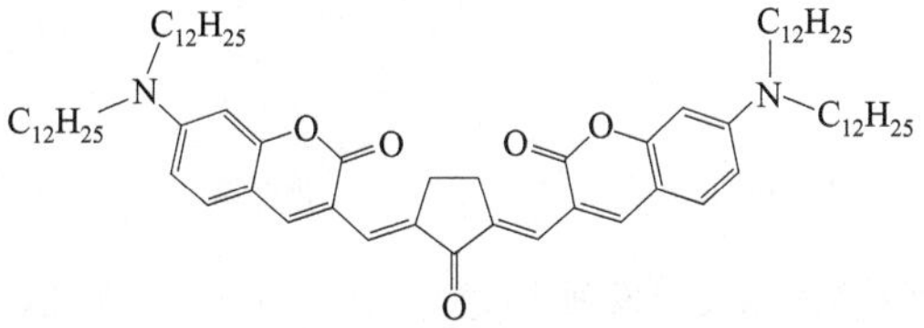

化合物154

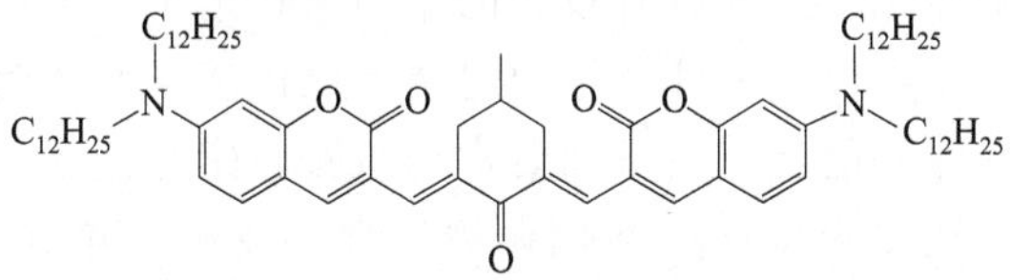

化合物155

图 2.83 含 4～5 个共轭环的 π-扩展香豆素衍生物化合物 152～155

另外，香豆素酮光引发剂的大分子化也是此类光引发剂的发展趋势之一。例如关于一系列含有香豆素酮官能团的大分子光引发剂化合物 156～158 的研究显示，其可作为光引发剂和光敏剂应用于 UV 油墨（图 2.84）。

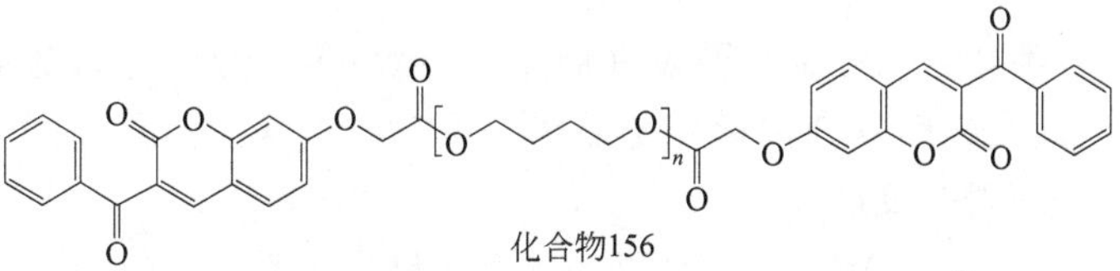

化合物156

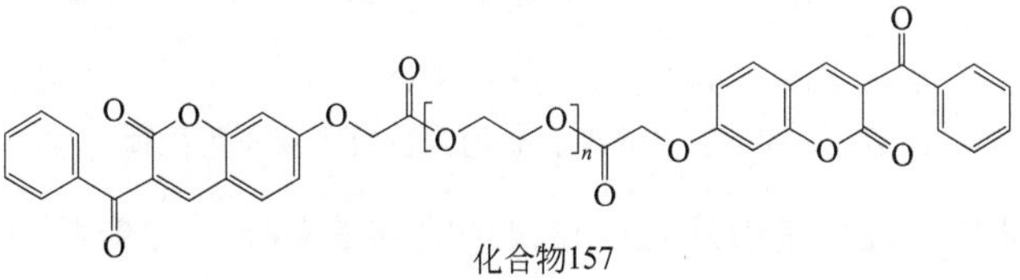

化合物157

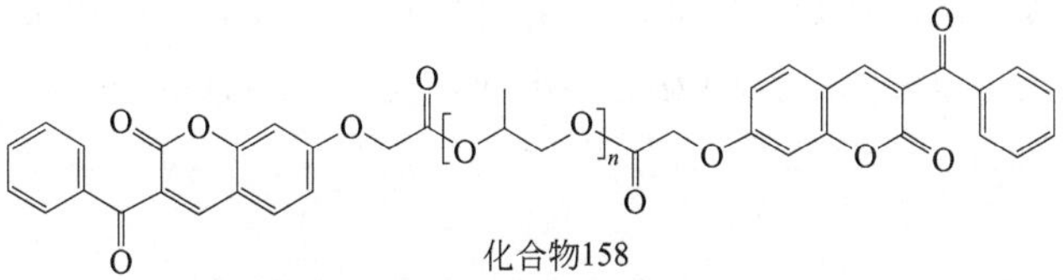

化合物158

图 2.84 含香豆素酮官能团的大分子光引发剂化合物 156～158

含噻吩基团的香豆素光引发剂化合物 159（Coum A）和化合物 160（Coum B，图 2.85）的研究发现：在碘鎓盐或胺的存在下，它们可在 405nm LED 光源下引发（甲基）丙烯酸酯的自由基聚合（FRP）和环氧化物的阳离子聚合（CP）。其中，Coum B 为高性能水溶性光引发剂，在水中的溶解度很大，可用于制备水凝胶。

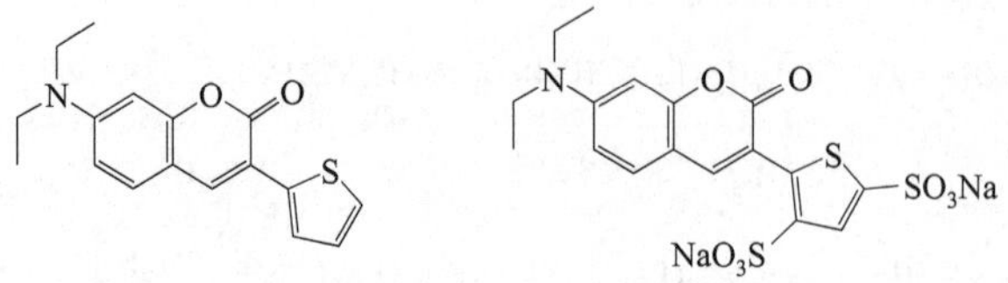

化合物159　　　　　　　　化合物160

图 2.85　含噻吩基团的香豆素光引发剂化合物 159（Coum A）和化合物 160（Coum B）

总之，香豆素酮类光引发剂具有较高的系间窜跃量子效率，对光固化体系具有光敏化作用，可用作光敏剂。另外，可通过调节取代基来调节此类化合物的吸收波长以及化合物的溶解性。此类光引发剂时常与叔胺、碘鎓盐、六芳基咪唑类光引发剂配合使用，细胞毒性实验显示此类化合物的毒性较小，随着 UV-LED 的广泛应用，此类光引发剂会是一个不错的选择。

第二节　阳离子光引发剂

一、芳香重氮盐

芳香重氮盐类化合物是最早开发并商品化的紫外阳离子光引发剂，化学通式如图 2.86 所示。此类光引发剂在紫外光辐照下裂解产生强的路易斯酸，主要用于引发环氧树脂的开环聚合反应。

$$ArN_2^+ X^- \quad (X=BF_4^-,\ AsF_6^-,\ PF_6^-,\ SbF_6^-)$$

$$ArN_2^+ BF_4^- \xrightarrow{h\nu} ArF + N_2 + BF_3$$

图 2.86　芳香重氮盐类化合物通式及作用机理

芳香重氮盐类的优点是引发速度较快；缺点是光解产生氮气，会导致聚合膜产生气泡或者针眼，从而影响涂层质量，并且储存稳定性差，所以随着阳离子光固化技术的发展以及其他阳离子光引发剂的出现，现在应用越来越少。

二、碘鎓盐

20 世纪 70 年代 J. V. Crivello 等最先报道了二芳基碘鎓盐作为高效阳离子光引发剂的研究工作。自此以后，此类光引发剂因其良好的感光性、热稳定性和光引发活性以及合成工艺简单等特点，得到了快速的发展，并极大地推动了阳离子光聚合技术的发展。二芳基碘鎓盐既可以单独引发聚合反应，也可以在光敏剂作用下发生电子转移，产生自由基进而引发聚合反应。关于含取代基的二芳基碘鎓盐直接光解与敏化光解机理的研究发现：在含取代基碘鎓盐的直接光解过程中，含推电子基的化合物比含吸电子基的化合物具有更高的光解效率；而在敏化光解过程中，含吸电子基的碘鎓盐光解效率更高。进一步研究发现，在含不同取代基的碘鎓盐中，烷基空间位阻越小，其光引发速率越快，当碘鎓盐芳环上连接吸电子基团时，光引发速率得到提高。常见碘鎓盐结构为化合物 161 和化合物 162（图 2.87）。其作用机理如图 2.88 所示。

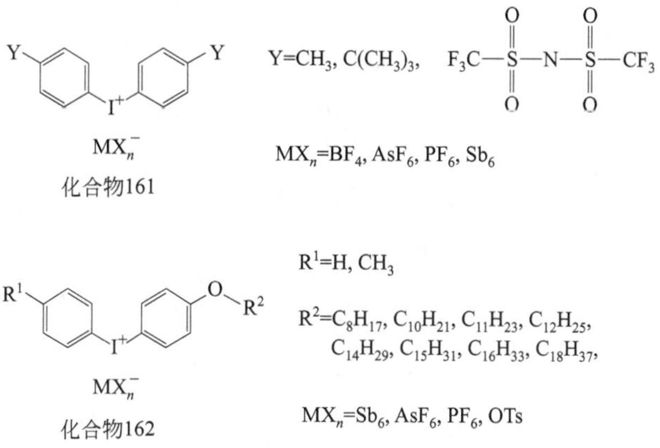

图 2.87　常见碘鎓盐结构化合物 161、162

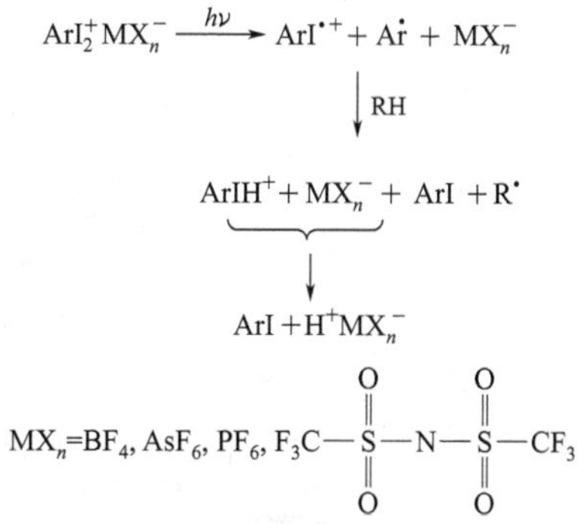

图 2.88　碘鎓盐在紫外光下的作用机理

　　碘鎓盐不仅可以用在紫外光固化体系中，研究显示在近红外光源下，多甲川花菁素可以增感碘鎓盐引发自由基聚合和阳离子聚合反应。

　　碘鎓盐光引发剂的研究是从两方面展开的：一方面是调整碘鎓盐阳离子，通过调节芳基上的取代基，增长碘鎓盐的吸收波长，增加碘鎓盐的溶解性等；另一方面是改变配对阴离子，以改善溶解性、毒性及光敏性。研究人员将长链的烷氧基、酯基引入二苯基碘鎓盐上（化合物 163～165，图 2.89）就很好地改善了此类化合物的溶解性。其中，引入的羟基还可以作为链转移剂加速聚合反应，并改善碘鎓盐与单体和树脂的相容性，尤其是与非极性的环氧化合物单体的相容性。

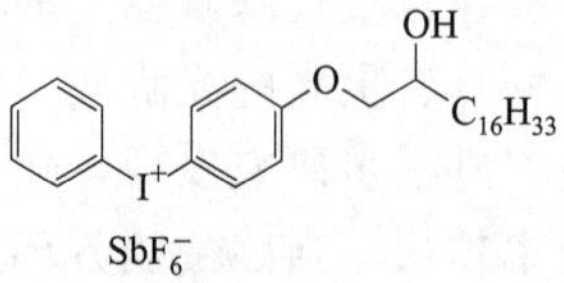

化合物163

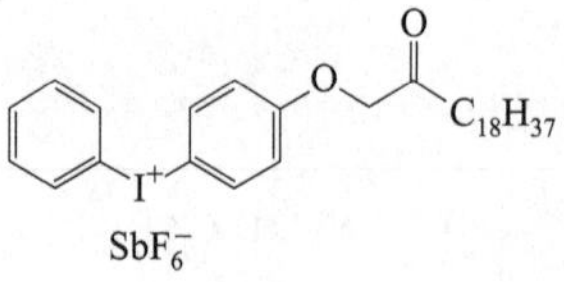

化合物164

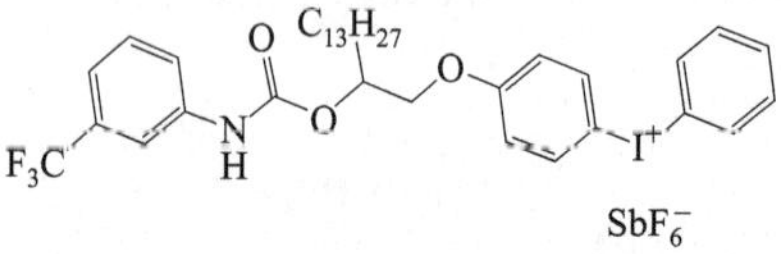

化合物165

图 2.89　含长链烷氧基、酯基的二苯基碘鎓盐化合物 163～165

此外，含二苯甲酮基碘鎓盐引发剂化合物 166～168（图 2.90）的研究结果显示：此类化合物比二苯甲酮和二苯基碘鎓盐的混合引发剂具有更高的引发效率；这种自由基-阳离子光引发剂拓宽了光固化体系的使用范围，改善了涂层的物化性能。

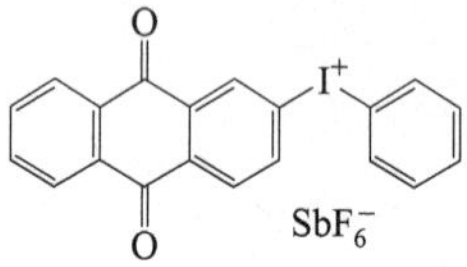

化合物166

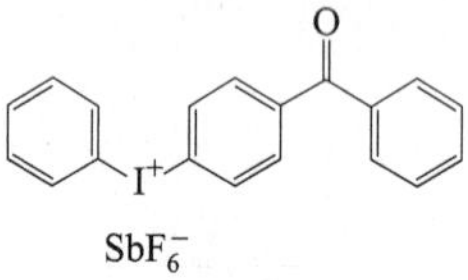

化合物167

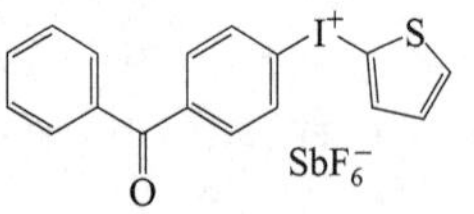

化合物168

图 2.90　二苯甲酮基碘鎓盐引发剂 166～168

另外，二苯甲酮碘鎓盐混杂光引发剂系列化合物 169（图 2.91）的研究表明：此类光引发剂紫外吸收波长范围在 260～320nm，使用时不需要另外加入光敏助剂，可在普通中高压汞灯照射下迅速引发自由基-阳离子聚合反应，与普通碘鎓盐相比引发效率有了很大提高。

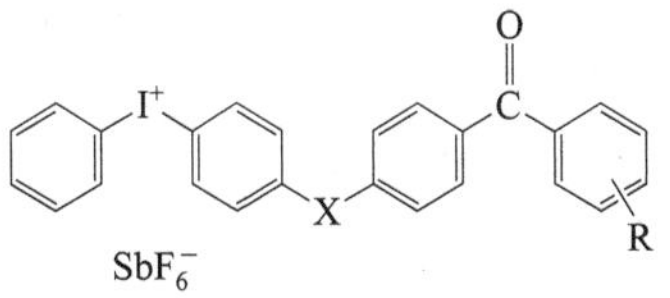

X=CH₂, OCH₂; R=4-NO₂, 4-OCH₃, 2-Cl

图 2.91 二苯甲酮碘鎓盐混杂光引发剂系列化合物 169

为了延长碘鎓盐的吸收波长，研究人员将香豆素基团引入碘鎓盐结构中开发了一系列香豆素基碘鎓盐化合物 170～173（图 2.92）。研究表明：此类光引发剂的吸收波长相对于常用碘鎓盐化合物 174（CD 1012）有了明显的红移，可延长至400nm 左右，且摩尔消光系数也比化合物 174 改善很多；在乙烯基醚的阳离子聚合和脂环族环氧化物的开环阳离子聚合中，这种基于香豆素基团的碘鎓盐光引发剂表现出比商业光引发剂化合物 174（CD 1012）更好的光引发性能；碘鎓盐在香豆素基的 3 位取代的光引发剂化合物 170（P3C-Sb）和化合物 172（P3C-P）显示出比相应的 6 位取代的异构体更好的性能；在基于相同香豆素碘鎓盐阳离子的情况下，含六氟锑酸根的光引发剂比相应的六氟磷酸根的光引发剂有更好的阳离子光引发聚合效果。

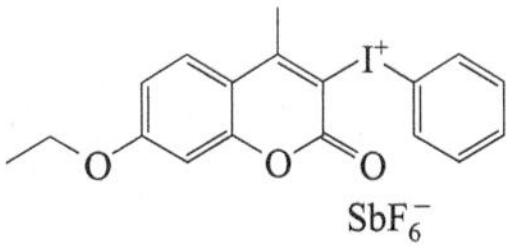

化合物170

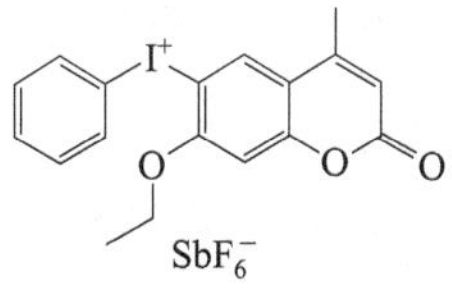

化合物171

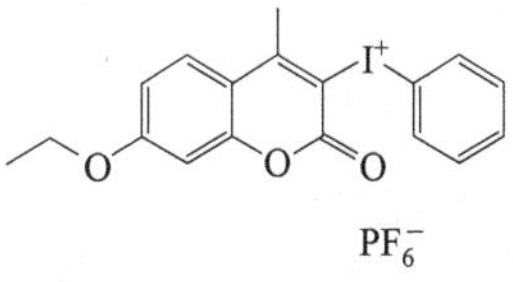

化合物172

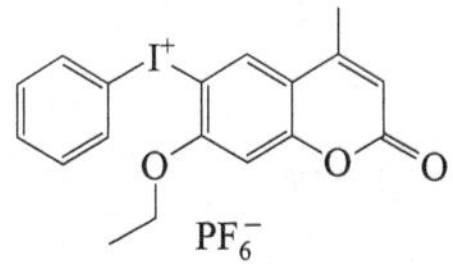

化合物173

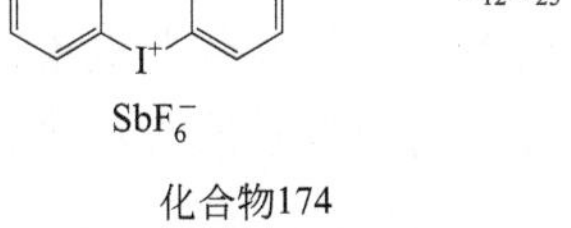

化合物174

图 2.92 香豆素基碘鎓盐 170～174

研究发现调节碘鎓盐的配对阴离子，可以有效改善碘鎓盐的溶解性及光引发性能。例如化合物 175（含铝酸盐阴离子的二芳基碘鎓盐，I-Al）和化合物 176（含铝酸根阴离子的三芳基硫鎓盐，S-Al）（图 2.93）的研究结果表明：与几种单体中的基准物质相比，其具有更优异的反应活性，尤其是二苯基碘鎓盐 I-Al（化合物 174）在引发阳离子聚合方面表现较为出色。

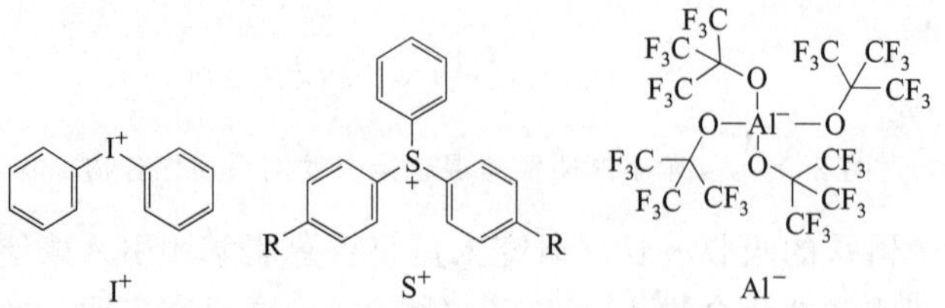

化合物175　　化合物176

图 2.93 化合物 175（铝酸根二芳基碘鎓盐，I-Al）和化合物 176（铝酸根三芳基硫鎓盐，S-Al）

三、硫鎓盐

三芳基硫鎓盐也是应用广泛、性能较好的阳离子光引发剂之一。此类化合物在紫外吸收、热稳定性及光引发活性等方面优于二芳基碘鎓盐。常见的硫鎓盐是化合物 177 和化合物 178（图 2.94）。在三芳基硫鎓盐分子中，硫原子与 3 个芳环相连，正电荷得到分散，降低了分子的极性，增加了与可聚合单体的互溶性。

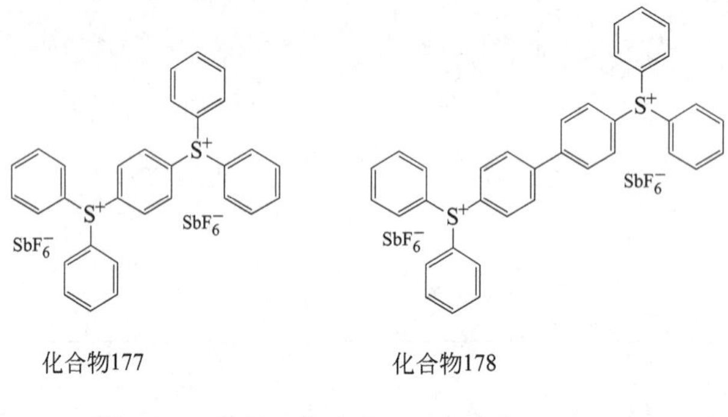

化合物177　　化合物178

图 2.94 常见三芳基硫鎓盐化合物 177、178

结构简单的三芳基硫鎓盐紫外吸收波长偏短，一般小于 300nm，并不能很好地满足目前长波长 UV-LED 光源的需求，故调整生色团、延长吸收波长成为此类化合物的发展方向。例如含强生色团的硫鎓盐化合物 179～185（图 2.95）的研究结果显示：这一类硫鎓盐光引发剂的吸收波长可延伸至可见光区，引发效率高，有良好的热稳定性和溶解性。

四、芳茂铁盐化合物

芳茂铁盐（化合物 186，图 2.96）是 20 世纪 80 年代继二芳基碘鎓盐和三芳基硫鎓盐后开发的一类阳离子光引发剂。此类化合物的最大吸收波长大于 360nm，有的可以延伸到可见光区，能够与目前常见的 UV-LED 光源匹配，可有效地吸收光能，提高体系的固化效率。此类化合物多用于引发环氧体系开环聚合。

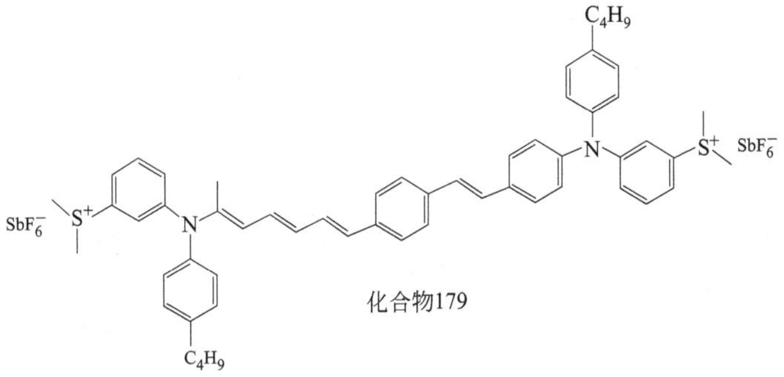

化合物179

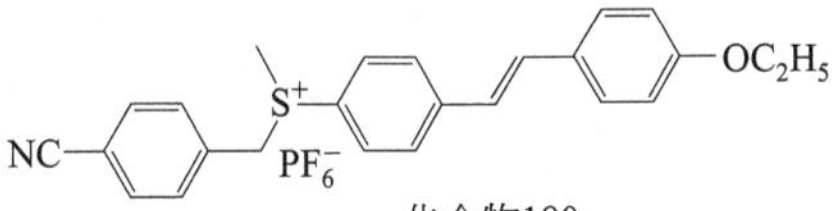

化合物180

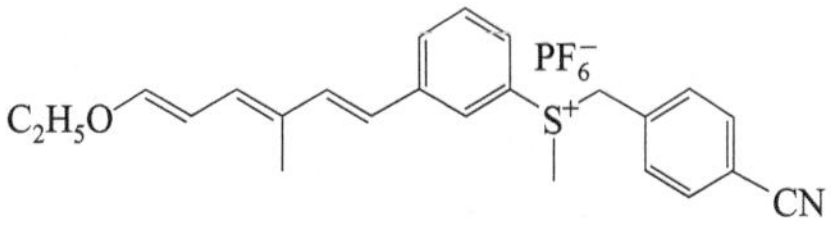

化合物181

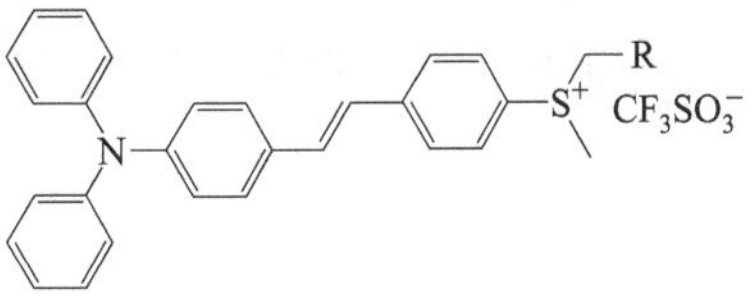

R=H　化合物182

C_6H_5　化合物183

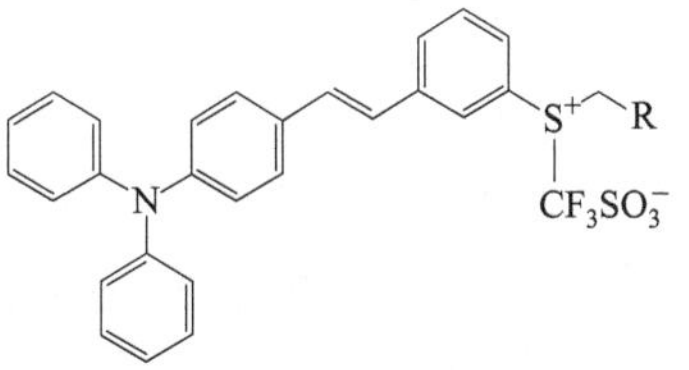

R=H　化合物184

C_6H_5　化合物185

图 2.95　长波长三芳基硫鎓盐化合物 179～185

芳茂铁化合物的光引发机理如图 2.96 所示，化合物经光解后脱去一个芳环配体，与环氧单体结合成配合物，然后这个配合物中的一个环氧单体开环形成阳离子，引发单体聚合。在引发聚合过程中包括两个基本反应：①引发剂光解产物与单体配合产生配合物；②配合物中单体的开环反应。研究表明，这两个反应具有相反的温度效应，升高温度有利于后者，而不利于前者，所以温度对聚合有一定的影响。

市场上的主要商品是 Ciba 公司开发的化合物 187（异丙基苯茂铁六氟磷酸盐，Ir 261，图 2.97）。此外，有研究人员以二茂铁为原料制备了含不同苯基的阳离子光引发剂芳茂铁六氟磷，并对其光固化效果作了探讨；还有研究人员合成了化合物 188 和化合物 189～191，图 2.98），并研究了它们的紫外可见光吸收性能和光引发活性。结果表明，这些茂铁盐都可以有效地引发环氧化合物的开环聚合。

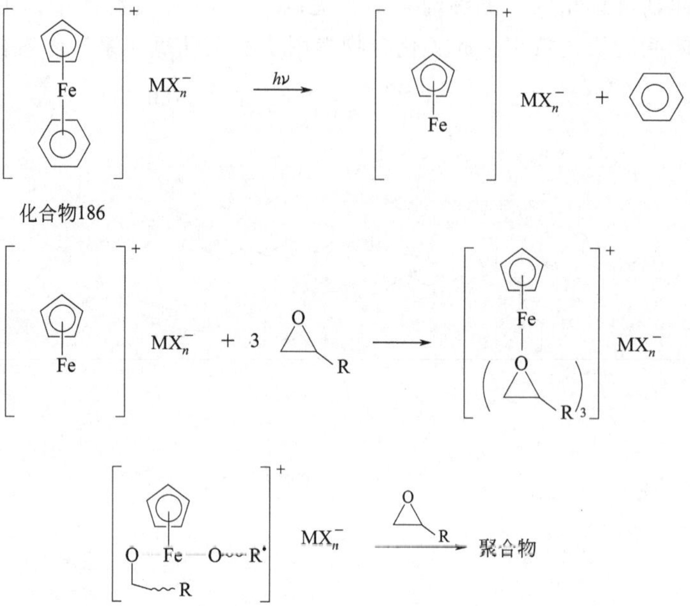

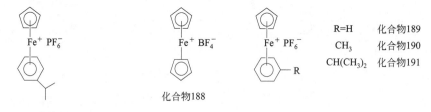

图 2.96　二茂铁光引发剂化合物 186 的引发机理（R 为烷基）

图 2.97　化合物 187
（二茂铁光引发剂 Ir 261）

化合物188

R=H　　　　化合物189
CH₃　　　化合物190
CH(CH₃)₂　化合物191

图 2.98　化合物 188～191

五、茂钛类光引发剂

茂钛类光引发剂中比较重要的是化合物 192（双 2,6-二氟-3-吡咯苯基二茂钛）和化合物 193 ［双（五氟苯基）钛茂］，前者已经商品化，商品名为 Irgacure 784。此类光引发剂具有突出的光引发活性、储存稳定性、低毒性以及较宽的紫外吸收范围等优点，适用于长波长 UV-LED 光源，其主要吸光段在可见光区（两个主要吸收峰分别在 405nm 和 480nm），与 488nm 氩离子激光光源发射波长匹配，是很好的可见光引发剂。

氟代二茂钛的光引发过程既不属于裂解型，也不属于夺氢型，其吸收光能后，光致异构变为环基光反应中间体，然后与低聚物和活性稀释剂中丙烯酸酯的酯羰基发生配体置换，产生自由基而引发聚合和交联。其在可见光处吸收良好，具有光漂白作用，非常适合于厚涂层的可见光固化，固化厚度可达 $70\mu m$ 以上。其光解碎片可以被丙烯酸酯配位，大大降低了表面迁移率及毒性。另外，其热稳定性良好，热分解温度达 230℃。

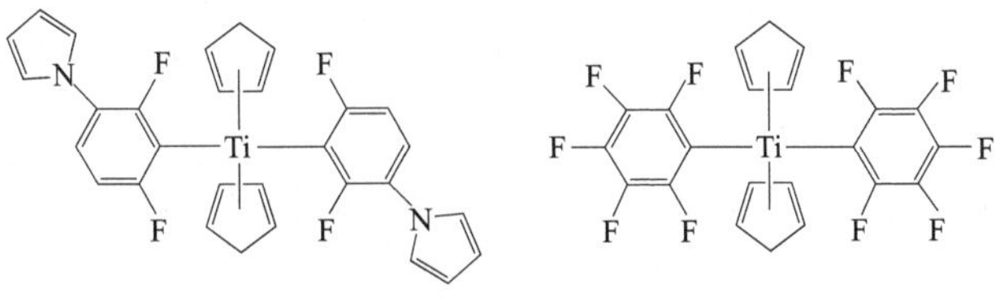

化合物192   化合物193

图 2.99 化合物 192（Irgacure 784，双 2,6-二氟-3-吡咯苯基二茂钛）
和化合物 193［双（五氟苯基）钛茂］

化合物 192 作为高效光引发剂，在紫外或可见光辐照下可以引发丙烯酸树脂预聚物和一些单官能团或多官能团单体的聚合反应。其特殊的光吸收特性和极快的反应速率，使其特别适合应用在感光聚合物体系中，例如，光学涂层、全息图、激光直接成像、立体平版印刷等。因其极佳的感光性能，在较低浓度下就能产生很好的引发效果，一般添加量在 $0.01\%\sim1\%$。在无氧条件下，可以得到更好的使用效果。

六、非离子型产酸剂

非离子型产酸剂的一大优点是与有机溶剂、树脂、单体都具有较好的相容性。非离子型产酸剂产生的酸一般是盐酸、磺酸、含氟磺酸。常见的非离子型产酸剂有三氯甲基三嗪类产酸剂、苄基酯类产酸剂、N-羟基磺酸肟酯类产酸剂、亚酰胺酯类产酸剂等。这些产酸剂一般经光源照射后，分子裂解产生对应酸源的自由基，自由基在环境中捕获氢源，生成对应的酸，从而引发乙烯基醚类、环氧树脂类等单体或低聚物发生聚合反应。以下将对常见的几种产酸剂进行介绍。

（1）三氯甲基三嗪类产酸剂

三氯甲基三嗪类化合物 194（图 2.100）是由有机多卤化合物发展而来的，由于三嗪环的毒性低于苯环，同时三嗪环的电子云密度大于苯环，通过共轭作用增加了有机多卤化合物的热稳定性。可通过调节与三嗪环相连的共轭基团 R，调节此类化合物的紫外吸收范围，其中 R 可以是烷基、苯基、苯乙烯基、萘基、取代的苯基、取代的苯乙烯基、取代的萘基等，故有一系列不同结构和吸收范围的三氯甲基三嗪类化合物。研究人员对此类化合物的合成方法进行了研究，合成了一系列新型三嗪类光引发剂。

此类化合物在 $200\sim450nm$ 光谱范围内有吸收。在适当的光源照射或热作用时，三嗪类化合物会发生均裂和异裂生成自由基，进一步释放出氢氯酸分子引发聚合反应，其光解机理如图 2.101 所示。因具有较高的感度和产酸效率，三嗪类产酸剂被广泛应用于 PS 印刷版材成像组合物、光刻胶成像体系、微电子工业、微刻技术以及规模集成电路制造等领域。它的缺点是所产生的氢氯酸挥发性大、扩散范围大，对图像的精度和设备的保护不利，且在酚树脂酸解脱保护的化学增幅体系中效果较差。目前市场上可用于 UV-LED 光源的三嗪类光引发剂有化合物 195 [2-(4-甲氧基-1-萘基)-4,6-二 (三氯甲基)-1,3,5-三嗪，三嗪-B] 和化合物 196 [2,4-双 (三氯甲基)-6-对甲氧基苯乙烯基-s-三嗪，三嗪-D，图 2.102]。

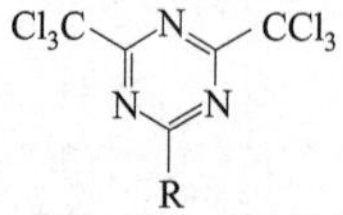

图 2.100　三氯甲基三嗪类产酸剂化合物 194

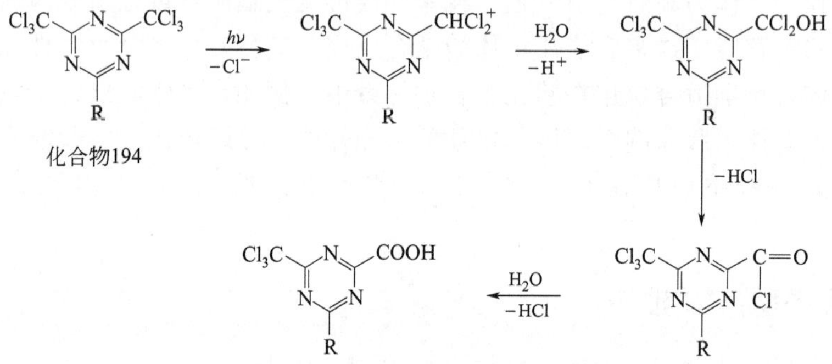

图 2.101　三嗪类光引发剂的光解机理

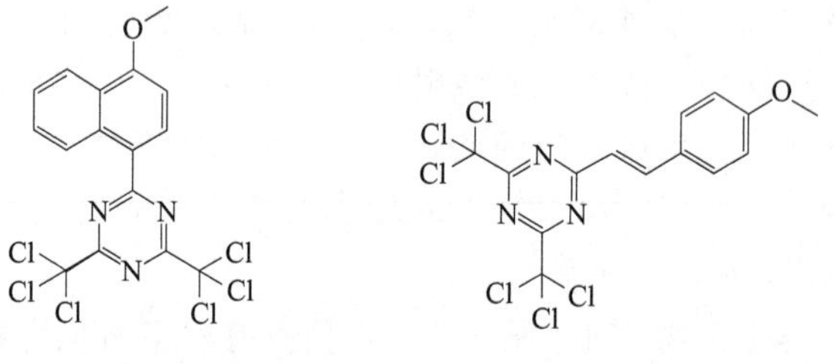

化合物195　　　　　　　　　化合物196

图 2.102　化合物 195 （三嗪-B）和化合物 196 （三嗪-D）

三嗪类光引发剂紫外吸收波长较长，可应用于 UV-LED 光固化体系中。另外，与其他一些光引发剂组成多组分复合光引发体系后，还可很好地应用于可见光 LED 光固化体系中。例如，一种可用于不同近紫外或可见 LED 光源 （385nm，395nm，405nm，455nm 或冷白光 LED） 的新型三嗪类光引发剂化合物 197 （T1，图 2.103） 的研究结果显示：它的最大吸收波峰在 416nm 处；在 405nm 的 UV-LED 光源照射及在空气条件下，化合物 197/甲基二乙醇胺 （MDEA） /2,4,6-三

（三氯甲基）-1,3,5-三嗪（R'-Cl）组成的复合光引发体系，在环氧化合物的阳离子光聚合反应和甲基丙烯酸酯的自由基光聚合反应中，都有很高的引发效率。

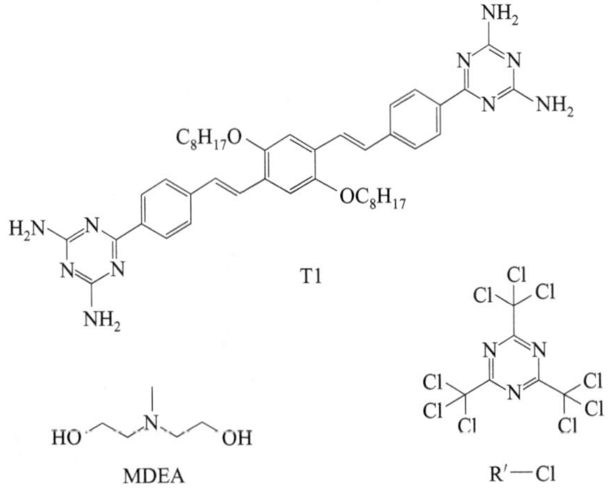

图 2.103　化合物 197（T1）/甲基二乙醇胺（MDEA）/2,4,6-三（三氯甲基）-1,3,5-三嗪（R'-Cl）复合引发体系

（2）苄基酯类产酸剂

苄基酯类化合物早在 20 世纪 80 年代就被报道具有光解性能，随后的研究表明，苄基酯化合物是一类高效且溶解性好的非离子型产酸剂。对苄基磺酸酯类化合物的光解机理的研究结果显示，只有化合物 198（对硝基苯基磺酸酯）经历分子内电子转移反应发生光解，光解机理如图 2.104 所示。

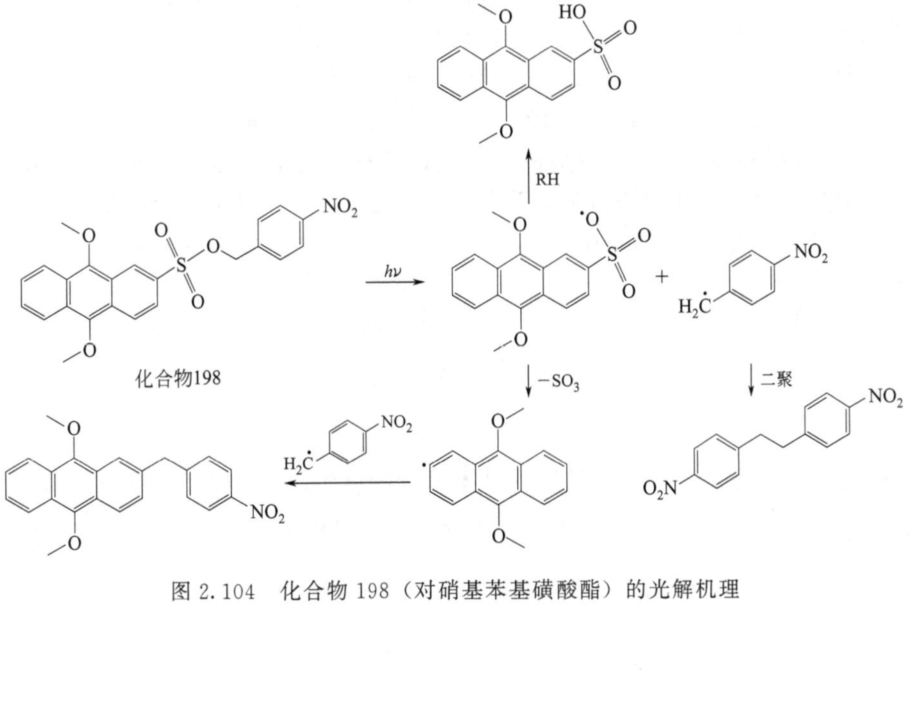

图 2.104　化合物 198（对硝基苯基磺酸酯）的光解机理

　　研究发现：富含电子的芳基磺酸酯（如甲磺酸酯和三氟甲磺酸酯衍生物）优先通过 Ar—O 键的异质裂解光分解，释放出相应的 Ar$^+$ 阳离子和磺酸根阴离子，然后后者从环境中提取氢得到对应的磺酸，过程如图 2.105 中反应路线 A 所示。其他的磺酸酯，例如对甲基苯磺酸酯，则优先通过 ArO—S 中 O—S 键解离产生磺酰基自由基，然后与环境中的溶解氧反应产生对应的磺酸，过程如图 2.105 中反应路线 B 所示。

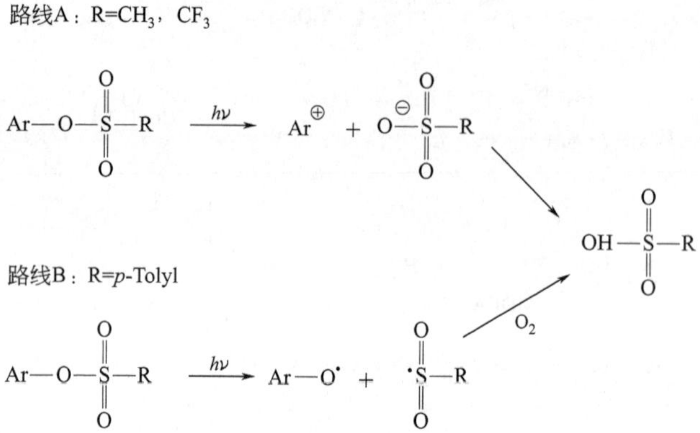

路线A：R=CH₃，CF₃

路线B：R=p-Tolyl

图 2.105　苯酚磺酸酯产酸剂光解机理 A 和 B

（3）N-羟基磺酸肟酯类产酸剂

　　N-羟基磺酸肟酯类化合物是近年来开发应用较热的一类光、热产酸剂，可由氮羟基酰亚胺与磺酸酯化得到，吸收范围处于 300～450nm 之间，可以通过调节生色团的类型调控其紫外吸收范围，其溶解性良好，常温稳定性好，所产生的磺酸无挥发、毒性小、扩散范围小。其中，全氟烃基磺酸肟酯还可产生超强酸全氟磺酸，是一类优良的光产酸剂，可广泛应用于阳离子光固化涂料和化学增幅成像体系。

　　磺酸肟酯类光引发剂化合物 199～201（图 2.106）的研究结果显示：这是一类对于 g 线、i 线和深紫外区都有效的产酸剂；这种非离子、无卤素的产酸源在溶剂中有较好的溶解性，在酚醛树脂体系中有很好的稳定性，且量子产率较高，感度很好，可用于紫激光 CTP 版材中。

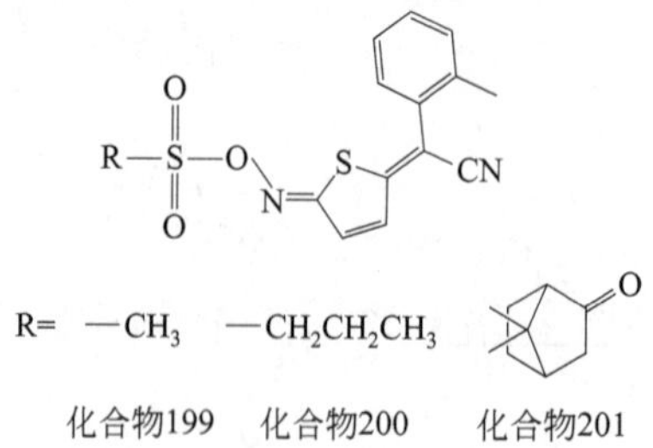

R=　—CH₃　　—CH₂CH₂CH₃

化合物199　　化合物200　　化合物201

图 2.106　磺酸肟酯类光引发剂化合物 199～201

　　此类化合物的光分解机理如图 2.107 所示，化合物遇光后，首先分解为磺酸自由基和亚胺自由基，同时磺酸自由基在环境中获得氢形成磺酸。因为在裂解过程中既有自由基又有磺酸产生，故其可作为光引发剂应用在阳离子聚合体系、自由基聚合体系及自由基-阳离子混杂聚合体系中；亚胺自由基还可以与氧气反应，在反应体系中可起到清除氧气的作用，这样应用在自由基聚合体系中时可以有效降低氧阻聚作用。

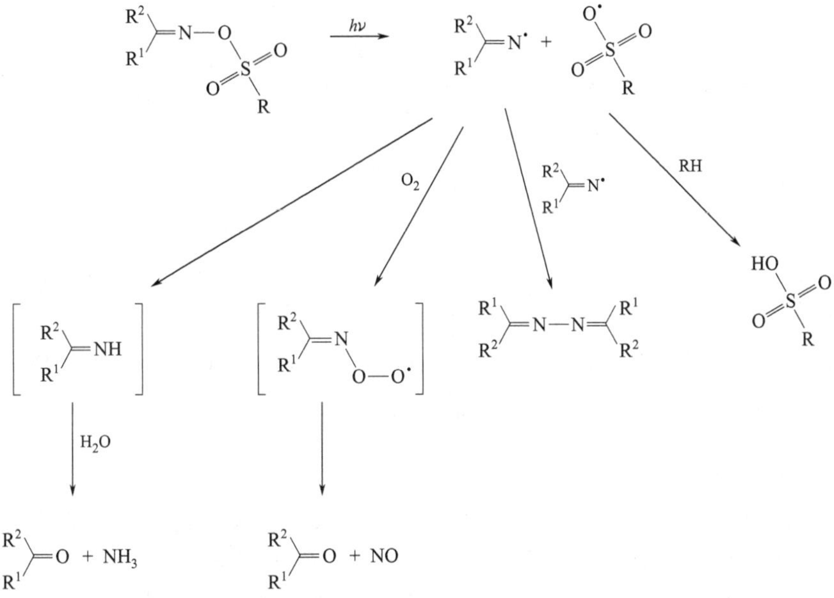

图 2.107　磺酸肟酯类化合物的光分解机理

　　此外，关于双取代噻吩磺酸肟酯类光产酸剂化合物 202（图 2.108）的研究结果显示：此类化合物吸收波长较长，适用于 365～475nm LED 光源，并且对环氧单体和乙烯基醚类单体有很好的引发效果。

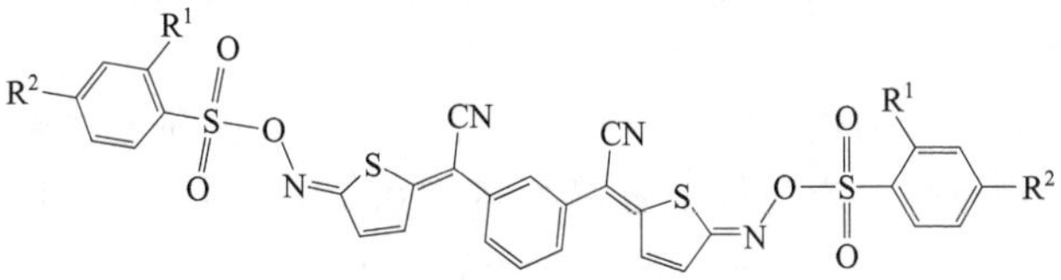

R^1=H或F; R^2=CH$_3$、CF$_3$或F

图 2.108　双取代噻吩磺酸肟酯类光产酸剂化合物 202

　　另外，双萘二甲酰亚胺衍生物的双官能团 N-羟基磺酸肟酯类光引发剂的研究表明，其在双光子光刻方面有不错的效果，而且此类光引发剂既可以引发阳离子聚合，又可以引发自由基聚合。

（4）N-羟基酰亚胺酯类产酸剂

N-羟基酰亚胺酯类产酸剂主要有 N-对甲苯磺酰氧邻苯二甲酰亚胺、N-三氟甲烷磺酰氧琥珀酰亚胺、N-三氟甲烷磺酰氧萘二甲酰亚胺等。此类磺酸酯类化合物在光照后分解出的磺酸不易挥发、扩散度适当、毒性小、环境危害小，因此，经常用于 248nm 光刻胶中。化合物 203 就是一种亚胺酯类产酸剂，其光解机理如图 2.109 所示。

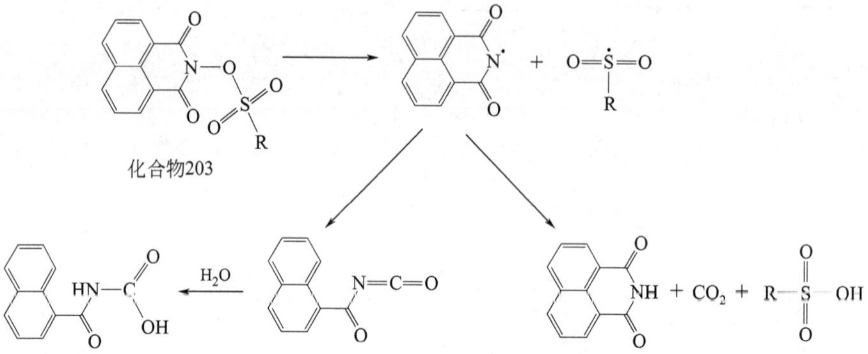

图 2.109　共轭的亚胺酯类产酸剂化合物 203 及光解机理

（5）自供氢产酸剂

前面提到的离子型和非离子型产酸剂都是在反应环境中提取氢，光反应机理比较复杂，会产生很多副产物。因此，研究人员开发出了自供氢产酸剂化合物 204（图 2.110），研究结果显示：这是一个光致变色的酚菁染料基产酸剂 PAH，在可见光光源（蓝光 LED）下，可通过分子内重排产生质子，进而引发环内酯化合物发生开环聚合反应。此类化合物在热或者光照作用下产生质子［图 2.110(a)］，进而引发内酯化合物发生聚合反应［图 2.110(b)］，但是当光照停止后，分子内重排也会终止，故不会再有质子产生，内酯化合物的聚合反应相应减弱。因此可以通过控制辐照光源，控制此类化合物产生的质子数量，进而生成一定分子量及分子量分布可控的聚合物。

另一类自供氢产酸剂化合物 205～208（图 2.111）的研究结果表明：这类化合物经光照后副产物较少，产酸量子效率可高达 0.47，可以很好地引发环氧单体聚合，其作用机理如图 2.111 所示，其经光照后发生光环化反应，同时生成 H 质子。

综上所述，为了克服溶解性问题、复杂的官能化过程以及紫外波长偏短的问题，产酸剂的研究趋势已经从离子型产酸剂转移到非离子型产酸剂。非离子型产酸剂的发展趋势是开发可以用在聚合物引发及表面涂层中的高效化合物，这可以通过改变生成的阴离子结构、改变生色团或设计双光子吸收结构来实现。另外，自供氢型非离子产酸剂因较少的光解副产物及其较高的产酸效率，成为一个新的发展趋

化合物203(PAH)

PA^-

(a)

(b)

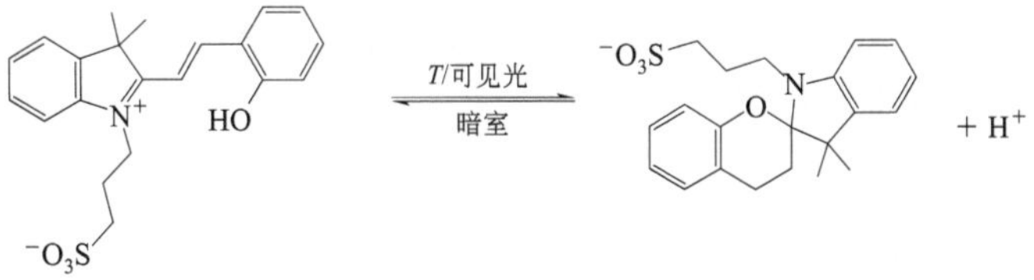

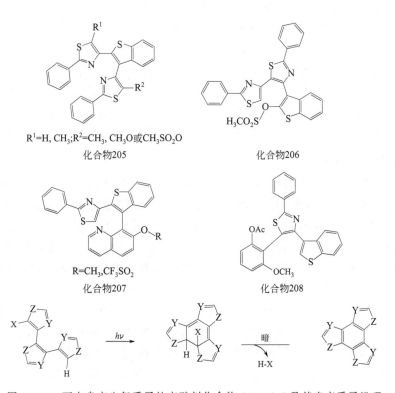

图 2.110 化合物 204（PAH）的光产酸机理（a）及其引发环内脂开环聚合反应机理（b）

R^1=H, CH_3;R^2=CH_3, CH_3O或CH_3SO_2O

化合物205

化合物206

R=CH_3,CF_3SO_2

化合物207

化合物208

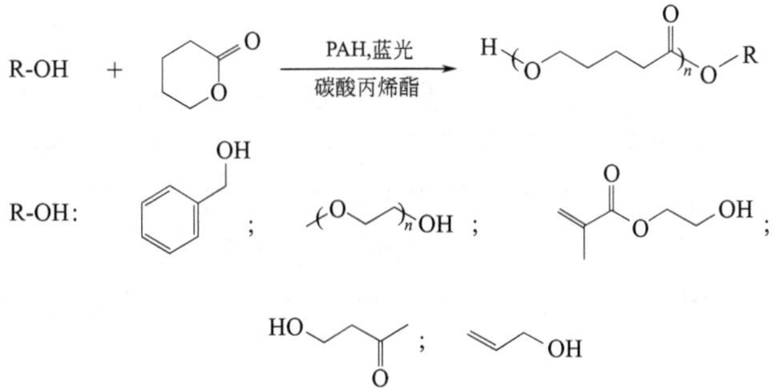

图 2.111 可自身产生氢质子的产酸剂化合物 205～208 及其光产质子机理

势。目前 PAG 已经广泛应用于引发乙烯基醚和环氧化物的聚合反应中，未来有可能将这类产酸剂可引发的单体范围扩大到环酯、碳酸酯等单体中，这将对光固化技术的发展产生巨大的推动作用。

第三节　光产碱剂

光产碱剂的概念是 1990 年由 J. F. Cameron 和 J. M. J. Frechet 提出的。光碱产生剂（PBG）是在光照条件下能释放有机碱，进而可以引发可聚合单体发生聚合反应的一类物质。光产碱剂释放的有机碱在空气中稳定，且具有良好的抗氧阻聚性和抗基板腐蚀性，所以光产碱剂既不会像自由基光引发剂那样易受氧气的干扰，也不会像光产酸剂那样有腐蚀性问题。研究表明，光产碱剂可催化环氧开环等聚合反应，已广泛用于荧光图案、光刻胶、有机-无机杂化材料、导电膜、微电子成像及高端面漆等领域。

尽管具有比较好的应用前景，但与 PAG 相比，PBG 的发展与应用相对慢一些。这主要是因为早期的光产碱剂例如氨基甲酸酯、季铵盐、肟酯、α-氨基酮等在光照后产生的胺基化合物碱性弱、活性较低，故在涂层曝光后需要后烘以使固化更彻底，导致光产碱剂的实际应用范围有限。但是随着研究的不断开展，研究人员将一些超强碱，例如：脒类化合物 DBU（$^{\text{MeCN}}pK_a$24.3）、DBN（$^{\text{MeCN}}pK_a$23.79），胍化合物 TMG（$^{\text{MeCN}}pK_a$23.4）、TBD（$^{\text{MeCN}}pK_a$26.03.）引入光产碱剂分子结构中，大大提高了光产碱剂的引发效率，随着其引发效率的提高，其应用范围也得到了极大地拓宽，推进了光产碱剂的快速发展与应用。常见光产碱剂的种类包括氨基甲酸酯、肟酯、铵盐等，以下将从这几个方面对产碱剂的发展趋势做一些介绍。

（一）氨基甲酸酯类光产碱剂

氨基甲酸酯类光产碱剂的代表是化合物 209～211（图 2.112）。其见光易分解，可生成初级胺或者二级胺类化合物。制备此类化合物的初衷是用光不稳定保护基团（PPG）氨基甲酸酯与胺键合来保护初级胺和二级胺类化合物的氨基，氨基甲酸酯基团经光照后会发生光脱羧反应释放伯胺或仲胺（图 2.113）。后来研究发现，氨基甲酸酯光解后释放的胺，可诱导环氧树脂或末端含异氰酸酯基团的低聚物发生固化反应，因此可被用于涂层和光刻材料。不过在应用过程中需要后烘处理使材料进一步固化，这在一定程度上限制了此类化合物的广泛应用。另外，氨基甲酸酯光解产生的伯胺和仲胺的催化效率较低，不适用于需要更强的碱的聚合反应。

2-(2-硝基苯基)丙氧羰基（NPPOC）被用作光不稳定保护基团 PPG，其在 365nm 处具有高量子产率（$F_{365}=0.15$）。于是研究人员通过反应将一个强碱化合物 1,1,3,3-四甲基胍（TMG，$^{\text{MeCN}}pK_a=23.4$）与甲酸酯键合制备了化合物 212

（NPPOC-TMG，图 2.114），研究发现：其可应用于四硫醇和三甲基丙烯酸酯之间的光诱导硫醇-迈克尔加成反应中，且聚合反应速率很快；还可以应用于光引发 L-丙交酯的开环聚合反应，且在引发 L-丙交酯聚合时无暗反应，在普通紫外线光源下就可以实现较快的反应速率，得到分子量较容易控制的聚合物。

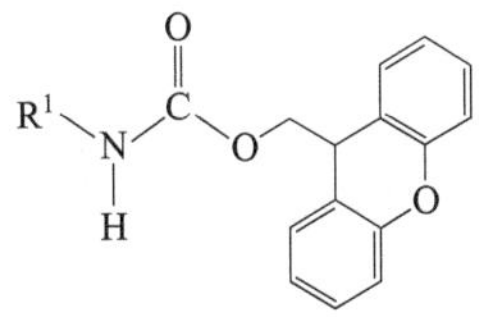

R¹：环己基　　　　　苄基　　　　　苯乙基
化合物209　　　化合物210　　　化合物211

图 2.112　氨基甲酸酯类光产碱剂化合物 209～211

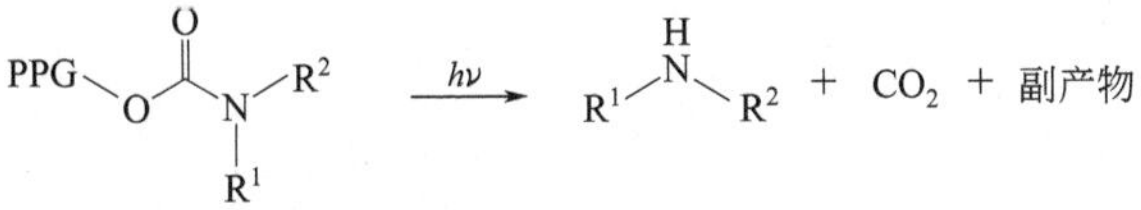

PPG=光不稳定保护基团
R¹,R²=烷基

图 2.113　氨基甲酸酯类化合物光解机理

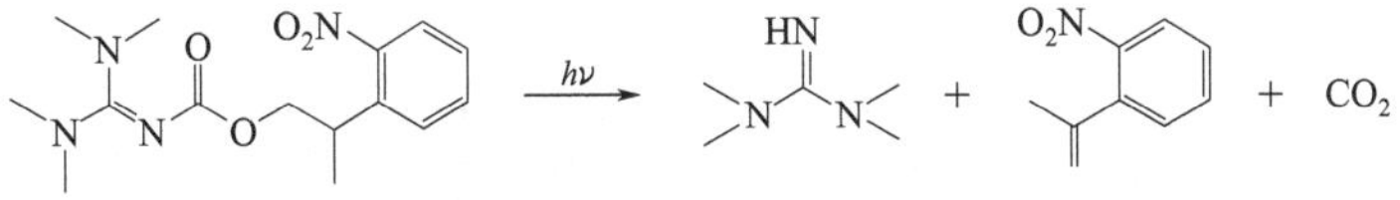

化合物212

图 2.114　化合物 212（NPPOC-TMG）的光解反应

另外，含氨基香豆素生色团和含 TMG 基团的产碱剂化合物 213 的研究结果显示：其紫外吸收在紫外可见光区，适用于紫外可见光光源；在硫醇-迈克尔加成反应中具有很好的光引发活性，能够促使聚合反应形成均匀的网络；还可用在其他可见光诱导的碱催化硫醇点击反应中，例如巯基-异氰酸酯和硫醇-环氧反应中，其光解机理如图 2.115 所示。

（二）肟酯类产碱剂

O-酰基肟经光照射后产生伯胺（图 2.116）。研究人员研究了此类化合物的光反应机理。激光光谱学研究显示大多数 O-酰基肟在敏感裂解时都会产生亚氨基自由基。当 R_1 和 R_2 是苯基且 R_3 是甲基时，会产生苄基自由基。产碱剂的大分子化也是一个研究方向，研究人员利用可逆加成断裂转移聚合技术（RAFT）设计合成了化合物 216，包含 2-萘乙酮氧酰基肟酯（AANO）和丙烯酸甲酯（MA）的 ABA 型三嵌段共聚物（图 2.117）。研究发现此产碱剂的光解效率与化合物 214、化合物 215 几乎相同，但是迁移率有了明显降低。

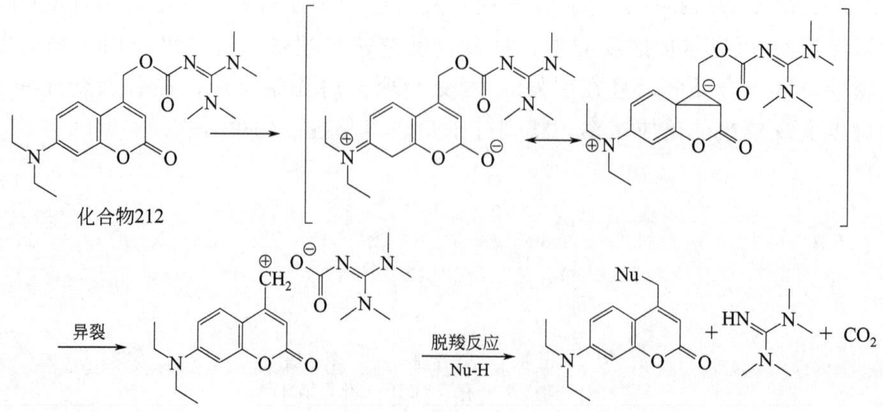

图 2.115 氨基香豆素-TMG 产碱剂化合物 213 及其光解机理

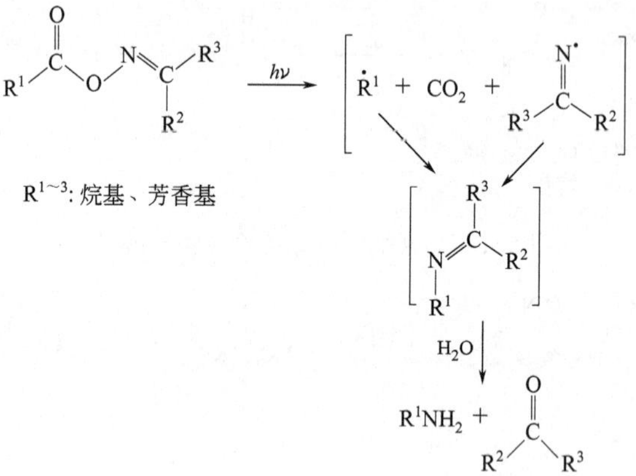

$R^{1\sim3}$: 烷基、芳香基

图 2.116 *O*-酰基肟产碱剂光解机理

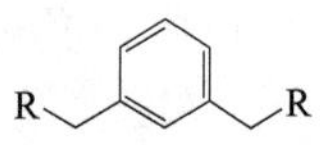

化合物214

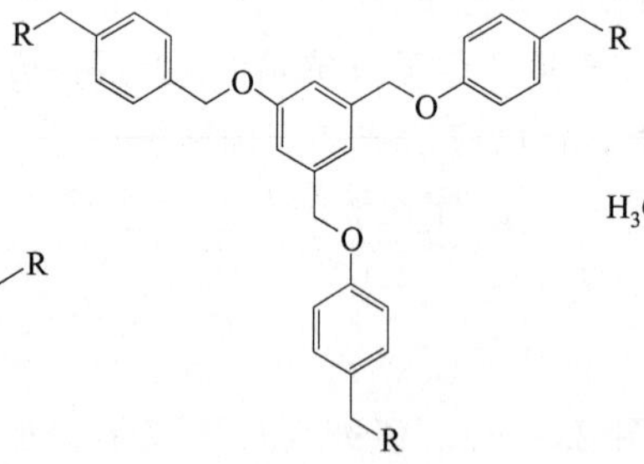

化合物215

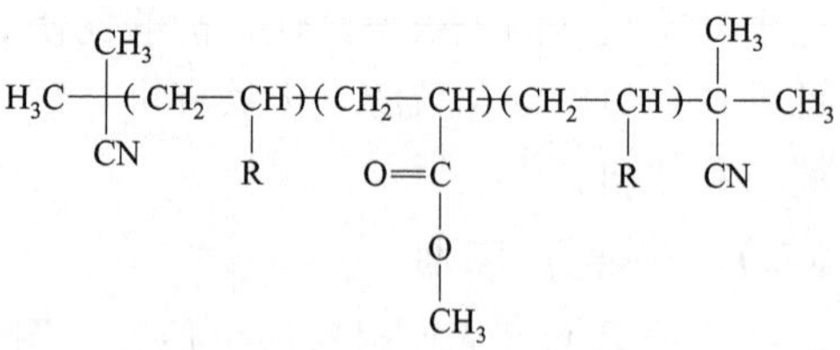

化合物216

R:

图 2.117 化合物 214、215 及 2-萘乙酮氧酰基肟酯（AANO）
和丙烯酸甲酯（MA）的 ABA 型三嵌段共聚物化合物 216

(三) 铵盐类产碱剂

1998 年季铵盐（QAs）被首次报道为光产碱剂。季铵盐类光产碱剂的典型结构是将四级胺（QA）直接键合到生色团（化合物 217），生成的化合物经光辐照后，发生 C-N 均裂产生相应的胺［图 2.118(a)］。此类化合物经光辐照后会产生叔胺。另外，变换生色团结构，可调节紫外吸收范围及制备不同类型的季铵盐产碱剂，大大拓展了产碱剂的种类及应用［图 2.118(b)，化合物 218～221］。此类化合物的缺点是许多化合物在有机溶剂中显示出有限的溶解度和热稳定性。

光产碱剂 1,5,7-三氮杂-双环［4.4.0］癸-5-烯的四苯基硼酸盐（TBD · $HBPh_4$，化合物 222）的研究结果显示：此化合物结构中因为质子的存在导致 TBD 无反应活性，但是经 254nm 光源辐照后，BPh_4^+ 离子经重排并进一步从 TBD · H^+ 中提取质子从而释放出游离碱（图 2.119）。TBD 是一种非常好的引发活性开环聚合反应的有机催化剂，研究人员利用此类产碱剂首次实现了 e-CL 的光诱导开环聚合反应，拓宽了光聚合反应的应用领域。

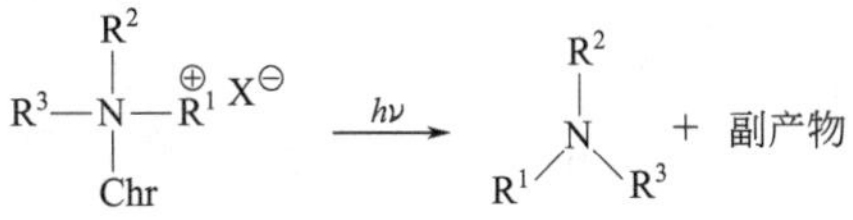

Chr=生色团

R¹,R²,R³=烷基、芳香基

化合物217

(a)

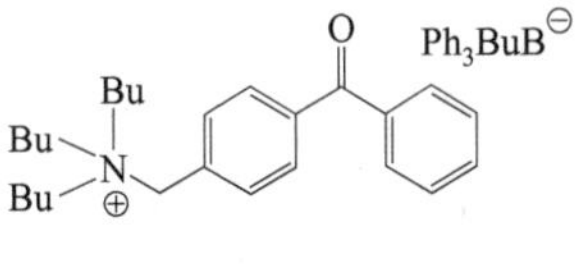

化合物218

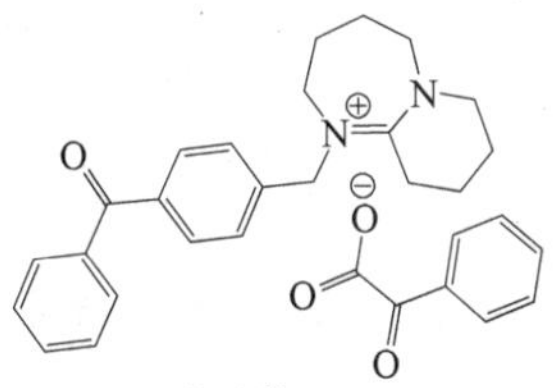

化合物219

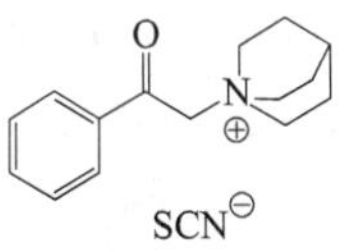

化合物220

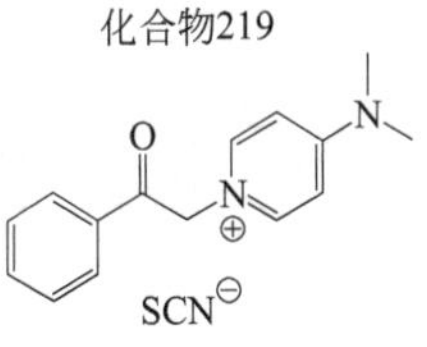

化合物221

(b)

图 2.118 化合物 217～221 季铵盐产碱剂及光产碱机理

羧酸酯和质子化碱组成的盐（化合物 223，图 2.120）与 BPh_4 盐一样，可通过光脱羧作用去质子化对笼状化合物进行光致释放，与各种 Bronsted 碱具有很好的相容性。这一性质引起了研究人员的兴趣，相继开发出了一系列光产碱剂化合物 224～227（图 2.121）。这类化合物的特点是可以通过调节生色团结构以调节光化学性质，提高量子产率，增加吸收波长。此类光产碱剂可以引发巯基-环氧、巯基-硫醇偶联、多巴胺的聚合，胺介导的丙烯酸酯的氧化还原聚合等。

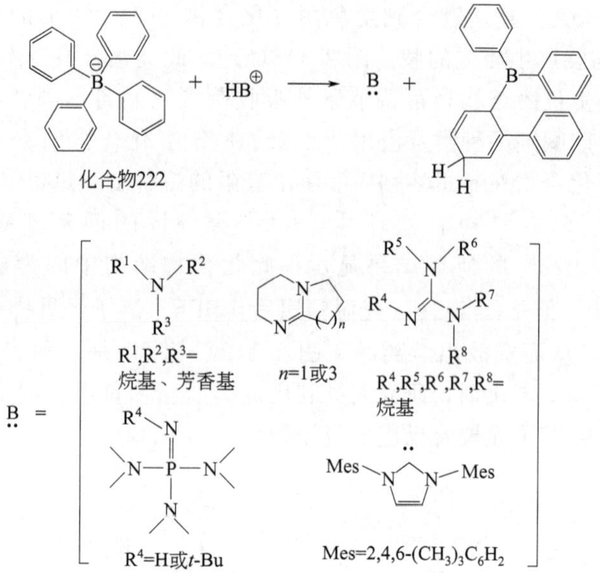

图 2.119　四苯基硼酸盐化合物 222 TBD·HBPh$_4$ 的光解反应

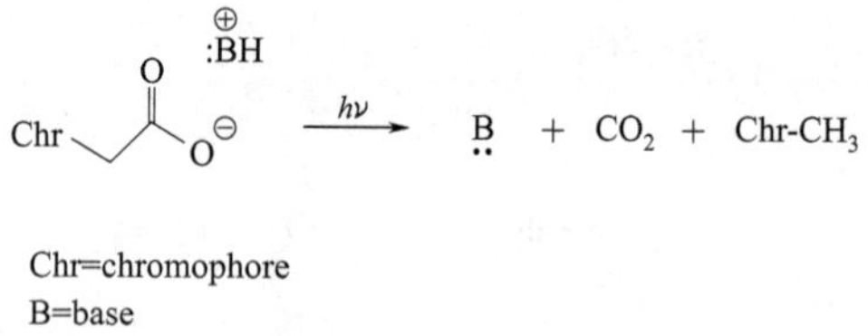

Chr=chromophore
B=base

图 2.120　功能化羧酸盐产碱剂化合物 223 的光解反应

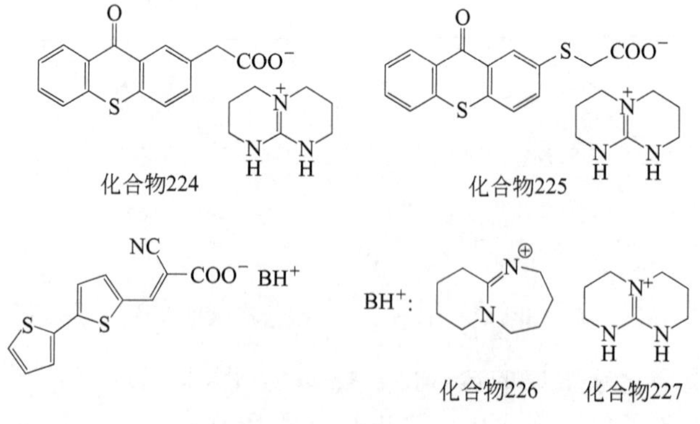

化合物224　　　　　化合物225

化合物226　　　化合物227

图 2.121　功能化羧酸盐产碱剂化合物 224～227

综上所述，尽管光产碱剂的起步较晚，且前期阶段发展较慢，但是经过研究人员的不懈努力，光产碱剂突破了前期的发展瓶颈，进入了较快的发展阶段，各种结构不同的超强碱光产碱剂相继被报道出来。高性能 PBG 的研究更倾向于离子衍生物的开发，因为可以通过调整光敏片段来改善产碱剂的量子产率和吸收波长，故与非离子 PBG 相比其更容易调控光化学性质。通过简单的酸碱反应可以容易地引入多种活性质子化碱到光产碱剂结构中，合成工艺相对简单，有利于工业化生产。总之，光产碱剂是一类非常有竞争力的光引发剂。

光固化技术是一种正在快速发展的绿色环保新技术，光引发剂是此项技术中关键的一环，因此新型光引发剂的设计与开发自光固化技术诞生以来就引起了研究者和企业家的重视。为了满足光固化领域多种多样的需求，研究人员开展了大量的研究以制备高引发活性、低毒性、低迁移性、良好的溶解性及热稳定性的光引发剂。未来光引发剂的设计开发策略之一是针对现有光引发剂的特点进行调整改性，例如将现有效果较好的光引发剂大分子化，或引入可聚合基团以降低母体分子及裂解碎片的迁移性；引入亲水性基团以增加其水溶性等。科学研究无止境，设计开发低毒、高效、化学结构及作用机理新颖的光引发剂尽管是一个挑战，但也是一件非常有意义的工作，等待众多研究人员为之付出努力。

参考文献

[1] 陈用烈, 曾兆华, 杨建文. 辐射固化材料及其应用［M］. 北京: 化学工业出版社, 2003.

[2] 庞玉莲, 邹应全. 含 N, P, S, Si, F 等杂原子的光引发剂的研究现状及进展［C］. 2016 第十七届中国辐射固化年会暨首届安庆市化工新材料产业高峰论坛论文报告集, 2016.

[3] de Mondt R, Loccufier J. Aqueous radiation curable inkjet inks: US20170114235A1［P］. 2017-04-27.

[4] Kaczun J, Schwalm R, Trumbo D, Sitzmann E V. Radiation-curable compounds: US9296907B2［P］. 2016-03-29.

[5] 邹应全, 庞玉莲. 肉桂酸苯甲酰基甲酯类化合物及其制备方法和应用: CN108117488B［P］. 2020-02-11.

[6] Lalevee J, El-Roz M, Morlet-Savary F, Graff B, Allonas X, Fouassier J P. New Highly Efficient Radical Photoinitiators Based on Si-Si Bond Cleavage［J］. Macromolecules, 2007, 40 (24): 8527.

[7] 金养智: 光固化材料性能及应用手册［M］. 北京: 化学工业出版社, 2010.

[8] Dietliker K, Hüsler R, Birbaum J L, Wolf J P. Functionalized photoinitiators: US7732504B2［P］. 2010-06-08.

[9] Rees M T, Russell G T, Zammit M D, Davis T P. Visible light pulsed-OPO-laser polymerization at 450 nm employing a bis (acylphosphine oxide) photoinitiator［J］. Macromolecules, 1998, 31 (6): 1763.

[10] Huber A, Kuschel A, Ott T, Santiso-Quinones G, Stein D, Bräuer J, Kissner R, Krumeich F, Shönberg H, Levalois-Grützmacher J. Phosphorous-Functionalized Bis (acyl) phosphane Oxides for Surface Modification［J］. Angewandte Chemie, 2012, 124 (19): 4726.

[11] 钱晓春, 钱彬, 胡春青, 王兵, 朱文斌. 一种含硝基双肟酯类光引发剂及其制备方法: CN103819583B［P］. 2016-05-18.

[12] Monroe B M, Weed G C. Photoinitiators for Free-Radical-Initiated Photoimaging Systems［J］. Chem

Rev, 1993, 93 (1): 435.

[13] Yagci Y, Jockusch S, Turro N J. Photoinitiated Polymerization: Advances, Challenges, and Opportunities [J]. Macromolecules, 2010, 43 (15): 6245.

[14] Aydin M, Arsu N, Yagci Y, Jockusch S, Turro N J. Mechanistic study of photoinitiated free radical polymerization using thioxanthone thioacetic acid as one-component type Ⅱ photoinitiator [J]. Macromolecules, 2005, 38 (10): 4133.

[15] Andrzejewska E, Zych-Tomkowiak D, Andrzejewski M, Hug G L, Marciniak B. Heteroaromatic thiols as co-initiators for type Ⅱ photoinitiating systems based on camphorquinone and isopropylthioxanthone [J]. Macromolecules, 2006, 39 (11): 3777.

[16] Nakashima T, Tsuchie K, Kanazawa R, Li R, Iijima S, Galangau O, Nakagawa H, Mutoh K, Kobayashi Y, Abe J. Self-contained photoacid generator triggered by photocyclization of triangle terarylene backbone [J]. J Am Chem Soc, 2015, 137 (22): 7023.

[17] Zhao H, Sterner E S, Coughlin E B, Theato P. O-Nitrobenzyl alcohol derivatives: opportunities in polymer and materials science [J]. Macromolecules, 2012, 45 (4): 1723.

[18] Suyama K, Shirai M. Photobase generators: Recent progress and application trend in polymer systems [J]. Prog Polym Sci, 2009, 34 (2): 194.

[19] Hwang J, Lee D G, Yeo H, Rao J, Zhu Z, Shin J, Jeong K, Kim S, Jung H W, Khan A. Proton transfer hydrogels: Versatility and applications [J]. J Am Chem Soc, 2018, 140 (21): 6700.

第三章
光固化技术在涂料中的应用

　　UV 技术是一种高效、环保、节能、优质、面向 21 世纪的新技术。UV 固化过程是指液态的预聚物在紫外光的辐照下快速聚合交联成固态的过程，广泛应用于涂料、胶黏剂、油墨、光电子等领域。自 1946 年美国 Inmont 公司取得第一个紫外光（UV）固化油墨专利，1968 年德国 Bayer 公司开发了第一代光（UV）固化木器涂料以来，辐射（包括光和电子束）固化涂料获得了迅速发展。UV 固化涂料技术优势在于更高的生产效率、更低的能耗（能耗约为热固化涂料的 10%～20%）、更快的固化速度（0.1～10s）。特别是更低的 VOCs 排放尤其重要，大气中的二氧化碳及烃类等气体浓度不断增加是"温室效应"日趋严重的主要原因。据统计，全球每年向大气释放的烃类约为 2000 万吨，大部分是涂料中的有机溶剂。涂料制造过程中排放到大气中的有机溶剂为涂料生产量的 2%，在涂料的使用过程中挥发的有机溶剂为涂料量的 50%～80%。为了降低污染排放，UV 固化涂料正在逐渐取代传统的热固化涂料和溶剂型涂料。

　　近几十年来，一大批新型高效的光引发剂、光固化树脂和单体，以及先进的 UV 光源被应用于 UV 固化，这大大促进了 UV 固化涂料工业的发展。目前，紫外光（UV）固化涂料已广泛应用于汽车、3C 电子、家具家装等行业，其分类方式也多种多样。其中按基材可分为 UV 木器涂料、UV 塑料涂料、UV 纸张涂料、UV 金属涂料、UV 玻璃涂料、UV 陶瓷涂料、UV 皮革涂料等；按功能可分为 UV 保形涂料、UV 防雾涂料、UV 阻燃涂料、UV 抗静电涂料、UV 抗指纹涂料等；按应用工艺可分为 UV 真空镀膜涂料、UV 罩光涂料等；按涂料物理组分又可分为 UV 溶剂型涂料、UV 粉末涂料、UV 全固含涂料、UV 水性涂料等。

　　涂料终端用户对高性能涂料提出了越来越多的需求，从而驱动 UV 固化涂料市场快速发展，我国 UV 固化涂料市场在全球增长速度是最快的，这主要是由于制造业增长的带动。同时，各项环保法规的日益完善也推动了对 UV 涂料这类环境友好型产品的创新和普及。

第一节　UV 固化木器涂料

　　木器涂料市场的产量和产值分别占整个涂料市场的 7% 和 9%。根据相关机构统计，2017 年全球木器涂料市场的总产值为 81 亿欧元，产量达到 125 万吨。根据 2017 年木器涂料市场价值调查，光固化木器涂料在木器面漆市场中占总份额的 7.6%，光固化木器涂料在平板和中密度纤维板（MDF）木器涂料市场中占总份额的 7.3%，详细占比见下表 3.1。

表 3.1   2017 年木器涂料市场价值（按二级市场和涂料类型划分）

单位：百万欧元

涂料类型	溶剂型	水性	高固体分	粉末	光固化	总计
木器面漆						
家具涂料	848.9	369.3	405.4	8.6	131.4	1763.7
橱柜涂料	294.0	132.9	141.1	3.3	49.5	620.7
地板涂料	199.1	88.0	95.5	2.1	32.0	416.7
其他	94.4	40.5	44.9	0.9	14.1	194.9
总计	1436.5	630.7	686.9	15.0	227.0	2996.1
占比/%	47.9	21.1	22.9	0.5	7.6	100
平板和 MDF 木器涂料						
壁板涂料	286.6	112.3	135.7	2.4	36.9	573.9
板材、滑动门等涂料	513.6	207.4	246.6	5.2	76.2	1049.0
家具和橱柜涂料	1203.8	499.3	581.5	13.1	188.8	2486.5
地板涂料、其他	479.0	190.2	229.2	4.5	67.5	970.4
总计	2483.0	1009.3	1192.9	25.3	369.3	5079.8
占比/%	48.9	19.9	23.5	0.5	7.3	100

UV 固化木器涂料是光固化涂料领域最大的涂料品种，这是因为木器家具工业高品质、低 VOCs 和快速施工的要求。UV 木器涂料主要被应用于板式木器家具、木地板、竹地板、刨花板、层压板等的表面，起到保护竹木和美观的作用。它有高光、亚光、高硬度、耐磨、抗划伤等品种。UV 固化木器涂料以清漆为主，包括腻子漆、底漆和面漆。涂装方式绝大多数以辊涂为主，也有部分喷涂、淋涂、刮涂等（表 3.2）。

表 3.2   UV 固化木器涂料的基本性能与应用

涂料名称	厚度/(g/m²)	黏度	适用范围	涂装工艺
腻子漆	40～150	膏状	粗糙多孔表面	刮涂
面漆	4～25	0.3～4Pa·s	竹木家具、地板	辊涂
底漆	20～60	0.3～1Pa·s	竹木地板	辊涂
底面双用漆	60～200	40～60s(DIN4)	木门	淋涂
低黏度罩光漆	30～150	15～25s(DIN4)	桌椅家具	喷涂

(一)　木地板涂料

众所周知，UV固化涂料与传统的溶剂涂料相比，可以大幅降低涂层工艺中的可挥发溶剂的使用，这样可以降低后期的使用风险，提高产品的安全性能。UV固化涂料的韧性、耐溶剂性和耐磨性是高性能地板所必需的。UV技术不仅适用于地板的工厂流水线生产，也适用于手持式UV灯和UV地板固化装置的现场作业。预计到2020—2021年，全球涂料市场规模估计为1765亿美元，工业地板涂料市场规模估计为60.7亿美元。

环氧树脂涂料、聚氨酯、聚脲/聚天冬氨酸和丙烯酸涂料等这些普通地板涂层材料固化以及挥发水或溶剂所需时间较长，而且涂层区域需要几天后才能重新投入使用，这就无形地增加了产品的时间成本。UV固化地板涂料是一种无溶剂、单一组分的产品，可以通过UV实现快速固化，而且它们储存期限无限制。快速固化降低了人工成本，与其他商用地板涂料相比具有显著优势。在某些情况下，可以在一夜之间完成快速修复工作，并重新投入使用，这是其他涂料无法做到的。加上其"5E"（环境友好、经济、高效、节能和适用性广）特点，可以大范围地应用于工业仓库、医院和辅助护理设施、学校、餐馆、零售店、公共建筑、洁净室、实验室和食品准备区等场所。

目前，在地板涂料行业使用最多的低聚物是环氧丙烯酸酯，其中双酚A环氧丙烯酸酯在低聚物中是光固化速率最快的品种之一，它被广泛地用作光固化木材涂料的主体树脂，其固化膜硬度大、光泽高、耐化学腐蚀、耐热性较好。但是双酚A环氧丙烯酸酯含有芳香醚键，涂层在紫外光照射后容易降解断链而粉化，导致其耐光老化和耐黄变性差，不适合户外使用。可以采用具有很大比表面积的无机组分对双酚A环氧丙烯酸酯进行改性，通过与聚合物形成较强的界面作用来显著改善界面载荷传递，从而达到较好的增强增韧效果；也可以利用各种有机物对双酚A环氧丙烯酸酯进行改性，使固化膜具有良好的力学、耐化学性和耐高温性能。随着市场需求的不断变化，出现了一大批改性环氧丙烯酸酯，如胺改性环氧丙烯酸酯、磷酸改性环氧丙烯酸酯、聚氨酯改性环氧丙烯酸酯、酸酐改性环氧丙烯酸酯、有机硅改性环氧丙烯酸酯等（表3.3）。

表3.3　改性环氧丙烯酸酯的性能特点

改性环氧丙烯酸酯类型	性能特点
胺改性	提高光固化速率,增韧,提高附着力和对颜料的润湿性
脂肪酸改性	增韧和提高对颜料的润湿性
磷酸改性	提高阻燃性
聚氨酯改性	提高耐磨性、耐热性、弹性
酸酐改性	变成碱溶性光固化树脂，经过胺或碱中和可作为水性UV固化树脂
有机硅改性	提高耐候性、耐热性、耐磨性和防污性

木地板涂料不仅需要满足基本的涂层性能，而且对硬度、耐磨性、冲击强度、

抗侵蚀等性能的要求尤为突出。研究表明，可以通过往涂料树脂中添加无机填料来提高涂层的上述性能，如用纳米氧化铝改性 UV 固化地板涂料，涂膜具有优良的耐划伤性、耐化学腐蚀性、较高的硬度、良好的耐冲击性、耐洗刷性和耐磨性；也可以添加滑石粉，可补强、增加硬度、抗收缩等，从而改善涂层对木质基材的附着性能。另外，通过添加无机填料还能使涂层获得某些特性，例如添加一些导电云母粉、纳米氧化锡等，使 UV 固化涂层长期保持良好的导静电性能，可以有效防止其表面由于静电产生的不良效应。防静电地板涂料在电子制造、精密仪器、粉体制造、军工生产、医院重症监护室与手术室等场所得到了广泛应用。

（二）家具涂料

健康、安全和环境（HSE）问题越来越受人们的重视。对于木质家具来说，HSE 的影响与所用材料，如木质基材、表面涂层材料、箔材料和胶黏剂类型，以及生产过程密切相关。在选择表面涂层材料和生产工艺时，应优先选择对人体健康无危害的涂料和对环境无污染的生产工艺。水性木器漆作为油性木器漆的升级换代产品，在技术上可以实现低危害、低污染，是可能成为家具涂装和家装涂装的重要发展方向。但是从目前涂料市场来看，水性涂料的发展并不太好。一方面，水性木器涂料的固化时间较长，不适合快速的流水线生产，这极大地限制了它的发展；另一方面，水性木器涂料的单罐价格比传统油性涂料高得多，一般为油性漆的 2～5 倍，使得消费者很难在短时间内接受，因此市场推广速度极慢。另外，很多水性涂料的环保性能也并没有完全达到环保要求。UV 固化涂料则不同，紫外线固化速度很快，可运用设备进行批量化、规模化生产，真正实现自动化、流水化产出，可大大降低涂装生产的时间成本，且由于是机器施工，可确保家具品质的稳定性，而且 UV 固化涂料的环保性能也是更为优秀的。

1967 年，Bayer 公司作为 UV 固化工艺的重要革新者之一，将 UV-PE 工艺引入了家具涂料行业。在 UV 固化初期，苯甲酰醚（苯甲酰丁基醚和苯甲酰异丙醚）在清漆中被用作 UV 引发剂，取得了较好的光固化效果。第一批工业涂料工厂应用 UV 涂料生产板材速度可以达到 23m/min，现在 UV 辊涂设备采用输送带驱动，生产速度可达 50m/min。但是该生产工艺只适合板材的涂装，不适合结构复杂的家具，这极大地限制了 UV 技术在家具涂料行业的发展。

在过去的 20 多年里，UV 固化行业已经从平面、简单几何发展到复杂的三维形状。100% 的紫外线固化需要确保部件的每个面接受相同的紫外光源曝光，因此固化三维形状复杂的家具所面对的技术挑战是巨大的。目前常用的固化方法是 UV 三维固化，如固定灯阵［图 3.1(a)］，灯位置是预先设定的，可在整个零件表面提供均匀的曝光，通过若干个灯阵的配合可以很好地实现三维结构复杂的家具面漆固化。随着机器人技术的逐渐成熟，机器人也被应用于家具三维固化，如图 3.1(b) 所示，机器人 UV 固化技术就是将 UV 灯安装在机器人上，根据家具的三维结构设定机器人的运动轨迹、运行速度和曝光角度等，通过这种方式可以完全消除 UV

固化的阴影区。双固化法也是家具涂料比较常用的一种固化方法，它是 UV 固化配合另一种固化方法形成双固化体系，例如光-热双固化、光-湿气双固化和光-氧双固化等。双固化法可以很好地弥补紫外光固化的一些缺陷，如固化深度受到光波透射能力的限制；在有色体系中应用困难，特别是对于光线到达不了的阴影区域不能固化。因此，双固化法可以实现对于具有复杂形状家具的涂装。UV 三维固化技术和双固化技术的不断进步，大大促进了 UV 涂料在家具行业的发展。

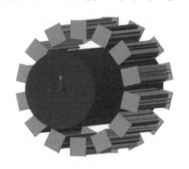

(a) 用于照射曲线部分的多个固定灯阵

(b) 机器人UV固化

图 3.1　三维固化技术示意图

随着家具市场需求的不断变化，传统的 UV 涂料很难满足消费者的需求。近几年水性 UV 低聚物在涂料中的应用也越来越多，其涂层具有优良的柔韧性、耐磨性、耐化学性、高抗冲击和拉伸强度。水性 UV 涂料是一种环保性能优越的新型光固化涂料，它与传统的 UV 涂料相比，除了水性特有的优点之外，还兼顾漆膜的硬度和柔韧性，而传统的 UV 固化涂料很难兼顾二者。UV 固化水性涂料是家具的理想涂料，但是它往往具有较低的双键含量和分子量，这就使其固化后力学性能较差。通过添加硅溶胶可以进一步改善 UV 固化水性涂料的力学性能和光学性能，随着硅溶胶含量的增加，涂层的光泽趋向于亚光。另外，通过添加一些纳米填料，也能改善 UV 水性涂料的力学性能和光泽度。

(三) UV 固化木器涂料的参考配方

木器涂料的配方可参考表 3.4～表 3.7。

表 3.4　木材透明面漆（喷涂）

组分	质量分数/%	组分	质量分数/%
环氧丙烯酸酯	31	二氧化硅消光粉	8
脂肪族聚氨酯丙烯酸酯	12	Irg 500	2
二缩三丙二醇二丙烯酸酯	38	Dar 1173	2
胺改性丙烯酸酯	4	助剂	2

表 3.5　木材透明面漆（辊涂）

组分	质量分数/%	组分	质量分数/%
聚酯丙烯酸酯	34	二氧化硅消光粉	8
二丙二醇二丙烯酸酯	50	Irg 500	2
胺改性丙烯酸酯	4	Dar 1173	2

表 3.6　抗划伤木材清漆

组分	质量分数/%	组分	质量分数/%
胺改性聚醚丙烯酸酯	49	二氧化硅消光粉	8
胺改性聚醚丙烯酸酯	20	Irg 184	2
芳香族聚氨酯丙烯酸酯	18	二苯甲酮	3

表 3.7　木材低光 UV 涂料

组分	质量分数/%	组分	质量分数/%
胺改性聚醚丙烯酸酯	61	Irg 184	1
新戊二醇二丙烯酸酯	20	二苯甲酮	3
二氧化硅消光粉	15		

第二节　UV 固化塑料涂料

　　塑料材料由于其独特的性能，如低密度、耐水性、耐腐蚀性、低电热性、可加工性等，被广泛用于制造各种日常生活用品和特殊用途的高科技产品。然而，大多数塑料都有机械强度不足的缺点，特别是塑料表面相对较软，容易被划伤或磨损，不仅造成美观缺陷，还可能缩短产品的使用寿命。塑料制品表面抗老化、抗静电、耐划伤、颜填料印痕等问题和新型塑料制品的功能化、装饰性、安全性等问题都成为塑料涂料研究的核心内容。UV 固化塑料涂料是一种理想的塑料表面保护层材料，采用的光固化工艺无污染，固化速度快，生产效率高，所设计的生产流水线速度可高达 100m/min，工件下线即可进行包装。与传统烘干型涂料相比，使用 UV 固化涂料的效率是其 15 倍以上。UV 固化塑料涂料是常温固化，很适合于塑料工件，不产生热变形。UV 涂料固化后的交联密度大大高于热烘型涂料，故涂层在硬度、耐磨、耐酸碱、耐盐雾、耐汽油等溶剂等各方面的性能均很好，其漆膜丰满、光泽尤为突出。UV 固化塑料涂料适用于汽车部件、手机、电脑、电视机、光盘、装饰品、信用卡、金属化涂层等塑料基材的涂饰。

　　国际上比较早的关于塑料 UV 固化涂料的发明专利，是 1981 年由日本的 Ikeda 等申请的。进入 20 世纪 90 年代，随着塑料行业的快速发展，用于塑料的 UV 固化涂料得到长足的发展，而且各方面的性能得到了很大改善，在气味释放、漆膜硬度、附着力、耐磨性、耐候性以及柔韧性等方面都可以满足使用要求。

塑料表面能比普通金属材料更低，为塑料制品选择一种合适的涂料就必须考虑涂层材料的表面性质、涂料和塑料的界面特性及塑料本身的特性。常见的塑料基材有：聚丙烯（PP）、聚乙烯（PE）、聚氯乙烯（PVC）、聚酯（PET）、聚碳酸酯（PC）、聚苯乙烯（PS）等。根据塑料基材分子结构的不同，塑料极性也有很大的差异，光固化涂料与极性高的塑料表面具有较好的附着力；而对于一些低极性塑料，表面附着力很差。目前，对于低极性塑料表面涂装 UV 固化涂料，需要采用一些特殊的手段，例如预先对非极性基材进行电晕、腐蚀等极化处理，或者在涂料配方里添加附着力促进剂等。随着塑料涂料采用的成膜树脂趋于多组分、多官能团化，加之新型功能性填料与助剂的采用，塑料涂料将以全新的面貌呈现在人们面前。

在硬质塑料保护涂层材料的研究中，聚氨酯丙烯酸酯（PUA）因其柔韧性良好、对基材的附着力强以及容易改性等优点，被广泛地应用于 UV 固化涂料。将PUA 用于硬质塑料保护膜还需要对其进行一定改性，例如提高交联密度、加强氢键作用、引入刚性基团、添加无机纳米颗粒或将线性 PUA 转化成超支化 PUA。如采用季戊四醇三丙烯酸酯（PETA）作为封端剂，季戊四醇四丙烯酸酯（PETTA）作为反应稀释剂，制备 PETA/PETTA 复合体系，该复合体系包含许多不饱和双键，可以大幅度提高薄膜的交联密度（图 3.2）。研究结果表明，在聚氨酯分子中加入反应活性较高的 PETTA，固化后可形成致密的网状结构，铅笔硬度由 2H 提高到 3H。添加 35%（质量分数）左右的 PETTA 时，可以获得最佳的力学性能。

（一）UV 固化光学膜涂料

近几年，人们对光学薄膜的应用表现出了极大兴趣。光学薄膜常见的有增光膜、扩散片、反射片等。UV 固化光学膜涂料分为用于光学膜结构制造的涂料和用于光学膜表面保护的涂料两种，其中对用于结构制造的涂料技术要求更高。为了使光学薄膜的制造简单、高效、可靠，合适的材料起着至关重要的作用。它们必须满足许多要求，如优异的透明度、不黄变和适当的折射率，以及高的热稳定性和化学稳定性。光学薄膜的应用无处不在，从眼镜镀膜到手机、电脑、电视的液晶显示，再到 LED 照明等，它涉及我们生活的方方面面，并使我们的生活更加丰富多彩。

在光学膜的制造方面，微透镜阵列技术得到了很多应用，通过这种技术可以有效地提高薄膜的亮度和 OLED 的提取效率，提高液晶显示器的效率和 OLED 的亮度和散射效果等。微透镜阵列的制作方法有很多种，热回流技术是其中一种通用技术，它通过光刻胶的原始厚度和图形尺寸来控制微透镜的尺寸和焦距。UV 固化无

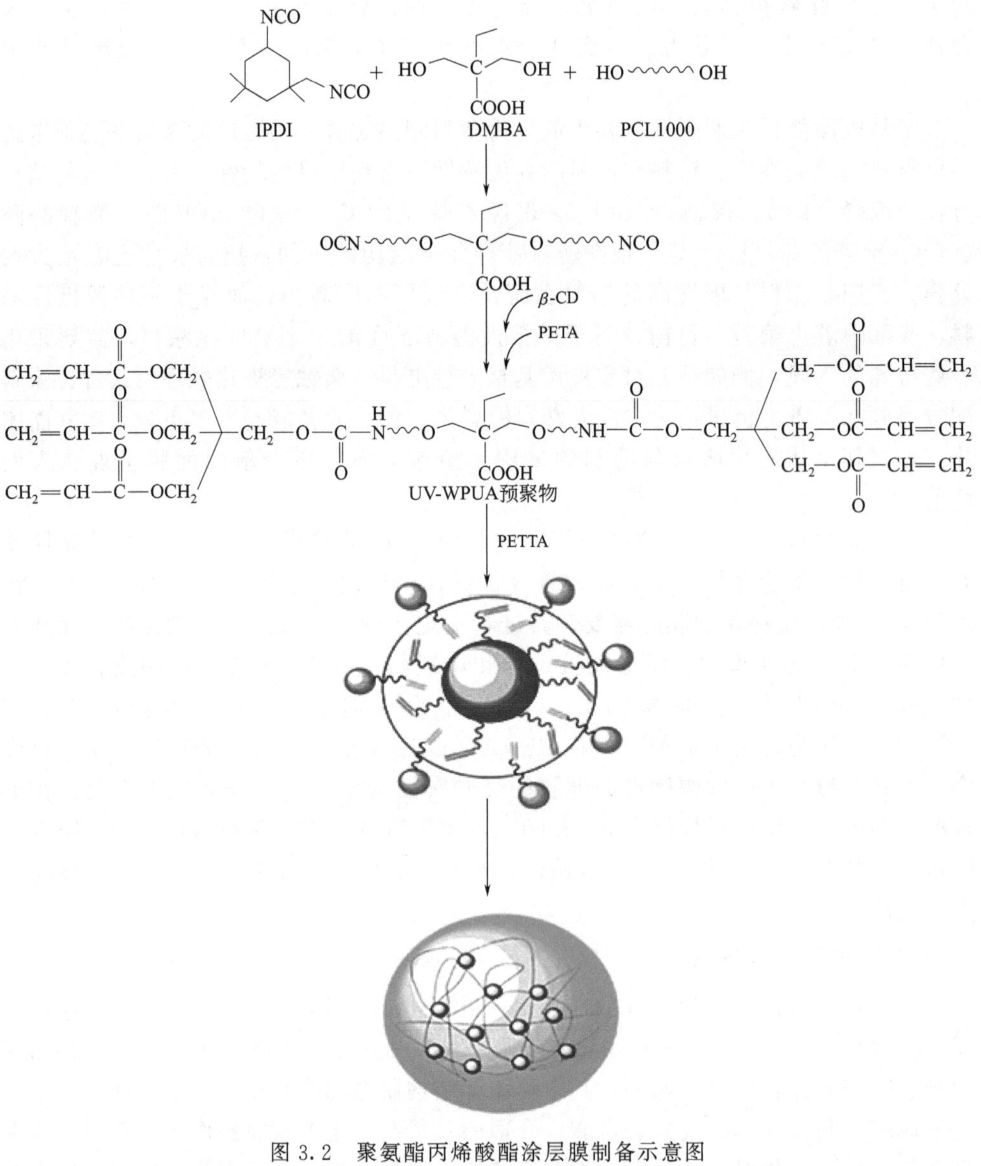

图 3.2　聚氨酯丙烯酸酯涂层膜制备示意图

机-有机杂化聚合物被广泛应用于微透镜的制备，无机-有机杂化聚合物既有无机单元又有有机单元，有机单元具有可聚合的基团和各种官能团，使光固化成为可能，而无机单元提供了优异的光学透明性、高的热稳定性和化学稳定性以及聚合物网络优异的机械稳定性。

　　对于表面保护涂料，主要是解决表面耐磨和抗划伤问题，当然其光学透明性是必须首先保证的。可以使用聚二甲基硅氧烷（PDMS）为主体结构（图 3.3），制备不同结构的聚氨酯丙烯酸酯，在实现耐磨、抗划伤和光学透明性的基础上，还能够在多种基材的表面得到对水、油墨、食用油、原油、强酸、强碱、盐溶液、有机溶剂等具有自洁性和防护性的涂膜。

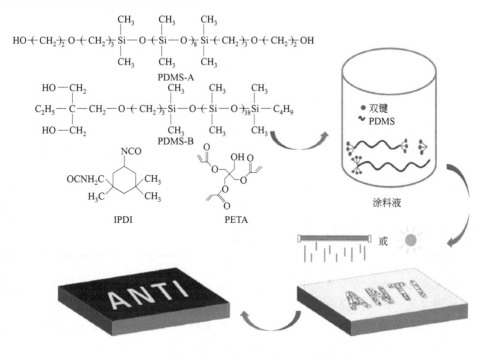

图 3.3　PDMS 化学结构及涂层制备过程示意图

(二) 塑料涂料的参考配方

塑料涂料的配方可参考表 3.8～表 3.11。

表 3.8　ABS 用涂料（淋涂）

组分	质量分数/%	组分	质量分数/%
聚氨酯丙烯酸酯	55	己二醇二丙烯酸酯	14
三羟甲基丙烷三丙烯酸酯	22	光引发剂	4
二缩三丙二醇二丙烯酸酯	5		

表 3.9　ABS 用涂料（喷涂）

组分	质量分数/%	组分	质量分数/%
聚氨酯丙烯酸酯	45	己二醇二丙烯酸酯	8
三羟甲基丙烷三丙烯酸酯	10	光引发剂	5
乙氧基乙氧基乙基丙烯酸酯	2	溶剂	30

表 3.10　PVC 地砖涂料（淋涂）

组分	质量分数/%	组分	质量分数/%
聚氨酯丙烯酸酯	60	N-甲基吡咯烷酮	15
季戊四醇三丙烯酸酯	5	光引发剂	5
己二醇二丙烯酸酯	10	助引发剂	5

表 3.11　聚烯烃涂料

组分	质量分数/%	组分	质量分数/%
聚酯丙烯酸酯附着力促进树脂	40	可聚合胺助引发剂	9
新戊二醇二丙烯酸酯	31	Irg 184	1
脂肪族聚氨酯丙烯酸酯	15	二苯酮	4

第三节　UV 固化金属涂料

在人类社会漫长的发展史上，金属材料的出现很大程度上推动了人类物质文明的进步和发展。然而大多金属材料均存在易腐蚀问题，从而大大缩减了使用年限，给人们带来巨大的经济损失。据统计，全世界每年因腐蚀造成的经济损失约为7000 亿美元，约为地震、水灾、台风等自然灾害总和的 6 倍，占各国国民生产总值的 2%～4%。金属表面涂层的主要作用是有效防止腐蚀、化学损伤和机械降解，经过涂料涂装后既美观又可以保护金属表面。为此，发展金属表面涂料，减少金属表面腐蚀所带来的损失是非常必要的。随着世界各国经济建设的高速发展，在建筑、交通运输、石化、水电等众多领域都出现了快速增长，从而带动了对相关配套产品需求的飞速增长，而其中金属涂料产业更是获得了极大的发展。

目前工业用的金属涂料多以溶剂型为主，但在涂装中会释放大量有机溶剂，环境污染严重。UV 固化技术由于其环保、低能耗、固化速度快等特点，将其应用到金属涂料领域，具有重要的现实意义，能大大提高产品涂装的效率、降低成本和对环境的污染等。目前，市场上 UV 固化涂料大多用于金属标牌装饰、金属饰板制造、彩涂钢板、印铁制罐、易拉罐加工、铝合金门窗保护及钢管临时保护等方面。

预涂覆金属（PCM），是涂有耐腐蚀、耐化学性、耐紫外线、柔韧性好等涂料的金属产品。PCM 预先在涂装生产线上涂装生产板材或卷材，然后在其他工厂加工组装成家用电器、建材等产品。通过直接使用 PCM，电器和建材等工厂就可以消除由于油漆涂装过程中溶剂挥发引起的损害工人身体健康和污染空气等危害，而且还可以提高产品生产率，因此 PCM 的使用越来越广泛。通过紫外光固化的 PCM 被称为 UV-PCM。UV-PCM 应用了绿色环保的紫外光固化技术，从根本上解决了溶剂型金属涂料涂装过程中大量排放 VOCs 的问题。

　　但是，由于辊涂、喷涂、浸涂、旋涂和流动涂覆等涂装工艺的限制，目前不可避免地在 UV-PCM 生产过程中会使用有机溶剂或反应性稀释剂。据统计，市场上用于 UV-PCM 生产的紫外光固化涂料基本含 30%～60%（质量分数）溶剂或活性稀释剂，减少这些溶剂和稀释剂用量的一个途径就是开发低黏度低聚物体系。Choi 等以脂环族异氰酸酯、2-羟丙基丙烯酸酯和羟基己内酯丙烯酸酯为原料，合成了低黏度聚氨酯丙烯酸酯（LPUA）。在 25℃下 LPUA 的黏度为 20000mPa•s，具有良好的涂装性能。再配合不同浓度的树枝状丙烯酸酯（DA）作为反应性稀释剂，制备了 LPUA-DAs 涂料，用于金属板涂层，可得到高硬度 UV 固化涂层。由于树枝状丙烯酸酯具有较高的反应活性，当其添加量为 20%（质量分数）时，涂层深冲成型性比其他试样差，当 LPUA-DAs 涂料中添加 10%（质量分数）树枝状丙烯酸酯时，涂层各项性能优异。

　　不锈钢是目前工业应用最重要的工程金属材料之一，其使用率持续以每年约 5% 的速度增长。不锈钢合金被加工成线圈、薄板、板、条、线和管，用于炊具、餐具、五金件、手术器械、工业设备，以及汽车和航空航天结构合金和大型建筑的建筑材料等。但在使用中，点蚀、缝隙腐蚀等局部腐蚀仍然是不锈钢的一个严重问题。虽然不锈钢广泛应用于食品加工和医疗器械行业，但细菌和有机残留物在其表面很容易吸附（生物黏附），并且还会释放铬、铁和镍等过渡金属离子。因此，为防止生物黏附和金属离子的不良释放，对表面改性的技术要求越来越高。此外，金属表面的外观和装饰涂层在各种应用中也很重要。一般情况下在涂装 UV 固化涂料前，金属表面就已经生成了一层氧化膜，降低了金属表面能，大大影响 UV 固化涂料的附着力。丙烯酸聚氨酯材料可以将聚氨酯的高耐磨性、韧性和撕裂强度等性能与聚丙烯酸酯的高光学性能和耐候性等性能结合起来。Choi 等用异佛尔酮二异氰酸酯、聚己内酯二醇、丙烯酸 2-羟乙基酯、三羟甲基丙烷三丙烯酸酯和丙烯酸（AA），制备紫外光固化聚氨酯-丙烯酸酯-丙烯酸（PU-co-AA）薄膜。通过提高 AA 的含量，薄膜的黏附力可以从 0 提高到 $31kgf/cm^2$（$1kgf=9.8N$）（表 3.12）。

表 3.12　UV 固化 PU-co-AA 薄膜的附着力、剥离强度和接触角数据

不同 AA 含量的 PU-co-AA 薄膜	附着力/B	剥离强度/(kgf/cm^2)	接触角/(°)
PU-co-AA(0%)	0	6	58
PU-co-AA(33%)	0	—	—
PU-co-AA(43%)	0	14	39
PU-co-AA(45%)	0	—	—
PU-co-AA(48%)	1	—	—
PU-co-AA(49%)	3	—	—
PU-co-AA(50%)	5	23	28
PU-co-AA(60%)	5	27	24
PU-co-AA(66%)	5	31	15

　　铝合金因其独特的性能，如均衡的重量与强度比、高断裂韧性和低成本而广泛

应用于航空工业，但是这种合金更容易发生局部腐蚀。为了保护合金基板免受腐蚀，通常的方法是叠层处理。六价铬酸盐化合物通常作为盐存在于第一表面处理层（阳极氧化或转化膜）中，除了顶部有机层（顶部涂层）外还作为第二层中的颜料（底漆）。六价铬可以很好地防止金属腐蚀，但是它是一种有毒、致癌、致突变和对环境有害的物质。通过 UV 技术可以很好地解决这一问题，如直接将液膜（二环氧单体，正烷基三甲氧基硅烷预聚体和二芳基碘六氟磷酸盐）涂装在金属（没有表面处理层）表面，用紫外线照射实现环氧单体交联，同时催化有机硅氧烷快速缩合交联形成硅氧烷网络，最后在金属表面形成 $13\mu m$ 厚的有机-无机复合薄膜（图 3.4）。这一过程无需溶剂甚至水，能够很好地取代表面处理和底漆。利用该方法制备的金属涂层经过 2000h 的盐雾测试，没有发生化学腐蚀。

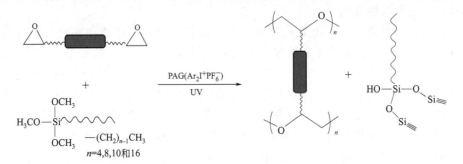

图 3.4　通过光酸催化溶胶凝胶和环氧树脂开环聚合形成两个非共价结合网络原理图

金属涂料参考配方见表 3.13、表 3.14。

表 3.13　耐腐蚀金属涂料

组分	质量分数/%	组分	质量分数/%
聚酯丙烯酸酯附着力促进树脂	15	乙氧基乙氧基乙基丙烯酸酯	19
低黏度环氧丙烯酸酯	30	酸性三官能附着力促进剂	7.5
双酚 A 环氧丙烯酸酯	5	Irg 184	5
乙氧化三羟甲基丙烷三丙烯酸酯	16	二苯酮	2.5

表 3.14　铝钢涂料

组分	质量分数/%	组分	质量分数/%
羧基官能化多官能聚甲基丙烯酸酯	55	Irg 184	4
双季戊四醇五丙烯酸酯	30	二苯酮	3
酸性三官能附着力促进剂	8		

第四节　智能涂料

智能涂料是可以感应外界环境的变化，并以可控的方式做出相应的响应，同时保持涂层有效完整性的涂料，这种变化可以是光、pH、生物因素、温度、压力等。涂层材料对环境变化做出的响应并不都是可逆地从一种状态切换到另一种状态，例如因某些刺激引起的抗菌、自我修复等行为就是单向的，正是这些单向的响应赋予涂料独特的智能特性。随着 UV 技术和智能材料研究的不断深入，许多新型 UV 固化智能涂料被研发并投入使用。

一、UV 固化防雾涂料

空气中总是有一定量的水蒸气存在，一旦具有一定分压的水蒸气冷却到其露点时，水蒸气便达到饱和并冷却析出小水珠，小水珠黏附在透明基材表面就会出现露水。水滴可以对光产生折射和散射作用，使透明材料变得模糊，最终导致雾化问题。露水本身是无害的，但由于透明度和能见度下降，会对透明固体材料，如镜面、光学器件、农业透明塑料薄膜、太阳能电池的半透明面板等，造成严重的影响。如果是低温环境，生成的水滴会进一步降温结冰，会对室外的设备造成重量的急剧增加，更严重时会使得输电线缆因为过重而断裂，造成恶劣影响。

雾化现象产生的原因可以简单地分为两个方面：一是水汽和温差的存在，只有当基材表面的温度低于一定湿度的水汽露点时，空气中的水汽才能冷凝成水滴；二是基材表面的润湿性质，从物理化学角度分析，雾化产生与否取决于气-液-固三相之间的表面张力，通过分析固-液间的接触角可以判断基材表面的润湿性质。

为了避免透明材料的雾化现象，近几十年来人们探索了多种方法。其中常见的方法有加热材料、提高材料表面空气流速、使用防雾涂料等。加热法可以使材料的温度保持在露点以上，防止水蒸气凝结，防雾效果优异，但这种防雾方法能耗高。提高空气流速会导致材料表面的湿度下降，从而增加水分的蒸发，但这种方法也存在能耗高的问题。所以，防雾涂料是最受人们关注的，因为它不产生能耗且容易实施。

防雾涂料可分为两大类：一类是超亲水防雾涂料；另一类是超疏水防雾涂料。超亲水防雾涂料分子带有高表面能的强亲水基团，这些基团是能形成氢键或者离子的基团。能形成氢键的基团至少含有一个直接键合在杂原子上的氢，如羟基、氨基、羧基、砜基、磷酸等；能形成离子基团的基团至少带有一个正或负电荷，它可以水合分子形式存在，如羧酸根基团、磺酸根基团、磷酸根基团、氨基等。超亲水涂料能使基材表面能增高，降低基材表面对水的接触角（达 20°～30°），使凝聚在表面上的小水滴不形成微小的水珠，而是在表面铺展开形成薄膜，减少光线的漫射，从而保证了材料的透明度，达到防雾目的［图 3.5(a)］。而超疏水涂料的分子中含有大量低表面能的硅、氟等原子基团，可增大材料对水的接触角（100°～120°），使水汽冷凝生成的小水珠不能吸附在基材上，而是形成水滴，水滴在其自身重力的作用下滑落，达到防雾的目的［图 3.5(b)］。

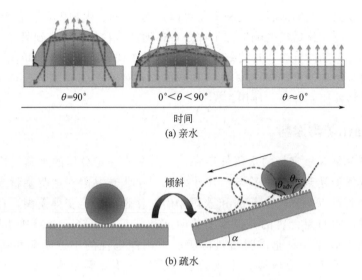

(a) 亲水

(b) 疏水

图 3.5　水滴在材料表面亲水和疏水效果图

(一) 超亲水防雾涂料

以丙烯酸、异佛尔酮二异氰酸酯、2-丙烯酰胺-2-甲基丙烷磺酸（AMPS）、羟乙基丙烯酸酯、3-（三甲氧基甲硅烷基）丙基-2-甲基丙烯酸酯为单体合成一种亲水性丙烯酸酯聚合物，再以四乙基硅酸盐（TEOS）为交联剂，就形成了防雾涂料的预聚体。最后将预聚体与交联剂和光引发剂混合，就制备成了一种丙烯酸酯基紫外/热双固化防雾涂料。由于该涂料固化过程中 Si—O—Si 键容易迁移到涂层表面形成致密的 Si—O—Si 网状结构，使涂层具有优异的耐水性和力学性能。研究者们还研究了交联剂 TEOS 和 AMPS 的用量对防雾涂料性能的影响，当 AMPS 含量从 2% 增加到 10% 时，涂层亲水性增加，吸水率也增加（达到 18.2%），使得涂层的耐水性较差。当 TEOS 含量由 1.83% 增加到 9.17% 时，涂层的硬度、亲水性、耐水性均有所提高，但透明度有所下降。经过多组实验数据对比，得出当 AMPS 用量为 6%~8%，TEOS 用量为 5.5% 时制备的防雾涂料的防雾性能和力学性能最佳。

再如，以 2-甲基丙烯酸乙酯三甲基氯化铵（DMC）和三甲基丙烷三丙烯酸酯（TMPTA）为亲水性单体和交联剂，通过化学接枝改性法制备了一种 UV 固化超亲水性丙烯酸酯涂料。此方法制备的紫外固化超亲水聚合物涂层具有高效、简单的特点（图 3.6）。固化膜具有粗糙的微槽结构，表现出超亲水性、良好的透光性和防雾性能。实验表明，随 DMC 和 TMPTA 质量比的减小，涂层的水接触角先减小后增大。当 DMC/TMPTA 的质量比为 8/2 时，水接触角在接近零时达到最低点。它可以涂装到玻璃、无机或金属基板上。

季铵盐用于控制微生物生产已经有半个多世纪的历史，主要应用于生物医学设

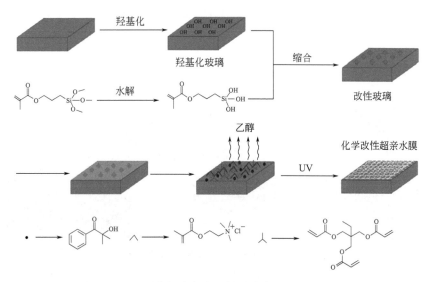

图 3.6 UV 固化超亲水聚丙烯酸酯涂层的制备原理图

备、织物处理、洗发剂和食品等领域。此外，季铵盐也是一种表面活性剂，含季铵盐的聚合物具有较好的防雾性能。使用甲基丙烯酸二甲胺乙酯（DMAEMA）和溴代十四烷为原料合成季铵盐，可用于制备紫外光固化防雾涂料。防雾涂料经过 3 次间隔 24h 的重复防雾测试后，其涂层仍然对复杂环境保持很好的防雾性能，而且涂层还具有一定的抗菌性。不过由于长碳链季铵盐存在迁移现象，可以移动到涂层表面，导致固化的涂层硬度不高。根据这种防雾涂料的特点，它适合用于浴室的镜子、汽车的挡风玻璃、婴儿房的窗户等。

（二）超疏水防雾涂料

要使超疏水防雾涂层达到最佳性能，就要使涂料具有高水接触角（CA）、低CA 滞后和低滑动角。例如，通过可重复使用的光固化聚合物模具，制备透明的超疏水聚合物薄膜。通过曝光和烘烤工艺制备可溶性光刻胶（PR）模具，该模具具有独特的微/纳米级结构。然后将聚二甲基硅氧烷（PDMS）涂覆在 PR 模具上，通过 UV 固化得到具有仿荷叶膜结构的 PDMS 超疏水膜（图 3.7）。此外，将疏水性纳米二氧化硅粉末喷涂到微/纳米结构的 PDMS 表面上，可以进一步改善涂层的疏水性。研究结果表明，该 PDMS 薄膜的水接触角≥150°，具有优异的防雾性能。

同样地，通过紫外光刻技术和模板法也成功地设计和制备了一种仿生防雾PDMS。首先利用传统的紫外光刻技术，用仿生微柱阵列制备模板，并以此制备了PDMS 薄膜，最后用二氧化硅（SiO_2）对涂层进行化学改性（图 3.8）。这种PDMS 薄膜具有仿生微柱阵列与功能化二氧化硅涂层相结合的耦合表面结构，具有较高的水接触角（158°），小于 2° 的接触滞后角，具有良好的雾滴恢复性能（小于 13s）。由于仿生 PDMS 薄膜表面分布有较多的 CH_2 和 CH_3 基团，显著提高了涂层的疏水性，而且还降低了其水滴的附着力，这样就很好地保证了超疏水防雾性能。这种超疏水防雾涂料可以用于太阳能电池板和建筑窗户等具有一定垂直角度的场合。

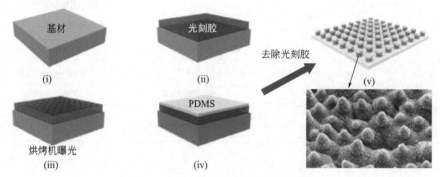

图 3.7　PDMS 超疏水膜制备流程图

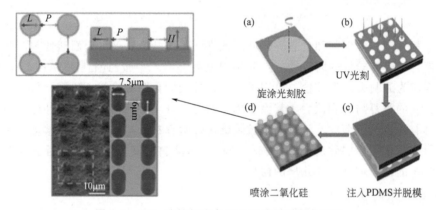

图 3.8　SiO$_2$ 改性超疏水 PDMS 防雾膜制备工艺

　　目前，除了涂料防雾以外，还可以通过材料表面的晶体生长形成特殊结构，从而达到很好的超疏水防雾效果。如采用无气喷雾与晶体生长相结合的方法，制备由空心微球和氧化锌纳米棒组成的防雾膜。由于空心微球的保温效果增强了微纳米结构复合膜在较低温度下的超疏水性，成功实现了持久的防雾效果。这些依靠晶体微结构实现防雾效果的方法，相比于涂料防雾制备工艺过于复杂，不适合大面积的涂装。紫外光（UV）固化防雾涂料是一种新型的绿色防雾涂料，随着涂料中 VOCs（挥发性有机化合物）低排放的趋势，UV 固化涂料得到快速的发展，将成为防雾涂料发展的主要方向之一。

二、UV 固化自愈合涂料

　　涂料在应用过程中由于外界因素的作用，容易出现一些破损缺陷，这些缺陷又常常隐藏在涂料的内部而难以发现，一旦涂料内部出现这些缺陷就会造成涂料的不连续，这极大地缩短了材料的使用寿命，有时甚至会带来灾难性的后果。因此研究自愈合智能涂料，实现涂料破损处的自修复具有重要意义。当今涂料科学的发展依赖于材料科学的发展，自修复材料技术的出现带动了智能涂料的快速发展。

自愈合材料两种最常见的设计原理是材料愈合剂的释放和可逆交联。前者是在制备涂料时，将智能释放系统整合到聚合物基体中，可以获得具有自愈能力的活性涂层。智能释放系统是将活性液体试剂如单体、染料、催化剂、腐蚀抑制剂和硬化剂加入微胶囊、中空纤维或通道等中。涂层的活性功能是通过将微容器的智能释放结合到聚合物中来实现的。微容器可通过机械断裂释放、pH 控制释放、离子交换控制释放或脱附控制释放等不同机制来触发释放。已经被报道的自愈合方法有微/纳米胶囊法、可逆化学法、微脉管网络法、纳米粒子相分离法、原位聚合法、中空纤维（管）法及单体相分离法等，其中以微胶囊与原位聚合法最为简单，并容易放大实现工业化生产。

由于在大多数聚合物涂层中的通用性，通过调整微胶囊尺寸来修复不同尺寸微裂缝的能力以及对涂层性能的微小影响，微胶囊自修复系统得到了广泛应用，特别是在 UV 固化自修复涂料方面。利用微胶囊法可制备一种基于 UV 阳离子聚合的二氧化硅（SiO_2）微胶囊自愈系统，该系统是根据活性愈合体与 SiO_2 前驱体溶解度参数的相似性，采用界面/原位聚合的方法将环氧树脂与阳离子光引发剂包埋在一个 SiO_2 微胶囊中。当微胶囊破裂时，形成的微裂纹和扩展的微裂纹同时释放出环氧树脂和光引发剂来填充新形成的微裂纹，然后在紫外光照射下环氧树脂发生固化反应，最后微裂纹实现自修复（图 3.9）。SiO_2 微胶囊具有良好的耐溶剂性和

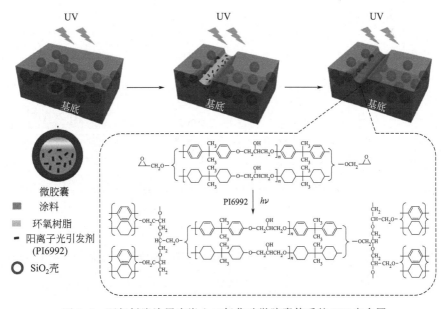

图 3.9 环氧树脂涂层中嵌入二氧化硅微胶囊体系的 UV 自愈图

热稳定性，特别是在模拟空间环境下具有较强的热循环能力。此外，环氧树脂在 30min 内的固化效率高达 89%，并且表现出良好的划痕填充性能，这都表明了 SiO₂ 微胶囊具有优异的 UV 诱导愈合性能。更重要的是，基于 UV 引发的阳离子聚合过程不受氧阻聚影响，这就使单个 SiO₂ 微胶囊涂料在具有高 UV 辐照和氧原子腐蚀严重的环境中可以很好地实现自愈合。

同样利用微胶囊法原料，可设计一种新型的紫外光固化自愈性低聚物（THPU$_x$C$_y$）。该低聚物由氢键基团和光敏单体与三臂多元醇的混合物反应而成（图 3.10）。当 UV 固化后的聚合物发生损伤时，产生的裂纹会在涂料基体内蔓延，这时在裂纹路径上的微胶囊破裂，破裂的微胶囊释放愈合剂，然后通过毛细作用进入裂缝。一旦裂纹平面内的愈合剂与嵌入的催化剂接触，就会引发化学反应并发生愈合剂的聚合反应，最终实现损伤愈合。

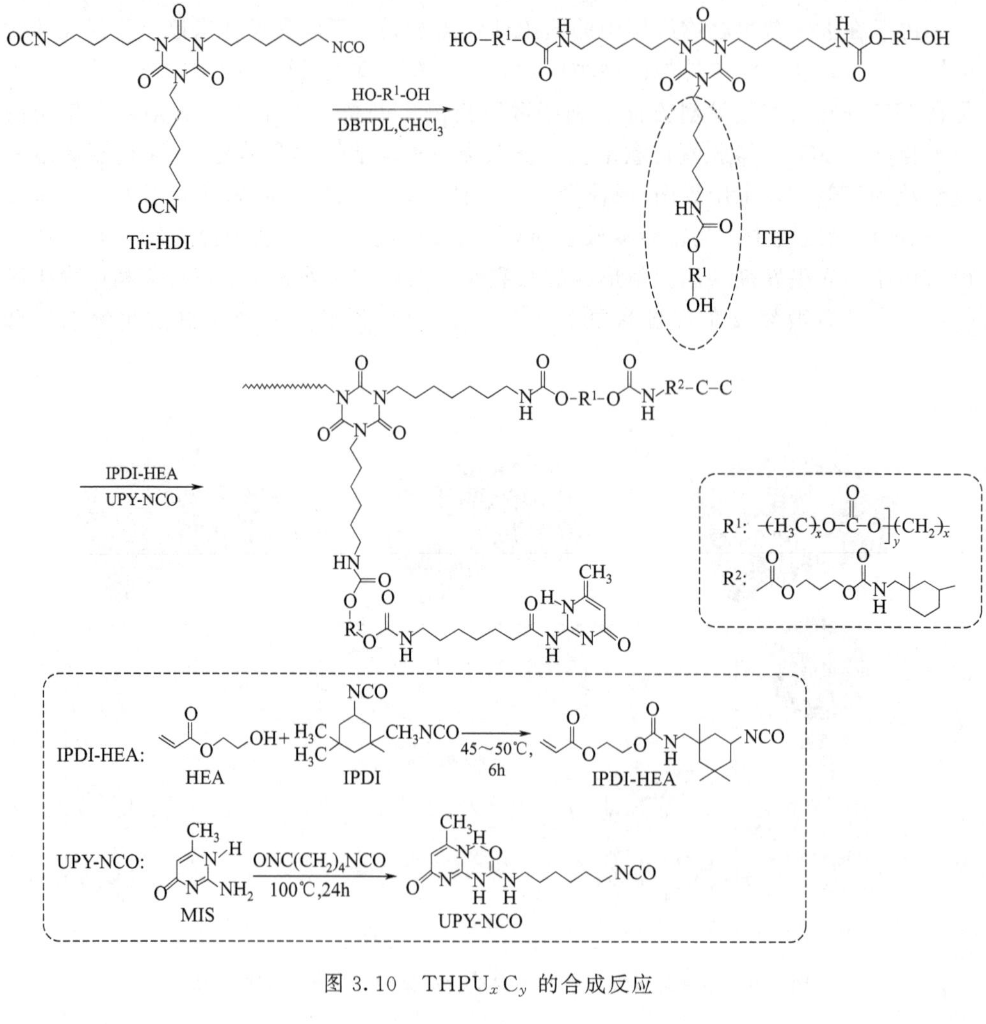

图 3.10 THPU$_x$C$_y$ 的合成反应

另外，可以进一步开发一种具有双微胶囊体系的醇酸自愈合环保涂料。醇酸盐是一种油性聚酯黏合剂，具有优异的耐水性，能很好地附着在金属基体上。实验采用的两种微胶囊分别含有双酚 A 缩水甘油醚（EPON 828）和巯基丙酸季戊四醇酯（PETMP）。将这两种微胶囊分别引入醇酸/甲基丙烯酸甲酯（MMA）混合物中制备涂层，再通过 UV 引发固化交联反应。当涂层在外力作用下破裂时，微胶囊将愈合剂 EPON 828 和 PETMP 释放到孔隙中，在不受外界干扰的情况下开始自愈反应。研究发现，EPON828 和 PETMP 的微胶囊化率分别高达 89％和 87％，如此高含量的微胶囊可以有效确保涂层愈合时所需的愈合剂。此外，这种自愈合涂料可以防止或减缓金属基板的腐蚀，能够对基板提供持久的保护，自愈涂层与原涂层性能无明显差异，并且微胶囊的加入没有导致薄膜性能的明显下降。

用波长为 312～577nm 的紫外光照射二硫化合物时，二硫键可以在不同分子间交换形成新的化合物，这就意味着二硫键不仅可以通过热交换反应自愈，还可以通过光交换反应自愈。根据二硫化合物的光可逆交换反应特性，通过紫外光固化技术可以制备一种可自愈的紫外光固化聚氨酯丙烯酸酯低聚物（DSPUAs）。这种低聚物在 UV 照射下，通过二硫键的动态光交换反应，表现出良好的自愈性能（图 3.11）。随着预聚物中二硫基的增加，紫外光固化材料的自愈速度大大提高。此外，这些低聚物与商业化的紫外光固化材料具有良好的兼容性，具有广阔的应用前景。

如果设计合成一种新型的含咪唑的光固化单体（IM-A），再以 IM-A、丙烯酸异冰片酯、2-（2-乙氧基）丙烯酸乙酯和 2-羟乙基丙烯酸酯为原料，便可制备光固化自愈聚合物。所得到的样品拉伸强度可以达到 3.1MPa，断裂伸长率为 205％，愈合效率达 93％，并且在 25～120℃的温度范围内都可以完全愈合。用该聚合物制成的柔性电子器件，可以在其损坏后自愈并恢复导电性（图 3.12）。

还可利用"硬核柔性臂结构"设计一种可以自愈合的 UV 固化涂料，以异佛尔酮二异氰酸酯、1，6-六亚甲基二异氰酸酯、不同分子量的聚碳酸酯二元醇（PC-DL）和环三磷腈为原料合成具有"硬核"和"柔性臂"的两种系列光固化聚氨酯（PU）。当该涂层表面受到损伤时，通过加热使链间氢键断裂。同时，随着温度的升高，软段的迁移率增加，使得分子链向断裂界面移动。最后当涂层冷却时，通过氢键网络结构的重筑，实现断裂面的愈合（图 3.13）。

随着人民生活水平的提高和环保意识的增强，以及环保问题的日益突出，世界各国都加强了环保法规的推出和执行，光固化涂料作为一种真正的环保型"绿色"低排放技术，必将受到越来越多的关注。目前有很多技术需求是其他技术不能解决的，只有光固化涂料才能提供满意的解决方案，如热敏基材涂料、快速固化涂料、需要精细图案的涂料、表面性质增强型的涂料等。可能对光固化涂料应用的一个误解就是光固化涂料的价格比较高，尽管涂料本身的价格相对溶剂型涂料高一些，但是由于光固化涂料极高的固含量，最后落实到单位涂层的价格其实并不高，再加上高的自动化程度、快的固化速度、高的能源利用效率、好的环保性能和特殊的产品性质，综合评价光固化涂料，其价格不但不高，而且还会较大地低于传统涂料的价格，这是经过工业化应用实际评测过的。

下一步需要做的工作应该是，一方面就目前存在的问题，如固化厚度较低、室外涂料产品性能不够、光引发剂残留具有一定的毒性等，展开基础研究，从新机

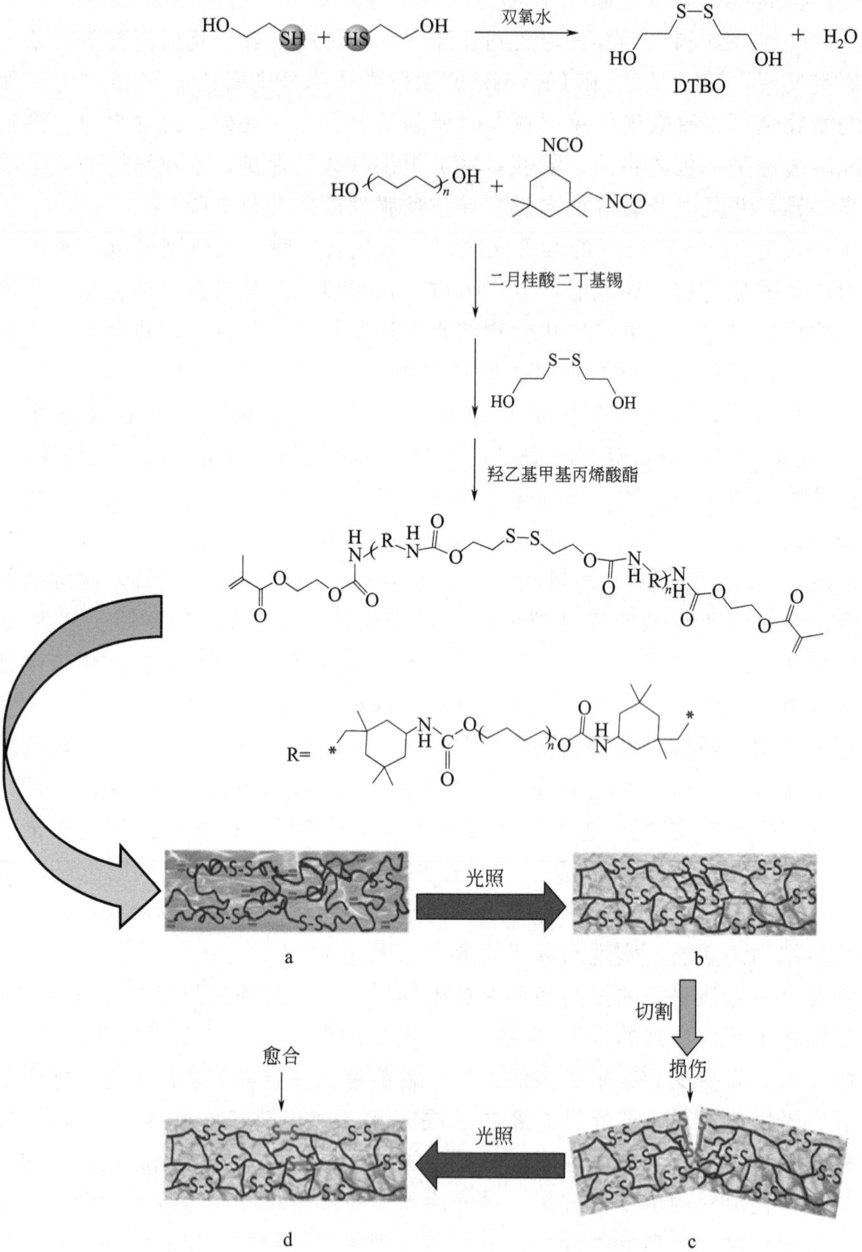

图 3.11 DSPUAs 的合成及自修复示意图

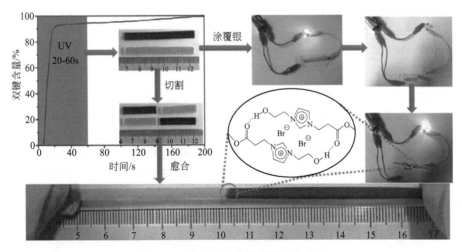

图 3.12　自愈柔性电子器件愈合实验

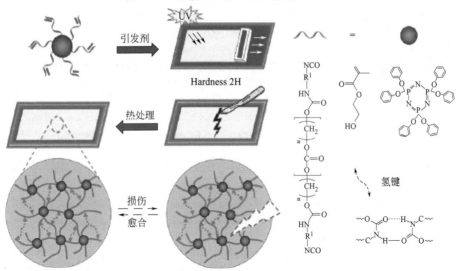

图 3.13　UV 固化 PU 涂料愈合分子示意图

理、新方法和新体系入手来解决；另一方面，要进行光固化涂料的推广，很多领域还是传统涂料占主导地位，需要对此展开应用研究，针对实际情况制定解决方案，从而真正实现光固化涂料的"多能"。光固化涂料因其独特的技术优势和内在的可能性，必将在将来很长一段时间内，取得持续而快速的发展。

参考文献

[1]　Poortere M D, Schonbach C, Simonson M. The fire safety of TV set enclosure materials, a survey of European statistics [J]. Fire & Materials, 2000, 24 (1): 53-60.

［2］   Li K, Shen Y, Fei G, Wang H, Wang C. The effect of PETA/PETTA composite system on the performance of UV curable waterborne polyurethane acrylate［J］. Journal of Applied Polymer Science, 2015, 132 (2): 41262-41269.

［3］   Zhong X, Sheng J, Fu H. A novel UV/sunlight-curable anti-smudge coating system for various substrates［J］. Chemical Engineering Journal, 2018, 345: 659-668.

［4］   Choi W C, Lee W K, Ha C S. Low-viscosity UV-curable polyurethane acrylates containing dendritic acrylates for coating metal sheets［J］. Journal of Coatings Technology and Research, 2018, 16: 377-385.

［5］   Choi J S, Seo J, Khan S B. Effect of acrylic acid on the physical properties of UV-cured poly(urethane acrylate-co-acrylic acid) films for metal coating［J］. Progress in Organic Coatings, 2011, 71 (1): 110-116.

［6］   Ni L, Chemtob A, Céline C B. Direct-to-metal UV-cured hybrid coating for the corrosion protection of aircraft aluminum alloy［J］. Corrosion Science, 2014, 89: 242-249.

［7］   庞原鹏. 亲水性高分子防雾涂料的制备及其性能研究［D］. 长春: 吉林大学, 2004.

［8］   Rodríguez Durán I, Laroche G. Water drop-surface interactions as the basis for the design of anti-fogging surfaces: Theory, practice, and applications trends［J］. Advances in Colloid and Interface Science, 2019, 263: 68-94.

［9］   Yao B, Zhao H, Wang L. Synthesis of acrylate-based UV/thermal dual-cure coatings for antifogging［J］. Journal of Coatings Technology and Research, 2018, 15: 149-158.

［10］   Liang T, Li H, Lai X. A facile approach to UV-curable super-hydrophilic polyacrylate coating film grafted on glass substrate［J］. Journal of Coatings Technology and Research, 2016, 13: 1115-1121.

［11］   Tang R, Muhammad A, Yang J. Preparation of antifog and antibacterial coatings by photopolymerization ［J］. Polymers for Advanced Technologies, 2014, 25 (6): 651-656.

［12］   Park J, Park J, Lee D W. Optically transparent super-hydrophobic thin film fabricated by reusable polyurethane-acrylate (PUA) mold ［J］. Journal of Micromechanics and Microengineering, 2018, 28 (2): 025004.

［13］   Han Z, Feng X, Jiao Z. Bio-inspired antifogging PDMS coupled micro-pillared superhydrophobic arrays and SiO$_2$ coatings［J］. RSC Advances, 2018, 8 (47): 26497-26505.

［14］   Guo W, Jia Y, Tian K. UV-triggered self-healing of a single robust SiO$_2$ microcapsule based on cationic polymerization for potential application in aerospace coatings［J］. ACS Applied Materials & Interfaces, 2016, 8 (32): 21046-21054.

［15］   Liu R, Yang X, Yuan Y. Synthesis and properties of UV-curable self-healing oligomer［J］. Progress in Organic Coatings, 2016, 101: 122-129.

［16］   Mohd Saman N, Teck-Chye Ang D. UV-curable alkyd coating with self-healing ability［J］. Journal of Coatings Technology and Research, 2019, 16 (2): 465-476.

［17］   Otsuka H, Nagano S, Kobashi Y. A dynamic covalent polymer driven by disulfidemetathesis under photoirradiation［J］. Chemical Communications, 2010, 46 (7): 1150-1152.

［18］   Zhao D, Liu S, Wu Y, Ren B. Self-healing UV light-curable resins containing disulfide group: Synthesis and application in UV coatings［J］. Progress in Organic Coatings, 2019, 133: 289-298.

［19］   Gong H, Gao Y, Jiang S, Sun F. Photocured materials with self-healing function through ionic interactions for flexible electronics［J］. ACS Applied Materials & Interfaces, 2018, 10: 26694-26704.

［20］   Liu J, Gao J, Zhou Z, Liu R, Yuan Y, Liu X. Stiff self-healing coating based on UV-curable polyurethane with a "Hard core, flexible arm" structure［J］. ACS Omega, 2018, 3 (9): 11128-11135.

第四章
水性光固化涂料

　　紫外光固化（UV-curing）技术是 20 世纪 60 年代以来开发的一项新的绿色技术，自实现商品化以来发展迅速，并保持 12％～15％的年增长速度。但是，由于它所用的主要成分即预聚体（prepolymer）或称低聚物（oligomer）一般具有较高的黏度，涂装时，特别是喷涂时，必须加入活性稀释剂（reactive diluent）单体以调节其黏度，有时甚至需要加入有机溶剂，以改善其加工流变性。这些活性稀释剂单体大部分具有较强的刺激性，其中某些单体对环境和人体健康有害；许多活性单体在紫外光固化过程中难以反应完全，其残留物的渗透可能会影响固化产品的卫生安全性和使用耐久性。目前，还没有一种光固化产品得到美国食品药品管理局（FDA）的认证。光固化涂料的发展趋势之一是以水代替活性稀释剂的水性化技术。

　　水性光固化涂料由于其环境友好、安全的特点，得到了国内外学术界和工业界的广泛关注。水性光固化涂料结合了水性涂料和传统光固化涂料两者的优点，由亲水性光敏树脂配制成水分散体，再加入低挥发性无毒无味的引发剂和水性助剂组成涂料配方，杜绝了丙烯酸酯类等有毒单体的存在。由于用水作载体，涂料的黏度较低，可不使用稀释剂即能满足喷涂、浸涂等施工要求。而且，水性光固化涂料有一个突出的优点：由于体系的黏度与预聚物的分子量无关（只与固含量有关），因此不必加入小分子的活性稀释剂，从而解决了传统光固化涂料不能兼顾硬度和柔韧性的问题。这种涂料由高聚物制成，固化后体积收缩小，涂膜与基材的附着力强。虽然水性光固化涂料在干燥时必须分两步：先将水分蒸发，再进行紫外光固化，使得其能耗要比溶剂型光固化涂料高，但是其涂膜的机械强度、耐化学性、耐腐蚀性都要比传统水性涂料好。BAYER、BASF 和 CYTEC 公司均有相关产品问世。

第一节　水性光固化涂料的发展历史、机遇与挑战

一、水性光固化涂料的发展历史

　　活性稀释剂和挥发性有机物对人体的伤害和环境污染问题，已成为光固化行

业难以逾越的技术屏障，因而限制了它的应用与发展。为此，一种新的固化体系——水性光固化体系应运而生。水性光固化体系结合了传统的光固化技术、水性涂料和水性油墨的优点，以其环保的优势得到了人们的关注，现已成为光固化技术领域一个非常活跃的分支。水性光固化涂料从发展历史看，可以分为四个阶段。

第一代水性光固化涂料——外乳化型：早期出现的水性光固化树脂多为外加乳化剂类型，使用的是不可聚合的普通乳化剂，在高剪切力的作用下将油性光敏树脂分散在水中。由于这种体系的低聚物（树脂）一般没有亲水链段或基团，与水的亲和性较差，而主要由乳化剂提供与水的亲和能力。乳化剂由亲水基团和亲油基团组成，亲油基团一般为长链烷烃，与树脂液滴混溶；而亲水基团分布在液滴外面，形成亲水层。这些乳液的固含量相对较高，但对 pH 值变化和剪切力非常敏感。20 世纪 70 年代后期，出现了可聚合型的乳液体系，这种乳液体系固含量相对较高（可超过 60%），乳化剂的用量比例也较大（约 10%），但使用时无气味。

第二代水性光固化涂料——非离子自乳化型：为了避免外加乳化剂对涂膜性能的危害，将聚乙二醇结构链段嵌入聚合物分子链结构中，制成可自乳化的光固化树脂。由于分子链上带有亲水基团，在光固化后也不会被消除，该类涂膜的耐水性、耐化学性较差。

第三代水性光固化涂料——水分散体系混合型：将水性光固化低聚物/树脂与其他水分散体系（多为丙烯酸分散体系）混合，固化组分稳定在非光固化丙烯酸组分的水相中。相对于第一代水性光固化涂料，可将乳化剂换成大分子乳化剂，这可使涂膜在固化后，固化膜中小分子含量下降，耐水性增强。但是整个体系中含有的有效固含量较低，这类产品的交联密度不高，耐化学性较传统的光固化产品差。

第四代水性光固化涂料——离子稳定的自乳化型：将含离子基团（通常为羧基或胺基）的化合物设计在光固化体系主体树脂的主链或侧链上，然后经过中和乳化，使之获得更好的水溶性。这种类型的产品具有较好的乳液性质，对剪切力较稳定，形成的乳胶粒较小，储存期较长。这种类型的光敏树脂由于不需要乳化剂，具有优良的涂膜性能，成为目前研究最多的一种新型水性光固化涂料。

由于水性光固化体系的突出优点，近几年来已成为非常活跃的研究和开发领域，吸引了很多科研工作者和技术工程师的关注，人们对它的研究和认识也越来越深入，已在发达国家获得了普遍认可和工业应用。但是，就在水性光固化体系快速研发与成长的二十年间，人们对它的疑惑和争论也从未停止。

近年来，市场上开始接受水性光固化涂料产品，其市场需求量和新技术研发与日俱增，其主要应用在两个方面：一是木器底漆 UV 涂料；二是印刷艺术。目前，水性光固化体系包括如下类型：①水溶型（water-soluble）；②水分散型（water-dispersible）；③乳液基型（latex-based）；④杂化混合型（hybrid）。

二、水性光固化涂料的机遇与挑战

2019 年 11 月 13 日，工信部发布的《木器涂料中有害物质限量》等 8 项化工行业强制性国家标准报批公示，其中 5 项涉及涂料、胶黏剂行业。新国标将对涂料、胶黏剂等行业的 VOCs 排放提出了更高的要求。其中 GB 24408—2009 和 GB 18581—2009 分别对建筑用外墙涂料和室内装饰装修材料中有害物质限量作出明确要求。欧盟装饰涂料指令（2004/42/EC），美国绿色涂料标志要求（GS-11）对 VOCs 排放作出限制要求。相关的 VOCs 限量指标如表 4.1 和表 4.2。

表 4.1　中国与国外外墙涂料 VOCs 限量对比

国家及地区	标准或法规号及名称	VOCs 限量值/(g/L)	
		溶剂型外墙涂料	水性外墙涂料
欧洲	欧盟 2004/42/EC 指令	从 2007 年 1 月 1 日起： 面漆≤450 底漆≤450 从 2010 年 1 月 1 日起： 面漆≤430 底漆≤350	从 2007 年 1 月 1 日起： 面漆≤75 底漆≤50 从 2010 年 1 月 1 日起： 面漆≤40 底漆≤30
美国	GS-11		非平光≤75 平光≤70
中国	GB 24408—2009 建筑用外墙涂料中有害物质限量	包括底漆和面漆 色漆≤680 清漆≤700 闪光漆≤760	面漆≤150 底漆≤120 腻子≤15

表 4.2　中国与国外溶剂型木器涂料 VOCs 含量限量比较

国家及地区	标准或法规号及名称	名称	VOCs 限量值/(g/L)
欧洲	欧盟 2004/42/EC 指令	木材或金属内外用贴框或包覆物涂料	400
		内用/外用贴框清漆和木器着色涂料	500
		底漆	450
		单组分功能涂料	600
		特殊用途(如地板)用双组分反应性功能涂料	550
		装饰性涂料	500
美国	美国环境保护署 40CFR 建筑涂料挥发性有机化合物释放的国家标准	防火(阻燃)涂料,不透明漆	450
		热反应性涂料	420
		挥发性漆(包括可砂磨挥发性封闭剂)	680
		快干涂料(磁漆、底漆、封闭剂和中间涂料)	450
		可砂磨封闭剂(可砂磨非挥发性封闭剂)	550
		封闭剂(包括内用木器封闭剂)	400

续表

国家及地区	标准或法规号及名称	名称	VOCs 限量值/(g/L)
中国	GB 18581—2009 室内装饰装修材料 溶剂型木器涂料中有害物质限量	硝基类涂料(面漆、底漆)	720
		聚氨酯类涂料(面漆)(光泽≥80°)	580
		面漆(光泽<80°)	670
		底漆	670
		醇酸类涂料(清漆)	500
		腻子	550

对比水性涂料与油性涂料可以看出：水性涂料 VOCs 含量远低于油性涂料。近年来，随着空气环境质量的下降，人们环保意识逐渐提高，以及国家出台环境保护的相关法律法规，油性涂料逐渐被禁止或减少使用，水性涂料逐渐被行业及用户重视。水性光固化涂料结合了水性涂料和传统光固化涂料的特点，具有环保性和高效性，成为涂料行业重要的发展方向。

与传统油性光固化涂料相比，水性光固化涂料具有以下特点：①不必借助活性稀释剂来调节黏度，可极大降低 VOCs 排放，解决毒性及刺激性等问题；②可用水或增稠剂方便地控制加工流变性，可用于喷涂；③可避免由于活性稀释剂所引起的固化收缩，可用于非吸收性表面，如塑料的涂布；④可得到极薄的涂层；⑤设备、容器等易于清洗；⑥光固化前可指触，可堆放和修理；⑦大大降低火灾危害风险。除了上述优点外，水性光固化涂料还有一个很突出的优点，就是解决了传统光固化涂料的硬度和柔韧性之间的矛盾。但水性光固化涂料也面临着技术瓶颈与挑战。与其他水性涂料体系一样，水性光固化涂料存在的主要技术困难和问题是：①光固化前大多必须预干燥，不适用于现有的光固化设备；水的高蒸发热（约 40.6kJ/mol），使预干燥不仅耗能而且费时，对于铁质基材还可能引起"瞬时锈蚀"问题。②水的高表面张力带来一系列问题，如对基材（特别是低表面能者）和颜料的浸润性差、易引起涂布不均等，虽然可加入共溶剂或表面活性剂解决，但又会造成污染以及起泡、针眼等问题。③固化膜的光泽低，耐水性和耐洗涤性较差。④体系的稳定性较差，对 pH 较为敏感。⑤水性体系较厚的涂层在烘烤过程的"爆泡"问题是成型工艺难以控制的质量问题。⑥水的凝固点比一般有机溶剂高，在运输和储藏过程中需要加入防冻剂。⑦水性光固化体系容易产生霉菌，需加入防霉剂，使配方复杂化。

第二节　水性光固化涂料的构成

水性光固化涂料的组成主要包括水性光敏树脂（或低聚物）、水性光引发剂及各种助剂（如分散稳定剂、润湿剂、流平剂和填料等）。其中，最重要的是水性光敏树脂（或低聚物），它对固化膜的硬度、柔韧性、附着力和耐磨性等性能起着至关重要的作用。从结构上看，在水性光敏树脂的结构上必须含有可光聚合的基团，如丙烯酰氧基、甲基丙烯酰氧基、乙烯基和烯丙基等。由于丙烯酰氧基固化速率最快，水性低聚物主要为各类丙烯酸树脂。水性光敏树脂的分子链上应含有一定数量的亲水基团，如羧基、羟基、胺基、季铵基、醚基和酰胺基等。目前水性光敏树脂（或低聚物）的制备，大多数采用在原有油性光敏树脂（或低聚物）中引入亲水基团，如羧基、季铵基和聚乙二醇，使油性光敏树脂（或低聚物）转变为水性光敏树脂（或低聚物）。

一、水性光敏树脂（或低聚物）

光敏树脂（或低聚物）是水性光固化涂料体系最重要的主体组分，它决定着固化膜的硬度、柔韧性、黏附性、耐磨性、耐水性和耐腐蚀性等理化性能。另外，光敏树脂（或低聚物）的结构对光固化的速度有很大的影响。自由基型光固化的水性光敏树脂，要求其主体树脂的分子链上必须带有不饱和基团，其分子链结构上均含有 C=C 不饱和双键。在紫外光辐照下分子中的不饱和基团互相交联，涂层由液态变成固态。通常采用引入丙烯酸基、甲基丙烯酸基、乙烯基醚或烯丙基的方法，使合成树脂具有不饱和光敏基团，从而可以在合适的条件下进行光固化反应。丙烯酸酯由于其反应活性高而经常被使用。对于自由基型的光固化体系，一般各种官能团的反应活性从低到高顺序为：乙烯基醚＜烯丙基＜甲基丙烯酸基＜丙烯酸基。

水性光固化涂料的光敏树脂需具有一定的亲水性，必须引入一定的亲水基团或链段，如羧基、磺酸基、叔胺基等亲水基团或氧化丙烯链段等。近年来对水性光敏树脂的研究非常活跃，大致有如下几类。

（一）水性不饱和聚酯（WR-UPE）

不饱和聚酯是在传统的多元醇和多元羧酸缩聚反应得到不饱和聚酯的基础上，引入一定量的亲水基团，如聚乙二醇、酸酐等，从而使之具有水溶性。目前，使用较多的有聚乙二醇、偏苯三酸酐或均苯四酸等。离子型水性光固化不饱和聚酯，通过偏苯三酸酐/二元酸与二元醇缩合得到主链，以三羟甲基丙烷二烯丙基醚为光固化基团，侧链—COOH 用有机胺中和成盐使之具有亲水性。例如使用偏苯三酸酐/四氢化邻苯二甲酸（摩尔比为 60：40），一缩二乙二醇、丙二醇与乙二醇为等摩尔比，制备的水性不饱和聚酯具有很好的拉伸强度、合适的黏度和较好的耐候性。

非离子自乳化型不饱和聚酯，利用二元醇和聚乙二醇与马来酸酐反应，得到大分子二元酸，再与三羟甲基丙烷二烯丙基醚进行酯化反应制备。该方法通过聚乙二醇赋予树脂亲水性。用二元醇与马来酸酐反应，再与三羟甲基丙烷二烯丙基醚进行酯化反应制备得到聚酯 A；聚乙二醇与马来酸酐反应，再与三羟甲基丙烷二烯丙基醚进行酯化反应制备得到聚酯 B。不饱和聚酯 A 和 B 的通式如图 4.1。

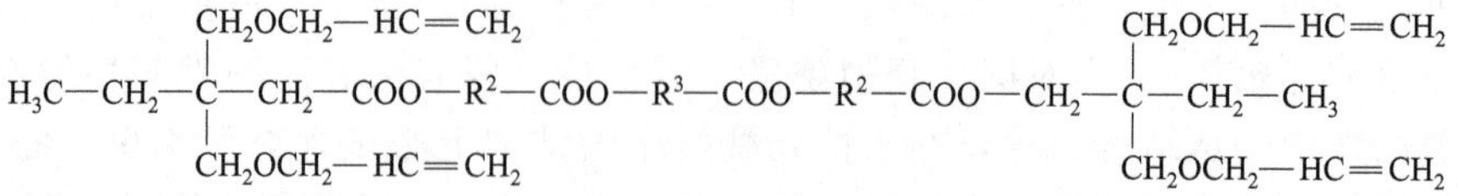

图 4.1 不饱和聚酯的结构

R^2 代表除活性端基以外的马来酸酐基团；R^3 代表二元醇和聚乙二醇

在上述体系中，聚酯 B 用作反应型高分子乳化剂，可以克服外加乳化剂对光固化膜性能的影响。聚酯 B 也可以单独应用，但其耐水性较差。聚酯 A 的作用是提高交联密度，改善固化膜的性能。通过调节聚酯 A 和聚酯 B 的比例，可以得到既有一定水分散稳定性，又有良好性能的光固化体系。上述体系可以通过二步法合成。具体方法如下：首先将 2mol 的马来酸酐与 1mol 的二元醇和聚乙二元醇混合物反应，然后再与 2mol 的三羟甲基丙烷二烯丙基醚反应。

通过使用亚甲基丁二酸制备生物基不饱和聚酯：含有双键的二元酸——亚甲基丁二酸分别与乙二醇、1,4-丁二醇、1,6-己二醇于 160℃，在催化剂对甲苯磺酸的作用下经酯化-缩聚制备水性光固化不饱和聚酯，但制备的树脂耐水性和耐溶剂性较差。合成路线如图 4.2。

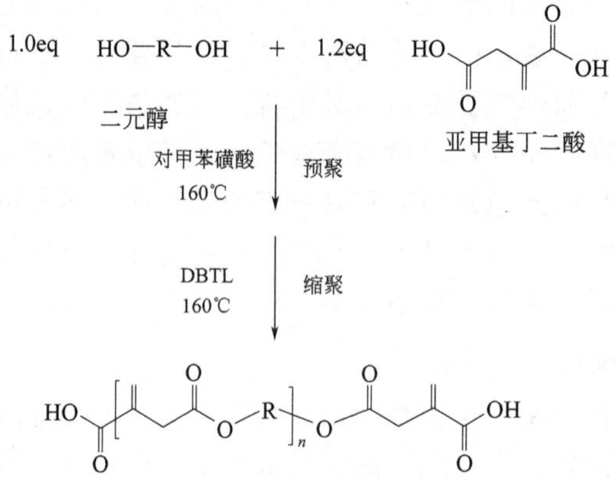

R=—CH₂—CH₂—, —CH₂—CH₂—CH₂—CH₂—, —CH₂—CH₂—CH₂—CH₂—CH₂—CH₂—

图 4.2 亚甲基丁二酸改性不饱和聚酯合成路线图

水性光固化不饱和聚酯涂料的固化速度相对较慢，综合性能不及其他水性光固化涂料，所以较多地应用于中低档涂饰，如木器涂饰等。

（二）水性聚氨酯丙烯酸酯类

水性低聚物中研究最多的是水性聚氨酯丙烯酸酯，主要通过聚乙二醇引入非离子型亲水链段或用二羟甲基丙酸（DMPA）引入羧基，得到离子型水溶性低聚物。由于水性聚氨酯丙烯酸酯柔韧性好，具有较高的耐冲击和拉伸强度，能提供较好的耐磨性和抗冲击性，综合性能优越。目前商品化的水性低聚物大多数是水性聚氨酯丙烯酸酯类型。聚氨酯丙烯酸酯（PUA）类的光固化体系，因其具有良好的耐磨性、耐化学性、耐低温性和良好的柔韧性等特点而备受关注。以水为分散介质的水性聚氨酯光固化体系除了具有上述特点外，还因其环保性而成为目前研究和开发最活跃的体系之一。水性聚氨酯丙烯酸酯（PUA）的合成，一般用二异氰酸酯［甲苯二异氰酸酯（TDI）、异佛尔酮二异氰酸酯（IPDI）等］与二元醇（聚乙二醇、聚丙二醇等）反应，使用小分子二元醇和二羟甲基丙酸（DMPA）进行扩链，再加入羟基丙烯酸酯进行封端，最后用有机胺进行中和乳化成盐，得到水性聚氨酯丙烯酸酯。其合成路线如图4.3。

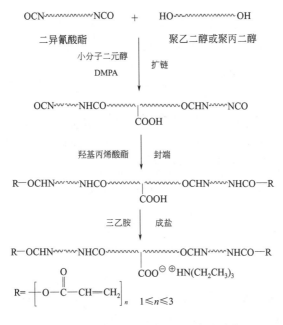

图4.3 水性聚氨酯丙烯酸酯的合成路线图

国外一研究团队，分别采用5种不同分子量的聚乙二醇与异氰酸酯基反应合成了以聚氧乙烯基为末端基的聚乙二醇改性聚氨酯丙烯酸酯（PMUA）。结果发现，随着PMUA的聚氧乙烯链段长度的增加，乳液的热稳定性和光固化膜的机械性能得到很大提高。水性聚氨酯丙烯酸酯分为芳香族和脂肪族。以甲苯二异氰酸酯（TDI）为原料制备的水性聚氨酯丙烯酸酯是芳香族类型。由于TDI在长期使用过程中会出现黄变，以非黄变的异佛尔酮二异氰酸酯（IPDI）代替TDI，以提高水性光固化涂料的使用性能。可采用不同原料合成芳香族和脂肪族两大类水性光敏树脂，芳香族水性光敏树脂可采用分步法和一步法两种合成方法。分步法用聚乙二醇（PEG）和甲苯二异氰酸酯（TDI）合成预聚体Ⅰ，然后用预聚体Ⅰ和多功能团羧酸及二元醇反应合成预聚体Ⅱ，再通过多功能团丙烯酸酯引入不饱和双键合成低聚物，经中和乳化后得到水性光固化芳香族聚氨酯丙烯酸酯（UV-WPUA）涂料树脂；一步法往 PEG、多功能团羧酸和二元醇的混合体系中滴加 TDI 合成预聚体，然后通过多功能团丙烯酸酯引入不饱和双键合成低聚物，经中和乳化后得到 UV-WPUA 涂料树脂；脂肪族水性光敏树脂采用分步法合成。首先，用 PEG 和异佛尔酮二异氰酸酯（IPDI）合成预聚体Ⅰ，然后用预聚体Ⅰ和多功能团羧酸及二元醇反应合成预聚体Ⅱ，再通过多功能团丙烯酸酯引入不饱和双键合成低聚物，经中和乳化后得到 UV-WPUA 涂料树脂。自乳化非离子型的 PUA 通过醚键赋予树脂亲水性。常在光敏树脂的主体结构中引入聚乙二醇、聚丙二醇或聚四氢呋喃二醇，以达到亲水的目的。其合成路线如图 4.4。

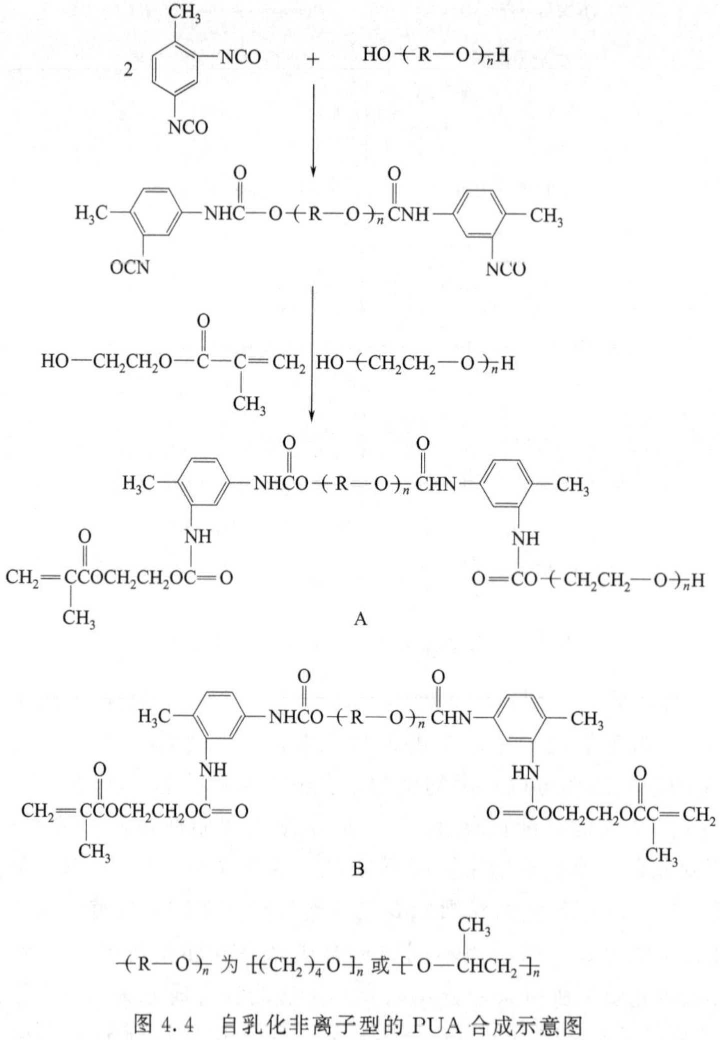

图 4.4　自乳化非离子型的 PUA 合成示意图

PEG 改性 PUA（PMUA）自乳化体系的 PEG 分子量，对乳液的稳定性和固化膜的性能有很大的影响。用分子量分别为 2000、4000 和 6000 的 PEG 所得的

PMUA2000、PMUA4000 和 PMUA6000 乳液都有很好的热稳定性，但其固化膜比较脆。随着 PEG/HEMA 值的增高，PMUA 乳液的黏度下降，粒径减小，同时固化膜的拉伸强度降低。

(三) 水性聚酯丙烯酸酯

聚酯丙烯酸酯通常由端羟基聚酯与丙烯酸酯化，或由端羧基聚酯与甲基丙烯酸缩水甘油酯反应而得，部分使用偏苯三甲酸酐或均苯四甲酸酐与二元醇反应，制得带有羧基的端羟基聚酯，再与丙烯酸反应，得到带羧基的聚酯丙烯酸树脂，经有机胺中和成羧酸铵盐，成为水性聚酯丙烯酸低聚物。该低聚物黏度较低、柔韧性好、色泽低、性价比高，常用于 UV 上光油、PVC 罩光等涂料中。以季戊四醇、邻苯二甲酸酐和丙烯酸-β-羟乙酯合成了聚酯丙烯酸酯，然后减压蒸除甲苯，以 N,N-

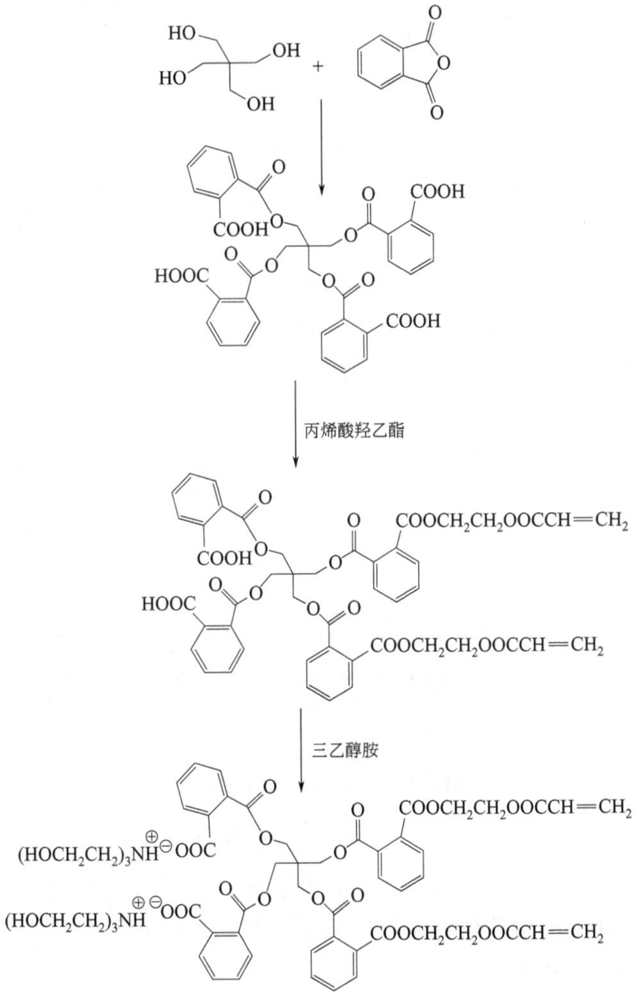

图 4.5 水性聚酯丙烯酸酯合成路线图

二甲基乙醇胺、三乙醇胺为中和剂，加水稀释，制得稳定性较好的光固化水性聚酯丙烯酸酯溶液，制备过程如图4.5。

（四）水性丙烯酸酯化聚丙烯酸酯

丙烯酸酯化聚丙烯酸酯一般可用丙烯酸与各种丙烯酸酯共聚引入羧基、羟基或环氧基，以便进一步引入丙烯酰氧基，获得光聚合活性。水性丙烯酸酯化聚丙烯酸酯具有价廉易制备、涂膜丰满、光泽好、附着力好、耐黄变和耐候性好等特点。水性光固化丙烯酸酯化聚丙烯酸酯体系，多数采用丙烯酸共聚引入亲水性羧基，用甲基丙烯酸羟乙酯或（甲基）丙烯酸缩水甘油酯共聚引入羟基或环氧基，以便进一步引入丙烯酰基团，如图4.6，制得水性丙烯酸酯化聚丙烯酸酯树脂。

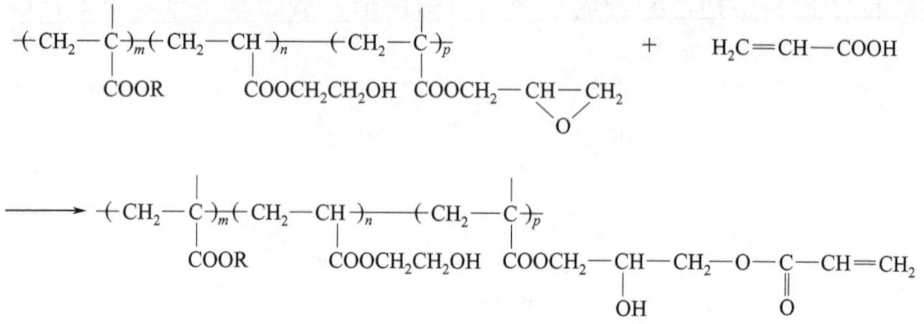

图 4.6   水性丙烯酸酯化聚丙烯酸酯

通过用 TDI 和甲基丙烯酸羟乙酯（HEMA）的半加成物，对丙烯酸树脂进行接枝，制备可自乳化的树脂，合成路线如图4.7。

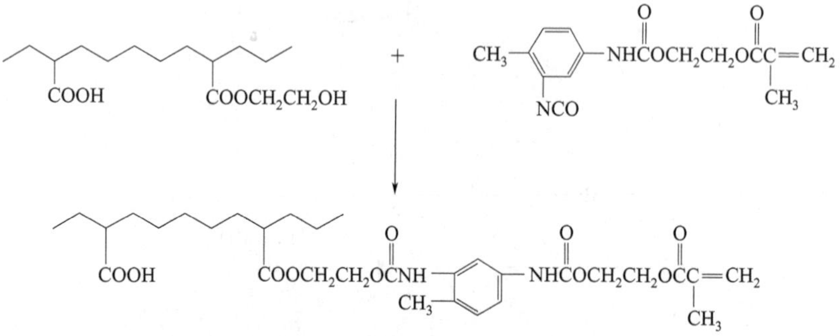

图 4.7   聚氨酯改性丙烯酸酯

通过丙烯酸或甲基丙烯酸聚合反应对聚乙烯醇部分改性，可以得到带有（甲基）丙烯酸酯或者丙烯酰胺基团的水溶性聚合物。这种聚合物的水溶液，经紫外光固化在数秒内交联形成透明的网络状结构，可以用作隐形眼镜。

（五）水性环氧丙烯酸酯

环氧树脂分子结构中含有独特的环氧基、羟基、醚键等活性基团和极性基团，使其固化物具有附着力高、电绝缘性好、耐化学品腐蚀等特点，广泛应用于金属防腐蚀涂料、建筑工程中的防水堵漏材料、灌缝材料和胶黏剂等工业领域。常用的环氧树脂难溶于水，易溶于有机溶剂，而有机溶剂往往价格较高，且具有挥发性，容易对环境造成污染。与溶剂型环氧涂料相比，水性环氧涂料的 VOCs 含量低、气味较小、使用安全、可用水清洗，并兼有溶剂型环氧涂料良好的耐化学性、附着性、机械性能、物理性能、电器绝缘性以及低污染、施工简便、价格便宜等优点。随着世界各国对环境保护的日益重视，研发不含有挥发性有机化合物（VOCs）的环保型水性环氧树脂涂料，已经成为涂料工业新的发展趋势。

　　环氧丙烯酸树脂具有价格低、固化膜硬度高、附着力好、光泽度高和耐化学性好等优点，因而受到青睐，所以这方面的研究也比较多。水性环氧丙烯酯树脂是先用环氧树脂和丙烯酸反应得到环氧丙烯酸酯，再利用环氧丙烯酸中的羟基和酸酐反应（如顺酐、偏苯三酸酐、均苯四酸酐、苯酐、琥珀酐和四氢苯酐等）引入—COOH 作为亲水基团，再用碱中和得到水性环氧丙烯酸酯树脂，合成过程如图 4.8。

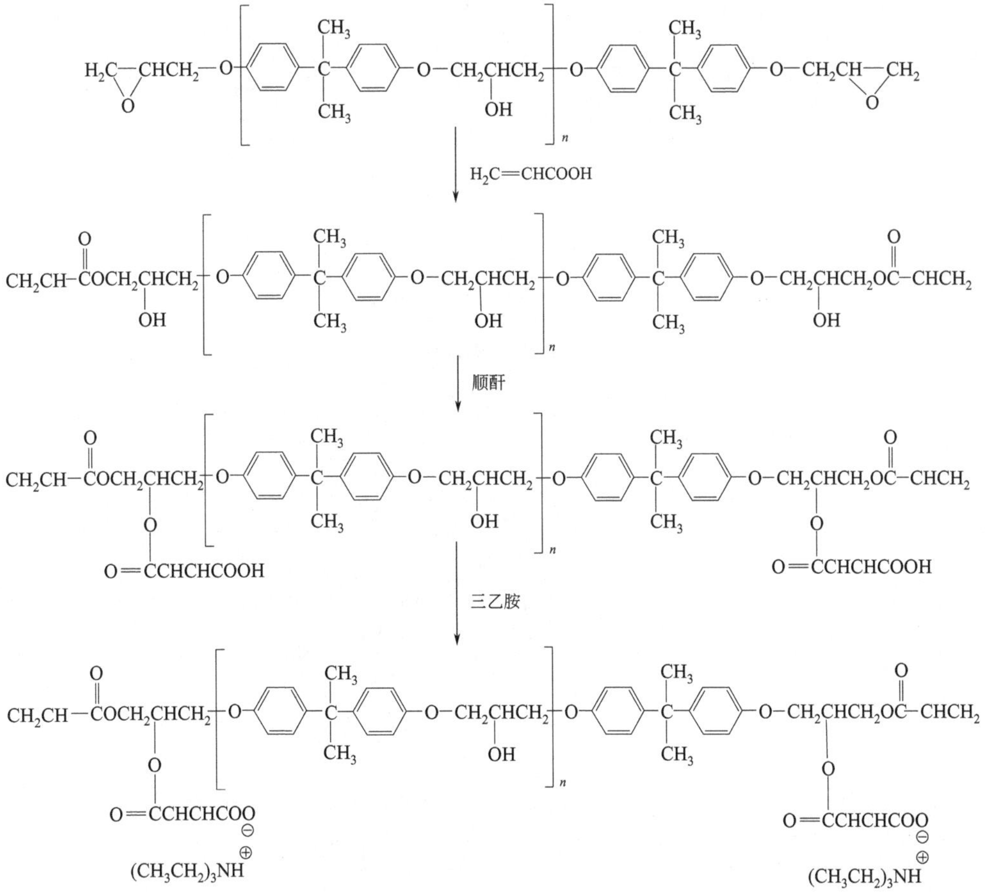

图 4.8　改性环氧丙烯酸酯

　　采用环氧丙烯酸树脂与偏苯三酸酐合成不同羧基含量的水溶性光敏树脂，树脂的水溶性随羧基含量增加而提高，其光固化速率随中和程度的提高而加快，随偏苯三酸酐含量的增加反而减慢。

（六）超支化类聚合物

　　超支化类聚合物具有高官能度、球形对称三维结构、分子内和分子间不发生缠结等特点，不仅反应活性高、黏度低，而且可通过对其端基官能团进行改性，引入

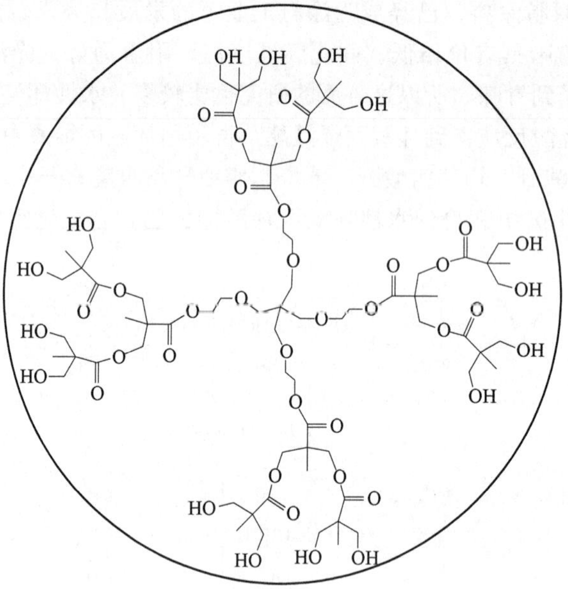

聚酯 Boltorn

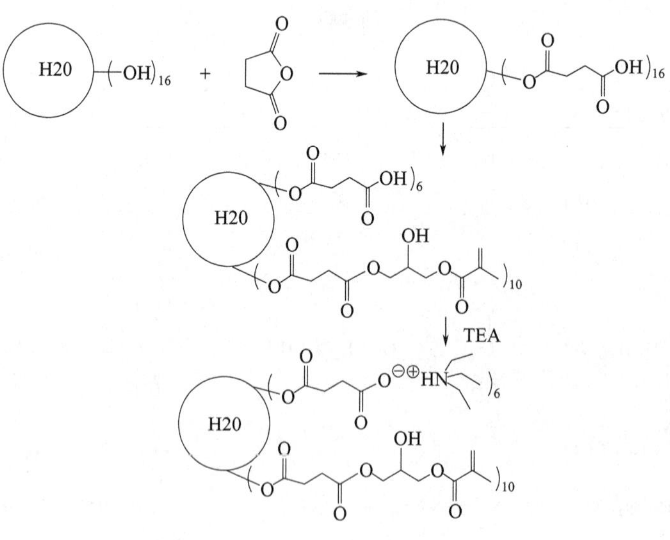

图 4.9　超支化水性丙烯酸酯结构

不饱和基团和亲水基团，可用于制备水性光固化涂料。通过端羟基超支化聚酯的羟基官能团引入可聚合双键和亲水羧基基团，制备水性光固化超支化树脂。

以羟基为官能团的超支化脂肪族聚酯 Boltorn 及以 Boltorn 为基础的水性超支化聚氨酯丙烯酸酯分散体（WHPUDs），其水分散体的表面张力随着 TEA/COOH 摩尔比和中和程度的增加而下降，合成路线如图 4.9。通过端羧基超支化聚酯的羧基官能团，由甲基丙烯酸缩水甘油醚（GMA）引入可聚合双键，制备水性超支化光敏树脂。利用酸酐与羟基，环氧基与羧基的交替开环聚合反应合成末端富含羟基和羧基的聚酯大分子。通过与甲基丙烯酸缩水甘油酯的进一步反应，并加入三乙胺中和，制备末端带有不同比例羧基和氨基的超支化聚酯，其合成路线如图 4.10，可用于水性光固化涂料体系。

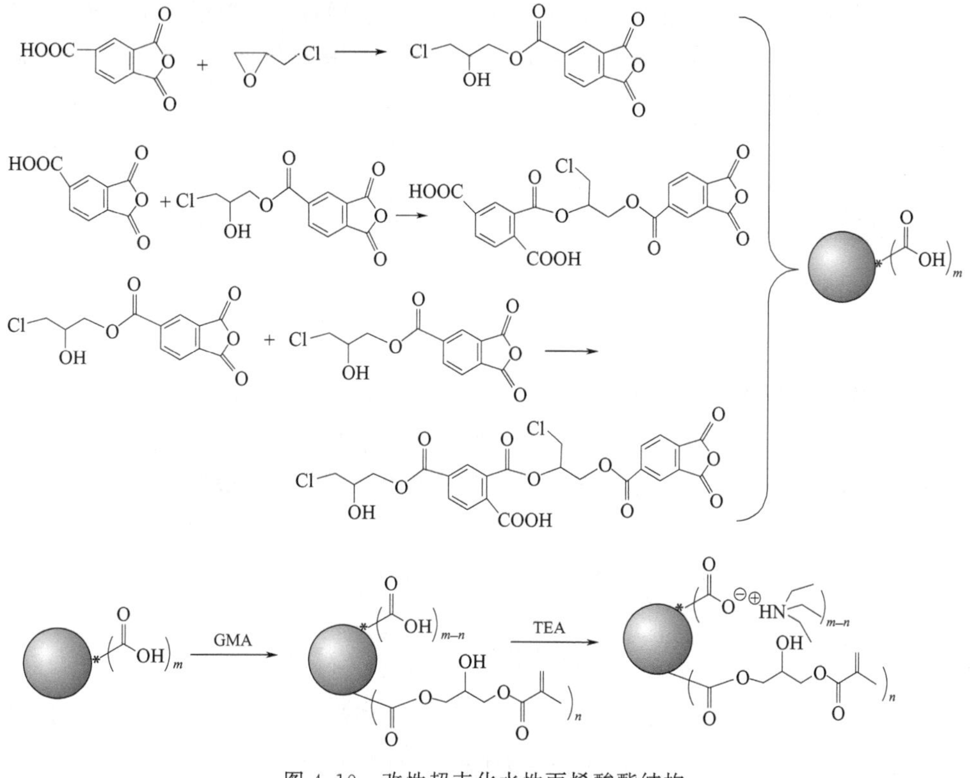

图 4.10 改性超支化水性丙烯酸酯结构

二、水性光引发剂

随着水性光固化涂料的迅速发展，从 20 世纪 80 年代开始，人们合成了一系列新型水性光引发剂。由于溶剂型引发剂需要借助乳化剂或少量单体才能分散到水中，溶剂型引发剂和水性光敏树脂存在着相容性差的问题，影响成膜性能和引发效率。为了解决这一问题，在溶剂型引发剂分子上引入阴/阳离子基团或亲水性非离子链段，使之具有亲水性，从而可溶于或分散于水中。然而，研究发现：仅通过简单的磺化、羧酸化或季胺化来增加引发剂的水溶性，即将羧基、磺酸基或季铵基连在苯环上，则无论是直接相连还是以亚甲基与苯环相连都不可避免地会降低分子的活性，从而使光引发剂失效。因此通常以—O—CH$_2$—作为隔离基团，使其基本保持其母体光引发剂的引发效率。按照引发机理，水性光引发剂主要分为裂解型和夺氢型两类。

（一）水性裂解型光引发剂

裂解型光引发剂（NorrichⅠ型）主要有安息香衍生物和苯乙酮衍生物两类，它们在紫外光辐照下发生化学键断裂，产生自由基，其特征是自由基为苯甲酰或取代苯甲酰。安息香衍生物类受氧的影响很大，而且耐热分解性差，因而限制了其使用范围。苯乙酮类光引发剂为了提高其水溶性或水分散性，主要引进了一个侧链基到 α,α'-二甲基-2-羟基苯乙酮的苯基上，以增加它的亲水性或表面活性剂的特征，其结构特点如图 4.11。

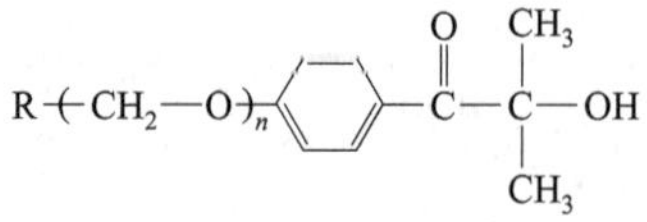

$$R=\text{—COOH, —OH, —SO}_3\text{H}$$

图 4.11　水性苯乙酮类衍生物

（二）水性夺氢型光引发剂

夺氢型光引发剂（NorrichⅡ型）主要有二苯甲酮类、二苯乙二酮类衍生物、蒽醌类和硫杂蒽酮类。其光引发机理涉及双分子夺氢反应，一般机理如图 4.12。

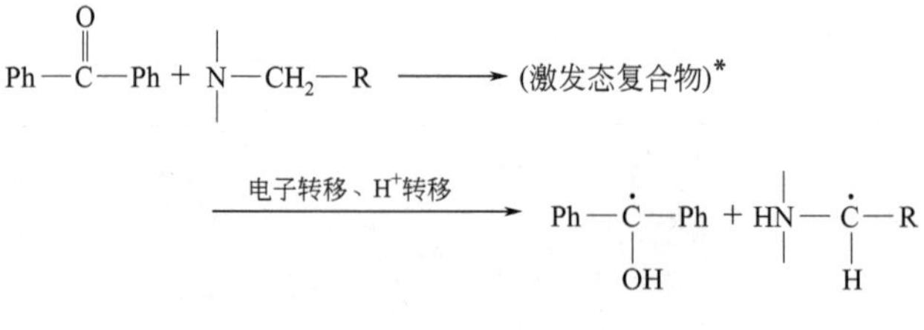

图 4.12　水性夺氢型光引发剂反应示意图

二苯甲酮类化合物是近年来研究最广泛的水溶性光引发剂，不同的溶解基团接到二苯甲酮分子上对光化学性质、反应速率、量子产率等均有影响。它可分为三类：阴离子型、阳离子型和非离子型。阴离子化合物，如：二苯酮-4-磺酸钠盐、二苯酮-3,3-双磺酸钠盐；阳离子化合物，如：二苯酮-4-三甲基氯化铵；非离子化合物：这一类化合物的制备是在二苯酮的苯环上引入非离子长链乙氧醚基，使其变成水溶性。水性二苯甲酮通式如图 4.13。

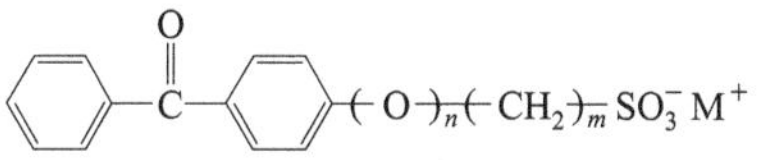

(n=0,1; m=0~18; M=碱金属)

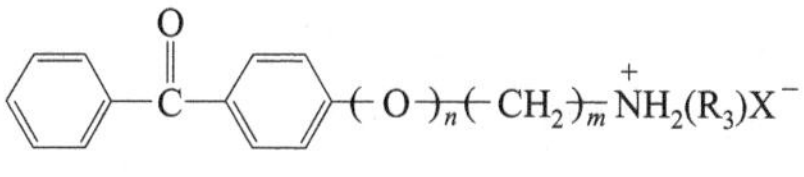

(n=0,1; m=0~128; R=碱金属; X=Cl⁻)

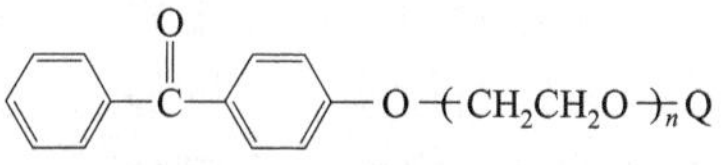

(n>10, Q为短链直烷基或二苯酮)

图 4.13　改性二苯甲酮类水性光引发剂

二苯乙二酮水性光引发剂通常与叔胺共同引发，但与水性二苯甲酮化合物相比，引发效率较低。已经开发和应用的二苯乙二酮水性光引发剂结构如图 4.14。

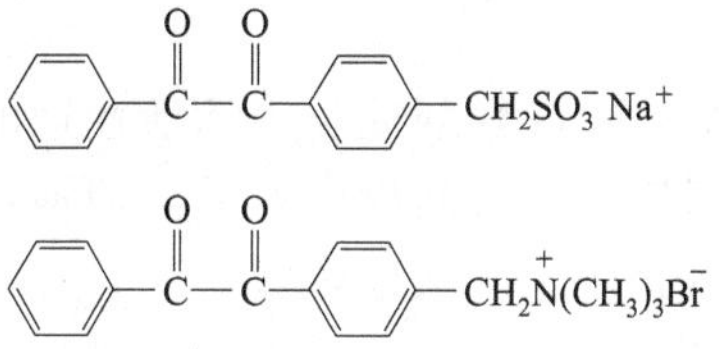

图 4.14　水性二苯乙二酮光引发剂结构

水性硫杂蒽酮光引发剂是目前主要研究方向之一。其在 370~385nm 间有很强的吸收能力，且边值可延至 450nm 附近。该类化合物水溶性很好，适合于水相光聚合系统，具有较高活性，尤其是在波长相对长的紫外光辐照下更具功效。这一类化合物的通式如图 4.15。

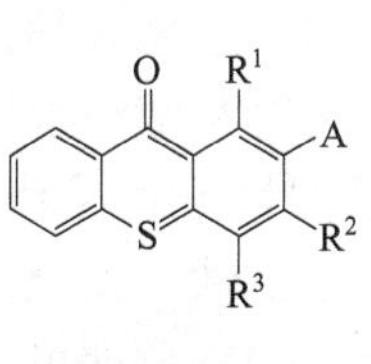

图 4.15　改性水性硫杂蒽酮光引发剂结构示意图
R¹、R²、R³＝氢、烷基、烷氧基、卤素、氨基、硝基；A＝羧基、磺酸基、季铵盐

对于水溶性的光固化体系，有必要使用水溶性光引发剂（WSP）。值得注意的是，目前水性光固化涂料配方中所用的光引发剂并非都是水溶性的。对于乳化分散体系或悬浮分散体系仍然使用某些传统的光引发剂，例如常用的 Darocur1173、Iragcure184、Darocur953、Iragcure651 等，也有可能达到与树脂相容的目的。出于价格和相容性的考虑，目前在配方上得到广泛应用的水溶性引发剂种类不多，仍以芳酮类 WSP 及 Darocur2959 等 α-羟烷基苯基酮占绝大多数。

三、助剂

助剂可以改善涂料与涂膜性能，增加紫外光敏感性，降低施工难度，是涂料中不可缺少的组分。助剂的用量虽然很少，但对涂料和涂膜性能的提高和改善能起到十分关键的作用。使用涂料助剂，只要配比恰当，并不明显提高涂料成本，却能大幅度提高涂料和涂膜质量，主要包括：①改善涂料的施工性能；②改善涂料的储存性能，如防止胶凝、发霉等；③改善涂料的加工性能，如防止施工流挂，使涂料适用于喷涂、辊涂等；④促进涂料紫外光固化；⑤提高涂膜性能，如增加光泽、防止老化、提高附着力；⑥赋予涂料特殊的性能，如抗静电、防霉、阻燃、防污等。涂料助剂在涂料成膜后，大多数作为涂膜中的一个组分而在涂膜中存在，少数则挥发进入大气。因此在光固化过程中，应尽量选用能参与光固化反应的助剂，一些普通助剂因不参与光固化反应而留在固化膜中，可能带来针孔、反粘等弊病。涂料助剂有多种，如消泡剂、流平剂、分散剂、防霉剂等，以下简单介绍相对较为重要的消泡剂和流平剂。

(一) 消泡剂

由于水性光固化体系中表面活性剂或类表面活性剂的存在，其运输或分散过程中很容易产生泡沫。为得到较好的表面涂装效果，消泡剂一般是水性光固化体系必选助剂。消泡剂的作用可以分两个含义来理解：一是抑制泡沫的产生；二是将已经产生的泡沫消除。消泡剂的化学结构和性质不同，泡沫体系不同，破坏泡沫稳定性的机理也不同。一种是通过降低液体膜的表面黏度，提高液体膜的上浮排液速度；一种是降低液体膜在消泡剂铺展处的表面张力，液膜内的液体向高表面张力处牵引，导致液膜迅速变薄或破裂。消泡剂不管以何种方式破坏泡沫的稳定性，首先必须自发进入液体膜内并在界面上铺展、分散，才能改变液体的界面能，最终导致膜的破裂。

目前，市场上消泡剂的品类繁多，性能各异。按组成可分为：聚醚型、有机硅型、非有机硅型和硅醚改性型。无论哪种消泡剂，均应具备：①消泡能力强，用量少；②表面张力小；③不影响体系的性质；④渗透性和扩散性好；⑤化学性质稳定；⑥在体系中溶解性低；⑦无生理活性，安全性高。但实际上，每种消泡剂都具有一定的适用性，实际使用时根据要求选取即可。聚醚型消泡剂是近些年被广泛研究和应用的一类消泡剂。以环氧丙烷、环氧乙烷开环聚合而制得的一种性能良好的水溶性非离子表面活性剂，与水接触时，醚键中的氧原子能够与水中的氢原子以氢键结合，分子链呈曲折形，疏水基团置于分子内侧，链的周围变得容易与水结合。水性消泡剂也是在传统消泡剂基础上发展出来的，消泡机理相同。通过对结构性能的调整，更适合应用于水性光固化体系。

(二) 流平剂

流平剂是一种常用的涂料助剂。它能促使涂料在成膜过程中形成一个光滑、平整、均匀的涂膜；可以有效降低涂饰液表面张力，提高其流平性和均匀性。不同涂料所用的流平剂种类不尽相同。流平剂根据作用机理大致分为两大类：一类是调整漆膜黏度和流平时间，这类流平剂大多是一些高沸点的有机溶剂或其混合物，如异佛尔酮、二丙酮醇等；另一类是调整漆膜表面性质，一般人们所说的流平剂大多是指这一类流平剂。这类流平剂通过有限的相容性迁移至涂膜表面，影响涂膜界面张力等表面性质，使涂膜获得良好的流平性。根据化学结构的不同，这类流平剂目前主要有三大类：丙烯酸酯类、有机硅类和氟碳化合物类。

（1）丙烯酸酯类流平剂

包括纯丙烯酸酯类流平剂和改性丙烯酸酯类流平剂。

纯丙烯酸酯类流平剂包括传统的非反应性丙烯酸酯类流平剂和新型含官能团的反应性丙烯酸酯类流平剂。这是一类分子量不等的丙烯酸酯均聚物或共聚物，这类流平剂仅轻微降低涂料的表面张力，但能够平衡漆膜表面张力差异，获得真正平整、类似镜面的涂膜表面。如果分子量足够高，这类流平剂还具有脱气和消泡的作用。传统的非反应性丙烯酸酯类流平剂的缺点是高分子量产品可能会在涂膜中产生雾影，低分子量产品又有可能降低涂膜表面硬度。而含官能团的反应性丙烯酸酯类流平剂能很好地解决这一矛盾，在提供良好流平性的同时，不会产生雾影，也不降低表面硬度，有时还会提高表面硬度。

改性丙烯酸酯类流平剂的主要品种为氟改性丙烯酸酯类流平剂和磷酸酯改性丙烯酸酯类流平剂。与纯丙烯酸酯类流平剂不同，改性丙烯酸酯类流平剂可以显著降低涂料的表面张力，因此具有流平性的同时具有良好的基材润湿性。

（2）有机硅类流平剂

有机硅类流平剂有两个显著特性：一是可以显著降低涂料的表面张力，提高涂料的基材润湿能力和涂膜的流动性，消除旋涡从而防止发花。降低表面张力的能力取决于其化学结构。另一个显著特性是能改善涂层的平滑性、抗划伤性和抗粘连性。这类流平剂的缺点是存在稳定泡沫、影响层间附着力的倾向。目前主要有三类：聚二甲基硅氧烷、聚甲基烷基硅氧烷、有机改性聚硅氧烷，以有机改性聚硅氧烷最为重要，纯聚二甲基硅氧烷由于与涂料体系的相容性差，现已很少使用。

（3）氟碳化合物类流平剂

氟碳化合物类流平剂的特点是高效，但价格高，一般在丙烯酸酯类流平剂和有机硅类流平剂难以发挥作用的时候使用，然而也存在稳定泡沫、影响层间附着力的倾向。

在实际施工过程中，由于流平性不好，刷涂时会出现刷痕，辊涂时会产生辊痕，喷涂时出现橘皮，在干燥过程中相伴出现缩孔、针孔、流挂等现象，都称之为流平性不良，这些现象的产生降低了涂料的装饰和保护功能。

影响涂料流平性的因素很多，如涂料的表面张力、湿膜厚度和表面张力梯度、涂料的流变性、施工工艺和环境等，其中最重要的因素是涂料的表面张力，以及成膜过程中湿膜产生的表面张力梯度和湿膜表层的表面张力均匀化。改善涂料的流平性需要考虑调整配方和加入合适的助剂，使涂料具有合适的表面张力，并降低表面张力梯度。

第三节　水性光固化涂料的涂装技术与应用

（一）水性光固化体系的干燥过程

水性光固化体系要能够与油性体系一样应用于现代化生产，必须可以快速干燥，以适应流水线等生产效率较高场合的需要。水性体系的干燥速度受干燥温度、膜厚、空气湿度、配方黏度、孔隙率等因素的影响，是个较为复杂的过程。目前，水性光固化体系干燥过程的研究手段主要是称重法和红外光谱法。称重法方便直接，适用于各种厚度的涂膜，对高温物体的称重需要用热平衡，对少量水的称重精度不高；红外光谱法通过检测干燥过程中水的羟基红外吸收峰（$3500cm^{-1}$，$2120cm^{-1}$）的变化来估算水的含量和变化，温度较高（80℃）时仍然可以正常操作。红外辐射除水效率较高，可以大大缩短干燥时间。对于吸附性基材，如木材和纸张，可以吸收部分水分，水性光固化体系用在这样吸收性基材上的干燥过程变得更简短。闪蒸可以减少固化前涂膜的水分，但是这个过程需要能量、空间和特殊的生产线设计。电沉积可以减少水含量，80%的水在电渗透过程中被除去，电沉积膜在红外灯辐照下 6min 内即可完全干燥，比同条件下涂膜干燥时间短很多。

（二）水性光固化涂料的附着力问题

附着力问题是水性光固化涂料的涂覆和成膜过程中的一个工艺难题，尤其是涂料主体树脂与不同基材之间附着力的好坏，往往决定了一种水性光固化涂料应用的成败。例如 BOPP、OPP、PET 等难粘膜基材，至今仍困扰着技术人员。

改善附着力的主要方法有：降低涂料的表面张力，提高对基材的润湿性，从而增强涂层附着力；提高基材的表面能；在基材中引入极性基团，增强化学键相互作用；对表面张力较低的基材预先进行等离子体处理；在涂料配方中添加合适的润湿流平助剂；通过合理选择低聚物和稀释单体，控制固化工艺，尽可能减小收缩应力。例如，采用分子量较大的树脂比分子量较小的树脂更易释放收缩应力，缓冲外应力，更易获得高附着力。

（三）改善水性光固化涂料耐磨性

改善水性光固化涂料耐磨性的措施有以下几种：

① 选用高硬度、高韧性的主体树脂；

② 选择有利的光固化工艺（高光强、惰性气氛）；

③ 添加有助于克服表面氧阻聚的助剂（活性胺）；

④ 添加耐磨无机填料（二氧化硅粉、氧化铝粉、纳米无机填料等）；

⑤ 助剂（偶联剂、硬质蜡、含氟表面活性剂、改性聚硅氧烷助剂等）。

在木器涂料中，单官能团稀释剂有利于增加涂膜的柔韧性，缓解固化中的起皱现象，增加附着力，稀释能力强；但有一定的挥发性，刺激性大。常用的有丙烯酰吗啉、乙烯基吡咯烷酮、羟乙基丙烯酰胺、丙烯酸羟乙酯等。多官能团稀释剂每个分子中包含至少两个丙烯酸基团，不仅用作稀释剂，而且在固化时还起交联剂的作用，对涂膜的性能有重要影响。增加稀释剂的官能度会加速固化过程，提高交联密度，增加涂膜硬度，但柔韧性下降。在涂料配方中加入少量的含氟表面活性剂，能显著提高涂膜的疏水性，改善耐化学性和耐划伤性。

（四）水性光固化体系的固化过程

水性光固化体系固化前就已经可以指触，亲水基团的羧基含量越高，固化前涂膜的硬度越大，而油性体系固化前还是黏稠的液体。光引发剂、温度、紫外光源、氧气、光敏树脂结构等因素对固化均有一定程度的影响。光聚合反应动力学（Reaction Kinetics of Photopolymerization）是光固化过程的主要研究内容。

目前研究光固化过程的手段主要有：抽提法、红外光谱法、拉曼显微镜（Raman microscopy）法、Photo-DSC 等。红外光谱法可以表征双键的浓度，实时红外光谱（Real Time FTIR Spectroscopy）广泛应用在检测双键的浓度和研究光聚合动力学上。显微共焦拉曼显微镜（Micro-Confocal Raman Microscopy，WCRM）既可以得到振动光谱的化学信息，又可以发挥共焦显微镜的空间能力，显示不同深度的固化情况，虽检测时间较长，但对于研究氧阻聚、深层固化和颜料等添加物的分布很有帮助。Photo-DSC 是在 DSC 上加一个紫外光源，在紫外灯的辐照下在线检测光聚合放热，通过放热峰的位置和大小来确定光引发的时间和双键聚合的量，可直接计算出聚合速率和转化率，是一种研究光固化动力学的好方法。

光引发剂种类和浓度对体系固化速度均有影响。光引发剂的吸收峰与光源辐射波段匹配得好，光引发剂就可以更有效地吸收 UV 辐射的能量。固化速率与光引发剂的浓度有关，在较低的引发剂浓度范围内，聚合速率随光引发剂浓度的增加而增大。

氧气可以与自由基反应生成过氧化物，从而中止聚合反应。因此，氧气对自由基聚合有阻聚作用，导致反应速率变慢和固化程度变低。另外，氧对光固化过程的影响还跟涂膜的厚度有关，涂膜越厚表层和底层的固化差别越大。

光强与固化速度也有很大关系。有研究发现，聚合速度跟光强的平方根成正比。光强越大，聚合速度越快。

温度对固化速度也有影响。温度升高，体系黏度下降，光引发剂分解产生的初始自由基和树脂易于扩散，自由基聚合反应速率常数增大。因此，光固化速度和凝胶含量也随之增大。

（五）水性光固化涂料的涂装技术

水性涂料是环保型绿色涂料，采用水性涂料替代溶剂型涂料是工业涂装低VOCs化的主要措施。如仅用水性底色漆（WBBC）替代溶剂型底色漆（SBBC）就可削减VOCs排放量达80％以上。采用水性涂装体系（水性中涂漆/水性底色漆/溶剂型清漆）替代现行溶剂型涂装体系后，削减VOCs的效果更加显著。

光固化设备中主要是光源：高压汞灯、含卤素汞灯和UV-LED，其次是传送、干燥通风装置，我国很多大中型灯源企业都能进行大批量生产。紫外光固化涂装设备除固化设备外，其他与传统涂料没有太大区别，常规的喷涂、辊涂、淋涂和浸涂设备都可以采用。因此涂装行业改用水性光固化涂料，技术改造费用不高。

水性光固化涂料兼具传统光固化涂料及水性涂料的优点，近年来快速成长，特别是在欧美国家和地区，已经在家具厂普遍使用。

（1）开放、半开放系列的涂装

对于表面涂膜物化性能要求非常高的涂装，以办公台面为例，一般工艺为：水性底擦色→喷涂水性UV底漆（一道或二道）→水性UV面色→喷涂水性UV面漆。由于台面一般需要较高的硬度、非常好的耐划伤性和耐化学性等性能，这样从底到面都是水性光固化工艺，既保证了涂装需求的开放效果（可根据需求，喷涂一道或二道底漆），又能达到光固化涂装的性能（一般用于该工艺的水性UV涂膜硬度能达到3H）。对于一些适合辊涂涂装的板式家具，如果全部用传统型UV辊涂很难达到开放涂装效果，不是基材导管填满就是基材导管没涂料。

针对以上缺点，一个折中的涂装工艺为：水性底擦色→辊涂传统型UV底涂→水性UV面色→喷涂水性UV面漆。该工艺的优点在于：首先，底下先辊一道薄薄的溶剂型UV底漆，这样既可以封固基材的毛刺，又不会填死导管，面上喷涂水性UV面漆，使得整体涂装既有开放效果，又具有涂装的保护作用，喷涂的水性UV面漆比辊涂的溶剂型UV涂料有更好的手感和光泽稳定性。该工艺充分考虑了涂装效果、效率和成本，不足的地方就是只能适用于板式家具，但在开放的板式木门的涂装上具有非常好的应用前景。

（2）全封闭涂装工艺

水性光固化涂料同传统的水性涂料一样，一般最高的施工固含量在40％左右，所以在用水性涂料做全封闭涂装效果时，一般基材要选择浅导管，如樟木、樱桃木等木材，同开放的涂装工艺设定一样，对不同的需求，有不同的工艺。相对于溶剂型UV涂料，水性UV涂料的配方体系能更好地消光，消光粉有充分的时间排布均匀，且成膜后涂膜的柔韧与硬度有良好的平衡，不会出现附着力不良等问题。

目前市面上的水性光敏树脂制得的涂膜表面硬度最高可以达到3H，抗划伤等物理性能完全满足家具、木地板等需求。这里介绍一个使用案例，全封闭工艺采用"水油结合"的办法，具体工艺为：溶剂型UV腻子→淋涂溶剂型UV底漆→水性

UV 修色→喷涂水性 UV 面漆。从该工艺看，淋涂的溶剂型 UV 底涂提供了出色的填充性和硬度，喷涂水性 UV 面漆提供了良好的表面效果，而且溶剂型、水性 UV 涂料之间有良好的层间附着力。该工艺充分发挥了溶剂型、水性光固化涂料的优势，这也是以后家具涂装的一个方向。水性光固化涂料的应用领域主要有以下几方面。

① 纸张上光油：这是水性光固化涂料最早应用的领域之一，包括水性 UV 底油和水性 UV 上光油，用水稀释避免了溶剂及活性稀释剂对人体的伤害，实现了低 VOCs 排放，同时易于纸张的回收再加工。因此，水性光固化涂料/油墨，在该领域具有广阔的市场前景。目前我国已有商业化产品可供使用。

② 木器涂料：水性光固化涂料在木材和木器涂饰上有较高的应用价值，特别在胶合板和成型木器的涂装上比较有优势。选用低固含量的清漆，有优异的木纹展现性，可增加木质的美感。已有商业化水性光固化涂料成功用于木器涂装。

③ 柔性印刷油墨：水性光固化油墨解决了传统光固化油墨墨层太厚，影响叠印的问题。普通的溶剂型油墨或溶剂型光固化油墨在印刷过程中，由于溶剂的挥发，油墨黏度变大造成堵网，从而使精细网点丢失，色彩失真。全固含光固化油墨四色叠印时，在印品上墨层会很厚，后叠上的油墨流动会影响叠印效果。水性光固化油墨干燥固化后墨层变薄，便于四色叠印。

水性光固化油墨可以表现出很细的网点，实现高质量印刷，得到高质量的印品。水性光固化油墨在高质量印刷领域应用广泛。

第四节　水性光固化涂料的市场现状与发展方向

随着世界各国对环境保护的重视、环保立法日益完善、水性光固化涂料的开发和应用，水性光固化涂料的优良性能引起了人们的关注。水性光固化涂料因其无污染、性能优良等优点在纸张上光油、木器清漆、丝印油墨、电沉积光致抗蚀剂等领域获得应用。水性光固化技术是光固化的前沿技术，北美已产业化，我国水性光固化技术也逐渐得到应用。随着国家环保政策对有污染的涂料油墨的限制，水性光固化技术发展空间较为广阔。

水性光敏树脂适用于染料、油墨、木器涂料、塑料清漆、罩印清漆、纸张高档包装材料、柔性印刷板、丝网印刷油墨、抗蚀剂、凹版和平版印刷油墨及皮革涂饰剂等领域，并且可以做到真正的环保无污染。同时，水性光敏树脂也可以应用于真空镀膜的水性光固化涂料，并已有真空镀膜水性光固化专利技术实现产业化应用。

油墨行业是水性光敏树脂一个相对高端的应用领域，如高档纸张包装印刷油墨、柔性印刷油墨、丝网印刷油墨等。由于国家环保政策要求，印刷行业正由传统油性印刷油墨向水性光固化油墨转型。据油墨协会相关资料显示，2018 年我国油墨年产量 76.8 万吨，而 2018 年全国 UV 油墨（包含水性/溶剂型 UV 油墨）年产量总计仅为 5.45 万吨。由于环保政策的导向，至 2023 年，大约将有 23％的油墨替换为水性及水性 UV 油墨，届时水性及水性 UV 油墨产量将达到 17 万吨左右。未来几年水性及水性 UV 油墨具有较大市场，而水性光敏树脂作为水性 UV 油墨的主要组分市场需求巨大。

近年由于传统油溶性涂料的应用受到极大限制，大多数木器家具企业、塑料喷涂企业等都在进行"油转水"，以满足环保政策要求。2019 年全国涂料销售量为 2416.1 万吨（2018 年销售量为 1746.8 万吨），同比增长 38.32％。

由于环保政策的导向，其中艺术涂料、粉末涂料、水性及光固化涂料增长较快。预计未来几年，水性涂料及水性光敏树脂也将有较大的市场需求。

英国市场调查公司 Technavio 的数据显示，全球木器家具漆市场（含溶剂型、水性、紫外光固化、粉末涂料）从 2019 至 2023 年预计增长 19.6 亿美元（CAGR：＋6.17％）。据估计，全球木器家具漆市场将在 2021 年前增至 44 亿美元。木器家具涂料市场的整体增长可归因于全球人口的增长以及住房市场的回暖，这两大因素增加了大众对床、桌椅、木架等的需求。同时，家居、办公室和酒店的室内装修理念也在不断更新，进一步推动了行业的发展和创新。在全球范围内，木器涂料增长最快的是亚太地区（包括印度、韩国和日本在内），在未来四年内，近 60％的增长来自该地区。意大利市场调查公司 CSIL 的结果显示，在 2015 年亚太在全球家具生产市场的份额已经占到了 55％，同期的欧洲和美国分别占比 26％和 14％。

木器家具漆树脂中的主要化学物质包括聚氨酯、丙烯酸和聚酯等，它们用于配制溶剂型、水性、UV 涂料和粉末涂料。全球三分之二的木器家具涂料仍基于溶剂型树脂。而剩下的三分之一则主要是采用水性树脂技术（1K/2K/WBUV）和 100％ UV 技术。越来越多的家具厂商为了适应环境法规，同时获得更出众的性能，逐渐从传统的溶剂型涂料体系转向水性涂料体系。涂料类型的选择取决于家具的类型以及制造商的能力和成本等。对于组装型住宅应用，传统的溶剂型木器漆涂料仍是市场的主导。在亚太地区，水性涂料体系的发展很快，中国也越来越多地转向水性技术。在涉及更多平板件家具的自动化生产环境中，100％ UV 和水性 UV 技术凭借其优异的性能和快速生产效率得到越来越多的青睐。

另外，木器家具漆技术的最新发展集中在开发具有高性能和含有植物基成分的树脂，进而配制出低 VOCs、高性能的可持续涂料。随着可再生材料开始取代涂料中的化石成分，涂料的环保健康价值将会更上一层楼。虽然这一转变还在初期阶段，可能需要一些时间才能变成主流，但是新技术的开发很好地推动了生态友好型涂料的发展。

随着消费者对木器家具需求的增长以及世界范围内中产阶级群体的扩张，木器家具漆市场也将延续强劲的增长势头，可持续性和生态友好型的解决方案将得到长足的发展。随着消费者对可持续生活的重要性的意识增强，以及对环保产品的需求不断提高，水性涂料的市场潜力是巨大的，这种趋势为当下和未来的市场创造了良机。

另外，值得注意的一点是，在住房市场中，由于强大的成本竞争压力，海外进口将长期在成熟市场中获得更多份额。在办公家具市场中，更开放的办公空间概念、更少数量的家具是未来的趋势所在，市场格局将发生新的变化。数字技术和灵活的办公策略，也将不断减少工作场所中的储存需求，定制化和准时交付制中长期内将成为市场的重要特征。而在酒店家具市场，如国际连锁酒店领域，客户的全球足迹可用以实现规模经济，在这样的情况下，亚洲市场凭借强大的成本竞争力，有望获得更重要的地位。

为适应社会及环保的需要，胶黏剂行业正加速朝水性化、固体化、无溶剂化、低毒化方向发展。《中国胶黏剂行业产销需求与投资预测分析报告》数据显示：2018年，国内胶黏剂产量为838.3万吨。产品类型大致分为溶剂型胶黏剂、水基型胶黏剂、热熔型胶黏剂和反应型胶黏剂。其中，溶剂型胶黏剂环保性较差，其市场在逐步萎缩，而水基型胶黏剂由于其环保性能好，近年来保持较快增长。

不管是水性UV油墨、水性UV涂料还是水性UV胶黏剂，其配方产品的主要成分还是水性光敏树脂。树脂占配方产品的90%~95%，因工艺及性能要求不同占比不等。随着水性光固化配方产品需求的发展，水性光敏树脂的市场也将有较大的需求量。

水性光固化涂料，在发展过程中，也出现了一些新技术，如传统的固化光源是汞灯，近年出现了冷光源UV-LED固化等技术，同时也有双重固化体系、有机-无机复合涂料等方向。

（1）双重固化体系

水性光固化涂料在有色体系与厚涂层中较难固化，同时在立体复杂器件上由于紫外光辐照不完全引起局部固化困难。针对水性光固化涂料的这些局限性，研发人员开发了多重固化体系，例如印刷电路板、光刻胶、阻焊油墨领域中的光固化/热固化、光固化/缩聚等，极大地拓宽了水性光固化涂料的应用领域。

（2）有机-无机复合涂料

20世纪90年代后，纳米技术有了很大的发展，由于纳米材料特有的小尺寸效应、表面效应、量子尺寸效应和量子隧道效应，赋予了各种涂料产品以全新、特殊的结构和特性。纳米材料用于涂料中，可以改善和提高涂料的性能：耐磨性、耐蚀性、抗菌性、耐污性、耐老化性等。如纳米三氧化二铝、二氧化硅、二氧化锆加入涂料后可明显提高涂层的耐磨性；纳米二氧化钛、二氧化硅、三氧化铁加入涂料后可提高涂层的抗紫外线和耐老化性。纳米二氧化钛能有效抑制细菌和霉菌生成，分解空气中有机物和臭味，具有净化空气的作用；纳米碳酸钙、二氧化硅对涂层有明显增强作用，可提高涂层硬度。因此，用添加纳米材料来改性水性光固化涂料，以改善和提高涂层的综合性能，是水性光固化涂料未来应用和开发的一个重点。

（3）水性 UV-LED 光固化涂料

UV 涂料技术的应用正在成为主流，并带来显著的影响。这是因为 UV-LED 设备的总投资成本降低，使得 UV-LED 涂料技术更加经济实惠，同时家具制造商也越来越意识到了节能和降低总经营成本的重要性。水性 UV-LED 光固化涂料是一类新型的节能、环保、快速固化涂料。相比传统的汞灯为光源的光固化技术，UV-LED 光固化技术具有能量利用率高、冷光源等优点。

① 能量利用率高：UV-LED 的辐射主波长通常为 365nm、395nm、405nm，辐射能量高度集中在具有有效固化作用的波段。传统汞灯辐射包括 200～450nm 整个紫外区，而真正起有效固化作用的紫外辐射只占其中的一小部分能量。光引发剂有特定的吸收波长，只需要匹配相应波段的光源即可较好地引发交联聚合。比较而言，UV-LED 光源用于涂层固化具有更高的能量利用率。

② 冷光源：UV-LED 光是高纯度单波段紫外光，几乎没有红外辐射的输出，被照物体表面温升低，加工件不会因受热而变形，适合塑膜等耐热性差或热敏感材质使用。

③ 节能、安全、环保：相同光强度下，功率更低，耗电量更少。不需要预热，即用即开，节约能源，提高生产效率；有效照射区域和辐射能量可控制；不含汞，不会产生臭氧影响工作场所，污染大气；使用寿命长，维护费用低，节约成本。

UV-LED 固化水性涂料结合了 UV-LED 固化技术和水性涂料的优点，真正具有节能、环保的特性。

参考文献

［1］　陈明, 洪啸吟. 紫外光固化涂料的进展 [J]. 涂料工业, 1999, 12: 30-36.

［2］　Dvorchak M J, Riberi B H. Water-reducible, unsaturated polyesters as binders and clear coatings for UV-curable furniture coatings [J]. Journal of Coatings Technology, 1992, 64 (808): 43-49.

［3］　Awad R, Lunger F. New Developments of waterborne UV-resins for wood coatings [C]. Proc RadTech Europe Conf, 2001.

［4］　Jan S J. Water soluble, self-emulsifying polyester resins [J]. European Coatings Journal, 1996, 11: 810.

［5］　苏嘉辉, 黄伟, 杨雪娇, 陈颖茵, 罗青宏, 刘晓暄. 多官能度 PUA 水性 UV 树脂的合成与性能表征 [J]. 高分子材料科学与工程, 2015, 34 (1): 13-18.

［6］　Chen Yingyin, Su Jiahui, Duan Lunyong, Li Yuanpei, Liu Xiaoxuan. Preparation of waterborne polyure-thane acrylate (PUA) and application to UV-curing coatings on the package of card paper [J]. J Chem Sci Technol, 2015, 4 (1): 8-15.

［7］　刘晓暄, 等. 紫外光固化多官能度聚氨酯丙烯酸酯真空镀膜面涂树脂: 2012 1 0064714.X [P]. 2016-05-18.

［8］　Kim J Y, Suh K D. Synthesis of poly(ethylene glycol)-modified urethane acrylates and their soap-free emulsification [J]. Macromolecular Chemistry & Physics, 1996, 197 (8): 2429-2436.

［9］ Kim J W, Suh K D. Viscosity properties for aqueous solution of urethane acrylate cationomer ［J］. Journal of Macromolecular Science: Part A, 1998, 35 (9): 1587-1601.

［10］ Ishida H. Study on UV curable resins with qua ternary ammonium groups ［C］. Proceedings of RadTech Asia, 1997, 97: 539-542.

［11］ Wuertz C, Bismarck A, Springer J, et al. Electrokinetic and mechanical characterization of UV induced crosslinked acrylic copolymers ［J］. Progress in Organic Coatings, 1999, 37 (37): 117-129.

［12］ 杨小毛, 杨建文, 陈用烈, 等. 光固化氨酯改性丙烯酸系水性涂料 ［J］. 功能高分子学报, 1999, (3): 285-288.

［13］ Mühlebach A, Müller B, Pharisa C, et al. New water-soluble photo crosslinkable polymers based on modified poly (vinyl alcohol) ［J］. Journal of Polymer Science (Part A): Polymer Chemistry, 1997, 35 (16): 3603-3611.

［14］ Kosnik F J. Water offers possibilities in radiation-cure coatings ［J］. Modern Paint & Coatings, 1989, 79 (6): 42-44.

［15］ Asif A, Shi W. Synthesis and properties of UV curable waterborne hyperbranched aliphatic polyester ［J］. European Polymer Journal, 2003, 39 (5): 933-938.

［16］ 谢川, 谭智勇, 李万舜, 等. 水溶性光引发剂 α-氨基-1-苯基-1-丙酮衍生物的合成和光引发性能测试 ［J］. 精细化工, 2003, 20 (7): 387-389.

［17］ 张伟德, 严章洋, 王超. UV 固化水性涂料的发展以及在家具涂装中的应用 ［J］.中国涂料, 2013, 6: 13.

［18］ Philipp C, Eschig S. Waterborne polyurethane wood coatings based on rapeseed fatty acid methylesters ［J］.Progress in Organic Coatings, 2012, 74 (4): 705-711.

［19］ 刘晓暄, 等. 一种紫外光固化水性聚氨酯面涂树脂及其制备方法和应用: 2013 1 0147359.7 ［P］. 2016-04-20.

［20］ 刘晓暄, 等. 紫外光固化水性聚氨酯丙烯酸酯真空镀膜底涂树脂: 2013 1 0147354.4 ［P］. 2015-06-03.

第五章
光固化技术在印刷油墨中的应用

　　紫外光固化技术是 20 世纪 60 年代出现的一种材料表面处理技术，它具有高效、环保、节能、优质、投资少等特点，被誉为面向 21 世纪绿色工业的新技术。光固化油墨也称为 UV 油墨，是光固化产品中最常见的一种，已广泛应用在印刷包装行业和光电子行业。

　　进入 21 世纪以来，人们对环境保护和节约能源日益关注，尤其自 2009 年"哥本哈根气候大会"结束之后，"绿色""无污染"这些环保的标志性词汇悄然且迅速地进驻了公众的意识，"环保""绿色"也逐渐成为印刷业的发展主旋律。在全球节能减排大背景的推动下，具有高效、环保、节能、经济、优质特点的光固化技术得到了迅速发展。光固化原材料的产量、品种不断增加，质量逐步提高，光固化油墨已在印刷行业广泛应用。

第一节　光固化油墨简介

一、UV 油墨的优势与特点

　　紫外线（UV）光固化油墨是利用紫外线的辐射能量，使液体的化学物质通过快速交联固化成墨膜的一类油墨。2004 年 5 月在美国夏洛特市召开的北美辐射固化国际会议上，光固化和电子束固化技术被归纳为具有"5E"特点的工业技术：efficient（高效）、enabling（适应性广）、economical（经济）、energy saving（节能）、environmental friendly（环境友好）。UV 油墨作为光固化技术的主要应用产品之一，同样具有 5E 特点。

　　① 高效：UV 油墨最为显著的特点之一就是固化速率快，最快可在 $0.05 \sim 0.1\mathrm{s}$ 内固化，是目前各类油墨中干燥固化最快的油墨。如 UV 胶印油墨可适应 $100 \sim 400\mathrm{m/min}$ 的印刷速度，UV 喷墨油墨印刷速度可达 $500\mathrm{m/min}$，能满足大规模自动化流水线的生产要求。

　　② 适应性广：UV 油墨可用于多种基材的印刷，如纸张、木材、塑料、金属、

玻璃、陶瓷等，光固化可避免因热固化时的高温对各种热敏感基质（如纸张、塑料或其他电子元件等）可能造成的损伤，UV油墨在某些领域已经是满足高标准的唯一选择。

③ 节能：UV油墨是常温快速固化，其能耗只有热固化配方产品的 1/10～1/5，这种常温快速冷固化的特点是其他油墨望尘莫及的。UV油墨对紫外光源能有效利用，且因为固化速率很快，实际上对能量的利用效率也大大增强。

④ 环境友好：UV油墨的另一个优势是它基本不含挥发性有机溶剂，可大大减少VOCs排放量，因此不会造成空气污染，也减少了对人体的危害及火灾的危险性，是一类环境友好的产品。

⑤ 经济：UV油墨能耗低；生产效率高，易实现流水线生产、节省人力；印品是干燥的，能连续垛纸叠放，不会因油墨未干而相互沾污，故无需喷粉即可进行后加工，印刷机和车间环境清洁，无粉尘污染，厂房占地面积较少，可节省大量投资。

除上述优点外，UV油墨网点扩大比例小，油墨不会渗透到纸张中造成干后变色，故印品的印刷质量优异，色饱和度、色强度和清晰度都明显好于普通油墨等优点。鉴于UV油墨的众多优点，目前已广泛应用在平版印刷、丝网印刷、凹版印刷、凸版印刷、柔版印刷、喷墨印刷等多种印刷方式中，在印刷包装行业和光电子行业被广泛使用，是节能、环保型绿色产品。

从环保和可持续的角度来看，UV油墨的增长速度是最快的。在2015年，全球UV油墨市场为45.6亿美元，并以年均4%左右的比例持续增长，预计到2022年全球UV油墨的市场规模将高达72.3亿美元。我国的UV油墨产量一直保持较快的增长，随着国家和行业法律法规及技术标准对产品环保要求的提升，UV油墨的需求量在持续增加，并以年均9.5%的比例持续增长，据《中国UV油墨市场预测与战略咨询研究报告》（2018版）显示：未来5年全球UV油墨市场将保持快速增长态势，复合年均增长率将高达15.7%。从区域来看，未来5年，在个人护理用品、药品、食品、饮料以及其他产品包装和标签印刷对UV油墨需求量增长的带动下，亚太UV油墨市场将成为全球增长速度最快的市场，特别是中国、印度和东南亚国家，UV油墨市场增长迅猛。此外，北美和欧洲UV油墨市场在未来5年也将呈现较快增长。

二、UV油墨的组成

UV油墨的基本组成与普通油墨类似，主要由颜料、低聚物、活性稀释剂、光引发剂及添加剂五大部分组成。其中，低聚物相当于普通油墨中的树脂，是主要的成膜物质，它们的性能对油墨的性能起主要作用，在结构上低聚物必须具有光固化基团，属于感光性树脂。UV油墨中的活性稀释剂相当于普通油墨中的溶剂，但它除了具有稀释、调节体系黏度作用外，并不挥发，要参与光固化反应，影响油墨的光固化速度和墨层的物理机械性能，在结构上也必须是具有光固化基团的有机化合物。光引发剂是 UV 油墨中的催化剂，普通油墨由于固化方式不同（如氧化、热固化、湿固化等），所用催化剂也不同，如催干剂、固化剂等，而光固化油墨通过光引发剂吸收紫外光而产生自由基或阳离子，引发低聚物和活性稀释剂发生聚合和物理交联反应，形成网状结构的油墨层。UV 油墨中的颜料和添加剂与普通油墨大体相同，只是光固化油墨所用颜料和添加剂要尽量减少对紫外线的吸收，以免影响光固化反应的进行。同时，UV 油墨中须添加一定量的阻聚剂，以保证生产、储存、运输及使用时光固化油墨的稳定性。

（一）颜料

颜料是一种微细粉末状有色物质，不溶于水或溶剂等介质，能均匀分散在油墨的基料中，涂于基材表面形成色层，呈现一定的色彩。颜料应当具有适当的遮盖力、着色力、高分散度、鲜明的颜色和对光稳定性等特性。颜料是油墨制作过程中不可缺少的原料之一。颜料在油墨中有如下功能：①提供颜色；②遮盖底材；③改善油墨层的性能，如提高强度、附着力，增加光泽度，增强耐光性、耐候性、耐磨性等；④改进油墨的强度性能；⑤部分颜料还具有防锈、耐高温、防污等特殊功能。

颜料分为无机颜料和有机颜料两大类。无机颜料便宜，有比较好的耐光性、耐候性、耐热性，大部分无机颜料有较好的机械强度和遮盖力；但色泽大多偏暗，不够艳丽，品种较少，色谱也不齐全，不少无机颜料有毒，有些化学稳定性较差。有机颜料色谱比较宽、齐全，有比较鲜艳、明亮的色调，着色力比较强，分散性好，化学稳定性较好，有一定的透明度；但生产比较复杂，价格较高。UV 油墨中彩色颜料主要采用有机颜料，但白色和黑色颜料基本选自无机颜料。

UV 油墨常用的红、黄、蓝三种颜料在 320～420nm 内都有不同程度的弱吸收，并且在紫外光区域均有一定的透过率，其透光性能由强到弱依次为：红色颜料＞黄色颜料＞蓝色颜料＞黑色颜料，同样在相同的光引发剂条件下，UV 油墨光固化速率由快到慢依次为：红色颜料＞黄色颜料＞蓝色颜料＞黑色颜料。

一般来说，红色和黄色 UV 油墨易固化，蓝色和黑色油墨相对困难，白色也较难固化。同一颜色的颜料，由于品种不同、结构不同，色相有所差别，所以紫外吸收和透射性能也有所不同，造成光固化速率有差别。

颜料对 UV 油墨固化的影响除颜色的不同以外，还与颜料粒径大小有关，粒径越大，紫外光透入越深，因而可固化油墨层厚度也越大。这是因为粒径增大降低了油墨层的光密度，使紫外光有更大的透过深度；颜料对 UV 油墨固化的影响还要考虑到颜料的阻聚问题。很多颜料分子结构含有硝基、酚羟基、胺类、醌式结构等，这类结构的化合物大多数是自由基聚合的阻聚剂或缓聚剂，颜料虽然耐溶性不好，但溶解部分的色素分子往往起到阻聚剂的作用。同样，颜料中杂质的阻聚作用也不容忽视。

　　固态粉末状的颜料加入 UV 油墨基料黏稠的液态体系中，必须进行分散、研磨和稳定的加工过程。由于颜料对紫外线存在吸收与反射、散射作用，紫外线照射到油墨层后，强度发生变化，其结果将影响光引发剂的引发效率，从而影响到 UV 油墨的固化速率等应用性能。

（二）低聚物

　　UV 油墨用的低聚物也称预聚物，它是一种分子量相对较低的感光性树脂，具有可以进行光固化反应的基团，如各类不饱和双键或环氧基等。在 UV 油墨中的各组分中，低聚物是主体，它的性能基本决定了固化后材料的主要性能。

　　自由基光固化用的低聚物主要是各类丙烯酸树脂，如环氧丙烯酸树脂、聚氨酯丙烯酸树脂、聚酯丙烯酸树脂、聚醚丙烯酸树脂、丙烯酸酯化的丙烯酸树脂或乙烯基树脂等。阳离子光固化油墨用的低聚物则是环氧树脂和乙烯基醚类化合物。常见低聚物的性能如表 5.1 所示。

表 5.1　常见低聚物的性能

低聚物	固化速率	拉伸强度	柔韧性	硬度	耐化学性	耐黄变性
环氧丙烯酸树脂（EA）	高	高	不好	高	极好	中
聚氨酯丙烯酸树脂（PUA）	可调	可调	好	可调	好	可调
聚酯丙烯酸树脂（PEA）	可调	中	可调	中	好	不好
聚醚丙烯酸树脂	可调	低	好	低	不好	好
纯丙烯酸树脂	慢	低	好	低	好	极好
乙烯基树脂（UPE）	慢	高	不好	高	不好	不好

　　UV 油墨中低聚物的选择要综合考虑下列因素：①黏度：选用低黏度树脂，可以减少活性稀释剂用量；但低黏度树脂往往分子量低，会影响成膜后物理机械性能。②光固化速度：选用光固化速度快的树脂是一个很重要的条件，不仅可以减少光引发剂用量，而且可以满足光固化油墨在生产线快速固化的要求。③物理机械性能：UV 油墨层的物理机械性能主要由低聚物固化膜的性能来决定，不同品种的光固化油墨其物理机械性能要求也不同，所选用的低聚物也不同。

　　油墨层的物理机械性能主要有下列几种：①硬度。环氧丙烯酸酯、不饱和聚酯一般硬度高，低聚物中含有苯环结构也有利于提高硬度，官能度高，交联密度高，玻璃化温度高，硬度也高。②柔韧性。聚氨酯丙烯酸树脂、聚酯丙烯酸树脂、聚醚丙烯酸树脂和纯丙烯酸树脂一般柔韧性都较好，低聚物含有脂肪族长碳链结构，分子量越大，交联密度越低，玻璃化温度越低，柔韧性越好。③耐磨性。聚氨酯丙烯酸树脂有较好的耐磨性，低聚物分子间易形成氢键、交联密度高的，耐磨性好。④抗张强度。环氧丙烯酸酯、不饱和聚酯有较高的抗张强度，一般分子量较大，极性较大、柔韧性较小和交联度大的低聚物有较高的抗张强度。⑤抗冲击性。聚氨酯丙烯酸树脂、聚酯丙烯酸树脂、聚醚丙烯酸树脂和纯丙烯酸树脂有较好的抗冲击性，玻璃化温度低、柔韧性好的低聚物一般抗冲击性好。⑥附着力。收缩率小的低聚物，对基材附着力好；含—OH、—COOH 等基团的低聚物对金属附着力好，低聚物表面张力低，对基材润湿铺展好，有利于提高附着力。⑦耐化学性。环氧丙烯酸酯、聚氨酯丙烯酸树脂和聚酯丙烯酸树脂都有较好的耐化学性，但聚酯丙烯酸树脂耐碱性较差。提高交联密度，耐化学性增强。⑧耐黄变性。脂肪族和脂环族聚氨酯丙烯酸树脂、聚醚丙烯酸树脂和纯丙烯酸树脂有很好的耐黄变性。⑨光泽。环氧丙烯酸和不饱和聚酯有较高的光泽度。交联密度增大，光泽度增加，玻璃化温度高、折光指数高的低聚物光泽好。⑩颜料的润湿性。一般脂肪酸改性和胺改性的低聚物有较好的颜料润湿性，含—OH、—COOH 的低聚物也有较好的颜料润湿性。⑪低聚物的玻璃化温度 T_g：低聚物 T_g 高，一般硬度高，光泽好；低聚物 T_g 低，柔韧性好，抗冲击性也好。⑫低聚物的固化收缩率：低的固化收缩率有利于提高固化膜对基材的附着力。低聚物官能度增加，交联密度提高，固化收缩率也增加。⑬毒性和刺激性：低聚物由于分子量都较大，大多为黏稠状树脂，不挥发，不是易燃易爆物品，其毒性也较低，皮肤刺激性也较低。

（三）活性稀释剂

活性稀释剂是 UV 油墨中又一个重要组成，它起着润湿颜料、稀释和调节油墨黏度的作用，同时决定 UV 油墨的光固化速率和成膜性能。活性稀释剂的结构特点直接影响 UV 油墨的流变性能和分散性，从而影响油墨的印刷适性。用于自由基光固化的活性稀释剂主要为丙烯酸酯类单体。阳离子光固化用的活性稀释剂为具有乙烯基醚或环氧基的单体。活性稀释剂按其每个分子所含反应性基团的多少，可以分为单官能团活性稀释剂、双官能团活性稀释剂、多官能团活性稀释剂。活性稀释剂中含有可参与光固化反应的官能团越多，官能度越大，则光固化反应活性越大，光固化速度越快。随着活性稀释剂官能度的增加，固化膜的交联密度也随之增加。单纯的单官能团单体光聚合后，只能得到线型聚合物，不发生交联。当双官能度或多官能度的活性稀释剂存在时，光固化后得到交联聚合物网络，官能度高的活性稀释剂可得到高交联度的网状结构。活性稀释剂中随着官能团的增多，其分子量也相应增加，分子间相互作用增大，因而黏度也增大，因此稀释作用就随官能团的增多反而逐渐减小。活性稀释剂自身的化学结构对固化膜的性能有很大影响，因此在制备光固化油墨时，要根据油墨性能要求，选择合适的活性稀释剂结构。

活性稀释剂对 UV 油墨的颜色有一定的影响，不同种类活性稀释剂制备的同一颜色油墨之间的色度值是不同的，比较采用不同活性稀释剂配制的油墨的色差，发现颜色差别较大，说明活性稀释剂使 UV 油墨的颜色发生了改变，这在青墨和品红墨上表现突出。采用不同种类活性稀释剂配制的青、品红油墨的色度坐标并不重合，但对于黄墨和黑墨则影响不大。活性稀释剂种类对四色油墨的明度和饱和度影响较小，主要影响油墨的色相。但是活性稀释剂结构对 UV 油墨颜色特性的影响机理目前还不是很清楚，有待进一步研究。

制备光固化油墨选择活性稀释剂时，应考虑以下因素：①低黏度，稀释能力强；②低毒性、低气味、低挥发、低刺激；③低色相，特别是在无色体系、白色体系中必须考虑；④低体积收缩率，增加对基材的附着力；⑤高反应性，提高光固化速度；⑥高溶解性，与树脂相容性好，对光引发剂溶解性好；⑦高纯度，水分、溶剂、酸、聚合物含量低；⑧玻璃化温度要适应涂层性能的要求；⑨热稳定性好，利于生产加工、运输和储存；⑩价格低，利于降低成本。

(四) 光引发剂

光引发剂是 UV 油墨的关键组分，它对 UV 油墨的光固化速度起决定性作用。光引发剂是一种能吸收辐射能，经激发发生化学变化，产生具有引发聚合能力的活性中间体（自由基或阳离子）的物质。在光固化油墨中，光引发剂含量比低聚物和活性稀释剂要低得多，一般在 3%～5%，不超过 7%～10%。在实际应用中，光引发剂本身或其光化学反应的产物均不应对固化后油墨层的化学和物理机械性能产生不良影响。

光引发剂的选择要考虑下列因素：①光引发剂的吸收光谱与光源的发射光谱相匹配。②光引发效率高，即具有较高的产生活性中间体（自由基或阳离子）的量子产率，产生的活性中间体有高的反应活性。③对有色体系，由于颜料的加入，在紫外区都有不同的吸收，因此，必须选用受颜料紫外吸收影响最小的光引发剂。④在活性稀释剂和低聚物中有良好的溶解性。⑤气味小、毒性低，特别是光引发剂的光解产物要低气味和低毒。⑥不易挥发和迁移。⑦光固化后不能有黄变现象，这对白色、浅色及无色体系特别重要；也不能在老化时引起聚合物的降解。⑧热稳定性和储存稳定性好。⑨合成容易，成本低。

(五) 添加剂

UV 油墨用的添加剂主要包括填料、助剂等，虽然它们不是 UV 油墨的主要成分，而且在产品中占的比例很小，但它们对完善产品的各种性能起着重要作用。

（1）填料

填料用于 UV 油墨中可以改善油墨的流变性能，起补强、消光、增稠和防止颜料沉降等作用，填料价格低廉，还可降低 UV 油墨的成本。填料基本上是透光的，并有较高的折射率，可使入射光线在墨层内发生折射和反射，增加有效光程，增加光引发剂接收光照射的机会，这对 UV 油墨是非常有利的。同时，填料还可提高光固化速率。填料一般为无机物，不挥发，对人体无害。UV 油墨中添加填料也可减少体积收缩，有利于提高对承印物的附着力。填料对油墨性能的影响主要表现为：①填料对油墨细度的影响：随着填料用量的逐步增加，油墨的细度呈现上升趋势。因为油墨的细度是由油墨中固体粒子的粒径决定的，未添加时，油墨细度取决于颜料的颗粒大小，UV 油墨中颜料粒径一般较小，当添加填料后，填料粒子会进入颜料粒子间的孔隙中，在树脂的作用下，粒径会变大。②填料对油墨黏度的影响：随着填料用量的增加，黏度呈上升趋势。滑石粉对黏度的影响最大，这是因为它可以吸附油墨中的单体，降低单体对预聚物的稀释作用，从而使黏度急剧增大。硫酸钡由于颗粒比较细软，密度较大，极易与树脂粘在一起，也会导致黏度上升。碳酸钙和二氧化钛由于自身粒径小，分散均匀，黏度增长幅度较小。③填料对固化时间的影响：填料用量增加，固化时间呈现先减少后增加的趋势。由于填料具有较强的遮盖作用，会阻挡空气中的氧气参与自由基的争夺，从而使参与光固化的自由基数增大，固化时间变短。当然，填料的添加量也不是越多越好，由于所选填料是无机物，当用量过大时，会阻挡紫外线对光引发剂的辐射，从而减少了能够光解的引发剂数目，降低了反应的活性，延长了固化时间。④填料对油墨层耐摩擦性的影响：随着填料用量的增加，耐摩擦性呈上升趋势。尤其是油墨添加硫酸钡后，耐摩擦性几乎呈直线上升。硫酸钡、二氧化钛、滑石粉的密度都较高，加入后 UV 油墨成膜后致密性均较好，受到摩擦不易被磨损。⑤填料对油墨层附着力的影响：填料都是固体粉末，在固化时不会发生体积变化，因此加入 UV 油墨中可减少 UV 固化时油墨的体积收缩，从而有利于提高油墨层与承印物间附着力。⑥填料对油墨层耐热性的影响：填料都为无机物固体，有非常高的熔点，因此加入 UV 油墨中可大大提高油墨的耐热性，特别是印制电路板用的 UV 阻焊油墨、液态光成像阻焊油墨和 UV 字符油墨，必须能耐 260℃ 以上的高温，添加适量的填料对提高耐热性有非常重要的作用。

UV 油墨常用填料有碳酸钙、硫酸钡、二氧化硅、高岭土、滑石粉等，都是无机物，它们的折射率与低聚物和活性稀释剂接近，所以在涂料中是"透明"的，对基材无遮盖力。由于纳米技术的发展、纳米材料的应用，UV 油墨也开始广泛使用纳米填料。像纳米二氧化硅、纳米石墨、纳米碳酸钙、纳米二氧化钛、纳米金属等。因为纳米微粒具有很好的表面润湿性，它们吸附在 UV 油墨中的颜料颗粒的表面，能大大改善油墨的亲油性和可润湿性，并能促进 UV 油墨分散体系的稳定，所以添加了纳米填料的 UV 油墨的印刷适性得到了较大的改善。

（2）助剂

助剂是为了在生产制造、印刷应用和运输储存过程中完善油墨性能而使用的添加剂，通常有消泡剂、流平剂、润湿分散剂、消光剂、阻聚剂和蜡等。

消泡剂是一种能抑制、减少或消除油墨中气泡的助剂。油墨所用原材料如流平剂、润湿剂、分散剂等表面活性剂会产生气泡；颜料和填料固体粉末加入时会携带气泡；生产制造时，在搅拌、分散、研磨过程中因容易卷入空气而形成气泡；在印刷应用过程中，因使用前搅拌、涂覆也会产生气泡。气泡的存在会影响颜料或填料等固体组分的分散，更会使印刷生产中油墨质量变劣。因此必须加入消泡剂来消除气泡。

在不含表面活性剂的体系中，形成的气泡因密度低而迁移到液面，在表面形成液体薄层，薄层上液体受重力作用向下流动，导致液层厚度减小。通常当层厚减小到大约 10nm 时液体薄层就会破裂，气泡消失。当体系中含有表面活性剂时，气泡中的空气被表面活性剂的双分子膜所包裹，由于双分子膜的弹性和静电斥力作用，气泡稳定，小气泡不易变成大气泡，并在油墨表面堆积。

消泡剂的作用与表面活性剂相反，它具有与体系不相容性。由于高度的铺展性和渗透性以及低表面张力特性，消泡剂加入体系后，能很快地分散为微小的液滴，和使气泡稳定的表面活性剂结合并渗透到双分子膜里，加快铺展，使双分子膜弹性显著降低，导致双分子膜破裂。同时，还会降低气泡周围液体的表面张力，使小的气泡聚集成大的气泡，最终使气泡破裂。有些消泡剂含有疏水基团，导致气泡层因缺乏表面活性剂而破裂。UV 油墨最常见的消泡剂为有机聚合物、有机硅树脂和含氟表面活性剂。

消泡剂除了有高效消泡效果外，还必须没有使颜料凝聚、缩孔、针孔、失光、缩边等副作用，而且消泡剂作用持久。根据生产厂家提供的消泡剂技术资料，结合油墨使用的原材料，经分析，通过实验进行筛选，以获得最佳的消泡剂品种、最佳用量和最合适的添加方法。消泡剂在光固化油墨中的一般使用量为 0.05% ～ 1.0%，大多数可在油墨研磨时加入，也可用活性稀释剂稀释后加入油墨中，要搅拌均匀。

流平剂是一种用来提高油墨的流动性，使油墨能够流平的助剂。油墨不管用何种印刷工艺，印刷后都有一个流动与干燥成膜的过程，形成一层平整、光滑、均匀的油墨层。油墨层能否达到平整光滑的特性称为流平性。在实际印刷时，如果流平性不好，会出现印痕、橘皮，在干燥和固化过程中，出现缩孔、针孔、橘皮、流挂等现象，都称为流平性不良。克服这些弊病的有效方法就是添加流平剂。鉴于油墨的主要作用是表现图文、装饰及保护，如果油墨层不平衡，出现缩孔、橘皮、痕道等弊病，不仅起不到表现图文和装饰效果，而且将降低或损坏其保护功能。因此油墨层外观的平整性是油墨的重要技术指标，是反映油墨质量优劣的主要参数之一。

涂层缺陷的产生与表面张力有关。表面张力具有使液体表面积收缩到最小的趋势，同时，也具有低表面张力的液体向高表面张力的液体表面铺展的趋势。因此表面张力是油墨流平的推动力。当油墨印刷到基材上，由于表面张力作用使涂料和油墨铺展到基材上，同时表面张力有使油墨表面积收缩至最小的趋势，于是涂层的刷痕、皱纹等缺陷消失，变成平整光滑的表面。

油墨在承印物上的流平性与油墨的表面张力、黏度、承印物表面的粗糙程度、溶剂的挥发速度、环境温度、干燥时间等因素有关。一般来说，油墨的黏度越低，流动性越好，流平性也越好；承印物表面粗糙，不利于流平；溶剂挥发快，也不利于流平；印刷时，环境温度高，有利于流平；干燥时间长，也有利于流平。对 UV 油墨，不存在溶剂挥发，油墨只要经紫外线照射就瞬间固化，干燥时间极短，故 UV 油墨的流平性要求更高。因此选择合适的流平剂就显得更为重要。有时在生产线上适当光照前有一段流平时间，再经 UV 灯装置进行固化，以保证印刷的质量。UV 油墨常用的流平剂主要有聚丙烯酸酯、有机硅树脂和氟表面活性剂三大类。

润湿剂、分散剂是用于提高颜料在油墨中的悬浮稳定性的助剂。润湿剂主要是降低体系的表面张力；分散剂吸附在颜料表面产生电荷斥力或空间位阻，防止颜料产生絮凝，使分散体系处于稳定状态。润湿剂和分散剂的作用有时很难区分，往往兼备润湿和分散功能，故称为润湿分散剂。润湿分散剂大多数是表面活性剂，由亲颜料的基团和亲树脂的基团组成，亲颜料的基团容易吸附在颜料的表面，替代原来吸附在颜料表面的水和空气以及其他杂质；亲树脂基团则很好地与油墨基料相溶，克服了颜料固体与油墨基料之间的不相容性。在分散和研磨过程中，机械剪切力把团聚的颜料破碎到接近原始粒子，其表面被润湿分散剂吸附，由于位阻效应或静电斥力，不会重新团聚结块。

消光剂是能使油墨层产生预期粗糙度，明显地降低其表面光泽的助剂。油墨中使用的消光剂应能满足下列基本要求：消光剂的折光指数应尽量接近成膜树脂的折射率 （1.40～1.60），这样配制的消光油墨透明无白雾，油墨的颜色也不受影响；消光剂的颗粒大小在 $3～5\mu m$，此时消光效果最好；良好的分散与再分散性，消光剂在油墨中能长时间保持均一稳定的悬浮分布，不产生沉降。UV 油墨使用的消光剂主要为 SiO_2 和高分子蜡，SiO_2 粒径为 $3～5\mu m$ 效果最好。消光剂除了配成浆状物后加入油墨内分散外，也可以直接加入油墨中分散。采用高速分散，切勿过度研磨，尽量避免使用球磨机或三辊机分散。采用高分子蜡作消光剂，还有提高光固化油墨的光固化速度的作用，这是由于蜡迁移至表面，可以阻隔氧的进入，减少氧阻聚效应。

阻聚剂是阻止发生聚合反应的助剂，阻聚剂能终止全部自由基，使聚合反应完全停止。自由基体系常用的阻聚剂有酚类、醌类、芳胺类、芳烃硝基化合物等。空气中氧是很好的阻聚剂，因氧自身是双自由基，极易与自由基结合，生成过氧化自由基，使引发活性大大降低。光固化油墨阻聚剂主要用酚类。酚类阻聚剂必须在有氧的条件下才能表现出阻聚效应。在酚类阻聚剂存在下，过氧化自由基很快终止，从而保证体系中有足够浓度的氧，延长了阻聚时间。因此 UV 油墨中除了加酚类阻聚剂提高储存稳定性外，还必须注意存放的容器内产品不能盛得太满，以保证有足够的氧气。

蜡是 UV 油墨中常用的一种添加剂，可改变油墨的流变性，改善抗水性和印刷适性（如调节黏性），减少蹭脏、拔纸毛等弊病，并可改善印品的滑性，使印品耐摩擦。在 UV 油墨中，蜡的加入起阻隔空气、减少氧阻聚作用，有利于表面固化。但需注意的是，如果在 UV 油墨中加入过量的蜡或选错蜡的品种，不仅会降低油墨的光泽度，破坏油墨的迁移性，而且会延长固化时间。常用的蜡有聚乙烯蜡、聚丙烯蜡和聚四氟乙烯蜡等。

三、UV 油墨的固化及其墨膜性能

UV 油墨的固化性能对墨膜性能有着重要的影响，决定了墨膜的硬度、柔韧性、拉伸性能、耐摩擦性、附着力、光泽度、热稳定性等性能。

某些配方的印刷墨层光照后，底层交联固化尚可，表面仍有粘连，形成明显指纹印，这时在印刷墨层表面放置小团棉花，用嘴吹走棉花团，检查印刷墨层表面是否粘有棉花纤维（棉纤），如粘有较多棉纤，说明印刷墨层表面固化不理想，干爽程度不够。可以调高光强或调整配方，降低聚合较慢组分的比例，提高固化快组分的用量；添加抗氧阻聚组分，也有利于克服表面固化不彻底的弊病。

UV 油墨固化后的硬度受配方组分和光固化条件控制，采用多官能度活性稀释剂、高官能度低聚物，提高反应转化率和交联度等，均可增加其硬度。一般可通过测定固化墨膜的玻璃化转变温度（T_g）来估算其平均交联度大小，如果固化墨膜的 T_g 高于使用温度（例如室温），则交联网络处于僵硬玻璃态，硬度较高。表面氧阻聚较严重的体系，其固化硬度也将劣化，出现表面粘连，硬度下降。添加叔胺或采取其他抗氧阻聚措施可改善表面硬度。低聚物中含有较多刚性结构基团时，固化膜硬度会提高，例如双酚 A 环氧丙烯酸酯、芳香族的环氧丙烯酸酯、聚氨酯类丙烯酸酯、聚酯类丙烯酸酯比相应的脂肪族树脂具有更高的固化硬度。印刷墨层厚度对固化膜硬度有较显著影响。印刷墨层较薄时，紫外光能较均匀地被各深度的引发剂吸收，光屏蔽副作用较小，固化均匀彻底，墨层总体硬度较高；印刷墨层厚时，吸光效果存在梯度效应，底层光引发剂吸光受上层光屏蔽影响，固化不均匀，总体硬度相对较低。

影响油墨层硬度的因素主要有：①油墨层的厚度：油墨层厚度对硬度指标影响很大。油墨的成膜厚度过厚或局部过厚，使紫外光难以穿透，油墨不能完全固化，或表面油墨虽然固化，内部的油墨则没有完全固化，这会直接降低油墨的各种耐抗特性、附着力以及油墨层硬度。②固化时间：同油墨层厚度一样，固化时间对硬度也有很大影响。如果固化时间过短，油墨层交联反应不充分，只能形成粉状、粗糙不平、无光泽的油墨层。一般来说，适当延长固化时间，对保证油墨的成膜硬度是有好处的。③光源照度：当光源照度不足或照度不均匀时，会影响油墨交联聚合的程度。紫外光没有提供足够的聚合反应能量，使固化不充分，从而影响硬度和其他性能。因此，选择照度较高的光源，有利于提高油墨层的硬度。④油墨配方：油墨的硬度受多方面条件影响，主要靠调节配方组成和光固化条件来控制，其中前者起主要作用。具体途径有：a. 用多官能度单体，提高交联密度。b. 用含有较多刚性结构基团的低聚物。芳香族环氧丙烯酸酯、芳香族聚氨酯类丙烯酸酯、芳香族聚酯类丙烯酸酯比相应的脂肪族树脂具有更高的硬度。c. 配方中添加刚性填料，如硫酸钡、三氧化二铝等，有利于提高硬度。d. 加叔胺或采取其他抗氧阻聚措施，完善表面固化程度，可提高硬度。

很多基材具有一定可变形性，因此要求印刷墨层具有相应的柔韧性，例如纸张、软质塑料、薄膜、皮革等。这就要求印刷在这些基材上的油墨也必须有一定的柔韧性，否则很容易出现墨层爆裂、脱落等现象。UV油墨层的弯曲度试验常用来表征其柔韧性。以不同直径的钢辊为轴心，将覆盖固化印刷墨层的材料对折，检验印刷墨层是否开裂或剥落。柔韧性较好但附着力不佳时，弯曲试验可能导致印刷墨层剥离基材；柔韧性较差而附着力较好时，弯曲试验可能导致印刷墨层开裂。

影响固化墨膜柔韧性的主要因素是其 T_g，按一般规律，如果固化墨膜的 T_g 低于使用温度，则交联网络处于黏弹态，能够表现出较好的柔韧性。另一个影响因素是其玻璃化转变温度的跨度 ΔT_g，随着温度的升高，墨层发生玻璃化转变总有一个开始温度和一个结束温度，该温度范围越宽，则柔韧性和抗冲击性能越好。实际上 T_g 的大小也反映了交联点间链段的长短、运动能力等性能。

可通过调整配方获得较好的固化膜柔韧性。①官能度越低，柔韧性越好。单官能度活性稀释剂可以降低 UV 油墨层的交联密度，提高柔韧性，特别是像丙烯酸异辛酯这样同时具有内增塑作用的活性稀释剂，可降低 UV 油墨层的交联度，提高柔韧性。环状单官能度单体对平衡硬度与柔韧性均有贡献，其中的环状结构不干扰交联密度，但可适当阻碍链段的自由旋转和运动。双官能度的 HDDA、TPGDA、DPGDA 以及单官能度的 EDGA、IBOA 交联固化后，都能获得较为平衡的硬度和柔韧性。②具有较长柔性链段的多元丙烯酸酯活性稀释剂（如乙氧基化 TMPTA 和丙氧基化甘油三丙烯酸酯等），可以在不牺牲固化速率的前提下提供合适的柔韧性。③具有柔性主链的低聚物可提供较好的柔韧性。如脂肪族环氧丙烯酸酯、脂肪族聚氨酯丙烯酸酯等的柔韧性要好于相应的芳香族树脂。④活性稀释剂和低聚物玻璃化温度 T_g 越低，柔韧性越好。除配方本身决定 UV 油墨层柔韧性外，固化程度也会影响 UV 油墨层的柔韧性，聚合交联程度增加，柔韧性下降。

一般而言，油墨层的硬度与柔韧性是互为矛盾的，即硬度的增加往往以牺牲柔韧性为代价，因此在调整 UV 油墨配方时要合理取舍，综合权衡，找到硬度与柔韧性的最佳结合点。调节油墨柔韧性和硬度时，常规经验是在环氧丙烯酸酯为主体树脂的基础上，适当使用部分柔性聚氨酯丙烯酸酯或聚酯丙烯酸酯。多数情况下，聚酯丙烯酸酯的成本低于聚氨酯丙烯酸酯。同时，还可使用少量单官能度单体、乙氧基化 TMPTA、丙氧基化甘油三丙烯酸酯等多官能度柔性单体，将不同性能的稀释单体合理搭配，可协调固化膜的柔韧性与硬度等性能。有机-无机杂化纳米油墨可以同时获得较高的硬度和较好的柔韧性。另外，在常规油墨体系中直接添加适当的无机纳米填料，也可以同时获得这种"双高"性能。

固化膜的拉伸性能与柔韧性密切相关。在材料试验机上对固化膜施加不断增强的拉伸力，用膜层断裂时的伸长率来表征其拉伸性能，拉伸应力转化成拉伸强度，较高的拉伸率和拉伸强度意味着固化膜具有较好的柔韧性。拉伸性能好的膜层一般柔性也较高，但韧性不一定好。柔韧性是评价固化印刷墨层机械性能与力学性能的重要指标之一，拉伸强度则关系到印刷墨层抗机械破坏能力。

UV 印刷墨层的耐磨性一般高于传统溶剂型油墨，因为前者有较高的交联网络形成；后者大多通过溶剂挥发，树脂聚结成膜，发生化学交联的程度远不如 UV 油墨。耐磨性一般通过磨耗仪测定，将光固化油墨覆于测试用的圆形玻璃板上，光固化后置于磨耗测试台上，加上负载，机器启动旋转，设定转数，以印刷墨层质量的损失率作为衡量油墨耐磨性的指标，损失率越高说明印刷墨层耐磨性越差。耐磨性与印刷墨层的交联程度相关，交联度增加，耐磨性提高。因此，耐磨 UV 油墨中多含有高官能度的活性稀释剂，如 TMPTA、PETA、DTMPT$_4$A、DPPA 等。使用高官能度丙烯酸酯单体应注意固化收缩率可能较高，导致附着力降低。配方中添加表面增滑剂，以降低固化印刷墨层表面的摩擦系数，也是常用的提高耐磨性的方法。例如，丙烯酸酯化的聚硅氧烷添加剂，用量很少，利用其与大多数有机树脂的不相容性，在油墨印刷时容易分离聚集于表面，固化成膜后可起到表面增滑功能，但使用表面增滑剂可能导致表面过滑。配方中添加适当无机填料常常也可提高耐磨性能。除耐磨性以外，印刷墨层表面的抗刮伤性能有时要求也较高。抗刮伤性能通常不用磨耗仪测定，大多采用雾度测试表征，它反映的仅仅是印刷墨层表面的抗磨功能，与膜层整体的耐磨性不完全相同。

附着力是评价 UV 印刷油墨性能的最基本指标之一，附着力的好坏一般采用划格法来评价。在油墨层上划出 10mm×10mm 的小方格，用 600$^#$ 的黏胶带黏附于油墨层上，按 90°或 180°两种方式剥离胶带，检验油墨层是否剥离基材，以小方格油墨层剥落比率衡量附着力。

影响油墨附着力的因素很多，主要有基材的预处理、表面张力、油墨的黏度和油墨配方。①基材表面的洁净程度严重影响印刷墨层的附着力，特别是基材表面有油污、石蜡、硅油等脱模剂及有机硅类助剂时，表面极性很弱，阻碍油墨与基材表面的直接接触，使得附着力严重下降。对这种基材进行打磨、清洗等表面处理，可大大改善附着力。②UV 固化油墨在基材上的附着力与 UV 油墨在基材上的润湿有着重要关系，只有 UV 油墨的表面张力小于基材的表面张力时，才可能达到良好的润湿，而润湿不好则可能出现很多表面缺陷，不会有好的附着力。对多孔或极性基材，附着力问题容易解决，多数常规配方就可以满足基本的附着力要求。但对于表面张力低、难以附着的非极性基材，如聚乙烯材料等，一般需要经过电晕放电处理、火焰喷射处理或化学氧化处理等方法来增大基材的极性，从而提高基材的表面张力，保证油墨的附着。③在 UV 油墨配方中添加增黏剂，可以提高油墨的附着力。但油墨的黏度过高，会使油墨的流平性差和下墨量过大，从而产生条纹和橘皮。另外，温度对油墨的黏度有重要影响，UV 油墨的黏度随环境温度的高低而变化，温度高时油墨的黏度降低，温度低时油墨的黏度升高，所以使用 UV 油墨的生产环境尽可能做到恒温。④要提高 UV 油墨的附着力，需选用体积收缩小的低聚物和活性稀释剂。体积收缩越小，光聚合过程中产生的内应力越小，越有利于附着。低聚物的分子量越大、官能度越低，体积收缩越小，越容易产生良好的附着力。活性稀释剂黏度较低，且有些活性稀释剂的表面张力较低，有利于提高油墨对基材的润湿、铺展能力，增大两者的接触面积，形成较强的层间作用力，有利于提高附着力。某些商品化的附着力促进剂添加到配方中也非常有效。氯化树脂可改善对聚丙烯材料的附着性能；含有羧基、磷（膦）酸基的树脂或小分子化合物，在印刷墨层中可起到"分子铆钉"的作用，通过化学作用增强附着力，适用于金属基材的 UV 油墨。⑤低聚物和活性稀释剂有较低的玻璃化转变温度 T_g，也有利于提高附着力。玻璃化转变温度越低，主链越柔软，越有利于内应力的释放，固化后的油墨层不会由于内应力的积聚而产生变形、翘曲，因而有利于提高附着力。

　　光泽度一般采用光泽度计测定，可以采用 30°角或 60°角测定，60°角测定结果往往高于 30°角的测定结果。相对于溶剂型油墨，UV 油墨较容易获得高光泽度固化表面，如果配方中添加流平助剂，光泽度可能更高，常见光固化涂料的光泽度可以很容易地达到 100% 或以上。

　　随着人们审美观念的不断变化，亚光、磨砂等低光泽度的印刷效果越来越受欢迎。亚光效果可通过添加微粉蜡或无机亚光粉等获得。微粉蜡一般为合成的聚乙烯蜡或聚丙烯蜡，分散于 UV 油墨中，固化成膜时因其对油墨体系的不相容性，游离浮于固化膜表面，形成亚光效果。在无机消光方面，UV 油墨基本不含挥发性组分，油墨层体积不会有较大减小，无机粒子难以暴露在油墨层表面。常采用的做法是在配方中添加适量的低毒惰性溶剂，以增加固化时的油墨层体积收缩率，使无机消光粉暴露于固化油墨层的表面。低聚物对消光效果也有影响，经验表明，气相二氧化硅用作消光剂添加到完全不含低聚物的乙氧基化多官能团活性稀释剂中，印刷油墨固化后，可表现出良好的磨砂效果。但添加环氧丙烯酸酯后，亚光磨砂效果却消失了，这可能和低聚物的固化收缩率有关。另外，环氧丙烯酸酯固化速率快，抗氧阻聚性能优异，表面固化完全，易形成高光泽度膜面。聚氨酯类丙烯酸酯和聚酯类丙烯酸酯的固化速率相对较低，也容易受到氧阻聚干扰，油墨层的内层固化较好，而油墨层的表面常常固化不理想，容易受到油墨内少量挥发性成分的扰动，导致表面微观平整度下降。氧分子在油墨表面作用，产生较多羟基，导致表面结构趋于极性化，使环境中的灰尘容易黏附于其表面。这些因素都可能导致固化后油墨光泽度降低，但光泽度的降低幅度不大。以此获得令人满意的亚光效果，恐怕难以实现。对完全不含外加消光材料的 UV 油墨，还可以通过一种特殊的二次固化方式，获得亚光甚至极具装饰特色的皱纹表面。

　　UV 油墨的耐抗性能包括对稀酸、稀碱及有机溶剂的耐受能力，可以从油墨层的溶解和溶胀两方面评价，它反映油墨层对酸、碱和溶剂破坏的耐受性能。通常用棉球蘸取溶剂对油墨层进行双向擦拭，以油墨层被擦穿见基材时的擦拭次数作为耐溶剂性能的评价指标；也可以用溶剂溶胀法表征，以固定溶胀时间内膜层增重率作为评价指标。

UV油墨固化后最终形成高度交联网络，一般不会出现油墨层大量溶解，只可能是油墨层内小部分未交联成分被溶出。因此，通常UV油墨的凝胶指数可达到90%以上。固化后油墨层长时间浸泡在某些溶剂中，常常出现溶胀问题。如果配方中低聚物和活性稀释剂带有较多羧基等酸性基团，则固化后的油墨层对碱性溶剂的耐溶解性能下降。提高固化交联度可增强油墨层的耐溶剂能力。因此，适当添加多官能度丙烯酸酯活性稀释剂，可基本满足油墨层耐溶剂性能的要求。

耐溶剂性与UV油墨交联密度关系密切，交联密度越大，耐溶剂性越强。因此，提高UV油墨的交联密度是改善油墨耐溶剂性的有效途径。此外，耐溶剂性还与UV油墨的表面状况有关系，表面固化越完全，耐溶剂性越好。如果UV油墨表面有蜡粉等阻隔成分，耐溶剂性也会增强。

一般装饰性UV油墨无需考虑热稳定性问题，但如用于发热电器装置或受热器件印刷，则需考虑其长期耐热性。由于UV油墨较高的交联度，热稳定性一般高于溶剂型或热固化油墨，采用多官能度丙烯酸酯活性稀释剂，可提高油墨的热稳定性。低聚物分子中具有芳环结构，可增强耐热性，双酚A环氧丙烯酸酯树脂固化膜的耐热性良好，该固化膜于120℃下经过200h，红外吸收光谱、物理性能及光学指标均无明显变化。酚醛环氧丙烯酸酯树脂含有更高的芳环比例，固化膜的耐热性能更优。

第二节　光固化技术在平版印刷油墨中的应用

平版印刷又称为胶印，是在印刷领域中应用最广泛的一种印刷方法。平版印版的图文部分与非图文部分基本在一个平面上，图文部分亲油疏水，非图文部分亲水疏油。平版印刷大部分是利用油水不相溶原理来完成印刷的。印刷时先给印版供水（实际为润湿液，也称为润版液），非图文因其亲水而被水覆盖，图文部分因其疏水而不能得到水，然后再给印版供墨。由于非图文部分表面已有水，油墨只能传递到图文部分，通常印版图文部分的油墨先转移到橡皮布滚筒上，然后再转移到承印材料上，属于间接印刷，也是胶印名称的来源，采用UV油墨的胶印如图5.1所示。也有一些平版印刷在印刷过程中不需要水的参与，这是因为所用印版的非图文部分表面是斥油的，印刷时只需要给印版供墨即可，这种印刷方式也称为无水胶印。

一、UV胶印油墨

在胶印过程中采用UV油墨，具有以下优势：

① 印刷质量优良。UV胶印油墨印后立即固化干燥，油墨不渗入承印材料内，故色彩更鲜艳，大大提高了印刷品的色彩饱和度，并且油墨铺展小，使得网点扩大

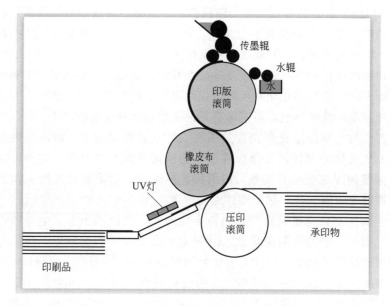

图 5.1　UV 胶印示意图

小，清晰度更高，印刷品色调再现性好，非常适合精细产品的印刷。此外，采用
UV 胶印油墨印刷的产品具有耐摩擦、耐化学性等高耐抗性，且印品表面整饰效果
好，色泽饱满，具有普通胶印油墨无法比拟的优势，特别适合于包装印刷。

　　② 绿色环保。UV 油墨在印刷过程中几乎没有挥发性有机物（VOCs）的排
放，解决了油墨干燥过程中的环境污染问题。同时，印刷品在到达收纸部分已经固
化，可以免去普通油墨印刷品在收纸部分的喷粉环节，既利于印刷环境的清洁，保
护操作人员的健康，又避免了由于喷粉而给印后加工所带来的麻烦，如对上光、覆
膜效果的影响，还可进行连续后加工。不仅改善了作业环境，而且提高了生产效
率，缩短了交货时间。另外，紫外线固化设备能使 UV 油墨低温下快速固化，它
的能耗比普通油墨印刷通过热风或红外烘干的方式进行干燥所消耗的能量低得多，
可节省大量的能源。

　　③ 改进了印刷工艺。UV 油墨经 UV 光源照射才固化，照射前在墨罐中不结
皮，在印机或版上也不会干结。因此，胶印机停机不用清洗墨辊和印版，解决了胶
印机停机的后顾之忧，减少了油墨的浪费，节省了清洗时间。

　　④ 使胶印适用于多种承印材料，拓宽了胶印的应用范围。采用 UV 胶印油墨
使得胶印从主要印刷纸张，拓宽到复合纸材料类、金属、塑料等承印材料。这些材
料用普通油墨印刷普遍存在干燥慢、附着力小、耐摩擦性差等问题。UV 油墨在紫
外光照射下可快速固化，且干燥装置体积非常小，可摆脱庞大的干燥装置，同时也
替代了溶剂型油墨，避免油墨对环境造成污染。同时，UV 油墨在 UV 光的照射
下，发生交联聚合反应，相互交联形成网状结构，极大地提高了墨层表面的物理性

能，从根本上解决了附着力和耐摩擦性等问题。

⑤ 扩大了胶印在特殊印刷领域的应用。随着 UV 胶印油墨的应用，许多厂家利用它进行一些特殊产品的印刷，如光栅立体印刷，从而使得立体印刷可以大批量地进行生产，而且产品的质量得到进一步提高，进而拓宽了胶印在特殊印刷领域的应用。

由于 UV 胶印油墨的使用提升了印刷质量，并拓宽了胶印应用范围，随着包装印刷的高速发展，UV 胶印油墨得到了越来越广泛的使用。UV 胶印油墨的品种很多，根据所印刷的承印材料种类以及印刷用途，主要有 UV 胶印纸张油墨、UV 胶印合成纸油墨、UV 胶印镀铝纸油墨、UV 胶印塑料油墨、UV 胶印金属油墨、UV 荧光防伪胶印油墨等。

由于平版印刷的图文部分和空白部分在一个平面，所以印刷墨层很薄，一般单色墨层厚度在 $1\sim2\mu m$ 左右，是所有印刷方式中较低的，有利于光固化的进行。但是，墨层太薄，会对颜色表现力不利，因此要提高颜料含量，一般为 15％～21％。白墨和黑墨颜料含量更高，这提高了光固化难度。同时，胶印速度较快，一般在 $100\sim400m/min$，这对 UV 油墨的固化速度提出了较高要求。由于胶印为长墨路印刷体系，所以黏度较高，一般在 $200Pa\cdot s$ 左右。由于胶印在印刷过程中有水的参与，因此要求 UV 胶印油墨有很好的抗水性能，从而达到理想的水墨平衡状态。

根据对油墨固化速度的要求，UV 胶印油墨在设计时一般选用固化速率快、官能度高的丙烯酸树脂。UV 胶印油墨的光引发剂用量比较大，一般在 6％以上。为了提高表面固化速率，还要加入少量叔胺。

在实际印刷过程中，UV 胶印油墨对水量的宽容度小，水墨平衡难控制，难以达到传统胶印油墨的印刷适性。导致 UV 胶印油墨的水墨平衡性能差的原因主要有以下两方面：首先是 UV 胶印油墨中所使用的丙烯酸酯低聚物和活性稀释剂，通常带有羟基、氨基等高极性基团，对润版液具有较强的亲和性，与极性小的油性连接料相比，前者的乳化可能性更大；其次是 UV 胶印油墨的印刷基材主要是以合成纸、金银卡纸和塑料等非吸收性材料为主，对润版液的吸收性差，这给印刷中水墨平衡又增加了更多可变因素。经验表明，使用残留羟基多和极性大的反应性低聚物（含调节用树脂、活性稀释剂、助剂）时，必须十分慎重。主体低聚物的选择是改善 UV 胶印油墨的水墨平衡性能的关键。环氧丙烯酸和聚氨酯丙烯酸酯预聚物的分子链上含有羟基、氨基等官能团，具有较强的亲水性，但损失了油墨的抗水性，所以从改善油墨的水墨平衡性能角度来看，聚酯丙烯酸酯具有更好的抗水性，是最佳的选择。目前，从油墨性能方面看，UV 胶印油墨体系大多以聚酯丙烯酸作为主体树脂，改善油墨的水墨平衡性能也是主要选择依据之一。但是聚酯丙烯酸酯低聚物在硬度、耐摩擦性和溶剂抗性方面还有待进一步改进。另外，在保持油墨体系黏性相近的条件下，采用更高分子量的丙烯酸酯低聚物，可以提高油墨的抗乳化性能，但这是在高分子量树脂在油墨的配方中达到一定的比例时才可以，可能是由于高分子树脂之间通过相互缠结，形成了更大的物理网状结构，有效阻碍了水分子向油体系内部渗透，从而改善了油墨的乳化性能。然而，丙烯酸酯低聚物的高分子量化是以降低官能度、损失固化速度为代价的。这就需要在设计油墨配方时进行综合考虑，避免为改善油墨的水墨平衡性能，而导致其他性能变差的不良后果。环氧丙烯酸酯类低聚物是影响油墨乳化率的主要因素。因此，在保证固化速度和油墨黏度的前提下，应控制环氧丙烯酸酯类低聚物的用量，使 UV 胶印油墨能保持较强的斥水性，以保证在实际印制生产中具有良好的印刷适性。

UV 胶印油的连接料主要由较高极性的低聚物和活性稀释剂组成，应用于 UV 胶印油墨中的颜料大多为极性较低的有机颜料，这些高极性的低聚物体系对低极性的有机颜料粒子表面的亲和性是比较差的，难以提供良好的颜料润湿性。同时，UV 胶印油墨连接料所使用的主体丙烯酸酯低聚物分子量较低，通常为 $1000 \sim 2000$（而传统胶印油墨所使用的松香改性酚醛树脂分子量为 $20000 \sim 50000$）。总之，与传统胶印油墨相比，UV 胶印油墨的树脂和连接料体系具有低分子量、高极性的特征，不能提供令人满意的颜料润湿性和分散稳定性。为改善 UV 胶印油墨的颜料润湿性和分散性，提高生产效率，首先要选择合适的主体低聚物树脂。脂肪酸改性丙烯酸酯低聚物因具有较高的分子量、低极性而具有良好的颜料润湿性，特别适合颜料含量较高的胶印油墨体系。但由于部分丙烯酸官能团被脂肪酸所取代，脂肪酸改性丙烯酸的反应活性差、T_g 低，会影响油墨的固化速率和墨膜的物理性能，通常必须和低黏度、高官能度的低聚物配合使用。选择合适的颜料也是改善油墨分散性能的有效途径之一，但是除 UV 油墨专用炭黑以外，极少有专门与 UV 胶印油最配套使用的有机颜料，有机颜料的最终确定只能依靠大量的实验来进行。不过 UV 体系颜料选择有一个原则，就是在 UV 胶印油墨中适用的颜料应该是具有一定极性的。

UV 胶印油墨和传统胶印油墨相比在流变性能方面存在显著差异。首先，丙烯酸酯低聚物的颜料润湿性差，使 UV 胶印油墨在低剪切速度下表现出更强的结构，并对油墨在印刷机的墨槽中的流动产生不利影响；其次，丙烯酸酯低聚物具有特殊流变性能和低分子量的特征，导致 UV 胶印油墨内聚力差，对温度变化敏感，表现出高黏性、低黏度和丝头长的特征，在高速印刷条件下，由于油墨体系的黏弹性不足，容易出现飞墨现象，如果为了顾全油墨的流动性和分散性而选用易分散或高流动性的颜料，则此类问题会更加突出。目前大多采用添加非反应型助剂的方法来改善体系的抗流变性能，以提高 UV 胶印油墨抗飞墨性能。通常在油墨配方中加气相 SiO_2、滑石粉、有机膨润土和有机硅树脂等具有一定增稠作用、可提高触变性的填充料，通过增加体系的内聚力和黏弹性来防止飞墨，但这些助剂的效果很有限，无法从根本上解决问题，而且会对油墨的光泽度、附着力等性能产生不良影响，改善低聚物树脂自身的流变性能是解决 UV 胶印油墨流变问题最有效的办法。从理论上看，在油墨配方中引入 100% 反应活性、具有流变性控制效果的低聚物树脂，不但能改善油墨的印刷适性，而且还可改善油墨的最终固化成膜性能。

由于 UV 胶印油墨有瞬间固化和低温固化的特性，不仅在普通的纸张上可以使用，还可以应用于合成纸、金属覆膜纸、塑料等各种非吸收性承印材料。然而，在自由基聚合时，单体或低聚物间由固化前的范德华力作用的距离变为固化后的共价键作用的距离，两者之间距离缩小，因此体积收缩明显。加之固化时间极短，墨层的内部残存着很大的应力，因此与一般的溶剂型油墨相比，UV 胶印墨有附着力变差的趋势。目前，UV 胶印油墨在一些特殊的塑料基材（如 PE、PP 和部分 PET）上不能提供良好的附着力，这主要是由于这类材料具有活性稀释剂无法溶胀、表面极性低的特征，已固化墨膜与基材之间无法形成有效的作用力，导致附着力差。解决 UV 胶印油墨对这些塑料的附着问题是行业中难以克服的技术难题，根据实践经验，解决 UV 胶印油墨对这些基材的附着问题，通常从以下几方面着手：①增加低表面张力的活性稀释剂，改善油墨对基材的润湿性。②选用低官能度的活性稀释剂和低聚物，以减小油墨的应力和体积收缩。③选择高分子量、低 T_g 的低聚物。④使用特殊官能团改性的低聚物，例如氯化聚酯丙烯酸酯等。⑤添加附着力促进剂。但是这样处理往往会导致油墨的固化性能、印刷适性有变差的趋势。从应用状况来看，要使 UV 胶印油墨对所有基材都具有良好的附着性能是很难的，所以在改进油墨性能的同时，也必须对基材进行表面预处理（如电晕处理、火焰处理等）或先涂布增黏底涂层等，以改善基材的表面性能。总之，必须结合印刷工艺共同解决 UV 胶印油对基材附着困难的问题。

使用 UV 胶印油墨还需注意下列问题：①印版，胶印使用的阳图型 PS 版或 CTP 印版，其图文部分都是光或热分解型材料，这些材料会被 UV 油墨中活性稀释剂和光引发剂分解，造成印版耐印力下降，故必须使用 UV 油墨专用的阳图型印版。如果用一般的阳图型 PS 版，需要进行烤版处理，即按照常规方法晒制的普通 PS 版，需要在 250℃左右的温度下烤版 10～15min，CTP 版也需要烤版 10～15min。②胶辊、橡皮布，UV 油墨中的活性稀释剂会在印刷过程中对普通胶辊和橡皮布进行浸透，一方面造成油墨中活性稀释剂的减少，破坏了油墨的流动性；另一方面造成对胶辊和橡皮布的腐蚀，短期会导致胶辊和橡皮布表面膨胀变形及表面玻璃化，长期印刷时胶辊和橡皮布表面会局部脱皮或产生裂痕。因此采用 UV 胶印油墨印刷时，需要使用 UV 油墨专用胶辊，普通油墨和 UV 油墨兼用型胶辊效果也可以。选用肖氏硬度在 40HS 以上，由三元乙丙橡胶（EPDM 橡胶）或硅橡胶制成的橡胶辊，可以延长胶辊的使用寿命。橡皮布选用普通油墨用或 UV 油墨专用的橡皮布都可以，后者在橡皮布混合料中加入抗 UV 树脂成分，可耐 UV 照射，橡皮布不易粉化，用于 UV 油墨印刷时，寿命延长。

二、UV 无水胶印油墨

无水胶印是采用不亲墨的硅橡胶表面的印版，印刷时不需要给印版供水，直接给印版供墨，通过胶印的方式来完成油墨的转移。

与传统胶印技术相比，无水胶印由于印刷过程中没有水的介入，所印图像因油墨未被稀释和乳化而更光亮、鲜艳，印品色彩饱和度高，印刷密度高，加之印版是平凹版，油墨压印转移时铺展较小，则网点增大小、还原性好、印迹更清晰，更适合加网线数高的精美图像和高分辨率的精密图文印刷。印刷时无需调节水墨平衡，印前准备时间比传统胶印缩短 40%，过版纸消耗降低 30%～40%，从一定程度上降低了印刷成本，并提高了生产效率。另外，由于不使用传统胶印润版液等含有挥发性溶剂的化学药剂，不向空气中排放挥发性有机物，减少了环境污染，利于环境保护。因此无水胶印具有印刷效果优异、印刷效率高及环保等优点。

UV 无水胶印油墨结合了无水胶印和 UV 油墨的优势，能获得更高品质的印品，印刷效率更高，使印刷更加环保，且可选择更为广泛的承印物。UV 无水胶印油墨除了可用于常规印刷以外，在光盘印刷中使用也非常广泛，还被应用于层压金属箔的聚丙烯或者聚乙烯等承印物印刷制作不干胶标签等。

UV 无水胶印油墨的基本成分与 UV 胶印的油墨相似，但印刷中没有水的参与，同时需要与硅胶层有很强的排斥性，因此 UV 无水胶印油墨有以下特殊的性能要求。①UV 无水胶印油墨需要有比普通 UV 胶印油墨更高的黏度和黏性，这样才有可能提供比较大的油墨内聚力，足以大于油墨和硅胶层之间的作用力，使硅胶层表现为疏油性，使得油墨与非图文部分的硅橡胶层相斥，从而实现无水印刷。同时，由于印刷过程中印版的图文部分边缘没有水对油墨产生阻挡，高黏度的油墨可以降低油墨铺展性，保证印刷质量。因此，UV 无水胶印油墨在设计时可选用官能度高的预聚物和活性稀释剂，这对于提高油墨的固化速度也有利，同时可添加一定量的填料，以增加油墨的内聚力。②因为 UV 无水胶印油墨具有高黏度，所以它在墨辊和印版之间的传递比较困难，这就要求油墨要有特别的设计，使其有较好的流变性能。同时，油墨还要具有较高的触变性。通常在油墨配方中加气相 SiO_2、滑石粉、有机膨润土和有机硅树脂等具有一定增稠作用、可提高触变性的填充料。③由于无水胶印中没有水对印版的降温作用，要求 UV 无水胶印油墨最好还要有一个比较宽的温度适应范围。

第三节　光固化技术在凸版印刷油墨中的应用

凸版印刷是最古老的印刷技术，凸版印刷中，图文部分在印版表面凸起，油墨只施于图文部分，然后传给承印物。凸版印刷包括传统凸版印刷和柔性版印刷两种。

一、UV 柔印油墨

柔性版印刷也是凸版印刷的一种，其印版柔软、带有弹性，故而称之为柔印。

印刷时，油墨通常是在刮墨刀的配合之下经网纹传墨辊将精确的墨量传到柔印版上，刮墨刀使网纹辊上着墨孔均匀地填充油墨，同时刮去着墨孔外多余的油墨，然后再由柔印版转移到承印材料表面，采用 UV 油墨的柔印如图 5.2 所示。柔印适用性广，印刷成本低，印刷质量良好，印刷速度快，可以和裁切、成型、模切、穿孔、折页、烫金、覆膜或上光等工序连成生产线，生产效率高，自动化也高，特别是在商业标签和包装领域得到了广泛的应用。目前欧美国家的软包装印刷、瓦楞纸箱印刷、不干胶标签印刷、折叠纸盒印刷大都采用柔性版印刷，近年来，我国的柔印也有了快速的发展。

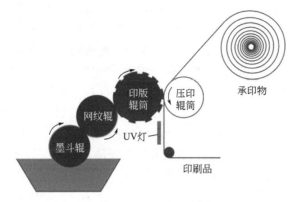

图 5.2　UV 柔印示意图

　　柔印油墨可以分为三类：溶剂型油墨（大多数是线型聚合物）、水性油墨和 UV 柔印油墨，它们都得到了广泛的应用。UV 柔印油墨相比于传统的水性和溶剂型柔印油墨，表现出更优异的特点，主要有以下几方面：

　　① 绿色环保：UV 柔印油墨安全可靠、无溶剂排放、不易燃、不污染环境，适用于食品、饮料、烟酒、药品等卫生条件要求高的包装印刷品。UV 柔印油墨在国外食品包装领域已应用多年，没有出现任何问题，其安全性已被美国环境保护局认可。

　　② 印刷适性好：UV 柔印油墨在印刷过程中无溶剂挥发，消除了油墨成分的变化因素，黏度等性能稳定，不易糊版、堆版，因此油墨的印刷稳定性和一致性好，容易控制，且印刷过程中印刷机可随时停机，油墨不会因干燥而堵塞网纹辊。换班后的清洗和将剩余色组再次投入使用也成为可能，大大简化了生产环节。同时，UV 柔印油墨可瞬间干燥，生产效率高，适用范围广，在纸张、铝箔、塑料等不同的承印材料上均有良好的附着力，产品印完后可立即叠放，不会发生粘连。

　　③ 物理化学性能优良：UV 柔印油墨固化干燥过程是通过 UV 油墨中低聚物、活性稀释剂和光引发剂之间的光化学反应，由线型结构变为网状结构的过程，所以具有耐水、耐化学性、耐磨、耐老化等许多优异的物化性能，这是其他类型的油墨所不及的。

④ 印刷质量好：由于 UV 柔印油墨 100％的固含量，印刷时油墨的黏度较高，着墨力强，网点清晰度高，阶调再现性好，墨色鲜艳光亮，适合精细产品印刷。

⑤ 成本相对较低：UV 柔印油墨用量省，由于没有溶剂挥发，有效成分含量高，可以近乎 100％转化为墨膜，其用量还不到水墨或溶剂油墨的一半。另外，还可以大大减少印版和网纹辊的清洗次数，所以综合成本比较低。

综合上述特点，无论从价格、质量的角度还是从技术发展的角度，UV 柔印油墨都具有明显的优势和发展前景。因此 UV 柔印油墨应用广泛，其种类也很多，主要有下面一些品种：①UV 柔印纸张油墨。固化速度快、不易糊版、清晰度高、色彩鲜艳、光亮耐磨、化学稳定性好。②UV 柔印塑料油墨。适用于印刷表面经电晕处理的 PE、PVC、PET、BOPP 塑料薄膜及合成纸等材料，固化速度快、附着牢固、抗水、耐磨、印刷适性好。③UV 柔印珠光油墨。适用于高档包装印刷，其有珍珠光泽和金属光泽，质感华丽、附着牢固、印刷适性好。UV 柔印珠光油墨除银白色外，还有多种色彩及彩虹干涉型等品种。④UV 柔印透明油墨，以染料或染料和颜料的混合色料制成，透明感强、色彩艳丽、附着牢固，适用于真空镀铝、铝箔、银卡纸、镭射纸等材料的印刷，可以获得类似烫印的效果。⑤UV 柔印上光油。主要有纸张 UV 上光油、塑料薄膜 UV 上光油、亚光 UV 上光油、可烫印 UV 上光油等诸多品种，固化速度快、抗水、耐磨，可以联机上光，也可以单机上光。

UV 柔印油墨黏度较低，一般在 0.1～2.0Pa·s，是一种接近于牛顿流体的油墨。因为主要用于印刷包装材料，所以要求油墨色彩鲜艳，而且光泽也要好。柔性版印刷的墨层比较薄，一般在 $4\mu m$ 左右，所以柔印油墨中颜料含量也较高，一般在 12％～18％。柔印大都是卷筒料印刷，印刷速度非常快，因此对油墨的固化速度要求较高。在 UV 柔印油墨的配方设计上，低聚物要选用黏度低、固化速率快、对颜料分散润湿性好的聚酯丙烯酸酯和环氧丙烯酸酯，若采用超支化低聚物效果会更好；活性稀释剂选择也以固化速度快、黏度低的为佳，尽量选用低皮肤刺激性的活性稀释剂，通常以单、双、多官能度丙烯酸酯配合使用。

通过对 UV 柔印油墨的深入研究，可进一步拓宽柔印的应用范围。阳离子 UV 固化型油墨收缩率小，没有氧阻聚的问题，非常适合在 PVC、OPS 等套筒型收缩膜上进行柔印，得到的图文质量可与凹印相媲美，改变了收缩膜市场几乎都由溶剂型凹印所占据的局面。采用新型水性 UV 固化超支化聚氨酯丙烯酸酯/二氧化硅纳米复合材料制备水性 UV 柔印油墨，印刷在聚对苯二甲酸乙二醇酯和玻璃基材上，具有良好的附着力、耐水性和耐磨性，在食品包装行业具有很大的应用潜力。

二、UV 凸印油墨

传统凸印的油墨传输路线与胶印相仿，均为长墨路，由多根串墨辊、匀墨辊、着墨辊将油墨均匀地传递到印版上，所以凸印油墨和胶印油墨一般是可以通用的，且凸版印刷没有水墨平衡问题，因此凸印油墨的乳化性能要求不高。

目前凸版印刷主要应用在标签、票据、名片印刷领域中，UV 凸印油墨的使用可获得高质量的印刷品。另外，凸版印刷中还有一种凸版胶印，也称为干胶印的印刷方式，即印版上的油墨通过橡皮布滚筒转移到承印物上，它主要应用于包装印刷，用于软管、二片罐印刷，这些印刷早期使用的油墨都为溶剂型油墨，不仅不环保，而且还需要高能源消耗的体积庞大的干燥装置，因此逐渐被 UV 凸印油墨替代。

第四节　光固化技术在丝网印刷油墨中的应用

丝网印刷又叫丝印或网印，其印版呈网状，印刷时，印版上的油墨在刮墨刀的挤压下，从版面通孔漏印到承印物上，采用 UV 油墨的丝网印刷如图 5.3 所示。丝网印刷以其承印材料广泛、印刷膜层厚、质感丰富等特点得到了广泛的发展，可用于纸张、纸板、塑料、金属、木材、玻璃、陶瓷、纤维等各种承印物，广泛地应用在包装、装潢、广告、印制电路、电子元器件等领域。因此丝网印刷油墨种类繁多，包括不同功能、不同应用的油墨品种。

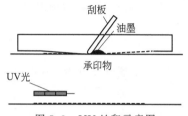

图 5.3　UV 丝印示意图

UV 油墨在丝网印刷中应用非常广泛，它具有以下优势：①印刷适性好。由于丝网印刷墨膜层很厚，为了提高印刷效率，要求油墨干燥速度快，但是油墨干燥过快又会造成印刷过程中发生堵版、斑点等故障，而 UV 油墨很好地解决了这个矛盾，实现了在印刷过程中油墨不会固化，而印刷结束后能快速固化。同时，UV 油墨对承印材料适应性广泛，满足丝网印刷的要求，因此非常适合丝网印刷。②高效节能。UV 丝印油墨可瞬间干燥，产品印完后可立即叠放，不需要众多晾架或庞大的烘干装置像传统油墨印刷后的产品那样放置和干燥，提高了印刷生产效率，并节省了空间和大量的能源。③印刷质量好。由于 UV 丝印油墨不含挥发性成分，且性能稳定不变，可实现稳定的印刷质量。油墨在网版的最细微的通孔中不会干燥，这对于长版印刷、复杂的图形和网点等精细印刷起到了非常积极的作用，在精细活件复制方面有完美的表现。④绿色环保。UV 丝印油墨的固含量为 100%，无溶剂排放，有利于环境保护。

UV 丝印油墨黏度较大，一般为 1～10Pa·s，印刷速度低，一般为 5～30m/min，印刷墨层较厚，一般为 10～30μm，细度一般在 5～15μm 之间。UV 丝印油墨常用的低聚物为环氧丙烯酸树脂，光固化速率快，综合性能好，也可适当加入聚氨酯丙烯酸酯，以改善脆性、提高柔韧性和附着力。UV 丝印油墨使用的活性稀释剂，一般根据油墨的黏度、光固化速率等要求，选择单、双、多官能度丙烯酸酯搭配使用。UV 丝印油墨使用的光引发剂要根据油墨的颜色、UV 光源的类型和油墨的厚度等因素进行选择，一般含量在 2%～6%。UV 丝印油墨所用颜料与一般油墨类似，由于油墨层厚，颜料用量相对较少，一般占油墨总量的 5%～8%，较低的颜料含量就可以达到高的遮盖力，这对底层固化是有利的条件。由于油墨黏度较大，而颜料添加量又较少，在不妨碍颜料饱和度和遮盖力的前提下，适当添加折光性较好的透光填料，增加墨层内透光介质的浓度，也有助于提高底层引发剂的吸光量。由于网印墨膜厚，印刷精度不是很高，颜料粒径可大一些，故在不牺牲颜料分散性的前提下，可适当增大颜料粒径，使油墨的实际透光性增加，以利于底层固化。填料价格便宜，可降低油墨成本，加入填料可减少固化体积收缩，有利于提高附着力。为了改善印刷时刮刀的滑爽性，常添加滑石粉。为了改善印刷适性，提高丝印质量，必须加入助剂，如消泡剂和流平剂等，尽量使用 UV 油墨专用的助剂。使用有机硅类或含氟类助剂时，要考虑重涂性，即套色印刷时，要将表面张力低的色墨印在表面张力高的色墨上。对厚油墨层或有触变性要求的 UV 丝印油墨，要用触变剂气相 SiO_2。

　　除了常规丝印油墨以外，在丝网印刷中利用 UV 固化技术，还开发出了一些具有特殊装饰效果的 UV 丝印油墨，通过控制 UV 油墨的固化、组分等不同方式，产生许多特殊的装饰图案，并利用油墨在印刷过程中出现的缺陷问题，形成很好的装饰效果。UV 丝印装饰油墨广泛地应用于包装印刷，成为高档产品、工艺品等产品印刷的重要元素。UV 丝印装饰性油墨品种很多，大致可分为三种类型。

(一) 外添加型

　　在油墨内添加具有特殊效果的填料、颜料或助剂，印刷后油墨表面呈现特殊的装饰效果的 UV 丝印装饰性油墨。常见有以下几种：

　　(1) UV 丝印仿金属蚀刻油墨（磨砂油墨）

　　UV 丝印仿金属蚀刻油墨中含有大量小颗粒"杂质"，用丝网印刷把油墨漏印于具有金属镜面光泽的金银卡纸上，就可产生犹如光滑的金属经腐蚀、雕刻式磨砂等处理的特殊效果。所产生的特殊视觉效果的光学原理是：印有 UV 仿金属蚀刻油墨的图文部分在光的直射下，油墨中的小颗粒对光发生漫反射形成强烈的反差，犹如光滑金属表面经磨砂产生凹陷的感觉；没有油墨的部分因金银卡纸的高光泽作用，产生镜面反射而有凸出的感觉，仍然具有金银卡纸金属般的光泽度。它能使承印物具有金属般的光泽度和似蚀刻后的浮雕立体感，从而产生磨砂、亚光及化学蚀刻的效果，使印刷品显得高雅庄重、华丽美观，大大提高了印刷品的装饰档次及艺术欣赏价值。

　　UV 丝印仿金属蚀刻油墨是一种粒径为 15～30μm 的无色透明单组分 UV 丝印油墨，一般是将低聚物、活性稀释剂、光引发剂、"砂粒"等多种材料搅拌成浅色透明糊状，也可加入颜料制成彩色蚀刻油墨，但不能使用遮盖力强的颜料。油墨墨丝短而稠，其中添加的"砂粒"印刷后可在光照下形成漫反射，产生磨砂效果。所谓的"砂粒"实际上都是无色透明的塑料细颗粒，如聚丙烯、聚氯乙烯、聚酰胺等塑料粉末，粒径在 $15\sim30\mu m$ 时就可用。通过添加微粉蜡或无机亚光粉可获得亚光效果，微粉蜡一般为合成的聚乙烯蜡和聚丙烯蜡，分散于 UV 丝印油墨中，固化成膜时，蜡与树脂体系存在不相容性，故游离而浮于固化墨膜表面，使光泽度受到影响，形成亚光效果，这种亚光效果有柔软的手感和蜡质感。性能优越的 UV 仿金属蚀刻油墨首先要具有良好的颗粒分布、立体感和蚀刻效果，印刷后才能产生令人满意的艺术效果；要求附着力及柔软性优良，否则在烟、酒盒等进行轧缝时会发生爆裂，严重影响产品质量；需要固化快、存放期长、手感好，不能太毛糙，否则在烟标等包装生产线中容易发生轧片现象。为了减小印刷后油墨在承印物膜面的流平性，要少用或不用流平剂，以促进凹凸粗糙面的形成。此外，印刷烟标及食品包装盒的油墨还必须具有低气味性，保证油墨符合食品卫生和环保绿色印刷的要求。为避免金银卡纸掉色，不选用分子量小、溶解性能强的活性稀释剂。

使用丝印 UV 仿金属蚀刻油墨印刷时，丝网的选择是至关重要的，丝网目数应与油墨砂型的粗细程度相匹配，如果油墨砂型比较粗，颗粒度大，应选择较低目数的丝网，其丝网的孔径较大，可使油墨中砂粒通过丝漏印到承印物上，否则会使部分砂粒残留在网版上，造成印刷品上的砂粒稀少，出现花白现象，导致蚀刻效果差。随着印刷的进行，油墨砂粒不断堆积，网版上的油墨黏稠度逐渐增大。如果砂型较细，颗粒度小，则可选择较高目数的丝网，一般油墨砂粒直径在 $15\sim30\mu m$，选用的丝网目数在 $150\sim250$ 目/英寸（1 英寸＝0.0254m）即可，具体情况可根据使用经验来选择。

为使 UV 蚀刻印刷有良好的视觉效果，承印物的选择也很重要，一般选择具有金属镜面效果和高光泽的材料。材料的平滑度也很重要，若平滑度低则印刷适性就不高，油墨附着性就差。蒸镀有铝箔的卡纸、铝箔都可以印刷，但以金银卡纸最为理想。

添加蜡粉的油墨，由于蜡粉浮于墨膜表面，而蜡质本身强度较低，抗刮伤能力差，所以效果不够理想。如果改用气相二氧化硅、硅微粉、滑石粉等无机填料组分，由于浮于膜层表面的能力差，难以获得亚光磨砂效果。对添加硅粉消光剂的UV 油墨，可以采用分步辐照的方法来获得亚光磨砂效果。先对湿层用较长波长的光源辐照，因其对膜层较有力的穿透效果，可使下层油墨基本固化，墨层表面层虽然光能相对较强但受氧阻聚的干扰，上表层固化较差，在墨层内形成下密上疏的结构，有一种迫使填料上浮的作用力，再加上无机填料（硅粉）与有机交联网络的不完全相容性，无机粒子就会被迫向固化状况较差的表层迁移，聚集到墨层表面，此时再用波长较短、能量较高的光源照射墨层，使油墨表面层彻底固化，这样便可得到明显的光磨砂效果。

（2）UV 丝印珠光油墨

UV 丝印珠光油墨是将云母珠光颜料加入 UV 油墨中，制得的一种具有珠光幻彩效果的特种油墨。这种珠光效果不同于普通"吸收型"颜料和"金属"颜料，它所表现出的色彩是丰富而具有变化的。人眼在不同的视角观察同一点时，光泽会不同；人眼在同一视角看不同点时，光泽也会不同。总的看来，珠光就像是从物体内部或深层发出来的光芒。珠光颜料随其颗粒大小的不同在使用中表现出不同的效果，颗粒越大，闪光度越高；颗粒越小，对底色的覆盖力越强，而闪光度降低。改变涂布在云母内核上的金属氧化物的厚度或种类，也会带来不同的色彩变化。珠光颜料可提供一个崭新的、个性化的色调效果，它既可单独使用，也可与透明的常规颜料合用。另外，底层涂料的颜色与之叠合，又会有更令人惊喜的色彩产生，其装饰效果的丰富性几乎可以无限延伸。干涉色系列珠光颜料既可单独使用，也可同其他传统色料同用，干涉色会随视角改变而产生多种效果，可以有"珠光白""珠光幻彩""珠光金及金属色"等效果。另外，珠光颜料还具有良好的物化特性，耐水、耐酸、耐碱、耐有机溶剂、耐热（300℃无变化）、不导电，耐光性极好，无毒，对皮肤和黏膜无刺激，不会引起过敏反应。UV 丝印珠光油墨可印在各种承印材料上，如纸张、塑料、金属、玻璃、陶瓷、织物等，特别是在纸张、针织品上应用较多，可应用于包装领域，将获得很多意想不到的华丽享受。

珠光颜料属于无机颜料，本身颗粒较大，虽然具有透明性，但是对紫外线反射也最强。所以要根据珠光涂层的效果来调节颜料的加入量，加入量过多，不仅影响油墨黏度，更会影响油墨的光固化速度。珠光颜料为片状结构，对剪切力非常敏感，大的剪切作用会破坏珠光效果，所以油墨制造时，颜料的分散不能使用常规的三辊研磨机、球磨机和砂磨机，只能使用高速搅拌机分散，而且必须慢速分散搅拌，以免破坏云母片状结构。珠光颜料几乎可以和所有天然和合成的树脂混合，而且润湿性和分散性都比较好，特别是在聚酯树脂和羟基丙烯酸树脂中。珠光颜料在加入油墨连接料之前应首先用活性稀释剂进行润湿。良好的润湿可以使珠光颜料均匀地分散到油墨连接料中，这是获得优质珠光印刷效果的基础。同时，润湿也能克服珠光颜料在分散时的"起尘"现象。由于珠光颜料具有良好的分散能力，在低黏度体系中一般使用低速搅拌即可很好地分散。UV 丝印珠光油墨中加入的珠光颜料颗粒都会对紫外线发生吸收、反射或散射，使紫外线很难到达油墨层底部，因而影响 UV 珠光油墨的固化，尤其是底部更难固化。因此制备 UV 丝印珠光油墨必须要选择合适的、光引发效率高、有利于深层固化的光引发剂。珠光效果主要来源于入射光线的折射和干涉，如果油墨涂层的透明度低，原本充足的光线就会被吸收而损失掉。所以在制备 UV 丝印珠光油墨时，常用透明的 UV 光油作连接料。

常用的云母钛珠光颜料（F 级）尺寸达到了 $25\mu m$，厚度为 $0.2\sim0.5\mu m$，因此印刷时应选用低目数丝网，否则珠光颜料会将网孔堵住，影响油墨转移。另外，还应该注意油墨转移后的流平性，流平性好才能保证颜料薄片排布的质量。当颜料在油墨涂层中分布得均匀，而且多数颜料颗粒同承印物表面呈平行排列时，得到的光泽最好，否则就会大打折扣。

（3）UV 丝印发光油墨

UV 丝印发光油墨是将发光粉加入透明油墨中制备出的特种功能油墨，目前已经获得了广泛的应用，尤其是在发光标牌制作中，如图 5.4 所示。

发光材料即长余辉蓄光型发光材料，是一种无机粉体材料，大部分为稀土发光材料，这种粉体材料具有一定的体色并且不透明，在实际使用中需要印刷一定的厚度才能体现出较好的发光效果，这就给 UV 固化发光油墨的使用带来一定的难度。UV 丝印发光油墨制备要考虑发光粉的选择，发光粉的基本要求是亮度要高、粒径适中。粒径大时无法通过网孔，粒径小则印刷厚度不够，发光效果较差，一般采用 $60\sim80\mu m$ 的发光

图 5.4　UV 丝印发光油墨印刷样图

粉较合适。稀土发光粉通常是浅黄绿色的，因此选择制作标识牌的底材以蓝色或绿色为宜。通常采用的是 80 目/英寸涤纶单丝的网版进行印刷，这样可保证发光粉顺利通过网孔，同时印出的发光层也比较厚。在印发光层之前需要印制一层白色底层，发光层印在白色底层上，因为白色底层可使透过油墨层的入射光以及发射出的荧光更充分地反射，最大限度地发挥发光油墨的发光效果。使用不同材料的底层对油墨发光性能的影响不一样，加入二氧化钛的白色底层最有利于提高发光油墨的发光性能。UV 丝印发光油墨与白色底层需要有很好的附着力，一般选用白色 PVC 油墨，这是因为大多数 UV 油墨在 PVC 油墨层上都有很好的附着力，因此可避免发光层从标牌上脱落的现象。为了使发光层达到一定的厚度，标牌制作往往需要进行多次印刷。由于 UV 油墨是在印刷一遍后立即进行固化，然后在固化后的光滑表面再接受下一次印刷，此时需要 UV 油墨的每层间都具有较好的附着力，不能出现分层现象，因此需要注意层间附着力的问题。长余辉蓄光型发光材料是一种无机粉体材料，发光材料密度较大容易沉淀，因此使用前需要进行搅拌。同时，发光材料容易与铁锈、重金属等发生反应，因此在分散过程中不宜采用金属棒，不适合在金属容器中保存，否则会导致材料变黑，影响使用效果，容器选择玻璃、陶瓷、搪瓷内衬、塑料容器为宜。发光油墨成膜后，发光吸光功能是由发光材料来实现的，由于光线通过的要求，制备油墨的低聚物和活性稀释剂要求无色或浅色，透明度好。发光材料的含量越高，辉度就越亮，但是为了使发光材料与基材有合适的附着力，树脂的比例最低不能少于 10%，且树脂的比例越高，发光涂层的平滑度和光洁度就越好。因此，发光材料的用量一般为总质量的 20%～60%，或为容积的 10%～35%，或根据发光度的要求确定发光材料的用量。发光材料不能研磨，制备发光油墨时，只能使用高速分散机或搅拌机。

（4）UV 丝印香味油墨

UV 丝印香味油墨是一种微胶囊油墨，是在油墨中添加了能释放香味的微胶囊而制成的一种特种油墨。可以用于各种产品的印刷中，赋予印品特殊功能。

用于 UV 丝印香味油墨的香料应为液态，且为油溶性；具有一定的抗氧化能力；挥发度要小，稳定性和持久性要好；化学性质不能受油墨影响；胶囊壁材要具有疏油性和一定的抗氧化能力。

微胶囊是在物质微粒周围包裹上一层天然高分子或合成高分子材料薄膜，形成微小的胶囊，它能够储存微细状态的物质，在需要的时候释放。由于微胶囊颗粒相对较粗，要求印刷的墨层要厚一些，但印刷压力必须小，否则会导致微胶囊破裂，所以丝网印刷是最合适的印刷方法。另外，丝网印刷适合各种材料和形状的承印物，为微胶囊油墨的广泛应用奠定了基础。UV 丝印香味油墨中使用的香味微胶囊一般直径在 $10\sim30\mu m$，丝网网目选用 $200\sim300$ 目/英寸较适宜，这使得画面的色彩和层次的表现力不理想，故尽量不要印刷色调再现、清晰度要求很高的印品。在印刷过程中印速不能太快，以免刮墨刀摩擦产生热量使温度升高，导致微胶囊颗粒破裂。为了确保油墨能顺利地透过网孔转移到承印物上，印刷压力的调节很重要，印刷压力过大也会造成微胶囊破裂。除了注意刮墨后版面上的油墨是否均匀外，对采用不同壁材的微胶囊，在印刷时应结合印刷效果运用不同的印刷压力。当进行多套色叠印时，要结合实际情况，合理安排带有微胶囊粒的色墨的色序，若把含有微胶囊的色墨放在最后一色印刷，可避免后面进行印刷时破坏微胶囊体；但放在前面印刷时，也会因后来油墨叠加上去而起到保护微胶囊释放的作用。

（5）UV 丝印发泡油墨

UV 丝印发泡油墨是一种在承印物上形成立体图案的装饰性油墨，由于印刷图案具有立体感，表现出自然的浮雕形状，似珊瑚、泡沫、皱纹等，花纹自然、美

图 5.5　UV 丝印发泡油墨印刷样图

丽、奇特，除能增强装饰艺术效果外，还可以赋予盲文阅读的特殊功能，如图 5.5 所示。UV 丝印发泡油墨的应用范围很广，它适用于纸张、织物、皮革、金属、玻璃等各类承印材料，广泛应用于包装装潢、书籍装帧、书刊插页、盲文刊物、地图、墙纸、棉纺织品等印刷。其外观、手感、透气、透湿、耐磨、耐压、耐水、色泽等方面都具有独特之处。

UV 丝印发泡油墨也是一种微胶囊油墨，采用微胶囊技术制备而成。所采用的微胶囊中充入了发泡剂，经加热处理，发泡剂释放气体，使微胶囊体积增大到原体积的 $5\sim50$ 倍。微胶囊是空心的，所以硬度、耐刮性不是很好，使用时尽量不要用硬的东西刮擦，这是发泡油墨的缺点。

由于发泡油墨经加热，体积膨胀 $5\sim50$ 倍，色调浓度变淡，设计时应考虑彩色配搭的协调性。另外，发泡后的墨层表面粗化，变得不透明，不能像一般油墨那样

多色叠印成色，必须设计为专色印刷。因发泡后体积增大，大面积实地图案表面易缩皱，发泡不均，破坏艺术效果，因此设计时对大面积实地图案采用80％网点或用有微细间隔的线条代替，为发泡留有充填的余地。发泡印刷对于0.2mm以下的细线条和过于细密的图文印刷效果不好，不能将这些精细图文用发泡油墨进行印刷，只对需要强调的部分使用，其他部分采用普通油墨印刷，印刷时将发泡油墨印刷安排在最后较妥。在UV丝印发泡油墨中添加专用UV色浆，可以改变图案颜色。加入专用的发泡剂，可控制油墨花纹的大小和疏密，用同一块网版，可以印出几种不同的发泡图案，大大增加了产品艺术装饰效果。

（二）化学转变型

油墨印刷后，表面看不到装饰效果，在光固化过程中，油墨发生化学或物理变化，表面形成一些特殊图案的UV丝印装饰性油墨。常见有以下几种。

（1）UV丝印冰花油墨

UV丝印冰花油墨是一种特殊的UV透明油墨，它采用丝印工艺，一般是将油墨印在具有镜面感的承印材料上，如镀铝膜卡纸、镜面不锈钢、钛金板、镜面氧化铝板等，经紫外线照射固化，承印物表面将出现晶莹剔透、疏密有致的冰花图案，在光的照射下发出耀眼的光彩，能使印品更加新颖别致，如图5.6所示。冰花油墨一般用于商品包装、礼品、贺卡标签等产品的表面装饰。但由于UV丝印冰花油墨产生冰花所需的UV照射时间长、生产效率低、耗能过高、纸张易变形等缺点，多数还只用于小批量的印刷，未能在包装印刷中大量使用。UV冰花油墨除了可印刷在具有反光效果的底材上以外，也可印刷在透明的基材上，如玻璃、透明亚克力、透明PC等，常被用来反印正看。

图5.6　UV丝印冰花
油墨印刷样图

UV丝印冰花油墨是无色透明油状液体，加入专用色浆，还可以印刷各种彩色的冰花图案。也可以先印好透明的彩色UV油墨，静光固化后再叠印冰花油墨，获得彩色的冰花图案。UV丝印金属/玻璃冰花油墨是专门为玻璃及镜面金属底材而开发的，硬度高，有优异的附着牢度，耐水性强。为了使玻璃上的透明冰花图案具有金属闪光效果，在冰花表面印刷一层UV镜面银油黑，从玻璃或透明塑料薄膜的反面观看时，冰花将具有金属感，冰花油墨好像是印在镜面金属上。

UV冰花的形成机理：当UV冰花油墨受到紫外光照射时，会发生两种反应。一种是主反应，即光化学聚合/交联反应，促使油墨固化，同时产生体积收缩。由于配方中低聚物的官能度较高，冰花固化膜既硬又脆。墨层的收缩和固化过程是不同步的，也是不均匀的，其结果必然造成应力集中，导致固化膜开裂，形成许多类似于冰面被敲击的裂纹图案，即冰花图案。UV冰花纹理是自然形成的，非人为所致，具有自然美的特点，艺术感很强。另一种是副反应，即空气中氧气产生的氧阻效应，也就是说氧气会阻碍油的进一步固化，对固化不利，尤其是与空气直接接触的冰花墨层表面很难固化。UV冰花的形成过程分为三个阶段：大裂纹的产生；小冰丝的形成；冰花墨层的干燥。当印刷好的冰花油墨进入紫外光照射区域时，油墨表面慢慢地会出现一层白雾状的固化层，原本完全透明的涂层变得不那么透明了，并逐渐形成纵横交错的裂纹图案，就好比天空中出现了很多条闪电轨迹。大裂纹的产生一般需要中等强度的紫外光照射20～40s。随着大裂纹逐渐变深，层表面的白雾逐渐消失，有的地方变得透明，有的地方半透明，墨层变成了分布着许多大裂纹的透明层。很快，大裂纹的边沿又出现了无数细小的冰丝，彼此朝着一个方向快速增长，直到碰到对面的冰丝为止，冰丝的形成时间很短，一般为5～10s。如果此时用手触摸油墨表面，黏糊糊的还未固化。冰丝的粗细与密度决定冰花图案的立体效果。冰丝越密、越细，冰花的反光和折射效果越明显，立体感越强，但透明度较差；冰丝越粗，密度越低，冰花墨层的透明度越好。大裂纹和小冰丝形成后，冰花层就需要用强紫外线照射使之快速干燥，否则美丽的冰花图案会因为氧阻作用变得模糊不清。仔细观察UV冰花图案，尤其是用高倍放大镜观看时，会发现冰花是由许许多多大小裂纹组成的，有的裂纹大又长，有的裂纹短而细（简称为冰丝）。大的裂纹相互交叉并连接在一起，冰花图案的大小是由大裂纹所围合的面积决定的，面积越大，冰花越大，反之冰花越小。UV裂纹决定冰花的大小，冰丝决定立体感，只有充分了解UV冰花的形成过程和影响因素，才能生产出立体感强、透明度高、大小合适的UV冰花装饰产品。

底材的性能（颜色、透明度）对冰花的形成也会产生很大的影响。底材色越深，冰花固化得越慢，冰花越大，颜色浅的地方，冰花就小。在其他条件不变的情况下，通过改变底色也可以控制冰花的肌理效果。要想得到稳定的冰花，还必须保持光照区域温度的稳定。冰花油墨印刷的均匀性，不但影响产品的颜色深浅，而且决定着冰花图案的大小，印刷冰花油墨时，一般选用200～260目/英寸丝网版，网目低，墨层厚，冰花就大；反之，冰花花纹就小。冰花油墨的黏度较大，网印时应放慢刮印速度，使墨层均匀一致，否则生产出来的产品不光颜色深浅不一，冰花大小也不一样。印刷冰花油墨时，环境温度应尽量保持稳定。温度高，油墨黏度小，气泡消失得快，印刷墨层较薄，光照后形成的冰花花纹较小；温度低，油墨黏度大，印刷时易产生气泡，墨层较厚，形成的花纹较大。另外，冰花的形成过程受温度的影响也很明显，温度越高，墨层中的氧气的溶解速度越快，溶解的氧气量越多，固化速度就会越慢，冰花就会越大。因此，印刷车间环境温度的波动会直接导致冰花图案大小的变化，从而影响产品的批次稳定性。建议印刷环境温度控制在20～30℃较佳。

用于UV丝印冰花油墨的光固机比普通的光固机长很多，并且是多根UV灯，每根UV灯作用不同，并且灯距可调，前几根UV灯产生冰花，最后一根UV灯只用于固化油墨，灯箱内的温度要求控制在 35～55℃。

（2）UV 丝印皱纹油墨

通常情况下，油墨在干燥时，若表面层与底层收缩不同，则会产生起皱现象。这种起皱现象本来是印刷中的缺陷，但如果有意识地突出和控制起皱，使其形成一种独特图纹的装饰效果，印品就能够产生一种立体、均匀的像皮肤纹路一样的视觉效果，如图 5.7 所示。采用丝网印刷，通过紫外光固化能产生这种起皱效果的油墨就是 UV 丝印皱纹油墨，通常印在光泽度很高的金银卡纸等承印物上，也可印在有机玻璃、PVC 片材、塑料薄膜上。由于得到的印品具有立体感强、豪华典雅、墨膜饱满和良好的视觉效果等特点，被广泛用于高档烟包、酒盒、礼品包装盒、保健品包装盒、化妆品盒、挂历、书本等产品的表面装潢印刷。

图 5.7　UV 丝印皱纹油墨印刷样图

UV 丝印皱纹油墨的皱纹形成需经过起皱和固化两个阶段。首先经低压汞灯光照射表面，使油墨表层固化，内部呈半固化状态，表层 UV 油墨由于固化收缩，产生凹凸纹路，再通过中压汞灯光固化，就可以达到褶皱的表面效果。皱纹大小与通过低压汞灯的速度即引皱速度有关，速度太快，无皱纹产生，速度太慢，表面已固化，也不会产生皱纹。实验证明，当引皱速度小于 14m/min 时，油墨基本上无法起皱；当速度达到 14m/min 以上时，油墨均会起皱。因此，一般生产中可选择 14～20m/min 的引皱速度。通过控制传送带速度，改变低压汞灯与高压汞灯之间的距离，可确定最佳工艺参数。

UV 丝印皱纹油墨是不加颜料的，实际上也是一种 UV 透明光油，如需着色，可加相应的色浆调匀后印刷，但加入量一般不超过 3%。不同系列及品牌的 UV 丝印皱纹油墨一般不可相互拼混，以免发生不良反应，影响印刷效果。产生的皱纹大小与丝网目数、网印墨层厚度有关，丝网目数越低，墨层越厚，皱纹越大；丝网目数越高，墨层越薄，皱纹越小。一般使用丝网目数 100～200 目/英寸为佳。印刷速度和刮刀角度对产生的皱纹大小也有影响，印刷速度快，刮刀角度小，花纹就小；印刷速度慢，刮刀角度大，花纹就大。因此，在紫外线固化时，以出现最佳花纹效果来调整最佳的印刷速度和控制刮刀角度。

根据 UV 丝印皱纹油墨形成皱纹的机理，要求固化机加装低压汞灯的引皱装置，UV 引皱装置与 UV 固化灯之间的距离不低于 1.2m，否则印刷后的产品未经 UV 引皱装置引出皱纹而被 UV 灯固化，花纹无法引出，也无法达到皱纹的效果。

（三）特殊型

通过特殊的材料制备油墨，或特意使油墨的一些性能特殊化，形成特定效果图案的 UV 丝印装饰性油墨。常见有以下几种。

（1）UV 丝印水晶油墨

UV 丝印水晶油墨一般是采用特殊 UV 树脂及助剂制成的紫外线固化油墨，它无色无味、晶莹剔透、固化后不泛黄、印后线条不扩散、透明似水晶。有硬型和柔韧型二种，油墨外观呈透明浓浆状。印刷品图文具有立体透明的水晶状效果和浮雕般的艺术感，典雅别致。如果加入适量的镭射片、闪光片、特殊效果金属颜料，即可获得各种立体闪烁装饰效果。该油墨可广泛应用于各种水晶标牌、装饰玻璃、书刊封面、挂历、水晶画、烟酒包装盒、标牌及盲文等商品的印刷。

印刷网版必须是低目数的厚膜丝网版，否则达不到立体水晶的效果。如采用低目数的（40~80 目/英寸）厚膜丝网版印刷，可以获得高凸起、立体透明的水晶状效果，使印刷品图文具有浮雕般的艺术感。

（2）UV 丝印珊瑚油墨

UV 丝印珊瑚油墨是利用在油墨层中的大量气泡相互聚集，通过无规律的气泡连续堆积与无气泡平滑部分一起形成珊瑚状纹路图案，这种图案可以产生特殊的装饰效果。这种油墨又可称为珍珠油墨，当墨层较厚时，气泡聚集在一起形成珊瑚状的花纹；较薄时，形成小珍珠粒状，也别有风味。多用于各类挂历、酒包装、化妆品盒的表面装潢印刷。

在使用丝印 UV 珊瑚油墨时，应注意按所需的花纹选择丝网目数，如要印成粗珊瑚状，需使用低目数丝网；如要印成小珍珠状，则可用 250~300 目/英寸的丝网。此外，还可以调整油墨印刷后等待通过 UV 固化的时间，来控制珊瑚花纹的大小，通常情况下，立即通过 UV 固化，花纹清晰有序；等待时间越长花纹会越大越模糊。

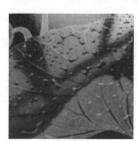

图 5.8 　UV 丝印水珠
油墨印刷样图

（3）UV 丝印水珠效果油墨

UV 丝印水珠油墨是无色、无味、透明或有色液体，包括 UV 水珠底油和 UV 丝印水珠面油，当水珠底油与水珠面油的表面张力差异足够大时，液体的水珠面油就会在水珠底油固化膜表面收缩形成小水珠，如图 5.8 所示，主要用于玻璃、金属、塑料、金银卡纸等产品的表面修饰。

第五节　　光固化技术在凹版印刷油墨中的应用

凹版印刷是采用图文部分凹下且深浅不同，非图文凸起且在同一平面上。印刷时，先使整个印版表面涂满油墨，然后用特制的刮墨机构，将非图文部分的油墨去除干净，使油墨只留存在图文部分的"孔穴"之中，再在较大压力的作用下，将图文部分的油墨转移到承印物表面，采用 UV 油墨的凹版印刷如图 5.9 所示。由于印版图文部分凹陷的深浅不同，填入孔穴的油墨量也不同，这样转移到承印物上的墨层有厚有薄，墨层厚的地方颜色深；墨层薄的地方颜色浅，原稿上的浓淡层次在印刷品上得到了很好的再现，所印刷的图像墨色浓厚、饱和度高、色调层次丰富、印刷质量好，非常适合在各种纸张、塑料薄膜以及金属箔等承印材料上印刷，是包装印刷的最主要印刷方式。

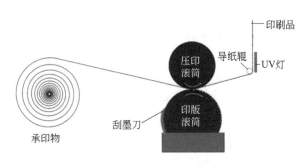

图 5.9　UV 凹印示意图

目前凹版印刷以溶剂型油墨为主，它含有大量的有机溶剂，会产生大量的 VOCs 排放，严重污染环境，是所有油墨类产品中对环境污染最大的品种。UV 凹印油墨因其在 UV 光源照射处理下能快速发生聚合反应固化成膜，过程中无有机溶剂挥发，油墨利用率高，低 VOCs 排放，节能高效、绿色环保，适用于多种基材等，成为凹印油墨的发展方向。

UV 凹印油墨黏度很小，通常在 20～300mPa·s，以保证油墨具有良好的传递性能，得到优质的印品。由于凹版印刷速度快，一般为 100～300m/min，加之油墨墨层较厚，一般最厚为 12～15μm，因此对 UV 凹印油墨固化速度要求非常高，但颜料含量相对较低，一般在 6%～9%。UV 凹印油墨同 UV 柔印油墨相似，要选用低黏度、固化速度快的低聚物和单体。由于凹版印刷主要用于包装印刷，塑料薄膜是常用的承印材料，且很多产品印刷后需要复合处理，因此对 UV 凹印油墨附着力、复合强度要求很高。为避免塑料薄膜的变形，还需要低温固化。

采用 UV-LED 自由基-阳离子混杂光固化体系，制备 UV 凹印油墨可解决光固化油墨在塑料基材凹印中的应用问题。自由基 UV 体系虽然固化速度快，但是转化率只有 80%，没有反应的单体、引发剂，引发剂碎片容易迁移，迁移率较高；固化后体积收缩率大，因而内应力高，导致附着力差；还存在气味大等问题。而阳离子 UV 体系虽然没有上述问题，但是干燥速度慢，价格高；阳离子聚合存在后固化现象，阳离子聚合反应在链终止的同时产生了新的引发活性中心，可继续引发聚合反应。混杂光固化体系可以充分发挥自由基和阳离子光固化体系的优势。它可通过光固化反应和后固化进行深层次固化，移走光源后，环氧化合物可继续发生聚合反应，使得体系进一步固化，有着较高的固化率和较低的迁移率。混杂光固化体系可采用环氧-乙烯双重固化单体，加入环氧化合物可以平衡乙烯的体积变化，减小体积收缩率，从而减小内应力以增强附着力，非常适合塑料基材的印刷；加入乙烯则可以加快体系的固化速度和耐溶剂性能。采用 UV-LED 固化光源，无臭氧产生，更有利于环保，且热效应极低，因此适印范围广泛，尤其适合于非耐热基材和热敏基材。因此，自由基-阳离子混杂光固化的 UV-LED 凹印油墨有着低气味、低迁移率；良好的附着力、延展性、高光泽度；耐热、耐冻、耐刮、耐磨、耐酸碱、耐溶剂；印刷色彩鲜艳等特点，适合纸张、各种金银卡纸、镀铝膜、PET、PVC、PP 等材料的印刷，广泛地应用于包装印刷领域，尤其是食品、药品包装。

除了常规油墨以外，UV 凹印油墨还有装饰性油墨，以实现用凹版印刷获得与丝网印刷相近的装饰效果，提高生产效率。常见的 UV 凹印装饰性油墨有适用于 PET 和纸张的 UV 凹印磨砂油墨，可以进行连线凹印，并获得磨砂效果；还有能产生折光图案、冰花图案、具有丝绸感等效果的油墨，但总体上品种不如丝印油墨多，这是由于凹印墨层厚度远不及丝印墨层厚度，一些效果较难达到。

UV 凹印油墨固含量为 100%，因此所用的凹版不需要过深的网穴，传统凹版网穴深度最高可达到 $40\sim60\mu m$，而 UV 凹版只需 $15\sim25\mu m$ 即可达到溶剂凹印油墨的效果，这可节省大量的油墨，降低油墨成本。

第六节　光固化技术在其他印刷油墨中的应用

光固化技术除了上述的常规印刷油墨中有广泛应用，还应用于其他印刷领域中，主要包括数字印刷、特殊印刷以及印刷制造。其中，数字印刷和印刷制造是印刷今后的发展方向，因此这些领域的 UV 油墨具有良好的发展前景。

一、UV 移印油墨

移印是采用凹版作为移印印版，使用可以变形的移印胶头将凹版上的图文区的油墨转移到承印物上。移印的印刷过程是由供墨装置给移印印版供墨，刮墨装置刮去印版空白处的油墨，移印胶头压到移印印版上，蘸取图文区的油墨，在胶头表面形成反向的图文，然后移印胶头在承物上压印，把油墨转移到承印物上，完成印刷，如图 5.10 所示。

移印的最大特点是承印物范围广泛，可在塑料、金属、皮革、胶木等各种材料制品上的任意凹凸表面精确地进行印刷，还可进行柔软接触印刷，能在柔软的物品（如水果、糕点等）以及易碎脆弱的物品（如陶瓷、玻璃制品等）上进行印刷，这些印刷采用其他印刷方式是很难甚至无法完成的。移印工艺操作简单，并能印刷较精细的图文，一般可以印刷 0.05mm 的细线，并可实现多色精美印刷，稳定性好。

将 UV 油墨用于移印是移印技术的一大突破，主要有以下优势：①绿色环保。UV 移印油墨不含或含很少的挥发性有机溶剂，彻底改变了印刷环境，保证了操作工人的身体健康，大大减少了对环境的污染。②快速固化。UV 移印油墨印刷后即可通过紫外线照射使油墨在极短的时间内固化，可以进行湿压湿的多色印刷，并产生极好的印刷效果，大大提高了生产效率。③适用范围广。可印刷各种材质的产品，如金属、玻璃、皮革、热敏性塑料制品等。④理化性能优异。UV 固化墨层具有优异的硬度、耐磨性和耐溶剂性，这是一般溶剂型移印油墨无法比拟的，所以 UV 移印油墨的应用领域一般为高品质产品。⑤使用方便。一般情况下，UV 移印油墨开罐即可印

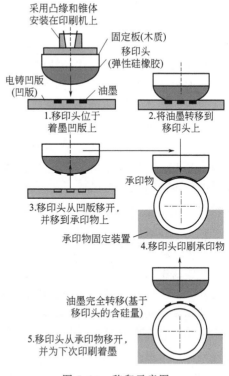

图 5.10　移印示意图

刷，无需加入大量稀释剂，在印刷过程中油墨成分变化较小。⑥立体感强。由于 UV 油墨是 100%固化，当移印钢版的蚀刻深度不变时，采用 UV 移印油墨印刷出来的图文，光固化后的墨层厚度高于挥发性油墨，凹凸感非常明显。

UV 移印油墨根据其所印刷底材的不同可简单地分为金属用 UV 移印油墨、塑料用 UV 移印油墨两类，对于墨层厚、理化性能要求高的电子产品还有双重固化 UV 移印油墨。UV 移印油墨印刷前应针对不同性质的底材采取不同的处理方法，如对于 PP、PE、PET 等难附着的产品，可采取电晕法、火焰法、化学法等预处理，以增加底材的极性，从而改善 UV 移印油墨的附着牢度。对于 ABS、PVC、PMMA、PC、尼龙、铜、铝、不锈钢、玻璃等材料可直接移印，都有良好的附着性能。

移印属于间接印刷，移印胶头表面传递的墨量有限，一般情况下，移印胶头能蘸取的墨量为移印印版凹处油墨总厚度的 2/3，转印到承印物上的油墨层厚度也只有移印胶头表面墨层厚度的 2/3，因此承印物表面的墨层厚度大致是印版图文墨层深度的 4/9，故印刷墨层较薄。要获得较醒目的图文，移印油墨中颜料含量要比丝印油墨高，细度也更细。移印胶头是移印工艺所特有的，具有优异的变形性和回弹性，在压力作用下能与承印物的表面完全吻合以实现印刷。但在移印过程中，一方

面移印胶头靠压力产生的变形来传递油墨；另一方面移印胶头的变形也会造成印迹变形、网点增大。为减小这种影响，要求移印油墨的触变性好。UV 移印油墨要求移印胶头对油墨中的低聚物和活性稀释剂的转移性要好，但由于移印胶头主要是由硅橡胶制造的，硅橡胶与丙烯酸酯类低聚物和活性稀释剂的亲和力很差，从而影响了油墨的转移效率。此外，UV 移印油墨中不能添加过多的填料，填料除了会影响固化效率外，也会影响油墨的透明性。在研制 UV 移印油墨时，要保证颜料的色浓度高且透明性、转移性好，这是个较大的难点。

双重固化移印油墨经 UV 照射，油墨已经初步固化，表面有一定硬度，印刷好的产品可以堆放或重叠在一起。为使固化膜性能达到最佳，通常还须进行热固化，固化条件为 130℃、10～20min。一般情况下，油墨颜色越浅、墨层越薄，固化越快；颜色越深、墨层越厚，固化越慢，因此应先印深色，后印浅色。

二、UV 转印油墨

转印技术是在中间载体（可以是纸张或塑料薄膜）上事先印刷图案和文字并固化完好后，再通过相应的压力和热或水的作用将载体上图案和文字转移到承印物上的一种印刷方法，它是继直接印刷之后开发出来的一种表面装饰加工方法。与直接印刷相比，它需要经过两道加工过程：第一道是对中间载体的直接印刷，需要油墨等材料；第二道是对承印物的转印过程，无需油墨、涂料、胶黏剂等材料，仅需一张转印纸或转印薄膜，在热和压力或水的作用下，就可将转印纸或转印薄膜上的图案和文字转印到需要装饰的基材表面。转印技术属于间接印刷，因此，可进行转印的承印物形状和材料种类非常多。转印技术主要有热转印技术和水转印技术两种，传统的热转印技术采用的热转印设备比较昂贵，只能承印表面平整、形状固定的物体；水转印则可对立体异形的承印物进行转印。水转印不需专用的设备，几乎可以将任何图案转印到任何形状的常温固态物体上，除了陶瓷、布料、铁器之外，木料、塑料、水晶、花卉、水果、指甲、皮肤都可以成为水转印的承印物，工艺简单，适用领域广。

采用光固化油墨来印制转印薄膜或转印纸，然后通过热转印或水转印方式将转印薄膜或转印纸上的图案和文字转印到承印物上，对承印物进行表面涂装，可以获得仿真大理石、仿真玉石、仿真木纹、镭射图案，效果自然逼真，质感强烈，是低成本无机装饰板进行高档化装饰，代替天然石材、木材装饰的最佳选择。

由于在转印膜或转印纸上印刷涉及胶印、凹印、丝印、数字印刷等多种方式，UV 转印油墨种类也很多，这些油墨既要满足印刷的要求，又要满足转印的要求，需要有很强的耐抗性，如耐热、耐水等性能。

三、UV-IMD 油墨

IMD（in mold decoration）模内镶嵌注塑成型技术是一种较新的面板加工工

艺，从 20 世纪 90 年代初开始由双层胶片层间黏结结构发展到注塑成型多元结构的三维成型技术，已成为当前一项热门的铭牌工艺，它一改平面面板的刻板模式，由薄膜、印刷图文的油墨及树脂注塑结合成三位一体，面板图文置于薄膜与注塑成型的树脂之间，图文不会因摩擦或使用时间长而磨损；它以注塑成型为依托，其形状、尺寸可保持稳定，更便于装配，故 IMD 技术应用范围极其广泛。

　　IMD 工艺流程：网印 IMD/IMS 油墨→干固→复合 PC 薄膜→成型→切边→注塑成型→成品 IMD，如图 5.11 所示。

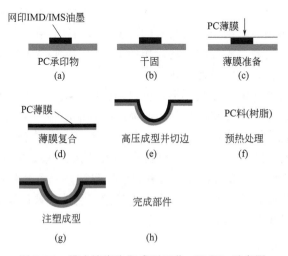

图 5.11　模内镶嵌注塑成型工艺（IMD）示意图

　　UV-IMD 油墨具有绿色环保；固化速度快，可实现自动化印刷，生产效率高；可印刷精细的线条，分辨力高，且墨层较薄，印刷面积大；因不含溶剂，在注塑前和注塑时，油墨不产生"飞油"现象等优势，在模内镶嵌注塑成型中得到广泛的应用。UV-IMD 油墨实际上就是一种 UV 网印油墨，应与 PC、PET、ABS 等塑料有良好的黏附性；在注塑成型时能承受高温（260℃），注塑时油墨不会产生扩散、流散现象；具有一定的可成型性和柔韧性能；光泽好，颜色齐全，同时不受注塑温度影响。

四、UV 模内标签油墨

　　模内标签（in mold label，IML）是一种不同于不干胶标签和利用糨糊粘接的纸张类标签的标签，通常用于注塑成型的塑料容器的标签。它是在背面涂有特别的热熔胶黏剂的经表面处理的 PP 或 PE 合成纸上，印刷制作成商标，加工成为特殊标签纸，然后使用机械手吸起已经印好的标签放在模具中，模具上的真空小孔将标签牢牢吸附在模具内。当塑料容器的原料加热并呈软管状下垂时，带有标签的模具迅速合拢，空气吹入软管，使其紧贴模具壁，这时整个模具中的温度还比较高，紧贴着塑料容器壁的标签固状胶黏剂开始熔化，并和塑料容器在模具内结合在一起。

当模具再次打开时，塑料容器成型，标签和塑料容器融为一体。印刷精美的商标牢固地镶嵌在塑料容器表面并在同一个表面上，感觉像没有标签，彩色图文如同直接印刷在容器表面上一样。模内标签主要应用在机油、食品、医药、日用品等行业，如润滑油、洗发水、个人护理品、饮料、高档药品等产品的包装。

模内标签材料由印刷面、中间层和胶黏层组成。印刷面的作用是接受油墨，形成彩色图文。印刷面材料一般有三种：PE、BOPP 和 PE/PP。目前大部分塑料容器属于 PE 材质，因此采用 PE 模内标签更有利于回收利用。生产模内标签时，一般需要涂布表面涂层或用电晕放电方法提高表面能，从而提高印刷面材料的亲墨性。中间层支撑印刷面，给予材料足够的挺度和透明度，在印刷机上和高温作用下不变形，保证套印精确。胶黏层在高温作用下熔化，使标签材料与塑料容器成为一体，保证标签与塑料容器牢固地粘在一起。

模内标签材料的面纸属合成纸类，可以用胶印、柔印、凸印与凹印等多种方式进行印刷，目前以胶印与柔印居多。因此模内标签油墨种类也很多，UV 模内标签油墨由于具有绿色环保、印刷质量好、耐抗性好等优势，广泛用于模内标签印刷。UV 模内标签油墨不仅要求油墨有良好的油墨流动性，还要求与经表面处理的 PP 或 PE 合成纸有良好的附着力，并需要有很强的耐抗性，尤其是耐热性能，要求能承受注塑成型时高温，注塑时油墨不会产生扩散、流散现象；同时还需要具有一定的柔韧性能，保证墨膜在曲面上不会开裂。

五、UV 导光板油墨

导光板是液晶面板中背光模组中的重要组成部分，它通过漫反射和全反射，可以将点光源或线光源转换成为整个面上均匀分布的面光源。导光板的制作材料多采用透光性能极优、可塑性能好、强度较高的工程材料，目前被广泛应用的主要有聚碳酸酯（polycarbonate，PC）和聚甲基丙烯酸甲酯（PMMA）两种。

导光板的制作方法有印刷式和非印刷式两种。印刷式导光板制作方法是传统的制备导光板的方法，它是在印刷油墨中添加高散光物质，然后在 PMMA 导光基板的底面，将高反射率且不吸光的油墨通过丝网印刷出大小、密度不同的圆形、蜂窝形或方形的扩散网点（$100\mu m \sim 1mm$），形成导光点，制备成导光板。当光线经过导光板时，由于扩散网点的存在，反射光会被扩散到各个角度，将其侧面输入的不均衡的点光源或线光源转化为从正面输出的均匀的面光源。印刷式导光板制作方法的优点是具有将光线折射和高反射的双重效果，亮度好，制作工艺简单容易掌握，制作成本低，从小尺寸到大尺寸的导光板都能灵活制作。但它的缺点是精确度不高、出光的散射角较大及印刷点亮度对比较高，必须使用较厚的扩散板方能达到其光学与外观要求。

导光板油墨的特性对导光板产品性能起决定性的作用，也将直接影响背光模组的性能。目前，导光板油墨有紫外线固化型、热固化型、溶剂挥发型等类型。热固化型、溶剂挥发型导光板油墨中含有大量的有机溶剂，使导光板加工过程对环境产生较大的污染，因此，UV 导光板油墨成为主要的印刷法制造导光板的油墨。

UV 导光板油墨除了有低聚物、活性稀释剂和光引发剂外，主要是还添加了纳米导光粉。所用的纳米导光粉为高折射率透明氧化物，包括氧化钛、氧化锆、氧化锌、氧化铝或钛酸钡中的一种或几种，平均粒径小于 80nm，含量在 8%～18%。UV 导光板油墨使用的低聚物主要为脂肪族聚氨酯丙烯酸酯。活性稀释剂也是采用单、双、多官能度丙烯酸酯复合使用。

六、UV 导电油墨

导电油墨是指印刷于承印物上，使之具有传导电流和排除积累静电荷能力的油墨，是印刷电子技术中的关键材料。导电油墨作为一种伴随着现代科学技术迅速发展起来的功能性油墨，至今只有半个多世纪的发展历史。导电油墨的主要应用领域有显示产品和印制电路两个方面，如有机发光二极管、电激发光显示器、智能标签、印刷电池、印刷内存、印刷电子纺织品等。

UV 导电油墨可以避免传统导电油墨的污染，具有环境友好的优势，是导电油墨的发展方向。同时从印刷工艺来看，丝网印刷是最早用于印刷电子的印刷方式。随着印刷电子技术的发展，速度更快、精度更高的胶印、喷墨印刷等方式将在印刷电子中迅速发展，因此，开发与各印刷工艺及材料良好匹配的 UV 导电油墨是大势所趋。

导电油墨的成分主要包括导电材料、连接料和助剂。其中，导电材料是导电油墨最关键的组分，直接影响油墨的核心导电应用性能，一般可分为碳系（炭黑、石墨等）、金属粉末（Au、Ag、Cu、Ni、Al 等）及金属氧化物系和有机高分子三大类。导电油墨在固化过程中，要求导电材料紧密地连接在一起，相互之间间距变小，在外电场作用下能形成电流，实现导电功能。

UV 导电油墨除了应具备与各种印刷方式相匹配的流动性以外，还要具备以下性能。①耐弯曲性：在膜片上印刷导电线路开关，假如油墨的挠性差，就可能使弯折的部分折断或者加大电阻率，影响电路板的使用。②电阻率：要求油墨本身的电阻率越低越好。③粒度分布：指导电性材料粒子的分布状态，导电粒子的粒度越微细，则连接料和粒子的分布状态越好，且油墨在印版上的铺展性越好，油墨与承印材料接触面积也就越大。④干燥速度：导电油墨在一定的紫外光照射条件下，干燥所需时间越短越好，可以减少工时，节省能耗，提高生产率。

UV 导电油墨性能的提高对开发电子产品的印制技术有重要意义，市场潜力巨大，研制稳定性好、阻抗低、固化速度快的导电油墨是研发的重要方向。

七、UV 导电油墨在 RFID 中的应用

射频识别技术，也称为电子标签技术（radio frequency identification，RFID），

起源于二次世界大战中的敌我识别系统。20世纪70年代开始使用，90年代开始大规模使用，是基于射频原理实现的非接触式自动识别技术。RFID技术是以无线通信和大规模集成电路为核心，利用射频信号及其空间耦合、传输特性，驱动电子标签电路发射其存储的唯一编码，可以对静止或移动目标进行自动识别，并高效地获取目标信息数据，通过与互联网技术相结合，还可以实现全球范围内的目标跟踪与信息共享。

RFID系统应用不同，其组成也会有所不同，但基本都由电子标签（tag）、读写器（reader）、天线（antenna）和中间件（middle ware）等部分组成。

天线是为标签和读写器提供射频信号空间传递的设备。在实际应用中，除了系统功率，天线尤其是标签天线的结构和环境因素将影响数据的发射和接收，从而影响系统的识别距离。目前天线的制作方法主要有四种：线圈绕制法、蚀刻法、电镀法和直接印刷法。线圈绕制法：是直接在底基载体上绕上一定的铜线或铝线作为天线，其他三种方法的天线都是由印刷技术实现的。其中导电油墨印刷高效迅速，是印刷天线首选的既快捷又便宜的方法。

UV-RFID标签用导电油墨是一种特种油墨，它可以将微细的导电粒子加到UV油墨中，使油墨具有导电性，印到承印物上以后，可以起到导线、天线和电阻的作用。进入磁场区域后，可以接收读取器发出的信号，凭借感应电流所获得的能量，发送出存储在芯片中的产品信息，或者主动发送某一频率的信号，读取器读取信息并译码后，送至中央信息系统进行有关的处理。它相较其他的天线制作方法有着极其明显的优势。①工艺时间短。传统的蚀刻法和线圈绕制法制作复杂。蚀刻法首先要在一个塑料薄膜层上压一个平面铜箔片，然后在铜箔片上涂覆UV抗蚀油墨，干燥后通过一个正片（具有所需形状的图案）对其进行光照，放入化学显影液中，此时感光胶的光照部分被洗掉，露出铜，最后放入蚀刻池，所有未被感光胶覆盖的铜都被蚀刻掉，从而得到所需形状的铜线圈。线圈绕制法要在一个绕制工具上绕制标签线圈并进行固定，此时要求天线线圈的匝数较多（典型匝数为50～1500匝）。相较减法制作技术的蚀刻而言，UV导电油墨印刷天线采用的是一种加法制作技术，一步到位，高效快速，相对地减少了很多工作。②成本低。传统的蚀刻法和线圈绕制法消耗很多金属材料，容易造成材料的浪费，成本较高。而UV导电油墨就其组成成分来看，本身成本比金属线圈要低，也不会造成材料的浪费。另外，蚀刻过程必须采用UV抗蚀油墨及其他化学试剂，这些化学药品都具有较强的侵蚀作用，还需考虑废料处理的问题，这本身就是一个比较昂贵的工序。③无污染。蚀刻过程所产生的废料及排出物对环境造成较大的污染，而采用UV导电油墨直接在承印物上进行印刷，无需使用化学试剂，且油墨无溶剂挥发，因而具有绿色、环保的优点。④承印材料、标签样式多种多样。印刷的特点决定了能够将UV导电油墨印制在几乎所有的承印材料上，还允许有多种设计样式，以制得所需要的天线。可作为智能标签基片的材料有纸张、木制品、塑料、纺织品、酯、聚酰亚胺、PVC（聚氯乙烯）、金属、陶瓷、聚碳酸酯、纸板等。不但可以印刷到平面上，还可以印刷到曲面上。相比之下，蚀刻技术只能采用具有高度抗腐蚀性的底材，即那些能够承受蚀刻过程中所采用的化学试剂的高度侵蚀性的底材（如聚酯）。⑤标签稳定性、可靠性好。UV导电油墨印制的天线能够经受住更高的外部机械压力，还具有良好的弹性。在智能标签受压弯曲时，表现出的性能稳定性和可靠性比蚀刻法制得的智能标签都要高。

UV导电油墨现在不仅适用于丝网印刷制作RFID标签的天线，而且已扩展到胶印、柔印和凹印，制作的精度和分辨力更高，促进了RFID技术的进一步发展和应用。

八、光固化技术在烫金中的应用

烫金实际是电化铝烫印，是对产品进行表面整饰的一种手段。它是借助一定的压力与温度，运用装在烫印机上的模版，使印刷品和烫印箔在短时间内相互受压，将金属箔或颜料箔按烫印模版的图文转印到被烫印刷品表面，也可称为烫箔。电化铝烫印的图文呈现出强烈的金属光泽，色彩鲜艳夺目。尤其是金银电化铝，以其富丽堂皇、精致高雅的装潢点缀了印刷品表面，其光亮程度大大超过印金和印银，使产品具有高档的质感，同时由于电化铝箔具有优良的物理化学性能，又起到了保护印刷品的作用。所以电化铝烫印工艺被广泛应用于高档、精致的包装装潢、商标和书籍封面等印刷品上，以及家用电器、建筑装潢用品、工艺文化用品等方面。该工艺可应用于纸、皮革、丝绸织物、塑料等材料。

近年来UV烫金技术发展很快，它克服了传统烫金工艺中需要依靠烫金凸版和热压来转移电化铝的技术缺陷，使用直接冷压技术来转移电化铝箔，烫金后直接UV固化，无需加热，因而也称之为冷烫。UV烫金技术解决了印刷行业许多过去难以解决的工艺问题，拓宽了烫金产品的应用范围，还节约了能源，提高了生产效率，并避免了制作金属凸版过程中对环境产生的污染。

传统的烫金工艺使用的电化铝背面预涂有热熔胶，烫金时，依靠热滚筒使热熔胶熔化而实现铝箔转移。在UV烫金工艺中，UV烫金光油的作用相当于热熔胶，直接印刷在需烫金的产品上，烫金图案是印刷出来的，而不是用烫金凸版压出来的。烫金膜上不需要热熔胶，UV烫金光油起着黏合剂的作用，直接被印刷在需要烫金的位置上。烫金时，电化铝同UV烫金光油接触，被黏附在需烫金的产品表面。

UV烫金光油经UV照射变成了热固性物质，再遇热也不会发生烫金膜迁移，烫金图形也不会发生形变；而传统烫金工艺中的热熔胶遇热后又会熔化，烫金膜会从产品上轻易剥离掉，UV烫金则很难剥离掉。

UV烫金因其环保节能、操作简单、适应性好、质量更优等优势，可替代传统的热烫金技术，具有很好的发展前景。

九、UV 油墨展望

UV 油墨从源头上解决了印刷的污染问题，同时还具有高效、高质量等众多优势，在印刷油墨中得到了快速发展，应用领域越来越广泛。为了促使 UV 油墨广泛应用，进一步提高 UV 油墨的印刷适性和质量，UV 油墨技术发展主要有以下几个方面。

（1）低迁移性 UV 油墨

目前的 UV 油墨已经能够做到无溶剂挥发、气味低等诸多环保特性，可广泛应用于各类食品的外包装印刷。但目前大部分 UV 油墨固化后存在化学成分迁移的问题，这对于食品包装非常不利。UV 油墨的迁移主要来源于小分子光引发剂和活性稀释剂，因此，使用大分子引发剂，选用高纯度的活性稀释剂和更为环保的辅料材质制备油墨，能有效减少 UV 油墨固化后的迁移。同时还应使用符合相关法规的颜料色粉，提高油墨的固化速度，使油墨在使用过程中完全固化，防止颜料迁移。低迁移性 UV 油墨是未来保证食品包装印刷安全性的最佳途径，具有较好发展前景。

（2）UV-LED 油墨

普通 UV 固化装置所用光源普遍是高压汞灯和金属卤素灯两种，灯管表面的温度可达 800℃，发热量大，电力消耗大，易对印刷机本身和承印物造成老化损伤，并且固化系统开启后，与空气接触会产生大量臭氧类刺激性气体，对一线工人以及环境造成伤害。而新型 UV-LED 印刷系统具有以下优点：①LED 固化不生成臭氧类刺激性气体，对操作环境无伤害，对环境无破坏。②LED 固化装置用电量少，产生热量少，适用于对热敏感的印刷材质。③LED 可做到瞬间开启或关闭，而无需像 UV 灯那样预热及降温，因此其作业效率更高。④LED 光源元件与传统 UV 灯相比寿命更长，可达 2 万余小时，光源更换频度大幅降低，器材耗用随之减少。

但 UV-LED 印刷也有相应的缺点，就是 LED 灯紫外光波长范围较为狭窄，能量较低，导致固化效率低下，要达到目前的固化效率，需要高效的 UV-LED 油墨。选用与 UV-LED 光源波长相匹配的光引发剂制备油墨，并采用有效的手段克服氧阻聚，能明显提高 UV-LED 油墨的固化速度。

（3）水性 UV 油墨

水性 UV 油墨是目前 UV 油墨领域的一个新的研究方向。普通 UV 油墨中的低聚物黏度一般都很大，需加入活性稀释剂进行稀释。现在使用的活性稀释剂具有不同程度的皮肤刺激性，为此在研制低黏度的低聚物和低皮肤刺激性的活性稀释剂的同时，发展水性 UV 油墨也是一种有效途径。水性 UV 油墨既具有水性油墨对环境无污染、对人体健康无影响、不易燃烧、安全性好、操作简单、价格低的特点，又具有 UV 油墨无溶剂排放、快速固化、色彩鲜艳、耐抗性优异的特点，成为 UV 油墨的一支新军，特别适用于食品、药品、化妆品和儿童用品等对卫生条件要求严格的包装与装潢印刷品的印刷与使用。水性 UV 油墨作为一种新型的绿色油墨具有如下优点：①环保性和安全性。水性 UV 油墨不含挥发性有机物质（VOCs）及重金属成分，不使用有皮肤刺激性的活性稀释剂，大大降低了普通油墨对人体的危害和对食品、药品等的污染。用水作稀释剂，无易燃易爆的危险，清洗印刷设备时也只需使用普通洗涤剂和自来水，无需使用有机溶剂，使油墨生产和印刷生产现场环境、卫生和安全条件得到根本改善。②干燥速度快。水性 UV 油墨和普通 UV 油墨一样，是在其干燥过程中使用紫外线光源，其干燥速度快，生产效率高。③水性 UV 油墨只需要用水或者增稠剂来调节油墨的黏度和流变性。④水性 UV 油墨能够兼顾固化膜的硬度和柔韧性。水性 UV 油墨所用的水性低聚物分子量大小与黏度大小无关，所以水性低聚物分子量可以做得很大，具有较优异的硬度、强度和柔韧性，从而解决了普通 UV 油墨用的低聚物分子量较低，固化后交联密度过大，造成硬度和脆性大而柔韧性差的弊病。

正因为水性 UV 油墨具有如上优点，所以它成为未来环保油墨大力发展的方向，适用于食品、药品和儿童用品的包装印刷，可最大限度地减少油墨对食品、药品和儿童用品的污染。

（4）混杂固化 UV 油墨

紫外光固化按照引发体系的不同，可分为自由基光固化体系、阳离子光固化体系和自由基-阳离子混杂光固化体系。自由基-阳离子混杂光固化体系是指同一体系内同时发生自由基光固化反应和阳离子光固化反应。

自由基光固化体系具有固化速度快，性能易于调节的优点，但存在收缩严重、氧气阻聚、附着力差等问题。阳离子固化体系发展较晚，它具有体积收缩小、附着力强、耐磨、硬度高、不受氧气阻聚、有后固化等优点，但它也有固化速度慢、低聚物和活性稀释剂种类少、价格高、固化产物性能不易调节等缺点，从而限制了其实际应用。而自由基-阳离子混杂光固化体系则可以取长补短，充分发挥自由基和阳离子固化体系的特点，从而拓宽了光固化体系的使用范围。

当今世界环保的呼声越来越高，为了青山绿水和子孙后代的利益，也为了民族的可持续发展，我国制定了一系列严格的环保政策，加大了执法力度。在国家大力发展环保事业的大背景下，印刷行业必须紧跟国家的步伐，逐渐淘汰落后高污染的传统印刷原料和工艺，提高生产效率，创造新效益。UV 油墨符合这一发展需求，必然成为未来发展的主要方向。随着人们环保意识的增强和对印刷产品要求的日趋高档化，以及与之相关的工业和技术的不断发展与进步，给 UV 油墨的生产和发展带来了绝好的契机，UV 油墨的生产和应用必将得到蓬勃的发展。

参考文献

[1]　赫尔穆特·基普汉.印刷媒体技术手册［M］.谢普南,王强,译.广州:广东世界图书出版公司,2004.

[2]　［英］霍尔曼 R,奥尔德林 P.印制油墨、涂料、色漆紫外光和电子束固化配方［M］.徐茂均,等,译.北京:中国原子能出版社.

〔3〕   金养智. 光固化油墨〔M〕. 北京: 化学工业出版社，2018.

〔4〕   Ma X X, Wei X F, Huang B Q. The Effect of the Proportion of Prepolymer and Monomer on the Performance of UV Offset Ink〔J〕. Advanced Materials Research, 2011, 284-286: 2022-2025.

〔5〕   张振兴. UV 凹印磨砂油墨的研究〔D〕. 曲阜: 曲阜师范大学, 2014.

〔6〕   付文亭, 陈锦新. 适合凹印连线生产的 UV 磨砂油墨配方〔J〕. 包装工程, 2016, 37 (11): 181-185.

第六章
光固化技术在印制电路板中的应用

PCB（printed circuit board），中文名称为印制电路板，又称印刷电路板，是电子元器件电器连接的一种基础器件，广泛应用于各种电子及相关产品。通常把连接在绝缘基材上按预定设计制成的印制线路、印制元件或两者组合而成的导电图形称为印制电路。

第一节　PCB 简介

PCB 技术发展至今已经有了近 80 年的历史，作为重要的信息传输元件，PCB的出现给电子产业带来了重大变革。在 PCB 被发明之前，电子元器件之间都是依靠电线直接连接，而采用 PCB 的主要优点是大大减少布线和装配的差错，提高自动化生产水平和生产效率，因此 PCB 在电子元器件互连的应用中占主导地位。根据 PCB 的技术发展历程，可将其分为 6 个阶段：诞生期、试产期、实用期、快速发展期、高速发展期以及革命期。

第一阶段：诞生期（1936 年 20 世纪 40 年代末期）：1936 年，Paul Eisner 发明了真正的印制电路板技术，印制电路板自此诞生。在同一时期，日本的宫本喜之助利用加成法也制作过印制电路板，但是由于器件的散热问题使其实用性较差。而 Paul Eisner 利用的是减去法，即除去不需要的金属从而形成印制线路。在 1936 年底，其将上述技术应用于无线电接收机。

第二阶段：试产期（20 世纪 50 年代）：随着电子元器件的出现和发展，电子仪器和设备也日益趋于复杂化。包括民用以及军用设备均出现了印制电路板，数量也日益增加。其中具有代表性的产品为日本索尼公司制造的收音机，采用的是单层印制电路板。

第三阶段：实用期（20 世纪 60 年代）：20 世纪 60 年代以后，PCB 在很多领域均得到了实际应用，包括收音机、无线电接收机、电视机等传统领域，也包括电子计算机、电子屏幕等新兴领域。特别是在中大型集成电路出现以后，PCB 越来越成为电子器件中不可或缺的部件。

第四阶段：快速发展期（20世纪70年代）：进入20世纪70年代以后，印制电路板进入了快速发展时期，在此期间大批的印制电路板公司开始涌现。在技术发展层面，印制线路板开始向三层以及多层、积层线路板发展，层与层之间通过孔来实现连接。

第五阶段：高速发展期（20世纪80年代）：在高速发展期，印制电路板成了电子产业必不可少的一部分，被广泛应用于人们生产以及生活的各个领域。其中，积层线路板取代单层板成为主流。另外，美国激光钻孔技术提高了排线密度，高密度化也得到了进一步的提高。

第六阶段：革命期（20世纪90年代）：随着科学技术的发展，以电子计算机、航天航空、数码产品等为代表的信息产业迅猛发展，这也有力地推动了PCB行业的发展。90年代以后，高密度互连积层板又有了新的发展，包括新的思路、新的技术、新的材料以及新的工艺。随着表面组装技术的出现，PCB向着高密度、细导线、窄间距、高速度、低能耗、高频率、高可靠、多层化、低成本和自动化连续生产的方向发展。

PCB可根据电路层数的不同分为单面板、双面板以及多层板。

单面板：单面板的构造为导线集中在一面上，另一面为插接元件。在设计单面的时候，导线不能交叉互连，因此设计线路较为复杂，通常需要的板材较大。

双面板：相比于单面板，双面板在板材两面均有布线，因此面积扩大了一倍，更有利于线路的设计，避免了设计的复杂化。另外，板材两面的导线通过在板材上做导孔实现连接。

多层板：为了增加更多的布线面积，在双层板以及单层板基础上发展出了多层板。多层板的组成主要包括五种，即信号层、内部电源层、丝印层、机械层以及遮蔽层。

根据板材软硬又可分为刚性线路板、柔性线路板以及软硬结合板。

刚性线路板：一般的PCB即称为刚性线路板，由于使用的基材具有一定的强韧度，因此形状不易改变，可以为电子组件提供强力的支撑。常用基材主要包括酚醛纸质层压板、环氧纸质层压板、聚酯玻璃毡层压板、环氧玻璃布层压板。

柔性线路板（FPC）：与刚性线路板相比，柔性线路板具有较好的柔韧性，便于组装，在数码产品上使用较多。柔性线路板材料常见的包括聚酯薄膜、聚酰亚胺薄膜、氟化乙丙烯薄膜。

软硬结合板：柔性线路板与刚性线路板按相关工艺要求经过压合等工序组合在一起，形成的具有柔性板特性与PCB特性的线路板。

目前国内最为常用的PCB制作工艺流程如图6.1所示：首先是涂覆光致抗蚀剂，通过光化学法将设计好的线路图转印到覆铜板上；再使用蚀刻液将非线路图形部分的铜面蚀刻掉，通过NaOH强碱溶液除去抗蚀层，从而获得内层线路；最后进行钻孔以及外层线路的制作。

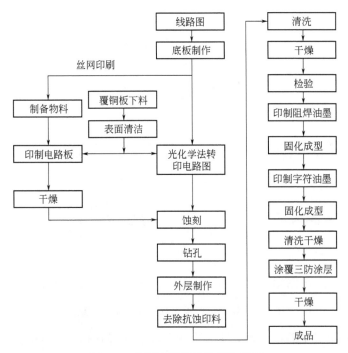

图 6.1　印制电路板具体制作流程

　　在内外层线路图形制作完成之后，首先对板材进行清洗、干燥以及检验；再将阻焊油墨涂覆于已制作的线路图形表面并固化成型，从而形成保护线路的涂层；然后是印制字符油墨并进行固化成型，以起到对线路及元器件的标记作用；最后进行清洗干燥、涂覆三防涂层，进一步对印制电路板进行保护，从而获得 PCB 成品。因此，以光致抗蚀剂、阻焊油墨、字符油墨以及三防涂层等为代表的 UV 技术及材料在印制电路板的制作过程中起着不可替代的作用。

第二节　印制电路板光致抗蚀剂

　　印制电路板光致抗蚀剂（photoresist），又称线路蚀刻油墨，是光致抗蚀剂中的一类，是用于印制电路制造的重要感光材料。在印制电路制造中，主要是通过光成像的方式，将线路图形通过掩膜转印到满版涂覆光致抗蚀剂的覆铜板上，然后通过曝光、显影、蚀刻的方式制作出 PCB 板的线路图（图 6.2）。掩膜是根据印制电路的设计要求制作，它对光的透过和阻隔具有选择性，从而使光致抗蚀剂曝光时，由于掩膜的选择性作用，使得光致抗蚀剂在受到光照的区域发生化学变化，未受到光照区域仍保持原来状态。

　　光致抗蚀剂是微电子技术中微细图形加工的关键材料之一，特别是近年来大规

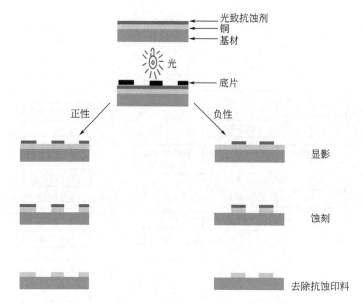

图 6.2   印制电路板光致抗蚀剂作用示意图

模和超大规模集成电路的发展，更是大大促进了其研究开发和应用。市场上光致抗蚀剂的品种较多，根据其化学反应机理和显影原理，可分为负性光致抗蚀剂和正性光致抗蚀剂两类。光照后形成不可溶物质的是负性光致抗蚀剂；反之，对某些溶剂是不可溶的，经光照后变成可溶物质的即为正性光致抗蚀剂。对于正性光致抗蚀剂来说，未曝光前是不溶或难溶的，曝光后则变成易溶，这样曝光部分在特定溶剂中显影时被洗去，未曝光部分保留下来。负性光致抗蚀剂则相反，曝光导致其从易溶变成不溶或难溶，显影后保留了曝光部分。

PCB 的线路制造主要使用的蚀刻剂均为负性光致抗蚀剂，主要分为印制电路板液态光致抗蚀剂和印制电路板干膜光致抗蚀剂两类。

（1）湿膜

印制电路板液态光致抗蚀剂（简称湿膜）是用于电路板制造的抗蚀抗电镀掩膜材料。湿膜以它优良的抗蚀抗电镀性能、高分辨率和多种涂布形式（辊涂、帘涂、网印、喷涂等）以及通用和廉价的设备等特点，在印制电路板行业得到广泛的应用。湿膜的普及应用为细线制造提供了理想的掩膜材料，推动了集成电路和微电子技术的发展，并在印刷、建材等领域得到广泛应用。湿膜成像后的主要性能要求包括：

① 外观：成像后的湿膜颜色应均匀一致，印制板蚀刻和电镀的外来物不会导致开裂、脱落、气泡、针孔、分层等现象，导通孔内不应有残留的湿膜。

② 分辨率：抗蚀抗电镀型湿膜的分辨率至少应满足 0.050mm/0.050mm，只抗蚀刻湿膜的分辨率至少应满足 0.025mm/0.025mm。

③ 厚度：成像后湿膜的厚度测量应在距边缘 5mm±1mm 处进行，采用薄膜测量片或漆膜测厚仪按 GB/T 13452.2—1992 测量成像后湿膜的厚度，湿膜厚度为 5~25μm。

④ 铅笔硬度、附着力：在铜箔表面和基材上成像后的湿膜不应出现任何分层、裂缝，且不允许有任何脱落。成像后的湿膜铅笔硬度应不小于 2H。

⑤ 抗电镀性：成像后的抗电镀湿膜在经历电镀前的酸性去油工艺过程后，不应出现任何褪色、分层、裂缝、脱落现象。根据工艺要求，在经过相应电镀铜、铅锡、镍、金、纯锡溶液工艺过程后不应出现任何褪色、渗镀、脱落、分层、鼓泡等现象。

⑥ 抗蚀刻性：成像后的抗蚀刻湿膜在经过酸性或碱性蚀刻液规定的工艺过程后不应出现任何褪色、渗镀、脱落、分层、鼓泡等现象。成像后的湿膜在经历碱性蚀刻液规定的工艺过程后应完全去除干净，在制板表面无任何湿膜残留。

湿膜主要由光敏树脂、光引发剂、丙烯酸酯单体、填料、助剂、颜料和溶剂组成，一般组成如表 6.1 所示。其中，光敏树脂均为碱溶性树脂，以满足湿膜显影要求，同时参与光固化交联赋予其耐电镀和耐蚀刻等性能；光引发剂则是决定湿膜感度和交联密度的主要组分；丙烯酸酯单体可以发挥调节湿膜感度和性能的作用；有效的填料种类和用量可以显著提高湿膜的耐酸碱、耐电镀、耐蚀刻性能；而溶剂和助剂则主要用于调节湿膜黏度、基材润湿性和流平性等。

表 6.1 印制电路板液态光致抗蚀剂的主要组成

组分	用量/%	种类
光敏树脂	30~50	羧基环氧丙烯酸酯类、羧基聚丙烯酸酯类、羧基聚氨酯丙烯酸酯类、羧基聚氨酯环氧丙烯酸酯类等
溶剂	3~15	二甲酸酯、丙二醇甲醚乙酸酯、乙二醇丁醚、丙二醇甲醚等
光引发剂	1~3	907、ITX、DETX、369、BCIM 等
丙烯酸酯单体	2~10	丙烯酸羟乙酯、二丙二醇二丙烯酸酯、三羟甲基丙烷三丙烯酸酯、聚乙二醇丙烯酸酯、羧乙基丙烯酸酯等
填料	30~50	滑石粉、硫酸钡、硅微粉、玻璃粉等
颜料	0.1~1.5	钛菁蓝等
助剂	0.5~1.5	亲水、亲油消泡剂，防沉助剂等

（2）干膜

印制电路板干膜光致抗蚀剂（简称干膜）可用来替代湿膜。干膜应用于印制电路板（PCB）制造领域是杜邦公司在 1968 年首先提出来的，通常由聚乙烯膜、光致抗蚀剂膜（光致抗蚀剂在感光干膜中是以膜的形式存在）和聚酯薄膜三部分组成（图 6.3）。使用时，只要揭掉聚乙烯膜，把光致抗蚀剂膜层压在基材上，经过曝光后揭去聚酯膜，然后进行显影。其中，聚乙烯膜为干膜表面覆盖层，覆盖在光致抗蚀层上，避免其受到空气中灰尘污染及氧的作用，同时也可以防止在分切收卷过程中互相黏结。聚酯膜的作用是防止曝光时氧气向光致抗蚀层扩散，因为氧气扩散容易导致抗蚀剂感度下降。光致抗蚀剂膜则是干膜光致抗蚀剂的主体，主要使用负性感光材料。按光致抗蚀剂层显影方式的不同，一般将干膜光致抗蚀分为溶剂显影型、水显影型及剥离热显影型三类。

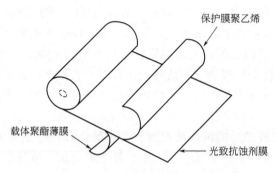

图 6.3　干膜组成示意图

① 溶剂显影型干膜抗蚀剂根据其组成的不同又分为Ⅰ型和Ⅱ型，一般组成如表 6.2 所示。光敏组分的主要作用是曝光交联形成更高分子量的交联网络，Ⅰ型和Ⅱ型的主要区别就在于，前者选用光敏性树脂作为光敏组分，而后者主要选用多官能团丙烯酸酯单体作为光敏组分。惰性树脂组分则是整个结构的骨架成分，它使干膜具有一定强度，并决定干膜的显影类型。光引发组分在吸收紫外线后，使光敏树脂或单体发生交联。增塑剂可起到一种非溶解性溶剂的作用，帮助控制干膜的柔韧性。为了便于区别干膜是否已经曝过光，通常还会加入因紫外线曝光而增强或减弱，但不影响干膜曝光性能的特殊染料。

表 6.2　溶剂显影型干膜的主要组成

组分	用量/%	种类
碱溶性光敏树脂	30～60	羧基聚丙烯酸酯类、聚马来酸酐类、羧基聚酯丙烯酸酯类
光固化单体	10～25	丙烯酸羟乙酯、二丙二醇二丙烯酸酯、三羟甲基丙烷三丙烯酸酯、聚乙二醇丙烯酸酯、羧乙基丙烯酸酯
惰性树脂组分	5～20	非光敏性共混树脂
光引发组分	1～3	光引发剂、光敏剂
其他组分	0.1～0.5	阻聚剂、染料

光敏性树脂一般选用在侧链上接有不饱和丙烯酸酯类结构的丙烯酸酯共聚物，如将含丙烯酸缩水甘油酯结构单元的丙烯酸酯共聚物的环氧基团进行丙烯酸酯化，或通过丙烯酸缩水甘油酯与含丙烯酸结构单元的丙烯酸酯共聚物进行反应制得（图 6.4）。

② 溶剂显影型干膜抗蚀剂需要消耗大量有机溶剂，生产成本高且污染环境，所以日趋被水显影型干膜抗蚀剂所取代。水显影型干膜抗蚀剂的特点是能在水溶液中显影，对环境污染小，综合成本亦有所降低。其主要选用包含有酸性基团的光敏

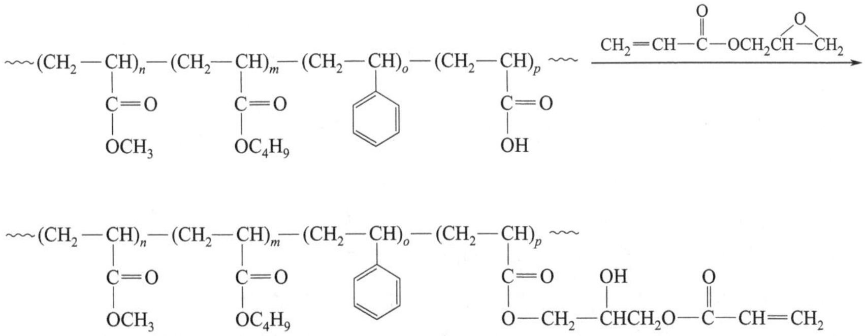

图 6.4 含不饱和丙烯酸酯类结构的丙烯酸酯共聚物合成示意图

树脂或惰性树脂组分，未曝光部分在显影过程中与碱性水溶液中和成盐，从而变成水溶性物质被去除；而曝光部分由于交联网络的形成，不溶于水，留在基材表面形成影像。

③ 剥离热显影型干膜抗蚀剂由光敏树脂、多官能团的丙烯酸酯单体和光敏剂组成。曝光后，单体和光敏树脂聚合形成交联网络，同时也因聚合反应增加了聚合物与聚酯薄膜的结合力，而未经曝光部分的树脂则保持不变。通过曝光后的热显影，使未曝光部分的树脂变成流体，曝光部分则不会发生变化，在聚酯薄膜剥离的时候，将粘在上面的曝光部分一起去除。未曝光的树脂也会受到剥离力的影响，在聚酯薄膜剥离时受到一定的破坏，一部分被剥离下来，剩下的一部分留在基材表面形成影像。再次曝光可增加其耐久性。由于所得影像的轮廓会受到一些破损，但仍能满足要求，因此该型干膜抗蚀剂一般无法满足高分辨率要求的应用场合。

第三节 印制电路阻焊油墨

阻焊油墨是制造 PCB 的关键材料之一。PCB 的焊接采用浮焊或波峰焊的工艺。为了提高生产效率和质量，在印制板上有一层永久性保护层，以防止焊料浸入规定区域，用作阻焊层的涂料称为阻焊油墨。

阻焊油墨可以有效防止导线刮伤和钎焊时导线间短路，同时具有抗潮湿、抗化学性、耐热、绝缘以及美观的作用。因此，阻焊油墨必须具有以下性能要求：

① 镀镍/金耐性：目前大多 PCB 表面处理使用镀镍/金的方法，所以对镍/金镀液的耐性一定要好。

② 高感光性：在进行固化处理时有较高的感光性，可以让油墨快速固化成型，从而降低油墨固化能量，提高生产效率。

③ 空泡耐性：也就是在喷涂或者印刷油墨固化的过程中不会产生气泡，或者因气泡产生针孔。一般油墨主剂和固化剂混合搅拌后都要静置一段时间，让油墨充

分消泡。

④ 高附着力：附着力影响油墨的使用寿命。应避免脱落、翘起等情况发生。目前主要通过百格法测试。

⑤ 耐热性：印制线路板制造过程中所用到的波峰焊工艺，需要阻焊油墨能在短时间内耐受 265℃以上的高温，无起泡或变色现象产生。

⑥ 分辨率：随着印制电路板向高密度、高精度方向发展，阻焊油墨所能满足显影保护要求的板面最细线条尺寸，即为其分辨率。

阻焊油墨根据其固化方式分类，主要有热固化阻焊油墨、光固化阻焊油墨以及感光成像油墨三种。热固化阻焊油墨是利用热固化的方式得到阻焊油墨，其主要成分包括热固化树脂、固化剂。

随着印制电路板图形和焊盘线条的线间距逐渐变小变密，以及对阻焊油墨各项耐性要求的提高，光固化阻焊油墨目前主要用于单面印制电路板制造。光固化阻焊油墨主要由光敏树脂（预聚物）、活性稀释剂、光引发剂组成（表 6.3）。由于单面板的制程中没有显影要求，光固化阻焊油墨的光敏树脂不需使用碱溶性树脂，而选用耐热性较好的酚醛环氧丙烯酸酯、氨基丙烯酸酯等；光固化阻焊油墨一般不使用溶剂，因此需要添加丙烯酸酯单体以调节油墨黏度，并调整其感度和性能，但单体的气味和刺激性是需要注意的地方；通过添加氢化蓖麻油、膨润土和气相二氧化硅等流变助剂调整油墨的印刷适性。

表 6.3 光固化阻焊油墨的主要组成

组分	用量/%	种类
光敏树脂	20～40	酚醛环氧丙烯酸酯、双酚 A/双酚 F 环氧丙烯酸酯、氨基丙烯酸酯等
丙烯酸酯单体	10～15	甲基丙烯酸羟乙酯、甲基丙烯酸羟丙酯、三羟甲基丙烷三丙烯酸酯等
光引发剂	1～3	BDK、2-乙基蒽醌等
填料	25～40	滑石粉、硅微粉等
流变助剂	0.2～2.0	氢化蓖麻油、膨润土、气相二氧化硅等
颜料	0.1～1.0	酞菁绿、钛菁蓝、炭黑、钛白粉等
其他助剂	0.1～0.5	消泡剂、分散剂

感光成像阻焊油墨其实是一种光-热双重固化油墨，具有分辨率高、耐化学性、耐镀金、耐湿热及电气绝缘性俱佳等特点，已是印制电路板制造最主要的阻焊油墨种类。它包括主剂和固化剂两种组分，在施工现场按一定比例混合后使用。主剂主要由碱溶性感光树脂、多官能度丙烯酸酯单体、光引发剂、填料、助剂和溶剂组成，固化剂则主要由热固性环氧树脂、固化剂、填料和溶剂等组成（表 6.4）。感光成像阻焊油墨的使用过程主要有预烘烤（表面干燥）、曝光显影和后烘烤三道工序。

感光成像阻焊油墨主剂中的光敏树脂需要具有优异的耐热性和感光活性，并且通过分子量和酸值的调整赋予油墨良好的解像性，在曝光显影后碱溶性树脂中的羧基与固化剂中的环氧树脂在固化促进剂的作用下高温交联,从而提高油墨交联密度和耐热、耐化学等性能。因此一般要求配方中的环氧基团与羧基的摩尔比例大于1,而环氧固化剂和促进剂则需具有高潜伏性(低于 80℃ 几乎不和环氧树脂反应)和高温反应活性(120℃ 以上快速反应)的特点。油墨中一般还添加有高沸点溶剂,主要是为了改善体系的流动性以满足印刷要求,在预烘烤过程中会挥发得到干燥或半干燥的涂膜,从而实现可覆菲林曝光。

表 6.4 感光成像阻焊油墨的主要组成

主剂		
组分	含量/%	种类
光敏树脂	30~60	碱溶性酚醛环氧丙烯酸酯、碱溶性双酚 A 环氧丙烯酸酯、丙烯酸酯改性苯乙烯马来酸酐树脂或聚丙烯酸酯树脂等
高沸点溶剂	4~10	二乙二醇乙醚乙酸酯、二丙二醇甲醚、丙二醇甲醚乙酸酯、乙二醇丁醚、S-150 等
光引发剂	1~5	907、ITX、369、TPO、784、819 等
丙烯酸酯单体	1~10	甲基丙烯酸羟乙酯、三羟甲基丙烷三丙烯酸酯、季戊四醇六丙烯酸酯等
固化促进剂	0.1~3.0	三聚氰胺、双氰胺、咪唑类等
填料	10~50	硫酸钡、碳酸钙、滑石粉、硅微粉、氧化铝、玻璃粉等
颜料	0.1~2.0	酞菁绿、钛菁蓝、钛白粉、颜料黄、颜料红、炭黑等
流变助剂	0.1~2.0	防沉剂、气相二氧化硅、膨润土等
其他助剂	0.1~2.0	消泡剂、基材润湿剂、分散剂等
固化剂		
组分	含量/%	物料类型
环氧树脂	2~15	邻甲酚醛环氧树脂、酚醛环氧树脂、双酚 A/F 环氧树脂、异氰脲酸三缩水甘油酯、联苯环氧树脂、海因环氧树脂、双环戊二烯环氧树脂等
高沸点溶剂	0.5~2.5	二乙二醇乙醚乙酸酯、二丙二醇甲醚、丙二醇甲醚乙酸酯等
光固化单体	1.0~5.0	(乙氧基化)三羟甲基丙烷三丙烯酸酯、季戊四醇六丙烯酸酯等
填料	1~10	硫酸钡、碳酸钙、滑石粉、硅微粉、氧化铝、玻璃粉等
助剂	0.1~1.0	消泡剂、分散剂、基材润湿剂、流平剂等

碱溶性感光树脂作为阻焊油墨的重要组成部分,其结构与性能直接决定着油墨的性能,如油墨成膜前的黏度、抗流变性、触变性及成膜后的硬度、附着力、耐热性、耐溶剂性等物理化学性能。感光树脂的种类虽然很多,但结构上均含有光敏基团和碱溶性基团。

酚醛型环氧树脂应用最为广泛,技术较为成熟。传统碱溶性可 UV 固化的酚醛环氧丙烯酸酯树脂的合成主要分两步进行:首先利用丙烯酸的羧基与酚醛环氧树脂的环氧基反应,将丙烯酸双键引入体系中,获得一种可 UV 固化的酚醛环氧丙

烯酸酯树脂（EA），然后利用酸酐与 EA 树脂的部分羟基反应来制备碱溶性可 UV
固化的酚醛环氧丙烯酸酯树脂（图 6.5）。此方法较为简单，其合成工艺也较为成
熟，产品性能稳定，因此该树脂在阻焊油墨中得到广泛应用。

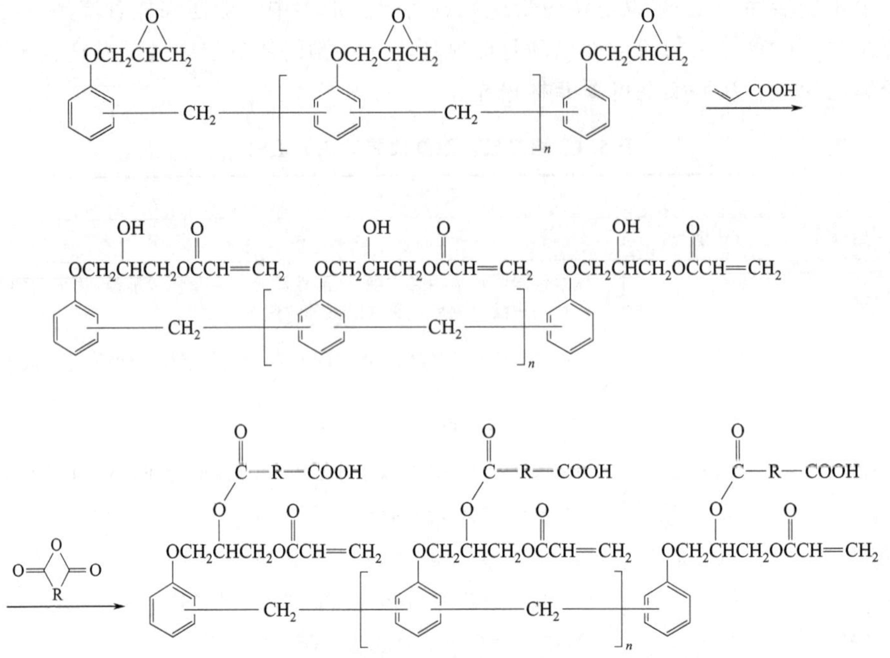

图 6.5　酚醛环氧丙烯酸酯树脂合成示意图

　　这类树脂的固化交联密度高，材料加工尺寸稳定性较好，从而使阻焊层具有较
好的耐化学性、硬度以及良好的耐热性；但同时也存在固化后材料脆、易黄变等缺
点。目前针对酚醛环氧树脂改性的研究也非常多，例如利用叔碳酸缩水甘油酯
（E10P）或生物基单体——腰果酚缩水甘油醚对碱溶性酚醛环氧丙烯酸酯进行增韧
改性，可以在保持主体树脂原有优异性能的同时提高其柔韧性（图 6.6 和图 6.7）。
该方法的特点是利用侧链改性在目标树脂结构上引入柔性侧链段，此方法避免了破
坏目标树脂的主体结构，从而在赋予材料优异柔韧性的同时保留其他主要机械性
能。研究表明，该改性树脂柔韧性得到了提高，同时树脂的光反应活性、固化物的
硬度以及耐热性也没有受到破坏；将该改性树脂应用到阻焊油墨配方体系，阻焊油
墨性能测试表明该改性树脂所制备的阻焊油墨仍具有良好的感度、耐热性、硬度、
耐化性等，可满足阻焊油墨的一般使用要求。
　　用酸酐对双酚 A 环氧丙烯酸酯树脂进行改性，引入羧基基团合成具有碱溶性
的树脂，并探讨不同酸酐，如苯甲酸酐（PAn）、马来酸酐（MAn）、琥珀酸酐
（SAn）、甲基四氢苯酐（Me-THPA），与双酚 A 环氧丙烯酸酯树脂（EA）反应对
酸酐转化率的影响（图 6.8）。将所合成树脂应用到阻焊油墨配方体系，通过正交

试验和光引发剂与光固化时间匹配的研究，得到优化的光固化阻焊油墨配方，其性能得到提高，且成本有所降低。

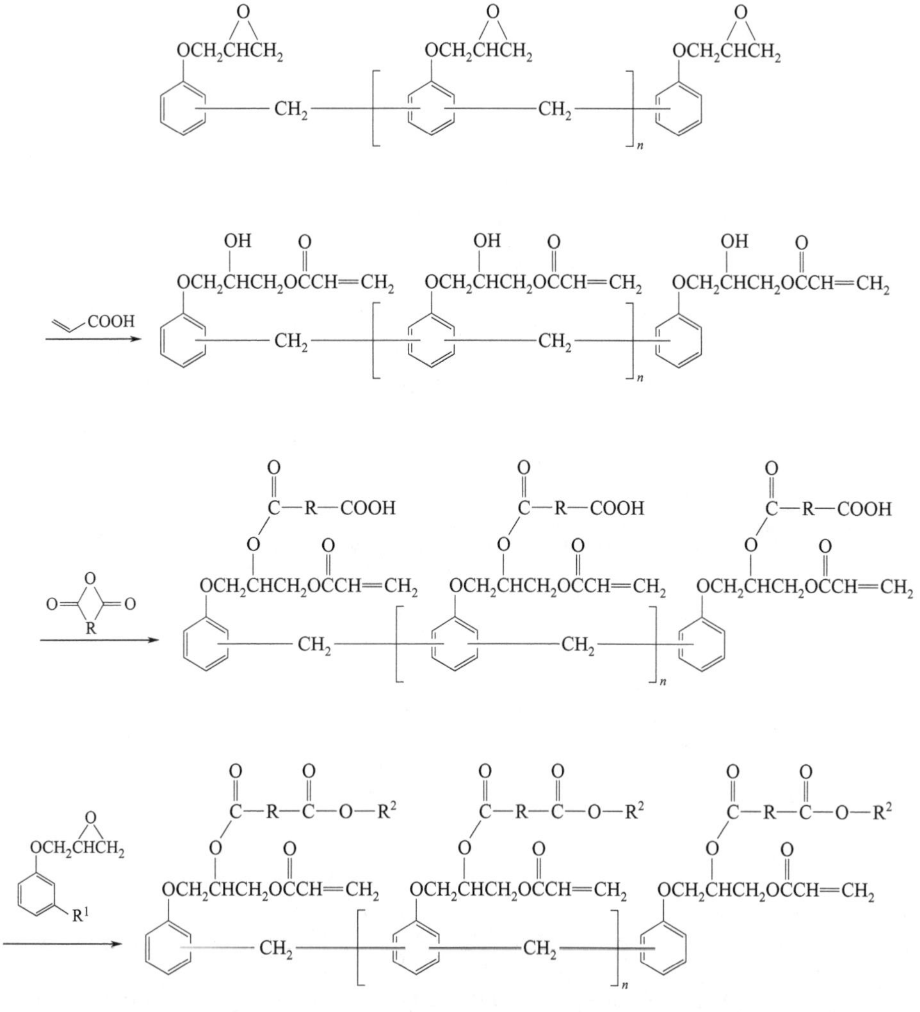

图 6.6　改性酚醛环氧丙烯酸酯树脂合成示意图

一种光-热双重固化体系树脂组合物被制备出来，该组合物主要包括光敏预聚物、热固化树脂、光引发剂等，其中光敏预聚物由多官能团环氧丙烯酸酯的光聚合单体和含氮杂环结构构成。多官能团丙烯酸酯分子结构中含有羧基（—COOH）和光固化官能团，其中多官能团丙烯酸酯结构可提高阻焊油墨的感光性，羧基可赋予其良好的碱溶性，杂环结构可赋予其优异的耐热性，其基本结构如图 6.9 所示，其中 $R^3 \sim R^7$ 为 1~3 个碳原子的烷基结构。

随着 PCB 柔性发展需求，提高阻焊油墨的柔韧性已被广泛研究。由于聚氨酯分子链中含有氨基甲酸酯基，使其具有良好的柔韧性、附着力以及耐腐蚀性等，因而在塑料、涂料、油墨、胶黏剂等领域得到广泛应用。基于此，以聚醚二元醇（PPG 和 PEG）为柔性链段，IPDI 为硬段，通过与 DMPA 和 HEMA 多步反应在聚氨酯中分别引入羧基和双键，探究聚醚二元醇的种类及 HEMA 添加量对材料性能的影响。结果发现，氨基甲酸酯的引入能明显改善油墨的柔韧性，同时具有良好的耐热、耐酸、耐碱、耐溶剂性等特点（图 6.10）。

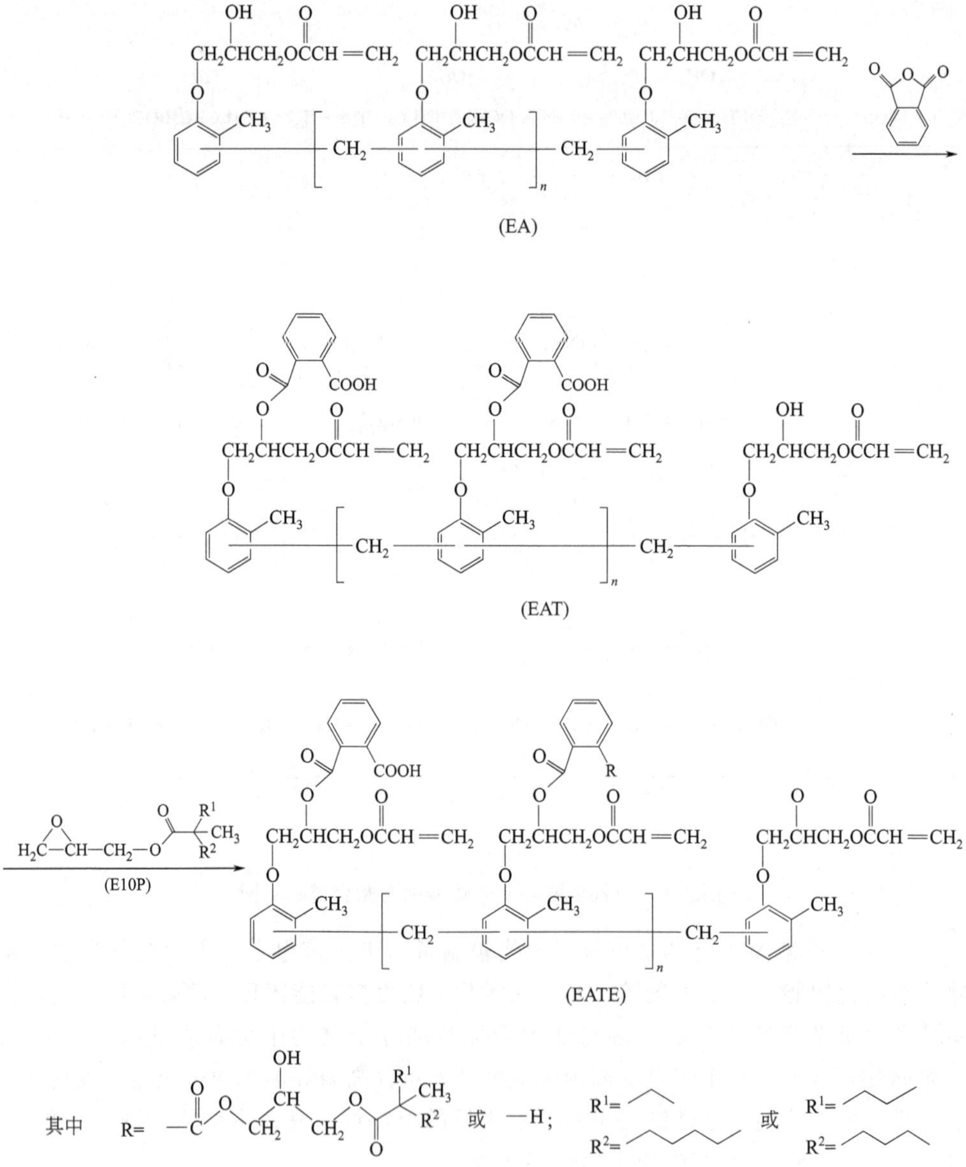

图 6.7　叔碳酸缩水甘油酯改性酚醛环氧丙烯酸酯树脂

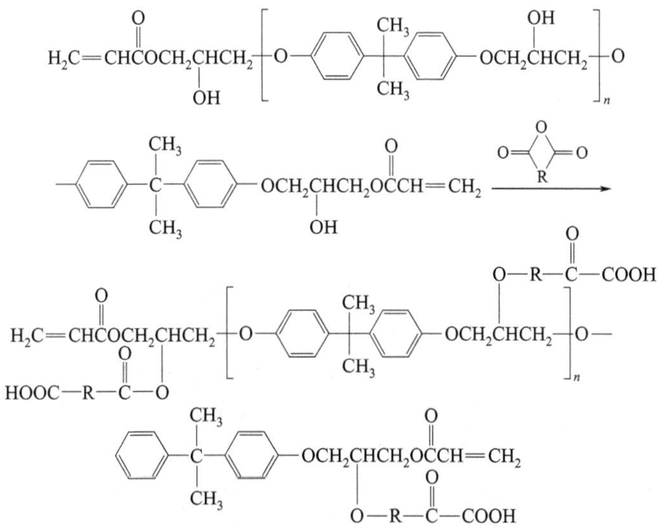

图 6.8　改性双酚 A 环氧丙烯酸酯树脂

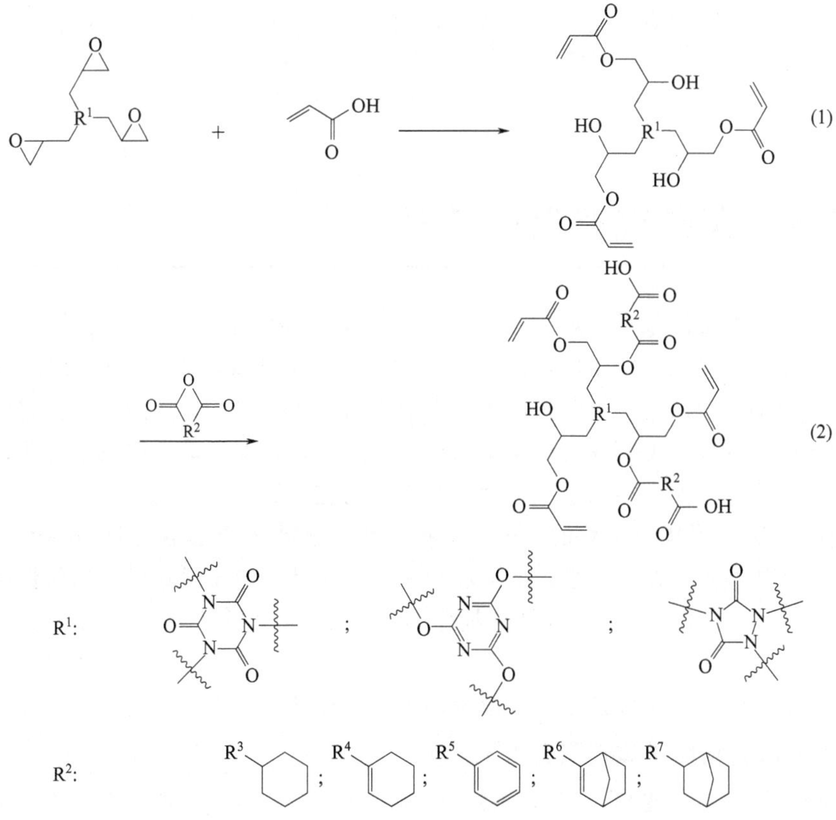

图 6.9　光-热双重固化体系树脂

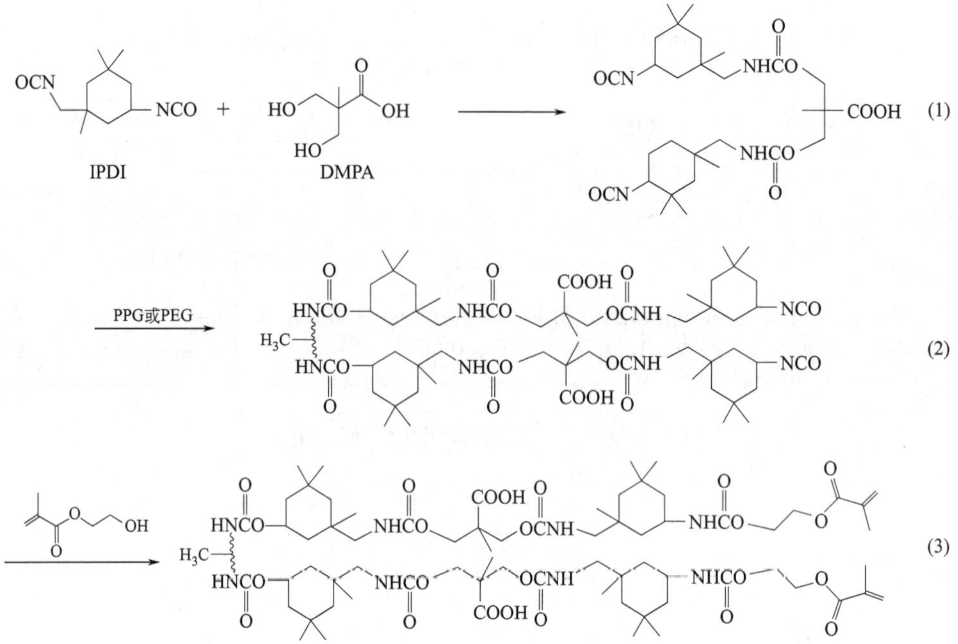

图 6.10　聚氨酯丙烯酸酯树脂

第四节　印制电路保形涂料

保形涂料就是涂覆在已焊插接元件 PCB 上的保护性涂料。它既能使电子产品免受外界环境的侵蚀，如尘埃、潮气、化学药品、霉的腐蚀作用，以及外物刮损、短路等人为操作错误，又可延长电子器件的寿命，提高电子器件的使用稳定性，从而使电子产品的性能得到改善。除了用于电子工业外，保形涂料在汽车工业、航天航空工业、国防工业和生物工程方面也有广泛的应用。

随着 PCB 以及电子电路的发展，一些特种领域要求 PCB 在更加极端的工作条件下工作，如热带气候、军事、航天和车辆等，这就对电子线路组件的保护性能提出了更高的要求。20 世纪 70 年代中期作为保护涂层的保形涂料应运而生。保形涂料的防护水平取决于所使用的树脂类型、涂装技术以及涂层的干燥/固化条件。在使用保形涂料时，必须保证涂层不影响和破坏组件的正常工作。

(一)　保形涂料按照主体树脂分类

保形涂料的种类繁多，不同类型的涂料其性能和应用领域也各有区别。按照主体树脂的不同，保形涂料主要分为以下四大类。

（1）丙烯酸体系保形涂料

丙烯酸体系保形涂料固化速度快、使用寿命长并具有耐真菌性。此外，丙烯酸体系涂料在固化过程中很少或不会发热，可以应用到热敏基材体系中。丙烯酸体系涂料主要是溶剂型配方涂料，它具有施工简单、便于维修等优点。同时，该体系涂层具有良好的防潮和耐磨性，它的不足之处是耐溶剂性和耐热性差，机械强度中等，参考配方如表6.5所示。

表6.5　丙烯酸体系保形涂料的主要组成

组分	用量/%	种类
主体树脂	10～30	聚丙烯酸酯树脂、醇酸树脂改性丙烯酸酯树脂、聚氨酯改性丙烯酸酯树脂、烯烃改性丙烯酸酯弹性体
增黏树脂	5～15	松香及其衍生物、萜烯树脂、C5/C9树脂、二环戊二烯（DCPD）树脂等
溶剂	50～80	二甲酸酯、丙二醇甲醚乙酸酯、乙二醇丁醚、丙二醇甲醚、烷烃溶剂等
助剂	0.5～5	消泡剂、流平剂、润湿剂、偶联剂、荧光指示剂等

（2）聚氨酯体系保形涂料

聚氨酯体系保形涂料具有优异的耐化学性、耐湿性、耐热性及良好的介电性能，参考配方如表6.6所示。然而，正是由于聚氨酯体系保形涂料具有较好的耐化学性，从而导致涂层修补困难，这反而成为该体系的一个主要缺点。因此，在实际应用中，为了便于修补或更换电子器件，必须使用一种特殊的剥离剂。如果翻修时没有得到正确的清洁，剥离剂的残留物会形成污染，长期影响电路性能及可靠性，还可能会影响修补后涂层的附着力。

表6.6　聚氨酯体系保形涂料的主要组成

组分	用量/%	种类
主体树脂	80～99	聚醚型聚氨酯、聚酯型聚氨酯、聚碳酸酯型聚氨酯
催化剂	0.1～1	有机锡、有机铋、脂肪族胺、芳香族胺等
溶剂	0～20	烷烃溶剂、甲苯、二甲苯等
助剂	0.5～5	消泡剂、流平剂、润湿剂、偶联剂、荧光指示剂等

（3）环氧树脂体系保形涂料

环氧树脂体系的保形涂料具有优异的耐磨性、耐化学性，但可修复性及柔韧性较差。环氧树脂体系保形涂料的固化时间适中，在高温下固化需1～3h，在室温下固化需要4～7天。该涂层主要是涂覆在其他环氧基材料的表面，会导致部件上的涂层材料无法去除或者修复困难。此外，环氧树脂体系涂层固化收缩较为严重，须采取措施以防止聚合过程中涂层收缩造成器件的损坏。环氧树脂体系涂层通常以双组分配方来使用。

（4）有机硅体系保形涂料

有机硅体系保形涂料具有优异的耐热性、防潮性和较低的膨胀率，且该体系涂层具有极低的表面张力，便于涂料渗透到组件的任何部分。有机硅体系保形涂料可适用于高温环境，如功率电阻器之类的大型散热装置的组件。但与环氧树脂体系涂料相比，有机硅树脂体系涂料相对昂贵。

（二）保形涂料按照固化方式分类

保形涂料按照固化方式可分为 UV 固化、热固化、潮气固化、电固化和空气固化。随着人们对环境质量的日益重视，光固化型保形涂料因其所具有的环保优势备受人们关注。光固化型保形涂料具有固化速度快、适用于热敏性底材、初始投资低、溶剂挥发少、操作成本低和节省空间等优点，同时还可提高线路板的涂装生产效率，便于对线路板进行修复和局部快速涂覆保护。为解决小区域阴影部位的固化问题，又发展了采用光、暗条件下均可固化的双重固化保形涂料，主要包括光-潮气双重固化型和光-热双重固化型。

（1）光固化型

丙烯酸酯双键的光聚合反应活性高、固化速率快，因此光固化型保形涂料主要选择含有丙烯酸酯结构的树脂，它通常利用丙烯酸单体或带有丙烯酸官能团的化合物对其他树脂进行改性来获得，其主要配方如表 6.7 所示。但光固化型保形涂料也存在不足，如由于线路板上安装有电子元器件，从而导致阴影区域固化不完全。

表 6.7　光固化保形涂料的主要组成

组分	用量/%	种类
光敏树脂	20～50	环氧丙烯酸酯、聚醚丙烯酸酯、聚氨酯丙烯酸酯、聚酯丙烯酸酯等
丙烯酸酯单体	40～70	丙烯酸异冰片酯、四氢呋喃丙烯酸酯、丙烯酸羟乙酯、烷氧化苯酚丙烯酸酯等
光引发剂	1～5	1173、184、369、907、TPO 等
助剂	0.5～5	消泡剂、流平剂、润湿剂、荧光指示剂等

目前，光固化保形涂料树脂主要有双酚 A 型环氧丙烯酸酯树脂，如图 6.11（a）所示结构；脂肪族聚氨酯丙烯酸酯树脂，如图 6.11（b）所示结构；脂环族聚氨酯丙烯酸酯树脂，如图 6.11（c）所示结构，等等。其中，聚氨酯丙烯酸酯树脂结构主要由二异氰酸酯形成的氨基甲酸酯链段、多元醇形成的主链以及丙烯酸酯形成的链端组成，主链组成与结构对其性能影响最大，固化特性则由位于链端的丙烯酸酯基团决定，因此可以通过分子设计来制备具有不同功能的聚氨酯丙烯酸酯树脂，以满足保形涂料的性能要求。

（2）光-潮气双重固化型

在实际应用中，光-潮气双重固化型保形涂料可在一定程度上弥补纯光固化涂料阴影区固化不完全的问题。硅氧烷型光-潮气双重固化保形涂料树脂，其分子中含有可光固化的丙烯酸酯基团和可潮气固化的硅氧烷基团，因此该体系保形涂料具有曝光区域涂层可立即固化干燥、非曝光区域通过潮气固化的特点，适应于大规模的流水线生产。

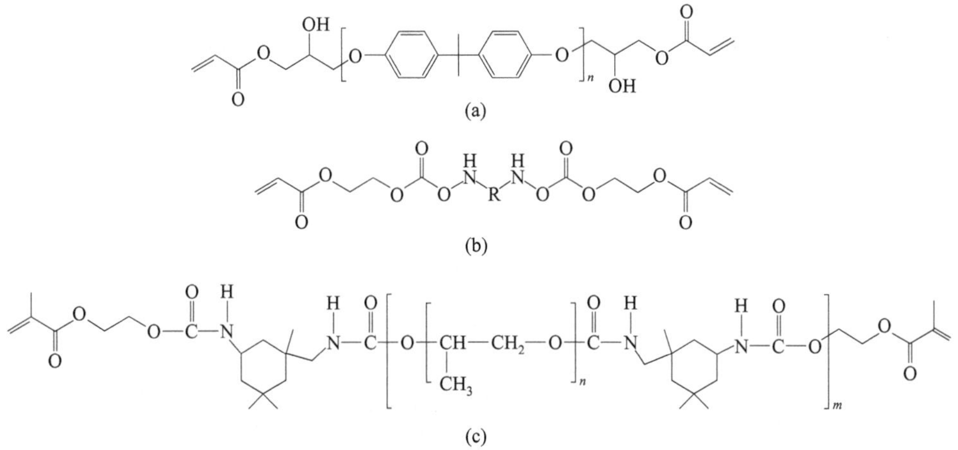

图 6.11　光固化型保形涂料树脂结构

如图 6.12 所示，从分子结构出发，硅氧烷型光-潮气双重固化保形涂料树脂的分子结构设计手段：带环氧基的硅烷偶联剂直接与含羟基的丙烯酸酯反应；或者环氧丙烯酸酯类的环氧基直接与带活泼氢的硅烷偶联剂反应，形成硅氧烷型光-潮气双重固化保形涂料用预聚体。

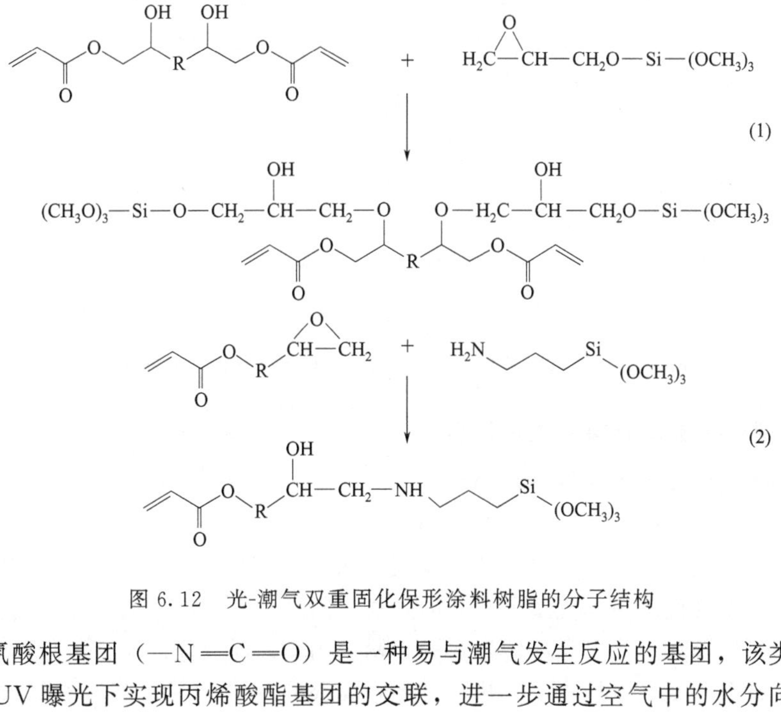

图 6.12　光-潮气双重固化保形涂料树脂的分子结构

异氰酸根基团（—N＝C＝O）是一种易与潮气发生反应的基团，该类型涂料首先在 UV 曝光下实现丙烯酸酯基团的交联，进一步通过空气中的水分向聚合物中扩散实现异氰酸酯基团的交联，通过这种二次潮气固化来实现双重固化，从而在阴影区域也保证了足够的交联密度。因此，通过分子设计合成含有丙烯酸酯基团和异氰酸根基团的树脂，可制备光-潮气双重固化 UV 保形涂料，其分子结构如图6.13 所示。

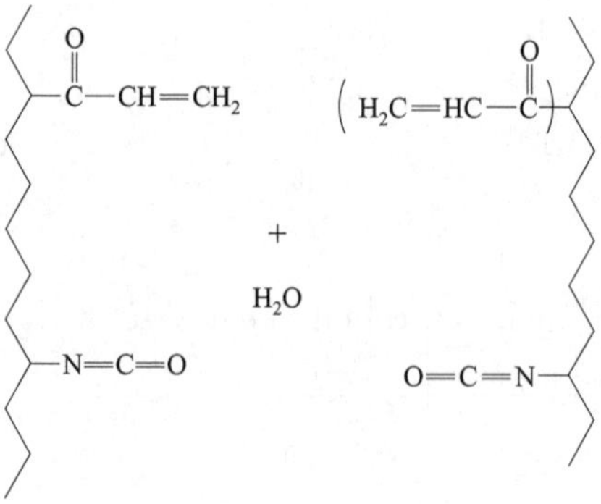

图 6.13　光-潮气双重固化 UV 保形涂料结构

（3）光-热双重固化型

光-热双重固化体系也可有效弥补纯光固化体系阴影区域固化不完全的问题，丙烯酸化的三聚氰胺光-热双重固化树脂就是其中的一种，其结构式如图 6.14 所示。其合成方法是先把三聚氰胺醚化，然后丙烯酰胺与部分甲氧基反应引入光反应基团，参与光固化交联，而剩余的部分甲氧基则可与多元醇或含有羟基的物质通过热来实现交联固化，从而进一步提高性能。但该类型在热敏基材上的应用可能会受到一定的局限。

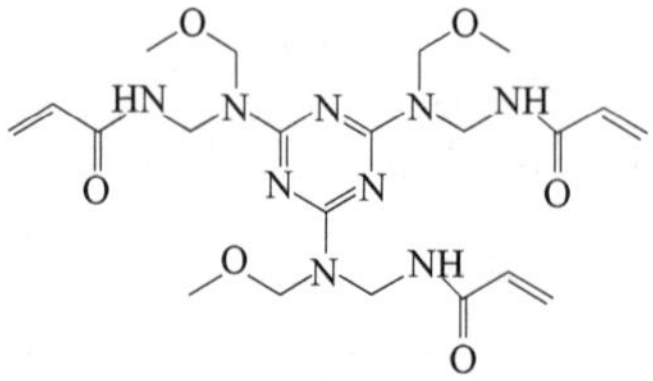

图 6.14　丙烯酸化的三聚氰胺光-热双重固化保形涂料树脂

（三）印制电路板感光材料发展趋势

（1）5G 印制电路板用感光材料

随着北斗系统的逐渐推广及国内 5G 技术的日趋成熟，以第五代移动通信用高密度互连印制线路板为代表的高端印制线路板，对阻焊油墨的分辨率、曝光能量、耐热性等一系列性能指标提出了更高的要求。同时，高频率、低能耗通信技术将成为未来的发展趋势。为了保证信号在高频输送的高效性及稳定性，对阻焊油墨提出了低介电常数及低介电损耗、低热膨胀系数以及良好的耐湿性等性能要求。因此，开发具有自主知识产权的 5G 印制电路板用感光材料迫在眉睫。

（2）低黏度可喷墨阻焊油墨

随着电子工业的发展，一种采用加成法的全印制电子技术应运而生。加成法工艺具有节约材料、保护环境、简化工序等优点，目前被认为是未来电子行业发展的新趋势。但由于其采用喷墨打印作为主要技术手段，对油墨以及本体材料的性质有新的要求，主要表现为：①控制油墨黏度，使其能通过喷嘴连续喷出，防止其堵塞喷头；②控制固化反应速度，实现快速初固，防止油墨在基板因浸润而散开；③调节油墨触变性，确保打印线路质量及可重复性；④喷印精度，要求油墨能够连续喷印不出现断线问题，且能喷印高精度线条。

（3）高分辨率耐高温焊接黑色阻焊油墨

随着半导体电子技术的进步和发展，更小型的机器以及更薄、更轻的设备得到了快速发展。PCB 最外层形成永久掩膜的阻焊油墨在分辨率、附着力、耐热性、耐化学镀性、电性能等方面的性能不断提升。同时，为了降低 PCB 表面的反差以改善线路图案的对比度，深黑色阻焊油墨越来越得到高端印制电路板的青睐。然而，由于黑色阻焊油墨的黑色颜料能吸收从紫外区域到红外区域发射的波长，黑色阻焊油墨的分辨率及耐热性显著降低。因此，高分辨率耐高温焊接黑色阻焊油墨的研究和开发符合市场发展趋势。

（4）软硬结合板用高柔韧性阻焊油墨

软硬结合板同时具备 FPC 与 PCB 的特性，既有一定的挠性区域，也有一定的刚性区域，对节省产品内部空间，减少成品体积，提高产品性能有很大的帮助，可满足特殊产品的使用要求。随着产品功能化及小型化的快速发展，软硬结合板的市场需求越来越大，因此符合该类印制电路板要求的高柔韧性阻焊油墨受到广泛关注。

（5）塞孔油墨的研究与开发

随着印制电路板装配要求的提高和进步，越来越多的印制电路板提出塞孔要求。该类油墨同样使用光固化技术，其本身具有固含量高、收缩率低、高耐化学性等优点，可以避免塞孔不良和过孔发红等表面缺陷，是 PCB 配套感光阻焊油墨中的一种。

参考文献

［1］ 罗小阳, 周虎, 唐甲林, 秦先志. PCB 用干膜的市场、生产和技术发展综述［J］. 印制电路信息, 2014, 3: 9.
［2］ 李伟杰, 周光大, 李伯耿. 水溶性丙烯酸酯类感光干膜的制备及其性能研究［J］. 影像科学与光化学, 2016, 34 (2): 172.
［3］ 王海霞. 国内外感光干膜市场初探［J］. 精细与专用化学品, 2018, 26 (9): 1.
［4］ 李善君, 纪才圭, 等. 高分子光化学原理及应用［M］. 2 版. 上海: 复旦大学出版社, 2003.
［5］ 许阳阳, 李治全, 安丰磊, 袁燕华, 刘仁. 腰果酚缩水甘油醚改性碱溶性酚醛环氧丙烯酸酯的制备及应用

　　　　［J］. 影像科学与光化学, 2018, 36 (6)：522.

［6］　王浩东, 孙冠卿, 安丰磊, 袁燕华, 刘仁. 叔碳酸缩水甘油酯改性碱溶性酚醛环氧丙烯酸酯的研究［J］.
　　　　影像科学与光化学, 2019, 37 (3)：185.

［7］　李智玲, 沈显强, 冉晨鑫. 碱溶性树脂的合成及在 UV 固化阻焊油墨中的应用［J］. 化工进展, 2010, 29
　　　　(4)：753.

［8］　Jeong Min Su, Choi Byung Ju, Jeong Woo Jae, Choi Bo Yun, Lee Kwang Joo. Photo-curable and thermo-
　　　　curable resin composition and dry film solder resist: US9880467［P］.2018-01-30.

［9］　吴建, 福田晋一朗, 朱健. 碱显影感光聚氨酯丙烯酸酯的合成及应用［J］. 广州化工，2018, 46 (2)：47.

［10］　蒋海峰, 沈艳, 包晓云, 李冰. 紫外光固化三防漆在航天电子产品中的应用［J］. 制导与引信, 2017, 38
　　　　(4)：53.

［11］　廖正福. 硅氧烷型光／潮气双固化保形涂料用树脂的设计和生产［J］. 广西师范学院学报: 自然科学
　　　　版, 2005, 22 (4)：45.

［12］　陈用烈, 曾兆华, 杨建文. 辐射固化材料及其应用［M］. 北京：化学工业出版社, 2003.

第七章
光固化技术在3D打印中的应用

紫外光（UV）固化技术是让 UV 作为光敏树脂固化能量的提供者，激发光敏树脂体系中的光引发剂光解为自由基或强质子酸，再使得具有光活性的预聚物和稀释剂在非常短的时间里交联、聚合形成长链，从而由液态转变为固态涂层的一种新的环境友好技术。这种 UV 技术原理，现已较好地应用于 UV 激光固化 3D 打印技术中。

第一节　UV 激光固化 3D 打印技术简介

随着科学技术的发展和社会需求的多样化，产品的竞争越来越激烈，更新换代的周期也越来越短。为此要求设计人员不但能根据市场的需求尽快设计出新产品，而且能在尽可能短的时间内制造出原型，从而进行必要的性能测试，同时在征求用户意见的基础上做出相应的修改，最后形成能投放市场的定型产品。如用传统的方法（冲、铸、锻、注塑、车、磨、电火花加工、超声波加工等）制作原型，成本高、周期长，已不能适应日新月异的市场变化。

为了响应市场变化，国外于 20 世纪 80 年代末发展了一种全新的制造技术——3D 打印技术（3D printing 即 rapid prototyping and manufacturing，RP&M）。与传统的制造方法不同，这种高新制造技术采用逐渐增加材料的方法（如凝固、胶接、焊接、激光烧结、聚合或其他化学反应）来形成所需的零件形状，故也称为增材制造法——AM（additive manufacturing）技术。

3D 打印技术综合了计算机、CAD、数控、物理、化学、材料等多工程科学领域的先进成果，解决了传统加工中的许多难题。不同于传统机械加工的材料去除法和变形成形法，它是一次成形复杂零部件或模具，不需任何工艺装备，堪称制造领域人类思维的一次飞跃，它的出现代表着制造工程的又一次突破。3D 打印技术在航空航天、机械电子以及医疗卫生等领域有着广阔的应用前景，因此受到了广泛的重视并迅速成为制造领域的研究热点。随着应用领域的不断扩大，3D 打印技术已经成为先进制造技术的重要组成部分。该技术在 20 世纪 90 年代后期得到了迅速发展，在机械制造历史上，它与 20 世纪 60 年代的数控技术具有同等重要的意义。

　　3D 打印技术的基本工作原理是离散/堆积。首先，将零件的物理模型通过 CAD 造型或三维数字化仪转化为计算机电子模型，然后将 CAD 模型转化为 STL (stereolithography) 文件格式，用分层软件将计算机三维实体模型在 Z 向离散，形成一系列具有一定厚度的薄片，激光束（或其他能量流）在计算机的控制下有选择性地固化或黏结某一区域，从而形成构成零件实体的一个层面。这样逐渐堆积形成一个原型（三维实体），必要时再通过一些后处理（如深度固化、修磨等）工序，使其达到功能件的要求。迄今为止，国内外已成功开发了十多种成熟的 3D 打印工艺，其中 UV 激光固化 3D 打印技术是一种常用的打印工艺。

　　UV 激光固化 3D 打印是公认的精度最高的 3D 打印方法，它具有制作效率高，材料利用率接近 100% 的优点，能成形形状特别复杂（如空心零件）、特别精细（如首饰、工艺品等）的零件。另外，UV 激光固化 3D 打印技术也可以被用于微小机械加工领域。用它制作的快速原型透明晶莹，表面光洁度好，强度和硬度都很高，可以直接作为功能件。正是由于 UV 激光固化 3D 打印的一系列优点和用途，自 20 世纪 80 年代问世以来，迅速发展，经久不衰，成为目前世界上研究最深入、技术最成熟、应用最广泛的 3D 打印方法。

　　UV 激光固化 3D 打印这一名称国内有多种译法，如光固化 3D 打印、立体印刷、立体光刻和光造型等。其基本组件如图 7.1 所示。

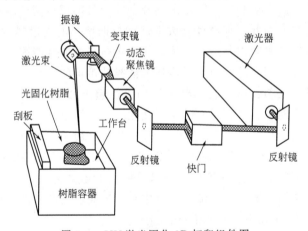

图 7.1　UV 激光固化 3D 打印组件图

　　以光敏树脂为原料，在计算机控制下，紫外激光按零件各分层截面数据对液态光敏树脂表面逐点扫描，使被扫描区域的树脂薄层产生光聚合反应而固化，形成零件的一个薄层；一层固化完毕后，工作台下降，在原先固化好的树脂表面再涂覆一层新的液态树脂，以便进行下一层扫描固化；新固化的一层又牢固地黏结在前一层上；如此重复，直到整个零件原型制作完毕。

　　UV 激光固化 3D 打印技术的工艺过程还可用图 7.2 来进一步形象地描述。首先在计算机上用三维 CAD 系统设计产品的三维实体模型 [图 7.2(a)]；然后生成并输出 STL 文件格式的模型 [图 7.2(b)]；再利用切片软件对该模型沿高度方向进行分层切片，得到模型的各层断面的二维数据群 S_n（$n=1,2,\cdots,n$）[图 7.2(c)]；依据这些数据，计算机从下层 S_1 开始按顺序将数据取出，通过一个扫描头控制紫外激光束，在液态光敏树脂表面扫描出第一层模型的断面形状，被紫外激光束扫描辐照过的部分，由于光引发剂的作用，引发预聚体和活性单体发生聚合而固化，产生一薄固化层 [图 7.2(d)]；形成了第一层断面的固化层后，将基座下降一个设定的高度 d，在该固化层表面再涂覆上一层液态树脂，接着依上所述用第二层 S_2 断面的数据进行扫描曝光、固化 [图 7.2(e)]；当切片分层的高度 d 小于树脂可以固化的厚度时，上一层固化的树脂就可与下层固化的树脂粘接在一起，然后第三层 S_3、第四层 S_4……，这样一层层地固化、粘接，逐步按顺序叠加直到 S_n 层为止，最终形成一个立体的实体原型 [图 7.2(f)]。

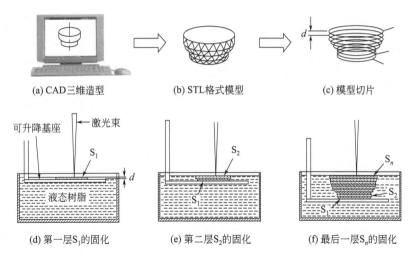

(a) CAD三维造型　　　(b) STL格式模型　　　(c) 模型切片

(d) 第一层S_1的固化　　(e) 第二层S_2的固化　　(f) 最后一层S_n的固化

图 7.2　UV 激光固化成形过程

总之，UV 激光固化的工艺步骤包括三维实体模型设计、实体切片、数据准备、生成制件。

(1) 三维实体模型设计

UV 激光固化成形工艺的第一步是在三维 CAD 软件中完成实体模型的设计。所构造的三维 CAD 图形可以是实体模型，也可以是表面模型，这些模型具有完整的壁厚和内部描述功能。之后是对 CAD 模型定向，以便能在空间方便地构造物体。CAD 的存储文件必须转换成 UV 激光固化 3D 打印所需要的标准文件（STL 文件）的格式，并以此作为在计算机进行切片的输入文件。

完成模型设计后，需要选择模型的摆放方向和位置，设计支撑。在造型过程中，树脂由液体固化成实体的时候将产生体积收缩，从而造成内应力，同时因为

UV 激光固化 3D 打印是从底部开始逐层造型，硬化的光敏树脂第一个切片层将与工作台连接。为了防止片层漂移或收缩变形损坏最终制件和工作台面，对模型中的悬垂部分和较大的悬臂及梁等结构必须设计支撑或连接结构。模型的支撑结构一般在切片前单独生成。

（2）模型切片和数据准备

当原型的设计完成后，CAD 模型被转换成 STL 格式的文件传送到光固化成形设备上处理数据的计算机中。利用分层软件选择参数，将模型分层，得到每一片层的平面图及其有关的网格矢量数据，用于控制激光束的扫描轨迹。这一过程中还包括切片层厚度的选择、建造模式、固化深度、扫描速度、扫描间距、光斑补偿和扫描线补偿的选择。分层参数的选择对造型时间和模型精度影响很大，一般根据两者的权重选择分层参数的组合。

（3）制作原型件阶段

该阶段是光敏树脂开始聚合、固化到一个原型制作完成的过程。将树脂槽灌满树脂，将一个可以上下移动的升降台置于树脂液面下，调整 UV 激光固化成形机的控制计算机，控制升降台上有一定厚度的树脂，此厚度即模型的切片厚度；利用分层切片时得到的数据生成计算机控制指令，计算机根据这些指令迅速驱动振镜扫描系统使激光束在树脂平面运动，凡是激光扫描的部分，光敏树脂便在激光的作用下迅速固化，形成制件的底层并粘接在升降台上；扫描完一个层片后，升降台下降一个片层厚度的高度，液态光敏树脂迅速覆盖在刚刚固化的层片上，激光束按照新一层的数据所给定的轨迹，扫描固化第二层，同时前后两层粘接在一起；如此重复直到生成整个原型件。

UV 激光固化 3D 打印技术现在越来越成熟，越来越被世界各国广泛应用于制造业中，而该技术的发明者和开拓者对该技术的发展曾做出了重要贡献。20 世纪 70 年代末 80 年代初，3M 公司的 A. Hebert，日本 Nagoya Prefecture 研究所的 H. Kodama 和加利福尼亚 UVP（紫外产品公司）的 Charles Hull 独立研究通过选择性地固化树脂薄层来逐层累加制造三维实体。Hull 在 UVP 的资助下，发明了 UV 激光固化（stereolithography），并于 1986 年申请了专利（HullC. 制作三维实体的装置，美国专利号 4575330，1986 年 3 月 11 日），同时，Hull 和 UVP 的股东 Raymond Freed 联合创立了 3D Systems 公司，开发 UV 激光固化技术的商业应用。在日本，关于 UV 激光固化技术的第一个专利是三菱公司申请的，公布于 1974 年 3 月 22 日，但不久就放弃了。三菱公司后来成立了一个分公司即 CMET 公司，生产 SOUP（solid object ultraviolet plotter）系列 3D 打印机。第一台商品化 UV 激光固化 3D 打印系统是美国 3D Systems 公司于 1986 年推向市场的 UV 激光固化 3D 打印 A 系列成形机，名称为 SLA-190。除美国 3D 公司之外，日本的三菱、索尼等几家公司，德国的 EOS 公司也都是最早生产 UV 激光固化 3D 打印系统的公司。

第二节 UV 激光固化 3D 打印光敏树脂介绍

UV 激光固化 3D 打印材料光敏树脂是在 UV 固化涂料的基础上发展起来的，它是 UV 固化涂料应用的进一步延伸。UV 固化涂料的每一步发展都在一定程度上促进着 UV 激光固化快速成型材料光敏树脂的发展。

UV 固化涂料是 20 世纪 60 年代开发的一种环保型节能涂料，它在受到紫外光照射后，发生光化学反应，从而引起聚合、交联，使液态涂层瞬间变成固态涂层。它具有以下众多优点：①节省能源，耗能约为热固化涂料的 1/10～1/5；②无溶剂排放，既安全又不污染环境；③固化速度快（0.1～10s），生产效率高，适合流水线生产；④可涂装对热敏感的基材；⑤涂层性能优异，具有良好的耐摩擦性、耐溶剂性及耐污性等性能。因此，UV 固化涂料获得了迅速的发展。UV 固化涂料主要由齐聚体（预聚物）、单体（稀释剂）、引发剂等组成。按照引发体系的不同，可分为自由基 UV 固化涂料，阳离子 UV 固化涂料和自由基-阳离子混杂光固化涂料。UV 固化涂料广泛应用于建筑材料、体育用品、电子通信、包装材料和汽车零部件等不同领域。按其用途可分为纸张上光涂料、光纤涂料、金属涂料、塑料涂料、木器涂料等，涉及人们生活的各个方面。

应用于 UV 激光固化 3D 打印的光固化材料光敏树脂，类似于常规 UV 固化涂料，它也是由树脂和引发剂两部分组成，其中树脂由预聚物、稀释剂及少量添加剂组成。UV 激光固化要求光敏树脂材料在曝光区能够快速地发生聚合反应。基本过程可表示为：预聚物＋反应稀释剂＋光引发剂→聚合物（半成品）→洗涤、后固化→最终产品。

应用于 UV 激光固化 3D 打印的材料光敏树脂和一般的 UV 固化涂料不同，需要具有如下条件：

① 黏度低。为了获得较短的流平时间（流平时间指液体的光敏预聚物在已固化的平面上均匀平铺的时间），要求材料光敏树脂有较低的黏度。反应材料中添加稀释剂的目的就是为了降低黏度。

② 固化收缩小。产生固化收缩的一个重要原因，是处于液体状态的预聚物分子之间距离为范德华距离，而在聚合物中，结构单元处于共价键距离。很明显，共价键距离小于范德华距离，所以液态的单体或预聚物成为聚合物时，必然导致体积的收缩。另外，由于后固化处理不均匀产生应力松弛，或由于封闭双键的慢聚合反应，还将导致后固化收缩。固化收缩会导致非常严重的问题，比如发生形变、开裂、卷曲、固化物件不准确等。

③ 半成品强度高。半成品强度包括半成品的各种力学性能，如应力、应变、模量、硬度、层与层之间的粘接力等。固化物的半成品强度只有足够高，才能保证后固化过程不发生形变、膨胀、出现气泡及层分离等。

④ 溶胀小。半成品在液体分子中的溶胀是造成固化产物尺寸不精确的一个主要原因。

⑤ 固化前性能稳定。可见光照射下不会发生化学反应，便于运输和储存。

⑥ 光敏性好。对 UV 有快的光响应速率，在光强不是很高的情况下能够迅速固化。

⑦ 毒性小。设计配方时要考虑单体或预聚物的毒性。当然，毒性大小对人的危害并非完全一致，毒性大但挥发性小的物质不一定构成很大的危害。

性能良好的 UV 激光固化 3D 打印的材料光敏树脂通常同时要求具备上述七点要求，可见要制备适用于 UV 激光固化 3D 打印的光敏树脂还是具有一定难度的。

应用于 UV 激光固化 3D 打印材料包括自由基型光敏树脂、阳离子型光敏树脂和阳离子-自由基混杂型光敏树脂。自由基型光敏树脂光敏性好，固化速度快，成本低，它是最早应用于 UV 激光固化 3D 打印的材料，但作为 UV 激光固化 3D 打印材料，打印的模具和零件收缩比较大，易翘曲变形；阳离子型光敏树脂作为 UV 激光固化 3D 打印材料，虽然打印的模具和零件收缩很小，翘曲变形很小，精度高，但是光敏性较差，固化速度慢，打印速度很慢，目前，还较少作为 UV 激光固化 3D 打印材料使用；阳离子-自由基混杂型光敏树脂作为 UV 激光固化 3D 打印材料，综合了自由基型光敏树脂和阳离子型光敏树脂的优点，打印的模具和零件收缩小，精度较高，打印速度快，因此，适合作为 3D 打印光敏树脂。

一、UV 激光固化 3D 打印自由基型光敏树脂

UV 激光固化 3D 打印自由基型光敏树脂是 UV 固化技术发展到一定程度的产物，是自由基型 UV 固化光敏树脂技术的进一步延伸。自由基型 UV 固化光敏树脂中的光引发剂吸收紫外激光能量后，发生裂解反应，产生可引发聚合反应的自由基，使 UV 固化光敏树脂中的预聚物和稀释剂以连锁反应的机理迅速地聚合，生成高分子化合物。其主要反应过程可以分为以下阶段。

（1）链引发反应

光引发剂 I 在一定波长的光的照射下吸收能量，成为激发态 I^*，其分子结构中的共价键，经过单线态或三线态断裂，产生初级自由基 $I_A\cdot$ 和 $I_B\cdot$（若 A＝B，为均裂反应，否则为异裂反应），初级自由基与单体加成，形成单体自由基（图 7.3）。

$$I \xrightarrow{h\nu} I^*$$
$$I^* \longrightarrow I_A\cdot + I_B\cdot$$
$$I_A\cdot + M \longrightarrow (I_A - M)\cdot$$

图 7.3　链引发反应

（2）链增长反应

在链引发阶段产生的单体自由基仍具有活性，能与第二个分子反应生成新的自由基。新的自由基活性并不衰减，继续和其他单体分子结合成单元更多的链自由基，表现为活性链不断增长，最后终止成大分子，使树脂固化（图 7.4）。

$$(I_A—M)· + M \longrightarrow (I_A—M—M)·$$
$$(I_A—M—M)· + M \longrightarrow (I_A—M—M—M)·$$

图 7.4　链增长反应

（3）链终止反应

自由基活性很高，有相互作用而终止的倾向。终止反应有偶合终止和歧化终止两种方式。自由基发生终止反应后就失去了活性。在连锁反应中，链增长和链终止是一对竞争反应。

从分子角度讲，光敏树脂的固化过程是从小分子体向长链大分子聚合体转变的过程，其分子结构发生很大变化，因此，固化过程中的收缩是必然的。树脂的收缩主要有两部分组成：一部分是固化收缩；另一部分是当激光扫描到液体树脂表面时由于温度变化引起的热胀冷缩。常用树脂的热膨胀系数为 10^{-4} 左右。温度升高的区域面积很小，因此温度变化引起的收缩量极小，可以忽略不计。而光敏树脂在光固化过程所产生的体积收缩对零件精度（包括形状精度和尺寸精度）的影响是不可忽视的。丙烯酸酯聚合反应中的体积变化如图 7.5 所示。

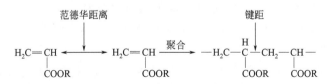

图 7.5　丙烯酸酯聚合反应中的体积变化

自由基型光敏树脂虽然固化收缩严重，但是固化速度快。自由基型光敏树脂主要由光敏预聚物、光敏稀释剂和 UV 引发剂等组成。

（一）光敏预聚物的种类及选择

预聚物是含有不饱和官能团的低分子聚合物，也称齐聚体，它是 UV 固化体系的主要成分，其性能在很大程度上决定了固化后材料的主要性能。一般来说，预聚物分子量大，固化时体积收缩小，固化速度也快，但分子量大，黏度升高，需要更多的稀释剂（单体）来稀释，而且体系的黏度高还会影响 UV 激光固化 3D 打印技术的成形精度和成形效率。因此，开发适用的自由基型 UV 激光固化 3D 打印光敏树脂，预聚物的选择尤为重要。自由基型预聚物种类繁多，性能也大相径庭，其中应用较多的有：环氧丙烯酸酯、聚氨酯丙烯酸酯、聚酯丙烯酸酯、不饱和聚酯、聚醚丙烯酸酯、丙烯酸树脂、多烯硫醇体系、水性丙烯酸酯等。

环氧丙烯酸酯（EA，epoxy acrylate）具有抗化学腐蚀性好、附着力强、硬度高、便宜等优点，在 UV 固化领域应用极为广泛。

常见的环氧丙烯酸酯有四种：双酚 A 型环氧丙烯酸酯、酚醛环氧丙烯酸酯、环氧化丙烯酸豆油酯、酸及酸酐改性环氧丙烯酸酯，其特点如下。

① 双酚 A 型环氧树脂丙烯酸酯：固化速度快、固化膜光泽度高、硬度高、抗张强度大、耐化学腐蚀，但黏度高、固化产物脆性大、柔韧性差；

② 酚醛环氧丙烯酸酯：具有较高的官能度，固化速度快，固化膜硬度高，具有优良的耐热性、耐溶剂性和耐候性，但黏度较高，价格也较高；

③ 环氧化丙烯酸豆油酯：对颜料润湿性优良、价格较低、附着力好、对皮肤刺激性小，但固化速率慢、涂层较软；

④ 酸及酸酐改性环氧树脂丙烯酸酯：对 EA 预聚物改性所用的酸及酸酐的不同，最终产物性能也有所不同，与普通 EA 相比，有的酸及酸酐改性环氧树脂丙烯酸酯具有更快的固化速率，有的具有较低的固化收缩率，有的柔韧性更好等。

聚氨酯具有耐低温、柔韧性好、黏结强度大等优点，但耐候性、耐水性不佳；丙烯酸酯具有较好的耐水性、耐候性，但其硬度大、不耐溶剂。把聚氨酯和丙烯酸酯的优点叠加，可以结合两者的优点，发挥协同优势。以聚氨酯丙烯酸酯为预聚物的 UV 固化材料的优点如下：优异的机械耐磨性和柔韧性，断裂伸长率高；涂膜的耐化学性优良，耐低、高温性能良好，有较好的附着力。

聚酯丙烯酸酯最突出的优点是黏度低和便宜。该类树脂既可以当预聚物使用，又可以作为稀释剂单体使用。

不饱和聚酯是应用最早的预聚物，其 UV 涂层非常硬，具有一定的耐热、耐溶剂能力，但柔顺性差，固化速率慢。最突出的优点是便宜和黏度低，目前最大的用途是作为稀释剂单体而应用于 UV 固化领域。

聚醚丙烯酸酯最突出的特点是黏度低，柔顺性好、价格低廉，但其涂膜的耐化学性、耐溶剂性、附着力及硬度等都比较差，一般只能与其他树脂混用，所以这类预聚物应用比较少。

此外，有机硅预聚物在 UV 固化领域越来越受到人们的重视，以自由基机理反应固化的有机硅类预聚物，多为丙烯酸酯化的聚硅氧烷、丙烯酸氨基甲酸酯聚硅氧烷和含硫醇-烯基团的聚硅氧烷固化的丙烯酸聚硅氧烷。主链含硅的预聚物通常具有一些独特的性能，如柔顺性、耐溶剂性、较好的热稳定性以及较低的表面能等。由于有机硅预聚物较贵，这类预聚物应用比较少。

在 UV 自由基固化材料领域，超支化预聚物的有关研究与应用在一段时间比较热门。这类聚合物来自 ABX 型单体，其中 X 为潜在的支化点，这样就可以得到支化程度非常高的结构。研究表明，超支化脂肪族聚氨酯丙烯酸酯化后，其端基的极性对聚合物的黏度和玻璃化转变温度影响很大，UV 固化时几乎没有发现氧的阻聚作用，并且双键转化率很高，基本上没有残留。丙烯酸酯改性的新型超支化聚酯具有高官能度、球对称三维结构以及分子内和分子间不发生缠结等优点，是一种低黏度、高活性的光敏预聚物。但是，由于这类预聚物昂贵，应用很少。

　　双酚 A 型环氧树脂丙烯酸酯具有固化速率快、固化后机械性能良好、价廉和易购买等优点，因此，在自由基型 UV 固化 3D 打印光敏树脂中作为预聚物应用较广，是制备自由基型 UV 固化 3D 打印光敏树脂时的首选原料。双酚 A 型环氧树脂丙烯酸酯是双酚 A 型环氧树脂与丙烯酸的加成反应产物。它的化学反应式见图 7.6。

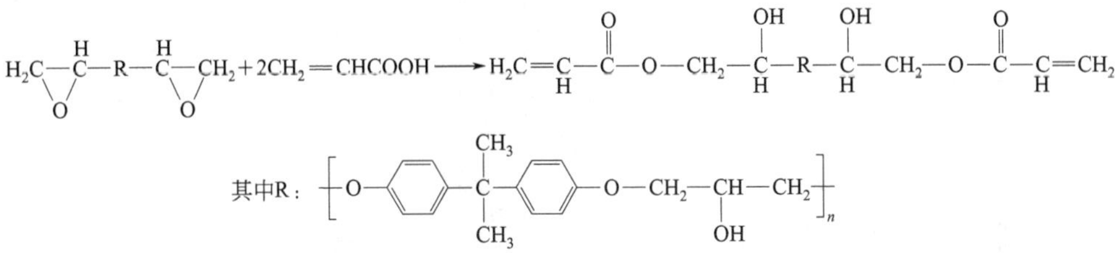

图 7.6　双酚 A 型环氧树脂丙烯酸酯的合成

（二）光敏稀释剂的种类及选择

　　用作自由基型稀释剂的主要是丙烯酸酯衍生物，一般有丙烯酸酯、甲基丙烯酸酯、乙氧基化或丙氧基化的醇类丙烯酸酯等。这些单体可分为单官能团、双官能团及多官能团单体等。但是，用得最多的为双官能团单体。双官能团单体中常用的有二缩三丙二醇二丙烯酸酯（TPGDA）和 1,6-己二醇二丙烯酸酯（HDDA）。三官能团单体如三羟甲基丙烷三丙烯酸酯（TMPTA），现在常用的还有乙氧基化的三羟甲基丙烷三丙烯酸酯（EOTMPTA）。

　　实践中，为了得到满意的固化速度、配方黏度、附着力、涂层柔韧性、硬度、抗冲击性、耐溶剂性等综合性能，常常将单、双、三官能团单体混合使用。

（三）自由基引发剂的选择

　　自由基引发剂大致分为裂解型和夺氢型两种。裂解型引发剂的共同特点是：按 Norrish I 型机制，在吸收 UV 后，分子中与羰基相邻的碳-碳 σ 键发生断裂。包括一些能够发生 Norrish I 型断裂的芳香族羰基化合物，多为苯偶姻及其衍生物、苯偶酰缩酮、苯乙酮衍生物以及部分含硫光引发剂。夺氢型引发剂一般为芳香酮类化合物，如二苯甲酮及其衍生物、硫杂蒽酮等大多数含硫引发剂等。这类引发剂吸收 UV 后按 Norrish II 型机制光解，提取氢后生成可引发聚合的活性自由基。表 7.1 列出了几种常用自由基型 UV 引发剂。

表 7.1　几种常用自由基型光引发剂

裂解型	苯偶姻	
	苯偶酰衍生物 Irgacure 651	
	二烷氧基苯乙酮	
	α-羟烷基苯酮 （如 184,1173）	

续表

提氢型	二苯甲酮、硫杂蒽酮 及其衍生物	

在这几种常用自由基型光引发剂中，首选 α-羟烷基苯酮作为 UV 激光固化 3D 打印光敏树脂引发剂，原因是它的价格相对低廉，固化产物不易产生黄变。

α-羟烷基苯酮中最常用的主要两种品种是 1-羟基环己基苯基甲酮（俗称光引发剂 184）和 2-羟基-2-甲基-1-苯基-1-丙酮（俗称光引发剂 1173）。光引发剂 184 和光引发剂 1173 是 UV 激光固化 3D 打印自由基型光敏树脂制备中的首选引发剂。在 3D 打印自由基型光敏树脂制备中，预聚物的质量分数大约 82%，光引发剂 184 或光引发剂 1173 的质量分数大约 3%，调节黏度的稀释剂质量分数大约 15%。

早期商品化的 UV 激光固化 3D 打印光敏树脂，即 1992 年以前的 UV 激光固化 3D 打印光敏树脂，都是以环氧丙烯酸酯或聚氨酯丙烯酸酯等作为主要预聚物的自由基型光敏树脂，如 Ciba-Geigy Cibatool 研发的 5081、5131、5149 以及 Du Pont 公司的 2100、2110、3100、3110 等 UV 激光固化 3D 打印光敏树脂。虽然这类光敏树脂具有价格低、固化速率快等优势，但由于固化收缩严重，制件翘曲明显、精度难以满足高端产品要求，导致市场地位下降，逐渐被新一代的光敏树脂所取代。第二代商品化的 UV 激光固化 3D 打印光敏树脂，是以含环醚基团的预聚物和含环醚基团的稀释剂，与含不饱和碳-碳双键的预聚物和含不饱和碳-碳双键的稀释剂，以及自由基型引发剂和阳离子型引发剂等组分混合制备而成，俗称阳离子-自由基混杂型 UV 激光固化 3D 打印光敏树脂。

二、阳离子-自由基混杂型 UV 激光固化 3D 打印光敏树脂

阳离子-自由基混杂型 UV 激光固化 3D 打印光敏树脂与 UV 激光固化 3D 打印自由基型光敏树脂相比，具有黏度较低、固化收缩小、制件翘曲程度低和精度高等特点。其中，含有不饱和双键的预聚物和不饱和双键的稀释剂固化属于自由基型 UV 固化，而含环醚基团的预聚物和含环醚基团的稀释剂固化属于阳离子型 UV 固化。

(一) 含环醚基团的预聚物和含环醚基团的稀释剂的种类和选择

所谓含环醚基团的预聚物和含环醚基团的稀释剂，主要是指含氧的环状物，它包括三元环的环氧树脂及环氧化合物，四元环的氧杂环丁烷及氧杂环丁烷衍生

物等。

（1）三元环的环氧树脂及环氧化合物

市场上最流行的环氧树脂是双酚 A 型环氧树脂和酚醛环氧树脂，因其价格低廉，也广泛用于 UV 阳离子型固化体系中，对于用 E-56、E-55、E-51、E-44、F-51 和 F-48 作为组分配制 UV 激光固化 3D 打印光敏树脂，已有一些报道。然而，双酚 A 型环氧树脂和酚醛环氧树脂的苯环上的共轭大 π 键以及环氧基团旁边的醚键对环氧基团的电子具有诱导效应，致使它呈现一定程度的缺电子性。所以，该环氧基团与脂环族环氧化合物的环氧基团相比，它与酸的开环反应没有脂环族环氧基团活泼。双酚 A 型环氧树脂分子结构式如图 7.7。

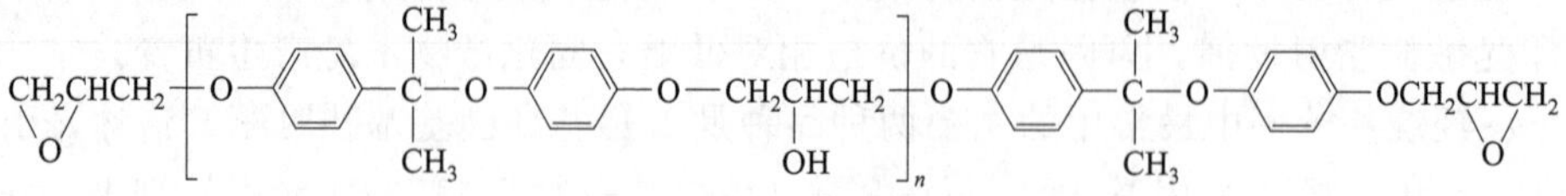

图 7.7 双酚 A 型环氧树脂分子结构式

同样地，丁基缩水甘油醚、乙二醇二缩水甘油醚、1,4-丁二醇二缩水甘油醚、二乙二醇二缩水甘油醚和丙三醇三缩水甘油醚等，它们的环氧基团旁边的醚键对环氧基团的电子也具有诱导效应，致使它的环氧基也呈现一定程度的缺电子性。所以，这些环氧基团与脂环族环氧基团相比，它们与酸的开环反应也没有脂环族环氧基团活泼。因此，在阳离子-自由基混杂型 UV 激光固化 3D 打印光敏树脂制备中，脂环族环氧化合物应用比较多，其主要品种如图 7.8。

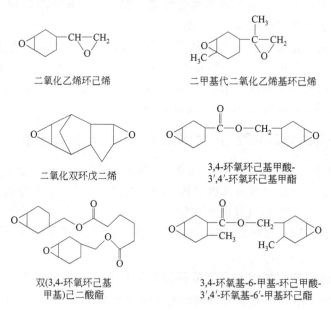

二氧化乙烯环己烯

二甲基代二氧化乙烯基环己烯

二氧化双环戊二烯

3,4-环氧环己基甲酸-
3′,4′-环氧环己基甲酯

双(3,4-环氧环己基
甲基)己二酸酯

3,4-环氧基-6-甲基-环己基甲酸-
3′,4′-环氧基-6′-甲基环己酯

图 7.8 脂环族环氧化合物

就图 7.8 中六种脂环族环氧化合物而言，在阳离子-自由基混杂型 UV 激光固化 3D 打印光敏树脂制备中，有时单独用，有时混合用。

（2）四元环的氧杂环丁烷

氧杂环丁烷是一类具有四元环醚结构的物质，其中包括单官能团氧杂环丁烷、双官能团氧杂环丁烷以及改性后的氧杂环丁烷等，常见的几种氧杂环丁烷如图 7.9 所示。

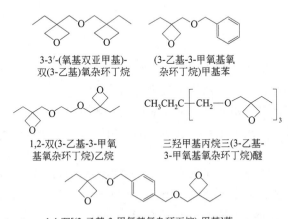

3-3′-(氧基双亚甲基)-
双(3-乙基)氧杂环丁烷　　　(3-乙基-3-甲氧基氧杂环丁烷)甲基苯

1,2-双(3-乙基-3-甲氧基氧杂环丁烷)乙烷　　　三羟甲基丙烷三(3-乙基-3-甲氧基氧杂环丁烷)醚

1,4-双[[3-乙基-3-甲氧基氧杂环丁烷)-甲基]苯

图 7.9　氧杂环丁烷结构

图 7.9 中五种氧杂环丁烷是 UV 固化阳离子聚合的良好单体，由于其固化后收缩率小，黏结性能良好，已广泛应用于家具涂装、光固化油墨和电子封装等领域。现在，在 UV 激光固化 3D 打印光敏树脂制备中，氧杂环丁烷及氧杂环丁烷衍生物作为阳离子型光固化组分也得到了较好的应用，特别是 DSMSOMOS 公司一系列的 3D 打印光敏树脂中，大多数含有氧杂环丁烷及氧杂环丁烷衍生物。

（二）阳离子型 UV 固化引发剂的种类和选择

最早研究出的阳离子光引发体系是重氮盐，如芳基重氮氟硼酸盐，它被 UV 照射，光解时产生 BF_3、N_2 和氟代芳基 ArF：

$$ArN_2^+ BF_4^- \longrightarrow ArF + BF_3 + N_2$$

生成的 BF_3 是一种路易斯酸，可以直接引发阳离子聚合，也可以和 H_2O 或其他化合物反应生成质子，然后引发聚合：

$$BF_3 + H_2O \longrightarrow H^+ + BF_3 (OH)^-$$

例如，环氧化合物的阳离子聚合过程，见图 7.10。

在这里，重氮盐的阴离子必须是亲核性非常弱的阴离子，除 BF_4^- 外，还可以是 PF_6^-、AsF_6^- 和 SbF_6^- 等。阳离子聚合在室温下很容易链终止和链转移，但亲核性很弱的阴离子可降低链终止反应，因而室温下可进行聚合反应。链终止进行时产生一个路易斯酸，仍可再引发聚合反应，这是和自由基引发聚合反应完全不同

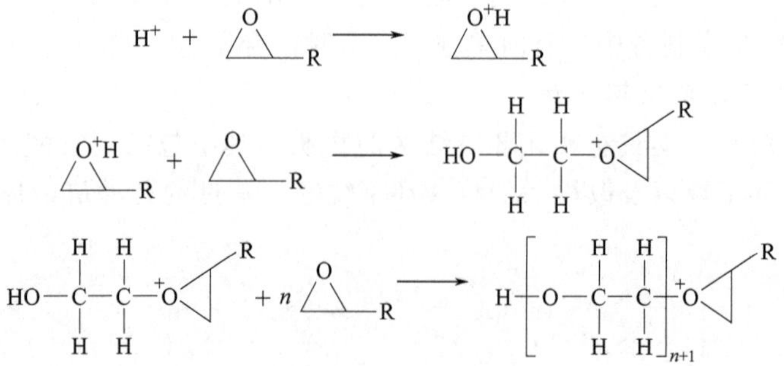

图 7.10　芳基重氮氟硼酸盐引发环氧化合物的阳离子聚合过程

的，自由基是短寿命的，而阳离子是长寿命的。

　　重氮盐作为阳离子光引发剂的最大缺点是光解时有 N_2 析出，因此聚合物成膜时会生成气泡或针眼，这就限制了它的实际应用；另一个缺点是不稳定，它不能长期储存。由于这两个原因，阳离子光引发聚合初期发展非常慢。1977 年由 GE 公司的 Crivello 和 Lan 首先进行了关于二芳基碘鎓（iodonium）和三芳基硫鎓（triarylsulfonium）的金属卤化配合物的研究，由此开发了第二代阳离子光引发剂。这些引发剂光解时没有 N_2 生成，也非常稳定，因此克服了重氮盐存在的问题。从此，阳离子引发体系进入了快速发展的时代。

　　最重要的阳离子引发剂是超强酸的二苯基碘鎓盐和三苯基硫鎓盐，它们均已有商品出售，这两种鎓盐受到 UV 辐射时产生超强酸（质子酸或路易斯酸），同时也有自由基生成。二苯基碘鎓盐的光解反应见图 7.11；三苯基硫鎓盐的光解反应见图 7.12。

$$Ph_2I^+X^- \longrightarrow Ph\cdot + PhI^+X^-$$
$$PhI^+X^- + RH \longrightarrow PhI + R\cdot + H^+X^-$$

图 7.11　二苯基碘鎓盐的光解反应

$$Ph_3S^+X^- \xrightarrow{h\nu} [Ph_2S\cdots Ph]^+X^-$$
$$[Ph_2S\cdots Ph]^+X^- \longrightarrow Ph-C_6H_4-S-Ph + H^+X^-$$
$$[Ph_2S\cdots Ph]^+X^- \longrightarrow Ph_2S^+X^- + Ph\cdot$$
$$Ph_2S^+X^- + RH \longrightarrow Ph_2S + R\cdot + H^+X^-$$

图 7.12　三苯基硫鎓盐的光解反应

　　在这些反应中 X^- 代表 PF_6^-、AsF_6^- 和 SbF_6^-，相应超强酸的酸性强弱为 $HSbF_6 > HAsF_6 > HPF_6$。随着酸性的增强，其引发阳离子固化的速率也越快，图7.11，图 7.12 的反应式中 RH 可以是溶剂、单体或低聚物。但是二苯基碘鎓盐和三苯基硫鎓盐的紫外最大吸收在远紫外区，在近紫外区没有吸收。通常改善鎓盐的光谱特性的方法是扩大锍盐的共轭程度，使其最大吸收向长波方向移动。例如，在一般的三苯基硫锍盐中引入硫酚基，可得到新的结构（图 7.13）。这些物质统称为三芳基硫锍盐，已有商品销售，它的吸收区可伸展到 300~400nm。

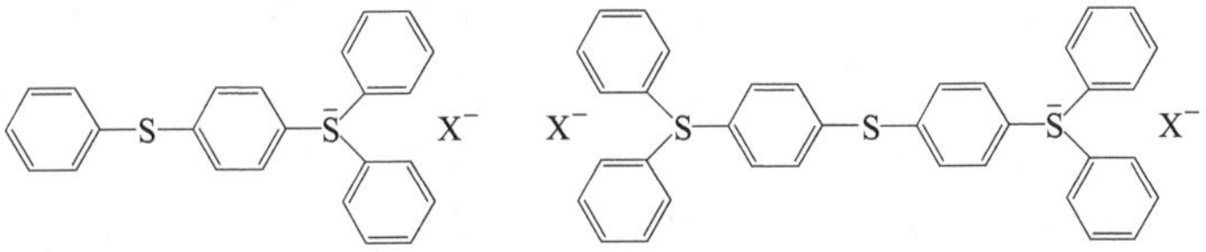

图 7.13　三苯基硫锍盐化学结构

芳茂铁盐是继二芳基碘锍盐和三芳基硫锍盐后发展的一种新型阳离子光引发剂，它在近紫外区有较强吸收，在可见光区也有吸收，因此对一般的光固化非常有利。芳茂铁盐的结构及其光解、引发反应过程见图 7.14。

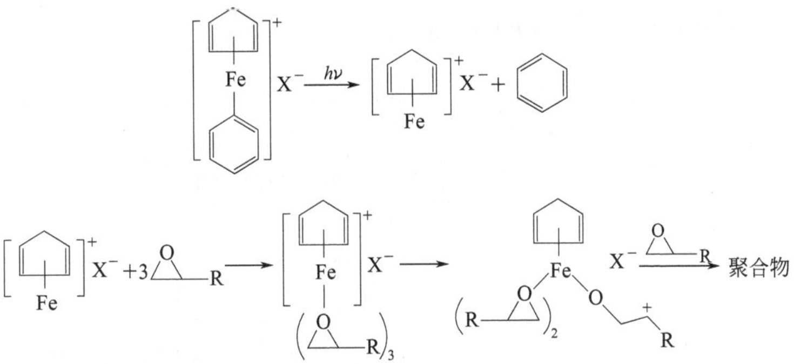

图 7.14　芳茂铁盐的结构、光解和引发反应过程

图 7.14 的反应式中 X^- 代表 PF_6^-、$A_sF_6^-$ 和 $S_bF_6^-$，芳茂铁中的苯环也可以改为异丙苯。从上面的论述可知，配制阳离子-自由基混杂型 UV 激光固化 3D 打印材料光敏树脂时，阳离子引发剂的最佳选择为三芳基硫锍六氟锑酸盐，这既取决于工作光源激光器又取决于制造材料光敏树脂。因为现在的 UV 激光固化 3D 打印激光器大多为 N_d：YVO_4 固体激光器，其发射波长为 354.7nm。二芳基碘锍六氟锑酸盐、二芳基碘锍六氟砷酸盐、二芳基碘锍六氟磷酸盐的吸收波长均在 300nm 以下，而三芳基硫锍六氟锑酸盐、三芳基硫锍六氟砷酸盐、三芳基硫锍六氟磷酸盐的紫外吸收波长可伸展到 300~400nm，它们的吸收波长和紫外激光器的发射波长能较好地匹配。三芳基硫锍六氟锑酸盐的引发活性，即引发环氧树脂和氧杂环丁烷衍生物的固化速度，远大于三芳基硫锍六氟砷酸盐和三芳基硫锍六氟磷酸盐的引发活性，所以在这三者中，最好选用三芳基硫锍六氟锑酸盐作为阳离子引发剂。值得指出的是，芳茂铁盐阳离子引发剂虽然在近紫外区有较大的吸收，但在可见光区也有较大的吸收。如果用它作为引发剂来配制光敏树脂，则光敏树脂无法在有空气和可见光存在下存放，所以对于用芳茂铁盐作为阳离子引发剂来配制光敏树脂的问题可不予

考虑。

阳离子-自由基混杂型UV激光固化3D打印光敏树脂固化机理：对于阳离子-自由基混杂型UV激光固化3D打印光敏树脂，通常含有丙烯酸酯、环氧树脂、环氧化合物、氧杂环丁烷、氧杂环丁烷衍生物、自由基型引发剂和阳离子型引发剂等组分。其中，自由基型引发剂受到紫外激光辐射后，分解出自由基，该自由基引发丙烯酸酯聚合，其固化机理见图7.15。其中，阳离子引发剂最常用的是三芳基硫鎓六氟锑酸盐，其受到紫外激光辐射后，分解出强质子酸，该强质子酸引发环氧树脂和环氧化合物聚合，以及氧杂环丁烷和氧杂环丁烷衍生物聚合。其固化机理分别见图7.16和图7.17。这些聚合物互相渗透，缠结在一起，形成互穿聚合物网络。

$$\text{自由基引发剂} \xrightarrow{h\nu} R^1\cdot$$

$$R^1\cdot + CH_2{=}CHR \xrightarrow{k_1} R^1CH_2\dot{C}HR$$

$$R^1CH_2\dot{C}HR + nCH_2{=}CHR \xrightarrow{k_2} R^1CH_2CHRCH_2\dot{C}HR$$

$$\xrightarrow{k_3} R^1CH_2CHRCH_2CHRCH_2\dot{C}HR$$

$$\xrightarrow{k_n} R^1(CH_2CHR)_nCH_2\dot{C}HR \Rightarrow \text{聚合物}\cdot$$

$$R^1\cdot + \text{聚合物}\cdot \longrightarrow R^1\text{-聚合物} \qquad \text{聚合物}\cdot + \text{聚合物}\cdot \longrightarrow \text{聚合物-聚合物}\cdots\cdots$$

图7.15　自由基引发剂引发丙烯酸酯聚合机理

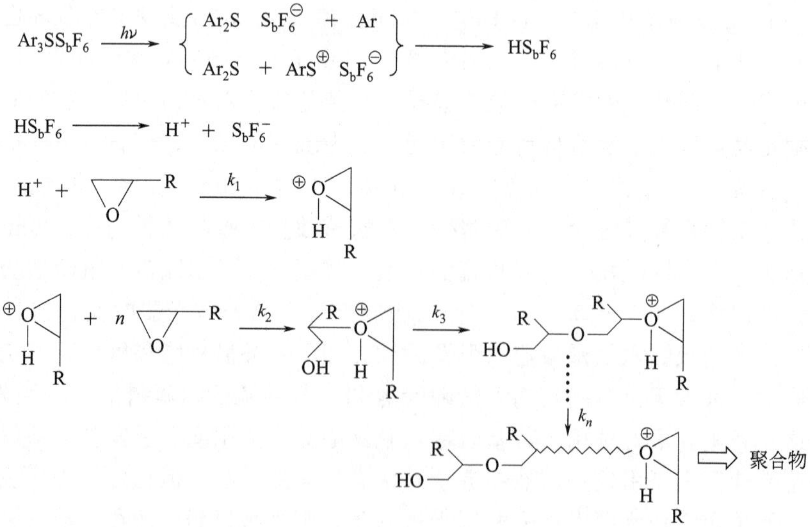

图7.16　阳离子引发剂引发环氧树脂和环氧化合物聚合机理

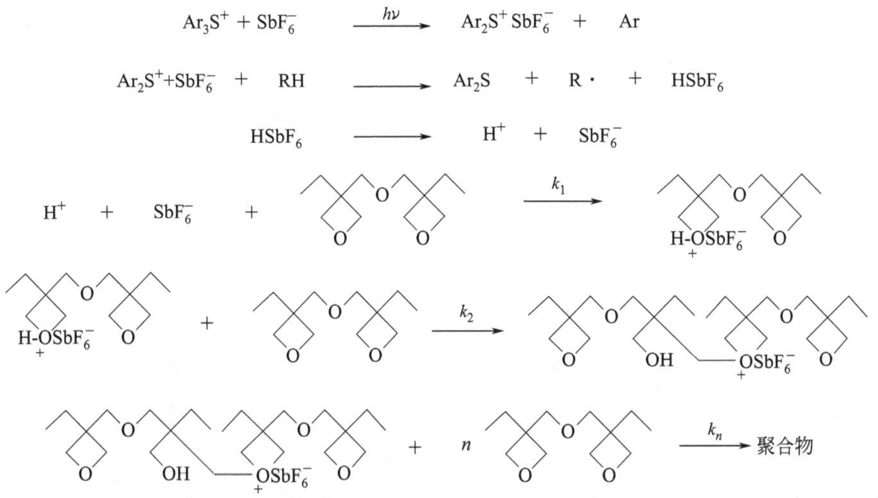

图 7.17　阳离子引发剂引发氧杂环丁烷和氧杂环丁烷衍生物聚合机理

三、已商品化 UV 激光固化 3D 打印光敏树脂的简介及其发展趋势

目前，市场上流行的 UV 激光固化 3D 打印光敏树脂主要是阳离子-自由基混杂型 UV 激光固化 3D 打印光敏树脂。以美国 Huntsman 公司和 3D Systems 公司，以及瑞士 DSM SOMOS 公司的产品较为齐全。这三家公司一些产品的性能和指标，见表 7.2～表 7.4。

表 7.2　Huntsman 公司的几种光敏树脂材料的性能指标

材料型号	SL5195	SL5510	SL5530	SL7510	SL7540	SL7560	SLY-C9300
外观	透明	透明	透明	透明	透明	白色	透明
密度/(g/cm³)	1.16	1.13	1.19	1.17	1.14	1.18	1.12
黏度/cP(30℃)	180	180	210	325	279	200	1090
透射深度/mil	5.2	4.8	5.4	5.5	6.0	5.2	9.4
临界曝光量/(mJ/cm²)	13.1	8.9	8.9	10.9	8.7	5.4	8.4
肖氏硬度(HS)	83	86	88	87	79	86	75
抗拉强度/MPa	46.5	77	56～61	44	38～39	42～46	45
拉伸模量/MPa	2090	3296	2899～3144	2206	1538～1662	2400～2600	1315
抗弯强度/MPa	49.3	99	63～87	82	48～52	83～104	—
弯曲模量/MPa	1628	3054	2620～3240	2455	1372～1441	2400～2600	—
伸长率/%	11	5.4	3.8～4.4	13.7	21.2～22.4	6～15	7
冲击强度/(J/m)	54	27	21	32	38.4～45.9	28～44	—
玻璃化温度 T_g/℃	67～82	68	79	63	57	60	52
固化后密度/(g/cm³)	1.18	1.23	1.25	—	1.18	1.22	1.18

注：1mil＝0.0254mm；1cP＝1mPa·s。

表 7.3   3D Systems 公司的 ACCURA 系列光敏树脂材料的性能指标

材料型号	ACCURA SI10	ACCURA SI20	ACCURA SI30	ACCURA SI40 Nd
外观	透明	透明	透明	透明
密度/(g/cm³)	1.1	1.1	1.1	1.1
黏度/cP(30℃)	485	450	100	485
透射深度/mil	6.8	5.7	6.0	6.8
临界曝光量/(mJ/cm²)	15.5	10.2	9.3	20.1
抗拉强度/MPa	72~76	28~30	29.7~30.8	61.5~61.7
拉伸弹性模量/MPa	3186~3532	1176~1245	1722~1929	2840~3048
伸长率/%	4.9~5.6	18~23	13~23	4.9~5.1
抗弯强度/MPa	109~115	28~32	36.5~40.6	92.8~97
弯曲弹性模量/MPa	2978~3186	691~830	896~1103	2618~2756
冲击强度/(J/m)	14.9~17.1	32.1~36.3	21.4~40.7	22.3~29.9
玻璃化温度 T_g/℃	61.7	54	39	62
肖氏硬度(HS)	86	84	84	86

注：1cP=1mPa·s；1mil=0.0254mm。

表 7.4   DSM SOMOS 系列部分型号光敏树脂材料的性能指标

材料型号	ProtoTool 20L	ProtoTool 12120	Water Shed 11120	Water Clear 10120	9120	7120
外观	灰色	樱桃红色	透明光亮	透明琥珀色	透明琥珀色	透明琥珀色
密度/(g/cm³)	1.6	1.15	1.12	1.12	1.13	1.13
黏度/cP(30℃)	2500	550	260	130	450	700
透射深度/mil	4.7	6.0	6.5	5.6	6.1	4.8
临界曝光量/(mJ/cm²)	6.8	11.8	11.5	7.7	10.9	8.0
肖氏硬度(HS)	92.8	85.3	N/A	83	80~82	88
拉伸强度/MPa	78	70.2	47.1~53.6	43	30~32	58
拉伸弹性模量/MPa	10900	3320	2650~2880	2190	1227~1462	2477
抗弯强度/MPa	138	109	63.1~74.2	77.9	41~46	108
伸长率/%	1.2	4	11~20	18	15~25	2.1~6.9
冲击强度/(J/m)	14.5	11.5	20~30	31	48~53	27
玻璃化温度 T_g/℃	102	56.5	45.9~54.5	58	52~61	70

注：1cP=1mPa·s；1mil=0.0254mm。

　　笔者在实验室也制备了一定量的 UV 激光固化 3D 打印阳离子-自由基混杂型光敏树脂，这种光敏树脂所用原料为 ERL-4221 型脂环族环氧树脂、环氧丙烯酸酯、聚己内酯三元醇、三丙二醇二丙烯酸酯、三羟甲基丙烷三丙烯酸酯、1-羟基环己基苯基甲酮和三芳基硫鎓六氟锑酸盐碳酸丙烯酯溶液。利用这种光敏树脂，在华中科技大学武汉滨湖机电公司生产的 UV 激光固化 3D 打印设备上进行了打印实验，设备运行的基本参数设定为：激光功率 110mW，扫描速度 4500mm/s，扫描间距 0.06mm，层厚 0.10mm。打印的零件分别为遥控器电池盒部件、增压机叶轮盖、传统手机壳的正面部件、活动钳子、电插座外壳和电话机外壳，见图 7.18～图 7.23。实验表明：打印的这些实体零件的尺寸和软件设计的尺寸非常吻合，这说明这些阳离子-自由基混杂型光敏树脂可作为 UV 激光固化 3D 打印材料，其打印件已具有良好的精度。

图 7.18　遥控器电池盒部件

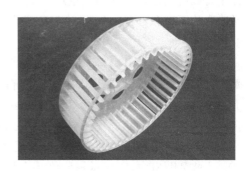

图 7.19　增压机叶轮盖

图 7.20　传统手机壳的正面部件

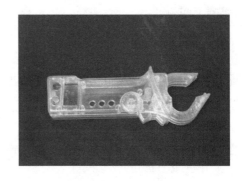

图 7.21　活动钳子

图 7.22　电插座外盖

图 7.23　电话机外壳

　　总结：本章对 UV 激光固化 3D 打印技术作了简介，并且对 UV 激光固化 3D 打印光敏树脂进行了介绍。重点叙述了 UV 激光固化 3D 打印光敏树脂制备时原材料选取的原理和方法，同时对 UV 激光固化 3D 打印光敏树脂的固化机理进行了阐述。

　　UV 激光固化 3D 打印技术经过三十年的发展，无论是 UV 激光固化 3D 打印激光器的制备技术，还是 3D 打印光敏树脂的制备技术，都取得了巨大进步。现在市场上，虽然 UV 激光固化 3D 打印光敏树脂主要是阳离子-自由基混杂型光敏树脂，但是，随着 UV 固化激光器的功率进一步大型化，高光敏性特种环氧树脂和氧杂环丁烷衍生物品种的涌现，以及更高活性阳离子型引发剂的出现，纯阳离子型 UV 激光固化 3D 打印光敏树脂终将会替代阳离子-自由基混杂型 UV 激光固化 3D 打印光敏树脂，而广泛应用于 UV 激光固化 3D 打印中，这主要是由于纯阳离子型光敏树脂打印的模具或零件的精度比阳离子-自由基混杂型光敏树脂打印的模具或零件的精度要高。纯阳离子型光敏树脂大规模化应用于 UV 激光固化 3D 打印是未来发展的趋势和方向。

参考文献

［1］　王广春, 赵国群. 快速成型与快速模具制造技术及其应用 ［M］. 北京: 机械工业出版社, 2003.

［2］　王德海, 江棂. 紫外光固化材料——理论与应用 ［M］. 北京: 科学出版社, 2001.

［3］　陈明, 陈其道, 肖善强, 等. 混杂光固化体系的原理及应用 ［J］. 感光科学与光化学, 2001, 19 (3):208-216.

［4］　段玉岗, 王素琴, 卢秉恒. 用于立体光造型法的光固化树脂的收缩性研究 ［J］. 西安交通大学学报, 2000, 34 (3):45-49.

［5］　段玉岗, 王素琴, 曹瑞军, 等. 激光快速成形中材料线收缩对翘曲性的影响 ［J］. 中国机械工程, 2002, 13 (13):1144-1146.

［6］　肖棋, 江开勇. 快速成形技术及其应用 ［J］. 技术开发与引进, 1998, (6): 34-35.

［7］　孙大涌. 先进制造技术 ［M］. 北京: 机械工业出版社, 2002.

［8］　金涤尘. 现代模具制造技术［M］. 北京: 机械工业出版社, 2002.

［9］　Liu Kang, Zhang Xianglin, Zhou Kui, et al. Scaffolds Prepared with Bovine Hydroxyapatite Composites by 3D Printing［J］. Journal of Wuhan University of Technology-Mater Sci Ed, 2019, 34 (1): 230-235.

［10］　Eckel Z C, Zhou C, Martin J H, Jacobsen A J, Carter W B, Schaedler T A. 3D Printing Additive Manufacturing of Polymer-derived Ceramics［J］. Science, 2016, 351 (6268): 58-62.

［11］　Li Nanya, Li Yingguang, Liu Shuting. Rapid Prototyping of Continuous Carbon Fiber Reinforced Polylactic Acid Composites by 3D Printing［J］. J Mater Process Technol, 2016, 238: 218-225.

［12］　Martin J H, Yahata B D, Hundley J M, Mayer J A, Schaedler T A, Pollock T M. 3D Printing of High-strength Aluminium Alloys［J］. Nature, 2017, 549 (7672):365-369.

［13］　Dong Lei, Luo Wei, Wang Junyuan, et al. Forming Mechanism and Morphology of $CaSO_4 \cdot H_2O$ by SEM-EDS and ICP［J］. Journal of Wuhan University of Technology-Mater Sci Ed, 2016, 31 (2): 274-277.

［14］　Marc Michela F, Donald Rimstidta J, Kletetschka Karel. 3D Printed Mixed Flow Reactor for Geochemical Rate Measurements［J］. Appl Geochem, 2018, 89: 86-91.

［15］　Gu D D, Meiners W, Wissenbach K, Poprawe R. Laser Additive Manufacturing of Metallic Components: Materials, Processes and Mechanisms［J］. Int Mater Rev, 2012, 57 (3): 133-164.

［16］　Dmitry Gristenko, Alireza Ahmadian Yazdi, Yang Lin, et al. On characterrrrrization of separrration force for resin replenishment enhancement in 3D printing［J］. Addit Manuf, 2017, 17: 151-156.

［17］　Xu Jie, Ding Lieyun, Love P E D. Digital Reproduction of Historical Building Omamental Components: From 3D Scanning to 3D Printing［J］. Automat Constr, 2017, 76: 85-96.

［18］　Ferry P W, Jan F, Dirk W G. A Review on Stereolithography and Its Applications in Biomedical Engineering［J］. Biomaterials, 2010, 31: 6121-6130.

［19］　Kim Yechan, Hong Sungyong, Nam Jaedo, et al. UV Curing Kinetics and Performance Development of in situ Curable 3D Printing Material［J］. Eur Polym J, 2017, 93: 140-147.

第八章
光固化技术在喷墨打印中的应用

喷墨打印是一种非接触式、无压力、无印版的数字化印刷过程。通过计算机编辑绘制好图像与文字后，控制喷墨打印机将墨滴喷射于承印物表面，最终获得所需图像。打印系统由机电控制器、喷墨控制器、喷头和承印物驱动装置等组成。近年来随着技术的进步，喷墨打印的应用日趋广泛。

喷墨打印作为数字化印刷具有以下几个特点：

① 工艺程序简单，生产周期短；

② 可实现个性化印刷；

③ 通过互联网传输，可实现时空分离印刷；

④ 可在多种基材表面应用。

第一节　喷墨打印技术

1873 年，比利时物理学家 Joseph Plateau 发现垂直下落的水柱长度达到水柱直径的 3.13～3.18 倍时会发生扰动分裂为小水滴。Lord Rayleigh 于 1878 年用数学模型对这一后来被称为 Plateau-Rayleigh 不稳定性的现象进行了深入阐释。随后，Lord Kelvin 发现流体通过连接有电极的喷嘴时，因 Plateau-Rayleigh 不稳定性产生的液滴会带电。1965 年，Richard G. Sweet 利用这一原理发明了世界上第一台连续喷墨打印设备。此后的近六十年间，喷墨打印技术有了长足的发展与进步。

喷墨打印是利用打印喷头将油墨高精度喷射于承印物上的印刷技术。按油墨喷射方式不同可将喷墨打印分为连续打印（continuous inkjet printing，CIJ）和按需打印（drop-on-demand inkjet printing，DOD）。

一、连续喷墨打印

CIJ 是利用压电驱动装置对喷头中的墨水施加恒定压力，使墨水连续喷射的打印技术。如图 8.1 所示，CIJ 设备有二维偏转系统与多维偏转系统两种。墨水在离

开直径约 $50\sim80\mu m$ 的喷头后形成大小相近、间距均等的微小墨滴，这些墨滴在经过充电电极后分别形成带电荷墨滴与不带电荷墨滴。二维偏转系统有两对互相垂直的偏转电极，不带电墨滴在行经偏转电极过程中运动方向不发生改变，直接飞行至承印物表面，生成记录图像；而带电墨滴行经二维偏转电极后进入墨水循环系统重复利用。多维偏转系统则采用多维偏转电极，带电与不带电墨滴经偏转电极后飞行方向发生改变，按需要飞行至承印物，生成记录图像。未参与记录的墨滴则进入墨水回收装置。

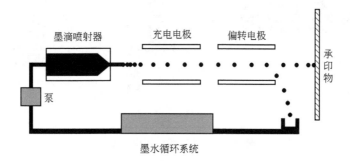

(a) 二维偏转CIJ设备原理

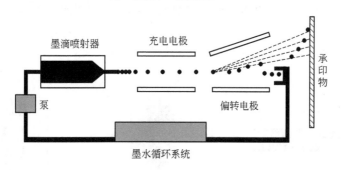

(b) 多维偏转CIJ设备原理

图 8.1　CIJ 的两种墨滴偏转控制系统

CIJ 目前广泛应用于出版物（书籍、报纸）、条形码印刷等领域，其在印刷速度与印刷版面大小方面具有明显的优势，但却有印刷精度低、维护费用较高等缺点。

二、按需喷墨打印

与 CIJ 不同，DOD 的墨滴根据计算机算法按需要进行喷射。依照墨滴的喷射原理主要可分为压电式和热敏式两类。

压电式喷墨（piezoelectric inkjet，PIJ）打印在工业和民用领域均有广泛的应用。当喷头中的压电晶体受到脉冲电压作用时，压电晶体发生快速且轻微的形变使得喷头内容积减小，从而使喷嘴将一定体积的油墨挤压出喷头，形成油墨液滴。脉冲电压消失后，压电晶体恢复原状，油墨在表面张力作用下再次充满喷头。如此往复进行，油墨便在脉冲电压作用下形成墨滴喷射流。压电式喷墨打印机具有油墨选择自由度高、打印喷头寿命长等优点。但高成本却限制了其在中低端产品中的应用。图 8.2 中展示了三种不同的压电式喷头。

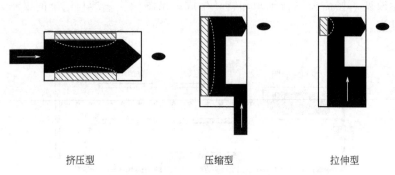

挤压型　　　　　　　　压缩型　　　　　　　　拉伸型

图 8.2　三种不同的压电式喷头

在热敏式喷墨（thermal inkjet，TIJ）技术中，热喷式装置由墨腔、加热器和喷头组成。当加热器中的电阻元件被加热后，喷头中的墨水因温度升高形成气泡，气泡破裂瞬间，将墨水喷出喷头。墨滴喷出后，油墨也因表面张力再次迅速充满喷头。图 8.3 中分别展示了三种结构不同的热喷式喷头。

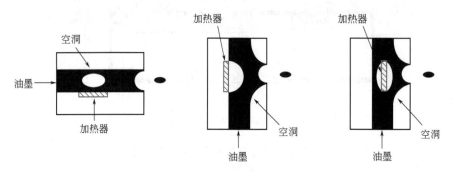

图 8.3　三种不同的热喷式喷头

第二节　UV 喷墨打印

喷墨打印的主要耗材是油墨，目前市场上主要有水性油墨、油性油墨、固体油墨和光固化油墨（主要是 UV 光固化）。其中，光固化油墨几乎不含溶剂，具有低VOCs 排放、固化速度快、节能环保的优点，特别适用于不能受热的基材，因而应用范围很广、发展速度很快，相应的 UV 喷墨打印技术在众多应用领域都占领了很大的市场。本章将重点介绍 UV 喷墨打印技术。

一、UV 喷墨打印喷头

打印机喷头是喷墨打印机的核心组成之一，从简单标签的印刷到宽幅画面的印刷，从低精度到高精度大幅面的输出，喷头的技术进步是关键环节。目前，UV 喷墨打印机市场中最具影响力的喷头制造公司主要有日本的 Fujifilm 公司、Konica Minolta 公司及 Ricoh 公司，英国的 Xaar 公司，美国的 Hewlett Packard 公司及 Memjet 公司等。

喷头内部结构非常精细，各类品牌在喷头的设计上大致相同。以 Fujifilm 公司为例，其早期开发的 Galaxy/Nova 系列喷头有 256 个喷嘴，S-class 系列喷头有 128 个喷嘴。这些喷嘴都可喷射固定大小的墨滴。如图 8.4 所示，想要得到高分辨率的图像，便要求喷射尺寸较小，分辨率越高，需要的打印时间越长。缩短打印时间则要以牺牲分辨率为代价。硅（Si）是一种常用的半导体材料，经过几十年的发展，人们已能够在其表面蚀刻各种精细结构。而 20 世纪 70 年代新兴起来的微机电系统（micro electro-mechanical systems，MEMS）为高精度、高分辨率喷墨打印机喷头的发展提供了无限可能。

基于 MEMS 技术，Fujifilm 开发了 Versadrop 技术。如图 8.4 所示，该技术可根据单个图像数据生成不同大小的墨滴，从而获得与小墨点高分辨率成像一致的图像质量，且不牺牲与大墨滴打印相关的生产率。直径仅为几十微米甚至几微米的微孔道和喷嘴在喷头内部紧密排列，可喷射 2～25pL 大小的墨滴。喷头可根据需要设置墨滴的组合和大小，过渡效果自然，且打印速度快，在同一台机器上不更换喷头便可设置多种打印模式。图 8.5 为 Fujifilm 公司通过 MEMS 技术制备的打印机喷头内部结构。

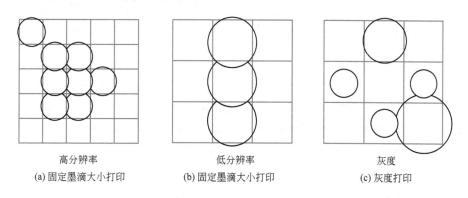

高分辨率　　　　　　　低分辨率　　　　　　　灰度

(a) 固定墨滴大小打印　　(b) 固定墨滴大小打印　　(c) 灰度打印

图 8.4　分辨率与墨滴大小的关系

Konica Minolta 公司 2005 年推出的 KM512 高精度小型喷头，为压电式 DOD 打印喷头，512 个喷嘴可达 360DPI 的分辨率。分属的 L、M 和 S 三个系列对应的

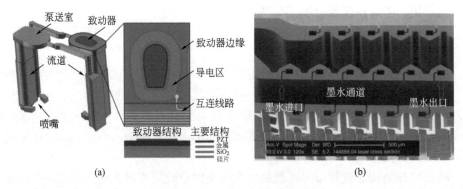

图 8.5 打印喷头的内部结构

单位墨滴量分别为 42pL、14pL 和 4pL。用户可根据需要自定义灰度打印级别,这在当时已是非常先进。但仅 36mm 的打印宽度限制了其在各领域的应用,为此,KM1024 系列喷头应运而生。该系列喷头为宽幅打印喷头,打印宽度 72mm,喷嘴单位墨滴量 14pL,可实现高生产率。同样,Konica Minolta 公司也于 2015 推出了基于 MEMS 技术生产的 ME130H 和 ME160H 系列灰度级打印喷头。图 8.6 为该公司生产的部分喷头。

图 8.6 Konica Minolta 公司生产的 KM512 系列 (a) 和 MEMS 系列喷头 (b)

英国 Xaar 公司亦是一家世界一流的数字喷头生产公司。Xaar 501 系列喷头,内含 500 个光刻高精度喷嘴,打印宽度 70.5mm,喷嘴单位墨滴量 8~40pL。Xaar 1003 喷头内含 1000 个光刻高精度喷嘴,打印宽度 70.5mm,喷嘴单位墨滴量 6~42pL,打印精度 360DPI,可以满足众多不同工业应用的喷印需求。Xaar 推出的 5601 系列喷头也是基于 MEMS 技术,该系列喷头含 5680 个喷嘴,扫描幅宽可达 116mm,喷嘴单位墨滴量 3~21pL,可高速生成质量极高的图像(图 8.7),是打印纺织品、纤维层压板、包装、标签和商业印刷以及许多其他应用的理想选择。

图 8.7 Xaar 5601 系列喷头及其 UV 喷墨制品

二、UV 喷墨打印光源

国际标准 ISO 21348 将紫外光分为了 UVA（315～400nm）、UVB（280～315nm）和 UVC（100～280nm）三个不同的波长区间。另一区间 UVV 的波长范围在 390～450nm 之间，这一区间的划分并未列入国际标准，但有的场合会使用 UVV。

光源的选择对于能否得到机械性能、黏附性、柔韧性以及其他性能均符合要求的膜层至关重要。如图 8.8 所示，短波长的 UVC 和 UVB 在喷墨打印涂层中的穿透深度仅为 1～2μm 甚至更浅，而长波长的 UVA 穿透深度可达 5～100μm。吸光波长在 UVB 或 UVC 区的光引发剂适用于表层固化油墨，吸光波长在 UVA 区的光引发剂则适用于深层固化油墨。若仅用吸收长波长光的引发剂，会导致油墨表层交联度较低，固化不好，油墨层性能不佳；若仅用吸收短波长光的引发剂，则会导致油墨固化深度较浅，与基材的附着力不足等缺陷。因此，为了达到最好的固化效果，UV 喷墨油墨中通常将几种引发剂复配使用。

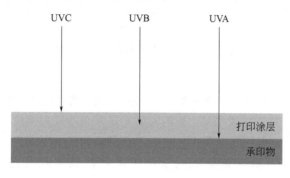

图 8.8 UV 光在喷墨打印涂层中的穿透深度示意图

目前常用于 UV 喷墨打印的光源主要有中压汞灯、金属卤素灯以及 UV-发光二极管（UV-LED）。

1. 中压汞灯

中压汞灯是工业光固化中使用最为广泛的光源，其发射光谱分布很宽，覆盖了整个紫外区，并延伸至可见光区和部分红外光区。其主要发射波长为 365nm、313nm、303nm，与多数商用光引发剂的吸收波长相匹配。

中压汞灯发射紫外线的效率约 28%，即仅有 28% 的电能转化为了 UV 光。其中，发射 UVC 的效率约为 14%，发射 UVB 和 UVA 的效率均在 7% 左右。其余约70% 的电能则转化为了可见光、红外线和热，这些能量通常不能引发光固化反应发生。在使用过程中灯管发出的热量会对一些热敏感基材产生不利影响，因此需对灯管进行冷却。但有时灯管产生的热量可以降低油墨的黏度，提高自由基与未反应单体的迁移性，从而提高油墨的固化效率。图 8.9 与图 8.10 分别为 Heraeus 公司生产的 DQ 型中压汞灯及其相应的发射光谱。

图 8.9   Heraeus 公司生产的 DQ 型中压汞灯

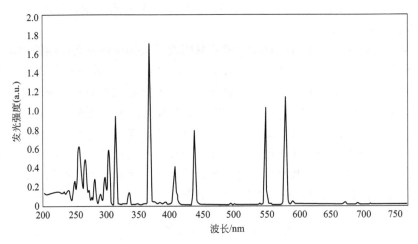

图 8.10   DQ 型中压汞灯的发射光谱

2. 金属卤素灯

将一些金属卤化物加入中压汞灯，可得到具有某些特征发射谱的金属卤素灯，其在 UVA、UVB、UVC 及 UVV 处的发射光谱分布与发射强度均会发生相应的变化，表 8.1 列出了加入特定金属卤化物后各金属卤素灯的特征发射波长。

值得注意的是，掺杂氯化镓的汞灯主发射波长由原先的 365nm、313nm、303nm 红移至了 403nm 和 417nm 处（表 8.1）。这使得其在深层固化中的应用颇多,常与酰基膦氧基类长波长引发剂配合使用。氯化铁掺杂的汞灯主要输出波长集中在 350～390nm 之间(UVA),而在 UVB 和 UVC 区的发射强度相对较弱(图8.12)。因此,掺杂铁的汞灯也常被用于涂层较厚的喷墨打印中。

表 8.1 掺杂不同金属卤化物后各金属卤素灯的特征发射波长

掺杂金属元素	特征发射波长/nm
银	328、338
镁	280、285、309、383
镓	403、417
铟	304、326、410、451
铅	217、283、364、368、406
锑	253、260、288、323、327
铋	228、278、290、299、307、472
锰	260、268、280、290、323、355、357、383
铁	358、372、374、382、386、388
钴	341、345、347、353
镍	305、341、349、352

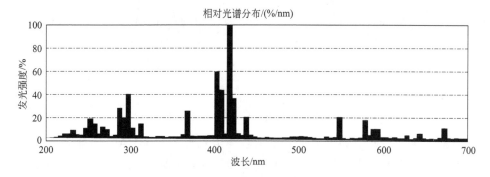

图 8.11 氯化镓灯的发射光谱

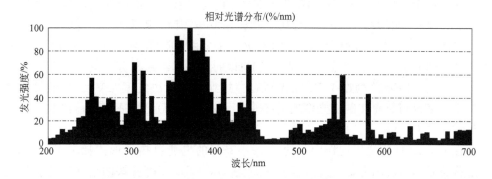

图 8.12 氯化铁灯的发射光谱

3. UV-发光二极管(UV-LED)

在过去的几十年间,紫外光光源(如中压汞灯)一直是 UV 喷墨打印领域应

用的主要光源，但自 2000 年 UV-LED 光源商业化以来，UV-LED 开始广泛地应用
于喷墨打印领域，其占有的市场份额在近十几年间迅速扩大。与汞灯的宽谱发射不
同，UV-LED 的特征发射光波长近乎单色光，主要有 405nm、395nm、385nm 和
365nm，半峰宽（FWHM）仅 8～15nm（图 8.13）。UV-LED 的发光效率较高，
405nm、395nm、385nm 的发光效率均接近 90％，365nm 的发光效率较其他波长
下降了 35％～40％，但也能达到 50％以上。

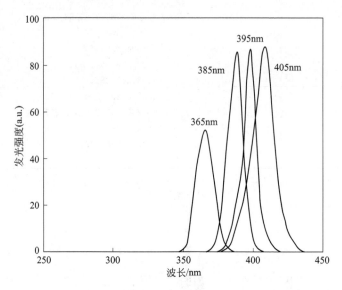

图 8.13   常用 UV-LED 的发射波长

目前，商用 UV-LED 光源的特征发射光波长集中在 UVA 区，因此在选择引
发剂时应予以考虑。虽然 UV-LED 光源在深层固化方面表现优异，但其在表层固
化方面则表现平平。例如，常用的 α-羟基酮类和二苯甲酮类表层固化引发剂吸光
波长较短，无法与 UV-LED 光源配合使用。目前能够与其配合使用的仅有酰基膦
氧基类、硫杂蒽酮类、N,N-二乙氨基-二苯甲酮类等商用引发剂。

如图 8.14 与表 8.2 所示，UV-LED 光源主要由 LED 阵列光源、冷却系统与光
学元件几部分组成。LED 点光源是 UV-LED 的最基本组成部分，决定了 UV-LED
的输出波长。LED 阵列由 LED 点光源有序排列组成，决定了 UV-LED 的最终输
出功率。多数制造商在制造光源时并不使用单一的 LED，而是将两种或两种以上
发射波长的 LED 配合使用。

在 UV-LED 的使用过程中，约 25％～35％的电能以热的形式耗散了。因此，
为了维持光源的使用寿命，冷却系统便成为 UV-LED 不可或缺的组成部分。目前
使用的冷却系统有风冷和水冷两种。

光学元件是 UV-LED 中又一重要的组成部分。光学元件的形状、组成以及材
料赋予了光源特殊的性能以及最终用途。

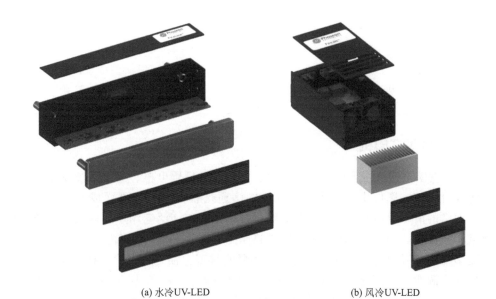

(a) 水冷UV-LED　　　　　　　　　(b) 风冷UV-LED

图 8.14　两种 UV-LED 光源的组成

表 8.2　UV-LED 光源各部分的作用

序号	组成	作用
Ⅰ	LED	决定输出波长
Ⅱ	LED 阵列	单颗 LED 光源组成的阵列,提高发射功率和光照均匀性,提高固化速度
Ⅲ	冷却系统	分为风冷和水冷两种,主要用于冷却 LED 光源,维持光源寿命
Ⅳ	光学元件	调节光路,使 UV-LED 的发光效率达到最大

表 8.3 将汞灯与 UV-LED 两种光源进行了对比。可以看出,UV-LED 灯在运行费用、使用寿命、节能环保等方面的表现均优于汞灯。但由于两种光源的发射波长有着较大差异,目前 UV-LED 还不能完全取代汞灯,实际应用中还需根据实际情况来选择最佳的光源。

表 8.3　汞灯与 UV-LED 两种 UV 光源比较

项目	汞灯	UV-LED 灯
运行费用	高	低
光源寿命/h	约 1000	约 20000
光输出衰减	逐渐衰减	几乎不衰减
光输出均一性	良好	优
光谱分布	宽	窄
光源设备	灯管、变压器	平面薄板
汞	需要	不需要
电压	高	低
臭氧	有	无
冷却	空气或水	空气或水

续表

项目	汞灯	UV-LED 灯
光源热效应	有	无
启动	慢	快
关闭后启动	冷却后再启动	随时启动
输出功率	不可调节	可调节

三、UV 喷墨打印机

UV 喷墨打印机主要由喷头、墨盒、过滤器、伺服电机、光源系统及软件控制系统整合而成。图像由双通道到八通道的多通道打印系统印刷而成，打印通道越多，图像的清晰度越高。目前，UV 喷墨打印机已被广泛应用于室内装潢、包装等领域。与传统印制工艺相比，UV 喷墨打印用时更短、成本更低、效率更高。工业上更多使用的是单通道打印，光源与喷头紧密排列，油墨一经喷射到达承印物，便立即在光源激发下固化在承印物表面。随着技术的发展，打印头不断增宽，喷射频率逐年提高，光源效率也逐年增高，因此 UV 喷墨打印的效率也越来越高。

按照功能不同可将 UV 喷墨打印机分为 UV 平板打印机和 UV 卷对卷打印机。平板打印机面身是一块大幅面的金属平台，呈平板状，故称之为 UV 平板机。其优点是定位准确，可随意在材料任何区域喷绘，并且可以重复同一个位置进行喷绘，免制版、免处理、连接电脑、即打即干、经济高效。UV 卷对卷打印机优点是既具备平板喷印设备的全部优势，又兼容了卷对卷的强大功能。不但可以在刚性材料表面进行即喷即干的数字化喷印，而且更方便柔性材料的"卷对卷"快速环保印刷。

Fujifilm 公司生产了多个系列的宽幅 UV 喷墨打印机，如 Acuity UV、Graphium 系列，其中 Acuity Ultra 大幅面喷墨打印机（图 8.15），采用 UV-LED 光源，最高打印速度可达 400m²/h，最大打印幅宽 5.00m，可在多种卷材或刚性基材表面打印。

图 8.15　Fujifilm 公司的 Acuity Ultra 大幅面喷墨打印机

2013 年，FFEI 公司推出了如图 8.16 所示的 Graphium 型号打印机，是一款采用单通道打印技术的窄幅轮转喷墨打印机。光源是 UV-LED，采用 5 色打印技术（CMYK＋白色）。可选择 330mm 和 410mm 两种在标签领域常见的印刷幅面宽度，打印速度最高可达 1230m²/h。

图 8.16　FFEI 公司的 Graphium 窄幅轮转喷墨打印机

2015 年，日本 Mimaka 公司推出了一款高性能 UV 平板打印机 UJF-7151 plus（图 8.17），该打印机可在 710mm×510mm 幅面内进行高精度高画质的打印，最高打印速度可达 4.21m²/h。

图 8.17　Mimaka 公司推出的 UV 平板打印机 UJF-7151 plus

四、UV 喷墨油墨

与水性油墨、油性油墨和固体油墨等喷墨打印相比较，UV 油墨具有很多优点：①适用于多种承印物，无需在承印物表面添加油墨润湿层；②快速固化，印刷品表面干燥，可直接叠放；③固化后的油墨层生成交联网状结构，对承印物的附着力良好，且耐腐蚀性、耐划伤性均比普通油墨有所提高；④生产效率高，印刷速度可达 100～500m/min；⑤无溶剂释放，环保安全，且能耗较低；⑥固化前不干燥，不堵塞打印喷头。

UV 喷墨油墨虽具有以上优点，但其也存在一些问题：

① 价格较高，限制了其在中低端印刷产品中的应用；

② 部分原材料具有皮肤刺激性和毒性，限制了其在食品和医药包装领域的应用；

③ 固化时产生的体积收缩会导致涂层内应力增大，从而降低了涂层对承印物的附着力，这一缺陷限制了其在金属制品中的应用；

④ 储存条件要求苛刻，必须避光低温保存。

(一) UV 喷墨油墨的组成

根据聚合机理，可将 UV 喷墨油墨分为自由基聚合体系与阳离子聚合体系两大类。目前，自由基聚合体系的 UV 喷墨油墨占应用市场95％以上的份额，阳离子聚合体系的 UV 喷墨油墨受限于技术的发展，仅占市场份额的很小一部分。堵塞打印机喷头是限制阳离子型 UV 喷墨油墨应用的主要因素，同时缺乏合适的单体、引发剂和保质期较短等缺点也限制了其大规模应用。自由基型 UV 喷墨油墨虽具有氧阻聚等缺陷，但可通过调节油墨配方及提高光照强度克服。因此，与阳离子型 UV 喷墨油墨相比，自由基型 UV 喷墨油墨具有绝对优势。表 8.4 列出了自由基型与阳离子型 UV 喷墨油墨的各项性能。从中也可看出，自由基型 UV 喷墨油墨体系具有更大的优势。

表 8.4 自由基型 UV 喷墨油墨与阳离子型 UV 喷墨油墨的性能对比

性能	自由基型	阳离子型
固化速度	迅速	适中或快速
后固化	受限	可以
阻聚因素	氧气	水汽
体积收缩	高	低
黏附性	中高	好
耐候性	好	一般
保质期	中长期	较短

喷墨油墨通过打印机喷头喷射而出，因此喷墨打印对油墨的黏度要求较高。表8.5 列举了不同印刷技术中所使用油墨的黏度范围。从表中可以看出，喷墨打印使用的油墨在 25℃时，黏度在 3～30mPa·s 之间。其中，适用于热喷式喷头的 UV 喷墨油墨黏度仅在 3～5mPa·s，适用于压电式 UV 喷墨油墨黏度在 3～30mPa·s，均远低于其他印刷技术所使用的油墨黏度范围。

表 8.5　不同印刷技术中所使用油墨的黏度范围

UV 印刷类型	UV 油墨黏度/mPa·s(25℃)	UV 印刷类型	UV 油墨黏度/mPa·s(25℃)
平版印刷	10000～80000	柔性版印刷	100～1000
丝网印刷	1000～5000	喷墨打印	3～30

UV 喷墨油墨的配方组成是影响喷墨打印质量的最主要因素，其组成包括单体/低聚物、光引发剂、颜料及其他助剂。表 8.6 列出了 UV 喷墨油墨的主要组成及各组分的功能。

表 8.6　自由基型 UV 喷墨油墨的配方组成及其功能

配方组成	功能
单体	低黏度单体，起溶解和稀释作用，多为具有不同功能的丙烯酸酯
低聚物	起连接油墨各组分的作用，因黏度较高不能添加过多
光引发剂	根据光源选择多种引发剂，且多与 Norrish Ⅱ型引发剂配合使用
颜料	调节油墨的色彩，多为混合颜料或色素
分散剂	将颜料均匀分散在油墨体系中，防止沉降发生
表面活性剂	调控油墨的表面润湿性，且有助于液滴在喷头内的生成
附着力促进剂	增强油墨在特殊基材表面的附着力
稳定剂	延长油墨储存时间，防止油墨变质
其他助剂	消泡剂、紫外光稳定剂等

1. 单体/低聚物

UV 油墨的主体部分为连接料，是油墨中的流动相，在油墨中将颜料等固体粉末状物质连接起来，使之在研磨分散后形成浆状分散体，印刷后在承印物表面干燥并固定下来。油墨的流变性能、印刷性能和耐抗性能主要取决于连接料。UV 喷墨油墨的连接料多由丙烯酸酯单体和低聚物组成，其性能基本上决定了固化后油墨层的主要性能。因此单体和低聚物的选择是 UV 喷墨油墨配方设计的最重要环节。

商业化的丙烯酸酯单体和低聚物种类繁多。单体主要可分为直链、环状、树枝状单官能度与多官能度单体。目前常用的单体有脂肪族丙烯酸酯、乙氧化/丙氧化乙二醇丙烯酸酯、苯基丙烯酸酯、赤藓糖醇丙烯酸酯和异冰片丙烯酸酯等。自由基型 UV 喷墨油墨常用的低聚物有环氧丙烯酸树脂、聚氨酯丙烯酸树脂、聚酯丙烯酸树脂和环氧丙烯酸树脂这四大类。阳离子型 UV 喷墨油墨常使用的低聚物则为环氧树脂与乙烯基醚类化合物等。表 8.7～表 8.9 分别列举了目前常用的各类丙烯酸酯单体的黏度及固化后性能。

表 8.7　常用直链丙烯酸酯单体及其性能

单体	黏度/mPa·s(25℃)	性能
2(2-乙氧基)乙基丙烯酸酯	5	成膜柔韧性良好

续表

单体	黏度/mPa·s(25℃)	性能
丙烯酸异癸酯 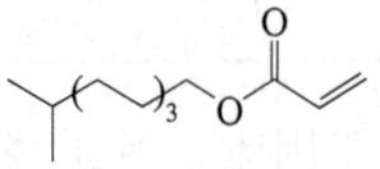	10	成膜柔韧性良好,表面张力低
丙烯酸辛酯 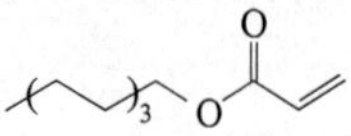	10	成膜表面润湿性良好
月桂醇丙烯酸酯 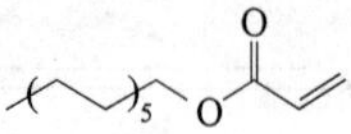	6	单体有增韧作用,成膜柔韧性良好
十三烷基丙烯酸酯 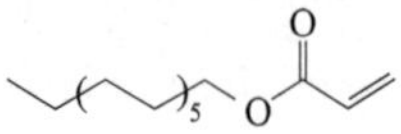	8	成膜柔韧性高
丙烯酸己内酯 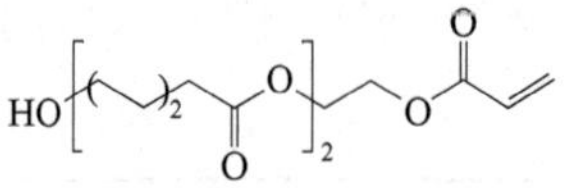	75	成膜性能良好
二丁醇丁基醚丙烯酸酯 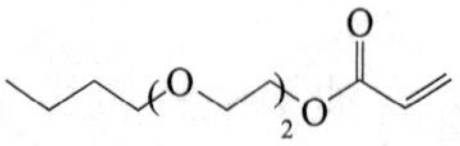	5	成膜黏附性高

表8.8 常用环状及芳香族单官能度单体及其性能

单体	黏度/mPa·s(25℃)	性能
丙烯酸四氢糠酯 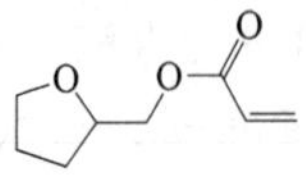	5	对塑料基材有良好的黏附性
丙烯酸异冰片酯 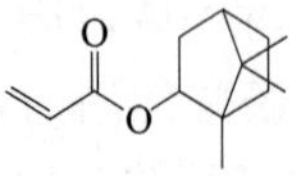	10	成膜黏附性好,硬度高
环三羟甲基丙烷缩甲醛丙烯酸酯 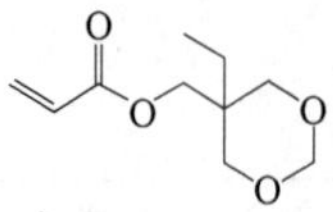	12	单体气味小,黏附性好
三甲基环己基丙烯酸酯 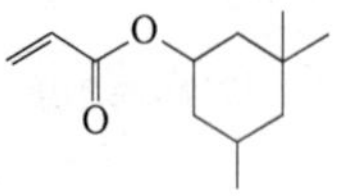	10	低收缩,成膜高抗冲击强度

单体	黏度/mPa·s(25℃)	性能
苯氧基乙基丙烯酸酯	10	膜黏附性好,硬度高
乙氧基化(4)酚丙烯酸酯	35	成膜柔韧性好,对皮肤有轻微刺激
乙氧基化(4)壬基苯酚丙烯酸酯	90	低气味单体,成膜柔韧性高

表 8.9　常用多官能度单体及其性能

单体	黏度/mPa·s(25℃)	性能
己二醇二丙烯酸酯	7	成膜黏附性优异
三环癸烷二甲醇二丙烯酸酯	120	成膜黏附性良好,硬度高
二噁烷二醇二丙烯酸酯	250	成膜坚硬,黏附性良好
丙二醇二丙烯酸酯	$n=2,10$ $n=3,15$	单体反应性略低,成膜柔韧性良好
三羟甲基丙烷三丙烯酸酯	110	反应迅速,且成膜硬度高

单体	黏度/mPa·s(25℃)	性能
丙氧基化三羟甲基丙烷三丙烯酸酯	100	颜料润湿性高,成膜柔韧性良好
烷氧基化季戊醇四丙烯酸酯	150	固化迅速,成膜弹性良好
季戊四醇四丙烯酸酯	8000	固化迅速,成膜硬度高

　　表 8.10 总结归纳了丙烯酸酯单体官能度对 UV 喷墨油墨固化前后性能的影响。从表中看出,随着单体官能度的升高,单体的黏度上升显著,而固化后油墨的性能也有显著差异。因此,需根据实际需要选择相应的单体。通过添加非丙烯酸酯类的单体,如乙烯基组分,也可提高油墨的性能。最常用非丙烯酸酯类的不饱和单体为双官能度的乙烯基醚,可有效降低油墨的黏度。乙烯基酰胺也常与丙烯酸酯组分配合使用,可有效提高涂层的黏附性及表面光滑度。

表 8.10　单体官能度对固化前后油墨性能的影响

性能	官能度					
	单	双	三	四	五	六
黏度		低————————————————————→高				
活性		低————————————————————→高				
体积收缩率		低————————→高————————→低				
柔性	高——————————————————————→低					
硬度		低————————————————————→高				
耐溶剂性		低————————————————————→高				
脆性		低————————————————————→高				

2. 光引发剂

光引发剂是 UV 喷墨油墨配方极其重要的组成部分，它能够影响油墨的保质期、固化速度和固化后的小分子迁移率。UV 喷墨油墨是包含有单体、低聚物、颜料及各类助剂的复杂体系，各组分均有可能在固化前、固化中及固化后与引发剂发生作用。故需综合考虑多种因素来选取合适的光引发剂。光引发剂的吸收光谱应与所用光源的发射波长相匹配。如前所述，目前 UV 喷墨打印所使用的主要光源为中压汞灯、金属卤素灯和 UV-LED。因此，对于某一具体的应用来说，需要根据油墨配方来选择合适的光源，或根据给定的光源来选择合适的引发剂，最佳的匹配可以获得最大的能量利用率。

UV 喷墨油墨中的其他组分，如颜料和添加剂等，也会对发射光产生吸收、反射和散射，这会影响油墨中光引发剂对入射光的吸收，影响油墨的固化效果，进而影响所得图像效果。颜料在紫外光和可见光区有一定的透射区，该区称为颜料的"光谱窗口"。故配方中应选择在颜料"光谱窗口"和添加剂吸收最小处具有强吸收的光引发剂。

氧气阻聚也是影响 UV 喷墨油墨固化效率的另一重要因素。UV 喷墨油墨的黏度普遍较低，而且在印刷过程中，打印喷嘴喷射出的油墨液滴与空气接触，会使氧气更易渗透进入油墨内部，造成固化效率降低。因此，光引发剂在 UV 喷墨油墨配方中的质量分数较一般光固化体系高，约在 5%～15% 之间。

在实际应用和生产中，人们往往会选择两种以上光引发剂配合使用，以期达到最优的光固化效果。在制定配方过程中也应该谨慎选择相互配合的引发剂，不当的选择会造成引发剂相互屏蔽，反而降低引发效率。另外，经济性也是选择引发剂的重要因素之一。酰基膦氧基类引发剂高效但昂贵，而二苯甲酮、α-氨基酮类光引发剂虽不及前者高效，但价格低廉，具有很好的表干效果。因此，将这几类光引发剂配合使用，可达到高效、经济的目的。UV 喷墨油墨的配方复杂，要想达到各方面都理想的效果，需要经过大量实验确定最终配方。正因为如此，商用油墨配方一般都属商业机密。本书的其他章节对光引发剂有详细的讨论，本章只是简单介绍光引发剂的情况。

（1）Norrish I 型光引发剂

目前常用于 UV 喷墨打印的 Norrish I 型光引发剂多为苯乙酮的取代产物，这类光引发剂也由于涵盖了 UV 固化中最常用的光源波长范围而备受青睐。部分 α-羟基酮的紫外吸收甚至可达到 450nm 以上，适用于 UV-LED 固化，如光源波长在 395nm 和 405nm 的 UV-LED 固化。

引发剂的均裂能够产生两个自由基进而引发聚合，但两个自由基的引发效率并不相同。对于丙烯酸酯类单体，目前商用引发剂的引发聚合速率常数为 $10^6\sim10^7 L/(mol\cdot s)$，比自由基聚合的链增长速率 $10^3 L/(mol\cdot s)$ 高出约 3～4 个数量级，因此具有高效的特点。另一影响光引发剂效率的因素是其激发三线态的寿命，

Irgacure 1173 的三线态寿命 τ 约为 10^{-9} s，而常用的 Norrish II 型（即夺氢型）光引发剂三线态寿命 τ 约在 10^{-6} s。Norrish I 型引发剂更短的三线态寿命可有效降低氧气或油墨配方中其他成分淬灭激发态光引发剂的概率，从而具有更高的光引发效率。

UV 喷墨油墨常用的 Norrish I 型光引发剂有 Irgacure 184、Irgacure 651、Irgacure 1173、Irgacure 2959、Irgacure 907、Irgacure 369、TPO、BAPO 等，图8.18 为常用 Norrish I 型光引发剂的紫外吸收，可以看出，这些光引发剂与目前商用的 UV 光源均较为匹配。

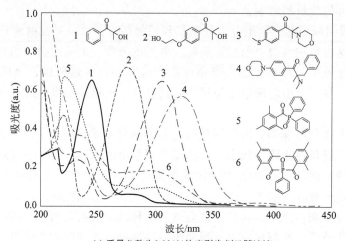

(a) 质量分数为0.001%的光引发剂乙腈溶液

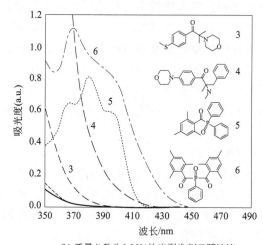

(b) 质量分数为0.05%的光引发剂乙腈溶液

图 8.18　常用 Norrish I 型光引发剂的紫外吸收

① 苯偶姻类光引发剂　苯偶姻类引发剂是最早商用的一类 Norrish I 型光引发剂。这类引发剂中苯甲酰基邻位碳原子的 α 氢原子易失去，导致此类光引发剂的储

存稳定性差。另外，裂解产生的苯甲酰自由基由于苯环和羰基的共轭作用，使得自由基的引发活性不足。目前，除苯偶姻异丙基醚还在商用外，其他苯偶姻类引发剂已被α-羟基酮类引发剂替代。光引发剂 Irgacure 651（二甲基苯偶酰缩酮）引发活性很高，广泛地应用于 UV 喷墨的配方中。Irgacure 651 的三线态寿命极短，因此其还可应用于含有容易使激发三线态淬灭成分的配方中。因 Irgacure 2959 三线态寿命较长，苯乙烯能够淬灭处于激发三线态的 Irgacure 2959。因此在含有苯乙烯的配方中，通常选用 Irgacure 651 或其他具有极短三线态寿命的分子作为光引发剂。在黑色或深色油墨配方中，还经常使用 Irgacure 651 与 Irgacure 907 或 Irgacure 369 复配来提高体系的光引发效率。

② α-羟基酮类光引发剂　α-羟基酮是目前最为通用的一类 Norrish I 型光引发剂，具有光引发活性高、储存时间长、不黄变及适用性广的优点。这类引发剂在 UVB 和 UVC 区均有吸收，因此具有良好的表层固化性能。其在 UVA 区几乎没有吸收，故深层固化性能较差。在 UV 喷墨油墨的实际应用中，常常将这类引发剂与其他深层固化引发剂（如 TPO）复配，以达到更好的效果。如 Irgacure 500 就是将 Irgacure 1173 与二苯甲酮（BP）以 1：1 的比例混合后得到的，最大吸收波长在 250nm 和 332nm。

③ α-氨基酮类光引发剂　α-氨基酮类光引发剂也是目前较为常用的光引发剂，若在 α-氨基酮的对位引入供电子取代基甲硫基或二甲氨基，其紫外吸收虽会发生相应的红移，但其光引发性能会显著降低。但若向 α-氨基酮的对位引入相应的给电子取代基团，不仅能够使引发剂分子的紫外吸收发生较明显的红移，其引发效率也能保持在较高的水平。Irgacure 907 与 Irgacure 369 的最大吸收波长在 300～325nm 之间，且在 380nm 处有一较弱的吸收，这一特点也使得其在 UV 喷墨油墨中得到广泛应用。其缺点是容易发生黄变，故在白色 UV 油墨中鲜有应用。

在有色喷墨油墨体系中，将 Irgacure 907 与硫杂蒽酮（ITX）或酰基膦氧基类引发剂配合使用，具有很高的光引发活性。有色体系油墨中的颜料会吸收紫外光，导致 Irgacure 907 的引发效率大大降低。若向体系中加入吸收波长在 380～420nm 的 Norrish II 型引发剂 ITX，不仅可解决颜料的屏蔽问题，ITX 还能在受光激发后与 Irgacure 907 形成激基复合物并发生电子转移，生成自由基进而引发聚合，从而提高光引发活性。

④ 酰基膦氧基类光引发剂　酰基膦氧基类光引发剂因其长吸收波长以及高引发活性，常被用于有色 UV 喷墨油墨配方中，目前商用的产品主要有三种，双(2,4,6-三甲基苯甲酰基)苯基氧化膦（BAPO）、2,4,6-三甲基苯甲酰基乙氧基苯基氧化膦（TEPO）和 2,4,6-三甲基苯甲酰基二苯基氧化膦（TPO）。这类引发剂虽具有高引发活性，但由于合成过程复杂而导致价格偏高，BAPO 尤甚。因此在工业应用中，常常将该类引发剂与其他引发剂配合使用，以达到经济、高效的目的。

　　许多颜料在 380～450nm 之间的透过率较高，如白色油墨中使用的 TiO₂ 能够吸收并散射波长小于 380nm 的光（图 8.19），因此激发波长较短的引发剂不能有效引发油墨发生深层固化，导致固化效率低下。而 BAPO 与 TPO 在 350～450nm 之间有一吸收带，可以克服颜料造成的屏蔽效应，提高油墨固化效率。

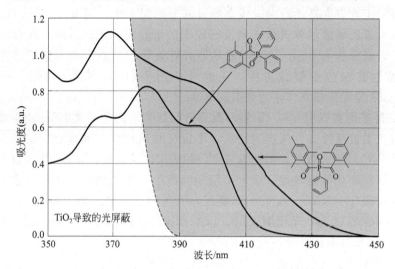

图 8.19　TiO₂ 对短波长光的屏蔽，以及 TPO 和 BAPO 的紫外吸收

　　⑤ 其他光引发剂　除了上述几类 NorrishⅠ型光引发剂，其他用于 UV 喷墨打印的 NorrishⅠ型光引发剂主要有图 8.20 所示的苯甲酰甲酸酯类、咔唑衍生物类、肟酯类以及一些光敏染料。

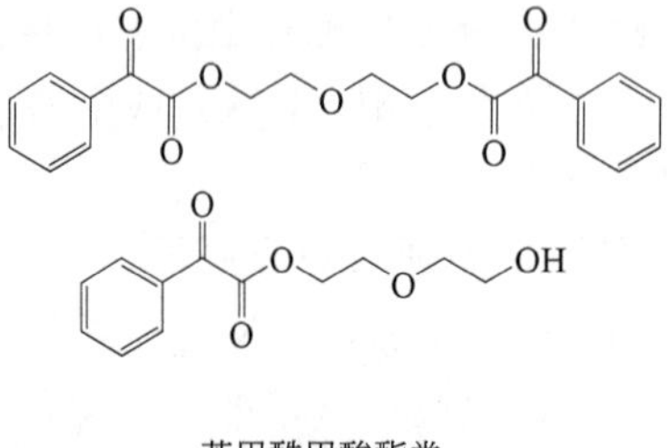

苯甲酰甲酸酯类

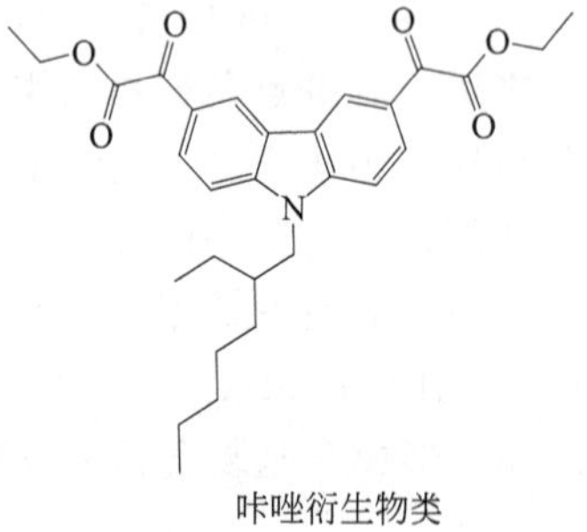

咔唑衍生物类

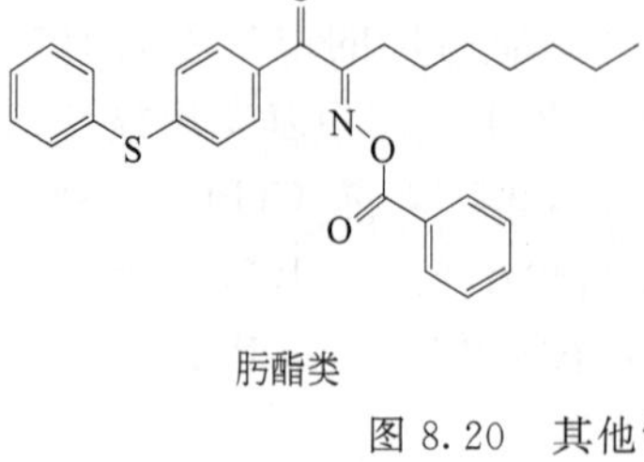

肟酯类

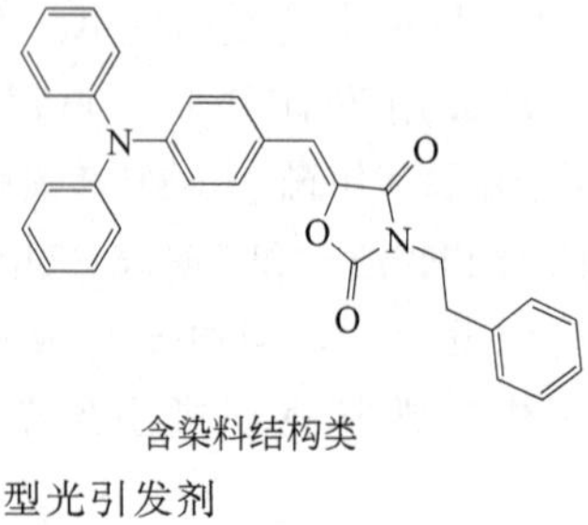

含染料结构类

图 8.20　其他常用 NorrishⅠ型光引发剂

　　图 8.20 中所示的苯甲酰甲酸酯常与酰基膦氧基类引发剂混合使用，以达到增强表面固化，降低黄变的作用。咔唑衍生物常用于 LED 喷墨油墨固化。

（2）NorrishⅡ型光引发剂

　　NorrishⅡ型光引发剂即夺氢型光引发剂。分子经光激发跃迁至激发三线态后，与氢供体分子发生作用，经电子转移/质子转移生成活性自由基，引发体系内单体或低聚物聚合。夺氢型引发剂结构大多为二苯甲酮或杂环芳酮类化合物，主要有二苯甲酮及其衍生物、硫杂蒽酮类、蒽醌类等。助引发剂多为叔胺类化合物，主要有二甲基乙醇胺、N,N-二甲苯甲酸乙酯等。以硫杂蒽酮（TX）为例，TX 经入射光激发后跃迁至激发三线态，与助引发剂叔胺形成激基复合物后发生电子转移生成自由基。这一过程有两种路径。路径 1：激基复合物生成酮自由基负离子与铵正离子，酮自由基负离子夺取铵正离子的氢，生成低活性 TX 自由基与活性较高的胺烷基自由基，从而引发聚合。路径 2：处于激发态的 TX 直接夺取助引发剂的氢生成的自由基，从而引发聚合。

　　与 NorrishⅠ型引发剂不同，NorrishⅡ型光引发剂为双分子体系，其引发效率不仅取决于引发剂本身，还取决于体系中两种分子的扩散程度，因此效率远低于 NorrishⅠ型光引发剂。由于 UV 喷墨油墨的黏度很低，分子扩散对体系的光引发效率影响相对较小，因此 NorrishⅡ型光引发剂在此方面的应用相当普遍。在某些配方中，含有氢供体结构的单体、低聚物或其他成分（如聚醚链）能够取代助引发剂与 NorrishⅡ型光引发剂发生作用引发聚合。

3. 助引发剂

　　前面已讲到，NorrishⅡ型光引发剂需与助引发剂配合使用，才能发挥最大作用。助引发剂是 NorrishⅡ型光引发剂的氢供体，从结构上看，胺、仲醇、醚和硫醇均可作为助引发剂。其中，胺类是最高效的助引发剂，其可与处于激发态的光引发剂分子作用，得到具有高引发活性的胺烷基自由基，从而引发活性单体聚合。

　　三乙胺、三乙醇胺、二甲基乙醇胺等叔胺都曾被用作助引发剂。但由于挥发性大、黄变严重等问题现已很少使用。目前多使用叔胺型苯甲酸酯类助引发剂和活性胺。图 8.21 列出了目前最为常用的几种胺类助引发剂。

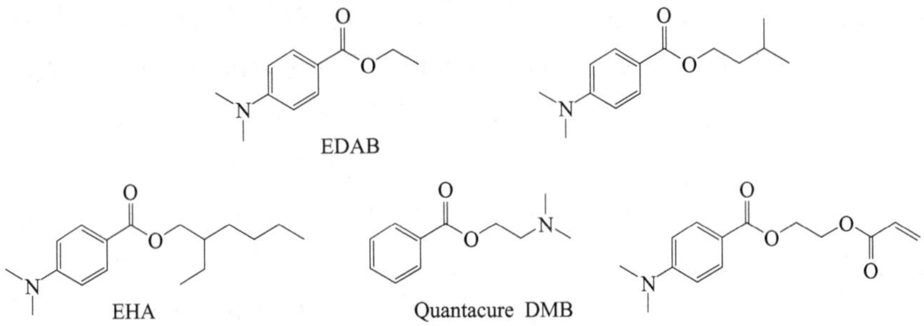

图 8.21　常用胺类助引发剂

4. 颜料

颜料一般是自身有色而且能使其他物质获得鲜明和坚牢色泽的物质。颜料是微细的粒状物，不溶于它所分散的介质中，其物理性质和化学性质基本不因分散介质而变化。颜料赋予涂膜遮盖力，可提高涂膜的机械强度、附着力、耐磨性、防腐性、耐光性和耐候性。

UV 喷墨打印制品丰富的色彩均源于配方中的颜料和染料。喷墨打印发展初期，配方中着色剂多为染料，染料色泽鲜艳，在油墨基料中的溶解度高，但耐光性、耐候性和耐臭氧性均一般，且防水性能与对基材的遮盖性能较差。而喷墨打印制品行业对以上性能具有一定的要求。颜料不溶于油墨基料，使用时以小颗粒的形式均匀地分散在油墨基料中，其耐光性、耐候性、防水性能和对基材的遮盖能力均优于染料。用于喷墨油墨的颜料粒径一般控制在 250nm 左右，粒径大于 500nm 的颜料颗粒容易堵塞打印喷头。一般采用研磨的方式将颜料聚集体均匀地分散在体系中。颜料分散以后，颜料粒子的表面能增加，具有相互聚集的趋势。因此，需对已经解聚的颜料颗粒进行稳定，否则颜料颗粒会发生絮凝，导致油墨质量变差。颜料本身对着色基底无亲和力，主要靠树脂或其他成膜剂与着色对象结合在一起。油墨颜料可分为无机颜料与有机颜料两种。无机颜料价格相对低廉，耐候性、耐热性、机械强度与遮盖力强，但色泽偏暗。有机颜料较无机颜料着色力高、色泽鲜艳，但耐热性、耐光性与耐候性不及无机颜料。

印刷制品的色彩依靠组合白色、黑色、色调深于目标色与色调浅于目标色的颜料来实现。CMYK 模式是目前喷墨打印采用的色彩模式，是一种减色模式。其中，C 代表青色（cyan），M 代表品红（magenta），Y 代表黄色（yellow），K 代表黑色（black）。实际应用中，很难通过青色、品红和黄色的叠加得到黑色，因此引入了黑色（K）。为了得到质量更好的印刷制品，还需用到其他颜色的专色油墨。

（1）黑色颜料　黑色颜料主要有炭黑、石墨、苯胺黑、氧化铁黑等。

炭黑的主要组成元素是碳，多由不完全燃烧或分解烃类制得。常用的制备方法有炉黑法、热裂法、灯烟法和法黑灯，其中最常用的是炉黑法。炭黑由具有一定粒径的炭黑分子团聚而成，图 8.22 为炭黑的分子结构及炭黑的颗粒结构。由于处理方法不同，炭黑分子表面除氢外，还有不同含量的羧酸、酮、酚、醌等基团。炭黑粒径、结构及其表面化学性能与油墨的各类特性及印刷制品的特性具有密切联系（黑度、分散性、着色力）。

根据炭黑的粒径可分为高色素炭黑、中色素炭黑与普通色素炭黑三种，其粒径范围见表 8.11。

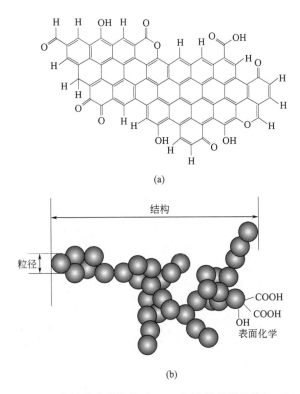

(a)

(b)

图 8.22 炭黑的分子结构式 （a） 和炭黑的颗粒结构 （b）

表 8.11 不同种类炭黑的粒径

炭黑种类	粒径/nm
高色素炭黑	9~17
中色素炭黑	18~25
普通色素炭黑	26~35

（2）红色颜料 （pigment red，PR） 常见红色有机颜料的分子结构式见图 8.23。PR21 为金光红，又名永固红，是 β-萘酚类单偶氮颜料，是一种黄光红颜料，耐酸碱性强。PR37 为颜料红 G，是双偶氮吡唑啉酮类颜料；PR48 为耐晒红，也是 β-萘酚类单偶氮颜料。PR48 的钡盐色淀记为 PR48：1，呈亮黄色红，耐溶剂性良好，但耐酸碱性弱；PR48 的钙盐色淀记为 PR48：2，呈蓝光红，着色力强，耐候性好；PR48 的锶盐色淀记为 PR48：3，易分散，着色力强且耐候性高。PR122 为喹吖啶酮红，是一种蓝光红，接近品红色，耐晒性和耐候性极好，耐溶剂性强、耐热稳定性高。PR255 为颜料红，是一种吡咯并吡咯二酮类颜料，显黄光红，色彩鲜艳，具有优异的耐候性、耐溶剂酸碱性及良好的热稳定性。

（3）橙色颜料 （pigmeng orange，PO） 部分橙色有机颜料的分子结构式见图 8.24。PO13 为永固橙，为联苯胺类双偶氮颜料，橙黄色粉末，色泽鲜艳，着色力强，耐晒性能优良。PO43 又称芘酮橙，具有艳丽的红光橙色，耐热性、耐候性及耐光色牢度均优异。PO64 又名克劳莫夫塔尔橙，为苯并咪唑酮类颜料，明亮的红光橙色，色泽鲜艳，着色力强，耐晒性、耐酸碱性优良。PO36 即永固橙 HL，系苯并咪唑同系单偶氮颜料，色泽鲜艳，着色力强，具有优良的耐晒耐候性。PO73 为吡咯并吡咯二酮颜料，呈鲜艳的中性橙，中等不透明性，耐溶剂性强，耐久性和耐热性均优异。

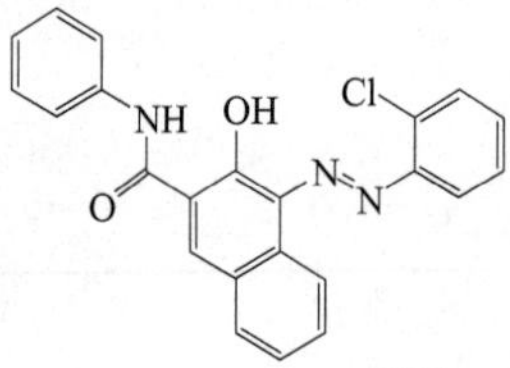

PR21

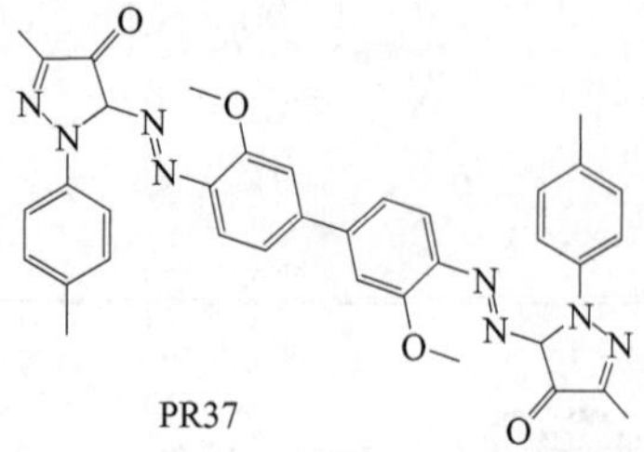

PR37

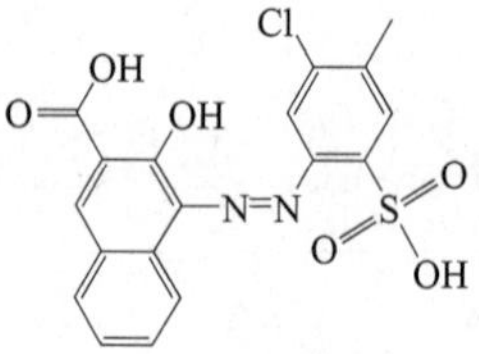

PR48

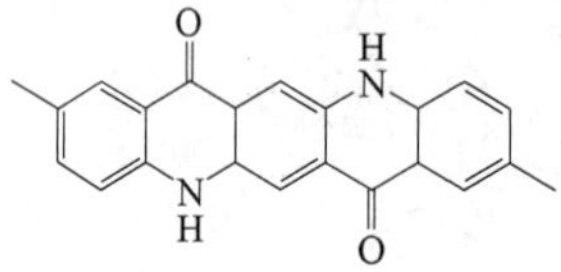

PR122

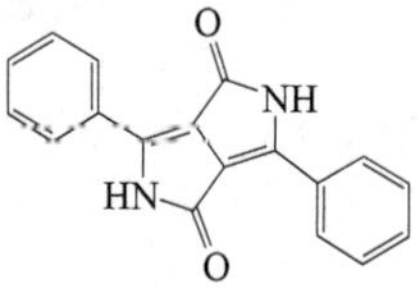

PR255

图 8.23　部分红色有机颜料的分子结构式

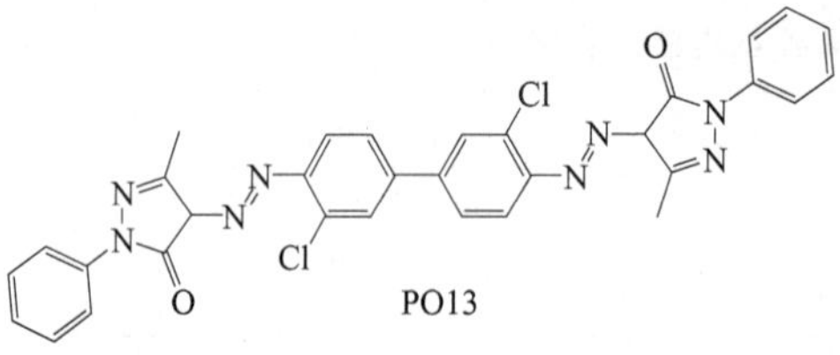

PO13

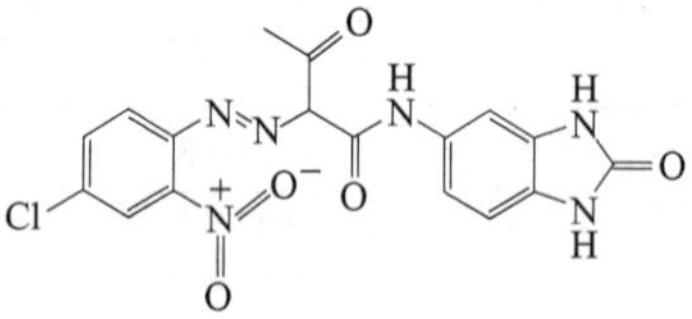

PO36

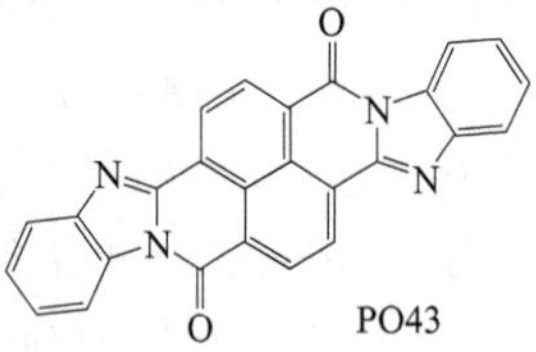

PO43

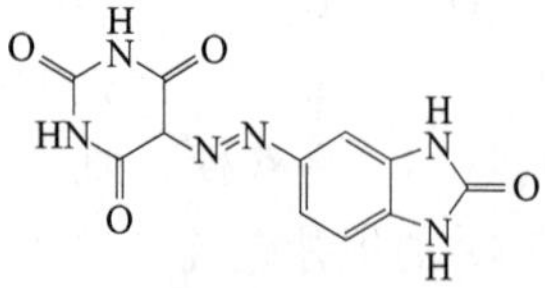

PO64

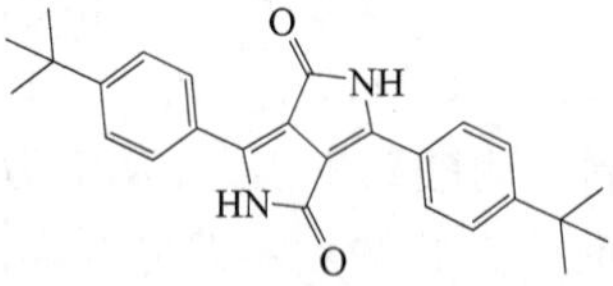

PO73

图 8.24　部分橙色有机颜料的分子结构式

（4）**黄色颜料**（pigment yellow，PY）　喷墨打印中使用最多的颜料是黄色颜料，但目前没有任何一种单一黄色颜料能够满足喷墨打印的严格要求。图 8.25 列出了几种常用的黄色颜料。

PY1 为耐晒黄 G，又称作汉沙黄，为乙酰芳胺类单偶氮颜料，色泽鲜艳，着

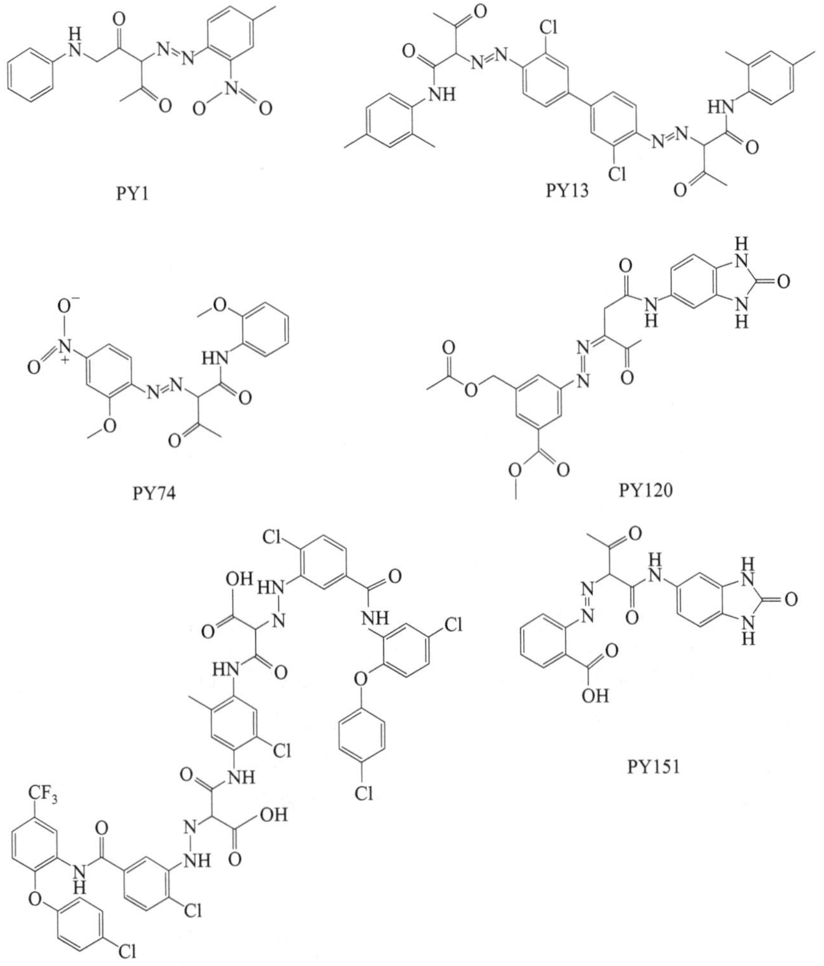

图 8.25　常用黄色有机颜料的分子结构式

色力强，耐晒耐候性佳，耐溶剂性较差。世界范围内有近四十家 PY1 生产商。PY13 为永固黄 GR，为双偶氮联苯胺黄类颜料，在喷墨油墨中应用广泛，其为淡黄色粉末，色泽鲜艳，着色力强，耐热性好。PY74 为单偶氮黄，是黄色颜料在喷墨油墨中应用最广泛的一种，其结构简单，色泽鲜艳，着色力强，耐光色牢度高。PY120 为苯并咪唑酮黄，中黄色粉末，耐溶剂性、耐晒耐候性强，着色牢度高，用其合成的油墨主要用于户外广告和包装用金属薄膜印刷。PY128 又称透明强绿光黄，属偶氮缩合类颜料，具有耐溶剂性能，耐光色牢度及耐候性好，耐溶剂性中等。PY151 也属偶氮类颜料，遮盖力高，耐晒耐候性高，热稳定性良好，但耐碱性相对较差。除了有机黄色颜料，铁黄（$Fe_2O_3 \cdot H_2O$）为常用的无机黄色颜料，是三氧化二铁的一水合物，又称氧化铁黄，着色力、遮盖力、耐光性、耐酸性、耐碱性、耐热性俱佳。

（5）绿色颜料（pigment green，PG） 典型绿色有机颜料的分子结构式见图 8.26。PG7 为多氯代酞菁铜颜料，呈蓝光绿色，颜色鲜艳。PG36 是氯溴混合物取代的酞菁铜颜料，呈黄光绿色，色泽鲜艳，根据溴与氯的取代度不同，颜色会有不同。PG7 与 PG36 的耐晒耐候性、耐溶剂性和耐热性均相当优异，且为不褪色颜料。

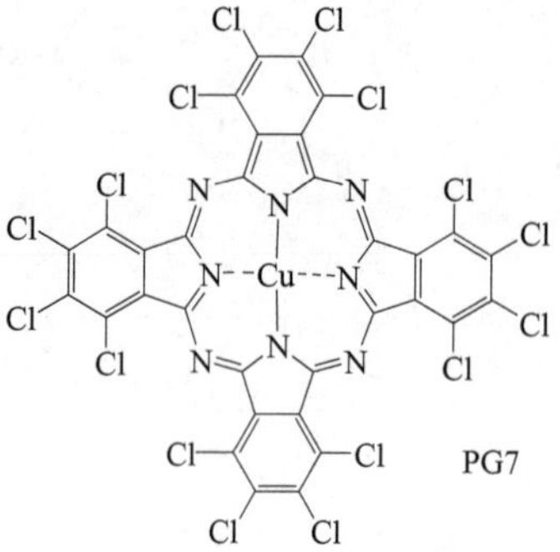

PG7

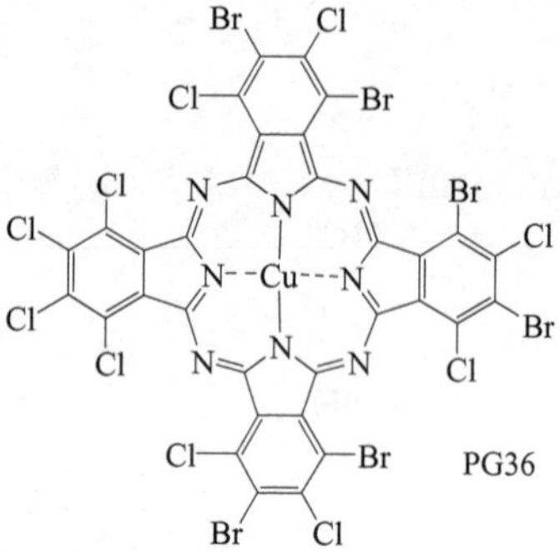

PG36

图 8.26 绿色有机颜料 PG7 和 PG36 的分子结构式

（6）蓝色颜料（pigment blue，PB） 典型蓝色有机颜料的分子结构式见图 8.27。PB15 为酞菁蓝，也是一种酞菁铜颜料，深蓝色粉末，呈红光蓝色，色泽鲜艳，着色力高，耐酸碱性和耐溶剂性好，但高温下易结晶。PB60 为阴丹士林蓝，红光蓝色，具有优异的耐光、耐热、耐气候牢度及耐溶剂性。

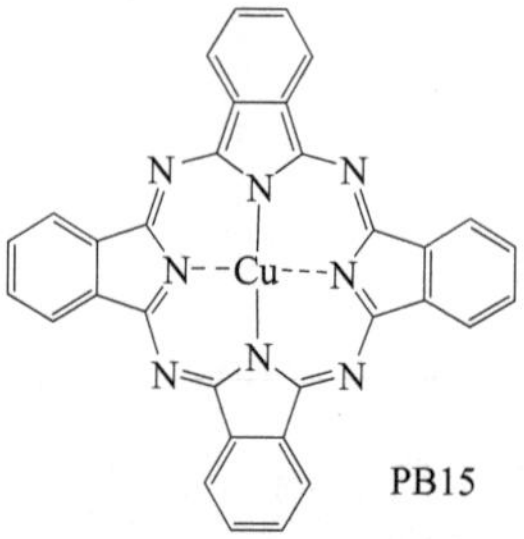

PB15

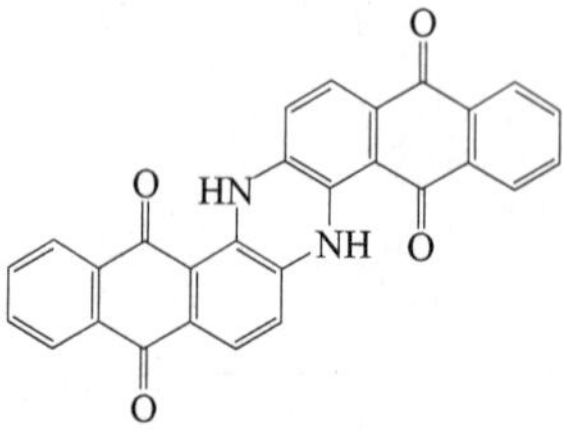

PB60

图 8.27 蓝色有机颜料 PB15 和 PB60 的分子结构式

（7）紫色颜料（pigment violet，PV） 部分紫色有机颜料的分子结构式见图 8.28。PV19 为喹吖啶酮紫，呈艳蓝色，着色力强，耐晒与耐溶剂性优良，无迁移性。PV23 是永固紫 RVS，为二噁嗪类颜料，呈蓝光紫，着色强度与光亮度高，其耐热、耐渗性优异，耐光色牢度良好。PV32 又名永固枣红 HF3R，为苯并咪唑酮类颜料，耐光色牢度高，耐热、耐溶剂性优良。

图 8.29 为 UV 喷墨油墨部分颜料吸收光谱，从中可以看出，红、黄、蓝三原色颜料在 320～400nm 波长范围内吸收较弱，这些弱吸收区域便为颜料的“光谱窗口”。

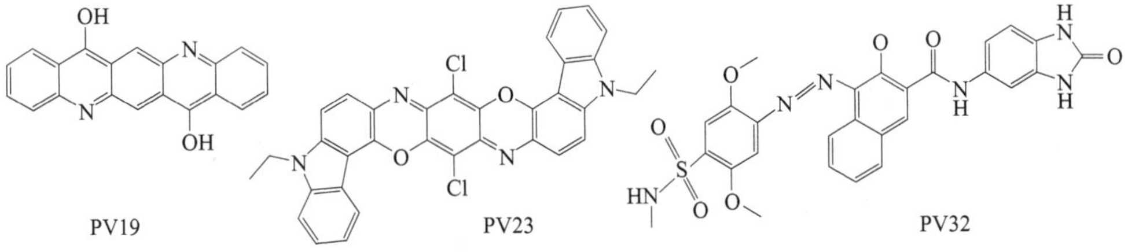

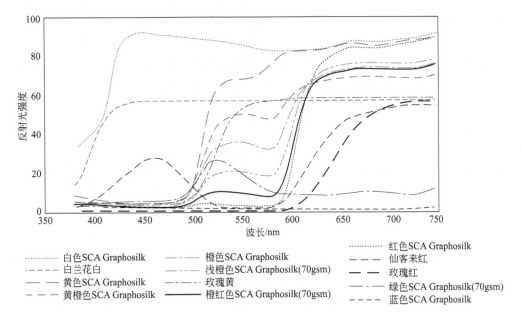

PV19　　PV23　　PV32

图 8.28　部分紫色有机颜料的分子结构式

图 8.29　UV 喷墨油墨三原色颜料吸收光谱

SCA Graphosilk 表示颜料基底是 SCA Graphosilk 白色纸

实际使用过程中，各颜料的透光程度有所差异。红色颜料的透光性能最强，黄色颜料与蓝色颜料次之，炭黑的透光性最低。因此，相同引发剂体系的油墨，使用红色颜料时光固化速率最快，使用黄色颜料时光固化速率居中，而蓝色油墨光固化速率较前两者慢，使用炭黑时光固化速率最慢。

5. 添加剂

喷墨油墨对配方体系的黏度、稳定性及活性均有较高要求，因此，体系中还需加入添加剂以改善油墨的性能，确保油墨在生产、运输、储存和应用过程中性能稳定。UV 油墨中常用的添加剂有流平剂、消泡剂、分散剂、罐内稳定剂等。

（1）流平剂　流平剂主要用来改善油墨层的流平性，减少和降低油墨层的褶皱和缩孔等缺陷。油墨涂层的表面张力是其流平的主要原因。表面张力能够使承印物表面的油墨铺展，同时又能够使油墨的表面积缩至最小，从而使表面平整。聚丙烯酸酯、含氟表面活性剂和有机硅树脂常被用作 UV 喷墨油墨流平剂。

（2）消泡剂 在油墨配方的生产过程中，由于搅拌等原因会产生大量的气泡，需要加入消泡剂来消除这一现象。消泡剂在油墨中分散为微小的液滴，并与体系中的气泡结合，降低气液界面的表面张力，使小气泡融合成大气泡，随后破裂。聚醚、聚丙烯酸酯等聚合物是常用的消泡剂。

（3）分散剂 为使油墨配方中的颜料颗粒充分分散于油墨体系中，需向油墨体系中加入分散剂。分散剂可吸附于颜料颗粒表面，产生电荷斥力或空间位阻，将颜料颗粒稳定地分散于油墨体系中。聚环氧乙烷、聚乙烯醇、聚苯乙烯磺酸盐、羟丙基纤维素或甲基纤维素是 UV 喷墨油墨常用的分散剂。

（4）罐内稳定剂 喷墨油墨配方中含有大量的不饱和组分，这些组分在生产、运输和储存的过程中可能发生自聚，因此需加入如苯二酚、对甲氧基苯酚、对苯醌和 2,6-二叔丁基对甲苯酚等罐内稳定剂来防止其发生聚合。

6. 典型的 UV 喷墨油墨参考配方

表 8.12 和表 8.13 为 UV 喷墨油墨的典型配方。

表 8.12　UV 喷墨油墨参考配方

名称	质量分数/%	名称	质量分数/%
DPGDA	41.0	EPD	5.0
HDDA	15.0	Irgacure 369	1.0
Ebecryl™ 1039	15.0	色浆	20.0
PBZ	3.0	总计	100.0

表 8.13　表 8.12 配方中的色浆配方

名称	质量分数/%	名称	质量分数/%
Ebecryl™ 151	69.0	品红颜料	25.0
Additol™ S 120	1.0	总计	100.0
Solsperse 39000	5.0		

在实际应用过程中，不同应用环境的印刷条件会有所差异。因此需开发不同的油墨配方以满足不同应用需求。

UV 喷墨一般用 CMYK 色彩模式。表面印刷模式时，将彩色图像喷覆在白色喷墨墨水的涂层上，凸显彩色图像；背面印刷模式时，将彩色图像喷覆于透明基材上，随后在彩色图像上喷印白色喷墨墨水，最后通过透明基材观看图像。因此白色喷墨墨水需要有优良的遮盖力，常选用如 ZnO、$BaSO_4$、$CaCO_3$、TiO_2 等高折射率颜料。为了防止这些高比重的无机颜料在低黏度墨水中沉降聚集，梁文龙等发明了一种分散稳定性和附着性较好的 UV 白色喷墨油墨。该墨水成膜后具有高白度和高遮盖力，且可防止堵塞喷头和断墨。表 8.14 和表 8.15 为一种白色 UV 喷墨油墨配方。

表 8.14　一种白色 UV 喷墨油墨配方

名称	质量分数/%	名称	质量分数/%
四氢糠基丙烯酸酯	40.0	Irgacure 910	1.0
N,N-二甲基丙烯酰胺	10.0	DETX	1.0
三(乙氧基)三羟甲基丙烷三丙烯酸酯	4.0	润湿剂 BYK-3500	0.3
环氧丙烯酸低聚物	3.0	稳定剂 BHT	0.7
氯醋树脂	3.0	白色色浆	30.0
Irgacure TPO	7.0	总计	100.0

表 8.15　白色色浆配方

名称	质量分数/%	名称	质量分数/%
1,6-己二醇二丙烯酸酯	28.5	TiO₂ 颜料	37.5
分散剂 BYK-915	32.5	总计	100.0
色浆助剂 BHT	1.5		

　　在电子线路板 PCB 基材上同样可使用白色 UV 喷墨墨水组合物。需要喷印形成清晰的字符图像，且要具有优异的遮盖力和打印流畅性，可耐 270～290℃ 锡浴无黄变、无脱落，从而满足 PCB 规模化生产的需要。表 8.16 为一种用于 PCB 线路板的白色 UV 喷墨油墨配方。

表 8.16　一种用于 PCB 线路板的白色 UV 喷墨油墨配方

名称	质量分数/%	名称	质量分数/%
二丙二醇二丙烯酸酯	34.0	分散剂 EFKA 7701	0.6
三羟甲基丙烷三丙烯酸酯	20.0	酚醛环氧丙烯酸酯	5.0
丙烯酸羟乙酯	6.0	GENORAD 20	0.1
丙烯酰吗啉	20.0	表面活性剂 BYK 333	0.3
混合光引发剂	7.9	消泡剂 BYK 085	0.1
TiO₂	6.0	总计	100.0

　　多官能度丙氧基丙烯酸酯和特定类型的单官能度乙氧基甲基丙烯酸酯的组合，在未施底漆的玻璃表面有良好的黏附效果。表 8.17 是一种玻璃表面用 UV 喷墨油墨配方。

表 8.17　用于玻璃表面的 UV 喷墨油墨配方

名称	质量分数/%	名称	质量分数/%
乙氧基甲基丙烯酸酯	30.0～50.0	阻聚剂 Irgastab UV10	2.0 以下
丙氧基季戊四醇三丙烯酸酯	10.0～40.0	C.I. 颜料黄 150	0.1～5.0
CN9001	8.0～25.0	分散剂 BYK 333	4.0
Irgacure 819	0.3～15.0	表面活性剂 BYK UV3510	1.0 以下
ITX	1.0～10.0		

　　表 8.18 是一种适用于非吸收性基材的耐水煮 UV 纳米喷墨油墨，该油墨配方在非吸收性基材上具有良好的附着力及耐水性。

表 8.18   一种用于玻璃表面的耐水煮 UV 喷墨油墨配方

名称	质量分数/%	名称	质量分数/%
丙烯酸异冰片酯	42.0	Irgacure 369	2.5
三羟甲基丙烷缩甲醛丙烯酸酯	12.0	红色纳米颜料色浆	2.0
三羟甲基丙烷三甲基丙烯酸酯	6.0	表面活性剂 DURAZANE 1800	3.0
聚酯丙烯酸酯低聚物 Sartomer CN2302	25.0	总计	100.0
Irgacure 184	7.5		

表 8.19 是为了解决硬面 UV 喷墨墨水在柔性材料表面发生开裂与掉皮的问题，开发的适用于如 PVC、皮革等柔性材料表面的 UV 喷墨油墨。与常规硬面油墨相比，具有极高的附着力，且黏度低、打印流畅性稳定、固化速度快、柔韧性好，可广泛应用于微压电打印装置。

表 8.19   一种适用于 PVC 表面的 LED-UV 喷墨油墨配方

名称	质量分数%	名称	质量分数%
乙氧基乙基丙烯酸酯	30.0~60.0	Irgacure 651	3.0~9.0
二丙二醇二丙烯酸酯	10.0~20.0	紫外线阻隔剂 SiO_2	0.1~1.0
CN2295	1.0~15.0	分散剂 AFCONA-3580	0.5~3.0
C. I. 颜料蓝 15：3/15：4	1.0~10.0	流平剂 EFKA 3033	0.1~10
Irgacure 819	3.0~9.0		

表 8.20 是陶瓷表面用 UV 喷墨油墨配方，是可进行 UV 光聚合、具有稳定发色性能、能够在烧成的玻化瓷砖上进行喷墨的陶瓷 UV 喷墨油墨。

表 8.20   用于陶瓷表面的 UV 喷墨油墨配方

名称	质量分数/%	名称	质量分数/%
聚氨酯丙烯酸酯	12.0~16.0	Irgacure 819	2.0~3.0
二丙二醇二丙烯酸酯	45.0~55.0	溶剂	0.0~10.0
陶瓷色料	20.0~30.0	助剂	3.0~4.0

针对不同基底，人们开发了不同油墨配方，这使得不同配方的广泛适用性不足。针对这一缺点，利用超支化聚酯丙烯酸酯，可实现低黏度、快速固化，适用于多种基材的油墨配方的开发。固化后的涂层附着力强，稳定性与柔韧性均良好。表 8.21 是一种具有广泛基材适用性的 UV 喷墨油墨配方。

表 8.21   具有广泛基材适用性的 UV 喷墨油墨配方

名称	质量分数/%	名称	质量分数/%
CN2305	9.0	Irgacure 369	6.0
BASFLA1214	10.0	色浆	14.0
BASF DVE-3	10.0	稳定剂 Irgastab UV25	0.7
SR508	42.0	表面活性剂 BYK UV-3595	0.3
SR454	2.0	总计	100.0
Irgacure TPO	6.0		

（二）UV 喷墨油墨的制备

UV 喷墨油墨的工艺流程如图 8.30 所示。由于油墨是由液体（单体、稀释剂、助剂等）、树脂状物（天然树脂、合成树脂、低聚物）和固体（颜料、填料等）组成，需对其进行机械研磨。首先是制备色浆，对颜料进行分散，这一步骤是油墨生产的主要工艺。先将颜料、连接料与分散剂以一定比例混合后，利用球磨机将结块的颜料分散成初级粒子稳定存在于连接料中，得到色浆。研磨过程中应避免空气进入，降低研磨效率。选用不同几何形状的球磨室以及不同研磨时间，可得到不同粒径的颜料。在这一过程中，颜料的含量约为体系的 10%～20%。

色浆制备好后，继续向体系加入其他组分，颜料的最终含量通常为油墨体系的 2%～6%。添加过程中，应注意控制添加速度，避免造成油墨体系不稳定。另一个重要步骤是过滤，确保油墨体系中不存在堵塞打印喷头的大颗粒状物质。通常会使用不同孔径的过滤器进行多步过滤。最后是对油墨进行封装，容器通常为瓶、罐、桶或袋等。需要注意的是，油墨包装物对油墨应具有化学惰性，以防止油墨泄漏。由于 UV 油墨的特殊性，包装应具有避光功能，以防止油墨曝光发生凝胶或聚合。一般油墨的最佳储存温度为 5～25℃。

在油墨质量方面，应检查每个生产批次是否符合黏度、表面张力和其他参数规范，以确保喷射过程无故障。质量控制还包括固化及喷射测试。批次间良好的一致性是油墨生产过程得到良好控制的保障。

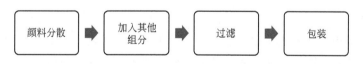

图 8.30 UV 喷墨油墨制备流程图

（三）喷墨油墨的性能表征

1. 黏度

油墨喷射的过程是一个剪切过程，市面上大部分喷墨油墨均为牛顿流体或近牛顿流体。在低剪切速率时，可通过黏度计精确控制油墨的黏度。当油墨处于流体通道中时，黏度过高会导致油墨滞留在通道中，黏度过低则会导致油墨渗出喷头，两种情况都会致使喷墨结果不理想。油墨喷出喷头后，一定的高黏度范围内，可有效减少飞墨情况的发生，同时也会防止油墨不能与基材很好地结合。

2. 表面张力

UV 喷墨油墨的动态表面张力是一项极其重要的指标，直接决定油墨的表面润湿性、墨滴大小、油墨渗透深度、基材铺展度等。通常利用 Du Noüy 环测试 UV 油墨的表面张力。油墨静态表面张力低会导致油墨对喷头过度润湿，降低油墨喷射稳定性还会导致油墨无法润湿打印基材；静态表面张力过高则使得油墨对喷头润湿不足，喷头内弯液面无法迅速恢复，造成不连续喷射。适用于一般打印机喷头的油

墨表面张力系数在 $20\sim30s\cdot dyn/cm$（$1dyn=10^{-5}N$）之间。打印过程中，打印喷头的喷射频率可达 $40kHz$，故动态表面张力亦非常重要。图 8.31 为墨滴喷射过程中，不同油墨的表面张力变化。喷头处表面张力稍高，离开喷嘴后，表面张力迅速降低，从而在承印物表面快速铺展。

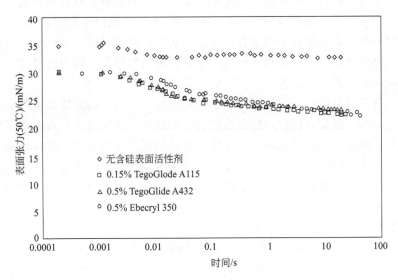

图 8.31　添加不同含量表面活性剂对油墨动态表面张力的影响

3. 粒径大小

　　油墨内颜料的粒径大小也是决定打印效果的重要因素。一般有三种方法可用来表征这一性能：激光衍射法、粒子计数或动态光散射。激光衍射法是较为常用的一种，能够很方便地测试油墨中颗粒的大小，有助于测试和分析储存时间是否会导致油墨颜料颗粒团聚，但这一方法在精确度上不及另外两种表征方法。粒子计数能够更为精准地测量油墨中粒子的大小，但耗时较长。动态光散射耗时较短，但在测试微米级粒子时不够精确。

第三节　UV 喷墨打印的应用

　　UV 喷墨油墨是新发展起来的一种崭新的数字印刷技术，其在经济、技术和使用上的优势，使得其大范围地应用于各类标记和编码、产品印刷、包装与标签打印及室内装饰中。

一、标记和编码

　　随着技术的发展，标记和编码在日常生活中使用非常广泛，除食品包装上的生产日期、保质期标志外，电缆、包装盒上的批次、日期信息大多是通过喷墨打印实现的。与水性油墨和溶剂型油墨相比，UV 喷墨打印速度快，可靠性高，图像更清晰，对各种基材均具有出色的附着力，尤其在商品条码的印刷方面，UV 喷墨打印得到的条码可读性更高。CIJ 因打印速度快而多用于上述领域，但由于印刷质量较差，且黑墨水的浓度有限，近年来逐渐被 DOD 取代。近年来打印速度日益加快，目前最高可达 300m/min。图 8.32 展示的是 Squid 公司的 UV-LED 喷墨条码打印机在金属基底表面进行打印。

图 8.32　Squid 公司的 UV-LED 喷墨条码打印机在金属基底表面作业

使用墨水进行标签打印时，需要墨水在多种标签介质上具有良好的附着力以及图案精准性，尤其是在快速打印过程中的精准性。在标签打印过程中，为防止墨水渗入标签承印介质中，还要求墨水具有瞬时固化的能力。为此，需要开发适用于标签打印的 UV 喷墨油墨。通过优化配方，可得到具有高精准性、高耐磨性、适用于标签的快速打印的喷墨油墨，并广泛应用于市场上的 UV 标签打印机。表 8.22 为一种标签用 UV 喷墨油墨配方，其中活性稀释剂为甲基丙烯酸月桂酯、3,3,5-三甲基环己基丙烯酸酯和异癸基丙烯酸酯的混合物。

表 8.22　一种标签用 UV 喷墨油墨配方

名称	质量分数/%	名称	质量分数/%
环氧丙烯酸树脂	10.0～30.0	颜料	2.0～5.0
聚氨酯丙烯酸树脂	10.0～30.0	分散剂	1.0～5.0
活性稀释剂	23.0～73.0	流平剂	0.0～0.5
引发剂	5.0～15.0		

二、产品印刷

产品印刷即直接在产品或物体上进行印刷，也称为直接成型印刷。由于印刷对象的形状多样化，因此需定制打印程序以控制恒定的喷射距离（打印头喷嘴与基材表面之间的距离），从而保证印刷质量。目前钢笔、罐装物、笔记本电脑外壳、手机壳等日用品表面的印刷都可通过 UV 喷墨打印实现（图 8.33）。

图 8.33　UV 喷墨打印的不同产品标签

表 8.23 为可用于日用品表面的 UV-LED 喷墨油墨配方。其对软质与硬质材料表面均适用。配方中使用的乙烯基丙烯酸酯预聚物固化快，固化后硬度高，耐刮擦；而聚氨酯丙烯酸酯预聚物则较柔软，固化后柔韧性较好。将二者结合后可得到附着力、柔韧性良好，硬度与耐刮擦性能高的膜层，适用于手机外壳、电脑外壳等日用品表面。

表 8.23　可用于日用品表面的 UV-LED 喷墨油墨配方

名称	质量分数/%	名称	质量分数/%
乙烯基丙烯酸酯预聚物	10.0~15.0	C. I. 颜料蓝 15∶1	1.0~5.0
聚氨酯丙烯酸酯预聚物	35.0~40.0	流平剂	0.5~2.0
丙烯酸酯单体	30.0~45.0	阻聚剂	0.1~1.0
Irgacure TPO	5.0~10.0		

三、包装与标签打印

UV 喷墨技术的特点顺应了国际包装打印向数字化、网络化、高速低耗、环保和个性化的潮流。UV 喷墨打印技术广泛应用于食品、医药、日化等领域的包装生产上。通过喷墨可以在包装上打印完整的产品信息。其可直接在产品包装上进行印刷，避免了先印刷后装裱的烦琐工艺。

标签装饰可用在包装（产品品牌、装饰贴纸），通知（安全标志、物流和洗涤标签），宣传（产品标签、临时标牌）和记录（资产标签、跟踪和追踪）等领域。柔板印刷因分辨率高且经济快速，较多地应用于标签印刷领域。但近几年来，越来越多的传统标签印刷企业开始引入 UV 喷墨数字印刷技术，仅 2015 年就有 30

多家打印机制造商推出了各类 UV 标签喷墨打印机。图 8.34 为某型号标签印刷机。

图 8.34　标签印刷机

在食品包装领域，油墨的安全性尤为重要，食品级包装通常使用低迁移性原料，美国食品药品管理局（FDA）规定油墨化合物的容许迁移极限为 $10\mu g/kg$ 食品。油墨配方中除可聚合的成分外，最易迁移的为引发剂，因此在设计配方时应格外注意。通过控制高活性引发剂 TPO 的浓度，以及使用可聚合或低迁移性含叔胺基 ITX 引发剂，实现了可 LED 固化的高安全性食品级包装配方。图 8.35 为可用于食品包装的几种光引发剂。表 8.24 和表 8.25 为可用于食品包装的 UV-LED 喷墨油墨配方。

表 8.24　可用于食品包装的 UV-LED 喷墨油墨配方

名称	质量分数/%	名称	质量分数/%
可聚合化合物	60.0～98.0	分散剂 Solsperse 32000	0.5～9.0
Irgacure TPO	1.0～3.5	分散增效剂 Solsperse 5000	0.3～4.5
可聚合 ITX	5.0～15.0	阻聚剂 Genorad 18	低于 2.0
C. I. 颜料蓝 15：1	1.0～10.0	表面活性剂 BYK UV350	低于 1.0

表 8.25　表 8.24 配方中可聚合化合物的组成

名称	质量分数/%	名称	质量分数/%
丙烯酸 2-(2-乙烯基氧基乙氧基)乙酯	25.0～100.0	三羟甲基丙烷三丙烯酸酯	0.0～55.0
N-乙烯基己内酰胺	0.0～55.0		

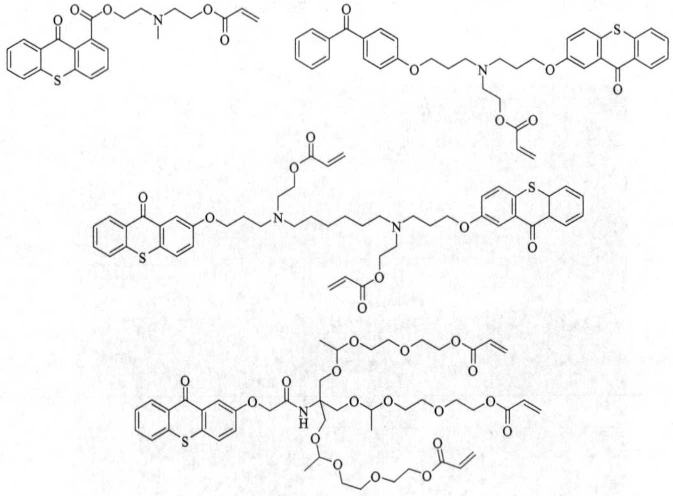

(a) 可聚合ITX类引发剂

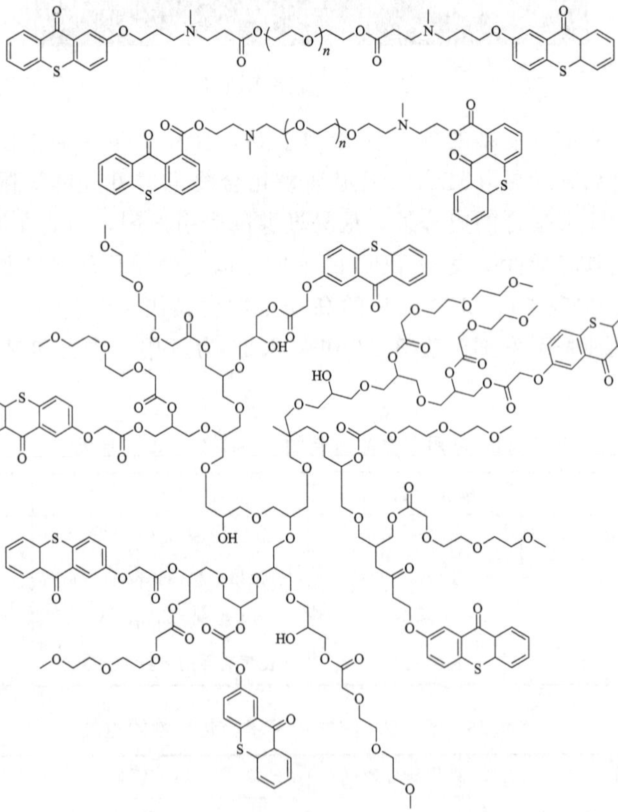

(b) 低迁移性ITX类引发剂

图 8.35　几种可用于食品包装的噻吨酮类引发剂

四、室内装饰

随着人们对环保和生活质量要求的提高，UV 喷墨打印开始逐渐走入家装领域。目前，在木材、建筑玻璃、瓷砖和大理石表面的 UV 喷墨打印均可实现，可满足客户个性化的定制要求。UV 喷墨打印所提供的高色域和耐用性也是地板、家具以及墙纸打印所必需的。

表 8.26 为适用于塑料膜、金属箔、玻璃、室内地面材料等领域的透明油墨配方。常用透明喷墨油墨固化多采用紫外光，且具有易黄变等缺陷，而该配方固化后不易发生黄变，成膜附着力与耐擦性优异，且不堵塞喷头。还可以通过向配方中加入各类染料、色淀颜料得到透明彩色涂层。

表 8.26　透明 UV-LED 喷墨油墨配方

名称	质量分数/%	名称	质量分数/%
（甲基）丙烯酸环己酯	44.0～80.0	Irgacure TPO	5.0～12.0
1,6-己二醇二(甲基)丙烯酸酯	15.0～50.0	表面活性剂 BYK 315	0.005～0.1
CN371	5.0～15.0		

UV 喷墨打印技术发展迅速，从打印头到油墨再到设备，无一不在经历着日新月异的变化。更高分辨率的打印头、更小尺寸的墨滴以及更高的印刷可靠性都在推动着喷墨打印质量的全面提升。随着社会发展以及对环境保护的重视，UV 油墨的应用前景将更加广阔。

参考文献

［1］ Plateau J. Experimental and theoretical statics of liquids subject to molecular forces only ［M］. Paris: Gauthier-Villars, 1873.

［2］ Rayleigh L. On the instability of jets ［J］. Proceedings of the London Mathematical Society, 1878, s1-10 (1): 4-13.

［3］ Kelvin L. On an apparatus illustrating the voltaic theory ［J］. Proceedings of the Royal Society of London A, 1867, 16: 67.

［4］ Sweet R G. High frequency recording with electrostatically deflected ink jets ［J］. Review of Scientific Instruments, 1965, 36: 131-136.

［5］ Zapka W. Handbook of industrial inkjet printing: a full system approach ［M］. Weinheim: Wiley-VCH Verlag GmbH & Co, 2018.

［6］ Hue Le. Progress and trends in ink-jet printing technology ［J］, Journal of imaging science and science technology, 1998, 42: 49-62.

［7］ 金养智. 光固化材料性能及应用手册. 北京: 化学工业出版社, 2010.

［8］ Gatlik I, Rzadek P, Gescheid T G, et al. Structure-reactivity relationships in radical reactions: a Novel method for the simultaneous determination of absolute rate constants and structural features ［J］. Journal of the American Chemical Society, 121: 8332-8336.

［9］　于洋，崔晓钰，宋蕊. UV-LED 印刷灯散热系统设计研究［J］. 光电子技术，2013, 33: 230-234.

［10］　倪笠，崔晓钰，马柯. 大功率 UV-LED 固化灯水冷散热器［J］. 光电子技术，2016，2: 130-134.

［11］　金养智. 光固化油墨［M］. 北京：化学工业出版社, 2018.

［12］　肖飞. FFEIUI 新推出新一代 UV 窄幅轮转喷墨印刷机 Graphium［J］. 今日印刷，2014, 4: 34-35.

［13］　Mimaki 产品信息［Z/OL］. https://shanghai.mimaki.com/product/inkjet/i-flat/ujf- 7151plus/.

［14］　Gloecker P. Radiation curing: coatings and printing inks; technical basics, applications and troubleshoot-ing［M］. Hannover: Vincentz Network GmbH & Co. KG, 2008.

［15］　Magdassi S. The chemistry of inkjet inks［M］. Singapore: World Scientific Publishing, 2009.

［16］　Pilkenton M, Lewman J, Chartoff R. Effect of oxygen on the crosslinking and mechanical properties of a thermoset formed by free-radical photocuring［J］. Journal of Applied Polymer Science, 2011, 119: 2359-2370.

［17］　Jockusch S, Turro N J. Radical addition rate constants to acrylates and oxygen: α-hydroxy and α-ami-no radicals rroduced by photolysis of photoinitiators［J］. Journal of the American Chemical Society, 1999, 121: 3921-3925.

［18］　Crivello J V, Dietliker K. Photoinitiators for free radical, cationic and anionic photopolymerization［M］. New Yourk: John Wiley & Sons Inc/SITA Technology Limited, 1998.

［19］　Kwang D A, Ick C K, Hyang S C. Polymer-bound benzoin ether photoinitiators［J］. Journal of Pho-topolymor Scionco and Tochnology, 1990, 3: 137-146.

［20］　Jockusch S, Landis M S, Freiermuth B, Turro, N. Photochemistry and photophysics of α-hydroxy ke-tones［J］. Macromolecules, 2001, 34: 1619-1626.

［21］　CMKY color model［Z/OL］. https://db0nus869y26v.cloudfront.net/en/CMYK_color_model.

［22］　郑春秋. 一种 UV 喷墨油墨制剂及其制备方法: CN 10529551A［P］. 2016-02-03.

［23］　梁文龙，黄健彬，杨灶生，等. 一种 UV 喷墨白色墨水: CN109206980A［P］. 2019-01-15.

［24］　时文强，黄云欣.一种可紫外光固化的白色喷墨墨水组合物: CN104263079A［P］. 2015-01-07.

［25］　爱克发印艺公司. 用于玻璃上印刷的可 UV 固化喷墨油墨: CN107001829A［P］. 2017-08-01.

［26］　何彦萱，何国雄. 一种用于非吸收性基材的耐水煮的 UV 光固化喷墨墨水及其制备方法: CN103642318A［P］. 2014-03-19.

［27］　袁大江，杨发礼.一种柔性 LED-UV 喷墨墨水: CN 105153810A［P］. 2015-12-16.

［28］　毛海燕. 一种 UV 光固化陶瓷喷墨油墨及其用于陶瓷表面印刷的方法: CN 102477234A［P］. 2013-10-23.

［29］　海德堡印刷机械股份公司. 基于超支化聚酯丙烯酸酯的快速固化 UV 喷墨墨水: CN105713452A［P］. 2016-12-07.

［30］　张立敬，王艳云，景晓静. 一种能适用于标签打印的 UV 喷墨墨水: CN 106398395A［P］. 2017-02-15.

［31］　包亚群. 一种 UV 喷墨打印墨水、其制备方法及用途: CN107325642A［P］. 2017-11-07.

［32］　Loccufier J. Preparation method of copolymerizable photoinitiators: EP2065362A1［P］. 2010-02-12.

［33］　Loccufier J. Curabel liquids and inkjet inks for food packaging applications: US9718971B2［P］. 2013-06-20.

［34］　爱克发印艺公司. 用于食品包装的可辐射固化组合物: CN 105518084 A［P］. 2016-04-20.

［35］　广濑忠司. UV-LED 固化型喷墨印刷用透明墨组合物［P］:CN106536645A. 2017-03-22.

第九章
光固化技术在光学功能膜中的应用

    光学功能膜是指具有特定的光学等物理机械性能，并适用于专业用途的柔性高分子薄膜材料；主要应用于平板显示（flat panel display，FPD）器件，包括液晶显示（liquid crystal display，LCD）、等离子显示（plasma display panel，PDP）、有机电致发光显示（Prganic light emitting diode，OLED）、无机电致发光显示（quantum dot light emitting diode，QLED）、背光膜组（black light films）和触摸屏（touch screen）等电子信息显示器件中所必须应用的光学高分子薄膜。

    根据日本专业调查公司 Fusi Chimera Research Institute Inc. 对涉及平板显示、半导体及组装、电池、电气、汽车、建材、包装市场及其他的 6 个领域 57 种功能性高分子薄膜所做的市场调查，2010 年全球市场总规模达到 25952 亿日元。其中涉及平板显示领域 14 种光学功能性高分子薄膜，2010 年的市场规模为 17543 亿日元，占全部功能性高分子薄膜市场总额的 67.6%。全球功能性高分子薄膜市场规模调查的数据如表 9.1 所示。

表 9.1　全球功能性高分子薄膜市场规模调查

领域分类	品种数	2010 年	2007～2010 年平均增长率/%	2014 年	2010～2014 年平均增长率/%
平板显示	14	1754290	6.9	2181930	5.6
半导体及组装	7	191300	−5.2	217700	3.3
新能源电池	6	329000	25.7	693060	20.5
电气、汽车、建材	7	110345	−1.8	125145	3.2
阻隔性包材	8	66185	5.6	75535	3.4
包材及其他	8	144080	1.1	158820	2.5
总计	50	2595200	6.7	3452190	7.4

    根据智研咨询集团的关于 2019～2025 年中国液晶显示器用光学膜的市场调研情况，全球 TFT-LCD 背光膜组市场需求统计及预测如表 9.2。

    光学功能膜行业由于专业性强、技术门槛高，生产企业呈高度集中态势，而且多数高端产品的核心主要掌握在日企手中，韩企次之。光学级的三醋酸纤维素薄膜（TAC）、聚酯（PET）、聚碳酸酯（PC）和聚酰亚胺（PI）薄膜是光学功能膜的基础性材料。对这类基膜的基本要求，除了相应的物理机械特性外，主要是要求高透光性、高洁净度、高均一性和表观无瑕疵等特点。日企基本上垄断了全球液晶用三醋酸纤维素薄膜的生产和高端 PET 基膜的供应。我国在 PC 基材上有突破。光学功能膜除了 TAC 和 PET 基膜之外，实质上多为在基膜上进行各类功能性涂层的精密加工，使其具有特定的应用性能，提高其附加值。其中涉及光学设计、有机高分子合成设计、无机材料设计、纳米技术及精密机械加工等综合性工艺技术，具有较高的进入技术门槛。全球从事光学薄膜生产的企业高度集中，都具有雄厚的资金和技术实力。

表 9.2　全球 TFT-LED 背光膜组用光学膜市场需求统计及预测

单位：万平方米

类别	2012	2013	2014	2015	2016	2017
微透镜膜	6682.2	5690.3	5333.4	6440.3	7423.3	7616.6
反射偏光膜	4273.1	3851.9	4589.9	6319	5959.8	13007.7
扩散膜	16560.9	17533.5	19473.7	7314	18248.3	27649.1
反射片	13617.5	14245.7	15289.6	16560.4	17613.3	13814
增光膜	13408.3	15034	15243.8	18060.6	19555.9	27629.9

光学功能膜的涂层工艺，可分为干法涂布和湿法涂布。干法涂布包括真空镀、化学沉积和离子溅射等工艺方法。其优点是可以获得微米乃至纳米级厚度均匀的涂层，特别适用于将金属和金属氧化物等固体材料进行涂布。其缺点是设备结构复杂，投资大等，特别是对于成卷材料的加工和宽幅卷对卷连续大生产，不太实用。湿法涂布是目前各类涂层材料（包括光学功能膜）的主流加工技术。根据国外涂布工艺及文献资料等分析，微凹涂布和狭缝式涂布技术已经在精密涂布产品生产中得到广泛应用。对于光学功能膜来说，不仅要求严格控制厚度误差均匀性，而且对外观包括彩虹和晶点也有严格的要求，所以生产过程中对洁净度的要求非常高，通常的涂布环境都要求 1000 级的净化度，特别是对于核心的涂布工作区，则需达到100 级的净化要求。紫外线或者电子束固化由于工作效率高和生产线比较短，对环境的洁净度控制也相对容易。紫外线固化材料由于其独特的高透光性，使得其成为光学膜生产的主流涂层生产技术之一。

平板显示器除了显示材料和驱动的电路外，在一定程度上可以说是由众多光学功能膜组合起来的整体。平板显示器行业迅速发展有力地促进了光学功能膜的生产和研发，使其在性能、质量和价格上都有新的突破。平板显示液晶面板生产线显示面板尺寸不断增大，见表 9.3，配套光学膜的初始生产幅宽也必须增大，富士公司生产的 TAC 基膜从最初的 1490mm 增宽为 2300mm。光学功能膜的宽幅化生产，对设备精度、工艺技术、控制水平和管理水平都提出了更高的要求，同时提高了生产效率，节省了能耗和降低了生产损耗。另外，平板显示器除了满足基本的性能外，还需要往更轻薄和柔性显示方向发展，这就要求光学功能膜能在一张基膜上集合更多的功能。如显示平板上的保护膜，目前市场上可以在基膜上进行多层涂布技术，从而将抗划伤、防反射以及抗污和抗静电等功能集合在一张膜上，实现了使用多张光学膜才能达到的效果，使得终端的电子显示器成品更轻薄。平板显示在大尺寸、轻薄、柔性方向的发展扩大了使用领域和应用范围：从单纯的电子消费品，到现在的 AI（人工智能领域）、智能家电、无人驾驶、物联网等，光学膜行业的发展必然也是与智能制造同步发展，大尺寸化、多功能化和兼顾使用寿命、机械性能和光学性能上的柔性是目前的趋势。紫外线固化技术生产光学膜正好符合了光学膜生产对效率、无尘环境和连续多次涂布的要求，是生产光学膜的关键技术之一。

表 9.3　液晶母板生产线的代数与玻璃母板尺寸对应关系

年份	代数	玻璃母板尺寸/mm	可分切张数
1990 年	第 1 代	330×340	10.4in×2
	第 2 代	360×460	10.4in×4
1995 年	第 3 代	550×650	12in×6
2000 年	第 4 代	680×880	16in×6
	第 5 代	1100×1300	15in×15
	第 6 代	1500×1800	32in×8
2005 年	第 7 代	1850×2250	40in×8
	第 8 代	2200×2400	46in×8
2010 年后	第 9 代	2300×2600	60in×6
	第 10 代	3000×3300	65in×6

注：1in=0.254m。

第一节　光固化在偏光片制备中的应用

21 世纪全球平板显示（FDP）技术发展迅猛，如液晶显示（LCD）、等离子显示（PDP）、有机电致发光显示（OLED），包括还在研发阶段的无机电致发光显示（QLED），对比传统的阴极管显示（CRT）技术发生了革命性改变。由于 LCD 具有工作电压低、功率小、分辨率高、抗干扰性好、大规模生产技术成熟等特点，与其他类型平板显示器件相比，应用较为广泛。偏光片（poliarizer，又称偏振片）是 LCD 的关键零部件材料之一，也是 LCD 面板技术中含量较高的原材料，占到液晶面板原材料总成本的 10% 左右，一直保持相对稳定。LCD 一般分为 TN（扭曲向列型）、STN（超扭曲向列型）、CSTN（彩色 STN）和 TFT-LCD（薄膜晶体管显示器）四种类型，其中 TN、STN 型只能实现单色显示，CSTN 和 TFT-LCD 能实现彩色显示。根据市场调查机构 iSuppli 公司统计：2010 年彩色 LCD 产值占整个 LCD 产业的 96%。2010 年，随着 TFT-LCD 关键技术（视角，响应速度）的突破，TFT-LCD 在 FPD 领域的主导地位已经完全确定。

偏光片是将聚乙烯醇膜和三醋酸纤维素膜经过拉伸、复合、涂布等工艺制成的一种高分子材料。大体上可以分为面片（透射片）和底片（多为各种反射片和半透射片）。在没有偏光片的情况下，光线可以自由进入液晶槽，不受外加电场的影响。当在液晶槽中加入底片和面片时，光学的透过就可以用外加电场来控制，使得在视觉上可以感受到明暗的变化。从应用上，LCD 需要两片偏光片，而 OLED 需要一片偏光片。

根据 Display Research 的数据，2014 年，TFT-LCD 的出货量达到 1.53 亿平方米，偏光片的需求达到 3.91 亿平方米。2020 年全球面板需求达到 2.54 亿平方米，年复合增长率达到 8.8%，偏光片将增加到 5.3 亿平方米，年复合增长率达到 5.2%。偏光片以及相关材料扩产速度不及面板的扩产速度，从 2018 年下半年就出现了偏光片缺货的问题。偏光片的基本结构如图 9.1 所示。

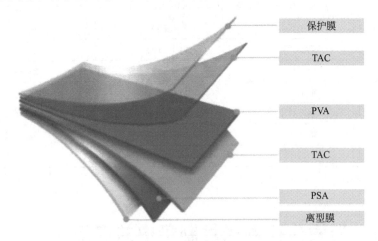

保护膜

TAC

PVA

TAC

PSA
离型膜

图 9.1   偏光片的基本结构

偏光片生产所用的 TAC 膜大致可以分两类，即光板 TAC 膜（应用于偏光片内层）和 TAC 功能膜（应用于偏光片外层）。其中，光板 TAC 膜是指未经过任何处理或者附加膜层的 TAC 基膜；TAC 功能膜是指通过涂布、溅射等表面处理方式进行处理后，拥有不同功能的 TAC 膜。根据使用目的，常见的表面处理方式包括防眩处理（AG）、防眩＋低反射处理（AG＋LR）、硬化增透处理（HC＋AR）、硬化透明处理（HC）、防反射处理（AR）等。上述表面处理方式都是利用紫外光固化技术，在 TAC 的表面涂布功能性涂层而达到功能化的要求。

在偏光膜的生产中分为前道工序（TAC 膜的清洗及 PVA 膜的延伸和复合）、中道工序（涂布和复合生产线）以及后工序（裁切生产线）。UV 技术的应用主要集中在中道工序，包括 TAC 表面功能涂层的涂布以及 TAC 与 PVA 之间的贴合固化工艺。

从图 9.1 可以知道，偏光片主要包括保护膜层、TAC 膜层、PVA 膜层、压敏胶层以及离型层。大部分 LCD 中所必需的偏光片，是用碘或者二色性染料染色的延伸聚乙烯醇膜（PVA 膜）与醋酸纤维素保护膜做成的三明治结构，其透光率为 $40\%\sim50\%$，偏振度为 $95\%\sim99.9\%$。

高分子膜在经过延伸之后，力学性能会降低，变得易脆裂。同时，由于碘的化学性能活泼，容易与空气中的水和氧发生反应，而且温度也容易破坏有序排列的结构。因此需要对 PVA 膜进行保护，防止碘被氧化之后褪色和保证 PVA 膜的尺寸稳定性。所以整个偏光片的结构是 TAC 在两侧保护 PVA，使得整个偏光片有很好的尺寸稳定性和使用稳定性。

在偏光片的生产中可以分为 PVA 与 TAC 膜之间的黏结剂、反射膜侧黏结剂和剥离保护膜侧黏结剂。

我国偏光片的生产是以水性胶水贴合 PVA 和 TAC，而在住友化学的专利报道中提到用紫外线的贴合胶提升偏光片生产效率和偏光片的耐水性和耐老化性能。偏光片贴合胶水层的要求：①不能有的外观缺陷：气泡、脏点、流纹等，对贴合面的均一性有很高的要求；②光学指标：透过率、色相；③黏结性能：黏结的强度；④可靠性：满足高温高湿测试、耐水煮测试和耐化学性测试和耐候性测试；⑤生产效率的要求：胶水的固化时间和速度要满足卷对卷生产设备速度的要求。

偏光片压敏胶是将偏光片与 LCD 液晶贴合的关键部分，是偏光片使用性能中的重要指标。对于压敏胶的特性，要保证透光率、耐候性和黏结牢度等重要物理性能指标。对于 LCD 的制造商，还有一些特殊的施工要求。如偏光片与液晶盒粘贴后短时间内黏结力上升不要太快，以利于贴合不良时候的可返工性；但是最终粘连也不能太小，否则会造成偏光片在贴合之后压敏胶的耐水性和耐久性不够而影响偏光片的使用。在北京化工大学的专利中提到 UV 压敏胶的初粘力大于 14 号小球，剥离强度可大于 $9.81N/25mm$。

黏结剂（adhesive）：PVA 与 TAC 膜之间黏结剂的性能直接影响偏光片的耐久性。反射膜侧黏结剂的作用是将反射膜牢度地贴合在 TAC 膜之间，不允许有再剥离性。而剥离膜侧的黏结剂是压敏胶，它决定了偏光片用户最为关心的加工性能。住友化学在专利中提到 PVA 与其他热塑性膜的黏结用低黏度的阳离子光固化黏结剂，区别于其他日本公开专利的偏光片 PVA 的阳离子黏结剂，日本特开 2004-245924 号公报，2008-257199 号公报以及 2013-205719 号公报中公开申请的专利。住友化学的专利在于解决了黏结剂的黏度问题，满足室温条件下的涂布黏度，在施工过程中不容易产生气泡等缺陷。

在偏光片结构的最外层为 TAC 层，一方面是作为 PVA 的支撑膜，保证 PVA 延展之后的尺寸稳定性；另一方面是保护 PVA 不受水汽、紫外线及其他外界物质的损害，保证偏光片的使用稳定性和环境稳定性。表 9.4 为不同企业的 TAC 膜表面处理技术。

表 9.4　不同企业的 TAC 膜表面处理技术

企业简称	应用终端
大日本印刷	拥有高清防眩 AG 膜专利，占 AG 膜 70％以上市场份额
日本电工	可自行生产 AG、AG＋LR、HC＋LR，满足自身需求
凸版印刷	主要产品为 HC，同时也是干法生产 AR 膜的市场引领者
LG 化学	自产普通 AG 膜，满足自身需求
Konica Minolta	HC 处理
琳得科	干法生产 AR 膜，HC 膜
日本东山	HC 膜
日本日油	PDP 用 AR 膜的最大供应商

AR 处理是在 TAC 膜的表面涂布 UV 固化功能涂层，使得入射光与反射光相互干涉而抵消，从而消除反射，如图 9.2 所示。

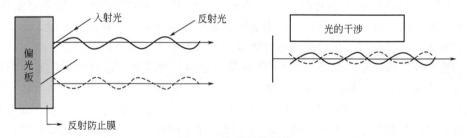

图 9.2　防反射的原理

LR/AR 涂层：低反射/防反射层。平板显示器有个"镜面效应"，外界光线照射到显示器表面，会像遇到镜子一样反射，这会影响正常显示图像的对比度、鲜艳度等，使得显示效果变差。低反射/防反射层可减少和消除这种镜面反射。

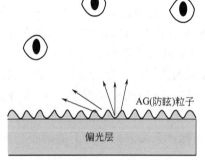

图 9.3　防眩层对光线的散射

AG 层是防眩层。当光源的亮度极高或是背景与视野中心的亮度差别比较大时，会产生眩光。当外界光线大部分都反射到眼睛的时候，而屏幕内的光源表现出来的显示光占比很少，使得肉眼看不清屏幕内容，就像在强太阳光下观看手机。防眩层就是要解决这种问题，如图 9.3 所示。

第二节　光固化在背光源组合膜制备中的应用

一、背光源组合膜

目前 LCD 不是一种自发光的显示材料，屏幕的显示还需要外加光源作为显示光源。通常外加光源会在液晶盒的背面或者侧面。外加光源通常由于点状的 LED 光源，先经过导光板，让光线进行一定方向的传播；再经过下扩散膜，促进光亮均匀化；再经过增亮膜让光线在可视角内更聚焦；然后进入上扩散膜，让出光更均匀。上述膜材统称为背光源组合膜。背光模块主要由背光源、光学膜片、胶黏类制品、绝缘类制品、塑胶框等组成，其中各种光学膜片是背光模块的关键零部件，按其作用主要可以分为反射膜、扩散膜、增亮膜（棱镜膜）、导光板和灯管反射罩等。图 9.4 是背光膜和 LCD 面板的结构示意图。

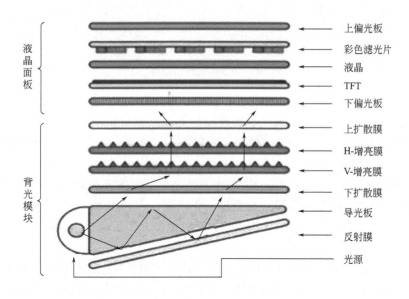

图 9.4　背光膜和 LCD 面板的结构示意图

1. 扩散膜

扩散膜以聚酯（PET）薄膜或者聚碳酸酯（PC）薄膜为基材，在两个表面分别制成均匀的、具有凹凸结构的功能涂层和防粘连层。当光线连续通过这些涂层时，由于凹凸结构介质的漫反射和扩散，使得点光源变为均匀的面光源。由此造成的光折射、反射与散射，形成整体的光学扩散效果。

扩散膜按照光学设计原理和制造工艺，可分为两种类型：涂布粒子型与微透镜阵列型。涂布粒子型扩散膜具有透光率较高，雾度范围可调节宽度大，生产效率高等优点，因而是现在扩散膜的主流生产工艺。近年来，随着微压印技术的成熟，微透镜阵列型扩散膜的产量也在不断扩大。

扩散膜从生产方式上可以分为涂布型扩散膜和 UV 转印型扩散膜。涂布型扩散膜主要是在透明的 PET 表面涂上一层扩散涂布液，经过 UV 固化之后形成均匀的膜面。涂布液包括扩散层涂布液和防粘连层涂布液，主要由扩散粒子、黏合树脂、抗静电剂和溶剂等混合组成。扩散粒子的主要作用是起光线均匀的作用，对光线的透过和发散产生影响，对力学性能影响较小；黏合树脂一般选择丙烯酸类型的树脂，主要作用是将扩散粒子均匀分散并与基材黏结，基于黏合树脂对基材的附着力、对粒子的分散性和折射率等综合考虑，一般选取 UV 固化型树脂。对于 UV 压印成型的扩散层涂布液，则不添加扩散粒子，靠 UV 固化成型时形成的表面凹凸纹理达到扩散的作用。图 9.5 是扩散膜的结构。

图 9.5 扩散膜的结构

2. 增亮膜

增亮膜按照效果分为三类：①传统型增亮膜（即棱镜膜），结构为顶角 90°左右的棱镜结构，图 9.6 是棱镜膜的聚光原理图；②微透镜膜，由一颗颗均匀的半球以最密的方式单层成型于光学级材料表面；③反射式偏光增亮膜（dual brightness enhancement film，DBEF），是 3M 的专利产品，其制作原理是将 800 多层具有特殊双折射率特性的高分子膜层，交叠成一张厚度为 130μm 的光学薄膜，并将非穿透方向的偏极光有效地反射回背光模块，有效地提升了正面视角的亮度，使大视角方向的亮度得到提升。

增亮膜的制作工艺也是紫外固化成型和转印成型 2 种工艺的结合。从图 9.6 可以看出，棱镜膜的聚光主要通过两种方式来实现：一是产品的结构；二是不同材料

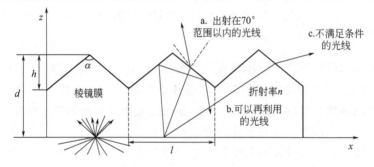

图 9.6 棱镜膜的聚光原理图

的折射率差异。从长期的实践和生产中发现，顶角为 90°的时候，聚光效果是最佳的；而 UV 树脂形成的棱镜结构中，UV 树脂的折射率也决定了同样结构下的聚光效果，折射率越高，聚光效果越好。

目前，国内外生产棱镜膜都以 UV 固化的方式来生产。在 UV 固化方式中，又分为硬模压印和软模压印两种生产方式。图 9.7 是棱镜片的制造流程图。首先是模具的制造，在模具上电镀一层铜或者铜加镍，电镀完后进行表面处理，再用超精密车床在表面刻出细微的结构。其次是涂布成型，在 PET 上涂布 UV 增亮膜涂层，经过模具辊压出微结构，照射 UV 光使涂层硬化。最后是后段加工（图 9.8～图 9.10）。

图 9.7　棱镜片的制造流程图

图 9.8　硬膜制造工艺上模具的雕刻

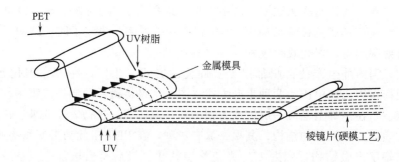

图 9.9　硬模制造工艺生产增亮膜

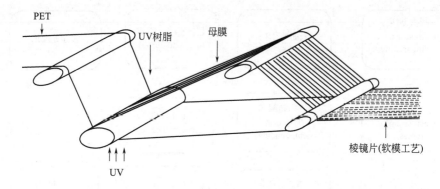

图 9.10　软模制造工艺生产增亮膜

　　硬模压印和软模压印的主要区别是模具的制备材料不同，其他工艺流程几乎是一致的。

3. 反射膜

　　反射膜一般分为白色反射膜和镀银反射膜。光线投射到反射膜表面时，绝大部分光线发生了表面反射。扩散反射是白色反射膜的主要反射方式，白色反射膜表面微细的凹凸结构，使光线发生多个方向的反射，也就是扩散反射。光线除了表面散射外，一部分光线也会折射进入薄膜介质中，薄膜内部由于有大量的填料和微泡，光线遇到这些异物又会发生反射、折射和再反射，尤其是微泡内介质的折射率为1.0时，光线在微泡的内表面又发生反射及较大角度的折射。因此，白膜不但要求高的不透光度，60°的表面光泽度要低于40%。

　　镀银反射膜则是镜面反射，入射光和反射光是一一对应的，反射表面光泽度越高，则反射效率越高。在白色反射膜中，通常反射膜的涂布主要包括聚丙烯酸酯的胶黏剂、二氧化钛微珠、交联剂和 UV 吸收剂，涂层多为热固化；而在镀银反射膜中，在透明聚酯薄膜的一个表面镀层，镀层的表面和底面都通常会用紫外线固化涂层处理，其目的在于减小聚酯表面的粗糙度，增加镀膜面的反射率以及保护镀层。

二、光固化在背光源组合膜制备中的应用

1. 光固化在量子点膜制备中的应用

随着电子技术的发展，LED 背光源显示屏已经全面普及，LED 背光源显示屏在亮度、色彩等方面已取得了巨大的进步，但跟真实的色彩之间仍然存在较大的差别。以 OLED 取代原来的 LCD 在智能手机市场有了一定的份额，其主要是显示的色域有了很大的变化。OLED 显示屏在色彩饱和度和色域上都有了极大的提高，而且可以省掉显示器里面的背光源组合膜。

近年来新起的量子点膜应用在背光源中，也可以极大地提高液晶显示的色域和色彩饱和度，两种技术在市场上都可以成熟量产。新的技术在突破良率和性能上还在不断地研发和更新。新应用对材料的发展提供了很多的市场机会。中国已经是平板显示器的生产大国，但不是强国，很多核心技术的材料还是依赖于进口。我国平板显示产业经过 20 多年的发展，实现了从无到有，从小到大的快速发展。目前全球 80% 的液晶显示器，70% 的笔记本电脑和 60% 的智能手机都是中国制造的。

随着人民物质文化生活和居住水平的提高，为了改善观看效果，使显示屏幕大型化、柔性化、轻量化以及对色彩显示接近肉眼观看的品质，需要材料的发展不断迭代更新以满足消费者的需求。为了解决这一技术问题，量子点显示屏应运而生。量子点显示技术的核心依赖于直径范围在 $1\sim20nm$ 的半导体纳米粒子，当其受到光或电的刺激时，便会发出不同颜色的单色光，从而得到色域更加饱满的图像。将两种画面转化到色彩的可见光谱图，我们可以了解到两者之间的差异，如图 9.11 所示。

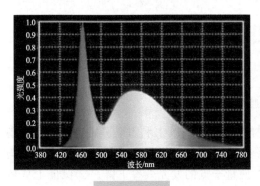
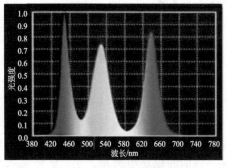

图 9.11　LCD 和 LCD＋QD 显示色彩的可见光图谱

目前，比较成熟的方法是将红绿量子点材料做成膜片，取代目前液晶面板里的扩散膜。图 9.12 显示的是以蓝光 LED 背光为基础，量子点转换成窄发射光谱背光谱图，扩展了 LCD 面板的显色能力。

量子点膜的制备流程如图 9.13 所示。

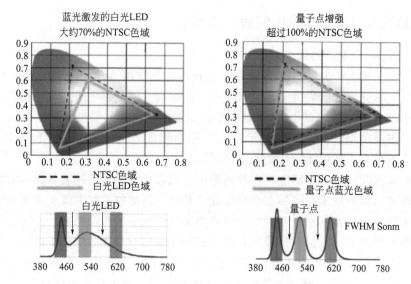

图 9.12　以蓝光 LED 背光为基础，量子点转换成红光/绿光
背光的可见光谱图

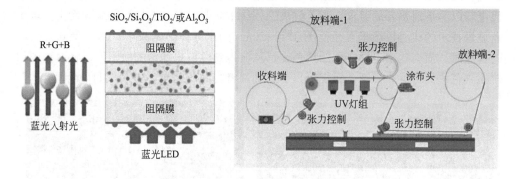

图 9.13　量子点膜的制备流程示意图

　　量子点膜制备的关键点为：量子点材料以及 UV 胶水和阻隔膜；UV 成型设备和技术；光学品质。UV 胶水作为生产量子点膜的关键材料之一，要求 UV 胶水与量子点的匹配必须满足：①UV 胶水不能使量子点的发光效率下降；②保证 UV 胶水的固化速度能匹配量子点膜生产的速率，满足工业生产的效率；③UV 胶水在经过环境测试，高温（85℃）高湿（85%）、500h 之后性能不能下降；④UV 胶水不能对导电膜有腐蚀。目前量子点膜的总厚度在 $50\sim100\mu m$，这种比较大的涂布量可以采用刮刀、辊涂和狭缝式的上胶方式。比较理想的方式是狭缝式涂布，是通过精密计量泵对涂布材料进行预先计量，采用 UV 固化方式完成量子点膜的生产，最大程度减少挥发性溶剂排放，实现了原材料的精确计算、光学微纳结构一次完成和光学效率的提升。

2. 光固化技术在阻隔膜上的应用

量子点材料虽然性能优异，但是由于其比表面积远大于体表面积的材料，具有极高的活性，易与空气中的水和氧气发生反应而造成性能显著衰退。因此，量子点材料必须使用高阻隔膜材料进行封装才能满足其应用要求。而 OLED 从开发初期就被寄予下一代显示器的重任，但其寿命过短一直是制约其商业化应用的一大难题，因此开发高阻隔膜，应用于量子点膜和 OLED 封装，能满足新显示设备的寿命要求。

在量子点使用的高阻隔膜的水蒸气通过率（WVTR）要求为 $10^{-2} \sim 10^{-3}\,g/(m^2 \cdot d)$，透光率要求达到 90%，黄度值要求小于 1。在 OLED 显示器中，如果使用寿命大于 100000h，必须要求阻隔材料的水蒸气透过率（WVTR）和氧气透过率（OTR）要分别低于 10^{-6} 和 $10^{-5}\,g/(m^2 \cdot d)$，其标准远远高于有机光伏、太阳能电池封装以及食品、药品和电子器件包装技术等领域对阻隔性能的要求。通常传统的柔性透明阻隔膜的水蒸气透过率仅能达到 $10^{-1}\,g/(m^2 \cdot d)$，无法有效阻止气体透过，因此需要在其表面制备具有高阻隔效果的功能层。

阻隔材料一般用无机氧化物或者有机-无机叠层。有机-无机叠层结构中无机层阻隔水、氧性能好，有机层能起到平缓和填充缺陷的作用，而且这种结构可防止多层结构中氧化层的缺陷扩展。无机材料主要有氧化物和氮化物，如 SiO_x、SiN_x、Al_2O_3 等。目前制备用于量子点的阻隔膜，普遍采取的结构依次为：等离子增强化学气相沉积（PECVD）无机层、刮涂 UV 有机层、PECVD 无机层。

高阻隔膜基材本身的平整度、阻隔涂层的涂布方式和涂层的均匀性以及连续性都会影响阻隔膜的效果。图 9.14 基材本身的平坦程度对阻隔膜性能的影响。

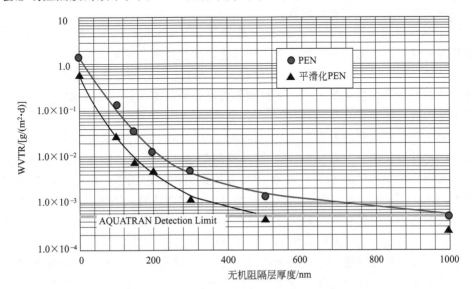

图 9.14　基材本身的平坦程度对阻隔膜性能的影响

三菱树脂新产品 X-BARRIER 和原来的产品 TECHBARRIER 相比，水蒸气阻隔率提高了 2～3 个数量级，水蒸气通过率为 10^{-4} g/(m^2 · d)。美国 Vitex 公司采用聚合物多层（PML）工艺，实现了超高阻隔膜的商业化生产。这一工艺的关键之处在于首先在基材上通过闪蒸技术沉积液体单体膜（聚丙烯酸）。因为这层是液体膜，可以填充表面缺陷，经过 UV 固化得到一个平滑和平坦的表面，表面粗糙度小于 1nm。然后，再在平滑的表面上反复溅射沉积阻隔材料。如此有机膜和无机膜循环沉积几次就得到超高阻隔性能膜。

第三节　光固化在其他光学膜制备中的应用

一、光固化在光学补偿膜制造中的应用

LCD 显示器虽然现在已经成为显示屏的主流技术，但是在响应时间、色彩显示以及可视角度方面仍然有很大的提升空间。视角狭窄是液晶显示设备最急需解决的问题之一。在离开显示面板法线的方向观察时，屏幕对比度将会明显下降，视角大时还会发生灰度和色彩反转的现象。产生上述现象的原因，主要归结于以下几个方面：垂直偏光片的离轴光漏、液晶层的光学各向异性、液晶层的光散射、设备组件的光反射，以及背光源的校准等。利用外部光学匹配补偿技术改善 LCD 视角特性是最早也是目前最广泛使用的方法。光学补偿膜就是在不改变现有液晶盒结构和生产工艺的前提下，采用附加光学膜来消除液晶层的双折射效应，从而增大视角，是一种简单有效、成本较低的方法。

光学补偿膜的原理是将各种显示模式下［TN/STN/TFT（VA/IPS/OCB）］液晶在各视角产生的相位差做修正，简言之，即让液晶分子的双折射性质得到对称性的补偿。图 9.15 是光学补偿膜的原理。从功能上可分为单纯改变相位的相位差膜、色差补偿膜及视角扩大膜。从制造方式可分为机械式单轴或双轴延伸以及在基板上涂布液晶等两种主要的制造方法。

光学补偿膜是利用液晶聚合物（liquid crystal polymer）取向性来设计的光学膜，已经开始实用化。图 9.16 是广视角膜的制造工艺流程。涂布型液晶的补偿膜占所有补偿膜使用量的 10%，其余 90% 为拉伸型的制造工艺。广视角膜制造工艺技术选择的盘状液晶为可聚合型盘状液晶分子，在盘核的末端连接有紫外光聚合的丙烯酸基团。为在聚合反应时使盘状液晶分子保持所需的排列方式，需要在盘核和可聚合基团间引入连接基团，图 9.17 为盘状可聚合型液晶的典型结构。

光学各向异性层通过含有可紫外光聚合的盘状液晶分子涂布液涂布在取向层上，溶剂挥发后，加热至盘状液晶的向列相形成温度，保持该温度一定的时间，使得盘状液晶在该温度下完全排列取向，并达到平衡状态，然后在该温度下进行紫外

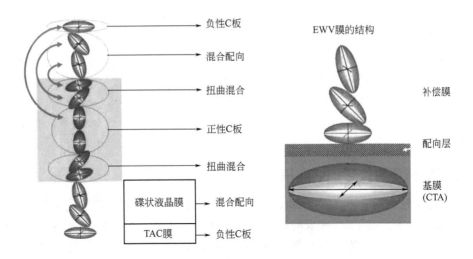

图 9.15　广视角光学补偿膜的补偿原理

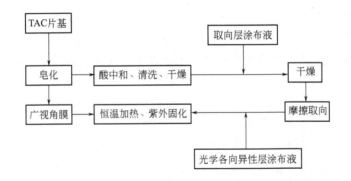

图 9.16　广视角膜的制造工艺流程

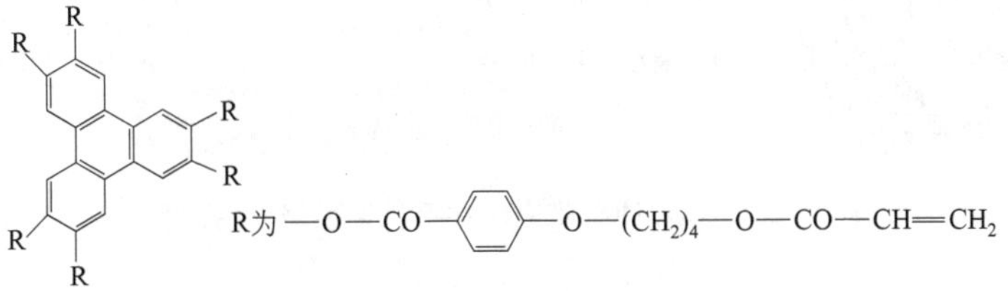

R为 —O—CO——O—(CH₂)₄—O—CO—CH=CH₂

图 9.17　盘状可聚合型液晶的典型结构

光照射，使得保持该排列取向状态的盘状液晶固定下来。为了保证盘状液晶精确的排列状态，紫外固化需要在氮气保护下进行。

　　为了适应上述制备工艺技术，光学各向异性的涂布液组成除了可聚合盘状液晶外，还应该包括光引发剂、调整膜层软硬的单体、流平剂等光聚合反应的助剂。光学各向异性涂布液中还包含功能性取向促进剂，以满足不同功能的补偿需求。

在力特光电申请的专利中，区别于传统的光学补偿膜制造方法（必须在进行涂布取向层并以机械摩擦取向等多道手续之后，才能进行液晶材料的涂布），提出了新的制造方法，提高了液晶分子整体排列的均匀性，有效地增进了光学补偿膜的补偿效果以及其光学表现。此制造方法还包含在拉伸基板后，黏合保护层于基板的表面上，且在涂布液晶层后，烘烤并以紫外线硬化液晶层。另外，此基板以机械方式拉伸至设定拉伸倍率，解决了传统制造广视角膜的制程效率低、合格率低和光学性能差等问题。

二、光固化在硬化膜中的应用

硬化膜是一类功能膜的总称，它是在 PET（聚对苯二甲酸乙二醇酯）、TAC（三醋酸纤维素）或 PC（聚碳酸酯）等薄膜材料上涂覆一层加硬层的深加工产品，主要目的在于提高薄膜的抗划伤能力，起到更好的保护作用。除了提供硬度之外，还可以增加一些特殊的功能，如防眩光、防反射、抗静电和防污等功能。硬化膜的应用领域非常广泛，包括显示领域用的保护硬化膜、偏光片中用的 TAC 硬化膜、模内装饰用的 IMD 硬化膜和电镀、印刷用的导电硬化膜以及建筑、汽车和 3C 上用的防爆膜等。

硬化膜生产企业主要集中在日本，包括日本富士、日本电工、松下、琳得科、东丽、东洋纺、KIMOTO、JSR、三菱、住友等，另外还有韩国 SKC（图 9.18）、LG 以及中国台湾的远东公司。其中日本电工（图 9.19）和日本富士占了硬化膜方面专利的 30%。国内的光学膜还属于刚刚起步阶段，目前在量产的硬化膜集中在保护硬化膜、防眩硬化膜、防爆膜这三大种类上。

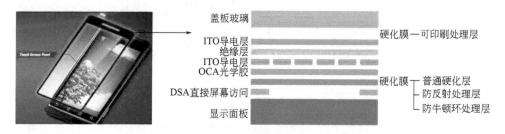

图 9.18　SKC 硬化膜应用在手机触摸屏上的结构

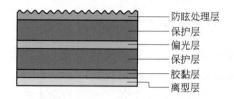

图 9.19　日东电工的防眩硬化膜

根据固化方式的不同，硬化膜的生产主要分为热固化膜和紫外线固化膜两种。

跟传统的热固化比较，紫外线固化因为生产效率高、设备占地面积小和适于温度敏感基材等优势成为生产硬化膜的主流，UV固化方式在产品硬度、耐磨性和固化速度方面有明显优势。

紫外线技术用于硬化膜的制造，就是UV固化产生聚合交联的一个过程，光源照射在涂层表面，将涂层中的光引发剂分解产生自由基或者阳离子，与涂料中的不饱和键继续反应进而形成一个链增长的过程，然后交联成膜，最后链终止形成一个稳定的三维交联高分子网络。

光学硬化膜的指标包括：

① 透光率和雾度：一般光学膜都要求高透明性和低雾度。做过硬化处理的膜和基材对比，因为涂层材料的折射率比PET基材低，空气层、硬化层和基材三者形成两个界面，两界面的两束反射光或多或少会因干涉现象而有利于提高透光率和降低雾度。

② 硬度和耐磨性能：硬度是保证膜抗划伤性的基础。涂层硬度主要跟膜材、UV树脂、交联度和厚度有关。选用高硬度的树脂和提高涂层的交联度都可以提升硬化膜的硬度，但是高交联度和厚涂层会带来硬化膜发脆、卷曲和开裂等弊病，如何解决上述问题成为技术关键。硬化膜的耐磨性跟硬度、涂层的摩擦系数和弹性都有关系。

③ 涂层附着力：涂层的附着性跟基材的表面处理、结晶度和涂层固化程度有关。一般情况下，表面带预涂层的基材由于预涂层引入了一些强极性的基团，很容易跟丙烯酸酯树脂、聚氨酯树脂结合，具有较好的涂层附着力。如果基材是用高结晶性的聚合物拉伸而成的，基材表面经过电晕处理或者等离子处理会有比较好的附着力。另外，如果在涂层收缩率保持不变的情况下，涂层固化越好，涂层的附着牢度也越强。

④ 低干涉性：由于透明硬化涂层的折射率在1.45～1.55之间，而PET基材和空气的折射率分别在1.65和1.0，存在较大的差异，这样会形成两个界面，即空气与硬化层的上界面和硬化层与PET的下界面。当光线照射其表面的时候，会在上下两个界面分别进行反射，由于存在光程差，不同波长的两束反射光在同一点的相干程度不一致而造成干涉（彩虹纹），加上涂层的厚度不均，其干涉条纹会更加明显。如何解决透明硬化膜的彩虹纹成为技术难题。根据实际经验以及相关专利技术，可以归纳为以下几个方面：a. 提高涂层折射率，减少界面之间的折射率差异；b. 提高涂层的平整性，使涂层的厚度、均匀性更接近镜面的效果；c. 通过匹配的底涂层折射率与基材、硬化层折射率相匹配，以抑制彩虹纹；d. 基材上底层处理成细微结构，改变反射光方向。

⑤ 拉伸成型性：现在的显示器都往弯曲屏和柔性屏发展，所以硬化膜除了要满足硬化硬度、耐磨的性能之外，由于后续工艺需要冲压、成型、注塑等过程，还需要满足拉伸成型的性能，避免成型过程开裂的问题。

在涂层技术上，主体树脂的结构、官能度和分子量需要满足一定的硬度和韧性之外，整个固化涂层的交联度也不能太高，固化时，在保证紫外灯的能量之外，可以降低光强，让整个固化涂层的均匀性更加完整，达到兼顾硬度和韧性的目的。

三、紫外线固化技术在透明导电膜中的应用

柔性显示材料的发展很大程度上取决于柔性透明导电材料的发展。肉眼对于线条的鉴别度约在 $6\mu m$，因此线径小于 $6\mu m$ 的金属网可布成裸眼看不到金属线的透明导电膜。由于金属的导电性极佳，只要少量的金属材料即可布成高导电膜，是极具潜力的技术。传统的金属网格薄膜可以通过蚀刻、网印形成图案可控制的金属网格（metal mesh），也可以利用微纳压印技术，先在薄膜上形成微米到纳米级的凹槽，然后再把金属浆料填充到凹槽中，形成透明的导电薄膜。该工艺的关键是先用光固化技术把 $6\mu m$ 以内的线路通过压印技术制作出来，然后在线路里面灌充银浆，此方法对导电银浆本身的要求不高，在工艺的后期还有高温烧结过程，使银浆粒子重新熔融形成电阻低、导电性稳定的透明导电线路。商业上用这类不透明的高导材料制作成网格构造后，也可以达到看起来既透明又可以导电的效果，如 Dai Nippon Printing 和国内的欧菲光电，其目标是取代 ITO 在触摸面板、OLED 等方面的应用。

传统透明导电膜主要是在 PET 基材上沉积几十到上百纳米厚度的氧化铟锌（ITO）涂层，材料的透光率在 $80\%\sim92\%$ 之间，再以传统的曝光、显影和蚀刻等制程制作所需要的导电线路，应用在触控面板上。紫外光固化技术一方面采用传统的黄光制程（曝光、显影过程）；另一方面，由于考虑到溅镀 ITO 可防止 PET 小分子析出，以及激光蚀刻对 PET 基材的影响，通常在电镀 ITO 之前都会使用紫外线硬化膜作为基材来溅镀 ITO。跟普通的硬化膜不同，用于溅镀 ITO 的硬化膜一定要跟 ITO 本身的结合力非常好，达因值为 60，硬化膜的横向收缩率和纵向收缩率要小于 0.5，同时动摩擦系数要低于 0.2。

ITO 本身的涂层要达到低的电阻值和好的柔韧性，有一定的难度，这就限制了 ITO 导电薄膜在日益发展的超大显示器面板和大的触摸屏上的应用。同时，铟是稀有金属，价格高，是全球稀缺资源。因此，近年来已经开发了应用于导电涂层的导电高分子材料、纳米银、碳纳米管及石墨烯等导电材料，以替代 ITO 涂层技术。这些导电金属粒聚集或纳米金属线交织成图案不定型的金属网络（metal web），形成透明导电薄膜。

2001 年，富士胶片在第二届尖端电子材料 EXPO 上公开了应用银盐感光胶片技术，开发了具有高透光性的柔性透明导电薄膜，主要用于触摸面板。东丽薄膜加工在 2011 年于东京有明国际会展中心举行的"第二届高功能薄膜技术展"上展出了使用银线的透明导电膜。该导电膜将应用于智能手机和平板终端上日益增多的容量式触摸面板上用的透明电极。中国偌菲科技和华科创智也开发了纳米银线的涂层材料作为 ITO 的替代品，其全光线透光率为 $90\%\sim91\%$，表面电阻为 $150\sim250\Omega$，

雾度为 0.9%～1.3%，还可以应用于柔性（可弯曲的）显示器和触摸面板的透明电极。图 9.20 中显示的是纳米银线形成的金属网络。通常导电涂层是由纳米银线和紫外线固化的树脂、单体和光引发剂搅拌均匀，涂布在 PET 基材表面，涂布厚度控制在 1μm，然后在上面再上一层保护层，保护层也是一层交联密度不高的硬化涂层，厚度大概在 0.2～0.5μm。在日立化成株式会社和上海交通大学联合申请的专利中，也提到用感光树脂组合物的涂布方式来替代二氧化硅，用 CVD 方式做导电涂层的保护层。

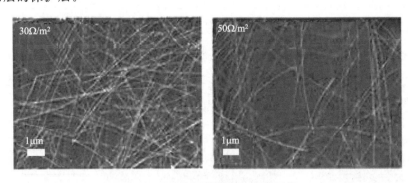

图 9.20　纳米银线形成的金属网络

网络结构并不是一定要形成整齐的格状结构，才能具有透明导电的效果，任意形成的交叉网络结构，都可以发挥相同的效果。Tukuno 利用气泡破裂自动形成纳米银线聚集网络，经过烧结可以形成面电阻 6.2Ω/m²、透过率 84% 的透明导电膜，美国 Cima Nano Tech 也利用类似原理制作透明导电膜，如图 9.21。

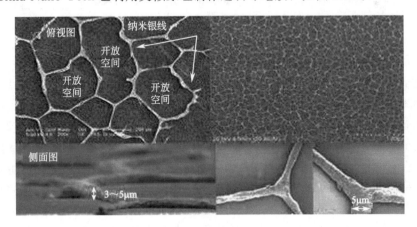

图 9.21　纳米银线成膜自动聚集形成的网络

2009 年 11 月，普利司通在 "SID Display Week 2009" 研讨会上发表演讲，表示该公司开发替代 ITO 的电子纸用透明电极的材料已经有了进展。该公司尝试利用有机材料 PEDOT/PSS（聚 3,4-亚乙基二氧噻吩/聚苯乙烯磺酸）。2010 年日本帝人化成株式会社在市场上销售两种透明导电膜：一种是以聚碳酸酯薄膜为基底材质的 SS120；另一种是以 PET 薄膜为基底的 HP125。前者适用于液晶电子纸，后者适用于基于带电粒子的电子纸。对于这两种透明导电膜，也可以用于 OLED。OLED 是利用正负载流子注入有机半导体薄膜复合发光的显示器件。帝人化成采用专有的高精密涂层技术制造硬质涂层和导电层。目前，液晶涂布和微胶囊电泳显示薄膜材料都是用卷对卷的涂布方式，也是用紫外线固化方式达到快速生产的目的。

四、紫外线固化技术在液晶薄膜中的应用

液晶薄膜，即通常我们说的 PDLC（聚合物分散液晶），利用液晶在透明导电膜上的转向变成混乱排序和有序排序的形式，可以有透明和不透明两种状态作为电控的智能窗帘或者隔断。其工作原理如图 9.22 所示。

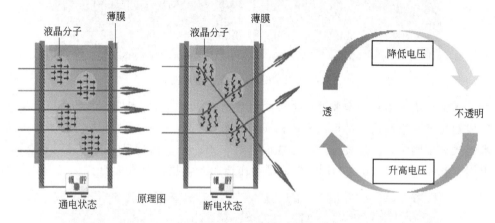

图 9.22　PDLC 的工作原理

电子纸（electronic paper display，EPD），结合了以纸为代表的印刷品，以及以液晶为代表的电子显示器双方的优点，是一种全新的适于阅读、超轻薄、可弯曲和超低能耗的显示技术。无论是智能窗帘还是电子纸，其内核就是一个广义上的 IC，整个产品可以看作一个薄薄的内嵌式遥控显示器。电子墨水就是将带正、负电的诸多黑白粒子密封于微胶囊内，因施加的电场不同，在监视器表面产生不同的聚集，呈现出黑或白的效果。目前，世界上主流的电子墨水有 5 种，包括微胶囊电泳、双色拧转球（bi-chromal）、胆甾型液晶（ChLCD）、电湿技术和电致变色技术。其中，E-Ink 公司的电泳技术比较成熟，应用相对广泛。E-Ink 的电子纸是由电子墨水及两片基板组成的。电子墨水是一种加工成薄膜状的专用材料，与电子设备结合在一起使用。电子墨水薄膜的顶部是一层透明材料，作为电极端使用；底部是电子墨水的另一个电极，微胶囊夹在这两个电极中间。微胶囊受负电场作用时，白色颗粒带正电而移到胶囊顶部，相应位置显示为白色；黑色颗粒由于带负电荷而

在电场力的作用下到达微胶囊底部，使用者看不见黑色，如图 9.23 所示。如果电场作用方向相反，则显示效果相反。只要改变电场方向就能在黑白之间切换。目前，液晶涂布和微胶囊电泳显示薄膜材料都是用卷对卷的涂布方式，也是用紫外线技术，采用液晶和感光高分子混合在导电膜上进行涂布的方式，达到快速生产的目的。

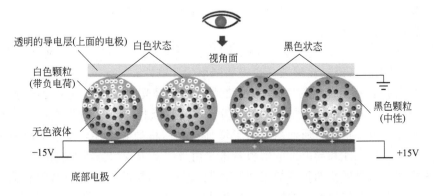

图 9.23 微胶囊电泳显示器结构图

五、光固化技术在透明电磁屏蔽膜中的应用

随着科技的发展，日常用到的电子仪器设备特别多，这些设备一方面提高了人们的生活水平和生产效率；另一方面，它们所产生的电磁辐射对环境和人体以及设备本身都有一定的负面影响，即电磁干扰（electromagnetic interference，EMI）。众所周知，微波、红外线、可见光、X 射线、γ 射线都属于电磁波的范畴。这里所指的电磁干扰，主要是指电磁波长大于微波段，频率为 10kHz～20GHz 的射频波段。电磁波屏蔽就是采用高导电、高导磁材料构成的屏蔽体，将电子设备所产生的电磁干扰源予以封闭隔离，以减弱或消除其向外辐射电磁波的能量。普通的金属导电体都可以作为电磁波屏蔽材料。许多电子设备采用金属材料作为机箱外壳，就具有电磁波屏蔽的作用。现代许多电子仪器设备、家用电器都采用工程塑料作为机箱外壳，既可降低生产成本，又可做到造型轻便美观。但是，工程塑料不导电、不导磁，没有防护电磁干扰的功能，必须在其表面覆盖一层导电涂层或者导电膜。

透明电磁波屏蔽膜的制造方法，可以概括为表面涂布法和金属网格法两大类。

① 表面涂布法，就是在基材上实施湿法涂布，在薄膜表面涂布纳米银丝或者纳米铜以达到阻隔电磁波的效果；或者用干法涂布的方式在薄膜材料表面溅镀一层 50～100nm 的金属或者合金，在金属的表面用金属氧化物再做一层保护达到透明和阻隔电磁波的效果。

② 金属网格法，就是由具有良好导电性能的金属线构成金属网格，金属线的

直径必须细到只有十几微米，并有足够大的开孔面积，以保证良好的透光性。这种金属网格既具有良好的导电性，又具有很高的透光率，从而构成了透明电磁波屏蔽膜。市场上的透明电磁波屏蔽膜是以金属栅网型为主，约占 80％，其内部结构如图 9.24 所示。制备方法主要有三种：

a. 铜箔蚀刻法：将铜箔粘贴在 PET 或 PC 基材上，再涂覆光刻胶，经过曝光、显影蚀刻加工，形成铜质细线网格，再经过抗氧化黑化处理后，涂上透明树脂，即得到透明的电磁波屏蔽膜。

b. 印刷法：将含有纳米金属颗粒的导电涂料，通过印刷方式将网格图案印刷到 PET 基材上，再经过镀铜进一步提高网格的导电性。

c. 银盐法：利用特制的银盐感光胶片，通过曝光将网格印制在感光胶片上，或用激光将网格图案直接扫描在感光胶片上；然后通过显影加工将曝光的卤化银显影还原为金属银，得到银质网格。为了增加银质网格的导电性，经过化学镀处理，即可得到良好透光性和导电性的薄膜。该法由日本富士胶片公司首次推出。中国乐凯胶片集团公司根据长期积累的银盐胶片制造技术与聚酯（PET）薄膜制造技术，也开发了拥有自主知识产权的银质网格技术，并申请了国际专利。

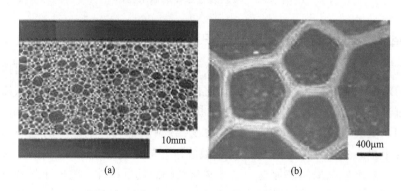

(a)　　　　　　　　　　(b)

图 9.24　透明电磁波屏蔽膜内部结构

总之，光固化技术在光学膜中的应用十分普遍，而且随着光学膜技术的不断进步，光固化技术在其中的应用也将随之进步。光学膜种类繁多，应用要求不同，不同厂家的生产工艺也不同，因此很难介绍全面，本章就常见的光学膜生产中用到光固化技术的情况进行了介绍。随着光固化技术的发展及光学膜要求的提高，光固化技术在光学膜中的应用会有更美好的前景。

参考文献

［1］　谢宜凤, 刘军英, 李宇航, 等. 光学功能薄膜的制造和应用［M］. 北京: 化学工业出版社, 2012;

［2］　约瑟夫·C·斯帕尼奥拉, 马克·勒里希托马斯* P·克伦, 艾伦·K·纳赫蒂加尔, 克里斯托弗·S·莱昂斯, 盖伊·D·乔利, 3M 创新有限公司. PCT W02014/025570 EN［P］. 2014-02-13.

［3］　马志锋, 程武, 张莉, 杜晓峰, 孙官恩. 深圳南玻应用技术有限公司. 一种阻隔膜及其制备方法: CN 107293627 A［P］. 2017-10-24.

［4］　向爱双, 王石. 高性能阻隔膜的制备方法及产品: CN 107264002 A［P］. 2017-10-20.

［5］　宣玉凤, 刘墨宁, 刘晓昊, 宋鑫, 赵伟涛. 量子点膜技术发展现状. 信息记录材料, 2017, 18(10): 1-3.

［6］　栾万强, 陈松. 纳诺电子化学（苏州）有限公司. 一种透明导电膜: CN 103886934 A［P］. 2014-06-25.

［7］　范志新. 偏光片制造业的发展和现状. 现代显示, 2012, (138): 5-12.

［8］　王协友. 利用负性双折射补偿膜改善 LCD 视角. 现代显示, 1998, (2): 41-45.

［9］　郑康, 陈向真, 铁斌, 陈国平, 李青. 用相匹配补偿膜改善 NW-TN-LCD 的视角特性. 东南大学学报, 1999, 29(6): 40-44.

［10］　周少鹏. 偏光片产值超百亿进口替换空间巨大. 行业研究, 2017, (24): 44-45.

［11］　中西健一, 佐佐木一, 博竹内雄太. 昭和电工株式会社. CN 103140560A 2013.06.05.

第十章

光固化技术在防伪方面的应用

　　随着经济的日益繁荣及技术的不断发展，中国的防伪技术已从原来仅限于人民币、证件等少数应用领域很快扩展到日用产品、知识产权保护等领域。越来越多的名优产品生产企业、知识产权的拥有者，纷纷在自己的领域采用防伪技术预防假冒的侵扰，并保护企业和消费者利益。据统计，中国共有上千家企事业单位从事防伪技术产品的研究、生产和销售，中国防伪产品年产值已由 80 年代初几千万元发展到上百亿元。

　　国标定义的防伪技术是指"为了达到防伪目的而采取的，在一定范围内能够准确鉴别真伪并不被仿制和复制的技术"。根据防伪技术应用的载体不同，可分为产品防伪、包装防伪（烟包装、酒包装、化妆品包装等）、商标防伪、标识防伪、有价证券防伪（钞票、信用卡、有价单据、彩票等）、证件防伪（身份证、护照、出生证、驾驶证、毕业证、进出口许可证等）、单据防伪（合同、发票、税务单据、海关单据等）以及图章防伪等。根据防伪技术的难易及复杂程度，又可划分为 4 档。第 1 档是指采用极难仿造的防伪技术，多用于有价证券；第 2 档是指采用多种学科并经适当加密处理的防伪技术；第 3 档是指在一般防伪技术基础上经过适当的加密技术处理；第 4 档指一般防伪技术。

　　根据检测方式的不同，防伪技术又包含以下三个类型。一线：一线检测通常由公众在不使用任何附加工具的条件下进行。例如有价票证卡中包括防伪水印、凹版印刷、安全线、全息、光变油墨和定位印刷的一线防伪特征。二线：在二线检测中，需要借助一定的工具完成。二线防伪特征包括磁性油墨、条形码、二维码、荧光油墨等。三线：三线检测指由专家在实验室或专业检测机构使用精密仪器进行的检测。对于一线检测，公众防伪特征应易于识别，并能有效与伪造相区别。对于二线检测，要求使用简单的设备即可确定真伪，例如放大镜、紫外光和白光束等。三线检测则需要使用更为精密的仪器设备来验证真伪，包括光谱仪、显微镜、红外辐照、红外摄像机和化学指示剂等。这类检测有时存在破坏性。具有自动检测文件真伪功能的工具一般被视为二线检测设备。

　　在众多的防伪手段中，通过视觉观察判断真伪仍然是最为直观方便的。但是随着复印打印机的普及，许多曾经有效的防伪方法逐步丧失了原有的防伪功效，也迫使防伪技术手段不断发展，并交叉借鉴其他领域，例如光电子领域、光学领域的高端技术，从而形成一些新型的防伪手段。而 UV 技术由于其固有的聚合速度快、交联物化耐性好的特点，已在光电子领域及光学领域得到广泛的应用。防伪技术在借鉴这些领域高端技术的同时，不可避免地需要使用光聚合技术，形成易识别、难伪造的防伪特征。本章将主要介绍一些光学防伪领域的重要创新，并阐述光固化技术在形成这些防伪特征中体现的重要作用。

第一节　光固化在微纳光学防伪技术中的应用

我们周围物体的颜色几乎或者根本不随观察和照明角度的变化而改变。颜色的不变性使我们能够更容易地辨识物体。这种亮度和颜色感知的不变性是由两个因素共同作用产生的：一个是大多数物体表面随机微结构的漫散射；另一个是人体视觉系统能自动根据照明光的颜色进行补偿（例如，人造光、日光）。复印打印机的普及使对这类固有颜色图案的伪造变得异常容易。喷墨打印上的颜色是通过将我们感受到的宽带白光光谱有选择性地进行减色得到的，即它是利用不同光吸收的物质（洋红色、黄色、青色及黑色四种基础色墨）的组合，将特定波段从可见光谱中去除来获得所需颜色。

但是，光学可变性无法通过常规的复印手段获得。光学可变性是指物体在不同的照明和观测角度下，显著地改变外观的一种物体的附加属性。因此光学可变元件（optical variable devices，OVD）在防伪领域具有重要的作用。这些光学防伪技术均依赖于纳米及微米尺度的光学结构，属于纳米及微米光学范畴。其中，根据光的衍射原理可获得衍射光变图像（diffractive optically variable image devices，DOVID），衍射光变图像又分为一级衍射光变图像及零级衍射光变图像，如图 10.1 及图 10.2 所示。图 10.1 是 Caykur 茶叶包装的衍射光变图（多面彩虹全息）。茶叶图案和两个大的 Caykur 标志在全息面内，在全息面下的背景中包含了重复的 Caykur 标志。图 10.2 是自然界零级纳米结构：在两个相互垂直的方向照射下的雄性帝王紫峡蝶，随着照明角度的不同，雄蝴蝶的棕色翅膀出现明显的蓝紫色光泽。衍射光变图像可以用热模压的方法大批量生产，是目前最广泛的光学防伪技术，已形成全息产业，相关内容可参见其他专业书籍及文献。但随着热模压技术的扩散及对复制结构深度和准确度的限制，热模压复制深度通常难以超过 $1\mu m$，且复制存在较大程度的损失，大大限制了可实际生产的防伪结构种类及防伪能力。为此，更为复杂、光学防伪能力更强的衍射光变图像需新的精确成型的制作技术。同时近十年间，微透镜阵列防伪技术得到了飞速发展，微透镜复制深度可达数个微米甚至数十个微米，且对透镜成像形貌的保持有很高的要求，因此传统的热模压无法满足高质量微透镜的制作。为此，在制作上述衍射光变图像及微透镜阵列时均需要借鉴已应用于光电子行业的光固化技术。

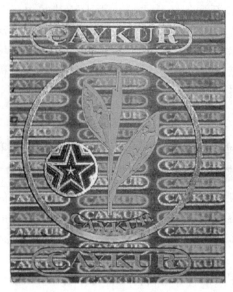

图 10.1　Caykur 茶叶包装的衍射光变图（多面彩虹全息）

图 10.2　自然界零级纳米结构：在两个相互垂直的
方向照明下的雄性帝王紫峡蝶

一、微透镜阵列成像原理

与衍射光变图像不同，微透镜阵列成像系统是利用莫尔放大原理，通过微透镜阵列对微图文阵列放大成像，形成强烈的动态视觉效果。典型的微透镜防伪标签如图 10.3 所示，通过基材表面的微透镜阵列可以观察到微文字 OK 或 √，当观察角度发生改变时，微透镜对微图文的取样位置发生改变，可以看到 OK 与 √ 的转换及显著的移动效果。

微透镜阵列成像技术早在 1908 年由法国物理学家 Gabriel M. Lippmann 提出。微透镜阵列对微图文阵列周期性的"结构放大"是基于阵列光栅的莫尔效应，可实

图 10.3　微透镜防伪标签

现几百倍的"放大"，而单一微透镜本身只具有精确采样和对采样点信息收集的作用。莫尔条纹的形成原理可由图 10.4 说明，将两个光栅 G_1 与 G_2 叠合在一起，并使两个光栅之间存在一个夹角 θ，就会出现明暗相间的莫尔条纹。莫尔条纹的周期为

$$P = \frac{P_1 P_2}{\sqrt{P_1^2 + P_2^2 - 2P_1 P_2 \cos\theta}}$$

由该式可知，在 $-90°\sim90°$，随着 θ 接近于 $0°$，莫尔条纹间距 P 增大，即放大倍数增大；并且当 θ 接近 $0°$ 时莫尔条纹的放大倍数达到无限大。

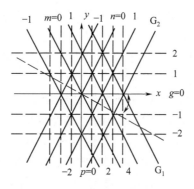

图 10.4　光栅 G_1 与 G_2 叠合时的莫尔条纹示意图

如果微透镜阵列与微图文阵列周期一致，即 $P_1 = P_2$，且存在一定的夹角 θ，显示效果仍可看作两阵列结构的莫尔放大结果，则莫尔图像的放大倍率为

$$\omega = \frac{1}{\sin(\theta/2)}$$

即通过调整微图文与微透镜阵列的夹角 θ，可以获得所需的放大倍数，实现微图文的可观察性。

二、制作微纳光学元件的光固化技术

由于衍射光变图像与微透镜阵列等光学元件对微纳结构准确复制及复制尺度范围（从数个纳米到数十个微米）的宽广适应性的苛刻要求，制作这类光学防伪元件需要借助光电子领域的一些技术手段。

光固化复制成型技术是制作光栅如显示器背光棱镜的一种光固化技术。典型的光栅的制作工艺如图 10.5 所示。采用光固化复制成型技术，金属版挤压液体 UV 光油，UV 光油完全填充金属版的光栅结构，随后经过 UV 光照固化剥离，实现光栅结构从金属版到基材的转移复制。通过该方法可以实现 LCD 棱镜膜制作，并满足 LCD 棱镜膜对复制精度的要求。借助于上述制作工艺及精度更高的复制设备，同样可以实现对复杂光学微纳结构在不同基材的复制加工，满足微纳光学结构对复制转移率、复制深度等诸多方面的要求。

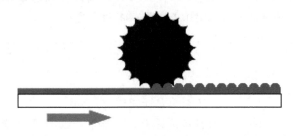

图 10.5　光栅的制作工艺

从光固化技术的角度，实现这类精准复制微纳结构的 UV 光油需要满足以下几方面的性能：①较低的黏度；②较快的固化速度；③粘接性能的选择性：对基材有较强的附着力，对模压版容易脱模剥离；④较高的光学性能：一般要求较高的透光率、低黄变或完全不黄变，以及低聚合收缩。

UV 光油需具有较低的黏度以保证快速填充微结构，同时需要较快的固化速度以保证快速固化剥离。尽管希望 UV 光油的黏度尽量低，固化速度尽可能快；但为满足涂层中其他性能（如附着力，物化耐性等），配方设计时黏度和固化速度均有限制，需要选择合理的范围。通常，对于复制微米尺度的结构 UV 光油的黏度（25℃）应不超过 500mPa·s，固化速度应与 UV 光源及设备机速相匹配。同时，由于聚合过程伴随着微结构形貌的形成，需要 UV 光油为无溶剂体系。胺类及硫类物质引入会导致 UV 涂层黄变，其中引发剂的不当选择（如采用胺助引发剂）是引发黄变的最主要原因。非黄变的光引发剂种类很多，常用的如 184，考虑到深层固化需要一些具有光漂白特性的光引发剂，如 TPO、TPO-L、TPO-XL 等也较为适合。此外，复制微米尺度的光栅，还需考虑光聚合收缩带来的复制转移率的改变。对于丙烯酸酯体系，由于每摩尔双键聚合会产生 23.98mL 的收缩，在固化双键转化率接近的前提下，UV 固化收缩取决于双键密度。许多改性树脂由于分子量大，双键密度低，可明显降低固化体系的收缩。阳离子体系如环氧、氧杂环丁烷，由于其开环聚合的特性，也可显著降低固化体系的收缩。对于透射观察的光栅结构，UV固化后还须具备较高的透光率，透光率通常需高于93%，且树脂及单体色度应尽量低，不影响透射观察。在高端防伪领域，国外安全印制公司如捷德、CRANE均有专用的复制型UV光油，并严格控制其应用范围。在民用领域，如包装的防伪标识，典型的复制型UV光油配方如专利CN103540240A公开的实施例（表10.1）。

表 10.1　复制型 UV 光油的典型组成

原料	商品名	配比
光固化树脂	6215-100	20
	UV3000B	10
	CN966J75	20
单官能丙烯酸酯	SR399	22
	SR506	10.5
双官能丙烯酸酯	SR306	11.2
	EM222	10.5
多官能丙烯酸酯	SR351	6.8
	SR444	4
光引发剂	184	4
	819	2
助剂	KH-560	0.6
	BYK-3530	0.4
	对羟基苯甲醚	1.0

第二节　光固化在体全息中的应用

一、体全息原理

体全息技术的起源可以追溯到苏联物理学家尤里·丹尼史维克（Yuri Denisyuk）于1961年发明的一种全息照相技术。这种技术的特点是在两个激光光源之间放置记录介质，如图10.6所示。在折射率为 n_m 的全息图记录介质内，记录的干涉条纹方向平行于感光层的表面，而感光层的厚度为 $t = \lambda/2n_m$。示意图10.6给出光源 s_1 和 s_2 在记录介质上的传输情况。两束光与记录介质法线的夹角为

r，并且分别入射介质层的上表面和下表面。感光介质的折射率为 n_m，如果两束光波发生干涉，则会产生等间距的干涉条纹 p_1，p_2，…。由于介质的厚度为 t，则两束光的光程差 $\Delta = 2n_m w$。当光程差恰好为一个波长时，可以得到：$2n_m w = \lambda$。因此，如果要产生干涉条纹，其厚度需满足以下公式：

$$t = \frac{\lambda}{2n_m \cos r}$$

当两束光波都是正入射的情况下，公式可以简化为 $t = \lambda/2n_m$。

上述公式描述了记录干涉条纹需要满足的条件。因此，如图 10.6 所示，如果用白光光源 s_1 去照射感光介质记录干涉条纹，将会产生一束沿另一光源入射方向的反射光，且反射光是单色的，反射光的颜色由记录激光的波长决定。同样地，如用光源 s_2 去照射，其反射光也是单色的。显然，感光记录介质的反射光实现了光源 s_2 的重现，这也被称为原光源的全息再现。

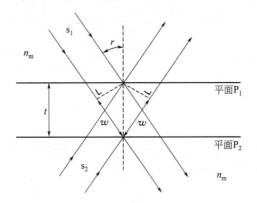

图 10.6　体全息的光波干涉

如图 10.7 所示，波前再现原理可以分为全息图记录和物像再现两个过程，物的位置就是原来光源所处的位置。一束激光经过透镜后形成的光，即光源 s_1，再照射到放在物体前面的感光介质上。由于激光对感光介质会发生部分透射而照射到物体上，物体上的光发生漫反射后也照射在感光介质上，这就形成了光源 s_2。光源 s_2 可以进一步理解为由空间上分布的许多个光源 s_2 组成，每个光源与参考光 s_1 发生干涉。感光介质会同时被参考光 s_1 和物光 s_2 所照亮。物光和参考光共同形成一个复杂的干涉图样，记录在感光介质上。这个多层的干涉图样是三维的，所以这种全息技术称为立体反射全息，或简称体全息。对于体全息每一个分立的干涉图样都有一个观察角度，这个角度就是生成全息图时两个光源的夹角。如果用一束白光照明全息图，则会实现物的再现。因此，在全息介质后面，会出现一个单色的、立体的虚像。通过使用不同颜色的激光器记录，则立体反射全息图会呈现出彩色，甚至是全彩色。

通过合适的感光过程，在折射率交替变化的记录介质中可以记录下一个多层图样。在折射率调制全息图中，折射率的调制只是改变了光的相位，而吸收并不重要，所以，该全息图称为相位型全息图。相位型全息图相比于吸收型全息图，其再现的图像亮度更高。

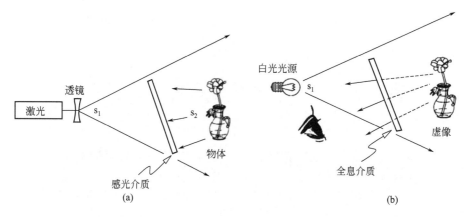

图 10.7　体全息：波前记录（a）和再现（b）

二、制备体全息的光固化材料

早期的体全息是通过用于高分辨率照片的卤化银感光乳剂或二铬酸盐曝光制作的。由于使用这些记录材料制作体全息涉及复杂精细的光化学制造步骤，限制了其应用。杜邦公司开发了高质量的感光材料，为体全息的生产奠定了基础。该感光材料通过特定光引发剂与增感剂的配合，实现了对不同波长的感光记录；激光曝光后，通过紫外光照和短时间的热处理，可完成体全息的批量生产，因此在时间和成本上也更具优势。例如 HRF-705 能够实现蓝光、绿光与红光的三色光记录，通过此商业化产品可获得真彩体全息图像。体全息由于较低的折射率，还可形成明显的颜色变化效果，如橙色-绿色或绿色-蓝色。这类颜色变化效果是由写入时所使用的激光波长的颜色所决定的。体全息可以用作覆盖层，但经常与黑色背景层同时使用，以阻止基底的光散射。体全息需要特定的装置通过激光写入制造。记录的干涉图样由贯穿记录材料厚度方向的多层组成，且与感光层表面近似平行。因此，体全息无法通过传统模压方式批量生产。

杜邦公司体全息光固化材料的一个应用实例是 2002 年德国旅行证件（参见图 10.8）。这一体全息覆盖层 Identigram 包含不同的全息特征。全息图像包含个人特征信息：全息头像和激光全息再现特征。全息头像也称为全息阴影图（holographic shadow picture，HSP），对头像个人特征信息进行了完整的平面化记录。此外，在不同角度下出现的全息特征包括全息动态效果、头像上的微缩文字和颜色变换的德国鹰（橙色-绿色）。显然，体全息覆盖层形成了非常丰富的光学可变信息，并且由于全息图像制作工艺的复杂性，特别是动态效果的制作工艺更为复杂，使得体全息覆盖层能够有效地防止复制和仿造。多通道体全息的实例如图 10.9 所示。这一样品由 Krystal Holographics International 公司（美国）生产，该公司 1999 年被美国杜邦公司收购。

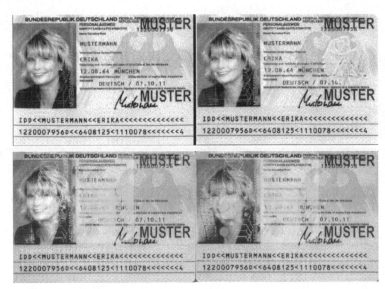

图 10.8　体全息的德国旅行证件
全息图像随观察角度与照明角度的不同呈现不同颜色。选择特定的照明条件，不显示任何
全息效果（左上图）；橙色德国鹰图案的全息效果（右上图）；绿色的全息头像效果，
全息再现和头像上的不同动态图像效果（下图）

图 10.9　具有黑色背景层的多通道感光聚合物
随观察角度的不同，可获得不同的图像

杜邦公司严格控制体全息的感光材料及制作流程，仅限用于政府专业部门、制

药公司、生活消费品、商标持有者的安全和防伪。使用体全息技术的商标实例包括
Nike、Speedo 和 Nokia，而券卡防伪应用包括身份卡、驾驶执照和防伪标签。

　　根据一些公开专利与资料，可以获得杜邦公司用于体全息的感光材料的信息。
其光聚合体系的基本组成为 45%～65% 的成膜树脂，28%～46% 的单体，1%～
3% 的光引发剂，0.1%～0.3% 的增感剂，2%～3% 的链转移剂以及 0～5% 的增塑
剂。纤维素乙酸丁酸酯（CAB）与聚醋酸乙烯酯（PVA）为成膜树脂，CAB 的折
射率为 $n=1.475$，PVA 的折射率 $n=1.467$。高折射率单体可选用 2-苯氧乙基丙
烯酸酯（POEA）与 N-乙烯基咔唑，这两种单体的折射率可达 1.582，与成膜树脂
形成理想的折射率调制。由于激光全息所选用的光源在红光、绿光与蓝光的可见光
谱范围，光引发剂与不同波长范围的增感剂搭配，可满足特定波段光源的引发要
求，从而形成单层感三色真彩光记录材料。杜邦的体全息光固化材料的典型组成如
表 10.2 所示。

表 10.2　杜邦用于体全息光固化材料的典型组成

组分	牌号或简称	化学名称	供应商	CAS
光引发剂	O-Cl-HABI	2,2′-双（邻-氯苯）-4,4′,5,5′-四苯基-1,2-双咪唑		1707-68-2
增感剂	DEAW	2,5-双（4-二乙烯基氨基-2-甲基苯基）亚甲基环戊酮		
	JAW	2,5-双[2,3,6,7-四氢化-1H,5H-苯并喹啉]亚甲基环戊酮		
链转移剂	MMT	4-甲基-4H-1,2,4-三唑-3-硫醇		24854-43-1
单体	NVC	N-乙烯基咔唑		1484-13-5
	Photomer 4039	苯酚乙氧基丙烯酸酯	Henkel	56641-05-5
	349	乙氧基双酚 A 双丙烯酸酯	Sartomer	24447-78-7
成膜树脂	Vinac B-100	聚醋酸乙烯酯（数均分子量为 350000）	Air Products	9003-20-7
流平剂（可选）	Fluorad FC-430	非离子表面活性剂,氟化脂肪族聚酯	3M	
	Fluorad FC-431	非离子表面活性剂,50%氟化脂肪族聚酯溶于乙酸乙酯	3M	
其他	AA	丙烯酸酐		

第三节　光固化在液晶防伪中的应用

一、液晶防伪原理

　　液晶可大致分为溶致型液晶与热致型液晶两种。溶致型液晶由在溶液中表现液

晶行为的物质组成。例如硬脂酸钠，一种在一定的水溶液中形成各向异性的物质。当超过某一临界浓度时，液晶相转换为各向同性的液相。热致型液晶是在熔化的过程中，形成各向异性的熔体。热致型液晶也常在压力、剪切力或者电场的作用下，分子取向并形成有序的各向异性液体，进一步升温至某一温度时，液晶相转化为澄清的液相，即各向同性相。热致型液晶可以根据其分子取向有序性进一步分为向列型、近晶型和胆甾型。

图 10.10 展示了近晶型液晶分子的组成形式：椭圆形分子分层排布在二维的平行平面中，在各层平面中分子能够自由运动，但不能旋转和换层。由于分子高度有序，近晶相是一种更接近固体的液晶态。一部分液晶能够呈现两种状态：在熔点以上呈现近晶型液晶，但在一个特定的更高的转变温度以上可进一步转化为向列型液晶。由于近晶型与向列型分子的高度取向性，物质在此状态下具有"双折射"的光学活性：垂直于分子长轴方向的光的传播速率不同于平行于分子长轴方向的光的传播速率。因此，当一束入射光进入液晶后，会产生偏振方向彼此垂直的两束线性偏振光。无机晶体例如石英、方解石也能够产生双折射。通过利用这种双折射特征可进一步实现通过线性偏振片观察的隐藏图案。

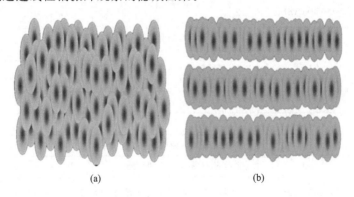

(a)   (b)

图 10.10   向列型液晶分子示意图（a）与近晶型液晶层状分子示意图（b）

胆甾型液晶是一类重要的光学防伪元件。它特殊的光学行为与胆固醇衍生物相同（但胆固醇本身并不是液晶）因此取名为胆甾型液晶。该类型液晶较向列型与近晶型液晶更为复杂，其示意图如图 10.11 所示。胆甾型液晶与近晶型液晶类似，分子为层状结构，但是在每一层中分子如同向列型液晶一样平行排列。各层分子取向是不同的，各层中分子都相对于前一层分子略微旋转（旋转角度大概在 $1/6 \sim 1/3$度）。所以，沿长轴方向分子取向呈螺旋状旋转，且分子的取向方向在若干层后会重复出现（例如，在每层转 $1/4$ 度的情况下，周期为 1440 层）。

胆甾型液晶的环状螺旋结构形成了布拉格（Bragg）反射器。具有相同分子取向方向层的间距 P 为布拉格结构的螺距，螺距是液晶的一个重要光学参数，决定了光透射及选择性的光散射。当液晶薄膜受到光照时，选择可见光的波长（一级布

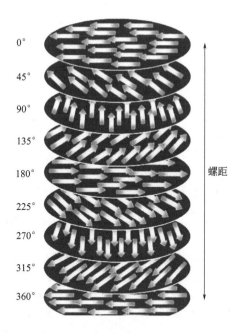

图 10.11　胆甾型液晶的分子示意图

拉格反射波长）的公式为：

$$\lambda = n_m P \cos\left[\frac{1}{2}\arcsin\left(\frac{\sin\theta}{n_m}\right) + \frac{1}{2}\arcsin\left(\frac{\sin\varphi}{n_m}\right)\right]$$

式中，P 为液晶的螺距；n_m 为平均折射率；θ 为入射角；φ 为反射角。

对于垂直入射，公式简化为 $Pn_m = \lambda$。和所有干涉颜色一样，布拉格反射随角度的增加向更短的波长移动，而透射光则与其呈现的反射光互为补色。由于液晶具有较低的折射率（$n \approx 1.5$），颜色的变化非常显著，这一点从防伪的角度来说是极具优势的。例如，图 10.12 为一种胆甾型液晶在垂直和倾斜的角度上观察到的光谱透射率曲线。透射光颜色由紫红色过渡到红色最终变为黄色，反射光颜色由绿色过渡到青蓝色最终变为蓝紫色。

胆甾型液晶的螺旋状分子结构赋予了液晶圆二色性，一束白光入射到胆甾型液晶层时会分裂为两束圆偏振光：一束为左旋（LH）圆偏振光；另一束为右旋（RH）圆偏振光。胆甾型液晶具有左旋或右旋分子取向。在没有偏光片的情况下，肉眼难以观察到光线的偏振状态。圆偏光片包括一个四分之一波片和一个线性偏振片。圆偏光片是左旋型还是右旋型，取决于偏光片的四分之一波片的取向方向（+45°或-45°）。例如，如果通过左旋圆偏光片，可以观察到左旋胆甾型液晶的左旋圆偏振反射光，背景文字也被该反射光遮挡，因此通过液晶可以对反射光的光谱进行选择。相对应地，通过右旋圆偏光片观察，反射光消失使背景文字明显显现。这种圆二色性的反射光与透射光如图 10.13 所示。

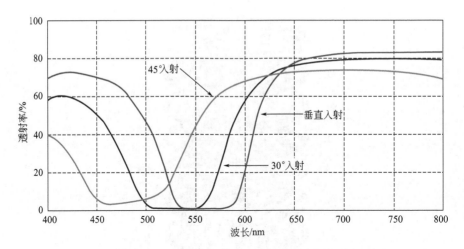

图 10.12　胆甾型液晶在不同角度的右旋圆偏振光射入后形成的光谱透射曲线

垂直入射时反射光为绿色（$\lambda_{中心}$ = 560nm），与垂直方向呈 45°入射时

反射光变为蓝紫色（$\lambda_{中心}$ = 486nm）。中心波长转移 74nm。

随着角度的增加，表面的反射增加，并引起透射率的下降

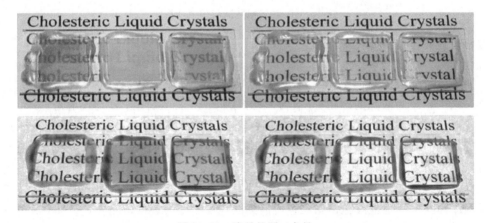

图 10.13　液晶的圆二色性

上面两幅为反射观察图，下面两幅为透射观察图。左侧两幅为通过左旋圆偏光片观察，

右侧两幅图为通过右旋圆偏光片观察。反射颜色是透射颜色的补色

二、胆甾型液晶的光固化

　　胆甾型液晶是热致变色型物质。大多数胆甾型液晶的混合物在低温下从无色变为红色，并随温度的升高而经历全部光谱的颜色，并最终再一次变为无色。大多数热致变色液晶是化学敏感性物质，因此需要将胆甾型液晶封在微胶囊中或分散在聚合物基体中，形成微液滴以保持其光学性质，但这会使成本增加。此外，当采用微胶囊型液晶材料时，为防止胶囊结构的破坏，一般不能施加所需要的压力和较高的

温度。同时,包覆的液晶分子取向度不高,降低了体系的色阶和色彩饱和度。因此,研究者们对制备化学敏感性不高并具有随观察角度颜色变化稳定的液晶物质更感兴趣。为此已发展出了胆甾型液晶的光固化技术。

胆甾型液晶的光固化使其化学稳定性提高,对温度不敏感,并具有较高的色饱和度。光固化过程为:将热致变色液晶混合物(添加了光固化交联组分和光引发剂)加热,并将混合物涂在聚合物基板(例如通过刮刀涂布方式)表面,形成具有几十微米厚的透明涂层。该涂布过程产生了对分子的机械剪切,在剪切作用下分子沿其螺旋轴垂直于基板的方向排列。这一阶段涂布后形成的薄膜仍然具有热致变色性质,并且可以通过调节温度使其产生所需的颜色特征。然后,涂层通过紫外光照射进行光聚合,使其由布拉格反射决定的颜色特征被固定下来。可以通过调节聚合速率控制最终形成的颜色。也可以使用具有图形、字母、数字、符号的掩膜进行曝光,实现图案化。未曝光聚合的部分可将其调节至另外一种反射颜色后,再进行曝光聚合,该反射颜色可选择在可见光范围以外。这样,就产生了图文为一种颜色特征而背景为另一种颜色特征或无色的效果。采用不同图文的掩膜,可以制作出具有多重颜色特征的图案。

图 10.14 是 Advantage ID Technologies 公司制造的光固化液晶防伪图,商标为 Advantage security seal。Advantage security seals 可用于热转移标签和热转移印章,并且广泛应用于证件,例如护照、签证、驾照、过境卡和身份卡。

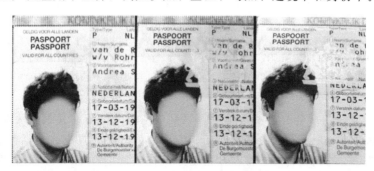

图 10.14 光聚合液晶防伪图
随观察角度偏离垂直观察方向,反射颜色由红最终变为绿(右),在近红外光下
垂直观察颜色不可见(左)

三、液晶的偏振光固化定向技术

Rolic(瑞士)公司进一步发展了偏振紫外光曝光的方法,取代了传统机械剪切的方法,使液晶定向排列(图 10.15)。在基板表面涂有适合的光固化交联剂单体,然后通过线性偏振紫外光照射聚合,在此过程中获得的聚合物分子链同时,发生了交联和沿线性偏振光偏振方向的分子取向。这一层结构称为线性偏振光光固化

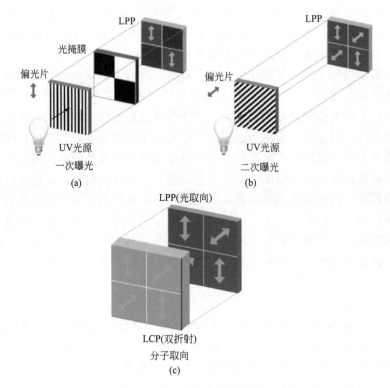

图 10.15   LPP 光图案化过程示意图

在第一次曝光中，采用了垂直方向的偏振光经掩膜版照射，LPP 层中的部分分子垂直取向
并发生交联（a）。在第二次曝光中，LPP 层其余部分的分子在 45°偏振光照射下取向并
交联（b）。随后，将液晶单体涂于 LPP 层表面，LPP 层对液晶分子进行取向，
并通过光聚合固化液晶层形成双折射 LCP 层（c）

层（LPP），它是一层非光学活性结构，只是单纯作为用于在其表面涂布可光固化
向列型液晶层（LCP）的取向基板。而其表面的第二层为具有光学活性的液晶层。
在向列型液晶层的光聚合后，液晶层的分子取向被固定在 LPP 取向层分子的取向
方向。LPP 层可通过多次曝光的方式进行光图案化，每一次曝光过程具有不同的
光偏振方向。这种 LPP/LCP 堆积结构中的图案是不可见的，但在线性偏振片帮助
下，根据偏振片的偏振方向隐藏图像能够显现为正性或负性颜色对比，如图 10.16
所示。

具有不同双折射的向列型 LPP/LCP 堆积层能够相互结合，通过线性偏振片观
察呈现多色效果，类似于香烟包装上的双折射薄膜堆积层经线性偏振片观察的颜色
（图 10.17）。如果选择适合的五种堆积 LPP/LCP 层，其中每一堆积层都具有不同
的光学活性，并形成三种基本颜色：红色、绿色和蓝色。这些 LPP/LCP 层显示的
颜色（红色、绿色或蓝色）随线性偏光片的使用而改变。这样通过该技术可生产在
偏振光下观察到的隐藏图像。光聚合图案化的向列型 LPP/LCP 堆积层可与胆甾型

液晶层相结合，形成多色胆甾型 LPP/LCP 防伪设计。

图 10.16 具有隐藏人像图案的 LPP/LCP 堆积层

通过线性偏振片，并根据其偏振方向能够观察到隐藏图案中正性或负性的颜色对比

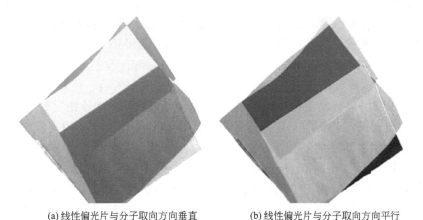

(a) 线性偏光片与分子取向方向垂直　　(b) 线性偏光片与分子取向方向平行

图 10.17 经线性偏光片观察的双折射堆叠透明膜的干涉颜色

第四节　光固化在防伪油墨中的应用

防伪油墨一直在防伪领域中占有极其重要的地位，根据防伪识别特征的不同可细分为红外油墨、磁性油墨、光致变色油墨、磁致变色油墨、热致变色油墨、荧光油墨、珠光油墨、含有稀土示踪剂油墨、含有拉曼识别剂油墨、同色异谱油墨、光子晶体油墨等，种类极其繁多。UV 光固化体系由于耐化学性好，固化速度快，作为防伪油墨的连接料一直有广泛的应用。这些 UV 油墨体系的设计及介绍可从其

他专业书籍与文献中获得。在本节中主要关注防伪油墨最重要的创新，即近些年发展的一类光学渐变磁性油墨 OVMI，而光固化也是这类防伪油墨效果得以实现的重要技术手段。

　　光学渐变磁性油墨是瑞士 Sicpa 公司在自身光变油墨 OVI 基础上发展的。OVI 油墨使用了 Flex Products（美国）设计生产的光变颜料片。光变颜料片是典型的基于 Fabry-Perot 干涉滤光物理原理的干涉防伪结构（interference in thin film structures，ISIS），通过将不同折射率材料依次沉积在同一载体上形成干涉滤光膜，再经粉碎等颜料化处理制得颜料片。颜料片多层结构中的间隔层具有低折射率，这使得光变颜料 OVP 随观察角度不同产生明显的颜色变化效果。同时，因为印刷油墨中颜料片的排列角度仍有一定随机性，所以 OVI 油墨在漫反射及点光源下均观察到其颜色变化效果。除了上述 OVP 颜料，根据防伪级别的不同，Flex Products 还生产商标名称为 ChromaFlair 的光干涉颜料，ChromaFlair 的光学效果也同样基于 Fabry-Perot 干涉结构，用于生活消费品的光变涂层，例如汽车、手机、摩托车头盔、鞋、剃须刀、领带和包。ChromaFlair 包括红色-金色、绿色-紫色、蓝绿色-紫色、蓝色-红色、紫色-橙色和紫红色-金色等多种可选择光变效果。同时，这些颜料在色调、颜色强度和光变效果上与 OVP 颜料有显著差异。此外，Flex Products 销售一种相对低价的商标名称为 SecureShift 的光干涉滤光颜料。这种光变效果同样基于 Fabry-Perot 干涉结构。SecureShift 颜料可以添加在油墨、薄膜、涂层、塑料或纺织品中，用于制造瓶子、注塑成型的盖、吸塑卡和印刷标签。SecureShift 颜料包括玫瑰色-绿色、蓝色-青铜色和银色-紫色等光变效果。Secure-Shift 颜料也与高端防伪的 OVP 光谱区别较大，并且可通过专业的光学仪器检测。

　　在光变油墨 OVI 的基础上，Sicpa 开发了光学渐变磁性油墨 OVMI。与 OVI 的显著区别在于，OVMI 在光变特征的基础上增加了醒目的动态光学效果。例如，在印刷区域由明暗对比度差异形成的滚动条、圆环等。Sicpa 的专利 CN 103119521B 对形成上述光学效果的制程进行了描述。在丝网印刷后，印刷基材迅速通过磁场，磁性光变颜料片 OVMP 在磁场的作用下取向，然后迅速经由 UV 光照快速聚合固化，OVMP 颜料片的取向被快速锁定并被保持下来。在上述过程中，UV 光聚合技术起到了"冻结"颜料片取向的作用，防止在移除磁场后颜料片位置及取向发生变化，对防伪效果的形成至关重要。

　　CN104903009A 公开的磁性薄膜干涉颜料为吸收层/隔离层/反射层/磁性层/反射层/隔离层/吸收层的 7 层 Fabry-Perot 结构，典型的构成为 Cr/MgF$_2$/Al/Ni/Al/MgF$_2$/Cr。通常在薄膜上真空沉积所需数量的层（如 PVD 法），通过适当的溶剂溶解底涂层，剥离移除堆叠层，所得碎片进一步粉碎细化获得颜料。在 OVMI 的印刷过程中（凹印或丝网印刷），干涉颜料片需要独立取向，由于光变颜料片结构共有 7 层且与位于中间的反射层对称，使得无论面向上或面向下取向，光变颜料片都显示相同的颜色。

　　光学渐变磁性油墨可产生随着观察角度改变的动态效果，相关专利对实现上述效果的原理进行了解释。EP1710756Al 公开了在印刷过程中，通过磁场对颜料片取向排列，得到所设计的闪光反射。上述方法依赖于 UV 固化定向排列磁性颜料片获得凹或凸的菲涅尔（Fresnel）型反射表面。尽管 Fresnel 型反射表面是平坦的，但它提供凹或凸的反射观察面（图 10.18），即将旋转观察到凹或凸表面不同切线位置的反射转换为平面不同位置的反射。因此，倾斜（旋转）基材观察时，最大反射的区域会随颜料片取向角度的改变而发生移动。其中的一个实例是 US2005/0106367 和 US7047883 公开的滚动条效果。在其倾斜观察角度时（即旋转观察图案时）会产生镜面反射条远离或移近的滚动效果（图 10.19）。根据滚动方向的不同进一步分为正滚动及负滚动。凹的 Fresnel 型反射表面产生正滚动，即向后倾斜时滚动条向上移动。凸的 Fresnel 型反射表面产生负滚动，即倾斜时反方向的滚动效果。CN106573271A 给出了形成 Fresnel 型反射表面的装置（图 10.18）。根据磁场发生器 MD 放置的不同，产生的磁力线可对颜料片产生不同的取向，形成凸（左）或凹（右）的菲涅尔（Fresnel）型反射表面，进而形成负滚动或正滚动。

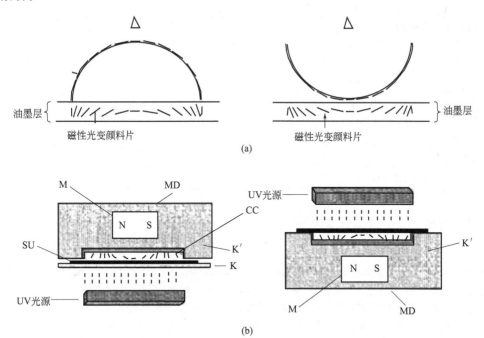

图 10.18　凸或凹的菲涅尔型反射面原理图（a）及颜料片磁场取向原理图（b）

　　上述效果的形成依赖于光固化技术，因此 OVMI 油墨自身也是一种光固化型防伪油墨。根据公开的专利如 CN105283256B、CN105452392B 等，上述 OVMI 油墨是光固化配方体系，可以是自由基体系、阳离子体系或自由基-阳离子混杂体系。

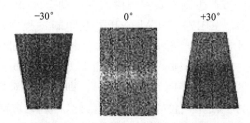

图 10.19　典型的 OVMI 的滚动条效果

Sicpa 专利 CN105452392B 公开的典型的光学可变磁性油墨的配方如表 10.3 所示。
尽管典型配方为自由基体系，但上述 OVMI 油墨需要快速固化并解决颜料片遮挡
产生的光屏蔽问题，因此混杂体系或阳离子体系也是好的选择。

表 10.3　Sicpa 专利公开的典型的光学可变磁性油墨的配方

化学名称或牌号	比例	厂家
环氧丙烯酸酯低聚物	36%	
三羟甲基丙烷三丙烯酸酯 TMPTA	13%	—
三丙二醇二丙烯酸酯	20%	
抗焦化剂 Genorad 16	1%	Rahn
Aerosil 200	1%	Evonik
光引发剂 TPO-L	3%	Lambson
光引发剂 500	6%	Basf
Gencure EPD	2%	Rahn
助剂 BYK-053	2%	BYK
7 层光学可变磁性颜料粒子	17%	—

参考文献

[1]　Renesse R L V. Optical document security [M]. 3rd ed. Boston: Artech House, 2005.

[2]　张静芳. 光学防伪技术及其应用 [M]. 北京: 国防工业出版社, 2011.

[3]　于美文. 光全息学及其应用 [M]. 北京: 北京理工大学出版社, 1996.

[4]　李梦宇. 基于微透镜阵列的立体图像再现研究 [D]. 广州: 华南理工大学, 2016.

[5]　金养智. 光固化材料性能及应用手册 [M]. 北京: 化学工业出版社, 2010.

[6]　蹇钰. 光聚合收缩的研究 [D]. 北京: 北京化工大学, 2013.

[7]　虞明东, 牛辉楠. UV-复合镭射涂料组合物: CN 103540240 A [P]. 2013-9-27.

[8]　王勇. 激光再现体积全息图的研究 [D]. 苏州: 苏州大学, 2011.

[9]　钟丽云, 张文碧, 杨齐民, 李川. 折射率相位调制型全息图的衍射 [J]. 激光技术, 2000, 24: 125-128.

[10]　刘昕. 防伪油墨的最新研究进展 [J]. 今日印刷, 2006, (07): 21-22.

［11］　王凯, 张逸新, 龚晔, 张彦. 同色异谱在防伪油墨中的应用［J］. 包装工程, 2008, 29：59-61.

［12］　田君, 尹敬群. 稀土紫外荧光防伪油墨的制备［J］. 精细化工, 1999, 16：31-32.

［13］　李志杰. 常见的几种防伪油墨在防伪技术中的应用［J］. 广东印刷, 2009, (01)：45-47.

［14］　孙建新. 新型紫外荧光防伪油墨的研制及其印刷适性的研究［D］. 郑州: 解放军信息工程大学, 2001.

［15］　孟婕, 孙诚, 王建清, 孙文顺, 郝晓秀, 牟信妮. 铕掺杂配合物的合成及其在荧光防伪油墨中的应用研究［J］. 中国印刷与包装研究, 2010, 02：385-388.

［16］　徐遵燕. 光学防伪油墨印刷特性的研究［D］. 无锡: 江南大学, 2011.

［17］　Dielin C, Schweizer S, Fouassier J P. Photopolymerization upon LEDs: New photoinitating systems and strategies［J］. Polymer Chemistry, 2015, 6: 3895-3912.

［18］　Decker C. The use of UV irradiation in polymerization［J］. Polymer International, 2015, 45: 133-141.

［19］　谢艳招, 赵林, 林楸钰, 陈莎莎, 李惟纯, 刁勇. 磁性光变油墨及其在防伪中的应用［J］. 包装工程, 2017, 38：174-179.

［20］　德斯普兰德 C A, 德戈特 P, 施米德 M. 产生磁感应视觉效果的设备、系统和方法: CN 103119521 B［P］. 2015. 09. 23.

［21］　施米德 M, 洛吉诺夫 E, 德斯普兰德 C A, 德戈特 P. 显示依赖于视角的光学效应的光学效应层、其生产过程和装置、带有光学效应层的物品及其使用: CN 104903009 A［P］. 2015-09-09.

［22］　施米德 M, 洛吉诺夫 E, 德戈特 P. 由产生凹场线的磁场发生装置制成的光学效应层的场内硬化方法: CN 106573271 A［P］. 2017-04-19.

［23］　施米德 M, 洛吉诺夫 E, 德戈特 P, 德斯普兰德 C A. 用于生成凹场线的永久磁铁组件以及用于创建随其（反向滚动条）的光学效应涂层的方法: CN 105283256 B［P］. 2017-09-12.

第十一章
光固化技术在汽车制造产业中的应用

传统汽车制造与使用存在极大的环境污染问题，包括汽车零部件 OEM 制造和车身成型过程的高能耗、高噪音，涂装过程的高 VOCs（挥发性有机化合物）排放，以及车辆使用过程中的燃油高碳排。随着消费意识的转变和环保政策的日趋严格，全球汽车制造业正处在转型期，其主要特征为汽车设计制造轻量化、驱动电力化、零部件车身保护装饰的环保化。汽车轻量化制造已成国际汽车产业发展大趋势，即使针对燃油汽车，汽车质量每减少 100kg，百公里油耗可减少 0.3～0.6L，车身重量每降低 1%，油耗可降低 0.7%。由先进汽车企业引领的汽车轻量化发展方向，包括以轻质高硬铝合金、镁合金、碳纤/玻纤增强高分子复合材料（CFRP/GFRP）、塑料件等，大规模替代传统的钢铁制件，大幅降低汽车自重，减少油能源汽车百公里油耗，增加新能源汽车满充续航里程。其中，以轻质高硬铝合金替代钢铁制件，可使汽车减重 30%～60%，以镁合金替代钢铁制件可减重 30%～70%，而以 CFRP 替代钢铁制件则可减重 50%～70%，即使以廉价的 GFRP 替代钢铁制件也可减重 25%～35%，而采用牺牲部分富余强度的微发泡 CFRP 替代钢铁制件则可使汽车减重 60%～80%。

目前，各种塑料也已广泛用于汽车零部件制造，包括 PP（聚丙烯）塑料制成的保险杠、空气滤清器、壳体零件、导管、容器、遮光板等；PE（聚乙烯）塑料制成的燃油箱、冲洗水箱；PE 原位发泡制成的车门缓冲内衬或夹层等；ABS（丙烯腈-丁二烯-苯乙烯三元共聚物）塑料制成的汽车轮罩、散热器栅格等；尼龙塑料制成的发动机上盖、进气管等；PVC（聚氯乙烯）塑料制成的车厢地板、防撞系统零件、电缆线、绝缘介质、驾驶室内饰件等；PMMA（聚甲基丙烯酸甲酯）制成的车尾散光、反光灯板；PC（聚碳酸酯）塑料制成的前灯罩、保险杠外包皮等；PET（聚对苯二甲酸乙二醇酯）制成的车内饰织物、安全气囊壳体等；PBT（聚对苯二甲酸丁二醇酯）塑料制成的电子器件外壳、保险杠外包皮、车身覆盖件等；POM（聚甲醛）塑料制成的杆塞连接件、支撑零件等。基于碳纤维/不饱和聚酯热压成型复合材料，已开始规模化应用于制造新能源汽车轮毂、车身壳体、车身覆盖板（前盖、后盖、顶盖、侧板等）、立柱框架、座椅骨架等高强度结构件，如德国宝马汽车公司的 i3 系列轿车和多家汽车公司推出的 CFRP 新能源汽车。

上述纤维增强高分子复合材料制作汽车片状薄层零件，原则上都可采用辐射固化中的电子束（EB）固化技术进行加工，实现成型后的快速交联固化。汽车内饰发泡片材也可采用热发泡后 EB 固化交联增强。更多汽车膜材，包括汽车玻窗贴膜，也可采用基膜 EB 交联强化，以及膜材功能涂层进行 EB 固化等。

传统汽车零部件，尤其是金属件，大多需要进行烦琐的表面防腐处理和涂装，传统工艺都是高 VOCs 排放的溶剂型烤漆，成为工业制造环节的高污染行业。后有部分涂装工艺改用水性烤漆，VOCs 排放得以降低，但因水的比热容和沸点蒸发热远高于传统溶剂，因而水性涂装烘烤干燥成膜环节需耗费于传统溶剂型烤漆 2～4 倍的能耗，实为部分减排（VOCs）但并不节能的工艺技术。当前水性烤漆难以实现零 VOCs 排放，通常含有至少 10% 的 VOCs。同传统溶剂型汽车烤漆相似，涂装工厂也可能采用密闭式涂装、后烘烤设计来降低涂装过程的 VOCs，以达到排放标准。但这种密闭式涂装、后烘烤工艺导致密闭舱室内 VOCs 浓度很高，存在极大的爆燃风险，易出现严重的生产安全事故。出于节能、减排、高效生产、安全生产和高性能加工的需求，已有越来越多的汽车零部件生产采用辐射固化（UV/EB curing）技术，并且在部分零部件制造中，UV/EB 固化工艺已占据十分重要的地位。

第一节　车灯系统制造 UV/EB 固化

汽车车灯主要包括前灯系统和尾灯系统，一般分为照明灯与信号灯两类，具体包括前大灯、雾灯、昼行灯等（如图 11.1 所示）。

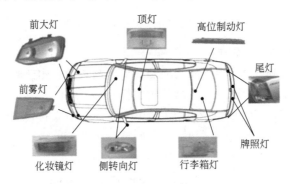

图 11.1　车灯种类与分布

前大灯起照明、示宽、转向指示的作用，是车灯的最重要部分，包括近光灯、远光灯和转向灯。灯泡一般包括卤素灯、氙灯、白光 LED（发光半导体）灯以及较新应用的高亮度激光灯（laser diode）。卤素灯色温偏低，发黄光，亮度略低，

发热较严重。氙灯发射高亮度蓝白光,包含部分紫外线。LED 前大灯因功率较大,
其发热和散热都是质量高低的关键。半导体激光前大灯已在 BMW 7 系、BMW i8、
Audi R8 LMX 等车型应用,其夜间照明距离约为普通 LED 大灯的两倍,可达
600m 以上。前大灯组件包括最外侧的配光镜、饰圈、反射镜(也称灯杯、反光碗
等)、壳体等,其组装效果和分解组合如图 11.2 所示。

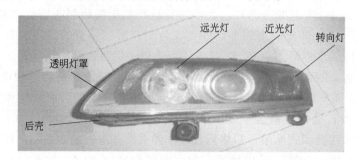

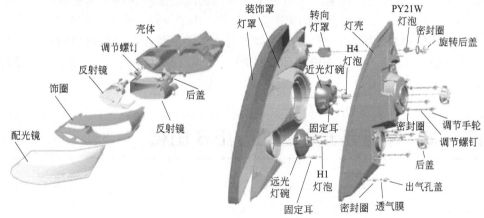

图 11.2　汽车前大灯组装效果图与组件分解图

前大灯组件制造材料包括:

① 配光镜一般使用 PC 塑料注塑成型,要求高透明、耐热耐光、稳定性好,通
常表面做加硬耐磨涂层处理,以提高其耐用性。

② 前灯壳体多由 PP＋滑石粉 T40、PP＋滑石粉 T20 材料注塑成型,一般无需
表面涂装保护。

③ 前灯饰圈起局部装饰作用,有些车灯省略此部件,大多由 PC、PCHT(高
温强化 PC)、PBT、PBT/PET 等塑料经加色后注塑形成。

④ 前灯反射镜亦称反光碗,一般由 PC、PBT、BMC、PPS 等材料注塑成型,
成型后要求具有优异的耐热性、刚性和抗冲击性,一般通过真空镀膜工艺获得表面
反光镜效果。

⑤ 前灯后盖由 PC、EPDM(三元乙丙橡胶)等材料制成,是车灯非关键性

组件。

　　汽车雾灯包括前雾灯与后雾灯，前雾灯传统采用卤素灯泡，发射黄光；后雾灯一般采用红色灯，LED 雾灯也开始逐渐应用。前、后雾灯在雨雾环境中警示作用最显著，一般在雨雾等可见度较差环境中起安全警示作用，保障驾驶安全。其组件包括配光镜、壳体、反射镜、后盖等，雾灯组件分解如图 11.3 所示。

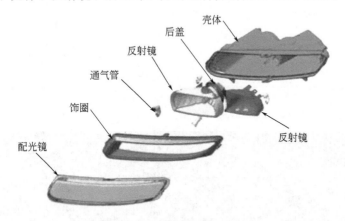

图 11.3　雾灯组件分解示意图

　　雾灯各组件材料包括：

　　① 前雾灯配光镜（lens）一般由 PC 塑料制成，因较高的耐磨性要求，表面需做耐磨涂层处理。后雾灯要求稍低，一般由 PMMA 塑料注塑而得。

　　② 雾灯壳体由 PC、PCHT（高温强化 PC）、PEI（聚醚酰亚胺）、PBT/ASA、LCP（液晶聚合物，聚对苯二甲酰对苯二胺）、PC/ABS 等塑料注塑成型获得。

　　③ 雾灯反射镜（反光碗）一般由 PC、PCHT、PEI 注塑成型。

　　④ 雾灯后盖通常用 EPDM 注塑成型获得。

　　汽车尾灯包括示宽灯、刹车灯、转向灯、倒车灯、雾灯。灯的技术类型包括卤素灯、LED 灯、惰性气体放电灯 HID 和新兴起的 OLED 后尾灯。结构组件大致都包括配光镜与滤色镜（如红色透明塑料灯罩）、饰板、壳体、内配光镜、反射杯、灯泡支架等（如图 11.4 所示）。

　　汽车尾灯组件材料包括：

　　① 尾灯配光镜（lens）大多由 PMMA 添加颜料注塑成型，要求高透光性，多为透明红色。

　　② 尾灯壳体一般由耐热 ABS、PC/ABS、ASA（丙烯腈-苯乙烯-丙烯酸酯共聚塑料）等材料注塑成型。

　　③ 尾灯内配光镜可由光学级 PC、PMMA、PCHT 等塑料注塑而成（如图 11.5 所示），一般呈特定棱镜组合外形，主要功能为光散射和聚光，将灯泡刺眼光斑转换为均匀、防眩面光源，LED 尾灯系统中应用较为普遍。

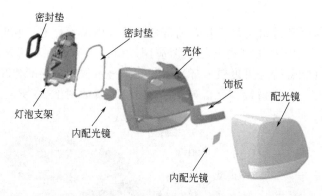

图 11.4　汽车尾灯组件构造

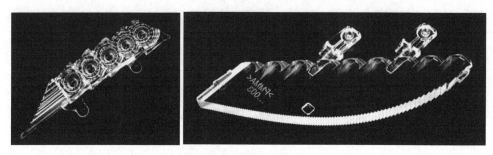

图 11.5　车尾灯内配光镜（适用于 LED 尾灯）

④ 尾灯灯泡支架一般由 ABS 塑料注塑形成，对耐热、抗变形性有较高要求。

⑤ 尾灯灯座组件一般可由 PA＋GF、PP＋T20、聚邻苯二甲酰胺 PPA＋GF 注塑成型获得，对尺寸稳定性、抗震性要求较高。

　　汽车前大灯与雾灯亮度大、功率高，发热较为严重，对灯体组件材料耐热性要求较高，尤其是距离灯泡较近的灯杯，其内表面反光功能涂层耐热性如果不足，将导致反光亮度及美观性降低。车灯前配光镜时常经历风沙、气流高速冲刷，对表面耐磨性有较高要求。外露车灯塑料组件经常暴露于阳光直射下，对光老化性能还有额外要求，否则容易老化失光，影响美观和光通透性，严重的还将发生开裂破碎。因此，车灯塑料件基体材料本身应当包含抗老化成分，包括热老化剂与光稳定剂的使用等，其表面的装饰性和功能性涂层大多也包含较严格的抗热老化与光老化组分。车灯各组件基本都由注塑工艺完成，但部分组件加工成型后，出于功能化要求，还需进行表面后加工，赋予特定性能。如反光灯杯（又称反光碗或反射镜等）的防雾功能涂层、光线扩散涂层、光线减反增透涂层等，这些都是与功能性涂层技术关联的环节，其中反光灯杯上镀涂层技术要求相对较高，涉及工艺相对复杂。反光灯杯主要安装在灯泡周边，将灯泡发射出来的光线定向反射出去，实际为曲面或异形面反射镜，一般是在塑料注塑成型杯体内表面及前端外表面上镀金属镜面反光层（如图 11.6 所示）。

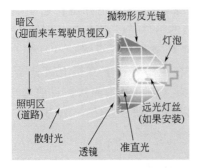
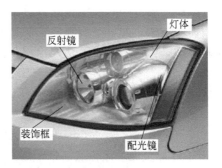

图 11.6　车灯反光碗

此外，对于 LED 尾灯系统，也有采用平面反光镜或微型反光灯杯列阵的设计（如图 11.7 所示）。

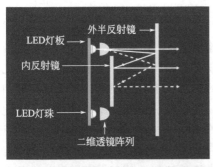
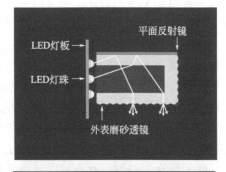

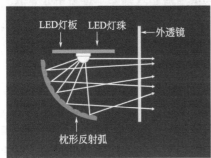
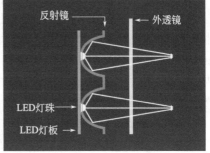

图 11.7　LED 车灯反光镜示意图

　　车灯各塑料组件一般经注塑成型后，需经超声清洗，清除塑料组件表面油污、灰尘及表面弱结构，尤其是需进一步表面涂装的组件需仔细清洗，去除油污和其他低表面张力污染物，进入表面功能涂层化处理环节。车灯反光碗（反光灯杯）即要求注塑成型后严格规范清洗。传统工艺是在注塑灯杯上直接上镀金属反光层，过去的水电镀（化学镀）工艺因效率低、污染大，已基本淘汰。目前基本采用真空镀膜（vacuum metallization，VM）工艺提供金属反光层，其基本工艺过程包括：

　　① 清洁灯杯表面，涂覆底漆，干燥固化；

　　② 在底漆表面真空镀金属反光层；

　　③ 涂覆面漆，干燥固化。

　　最终形成多层夹心结构反光镜，有些车灯工件设计在金属镀层上涂覆中涂和面涂两道 UV 固化涂料（如图 11.8 所示）。

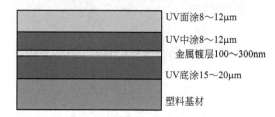

UV面涂8～12μm
UV中涂8～12μm
金属镀层100～300nm
UV底涂15～20μm
塑料基材

图 11.8　车灯反光镜镀层夹心结构

　　真空镀膜属于气相物理沉积（physical vapor deposition，PVD）技术，工艺非常成熟，大量用于塑料表面金属化，赋予反光、装饰、电磁屏蔽、抗静电、导电、水汽阻隔等功能。其中，汽车零部件制造领域应用 VM 技术生产车灯反光镜、汽车内外仿金属饰条/边带/零件、仿金属化复合材料轮毂等，其中制造车灯反光镜最为广泛。真空金属镀层大多采用纯度足够的铝线或铝环为靶材，其真空蒸发相对容易实现。其他蒸镀靶材包括：铬、锡、铟、镍、钛、银等金属，以及硅、氧化硅等非金属材料。质量控制较好的真空镀铝反射镜，其反光率可达 90％以上，而部分高档汽车车灯反光镜采用真空镀银，反光率可高达 95％～98％。真空镀膜的工艺方式可分为热真空蒸镀、真空溅镀（包括磁控溅镀等多种衍生溅镀工艺）及真空离子镀。热真空蒸镀原理简单，设备成本也较低，在真空仓内安置被镀件和金属铝材（靶材），铝材通常附着于加热钨丝上，抽真空达 10^{-4} mbar（1bar＝10^5Pa）以下，钨丝通电发热，铝原子真空蒸发，沉积到被镀件表面重新结晶，形成金属膜，原理过程如图 11.9 所示。溅镀法一般是在真空仓中通入少量氩气（如图 11.10 所示），电激发条件下，氩原子电离产生氩离子，并轰击靶材，将金属靶材原子轰出（图中 T 原子），金属原子飞行至被镀基材表面排列结晶，形成金属膜。简单溅镀法效率不如热蒸镀法，但其镀膜均匀性较好。增加磁控单元，迫使气化金属原子更加定向地飞向被镀件，镀膜效率可大幅提高。

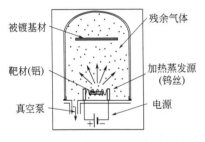 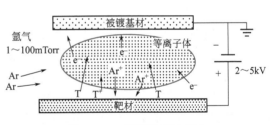

图 11.9　热真空蒸镀原理示意图　　　　图 11.10　溅镀原理示意图

1Torr＝133.322Pa

VM 金属镀膜根据不同的应用目的，其金属镀层厚度各有不同。对于汽车灯杯反光镜，铝膜镀层厚度一般在 $100nm \sim 1.2\mu m$ 之间调控。车灯杯反光镜金属镀层厚度较一般装饰性塑料件的镀层厚度要高，原则上在保证质量前提下尽可能降低厚度，较多工艺采用 $100 \sim 300nm$ 镀膜厚度。车灯反光镜金属镀层如果太薄，其反光效果和耐蚀穿性能达不到要求；如果镀层太厚，高低温循环过程中产生的层间应力难以释放，容易应力堆积，破坏层间附着性。镀层质量与很多因素有关，包括基材表面微观平整度、表面张力均匀性、表面张力大小、真空仓温度、上镀工艺参数等。气相金属原子沉积于被镀基材表面，按金属晶体生长方式，一般首先形成岛状结构，继续沉积，岛状结构金属晶粒增大，进而互相连通，形成近似连续金属膜（如图 11.11 所示）。适当升高被镀基材温度，更倾向于获得岛状分散镀层。

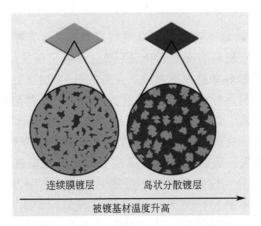

图 11.11　真空蒸镀金属铝膜形成形态

汽车灯杯反光镜制作在注塑灯杯上进行，灯杯注塑如前所述，可选择多种塑料，注塑形成的配件表面或多或少存在平整度、表面张力、密闭性等方面的缺陷。有的灯杯注塑采用无机填充（如滑石粉填充）、玻璃纤维增强塑料（如 BMC 团状模塑料等），则更容易出现填充增强物凸出，暴露于注塑件表面，引起结构性缺陷。这些缺陷都将严重影响后续真空镀膜质量，虽然也有少数车灯注塑生产企业提出注塑件直接真空镀膜的工艺，但总体质量欠佳，且免不了电晕等预处理。注塑件先做底涂，再进行真空镀，已成为行业主流，该底涂的功能和必要性如下：

① 提供表面封闭性：塑胶在成型的过程中，往往要添加一些物质，如填料、色粉、纤维、阻燃剂等，脱模时还要喷洒脱模剂，也同样无法避免一些杂质掺杂其中，同时注塑条件差异也使得注塑件表面产生毛细微孔、缺陷、凸起、微团聚（如图 11.12 所示）。但在真空状态下，塑胶中含有的一些挥发性小分子化合物，包括残留的脱模剂，会向塑胶表面迁移。在这种状态下，如果注塑件直接上镀，在塑料基材与镀层之间将会形成小分子富集，高温时挥发膨胀，直接冲击镀层，导致镀层脱落。底漆可在塑料基材和金属镀层之间形成封闭层，将塑料基材可能出现的小分子迁移渗透进行阻隔封闭，抑制小分子活动对镀层的直接影响。

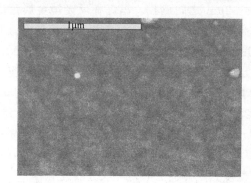 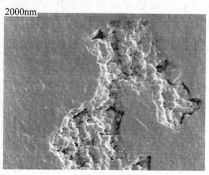

图 11.12   BMC 注塑件表面 SEM 照片

② 提供平滑表面：真空镀膜获得介观（亚微米尺度）平整的金属镀层是提高反光性能的关键保障。材料表面是否介观平整，一般可从其反光度大致判断。很多塑胶在成型的过程中，本身就含有杂质，并有气孔-毛细微孔，表面并不是十分平滑。一般来说，塑胶模具约有 $0.5\mu m$ 的粗糙度，因此注塑出来的塑胶产品也不可避免产生一定的粗糙度。真空镀金属层虽然可以达到数微米厚度，但工时大幅延长，且镀层生长具有一定随形性，在粗糙塑料表面即使制作较厚镀层，也很难保障镀层表面的镜面平整性，这就意味着金属镀层无法掩盖塑胶粗糙面，因此达不到理想的镜面效果；此外，注塑过程中，可能会出现表面应力裂纹的缺陷。底涂的膜厚约 $10\sim20\mu m$，完全可以掩盖塑胶粗糙的表面。如果底漆具有良好的流平性，干燥、固化可得到良好调控，固化膜表面物理起伏可以获得控制，能够将固化底涂表面平整度控制在 $0.1\mu m$ 以内，使得镀膜层也平整光滑，获得优异的镜面效果。

③ 提供附着力：车灯注塑件成型后或多或少伴随有内应力和表面应力，过高的应力不利于镀层附着。在注塑件上涂覆底漆，可缓冲基材应力变化对金属镀层的影响，同时提供基材与金属镀层的中间黏附层，提高金属镀层的附着。尤其是在高低温循环过程中，注塑基材属于热塑性材料，底涂的存在可以很好地缓冲基材膨胀

收缩产生的界面应力，保护金属镀层不至于开裂、脱落。灯杯注塑使用的塑料都是线型热塑性材料，其线性热膨胀系数普遍较高（PC 6.5×10^{-5}K^{-1}，PBT 9.4×10^{-5}K^{-1}，PPS 5.0×10^{-5}K^{-1}）；而镀层金属铝的线膨胀系数较小，一般为 2.3×10^{-5}K^{-1}。所以，注塑件直接上镀会导致在高低温循环过程中，塑料与金属镀层膨胀收缩程度不一致，层间横向应力集中，造成镀层开裂、脱落。上述塑料大多可以玻纤增强，再行注塑，线膨胀系数可大幅降低至与铝膜接近，再加上底涂交联固化，其线膨胀系数介于铝膜和塑料基材之间，起到很好的应力缓冲作用。另外，30%比例的玻纤增强虽可使注塑材料线膨胀系数接近金属铝膜，但过高的玻纤比例也将使注塑件表面粗糙度进一步加剧，不利于底涂流平和附着。车灯反光灯杯注塑材料一般具有较高表面张力，底漆附着力较好，部分塑料表面耐划伤性不佳，表明这些塑料件表面存在弱结构，底漆的侵蚀、固化可以强化表面结构，增强层间附着性。

　　车灯反光镜真空镀膜金属层一般使用铝材，金属铝具有成本低、易蒸镀、成膜镜面效果好等特点，但金属铝很容易在空气中被氧化，尤其在潮湿环境、酸碱污染环境中，腐蚀加剧，氧化后的铝膜镜面性能迅速下降，反光效果大幅降低。因此，真空镀金属层表面一般还需进行面涂保护，阻隔氧、水环境对镀铝层的侵蚀，同时提供耐磨、抗刮擦等性能。车灯反光镜真空镀膜配套底漆和面漆过去很多采用烤漆或自干漆，溶剂含量高，污染大。干燥固化时间需要数十分钟，效率低下，且底涂干燥过程有大量溶剂挥发，容易造成涂层表面橘皮等非镜面效果，不利于后续真空镀膜镜面效果的获得。也有工程师于底漆添加高沸点溶剂，试图促进底漆流平。但更易残留的高沸点溶剂在固化底漆中缓慢挥发、渗出，会直接破坏真空镀层，而采用 UV 涂料可轻易解决上述问题。UV 底漆经快速固化交联，可形成较高交联密度，提高热变形温度，降低线膨胀系数至与金属铝接近。面漆方面，过去采用溶剂型面涂，其中有些溶剂组分侵蚀力较强，可从金属镀层的缝隙下渗，侵蚀底涂和金属膜界面，同时侵蚀底涂层，造成底涂层溶胀，金属镀膜与底涂层之间鼓泡、脱落。UV 面涂可减少层间侵蚀，快速固化，形成的高交联网络非常有利于阻隔水/氧，赋予良好耐磨性。目前全球汽车车灯反光镜制造绝大部分都已采用 UV 涂料进行打底和面涂保护。

　　车灯工作时，按其功率大小和功能不同，其发热情况各有特点。前大灯工作时，可在灯杯狭小空间内产生高达 200℃的局部高温，即使有热对流和热扩散等因素影响，车灯杯体表面常常也需承受 185℃以上的温度，这对灯杯、车灯相关组件塑料、涂层的耐热性提出了较高要求。通常在 200℃环境下，灯杯反光镜 VM 涂层不允许有明显性能变化，以保障车灯长期耐用稳定性。雾灯发热通常也较大，灯杯内温度也可达 175℃左右，对灯杯塑料和反光涂层耐热性也有相似要求。车尾灯功率较小，通常发热温度不超过 80℃，尾灯塑料组件和反光涂层的耐热性要求相对较低。另外，汽车也有可能需要长期经历零下 20℃，甚至更低温度的环境，因此，车灯反光涂层也要求具有足够的耐冻性能。这也体现了对车灯塑料基体、反光镜 UV 底漆、真空镀铝层、UV 面漆等多层材料线膨胀系数一致性的要求。

车灯反光镜 UV 底涂、面涂、真空镀铝已经成为车灯制造的主要工艺路线，其加工成品质量检验可能会执行非常严苛的检测标准，如高至 200℃、低至 -20℃ 的高低温循环下涂层的附着性、反光性测试等。但最基本的性能检测可参考国家标准 GB/T 10485—2007《道路车辆外部照明和光信号装置环境耐久性》和 GB/T 28786—2012《真空技术真空镀膜层结合强度测量方法胶带粘贴法》，前者主要参照《ISO/DIS 12346 道路机动车辆　照明和光信号装置　环境耐久性》（1997 年英文版）技术内容制定。测试项目包括：

①前照灯和前雾灯的热循环试验；②通用的热循环试验；③热冲击试验；④热变形试验；⑤盐雾试验；⑥防尘试验；⑦随机振动试验；⑧防水试验；⑨配光镜强度试验；⑩耐润滑油、耐燃油和耐清洗液试验；⑪光源辐照试验。

车灯反光镜耐酸（1％硫酸溶液）、碱（1％苛性钾水溶液）、盐（3％ NaCl 溶液）试验的主要目的是测试保护膜对镀铝的保护效果，可以根据需要选择其中一项。具体操作为：在常温下，将试样浸泡于测试液中，或将测试液滴于试样表面，10min 后不露底为合格。涂层附着力测试采用百格法，要求达到 100/100 性能，必要时可用放大镜观察画格、撕拉缺陷。高低温循环测试因标准不同而有所差异，但高低温循环后的涂层附着力、抗裂纹、防皱纹、反光保有率、抗酸碱、耐溶剂、抗发雾、抗发彩等性能是基本要求。通过以上试验，能判定真空镀铝膜层之间的结合力，以及喷涂底漆和保护膜的性能与质量。

车灯反光镜质量与多重工艺环节和材料品质有关，包括前端注塑裸灯杯清洗、干燥、UV 底涂配方性能、真空镀铝工艺控制及铝材纯度、UV 中涂/UV 面涂配方性能等要素。比较容易出现的问题包括底涂、面涂、镀层附着性不佳，反光镜出现彩虹纹，镀层发黑发暗等，其中 UV 涂层配方性能和施工工艺有着非常重要的影响。国内外比较知名的车灯反光镜 UV 涂料供应商包括美国红点（已被收购）、日本藤仓、中国宏泰等。VM 加工 UV 底涂和面涂常用高分子量聚氨酯丙烯酸酯、高官能度 UV 树脂等调制配方，包括沙多玛、湛新、长兴、博兴等在内的国内外多家 UV 树脂厂商提供关键树脂和参考性配方，VM 参考性底涂、面涂配方如表 11.1、表 11.2 所示（由广东博兴提供参考）。

表 11.1　VM 光固化底涂参考配方

原材料	质量分数/％	说明
B-285	11.5	上镀性、耐水性、柔韧性
B-153	8	柔韧性、抗收缩
B-102	13	固化速度、漆膜硬度、成本优势
EM231	14.5	双键转化率

续表

原材料	质量分数/%	说明
184	1.7	提供自由基
BDK	1	深层固化
Byk371	0.3	基材润湿
混合溶剂	50	降黏

表 11.2　VM 光固化面涂参考配方

原材料	质量分数/%	说明
B-618	14	硬度、耐磨、高温高湿、盐雾
B-6080	12	抗固化收缩、提供韧性
B-811	3.6	增滑,降低摩擦系数
B-858	5	增加无机填充、提高耐磨性
DPHA	7	交联密度、耐磨
HEMA	3	减缓固化收缩
B-02	1	深层固化,提高附着力
184	1	提供自由基
Byk333	0.4	表面效果
混合溶剂	52.5	降黏

车灯配光镜多由光学级的 PC 塑料注塑而成,对车灯内部起到一定保护作用,并对灯泡射出的光线进行减反增透和光束调整。PC 塑料的折射率为 1.58,空气折射率约为 1.0,两者差距较大,PC 配光镜注塑件表面平整,当灯泡射出的光线及灯杯反射光到达配光镜表面时,很容易产生较高反射,降低透射光强度,也可能会加剧车灯腔体内部温度。因而某些车灯配光镜设计会考虑在内壁涂覆低折射率 UV 涂层,起减反增透作用,该低折射率内壁涂层可由丙烯酸酯类材料组成,如果采取两至三道不同折射率涂层叠加涂覆,并控制膜厚,则可实现宽波段减反增透。另外,如果组合车灯腔体密闭性不好,外部水汽容易进入车灯腔体,在干湿循环、冷热循环过程中,可能在配光镜内壁形成水雾凝结,阻碍光线透射,因而车灯配光镜内壁涂层的防雾功能也可能成为必要。材料表面发生水雾凝结,多数是由于材料表面张力较低,表面张力较大的水滴在材料表面无法润湿铺展,形成较稳定细微水滴状密集排布,即外观朦胧的水雾层,使光线发生漫反射与混乱折射,阻碍光线集中通过,直接影响车灯光强度和驾驶安全性。应对的策略包括强化车灯组合腔体的密封性,防止外部水汽进入,也可考虑在配光镜内壁涂覆防雾涂层。

涂层防雾的机理包括两大类:其一为超亲水表面涂层;其二为超疏水表面涂层。前者亲水,水雾聚集在涂层表面时,因涂层表面张力较高,界面析出的细微水珠立即润湿铺展开来,连成一片水膜,雾状水珠排布消失,透光性增加;后者一般采用疏水性较强的氟碳材料或有机硅材料涂覆形成超疏水表面,甚至采用纳米材料在涂层表面形成微纳颗粒排布表面形态,产生类似荷叶效应的超疏水表面效果,水汽在其表面凝结时析出细微水珠,很难在表面润湿附着,迅速聚集成较大水珠滑落，从而保持配光镜内壁光洁。

超亲水 UV 涂层大多采用亲水或保水性较强的单体和树脂，包括 EO 聚醚丙烯酸酯单体、羧基化丙烯酸酯单体、酰胺类单体、磺酸盐类单体等。亲水性 UV 树脂包括水性 UV 涂料适用树脂，一般含有羧基负离子和聚氧乙烯醚等亲水结构，上述亲水性单体也可用于合成水性 UV 树脂，以配合形成超亲水 UV 涂料配方。UV 固化涂层水接触角大多可以从一般没有 UV 涂层的 50°左右，调整到 15°以下，利于水珠润湿铺展。亲水 UV 涂料配方中也可添加亲水性无机纳米材料（例如水基硅溶胶等），在 UV 固化过程中上浮至表面形成亲水性微纳结构排布，进一步提高涂层表面亲水性。

超疏水 UV 涂料可基于氟碳 UV 树脂和氟碳单体、有机硅 UV 树脂和有机硅单体、氟碳改性有机硅 UV 树脂、疏水微纳氟碳粉末（聚四氟乙烯微纳粉末等）等材料进行优化调制，其中氟碳微纳材料也可由无机溶胶纳米粒子进行氟碳表面改性获得，在 UV 固化涂层表面产生微纳颗粒排布，产生荷叶效应，抑制细微水珠稳定附着。超疏水 UV 涂料配方调制中，传统多官能丙烯酸酯单体不可避免会使用到，用以增加交联密度、硬度和耐磨性等基本涂层性能，但其与氟碳材料、有机硅材料的相容性需要设法改善。氟碳、有机硅 UV 固化涂层大多还具有折射率较低的特点，这对形成低折射率表面涂层十分有利，可促进配光镜内壁减反增透功能，提高出光率。

配光镜内壁防雾涂层的检验一般包括附着力、耐水性、防雾性等基本性能测试。附着力测试常采用百格法，以刀锋角度 15°~30°的刀片在涂装好的配光镜上划出 1mm 间距的直线划痕，组成百格，划痕必须伤及基材，用毛刷清理百格面。以 3M 600 牌号的压敏胶带贴覆清洁、未被污染的百格面，橡皮擦拭以使胶带与百格面充分接触黏附，而后按垂直 90°方向拉扯胶带一边，同一百格面重复一次贴覆、撕拉，观察百格面涂层黏附残留情况，百格内涂层脱落面积小于 5％为合格。防雾涂层的耐水性测试是在 40℃温水中浸泡样本 48h（需恒温），取出，吹干，肉眼观察样本涂装面没有外观变化，无变色，无变形，没有显著发白，即为合格。防雾性能测试，以加湿器喷雾对准配光镜防雾层中央，喷雾口至配光镜间距 100cm，喷雾持续 5s，肉眼观察防雾层是否起雾，起雾则为不合格。

PC 塑料配光镜户外使用最容易受到风沙侵蚀、阳光老化冲击，发生表面粗化、微裂纹等，影响透光性。传统工艺采用烤漆对配光镜表面进行涂装，提高表面耐磨性、耐光性，但烤漆含有大量溶剂，虽利于喷涂流平，但烤制时间较长，多达数十分钟，且容易产生表面橘皮等涂层弊病。由于固含量低，大量溶剂挥发将造成严重 VOCs 排放，污染环境，且带来消防隐患。出于环保、生产效率、综合性能的考虑，车灯配光镜外表面耐磨涂层已开始逐渐转为 UV 固化工艺，其节能、环保、高效率的特点得以突显。以 UV 涂覆保护车灯 PC 配光镜技术应用可追溯到 2000 年前后，之后陆续出现更多厂商，这方面代表性企业包括美国红点 Red Spot

（最近被藤仓兼并）、日本藤仓 Fujikura、荷兰阿克苏诺贝尔 Akzo Nobel、德国美凯威奇 Manikewicz、美国迈图 Momentive、德国佩特 Peter-Lacke、德国亮克威泽 Lankwitzer、江苏宏泰、湖南松井等。其涂料配方大体需包含高官能度聚氨酯丙烯酸酯，甚至无机纳米溶胶等，以获得足够的硬度和耐磨性，对 PC 配光镜提供防划伤保护。施工工艺一般采取喷涂方式，要求涂料配方黏度较低，以适于喷涂。无溶剂 UV 配方的黏度不易降低，但通过有机树脂结构优化、单体优选，可勉强适于喷涂。偶有配方也会添加 10%～30% 的公认低毒性溶剂（如 PMA 等）以降低黏度，在规范的喷房中，少量溶剂比较容易回收，可避免 VOCs 排放污染。

PC 配光镜表面 UV 加硬耐磨涂装最大的难点，还在于 UV 固化涂层的耐光老化性能。一般 UV 涂层由于含有残留光引发剂和残留双键，在阳光紫外线长期辐照下容易老化变性，产生黄变、裂纹、涂层剥落等弊病。为增强配光镜表面 UV 涂层耐光老化性能，一般需多手段协同，包括优选光稳定剂（受阻胺光稳定剂等）和紫外光吸收剂（特别是感光潜伏性紫外光吸收剂，对光固化负面影响较小）；选用耐老化性能较好的有机硅 UV 树脂或氟碳树脂；降低传统光引发剂浓度；优化设计抗氧阻聚性能优异的光引发剂；采用高光强度紫外光源，尤其是短波紫外更为丰富的高强度紫外光源，如闪光氙灯（flash xenon lamp），UV 固化总体转化率远高于中压汞灯辐照固化转化率，其表层固化转化程度也高于涂膜里层，而传统中压汞灯辐照固化的结果是表层固化转化率较低，里层固化转化率相对较高，表明闪光氙灯辐照固化更为彻底，且残留光引发剂和双键也更少，利于保障涂层耐光性。

UV 涂料中常规光引发剂含量都远高于理论所需浓度，因为需要对抗氧阻聚，提高表面光固化完善程度，而固化后涂层内部残留相对多数的光引发剂，又将导致涂层耐光性恶化。应对措施包括采用少量上浮型光引发剂，同时降低常规光引发剂用量，总体光引发剂浓度大幅降低，利于增强固化涂层耐光性。采用自由基-阳离子 UV 混杂固化体系也有助于改善固化涂层耐光性，因有阳离子光固化体系协同，自由基光固化所需光引发剂浓度可大幅减少，固化不足部分由阳离子光固化补充完善，保障漆膜总体理化性能。另外，阳离子光引发剂大多吸光波长很短，即使在固化膜中略有残留，也几乎不对阳光紫外线产生明显吸收，这是有利的方面。

美国迈图公司在 PC 配光镜 UV 加硬方面曾提供一些产品展示，包括 Sil-FORT UVHC5000 硬质涂层、Sil-FORT UVHC8100 无溶剂硬质涂层。UVHC5000 是透明、溶剂型、UV 固化硬质涂层，用于汽车前照明时，可防止由紫外线辐射和风化引起的磨损、化学损伤和降解，有助于改善透明、双色、多色配光镜的老化问题，显著提高零部件的耐候性能，已取得多个全球 OEM 车灯标准的认证，并被 AMECA 清单收录。可在客户现有生产线上使用，可通过喷涂、浸涂、滚涂和淋涂等工艺进行涂装。目前已通过 5 年户外耐候性能（SAE J 576）测试，且正在进行 5 年以上户外耐候性能测试。此外，UVHC5000 还可实现有效回收和再利用，减少对环境的影响。UVHC8100 是一种无 VOCs、硬质涂层，可降低汽车制造商涂层生产线的尺寸。配光镜加硬涂层的测试项目至少包括附着力、耐磨性、硬度、耐水性、抗污性、抗老化性、冷热循环等。其中，耐磨性测试可用包覆小钢锭探头在加硬涂层表面往复运动摩擦，行程 20mm，压力 9N，移动频率 60 次/min，往复摩擦 300 回合，以涂层不透底为合格。硬度测试采用三菱 2H 铅笔，铅笔削皮露出圆柱形笔芯，垂直在 400 号砂纸上磨平，装入专用铅笔硬度测试滑动块中，施加负荷 1kg，推动滑块行走 5mm，共划 5 条线，橡皮擦除干净，以涂层表面不留明显划痕为硬度合格。

第二节　汽车轮毂、差速器及其他金属零部件的 UV 涂装保护

一、轮毂

汽车轮毂从材质看，包括钢制和铝合金两大类，部分高端新能源汽车也采用碳纤维增强高分子复合材料（CFRP）热压成型固化制造，总体钢制轮毂成本相对较低，铝合金轮毂成本略高，但密度降低，适合汽车轻量化要求，CFRP 最贵，具备轻质高强度特征。钢制轮毂表面易生锈，严重影响外观，多数低端钢制轮毂一般会涂覆铝粉防锈涂料，但也很难保证长期耐用性，很多低档乘用车会采用此材料和工艺，轮毂长时间会锈蚀，导致车辆操控稳定性降低，甚至危及行车安全。铝合金轮毂与 CFRP 轮毂有时也会进行涂装保护剂装饰，增强表面抗污、抗刮花等性能。轮毂直接涂装，过去常用溶剂型喷涂烤漆，工作环境恶劣，污染极大。对钢制轮毂和铝合金轮毂也有采用静电喷涂粉末涂料，再行高温熔融流平，但热固化工艺能耗高，工艺流程长，涂装流平不均匀，次品率也很高。以光固化涂料进行直接涂装固化渐成行业潮流，涂装工艺包括喷涂、浸涂，可以对钢制、铝合金、CFRP 三种材质轮毂均可进行涂装，也可添加颜料或透明色精，赋予固化涂层彩色、炫彩效果。固化涂层需要具备良好的附着力、耐磨性、抗划伤性、耐水性、耐盐雾性、耐老化性等综合性能。汽车轮毂属于异形件，其三维立体构造可能较复杂，UV 涂料辐照固化过程中，可能有些涂装区域难以见光有效固化。此时，常采用光-暗双固化技术，除自由基机理的光固化设计，轮毂 UV 涂料配方还可结合羟基-异氰酸酯、硅氧烷潮气固化、硅-氢加成固化、巯基-烯催化暗固化等技术，使得难见光区域较快固化。暗固化设计要求涂料配方最好制作成双组分，涂装现场按指定工艺进行混合、涂装、固化。另外，对于实色 UV 轮毂漆，单纯依赖 UV 辐照固化，常常固化不完全，影响漆膜质量，此时配合双固化技术，或可解决问题。

羟基-异氰酸酯暗固化技术，多采用脂肪族聚异氰酸酯与羟基丙烯酸酯形成的半加合物（树脂分子上同时含有丙烯酸酯基团和 NCO 基团），与含羟基 UV 树脂

搭配，可实现光-暗双固化。和传统双组分聚氨酯涂料一样，这种双固化设计，两组分混合后，同样存在施工时限问题。但通过仔细优选含羟基 UV 树脂与含 NCO 基团 UV 树脂组合，可以适当延长施工时限。例如，含位阻伯羟基的 UV 树脂与含仲羟基的 UV 树脂，其中的羟基与 NCO 基团反应将变慢，从而延长施工时限。其弊端是树脂上 NCO 基团与树脂上羟基暗固化反应也会变慢，需加热促进暗固化。配方所用树脂、单体、助剂等也需注意是否存在催化性杂质和副产物，排除这些因素，也将有利于延长施工时限。另一种延长施工时限的思路是优选挥发性酸性添加剂，在某些酸性环境中，NCO 基团与羟基的氨酯化反应将受到严重抑制，而在涂膜展开过程中，酸性抑制剂能够快速挥发离开涂层，抑制作用解除，暗固化机制启动。异氰酸酯封闭技术也可应用于双固化体系，甚至可实现单组分配方体系。

硅氧烷潮气固化与硅氢加成固化在轮毂涂装上都有应用尝试，涂层抗划伤性、耐污性、抗老化性等性能较好，但有机硅树脂通常需单独设计，定制化生产，缺少通用性树脂。另外，树脂结构上的硅-氢结构在光固化过程中还有抗氧阻聚、提高光固化效率的作用，在光引发条件下，硅-氢结构可以裂解产生硅自由基，参与光交联，这为新型有机硅光-暗双固化配方设计提供了思路。

巯基-烯材料组合在光固化配方中已有许多成熟应用，解决好巯基与碳碳双键的共混暗储存稳定性，其应用还有更多空间。巯基与烯烃双键的催化过程也有许多研究和应用，在优化巯基与烯烃双键共存稳定性基础上，优选合适的暗交联催化剂，配合光固化技术，可实现巯基-烯体系的光-暗双固化配方。但巯基-烯材料固化后由于较多脂肪族硫醚结构存在于涂层中，其抗氧化、抗老化性能通常不够优秀，故而在金属轮毂涂装保护中，不适合作为面涂材料，但比较适合作为底涂 UV 固化材料。巯基优异的金属结合力，将赋予底涂层对金属轮毂突出的附着性能。

对于两道 UV 涂覆工艺的轮毂保护，UV 底涂主要突出涂层密闭性和对金属底材的优异附着性，同时也要利于 UV 面涂，形成良好的附着性。改性环氧类 UV 树脂、巯基树脂、改性聚酯 UV 树脂作为 UV 底涂配方关键成分是较佳选择。以含有 NCO 结构的 UV 树脂作为 UV 底涂主体成分，其中的 NCO 基团对金属基材具有特定作用，可促进附着性。为平衡性能，通常搭配多官能聚氨酯丙烯酸酯、有机硅树脂，可以形成较好的金属附着性，但总体表面张力较低，再涂覆操作性较差，面涂一般很难在其上获得较高的附着性。UV 面涂需要突出耐磨、硬度、抗划伤、耐老化、抗污等综合性能，环氧类 UV 树脂虽然附着性较好，但耐光老化性能较差，面漆慎用。有机硅 UV 树脂、多官能聚氨酯丙烯酸酯、多官能聚酯丙烯酸酯等材料可应用于 UV 面漆。UV 面涂配方中，优选紫外光吸收剂、光稳定剂、上浮型光引发剂等，有助于改善面涂耐光老化稳定性。硅氟类助剂可帮助表面固化完善，利于光稳定性和耐磨、耐污等性能。多官能聚氨酯丙烯酸酯、交联密度足够的有机硅树脂有利于保证 UV 面涂硬度、耐磨性和抗划伤性。合理使用纳米溶胶，也可显著增加固化面漆的耐磨性和表面硬度。

　　以上是基于油性 UV 底涂加 UV 面涂的工艺，还有其他工艺。例如，溶剂型纯丙树脂涂料喷涂烘干打底，加 UV 面涂，VOCs 排放将增加；水性烤漆打底加 UV 面涂；水性 UV 底涂加油性 UV 面涂等。水性 UV 底漆黏度较低，固含量低，适于多道喷涂，烘干、UV 固化后获得薄涂，水基材料固化可提供较高的表面张力，利于 UV 面漆良好的润湿附着。

　　为改善低端钢制轮毂外观性能，提高安全性，很多厂商采取电镀法，在抛光和表面预处理过的钢质轮毂上镀上一层耐腐蚀性较好的合金或金属铬层（如图 11.13 所示），电镀方法包括静电喷涂、水电镀、真空镀（VM）。

图 11.13　钢制轮毂电镀前后外观对比

　　静电喷涂以金属铝粉为颜料，成本低，质量差，没有太多竞争力。水电镀的镀层质量好，金属镀层厚度可达 $20\mu m$，但此工艺对水体污染严重，废水无害化处理成本高，多数生产线已被停运。真空镀比较环保，几乎没有三废问题，也很容易实现加色装饰，已为越来越多轮毂加工厂商采用，不足之处包括成本偏高，镀层太薄（仅 $0.5\sim2\mu m$），不耐磨，易刮花。改善措施主要是在真空金属镀层表面再涂覆 $1\sim2$ 层高硬度、耐磨有机涂层，延长美观装饰和轮毂安全寿命。除钢制轮毂外，部分铝合金轮毂也采用了真空镀膜技术，再涂覆 UV 面漆，对铝合金提供防腐、防刮花等功能保护，同时也可能在面漆中加色，赋予铝合金轮毂多彩装饰效果。金属真空镀膜可以在表面预处理（清洗、磷化）过的金属轮毂上直接溅镀金属铬，但更多厂商采用 UV 底涂-真空镀膜-UV 面涂的夹心工艺，UV 底涂提供接近镜面的溅镀本底，保证金属铬镀层的镜面装饰效果，也减少因金属基材表面缺陷带来的质量隐患。关于轮毂真空镀膜 UV 底涂和 UV 面涂的材料选取和性能注意要求，参见前述内容。

　　轮毂 VM 加工除了较典型的 UV 底涂-真空镀膜-UV 面涂工艺外，在 VM 金属镀层与轮毂基材之间还可进行多种技术改良，包括：

　　① 水性 UV 底涂-真空镀膜-UV 面涂。水性 UV 涂料包含的树脂分子量较大，富含羧基负离子，有利于涂层对金属基材形成较好附着。在水性 UV 底涂和 VM 镀层之间还可加一层油性 UV 薄涂，提高整体可靠性。

② 金属轮毂电沉积涂覆 $5\mu m$ 厚度的水性丙烯酸酯涂层，烘烤固化后，涂覆 UV 底漆，VM 上镀，涂覆 UV 面漆。电沉积涂层可使涂料极性基团与金属表面达到最紧密、最密集的接触，附着性得以保证，保护作用提升。该工艺可以参考江南大学刘仁教授课题组的光固化阴极电泳涂料技术。

③ 金属轮毂表面首先进行粉末涂装、聚丙烯酸酯烤漆等多道热固化底涂，再行 VM 上镀和 UV 面涂。经过烤制的底漆通常具有较高的附着力和抗裂可靠性，但 VOCs 高排放与高能耗不可避免。

轮毂 VM 加工后必须经过很多严格的性能测试，包括：附着力（百格法 100/100，参考标准 ASTM D-3359）；耐盐雾（5％NaCl 溶液，35℃浸泡 240h，目视涂层及镀层无变化，或参考标准 AST B-117）；抗酸碱性；硬度（视具体要求，铅笔硬度 2～3H，或参考标准 ASTM D-3363）；抗石击性；耐磨性（磨耗测试，泰博尔磨耗仪）；抗刮花（常规钢丝球擦拭，或参考往复运动擦拭标准方法，或结合 Rösler Trough Vibrator 槽式振动研磨试验）；耐热性（170℃，2h，涂层无脱落，无斑点）；高低温循环（参考标准 GM 264M）；耐老化测试（QUV 老化综合试验法）。

金属轮毂 UV 涂装保护领域的厂家较多，轮毂涂装、UV 辐照固化生产装置多由 IST、贺利氏设计提供。UV 涂料的供应商不是很多，轮毂 UV 涂料企业主要包括德国亮克威泽 Lankwitzer、日本藤仓、原杜邦旗下的艾仕得 AXALTA 等。其中，艾仕得提供轮毂修复 UV 漆，如 FR6-GL056 牌号产品。亮克威泽主要提供轮毂原厂制造 UV 涂料。德国 Borbet、Uniwheels 及国内的立中、戴卡等车轮制造企业，其轮毂产品广泛应用于奥迪、宝马、保时捷、大众、戴姆勒、菲亚特、福特、雷诺、捷豹、路虎、VOLVO、欧宝、丰田、日产、本田等主要车系。

二、差速器

汽车转向轴差速器通常安装于铸钢腔体内（如图 11.14 所示），该铸钢壳体位于汽车底盘下方，少见阳光，但可能经常接触泥水、泥沙、碎石或腐蚀性液体等，容易造成差速器壳体腐蚀、磨损或击伤。传统工艺采用溶剂型涂料或粉末涂料对壳体进行涂装保护，溶剂型烤漆的弊病如前所述。粉末涂料涂装也有不足。差速器由多个机械零件组装而成，连接部位有多个高分子材料垫圈、密封圈，腔体内部还有润滑油，这些因素都不利于差速器壳体经历粉末涂料高温加工，且差速器壳体构造复杂，粉末喷涂、熔融流平存在死角，容易产生涂装缺陷。

德国沃尔瓦格 Wörwag 公司于 2009 前联合戴姆勒汽车公司研发了卡车差速器外壳 UV 涂装技术（如图 11.15 所示），外壳喷涂液态 UV 涂料，以三维光源辐照固化，已在多家品牌汽车制造上得到应用。

该光固化涂料对铸钢外壳需起到良好防腐、抗石击保护，对 UV 涂层自身附着性、抗酸碱性、抗冲击性、耐磨性、耐候性、耐热性等性能要求较高。涂料配方

图 11.14　卡车转向轴差速器

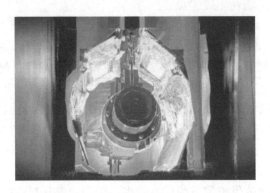

图 11.15　转向轴差速器外壳 UV 涂装

参考的材料包括主体 UV 树脂、单体、光引发剂、防腐性颜料、补强填料、耐候性颜料、抗老化助剂、流变助剂、消泡剂等。主体树脂如单纯采用环氧丙烯酸酯，固然可以获得较好的附着性、硬度和抗腐蚀性，但该类树脂长期耐候性不佳，树脂中的苯氧基结构在光、热作用下逐渐降解，导致涂层老化脱落，难以长效保护差速器外壳。为弥补主体树脂耐候性短板，可采取不对称脂肪族环氧丙烯酸酯、脂肪族聚酯改性环氧丙烯酸酯与标准环氧丙烯酸酯混配，其中的聚酯链段结构有助于改善 UV 固化涂层抗石击性能。活性稀释剂可选范围较大，丙烯酸四氢呋喃酯可显著提升 UV 涂层抗石击性能，丙烯酸苯氧乙酯有助于强化基材界面附着性，有利于提高涂层对铸钢壳体的防腐保护性能。氧化铁红防腐性颜料的使用导致涂层透光性降低，长波吸收光引发剂 Ir 819 光引发剂可解决此问题。D 1173 光引发剂主要解决表层光固化。白炭黑、滑石粉、钛白粉等无机填料可增强 UV 涂层强度、硬度，也有助于防腐性能的提升。改性硅藻土类在配方中可调节涂料流变性，喷涂过程中不致发生严重流挂。紫外线吸收剂和受阻胺光稳定剂的添加也很必要，对提高涂层耐老化性十分关键。但总体来说，上述机械部件较少经历阳光直射，因而在耐光老化性能方面要求不是很高。

三、其他金属零部件

　　上述 UV 涂装工艺也可应用到汽车其他金属零部件的涂装保护，如刹车片、驱动轴、柴油注入泵、变速箱等，如图 11.16 所示，同样可起到防腐保护、美化装饰作用。

| 轮毂 | 刹车片 | 汽车驱动轴 | 柴油注入泵 |

图 11.16　汽车其他金属零部件的 UV 涂装保护

　　除了沃尔瓦格公司，德国亮克威泽也在汽车多个金属部件 UV 涂装方面积累了经验，开拓了包括中国在内的全球市场，其汽车部件 UV 涂装范围包括鼓式制动器、制动圆盘、座位调节装置、电机外壳、柴油泵、耦合盘、多种锻钢产品和铸造产品等。

第三节　塑料与高分子复合材料汽车部件

　　一辆传统汽车大约由 3 万个零件组成，包含约 4000 种材料，各零件 OEM 制造并组装虽已形成成熟工艺，但大量钢铁零件制造过程效率低、能耗高、制件笨重、组装过程更是烦琐，因而汽车制造的轻量化、多零件整合优化已十分迫切。以塑料和高强度轻质复合材料代替传统钢铁零部件渐成潮流。汽车用塑料与复合材料从 20 世纪 80 年代的高强度、质量轻的材料体系，90 年代向功能件、结构件方向发展。塑料与复合材料在汽车上的用量及比例逐年上升，是最重要的汽车轻质材料，它不仅可减轻零部件约 30%～40% 的质量，而且还可以使采购与制造成本降低 40% 左右，因此近年来在汽车中的用量迅速上升。20 世纪 90 年代，发达国家汽车平均塑料、复合材料用量是 100～130kg/辆，占整车整备质量的 7%～10%；到2011 年，发达国家汽车平均塑料、复合材料用量达到 300kg/辆以上，占整车整备质量的 20%；至 2020 年，发达国家汽车平均塑料、复合材料用量可达 500kg/辆以上。玻纤、碳纤增强高分子复合材料制造高强轻质汽车零件参数如图 11.17 所示。

　　汽车轻量化已经是汽车产业发展的大趋势，国际上许多汽车相关企业都已展开高分子复合材料汽车零部件制造的研发与推广。选用碳纤维复合材料可制作结构件、覆盖件。很多汽车制造厂商生产的高档、豪华轿车几乎都开始使用各种碳纤维复合材料。福特公司 2007 年所做的研究证明，碳纤维复合材料可以将零部件种类减为原来的 8%，加工费用相对钢材降低 60%，黏结费用比焊接减少 25%～40%。高分子复合材料与塑料制造的主要汽车零部件包括：保险杠、引擎盖、车前盖、仪表盘、车内前围上部、座椅架、挡泥板、扰流器、车门外板与内衬、把手、车身拼

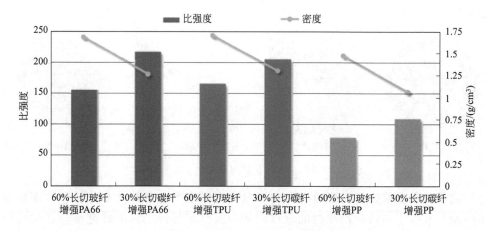

图 11.17 玻纤、碳纤增强高分子复合材料比强度与密度

板、散热器格栅、车轮护板、车窗压条、车身拼缝压条、后视镜壳等多达几十种汽车零件。甚至欧洲部分汽车厂商针对新能源汽车研发推出了新型汽车，连汽车框架、底盘、车轮等核心结构都已采用碳纤维树脂复合材料制造。该领域所谓高分子复合材料是基于聚酯、聚碳酸酯、ABS、PEI（聚醚酰亚胺）、尼龙、LCP（液晶聚合物）、环氧树脂等多种高分子材料与玻纤维、碳纤维、石墨纤维、碳酸钙、滑石粉等无机材料增强而得，大多经注塑、模塑成型等工艺形成一定形状的汽车部件，多为薄片或壳体形态。依据成型件在汽车上的使用部位和功能，可以具有不同等级的力学强度，某些成型部件为增强装饰性、硬度与耐刮擦性，还需进行表面加工处理，包括表面加硬、涂装、印刷等。车用注塑件表面涂饰将另作介绍，此处主要介绍复合材料表层强化技术。

为进一步减轻汽车重量，在高分子复合材料成型基础上，多数还会添加粒径为数微米至十余微米、密度 $0.3\sim0.6$g/mL 的中空玻璃微珠，一体化成型。对于车用 SMC（片状模塑料）成型件，中空玻璃微珠的合理添加，可使 SMC 密度从 1.85g/mL 降至 1.3g/mL 左右，可大幅降低汽车重量。另外，纤维（短切或长切）和无机填料的充入，一般也会导致成型件表面缺陷增多，表面装饰和强化也就更显必要。免涂装高光注塑工艺也是近十几年内成长起来的一项较新技术，省去了传统高污染的涂装工序，有利于环保，提高了工效。国内广汽集团也开展了免涂装注塑工艺在汽车零件制造上的应用。总体来说，免涂装注塑成型件为提高工件表面光泽，注塑料配方中可能会使用一些低软化点、易于表面平整化的塑料组分。但这样所得注塑件表面硬度、耐划伤性将变得更差，满足不了使用要求，其表层非涂装强化也就十分必要。

汽车注塑、模塑件的表层非涂装强化技术主要包括低能 EB 辐照交联与 UV 辐照交联。低能电子束在高分子材料中的穿透性较强，依照电子加速器能量高低以及复合材料内在反应性差异，低能 EB 辐照在复合材料表层产生的交联可达数十微米至数百微米深度；紫外光在复合材料中吸收、散射严重，光强衰减迅速，穿透力较差，UV 辐照复合材料产生表层交联通常只有几微米，甚至纳米级厚度。复合材料表层交联如果太薄，实际上很难起到有效的耐划伤保护作用。聚合物吸收 EB 辐照时所发生的化学反应比较复杂，但随着化学键的断裂，通常都会同时发生聚合物链的交联和降解，但由于聚合物结构和性质不同，有的聚合物更倾向于交联，有的更倾向于降解，也有的则表现得比较惰性，化学转变效率极低。一般含有较多季碳原子的聚合物倾向于降解，芳环密度过高的聚合物多表现为 EB 辐照惰性。用于复合材料注塑成型的聚合物中，聚乙烯、乙烯共聚物、聚酯、PLA（聚乳酸）等材料倾向于 EB 辐照交联，而复合材料注塑加工中也较为常用的芳香族聚碳酸酯、PP 等材料则倾向于 EB 辐照降解。因此，以 EB 辐照工艺试图强化处理注塑件表层结构时，必须具体考虑所采用聚合物的 EB 辐照相应特征。对于原本 EB 辐照为降解的聚合物，在优选或设计添加材料前提下，有可能实现 EB 辐照响应性能的反转。

　　GE 和 Sabic 等公司都曾开展过汽车注塑件表层 EB 交联强化的研究。例如，以苯二酸修饰的聚碳酸酯作为复合材料注塑基体，注塑件表面低能 EB 辐照结果表现出一定的规律性特征。随 EB 辐照剂量增加，注塑件表面耐划伤性逐渐提高。超剂量辐照一般导致表面结构破坏，表面耐划伤性降低。作为注塑复合材料基体的上述聚碳酸酯结构，对 EB 辐照的响应有显著影响，不含脂肪二醇结构的聚碳酸酯，其 EB 辐照表面强化效果不显著，而聚碳酸酯结构引入少量丁二醇、己二醇等结构时，注塑件表面 EB 辐照增强效果显著，注塑件表面抗划伤性提高 1~2 个等级。同样，以聚酯改性聚碳酸酯为基体聚合物，添加不到 1% 的 TAIC、多种环硅氧烷作为 EB 敏感交联剂，注塑件 EB 辐照的耐磨保光性可提高至 98%，且持续耐磨性极稳定；而不添加交联促进剂的对照组经 EB 辐照，表面耐磨保光性只有 84%；相对于未经 EB 辐照处理的注塑件，其表面保光性只有 68%，且持续耐磨性较差。注塑料中少量添加经硅烷偶联剂或硅烷表面改性的硅酸铝纳米填料时，注塑件 EB 辐照表面强化效果也很显著，相对于未经 EB 辐照样本，耐磨抗划伤性提高 2~3 个等级。

　　相对而言，UV 辐照注塑件表面增强的研究较少，这可能与该技术的效用不高有关。有研究显示，聚合物分子链上引入很低比例（质量分数低于 1%）的自感光交联基团，成型固态聚合物在 UV 辐照下，尽管 UV 穿透性较差，但也可以在很薄的表层内发生感光交联，形成表面强化层，起到一定耐磨抗划伤作用。

　　随着汽车轻量化和电动化的发展，越来越多的碳纤维和其他高性能纤维应用于聚合物增强制造汽车零部件，其中的很多薄片状或薄壳状部件，如引擎盖、车身拼板等（如图 11.18 所示），由于碳纤维布的骨架强化作用，整体成型部件厚度降低至 0.5~3mm，仍能保证较高力学强度，如有需要，其厚度也可达厘米级。当前已在运行的碳纤增强复合材料汽车部件制造采用模塑热压成型工艺，即多层碳布浸渍液态树脂配方材料（环氧、聚酯体系居多），在模具内保压加热数十分钟，使液态配方树脂体系发生热交联固化，形成热固型碳纤复合材料。为降低成本，在一些非关键性结构强度部件制造上，也可能采用碳纤与玻纤，或其他高性能纤维材料混搭使用。这种模内热压（autoclave）成型工艺热固化反应时间较长，生产效率较低，包括奔驰、福特等多家轻型汽车制造厂商都在探索新型高效的碳纤复合材料汽车零部件制造技术。光固化交联技术因其高效、环保、节能的特点，成为优选技术。

图 11.18　以碳布高分子复合材料制造的奔驰 C63 引擎盖及 BMW i3 碳纤复合灯眉板

　　光固化制造汽车零部件是指以 X 射线、中高能电子束、UV 光源为辐照源，辐照固化纤维增强片状、壳状高分子预成型件，通常一个零部件的固化加工只需要几十秒至几分钟，具有非常诱人的推广前景。其中的纤维可以是长切纤维无规散乱分布，也可以是编织成布，叠层浸渍树脂，固化强度更高。当前使用的增强纤维以碳纤为主，在复合材料固化体中，纤维质量分数可高达 30% 或更高。其浸渍液态树脂配方也是基于环氧丙烯酸酯、聚酯丙烯酸酯、活性稀释单体、辅助性树脂或添加剂等作为待固化基体材料，在一定辐照条件下，树脂、单体可发生固化交联，包夹纤维形成高强度汽车零部件。光固化制造纤维增强车用复合材料零部件涉及辐照能量在材料中穿透性问题，穿透性好，则固化深度高，固化均匀彻底。否则，固化很可能只在材料表层进行，固化不完全，或存在固化梯度，影响零部件性能。对于玻纤增强复合材料加工，因玻纤本身较好的 UV 透光性，无论是长纤玻纤复合还是玻纤布叠层复合，在复合树脂压膜成型后，可以用紫外灯直接辐照固化。使用 TPO、I819 等长波吸收光引发剂，单纯光固化可深入达数毫米。阳离子光固化体系因光解产生的超强酸活性种具有扩散性，固化深度还可更高。对自由基机理的复合材料光固化，因存在氧阻聚问题，通常复合片材光固化在真空袋中进行，即液状复合材料装于真空袋中，抽真空，除净材料内部与袋中空气，压模预成型，解除压模，UV 辐照数十至上百秒，材料硬化。对于厚度更高的玻纤增强复合材料，则采用光-暗双固化技术，以自由基光固化配合相对稳定的过氧化物引发体系，在上层光固化启动的同时，随着自由基光固化的进行，伴随快速放热和热扩散，升温迅速，导致下层见光不充分区域快速升温，激发过氧化物分解固化。以该双固化技术制造玻纤复合材料，固化制件厚度可达 2cm 以上，在城市下水管道修复领域已获得成熟应用，在工程设备修复、舰船/飞机临时修补、卡丁车制造方面也有部分应用。

光固化玻纤增强复合材料的应用研究还有很多。20 世纪 90 年代，美国军方就曾资助开展过光固化 GFRP 制造轻型舰船的研究，包括船壳、龙骨、夹板等主体部件都实现了全 UV 固化，试验船已通过下水测试，可用于救生艇、冲锋舟、码头接驳船等，制造快捷、成本低廉。在欧美汽车制造领域，光固化 GFRP 以玻纤布多层叠加浸渍 UV 固化胶液，预压成型，光-暗双固化模式制造货车箱体和皮卡车斗，相对于过去钢铁车厢和车斗减重 20% 以上，增加了载货量。GFRP 箱体具有高强韧性，碰撞不变形，还可防弹、耐腐蚀，制造成本更低，维护成本也低。涂装保护性涂料后，阳光耐老化性能优异，利于规模化推广。

碳纤维颜色较深，多为黑色，编织成碳布后，与树脂配方浸渍、叠层预压成型，其紫外透光率极差，似乎以光固化技术很难实现碳纤复合片材的快速固化。但已有研究显示，将光固化技术结合潜伏性热固化技术，已在实验室规模和小试规模实现了多层碳布复合片材的快速 UV 固化。法国 Allonas 教授采用了三苯基氧锍盐作为阳离子光引发剂，以 UV-LED 为辐照光源，光引发环氧树脂聚合固化，所用阳离子光引发剂具有热引发效应，光固化过程释放热能，引起深层热固化。以玻纤布复合 UV 树脂或碳布复合 UV 树脂，薄膜真空袋包裹，抽真空，UV 辐照，实现了 2～5mm 厚度的碳布复合片材快速固化（如图 11.19 所示）。GE 公司以碳布、乙烯基聚氨酯、单体、I819、过氧引发剂、钴催化剂双固化制备汽车零件。Loctie 公司在更早时期开发了基于石墨纤维、环氧、潜伏性胺固化剂、PUA（聚氨酯丙烯酸酯）树脂、单体、光引发剂的双固化制造复合片材的技术。

图 11.19　UV-LED 辐照双固化制造纤维增强片材

中高能 EB（300keV～12MeV）和 X 射线对材料的穿透性较好，已有较多机构开展了 EB、X 射线辐射固化碳纤复合片材部件的研究。美国设备厂商 IBA 公司曾报道过美国研究机构采用 EB 固化纤维增强工程复合材料的研究情况。结果显示，碳纤/高分子复合材料经 150～250kGy EB 剂量辐照固化（几十秒），其大多数性能与优化的热固化（3h）平行样本相近，但 EB 固化玻璃化转变温度（210～

390℃）远高于热固化样本（190～210℃），抗弯折模量提高 30％以上，层间剪切强度提高 40％以上。美国 Neptune 公司曾选用湛新脂肪族聚氨酯丙烯酸酯、胺改性环氧丙烯酸酯等作为黏结料，复合碳布，EB 辐照固化，最好可获得 480MPa 的抗张强度，改性环氧丙烯酸酯复合效果优于聚氨酯丙烯酸酯。聚氨酯材料在 EB 辐照下的化学反应更为复杂，可能导致某些不利副反应。因此，EB 固化纤维增强复合材料较少选用聚氨酯丙烯酸酯作为黏结料，更多还是选用改性环氧丙烯酸酯、聚酯丙烯酸酯等作为纤维增强黏结料。

上述纤维增强复合材料（即 CFRP 与 GFRP）本体 EB 固化技术是基于液态不饱和树脂（如环氧丙烯酸酯）的 EB 辐照固化行为，中高能 EB 辐射还可应用于固态塑料与纤维、无机填料复合材料的发泡交联。众多汽车内饰，如车门内饰功能化发泡内衬材料、车身内衬发泡材料等（如图 11.20 所示），要求具有一定力学强度和高闭孔发泡结构，以提供缓冲保护、降噪、减震、隔音、隔热等作用。该内衬材料多由聚烯烃塑料（多为聚乙烯）与短切玻纤或无机填料、发泡剂、助剂等混合，经熔融压塑成型，传统工艺过程中，热压环节几乎同时启动热发泡与聚烯烃交联（过氧引发剂），交联反应反过来又将限制发泡。所以，传统工艺中需十分小心设计发泡、交联配方和热压工艺，原材料的细小变动和加工工艺的小幅波动都将导致发泡与交联的协同失败，产生次品。

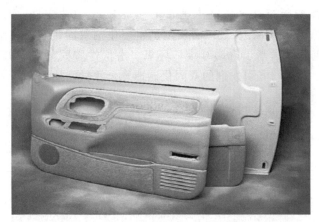

图 11.20　EB 交联强化汽车发泡内衬

日本积水化学下属的 Voltek 公司开发了一种发泡与交联分立的高可控工艺技术，复合料在熔融热压阶段只有发泡行为，没有交联反应；待发泡成型稳定后，再以中高能 EB 进行辐照，聚乙烯高效快速交联，制造过程更易控制，良品率得以保障，发泡成型内饰件得以强化，硬度、抗形变、抗张抗冲强度、表面耐划伤性等均显著提高。

X 射线固化碳纤复合材料的研究应用在欧美较多，例如阿斯顿·马丁某款汽车即采用 X 射线固化碳纤复合材料作为多个零部件。但 X 射线穿透杀伤能力太强，工业防护比较麻烦，因而能够开展这方面研发的机构不多。

第四节　车架与车身涂装保护

对于传统钢铁金属汽车制件，涂装可起到美化装饰、防腐、耐磨、抗刮擦等作用，因而汽车涂装也是汽车制造中的重要环节。以高分子复合材料制造的车架、翼板、导流板、车顶盖、引擎盖、保险杠、轮眉护板、车门外板等外部零件也同样需要涂装保护。传统汽车涂装过程一般经历钢铁制件表面磷化处理（$150\sim525$mg/ft^2）（1ft=0.3048m）、电泳底漆（烘烤，干膜厚 $20\sim25\mu$m）、中涂（喷涂烘烤，干膜厚 $25\sim75\mu$m）、底色漆涂层（喷涂烘烤，干膜厚 $15\sim25\mu$m）、清漆面涂（喷涂烘烤，干膜厚 $40\sim55\mu$m），涂层总厚度约 $100\sim200\mu$m。全球 2015 年汽车各种涂料销售市场达 220 亿美元。Grand View Research 公司预计，到 2025 年将超过363 亿美元。占据主要地位的汽车涂料企业包括 PPG、巴斯夫、艾仕得、阿克苏、宣威、关西涂料等。受国际节能减排、环保、智能制造等因素影响，多数汽车涂料大型企业已逐渐转向环保性能相对较高的水性汽车涂料。德国车企涂装改造已成先进示范，且越来越多的零件制造、涂装、密封、粘接采用光固化工艺或光固化产品。

我国 2017 年汽车涂料产量 203 万吨，当年汽车产量 2900 万辆，平均每车消耗涂料 79kg。这其中绝大部分采用高溶剂含量的烤漆，按溶剂平均含量 50% 估算，每年汽车涂装产生 VOCs 高达 100 万吨，即使扣除封闭喷涂回收部分溶剂技术，实际排放到大气的 VOCs 总量也十分惊人。虽然我国多地政府和行业机构也制定了汽车涂装 VOCs 排放限值标准和烘烤能耗，并努力推动水性烤漆在汽车涂装上的应用，但进展缓慢。综合来看，以水性涂料替代溶剂型涂料也可能不是最终唯一选择，原因分析如下：

① 水性烤漆的 VOCs 含量固然已经大幅降低，但 10% 以上含量的 VOCs 在国内水性涂料中非常普遍，VOCs 问题依然不容乐观。

② 车用水性烤漆质量要求较高，特别是成膜质量和耐水等基本性能，缺少像欧洲企业那样的先进技术和材料，很难解决一般水性烤漆的质量缺陷问题，即汽车涂装"油改水"技术门槛还非常高，原材料成本也很难在短时间内接受。

③ 我国汽车涂装环保标准中还有对涂装环节能耗的严格限制，以水性烤漆代替溶剂型烤漆进行汽车涂装，必然带来更高的能耗。以水作为分散剂，替代大多数有机溶剂。在漆膜烘烤固化阶段，水分的升温、蒸发相对有机溶剂需要吸收更多的热能。如表 11.3 所示，水的比热容是油性涂料常用溶剂的两倍多，升高同样的温度，水需要吸收的热能是其他常用溶剂的两倍。另外，水的沸点蒸发热是其他常用有机溶剂的 $5\sim9$ 倍，即同样在 100℃ 或略高一点的温度下加热去除涂层中的水分，

需要比去除有机溶剂高 5～9 倍的热能。有公司生产线实测水性烤漆能耗是传统油性烤漆的 10 倍。这意味着汽车涂装行业油改水之后，需要付出高于原来许多倍的电费，付出了更高的成本，却很难达到行业能耗限制标准。可以说，水性烤漆降低了 VOCs，却大幅增加了能耗。

表 11.3　水和有机溶剂的比热容与沸点蒸发热

溶剂	比热容/(kJ/kg·K)	沸点蒸发热/(kJ/kg)	相对蒸发热
乙酸丁酯	1.91	309	1.25
丙二醇甲醚乙酸酯 MPA	—	247	1
甲苯	1.72	363	1.46
水	4.19	2257	9.13
二甲苯	1.72	395	1.60

④ 车用水性烤漆蒸发冷凝形成的废水含有 VOCs 和有害的胺类（包括氨水，用于中和树脂羧基，帮助树脂水性分散），也不能直排，也需进行无害化处理。其中的胺类化合物挥发性可能较强，抑制挥发污染也大大增加了成本。

⑤ 水性烤漆喷涂施工过程中产生大量废料，固废、液废的处理压力也不小。

⑥ 在可以预见的将来，大量汽车零部件将采用塑料和高分子复合材料制造，水性涂装存在附着力的挑战。更关键的是，这些高分子零部件涂装后大多不能经受高温烘烤（150℃左右），否则变形或尺寸精度改变。

因此，汽车涂装简单"油改水"很可能只是当前紧迫形势下的一种权宜之计，随着环保监察日趋严格，环保要求越来越高，更为环保、节能、高效的涂装技术必然成为主流。UV-EB 固化涂装就是不错的选择，事实上，已有部分汽车零件大部采用 UV 涂装，如车灯、轮毂、车内把手、电镀车标、电镀饰条等。

汽车车架和外部 UV 涂装的研究自 20 世纪 90 年代就已开始，主要是一些科研机构和个别光固化领域的企业，包括巴斯夫、杜邦涂料（艾仕得）、沃尔瓦格、亮克威泽等，戴姆勒、福特等汽车公司先后建立了整车与车架的 UV 涂装生产线，整车 UV 涂装多为试验线，实际量产较少，更多的是车身零部件 UV 涂装生产。金属基底的零件涂装，同样也需事先做好磷化和阴极电泳等防腐处理，再涂装 UV 中涂、UV 色漆、UV 面清漆。注塑或模塑成型的高分子材料工件，可经电晕处理后，直接涂装 UV 底色漆、UV 面清漆，甚至还可实现 UV 加色单涂（mono-coating）。

鉴于汽车零件表面多异形特征，UV 涂料的涂装大多也沿用了传统的喷涂工艺，保证一些沟槽部位完整涂覆。UV 涂料本身并不需要添加溶剂，即可实现零 VOCs 配方。但为满足喷涂工艺，需要降低黏度至适喷范围，因而 UV 喷涂工艺中所用涂料可能会添加 10％～30％ 的低毒性醚酯类溶剂，在降低黏度的同时，还能便于控制漆膜喷涂厚度，实现较薄膜厚。待喷涂完成后，涂装工件进入烘道，挥发的有机溶剂进入冷凝器中回收利用，减少 VOCs 排放。由于 UV 喷涂添加了溶剂，破坏了其环保性，无溶剂 UV 喷涂成为新课题。现有带负压的升温无溶剂 UV 喷涂技术，可基本实现 UV 涂料的喷涂施工，但涂层膜厚仍然较高，多达数百微米，很难保证固化后漆膜的基本性能。特别是对于汽车车架、外板涂层，通常硬度要求较高，厚膜涂层容易发生爆裂脱落。同时，光固化漆膜太厚，也很容易出现附着力下降、开裂等缺陷。因此，无溶剂 UV 喷涂的技术水平还需根本性提升。

日本加美电子、长濑产业等企业研发了一种超临界二氧化碳，替代大部分 VOCs 的喷涂工艺，将大幅减少 VOCs 溶剂的涂料在管道中与超临界状态的二氧化碳混合，压至喷枪进行喷涂，喷涂效果与足量掺混 VOCs 溶剂时相当，喷涂质量也可保障，装置如图 11.21 所示。该喷涂工艺针对传统溶剂型工业涂料设计，树脂分子量较大，黏度可高达十万毫帕·秒左右，需要高比例溶剂进行稀释降黏，而以超临界二氧化碳技术配合喷涂，可以大幅降低 VOCs 溶剂含量 50% 左右。据推测，对于 UV 涂料，添加了活性稀释剂，本身黏度不是很高，可以控制在数千毫帕·秒。因此，完全不添加 VOCs 溶剂，直接进行超临界二氧化碳混合，或许也能实现无溶剂喷涂。

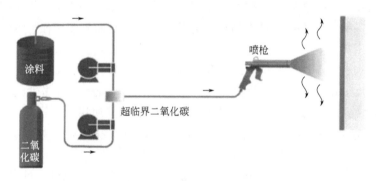

图 11.21 超临界二氧化碳辅助喷涂

戴姆勒公司为使 UV 涂料适应汽车涂装，开发了一种较为新颖的高黏度涂料涂装技术，即浸涂加高速气流吹薄工艺。不添加有机溶剂的 UV 涂料加热至 60～100℃（温度太高易凝胶），降低黏度至数千毫帕·秒，工件浸涂 UV 涂料，提升转运至保温的高压气流仓，高速气流从可移动的组合喷口喷出，程序移动冲刷过厚涂覆的液态涂层，结合多点液膜厚度在线监控，冲刷液态涂层至所需厚度范围时，停止气流冲刷，剩余涂层热烘流平，自动转运送至三维立体光源系统辐照固化。吹落的多余 UV 涂料可以回收，重新使用，涂装过程几乎零 VOCs 排放。对于外形相对规则的工件可能比较适用，但对于车架这种复杂工件涂装，可能还有改进空间。

为解决整车车身即较高大立体工件的辐照固化，IST、贺利氏等公司设计了三维智能辐照装置，由固定 UV 灯组与可伸缩 UV 灯组构成，箱体内侧壁大多安装固定灯组，顶部安装智能探测可自主升降的移动式灯组（图 11.22）。车身存在较大高低起伏，传动带将车身送入辐照装置，顶部 UV 灯组自带探头自动探测工件距离，自动调整灯头与工件距离，保持较近辐照，保证 UV 辐照的充分性。

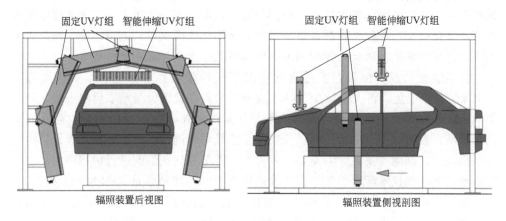

图 11.22   IST 公司开发的多维可伸缩 UV 辐照装置

车架与车身涂层要求具有较高硬度以及较好的耐磨、抗刮花、抗冲击等性能，以 UV 涂料涂装，涂料配方的调制也极为关键。为满足高硬度特征，UV 树脂和单体倾向于使用高官能度牌号，为平衡耐磨、抗刮花、抗冲击等综合性能，一般优选带有环状结构、利于产生氢键物理交联的氨酯结构树脂。环氧丙烯酸酯虽然可以提供较高的硬度和附着力，但脆性也较大，耐磨性、抗刮花、抗冲击性能不足，汽车 UV 外涂装较少使用，可能在 UV 底涂配方中可以部分使用。6 官能、9 官能或更高官能度的聚氨酯丙烯酸酯通常可以提供较高硬度和耐性，如沙多玛公司的 CN9006、CN9013、CN9025、CN9026 等；长兴公司的 6103、6126、6161-100、6195-100（10 官能度）、6196-100（15 官能度）、6197 等；博兴公司的 B-619W、B-618、B-912（9 官能度）、B-919B（9 官能度）、B-915（12 官能度）等，但是否具有足够抗刮花、抗冲击等性能，还需考虑其树脂结构，包括链段结构和氢键分布密度等因素。过高的官能度一般可产生高硬度，但也容易导致固化涂层脆性增加。氨酯氢键与软段结构协同，即树脂总体结构设计、合成控制较为关键。聚酯丙烯酸酯作为主体 UV 树脂时，高官能度牌号可保证快速固化特征，也能为固化膜提供一定硬度，但聚酯类固化材料大多耐磨性不佳，也比较容易刮花，抗酸碱耐候性也不理想，因而在汽车车身 UV 涂装中，聚酯类 UV 树脂较少使用，一般只能作为辅助性调节使用。特殊结构与性能的牌号另当别论。

使用高官能度 PUA 来提高 UV 涂料的硬度与耐磨性只是主要技术路线之一，该技术最大缺陷是固化残留双键较多、固化收缩应力较大，如果涂覆于柔性基材上，固化后很容易卷曲、翘曲，过高的固化应力收缩也容易损害附着力。设计研发含有更多脂环结构的高官能 PUA 树脂或许可以弥补上述不足，添加碳酸钙、滑石粉等无机填料也可缓冲部分应力收缩，防止附着力变差，同时增加硬度。其他获得高硬度、高耐磨 UV 涂层的技术还包括改性无机纳米填充技术、潜伏性无机纳米技术。将醇分散的纳米氧化硅、氧化铝、氧化锆等溶胶分散在 UV 配方中，涂覆固化后也可获得较高的硬度和耐磨性。这种纳米溶胶必须分散于大量溶剂中才能动力学稳定一段时间，但大量溶剂也带来高 VOCs 问题；纳米粒子也可能因在固化涂层中分布不均匀或固化同时纳米粒子聚结返粗而导致涂层性能缺陷。以硅氧烷改性的大体积 UV 单体、UV 树脂对溶胶粒子进行表面锚定保护，真空除去乙醇等溶剂，可获得一定黏度的纳米分散液，可基本消除 VOCs 问题，纳米粒子表面键合的大体积可固化基团阻碍纳米粒子聚结，基本保证体系的抗凝胶稳定性，可与多种 UV 树脂配合，形成高硬度、高耐磨、抗冲击 UV 固化涂层。另一种较好的策略是设计潜伏性纳米技术，在高官能 PUA 树脂中引入多个硅氧烷基团，与少量正硅酸四乙酯等复配，密封避潮可保存较长时间，其中的丙烯酸酯基团进行光固化，硅氧烷基团进行水解缩合交联，在自由基光引发剂和光产酸剂（包括部分阳离子光引发剂）协同作用下，UV 辐照瞬间发生丙烯酸酯基团聚合交联；而光产酸剂光解产生强酸或超强酸，催化硅氧烷基团水解缩合，形成被高分子结构键合包裹保护的硅氧无机纳米微相区，即 UV 辐照实时产生有机-无机杂化固化膜，硅氧烷基团水解缩合速度稍慢，即以二次交联方式增加固化涂层交联度，固化收缩产生的应力能够逐渐释放，总体收缩应力减小，附着力得以保证。由于键合包围无机纳米微相区的后续产生，涂层硬度、耐磨性、抗冲击性、附着力等综合性能明显同步提升，铅笔硬度可达 6H，且保证了附着力。

　　活性稀释单体可以降低配方总体黏度，为保证固化速度和最终固化膜硬度等综合性能，高官能度单体常常是必要选择。常用高官能度单体包括 TMPTA（三羟甲基丙烷三丙烯酸酯）、PETA（季戊四醇三丙烯酸酯）、DPHA（双季戊四醇六丙烯酸酯）、双三羟甲基丙烷四丙烯酸酯等，DPHA 在提高硬度方面效果显著，对耐磨性也有一定帮助，但固化后的双键残留也比较严重，对涂层耐老化性能不利。DPHA 牌号混乱，大多黏度过高，实际上很难起到配方降黏作用，此处低黏度DPHA 十分必要。乙氧基和丙氧基化改性高官能度单体在汽车外部涂装中不主张使用，尽管可以显著降低黏度，但固化交联度大幅下降，EO（氧乙烯）、PO（氧丙烯）结构的耐老化性能较差。为平衡降黏、硬度、固化双键残留等要素，也有研究提出采用特殊脂环结构的单官能丙烯酸酯单体，如 IBOA（丙烯酸异冰片酯）、4-叔丁基环己基丙烯酸酯等，这类单体黏度很低，降黏作用明显，其脂环结构可提供涂层一定硬度和韧性，利于抗冲击性能的提高。

　　车用加色底涂配方光引发剂一般选用 TPO、Ir819 等光引发剂，长波紫外吸光效率高，对颜料竞争吸光具有对抗作用，且具有光漂白功能，光引发剂本身的浅黄色不会影响浅色底涂的颜色。该类光引发剂表面抗氧阻聚性能略差，但作为底涂，表面固化缺陷也可为面涂提供较好的层间附着力。面涂配方所用光引发剂多为

Ir184，其较好的光引发效率、抗黄变、抗挥发性、光解碎片低气味等性能是 D1173 所不及的。D1173 虽然光引发效率在多数条件下与 Ir184 接近，但车身涂装的 UV 涂料可能需要长时间保温预热，D1173 挥发性略强，可能会有部分损失，这在某些工艺上出现过。另外，D1173 的变黄指标也偏大，不利于保持面涂清亮装饰外观。

考虑到车身即外部零件表面异形构造复杂，很多沟槽位可能没有办法有效见光固化，尽管已有很多三维辐照装饰设计满足异形件光固化，但光固化辐照仍然存在遮光死角，此时单纯依靠 UV 固化已很难保证全面完善固化。双固化设计是当前应对该问题的主流技术路线。如前所述，从综合性能比较，光-暗双固化中以 NCO 基丙烯酸酯加羟基丙烯酸酯双组分配方较好，丙烯酸酯基团部分完成光固化，NCO-羟基部分在受热条件下完成暗固化，且暗固化产生更多氨酯键结构，性能较好。拜耳、湛新等公司都已推出这类双固化树脂，其双固化性能已通过很多测试评价，材料和技术相对可靠。但比较麻烦的是必须按照双组分无溶剂配方操作施工，存在施工时限（亦称活化期）问题，因而影响涂装施工的灵活性和余料的回收循环使用。另外，由于配方中 NCO 基团的存在，底涂配方中所需的某些颜料、填料、助剂等可能难以加入，否则施工时限更短。其他双固化技术还有光-过氧热引发固化、光-氧聚合固化、光-潮气交联固化、光-巯烯加成交联固化等。因需要保证涂装施工的快速连续性，双固化底涂的暗固化干燥时间不能太长，要求双固化体系中的暗固化反应具有较高固化效率，因此某些温敏性的潜伏性催化剂值得进一步研发。含有封闭性异氰酸酯的 UV 树脂也可能是解决遮光区域固化的有效手段，既能保证单组分储存，又可实现升温解封固化。为适当降低解封温度，提高解封效率，高效的解封催化剂研究十分迫切。含 NCO 基树脂的双固化体系可以解决汽车难见光少数区域的光固化问题，而且这种双固化体系在光热同时作用下，固化膜还具有优异的耐划伤性、抗收缩性、抗老化能力等。以多丙烯酸酯且多羟基树脂（A_x-OH_x）、多丙烯酸酯且多 NCO 基团树脂（A_x-NCO_x）、六官能聚氨酯丙烯酸酯（6FPUA）为研究对象，A_x-OH_x 树脂单独热固化、A_x-OH_x 树脂与 A_x-NCO_x 树脂复合热固化，发现两种固化涂层的抗划伤性（Taber 磨耗，测雾度 Haze）都很差，而 6FPUA UV 固化涂层初期抗划伤性较好，但长期抗划伤性明显下降，而 A_x-OH_x 树脂与 A_x-NCO_x 树脂复合后的光-热双固化涂层具有更为优异的初期和长期抗划伤性。6FPUA 的 UV 固化涂层收缩应力最大，可导致柔性基材较大翘曲，而 A_x-OH_x 树脂与 A_x-NCO_x 树脂复合双固化涂层应力收缩非常小，有利于保证良好的附着力。

抗老化性能方面，在添加合适光稳定剂与紫外吸收剂前提下，6FPUA UV 固化涂层的抗老化性能不甚理想，QUV 老化一般只能耐受住 500~800h 的测试，2000h 后，涂层光泽度保留率仅剩 20%，这可能与其双键残留率较高、内应力较大有关；而不含氨酯键的 A_x-OH_x 树脂热固化涂层抗老化性能高于 6FPUA 光固化膜，约 1500h；A_x-OH_x 树脂与 A_x-NCO_x 树脂复合双固化涂层抗老化性能显著提高，3000h 后，涂层光泽度保留率还在 90％以上，这可能与其低收缩应力的高交联密度有关，先热固化，后 UV 固化，收缩应力得以分步释放，基于凝胶态的 UV 固化所需光引发剂也大幅减少，固化后的残留光引发剂也减少，双键转化程度也相应提高，耐候性改善。

　　UV 涂料的耐老化问题是一个长期性课题。UV 涂料因需要对抗氧阻聚，使用了远高于理论量的光引发剂，一般清漆达到 2％～3％，色漆光引发剂含量可达 6％或更高，在光固化完成后约有三分之二的光引发剂原封不动包埋于交联网络中，残留光引发剂以及某些光解碎片分子作为长期感光性物质存在于固化涂层中，导致抗老化性能不佳。另外，配方中使用较多高官能度单体，其固化转化率也很难接近完全。一般规律是，官能度越高、结构越硬，其固化转化程度越低。光固化涂层中较多残留双键也是导致涂层抗老化性能低下的重要原因。光引发剂残留可以大幅降低光引发剂浓度至 1％以内，再结合其他阻隔方式，抑制氧分子向涂层扩散渗透，缓解氧阻聚，保证 UV 固化的完善进行。空气阻隔方式包括离形 PE 覆膜、二氧化碳气氛、吹氮气、水中浸泡辐照、涂后非光预凝胶等。配方添加抗氧助剂也是常用解决方案，提高抗氧阻聚性能的添加剂包括三苯基膦、亚磷酸酯、位阻多巯基化合物、单线态氧捕捉剂、硅油（仅适合 UV 面漆）、巯基硅油（仅适合 UV 面漆）、含氢有机硅化合物、硅烷改性光引发剂（仅适合 UV 面漆）、氟碳链改性光引发剂（仅适合 UV 面漆）、特定结构二硫醚化合物、2-巯基苯并噁唑（MBO）等，这些添加剂的抗氧阻聚机理不尽相同，与降低光引发剂浓度的配方结合，既可保证 UV 固化进行完善，又能大幅降低光引发剂浓度，使固化涂层内光引发剂总体残留浓度降至更低水平，利于提高耐老化性能。抗氧阻聚是困扰 UV 固化领域多年的一个难题，已有相当多的研究试图彻底解决这一问题，然而到目前为止，尚无一种简便可行的方法能够做到抗氧阻聚的同时又不诱发其他问题，往往需要多管齐下，方能大幅改善。

　　对于固化涂层残留双键对涂层耐老化性能的负面影响，可以在适当降低配方树脂和单体官能度基础上，采用高强闪光氙灯辐照，使涂层（包括填充与颜料着色）达到极为彻底的双键转化，涂层固化后丙烯酸酯双键残留率可降至 0.1％以内，且涂层表层双键转化率显著高于涂层内部，这种效果是常规汞灯紫外、LED-UV、连续氙灯、碳弧灯光源所无法获得的。福特汽车联手几家大学研究的这一成果，无疑为将来汽车外部 UV 涂装涂层耐老化问题，提供了极为难得的思路。这里所谓的闪光氙灯是一根筷子粗细的长形灯管，内充一定压力的氙气等，在特定电源系统控制下，呈闪烁状发射波长为 190nm 以上的连续紫外、可见、红外光，其单次脉冲发射光强可达 400000W，而单次脉冲时间宽度只有约 3ms（可调），折算成单次脉冲实际发射光强为 1200W，瞬间发射光强极高。依据自由基光引发聚合动力学原理，聚合速率正比于有效光强的二分之一次方，如此高光强，聚合速率自然很高，光引发剂分解也更为彻底（残留少），丙烯酸酯双键转化更为彻底。

常规 UV 固化涂层一般没有刻意降低光引发剂残留和双键残留，其 QUV 耐老化时间好的也就 300～500h，黄变、失光、开裂、脱落等现象逐渐出现，远不能达到一般工业涂料的基本耐老化性能要求。在尽可能降低汽车 UV 涂层内光引发剂残留和双键残留前提下，UV 固化涂层的 QUV 耐老化性能可提高到 800h 以上。进一步改善耐老化性能一般需要配合配方材料结构优化和抗老化助剂。原汽巴公司（归入巴斯夫）针对 UV 涂料使用 Ir184 与 TPO 光引发剂配方，推荐使用 TINU-VIN® 400 作为涂层紫外光吸收保护剂（UVAs），使用 TINUVIN 292、TINU-VIN152 受阻胺作为光稳定剂，可显著改善 UV 固化涂层耐老化性能。实际上还有更多抗老化助剂被研究应用于 UV 固化涂层，其他有效的光稳定剂还包括三嗪类化合物等。多种光稳定剂的搭配使用也常常有效，有较多文献可供参考。在配方材料优化的同时，合理使用紫外光吸收保护剂和光稳定剂，UV 固化涂层的 QUV 耐老化时间常常可以超过 2000h，逐步接近 UV 固化工业涂料性能要求。添加 UVAs 与光稳定剂大多会对光固化效率产生负面影响，UVAs 本身高效率吸收相对短波紫外光，屏蔽太阳光紫外线对涂层伤害，辐照固化过程也同时对光引发剂的紫外吸光效率形成竞争，降低光引发剂吸光效能，光固化速率大多会降低，不利于完善固化。解决此矛盾的方法有多种：优化筛选合适的 UVAs，减少吸收竞争；优化设计具有感光潜伏性的 UVAs，即前驱体（亦称隐性 UVAs）的紫外吸光性较弱，对 UV 固化基本没有竞争吸光能力，基本不影响光固化效率，但在 UV 辐照固化的同时，隐性 UVAs 感光发生光致异构，激发产生高活性 UVAs，并在 QUV 测试或阳光紫外辐照下，逐渐产生更多显性 UVAs，发挥紫外光吸收保护作用。助剂抗老化的作用机理在此不予赘述。

另外，UV 涂料树脂、单体的化学结构对固化涂层的耐老化性能也有非常关键的影响，汽车 UV 涂料树脂倾向于采用综合性能较佳的 PUA，合成 PUA 的异氰酸酯原料一般选用脂肪族多异氰酸酯，如 IPDI、氢化 MDI 等。芳香族多异氰酸酯衍生材料的耐老化性普遍较差，几乎无户外应用性能。合成 PUA 的二醇原材料可以是聚酯二醇，也可以是聚醚二醇。有研究发现，丙烯酸酯单体和丙烯酸酯化的树脂中如果含有较多醚类结构，尤其是芳醚结构，则固化涂层的耐老化性能一般较差。双酚 A 衍生聚醚合成的树脂耐老化性较差，带有 EO、PO 开环醚类结构的耐老化性能也较差，且 PO 开环醚结构更差，推测可能与其结构中次甲基、甲基同碳特点有关，即耐老化 PUA 树脂不推荐使用聚乙二醇、聚丙二醇作为合成原料。聚1,4-丁二醇的醚类结构耐老化性能稍好，推测较长碳链或多碳脂环结构醚类的耐老化性能较好。含有季碳原子结构的新戊二醇合成聚酯材料，其耐老化性属中等，但2-甲基-1,3-丙二醇合成的聚酯材料却可获得比较好的耐老化性能。聚酯二元醇选用的二酸单体结构对树脂耐老化性影响存在一定规律，马来酸较差，丁二酸、己二酸、邻苯二甲酸略差，间苯二甲酸合成树脂耐老化性能较好。

以复合材料（GFRP、CFRP 等）制造的汽车各外部零件进行涂装时，一般要考虑这些部件模塑制造过程带来的表面脱模剂问题，脱模剂表面张力较低，对涂层附着性危害较大。涂装前需对工件进行仔细清洗，根据复合材料所用黏合剂树脂性能，可能还需表面电晕处理，方能上涂 UV 底漆。对多数玻纤、碳纤增强复合材料，采用不饱和聚酯作为固化黏结料，清洗干净后的表面张力较高，涂料润湿、附着通常容易实现。

第五节　光固化在汽车内饰及其他方面的应用

汽车内饰涂装包括的部件种类较多，大体可分为功能性内衬和装饰性内衬。部件材质也十分繁杂，包括塑料、金属、多层复合材料、植绒等，特别是对一些需要美化装饰和经常触碰擦拭的塑料件部位，涂装保护是必需的，以增强部件表面的耐磨性和抗刮花性能。如换挡箱盖板、空调盖板与栅格、媒体控制盖板、仪表盘、上盖前围、手套箱、内衬仿金属饰条、车门内衬高光饰件等，常需进行高光或平光涂装保护。所使用的塑料主要有 ABS、PC、ABS/PC、尼龙、PVC、CPVC、LDPE、HDPE、PP 等，包含无机填充体和纤维增强模塑。而内衬顶棚、ABC 立柱内衬可用多层缓冲复合材料，可视表面多为手感无纺布或植绒面，也有发泡成型的一体化内衬覆盖材料等。顶棚内衬、立柱内包、车门内衬等大多还起到减震、吸音降噪、缓冲碰撞保护等作用。汽车内饰塑料部件的表面保护装饰，传统上较多采用双组分 PU（聚氨酯）涂料，VOCs 排放高，干燥慢，涂层耐磨性往往不佳，抗刮花性能一般较差。UV 涂装无疑是较好的选择，可降低 VOCs，甚至有可能实现近零 VOCs 涂装，干燥固化瞬间完成，交联密度高，耐磨性、抗刮花性能理想。塑料零件的 UV 涂装方式目前大多还是采用加溶剂喷涂，易于实现薄喷低膜厚，但 VOCs 含量较高，有损 UV 涂料的环保特征。其他低 VOCs 涂装方式包括如前所述的浸涂吹薄工艺、超临界二氧化碳辅助喷涂工艺等。根据具体部件及要求，可以单层涂覆 UV 色漆或清漆；也可以先涂覆 UV 加色底漆，再涂覆 UV 清漆罩光。对于难附着基材，通常需要进行表面电晕处理或附着力增强打底。关于汽车内饰部件涂装的技术标准，业内更多的是执行企业自行制定的企业标准，如上汽"SMTC 300002—2010 汽车内饰件涂装要求"等系列标准，这些标准规定了对汽车内饰件的涂装要求。该标准适用于安装于汽车内部的油漆、胶版印刷、热压、模转印和水转印方法涂覆的（内部装饰）金属和非金属材料。涵盖的工艺、性能要求及测试方法包括工件表面预处理、涂装工序、外观和感触性能、大气暴晒试验、适用油漆系统以及初始状态中的附着力和脆性、耐热性、耐候性、耐老化性、耐磨性、耐洗涤剂与混合汗液性能、耐面霜性能、耐光性、耐磨损抗刮花性能等。作为汽车内饰件涂层，因常年暴晒不如车身外部涂层，因而对涂层耐候性的要求会略有降低，耐磨蚀性能也不如外部涂层。

内饰塑料件所用材质大多具有较大表面张力，对 UV 涂料附着性较好。但像 PP、PE 这类材质部件，尽管可以预先进行表面电晕处理，提高涂层附着力，但电晕处理常常会出现处理效果欠佳的情况，涂层任何小区域的附着失效都将导致良品率降低，因而 UV 涂层通常是 UV 底涂配方，必须小心优化，可选用一些对聚烯烃塑料附着性较好的树脂、单体及附着力促进助剂等。关于汽车内饰塑料件 UV 附着力的研究，如以氯化聚酯丙烯酸酯为主体树脂的 UV 底漆配方中，添加少量（质量分数为 3%）的氨基硅烷偶联剂作为附着力促进剂，涂覆 PP 注塑件。结果表明，空白对照 UV 涂层完全无附着性，而添加少量氨基硅烷偶联剂的样品能够形成中等质量的附着性，添加略微过量则很容易导致配方黏度缓慢上升，失去储存稳定性，这与氨基对丙烯酸酯双键的加成有关。配方中添加醛酮树脂或增黏聚酯作为附着力促进剂，大多可以形成接近完美的初始附着力，但 24h 后的附着力大多会急剧下降，失去增黏意义，只有醛酮树脂选型合适，且用量比例略微偏高的配方，其 UV 固化涂层的初始附着力与持久附着力可能均较好。上述附着力促进聚酯材料大多选用 LTH，一种基于复杂脂环二醇与苯二酸的高黏性聚酯材料。

硬质部件的 UV 涂装要考虑到部件的三维异形外部特征，可能存在的夹缝、沟槽部位很难有效见光固化，因而光-暗双固化的配方设计经常在汽车内饰 UV 涂装中采用。除光固化配方设计外，还可使用带有 NCO 基团的聚氨酯丙烯酸酯与带羟基的丙烯酸酯化树脂，以双组分形式配料涂装，形成光-暗双固化体系。为延缓双组分混合体系快速凝胶失效，可以添加少量异氰酸酯反应抑制剂，待涂覆成膜后自行挥发，解除抑制。双固化树脂 NCO 端采用有效的封闭技术，可实现单组分操作，涂膜后能在 80℃ 左右实现快速解封，方便暗固化的顺利进行。根据上海大众汽车的研究显示，采用异氰酸酯基的光-暗双固化涂覆，塑料零件表面耐磨、抗刮花性能显著提升，因此是一种较好的内饰涂装固化技术。配方组成方面与汽车车身涂料相似，适度高官能度的树脂与单体经常使用，但耐候等性能要求的放低，使得某些聚酯丙烯酸酯、改性的环氧丙烯酸酯等材料也可部分使用。为增强涂层耐磨性、表面抗刮花性能，纳米溶胶材料和潜伏性纳米材料也可研发使用。为强化涂层耐污性，可交联固化的低表面张力有机硅、氟碳树脂、氟碳微粉等材料可以考虑用在面漆配方中。

顶棚作为顶饰系统的载体，其基材不仅要考虑顶棚的刚性足够承受自身的重力，还要考虑其他集成零件对其的影响，使顶棚下垂保持在设计允许范围内。顶棚一般分为软顶和成型顶两种（也叫硬顶）。软顶结构简单，可以是单层表皮，也可以是复合衬垫表皮，可以直接黏结在车顶上，材料一般由表面的 PVC、无纺布和针织面料及背面的海绵层复合而成。软顶重量轻，价格低廉，柔软，但是装配费时，外观不好，隔声、隔热性能差，一般只用于客货两用车和低性能要求的乘用车上。成型顶由面材和基材组成，大多将面材和基材复合成为大尺寸复合片材或复合卷材，最后采用模具成型。经过模具成型的顶棚，大多都能保持其形状，具有一定的刚度和韧性。面材一般有 PVC 薄膜、无纺布或针织面料，通常在表面复合一层软质海绵来改善成型后的外观。基材要求选用隔声、隔热、耐久性和抗变形性的材料，如热塑料板材（如改性 PS、PP、PU 等），热固性板材（如包含热固性树脂填充的再生纤维、麻纤维、玻璃纤维、玻璃棉等），复合类板材（如发泡的 PE、PU、玻璃纤维、无纺布等）复合而成，最后模压成型。这其中性价比较高的顶棚设计就是 PUR 发泡复合板，以无纺布、玻纤布、胶膜或胶水、PUR 发泡板、手感面材贴合而成，其结构如图 11.23 所示。该多层复合材料内饰顶棚预制成片材或卷材，可以采用 UV 固化液态胶黏剂或 UV 交联双面压敏胶对图 11.23 中无纺布与玻纤布、玻纤布与 PUR 发泡板、玻纤布与面层手感膜之间进行粘接，传统粘接使用液态双组分胶，烘烤固化时间长，效率低，不便于高效生产，且很多含溶剂；以双面压敏胶进行粘接，缺少界面交联固化，层间粘接强度不高。以液态 UV 浸渍玻纤布，采用卷对卷流程，将几种材料进行贴合；或采用行走贴合咬口位实时 UV 光照，并立即走卷贴合，实现贴合瞬间的 UV 固化粘接；或采用高光强对贴合后无纺布面透射式辐照，固化胶液。面层手感膜可能几乎不透紫外光，难以实现透膜辐照固化。内饰顶棚很多可以与立柱内饰连为一体，采取相似、甚至相同的材料设计，UV 粘接同样具有应用空间。

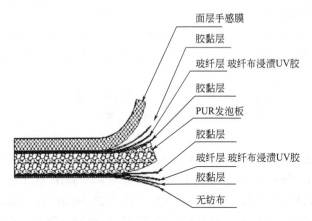

图 11.23　玻纤布-发泡 PUR 板多层复合内饰顶棚材料结构

座椅包面作为汽车内饰较大面积的部分，多采用合成皮革制作，座椅皮革的保护性涂饰一般采用水性加色底漆与水性亚光面漆组合进行。以聚氨酯、丙烯酸酯为主体的水性涂料可辊涂或喷涂至合成皮革表面，程序控温烘烤，使水性涂层干燥固化。在紫外线吸收剂和光稳定剂协同下，这种皮革涂层的耐老化性能表现一般，阳光长期透窗辐照，皮革保护涂层容易斑块状黄变。同时，因皮革上水性涂层干燥温度不能太高，涂层中水性聚氨酯、水性丙烯酸酯材料交联不充分，涂层耐汗液、耐水性不佳，耐磨性也就很难保证。

以油性 UV 涂料进行涂装，为保证涂层足够的柔性与适当弹性，需大量使用低官能度聚氨酯丙烯酸酯树脂与氨酯单体。按这类低官能度材料 UV 反应规律，UV 固化涂层中的单体和树脂转化率不够，残留较多，气味较重，难以通过车内散发性测试。采用链转移 UV 固化技术可部分缓解上述矛盾，但链转移剂、较多残留光引发剂及其光解碎片引起的挥发性气味等问题仍然存在。前述覆膜 UV 固化技术或可减轻光引发剂残留气味问题，采用高活性大分子光引发剂也是解决上述问题的方法之一。水性 UV 涂饰也存在涂层耐水性不佳的问题，涂层固化后，膜内亲水性的羧基等亲水基团仍然存在，水分子依然较易渗透扩散，在潮气、汗液、手霜、洗涤剂侵蚀下，涂层容易发白、鼓泡，乃至脱落。

采用 EB 固化对内饰皮革进行涂装是较为先进的技术，在欧美应用较广，可保证皮革涂层优异的耐磨、柔性、耐水等综合性能，也能满足严格的散发性要求。原则上，涂料配方不需要添加任何挥发性小分子材料，无需光引发剂，在氮气保护下对涂层进行 EB 辐照固化，可获得至少没有光引发剂残留气味的耐磨、耐水、柔性涂层。但 EB 固化涂料配方远不是简单地将 UV 涂料配方中光引发剂去掉这么简单，国内很多尝试发现 EB 固化完全度并不满意，双键残留依然较高，气味和耐老化性能难以通过测试。这需要考虑到常规树脂、单体材料绝大部分化学键对低能电子束基本为惰性响应，电子即使到达这些化学键上，也难以有效产生活性自由基；相对于入射电子的尺寸，液态涂层分子间距要大得多，许多入射电子从分子间隙穿过，大量入射电子都在做无用功，无助于高效自由基的产生，因此很难获得完善的交联固化。突破应用瓶颈的关键还在于优选 EB 敏感材料，优化涂料配方，提高入射电子的利用率。

光固化技术在汽车其他领域应用包括以下几个方面。

（1）汽车注塑件的 UV 固化 IMD/IML 工艺应用

IMD（in-mold decoration）与 IML（in-mold labeling）是当代塑料零件加工与环境保护一体化的新技术，即在塑料注塑成型同时完成对注塑件异形面的印刷与保护。IMD 与 IML 两种技术既有相似性，又有不同。IMD 称为模具内转印注塑，IML 称为模具内镶件注塑。IMD 一般以成卷的 PET 或 PC 膜为载体，印刷油墨图案，以卷对卷方式放膜于两片模具间，图案油墨层朝向可移动的公模一端，公模压合母模，将薄膜压紧贴附于母模内壁，开始注塑，熔融塑料挤入模内成型，薄膜上油墨层转印到注塑件表面，冷却，退模，取出注塑件，完成注塑的同时，也完成了表面印刷。工艺过程如图 11.24 所示。

IML 是以一定尺寸的单张 PET 或 PC 膜为基材，印刷油墨和热黏性胶层（受热才发黏），将印后薄膜置于预成型模具中进行变形、边角冲切，取出预成型薄膜，再置于第二套模具中，印刷面朝向注塑枪一侧，合拢模具进行注塑，熔融塑料与热黏性胶层紧密黏合，在注塑件上依次形成了黏性胶层、油墨层、PC 薄膜。永久保留在注塑件上的 PC 薄膜对注塑件和油墨图案起到装饰和保护作用。IML 工艺过程如图 11.25 所示。

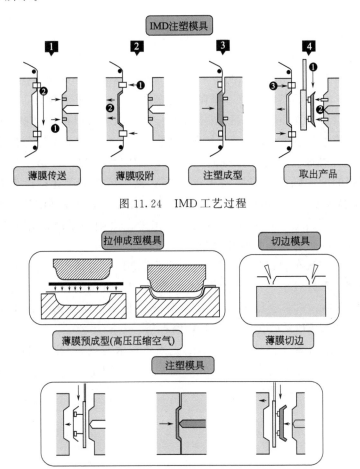

图 11.24　IMD 工艺过程

图 11.25　IML 工艺过程

　　IMD/IML 技术已较多应用于家电、3C 电子产品制造，免除了异形面注塑件的喷涂问题，实现了高性能、低污染的涂装保护。该技术在汽车制造领域的应用还不是很普及，但随着未来汽车零部件制造工艺的日益先进，绿色环保要求的日益严格，这种低污染、高性能的异形注塑件装饰保护技术将越来越多地应用于汽车制造。德国 Niebling 公司与玛莱宝油墨协作，开发了一套 UV 后固化 IML 工艺，用于制造汽车中控电子面板，在 IML 成型加工后，对覆膜面进行 UV 辐照，PC 薄膜下面的油墨层和胶黏层发生彻底光固化，层间结合强度大大提高，产品可靠性得到保证。同时，在 PC 膜外表面还预涂了一层 UV 清漆，该涂层辊涂后，只是以欠量 UV 辐照，形成可塑性半干涂层，不影响薄膜的热塑定形，待 IML 注塑完成后，取出注塑件，高光强 UV 辐照，表面涂层彻底固化，形成高硬度、高耐磨、耐老化涂层，对 PC 膜起到很好的保护作用。同样，IML 注塑前的油墨层与胶黏层也可设计成有 UV 响应的半干状态,不影响薄膜热塑定形。

理论上,汽车诸多注塑件都可采用此工艺进行免涂高性能加工,在保障汽车装饰、保护性的前提下,实现汽车绿色化生产。

(2) 车窗太阳膜的光固化加工

车窗太阳膜是一种对阳光可见光有高通透性,但对近红外能够强烈吸收或反射的功能性薄膜,可以显著降低汽车暴晒下的车内温度,使升温缓慢,增加驾乘舒适感,也可降低空调工作负荷,达到节能目的。该太阳膜可以是单层膜,也可以是双层夹心膜,薄膜基材多为 PET 或聚烯烃薄膜。在一片基膜上辊涂分散有近红外吸收剂或近红外反射剂(多为无机细粉材料)的 UV 黏合剂,将第二片单面具有压敏胶和离型膜的裸面贴附于 UV 胶上,经 UV 辐照后胶层固化,压敏胶面用于贴附车窗。UV 固化层间黏结力强,绝氧固化可大幅减少光引发剂浓度,阳光紫外敏感性大大降低,膜层整体耐老化性能提高。另外,太阳膜手触面还可做 UV 纳米加硬处理,以提高耐磨性、抗划伤性能。

光固化技术在汽车制造的诸多细节方面还有应用,包括注塑件仿金属饰条、内饰贴装压敏胶、密封胶条上的压敏胶、机械装置减震带压敏胶、汽车电子线路排线 UV 固化粘接密封、汽车金属零件 CNC(计算机数字控制成型)加工 UV 涂覆保护、轮胎加工橡胶 EB 预硫化、汽车 UV 修补等。

总之,绿色、环保、高效、高性能的光固化技术在汽车 OEM 制造上应用还非常不充分,目前只在个别零件制造形成产业主流,高权重、大规模地采用光固化技术进行汽车 OEM 制造还任重道远。

参考文献

[1]　Vayer M, Serré C, Boyard N, et al. Surface morphologies of composites based on unsaturated polyester pre-polymer. Journal of Materials Science, 2002, 37 (10): 2043-2051.

[2]　Hiller S, Kavanozis S. UV-curable composition and the use there of as a coating: US 20110028588 [P]. 2009.

[3]　Ritter J. Irradiating device for curing coating of radiation-curable paint of motor vehicle component, has UV radiator for emitting UV radiations, and reflector for deflecting optical path to traveling direction and/or opposite to direction: DE 102010018704 [P]. 2010.

[4]　Amigó J, Arranz M, Frezel P. Innovative developments in UV pigmented low viscosity (100% Solids) zero VOC's for the automotive and metal coatings industry. RadTech Europe Conference, 2005, Barcelona, Spain.

[5]　Mcdermott C, Amoss J, Shembekar R, et al. Ceramic coated automotive heat exchanger components: US 9701177 [P]. 2017.

[6]　Yang P W, Lin W W L, Furuta P T. Dual cure compositions, methods of curing thereof and articles therefrom: US 9133283 [P]. 2015.

[7]　Drain K F, Nativi L A, Thompson R T. Solid fuel rocket motor assembly, and method of making the same:

US 5305601〔P〕. 1994.

〔8〕 Lecompère1 M, Allonas X, Maréchal D, et al. New UV-LED technologies for carbon-fiber reinforced polymers. Conference of UV&EB Curing Technology of International North America, 2018, Chicago, USA.

〔9〕 Janke C, Wheeler D, Saunders C. Electron beam curing of polymer matrix composites. Final CRADA Report, Lockheed Martin Energy Systems for the US Department of Energy, 1997.

〔10〕 Saunders C, Lopata V J, Kremers W, et al. Electron curing of composite structures for space applications.Electron Beam Curing of Composites Workshop, Oak Ridge, 1997.

〔11〕 Lazzara C J, Bicerano J. Systems, Methods and devices for strengthening fluid system components using radiation-curable composites: US 9096020〔P〕. 2015.

〔12〕 Tamaki R, Rice S T, Duong H M, et al. Method of improving abrasion resistance of plastic article using functionalized polymers and article produced thereby: US 20070085242〔P〕. 2007.

〔13〕 Roeck R. Method for coating a component: US 8652585〔P〕. 2014.

〔14〕 Lalevé J, Dirani A, El-Roz M, et al. Silanes as new highly efficient co-initiators for radical polymerization in aerated media. Macromolecules, 2008, 41(6): 2003-2010.

〔15〕 Stropp J P, Wolff U, Kernaghan S, et al. UV curing systems for automotive refinish applications. Prog Org Coat, 2006, 55(2): 201-205.

〔16〕 Banton R, Casey B, Maus C, et al. Adhesion promotion for UV coatings and inks onto difficult plastic substrates. RadTech UV&EB Technology Expo & Conference，Chicago, 2018.

〔17〕 Mizuno M, Morozumi T, Ri S, et al. Weather-resistant hard-coat film, and ultraviolet-curable resin composition: JP 2010106061〔P〕. 2010.

〔18〕 Gasworth S M, Peters M, Dujardin R. Polycarbonate automotive window panels with coating system blocking UV and IR radiation and providing abrasion resistant surface: US 6797384〔P〕. 2004.

第十二章
光固化技术在生物材料中的应用

随着生物医学技术的不断创新发展，生物材料构建、仪器设备检测逐渐向小型化发展，这一转变对化学转换过程中时间、空间的控制提出了更高的要求。1978年，腺苷三磷酸（ATP）生物活性分子的光活化开创了光化学反应应用于生物体系的先河。光化学反应由于具有非物理性接触以及时间、空间、剂量可控等优势，已成为构建生物医用材料的重要手段和方法。虽然基于紫外激发的光化学反应因穿透能力问题限制了其在体内的应用，但对大部分体外的应用，潜力巨大。另外，最近双光子激光技术的发展，使光敏基团能克服 UV 激发的缺点，使光反应延长至具有足够穿透能力的近红外区域，进而扩展了其在生物材料领域的应用范畴。

根据反应类型，用于构建生物材料的光化学反应主要分为光聚合、光剪切和光偶联。本章将主要介绍以上三类光化学反应构建的生物材料，并详细论述其在药物缓释、牙科材料、骨科材料、组织工程和生物传感等诸多领域的应用。

第一节 光聚合在生物材料领域的应用

光聚合或光固化树脂材料的历史，可以追溯到 4000 年前古埃及人制作木乃伊过程。据记载，古埃及人用浸涂有沥青的亚麻布条包封木乃伊，由于沥青中含有不饱和化合物，置于阳光下便可以固化。如今光聚合技术的应用已大大扩展到许多工业和生物医学应用，它可以使液体前体快速转化为凝胶或固体交联网络。光聚合技术与传统聚合方法相比具有独特的优点。首先，通过控制曝光面积和光辐照时间，可以很容易地实现对聚合过程的精确控制；第二，在室温下，光聚合可以在几秒到几分钟内迅速进行；第三，聚合过程可以在与生理范围相似的温度和酸碱度下进行，从而可以轻松快速地生产各种复杂的生物材料；第四，光聚合制剂可以无溶剂或在水中进行，因此可将挥发性有机物和可能的毒性降至最低。除此以外，生物材料还可以通过光聚合技术以微创的方式原位制备，这点对许多生物医学应用极具吸引力，因为它可以形成复杂的形状，使材料黏附并贴合组织结构。因此，在许多药物输送系统、组织再生、移植支架以及其他生物医学应用中，光聚合技术有着无可比拟的优势。

　　光聚合过程主要取决于三种主要组分：光能/光固化源、光引发剂和光反应前体（传统上称为光反应预聚物）。对于光源，人们越来越多地使用深紫外线（<200nm）、可见光（400～700nm）、近红外（700～2500nm）辐射和微波。一般来说，可见光被认为是最良性的光源，比其他光源更容易获得。选择光引发剂是确保光聚合工艺成功的关键步骤。通常使用一种或多种光引发剂来实现光聚合过程。光引发剂混合物具有在更宽波长范围内吸收光的优点，通过利用可用的光能来提高光聚合效率，并避免来自其他部分的干扰。光引发剂主要为三类：阴离子型、阳离子型和自由基型。阴离子型和阳离子型光引发剂通常作用于含有环氧化合物的分子，这种类型的光引发剂通常与生物系统不相容；而自由基型引发剂的生物相容性相对较好，可在水中作用于含有双键的丙烯酸酯或苯乙烯基的分子，使用的波长范围通常接近紫外线（300～400nm）。

　　由于光引发剂是活性分子，即使微量的光引发剂也可能对人体组织和细胞造成损害，因此只有那些具有严格特性和标准，且具有公认生物相容性的光引发剂才能用于药物输送、组织工程和其他生物医学应用。经过多年的研究与验证，适用于生物医用材料的光引发剂主要为酮类，活性自由基可以通过羰基键的光裂解形成。如图12.1所示，二苯甲酮（BP）、2-羟基-1-[4-(羟基乙氧基)苯基]-2-甲基-1-丙酮(Irgacure 2959)、氧化膦（Lucirin TPO）以及碘盐衍生物（Iodonium salt）等被经常用于光聚合生物材料研究。

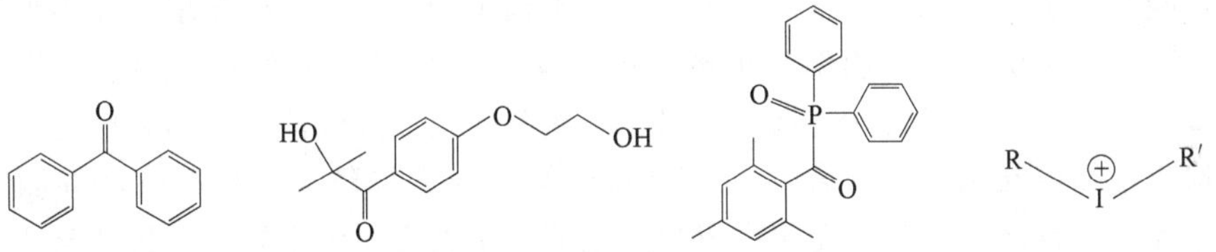

图 12.1　常用的光引发剂分子结构

一、光聚合技术在牙科修复材料中的应用

　　光聚合在牙科修复材料中的应用比较成熟，通常复合树脂以糊状成型为牙齿的形状，然后通过专用的光照射器照射使其原位固化，一般固化波长为450～500nm。光聚合材料在牙科临床上的应用已经超过50年，并已形成产品标准。1972年过氧化苯甲酰引发的 Nuva Fil 在美国被推出并很快被牙科医生接受。这种牙固化修复胶不需要混合，完全受操作员控制，可通过简单 UV 光照指令快速固化。到20世纪80年代，人们在安息香甲醚或其他 UV 型活性光引发剂的基础上加入新的可见光吸收的引发剂，对原有的紫外光固化材料进行了改性。可见光固化齿科修复树脂与汞合金材料相比，不需要切掉健康的牙齿组织，可以直接黏合在原牙

齿上，美学方面有极大的优势。同时，可见光引发的齿科工业材料避免了 UV 导致组织损伤的问题，也避免了对医生眼睛损伤的隐患。

如今，几乎所有的商业牙科复合材料都利用蓝光引发光聚合反应，其中发光二极管（LED）光聚合是目前大多数牙科修复领域的主流。1999 年，牙科国际主流杂志上发表并介绍了三种 LED 光聚合牙科复合材料，该研究被认为是一个里程碑式的工作，也是领域内引用最多的一篇文章。经典口腔用的光固化复合树脂主要由带丙烯酸酯或环氧官能团的树脂基体、光引发剂和无机填料组成。无机填料常用的是二氧化硅、三氧化铝、玻璃粉和陶瓷粉等；最常用的光引发剂是樟脑醌。为了提高耐磨性、增加光固化深度、降低收缩率等性能，人们在树脂基体、光引发系统等方面进行了深入的研究，以期全面提高光聚合牙科复合材料的性能，从而延长材料的临床使用寿命和扩大材料的应用范围。

二、光聚合技术在骨科修复材料中的应用

由创伤、先天性疾病、手术或骨关节炎等退行性疾病引起的骨缺损，严重影响着人们的身体健康，损害患者的生活质量和活动能力。虽然骨具有一定的再生能力，但是能力有限。超过自然修复临界尺寸的骨缺损容易导致骨不连和功能丧失。尽管自体骨移植仍然是修复大型骨缺损的标准，但移植过程常常因供体带来的传染性疾病、增加的感染风险以及填充复杂缺损的能力差而使得效果不理想。

水凝胶由于其物理化学特性，可以很好地模拟细胞的天然微环境，作为促进细胞移植和进一步引导新骨组织形成的临时支架，在骨组织工程中得到了广泛的应用。其中，光聚合水凝胶具有精确的时空可控和原位成型性能，成为临床医生首选的骨修复水凝胶支架。通常人们利用改性生物大分子与羟基磷灰石或诱导因子结合，在光引发剂的存在下，光照生成自由基原位引发水凝胶交联。如科学家研发了一种新的光交联壳聚糖-丙交酯纤维蛋白原水凝胶，研究证明该水凝胶可原位包裹成骨因子 BMP-2，在体外和体内都能有效地传递 BMP-2 来调节细胞反应和增强成骨作用。纤维蛋白原分子的加入加强了水凝胶的力学性能以及降解能力，持续释放的 BMP-2 增强了新骨形成和加速骨缺损的愈合。又如人们研发了一种甲基丙烯酸乙二醇壳聚糖和胶原蛋白复合水凝胶，该凝胶前溶液可在蓝光下引发交联，形成半互穿的水凝胶支架，其中胶原蛋白的引入不仅提高了水凝胶的压缩模量，减缓了水凝胶的降解速度，同时还增强了小鼠骨髓基质细胞（BMSC）在水凝胶中的附着、扩散、增殖和成骨分化，最终促进骨再生（如图 12.2 所示）。

然而，自由基光聚合水凝胶在骨修复临床应用中往往会产生一些问题。首先，光引发自由基聚合往往因反应速度太快而很难实现光的精确操控；其次，自由基聚合对氧气比较敏感，容易发生氧阻聚；最后，水凝胶形成过程中产生的大量自由基会对包裹的细胞造成严重损害，从而影响生物相容性。因此，研究者们开始开发更

为安全的光引发体系，如水溶性的 VA-086、V-50（如图 12.3 所示）等，具有低毒性的同时不影响包裹细胞的行为功能。

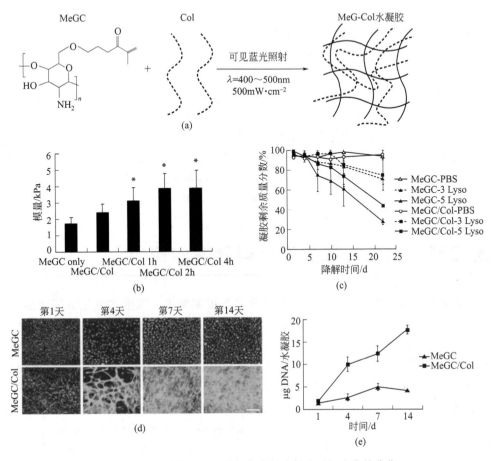

图 12.2　半互穿物理化学复合水凝胶促进干细胞成骨分化

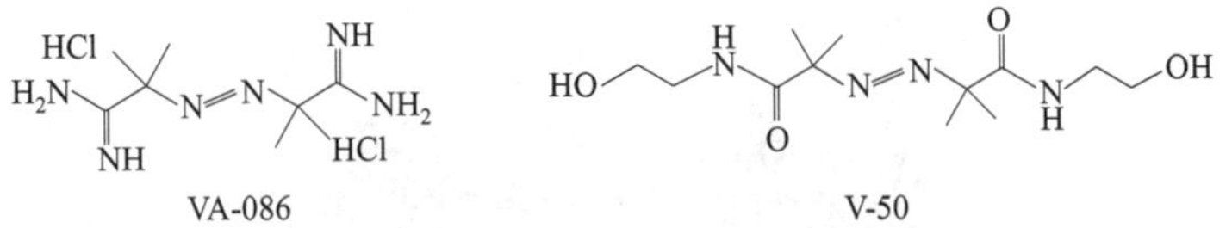

图 12.3　水溶性光引发剂结构

三、光聚合技术在组织工程的应用

在组织工程中，光聚合水凝胶已被广泛用来改变和改善组织功能。例如，作为组织屏障、局部药物传递载体以及组织替换策略的支架材料等。在组织屏障方面，可利用原位光聚合交联的水凝胶，预防血管损伤后血栓形成和再狭窄，以及术后粘连的形成。在药物输送方面，光聚合水凝胶可以在原位形成，从而黏附并与靶组织相吻合，实现局部给药。大多数情况下，局部药物输送与屏障效应可以起到协同作用。在细胞支架材料方面，由于许多水凝胶的力学性能可以与许多软组织相匹配，被认为是有望用于支架软骨再生和置换的首选材料。如利用光聚合法将牛和羊的软骨细胞封装在聚乙二醇双丙烯酸酯（PEGDA）和聚乙二醇的半互穿网络中。研究发现，细胞在支架材料中分布均匀，并在经历光聚合和 2 周培养后保持很高的细胞活性；但是，由于这些支架材料的不可降解性，随着时间的推移，细胞活性显著降低。因此，光聚合可交联同时又可生物降解的水凝胶材料，受到科学家们的广泛关注。其中，丙烯酸酯功能化的明胶（GelMA）不但可实现光聚合交联，而且具有良好的生物降解性能，因而被广泛应用于组织工程。如有报道证明包裹神经干细胞的 GelMA 移植小鼠脊髓横断模型后，有利于增强神经元的再生和抑制小鼠胶质瘢痕的形成，在脊髓损伤修复中显示出巨大的应用前景。

第二节　光剪切在生物材料领域的应用

光剪切反应是指光敏感化合物在激发光源的照射下，发生自身化学键的断裂，并/或释放出反应活性基团的化学反应（如图 12.4）。在整个反应中，具备光响应的部分通常称为光扳机，即 phototrigger。该类分子最初仅仅在有机合成反应中用于官能团的保护以及去保护，后来由于其生物相容性、生物正交性以及时空可控性而被广泛应用于生物体系。截至目前，常见的光扳机如图 12.5 所示，主要包括：邻硝基苄基类（o-nitrobenzyl，ONB）、香豆素类（coumarin，CM）、芳香基甲酮类（phenacyl，pHP）、芳香苄类（benzoin，Bnz）、硝基吲哚类（nitroindoline，NI）以及溴代羟基喹啉类（bromo-hydroxylquinolin，BHQ）等。

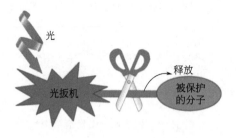

图 12.4　光扳机光化学反应原理

由于 ONB 和 CM 类光扳机母核水溶性差、吸收波长短（300nm 左右），很大程度上限制了其生物应用的范围。为了扩大其生物应用，科学家们做了大量的分子结构改性工作。如表 12.1 所示，为了提高香豆素类光扳机的溶解性，可在香豆素母核的 7 位引入二乙酸叔丁酯基氨基基团，通过三氟乙酸脱保护，形成羧基阴离

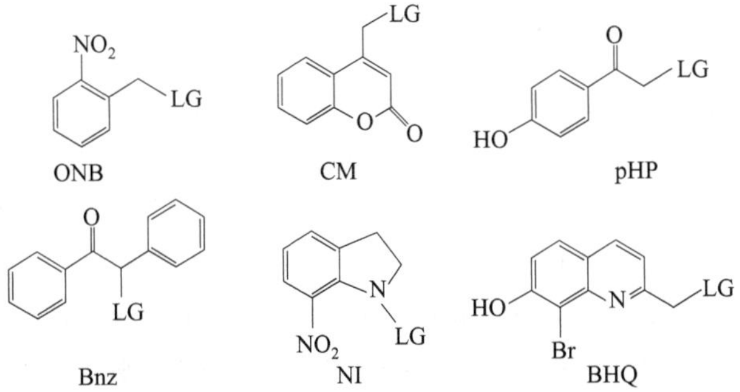

图 12.5　常见的光扳机反应基团的分子结构式

子，既提高了体系的吸收波长，又增加了光扳机的水溶性；为了实现长波长的激发和增加其双光子吸收能力，可在 CM 的 7 位上引入共轭的苯乙烯基团，可实现长波长（475nm）和双光子（800nm）激发下的高效光解。除了增加光扳机的水溶性和吸收波长的红移，光解副产物的竞争吸收也会很大程度上影响光扳机的光解反应。最近，研究者通过在 CM 的 3 位上引入给电子的苯乙烯基团，实现了长波长可见光激发（450～600nm）的同时，光扳机母体分子光照后可自身发生碳正离子重排分子环化，从而破坏已有的大共轭结构，实现光解产物的光漂白，大幅拓展了光扳机发生有效光化学反应的穿透深度，为促进光扳机在生物领域的应用带来了新的契机。

表 12.1　香豆素类光扳机分子结构对性能的影响

香豆素类光扳机分子结构	性能
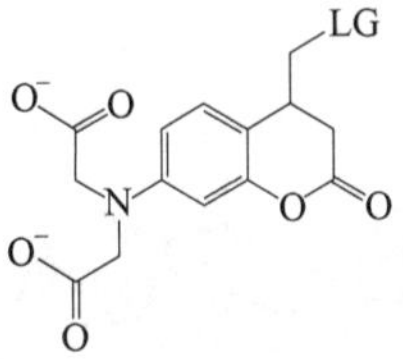	水溶性增加
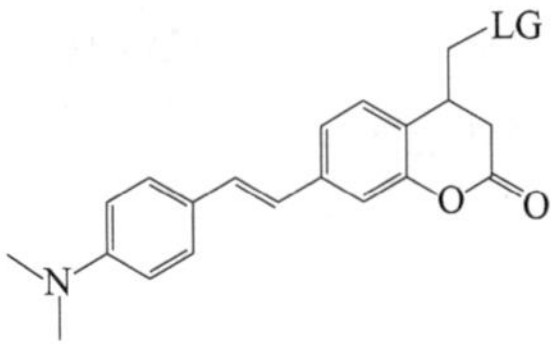	吸收波长红移至 475nm，双光子 800nm 可激发
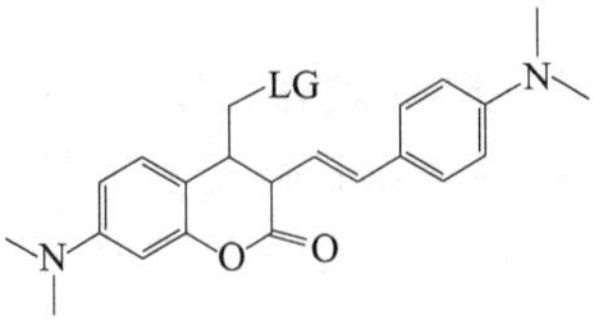	长波长 450～600nm；光解产物的光漂白，提高穿透深度

一、光剪切在生物成像体系中的应用

利用光扳机的光剪切去保护反应，可以实现生物活性分子包括氨基酸、蛋白、基因和荧光探针的光激活。其中，光激活荧光是指经过光激发反应后，能产生一个荧光发射的分子或基团，出现由"无"到"有"的荧光变化。光激活荧光探针为生物过程时空高分辨研究，提供了一个行之有效的手段。特别是最近超分辨显微技术的进展，如 PALM（photo-activatable localization microscopy）和 STORM（stochastic optical reconstruction microscopy）技术，成功克服了常规光学影像不可逾越的光衍射壁垒，用光激活荧光探针，使得生物荧光成像从微米分辨尺度有效突破至纳米分辨尺度。

通过光扳机光化学反应设计光激活荧光探针一般采用两种策略，如图 12.6 所示，一是通过光剪切反应直接释放荧光基团，典型的如光激活荧光素、香豆素、罗丹明等；二是通过光剪切释放淬灭基团实现荧光的恢复。例如，Kobayashi 等利用光释放淬灭基团合成了一种高信噪比荧光激活探针（caged BODIPY），实现了高时空分辨的靶向蛋白的选择性示踪。如图 12.7 所示，ONB 光扳机与荧光团 BODIPY 共价连接，由于光诱导电子转移作用使 BODIPY 基团发生荧光淬灭。通过 SNAP-tag 技术高选择性标记于靶向蛋白后，即可实现细胞内靶向蛋白低背景、光激活的荧光成像。随后人们通过类似机理将 ONB 光扳机与香豆素荧光染料结合设计合成了一系列低背景的光激活荧光探针，并进一步通过分子设计使探针能有效穿透细胞膜，使其在细胞内聚集，从而实现低背景的细胞成像。利用该类探针还创建了一种新的成像技术并取名为 LAMP（local activation of a molecular fluorescent probe），通过该技术实现了活细胞内通过蛋白通道分子转移速率的测定。

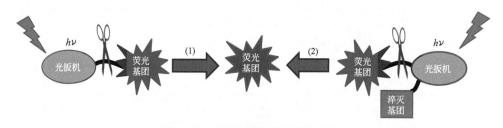

图 12.6　光激活荧光探针设计策略

二、光剪切在光控药物释放领域的应用

新型控制释放体系，特别是可控药物/基因释放体系（controlled drug/gene release systems），由于其拥有可控释放、提高药效、降低副作用等优势，已成为药学领域的重要研究方向。其中，载体类药物运输控释体系日益受到人们的关注，如胶束（micelle）、微凝胶（microgel）、囊泡（vesicle）、介孔硅等已经被广泛用作药物载体。近年来快速发展的激光技术，特别是双光子近红外激光技术和医学上的微

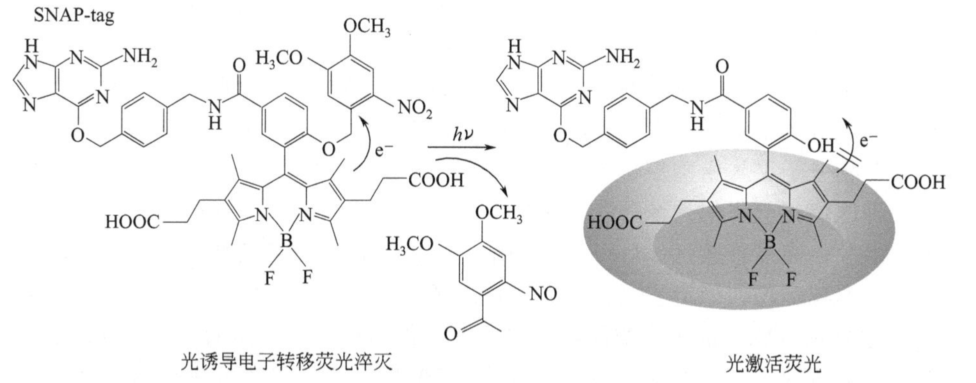

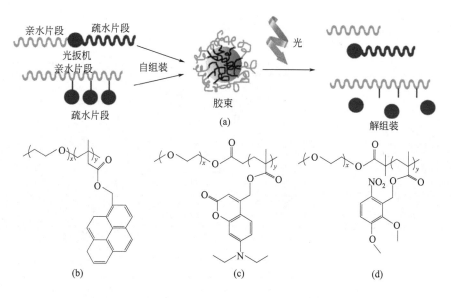

图 12.7 光激活荧光探针工作机理[6]

创介入技术的结合,使释放体系实施光定点精确控制抗癌药物/基因的释放成为可能。典型的如将 ONB 和 CM 光扳机引入两亲性聚合物(如图 12.8 所示),使其在水中自组装形成胶束,实现药物的物理包覆。光照前药物能稳定包覆于胶束的疏水空腔,从而减少了药物输送过程中的泄漏;光照下,疏水部分的光扳机基团发生剪切离去,聚合物从两亲性转变为亲水性溶于水中,从而破坏胶束自组装,释放其包裹的药物。该类光刺激响应的可控药物释放体系在药物输送和治疗中有很大的应用前景。

图 12.8 光扳机光剪切破坏胶束自组装实现光控药物释放

人们还可以将光扳机修饰成交联剂,与其他单体共聚形成微凝胶,实现药物的包埋,通过光剪切交联点实现药物的可控释放。如图 12.9(a)所示,香豆素光扳机两端被修饰上丙烯酸功能基团，与苯乙烯乳液聚合得到光敏微凝胶，光照使微凝胶膨胀或崩解，从而释放包裹的药物。为了实现更为精确的药物控释，多重控制药物释放体系近年来越来越受到大家的关注。这一类载体常常由多个响应型化合物共同组成，能对多个刺激因素发生响应变化，因此并不局限于单一刺激响应机制，具有实现药物分子更为精确控释的潜力。如图 12.9(b) 所示，结合二硫键的引入可形成一种原位光交联的纳米凝胶药物传输体系，该体系通过双亲聚合物的自组装形成纳米凝胶，光照释放巯基后可与另一组分通过生成二硫键实现凝胶的内部共价交联，从而实现药物的稳定包裹，最后通过二硫键的还原反应实现药物的释放。将包裹抗癌药物（DOX）的纳米凝胶与 HeLa 细胞共孵育后，发现 HeLa 细胞有较高的死亡率。众所周知，肿瘤细胞中的 GSH 浓度偏高，这就促使包封在纳米凝胶中的 DOX 通过还原反应被释放出来，从而发挥药物作用，杀死癌细胞。

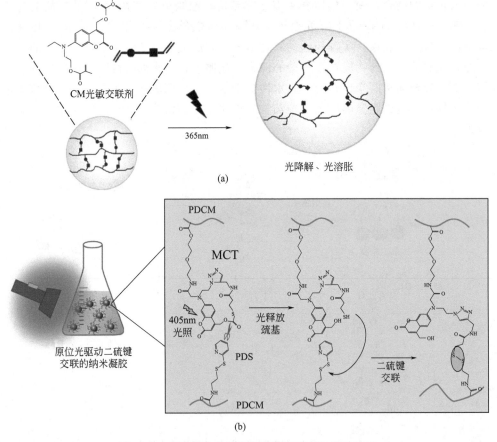

图 12.9　光剪切反应构建光敏微凝胶药物释放体系

相比以上物理包埋药物容易突释的缺点，化学共价连接提供了更为稳定、可控的药物结合方式，有利于精确控制药物在体内的分布与剂量。例如，研究人员将药物通过香豆素光扳机嫁接到介孔硅表面，实现了药物的光精确可控释放。如图12.10 所示，抗癌药物苯丁酸氮芥被连接到香豆素光扳机的剪切点上，然后通过硅烷化试剂实现光保护药物分子在介孔硅上的嫁接。在单光子可见光或双光子近红外光（NIR）的激发下，香豆素光扳机发生光剪切反应，可控释放抗癌药物苯丁酸氮芥，从而实现杀死癌细胞的目的。该体系不同于以往物理包埋型光控药物释放体系"门控式"释放，可以通过调节光照波长、强度和时间来控制药物的精确、定量释放。

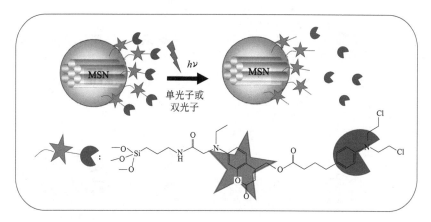

图 12.10　药物共价嫁接介孔硅纳米粒子，实现单光子可见光、双光子
近红外光可控药物释放

虽然在生物医药和生物技术领域，光扳机已经被认为是一种非常有力的工具，但是要真正应用到复杂的生物体系中达到高选择性地靶向释放，目前使用的光扳机还存在很多不足。其中，最大的一个限制就是，这些光扳机都是"荷枪实弹、准备就绪"的；也就是说一旦接触到激发波长内的光，就会"开火"发生光剪切，并释放出被掩蔽的生物信号分子。虽然可以通过控制光达到一定靶向控制，但是这种靶向选择性不是很高，还是会波及周边正常的组织或细胞。而且，为了控制其释放，材料的整个制备、保存以及引入生物体系到达病灶部位前，这一系列过程都要在避光的条件下进行，以免因提前发生光释放而造成误伤或没到病灶部位就被提前消耗掉而产生不利影响。例如，目前已经临床使用的光动力学疗法，除了要求病人在光照治疗前严格避光外，治疗过程中光难免会波及周边正常组织而产生副作用。

怎样才能进一步提高这种光控释放体系的选择性，使其只有到达病灶部位或作用位点后才能发生光释放，而在周边正常组织不发生光释放呢？也就是说，能不能像手枪一样，给光扳机加个"保险"，只有在需要时打开保险后才能扣动扳机开火呢？于是，基于激活型荧光探针的工作原理，研究者们提出了靶向激活型光扳机的概念，通过引入载药体系，实现化疗药物高差异性光控释放。如图 12.11 所示，该工作是基于癌细胞组织乏氧的特性，设计合成了一个乏氧敏感的硝基咪唑锁定的CM光扳机，该光扳机在没进入肿瘤体系前，由于与硝基咪唑的光诱导电子转移（PET）锁定其光剪切释放功能，整个体系是安全的也是光稳定的。到达肿瘤体系后，硝基咪唑在乏氧的环境下被硝基还原酶还原成氨基咪唑，从而破坏其与CM光扳机的能量转移作用，激活光扳机的光剪切功能，从而通过光照实现其高差异性化的靶向光控药物释放。

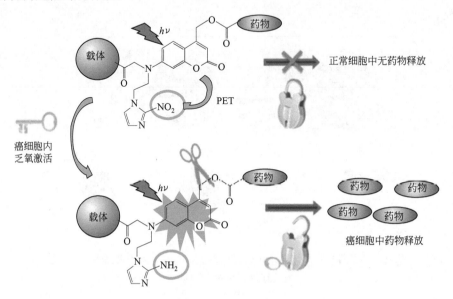

图 12.11　受肿瘤组织乏氧条件和光双重控制的纳米粒子药物释放体系

三、光剪切在水凝胶生物材料领域的应用

　　光剪切反应虽然是断键的化学反应，但是可以通过光控释放活性基团，再发生高效、温和的偶联反应，实现水凝胶的光可控交联，为实现 3D 细胞包裹，原位构建支架材料提供可能。典型的如光释放巯基-迈克尔加成偶联反应，如图 12.12 所示，在特定波长照射下，聚合物链上香豆素光扳机光剪切释放巯基活性基团，然后与另一聚合物链上的马来酰亚胺形成交联，从而实现水凝胶原位交联。该方法保留了光时空可控性优势，可以通过光照时间、强度和位置的调节实现水凝胶制备过程的高精度控制；同时，这两步光剪切-偶合交联过程均不涉及自由基过程，相比于传统的自由基光引发交联成胶体系，该光致成胶方法具有优异的细胞相容性。此外，该体系还具备其他显著特征，比如：①活性巯基是原位产生的，避免了巯基易氧化的问题；②因为香豆素分子的环状设计，整个光解反应过程中无小分子副产物的释放；③可利用 800nm 双光子激发成胶，可彻底规避紫外光潜在的毒性问题。

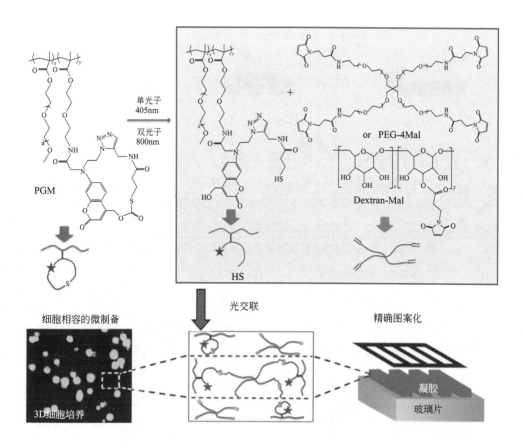

图 12.12　光释放巯基-迈克尔加成制备非自由基光控水凝胶体系

同样，借助邻硝基苄醇分子的光剪切释放醛基、醛基-氨基亚胺偶联反应，人们实现了光致亚胺交联水凝胶的原位构筑。如图 12.13 所示，邻硝基苄醇修饰的透明质酸生物大分子，在 365nm 紫外光照射下可产生活性醛基，从而进一步与带有氨基的高分子交联，实现水凝胶的原位交联。该方法相比传统的自由基光交联，原位包裹于其中的细胞存活率从 30％提高到 95％，表现出优异的生物相容性。更为重要的是，基于光致亚胺偶联反应可以同步实现胶层与组织表面的氨基共价键连，达到二者一体化整合的目的，突破了传统意义上的"柔弱"水凝胶无法实现在生物组织中固定的外科难题。该光原位凝胶技术可用于骨再生、创面组织的封闭隔离，还可以为干细胞提供优异的支架用于再生医学，为推动"光剪切-偶联反应"的临床转化带来曙光。

如上所述，利用光化学反应可以时空可控地原位构筑满足不同研究需求的水凝胶，同样地，也可通过光剪切反应导致水凝胶降解，实现物理机械性质的调控。尽管细胞微环境中的生长因子对于细胞的影响是相对直观的，但是基质硬度对于细胞的影响也不可忽略。光降解型水凝胶不仅具有与细胞外基质相似的特性，有利于为

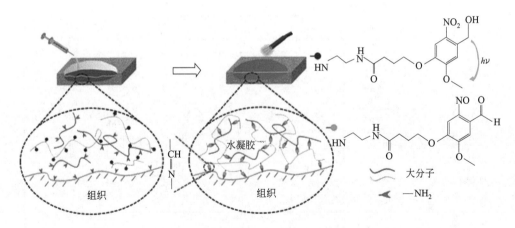

图 12.13 邻硝基苄醇光致亚胺偶联实施创面原位凝胶与组织一体化

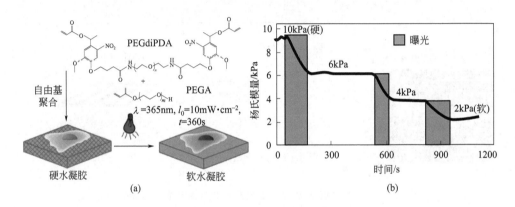

图 12.14 光调控水凝胶基质模量

细胞提供足够的空间进一步生长与繁殖，也可以通过光实时调控水凝胶的降解，实现支架材料的机械性质调控。例如，人体间充质干细胞是否分化为脂肪或骨细胞，很大程度上取决于它们所黏附的基质材料的硬度。如图 12.14 所示，研究人员利用 ONB 光扳机修饰的聚乙二醇双丙烯酸酯功能化交联剂，制备了光可降解的水凝胶，并通过原位包裹细胞和单、双光子图案化技术得到局部光刻降解的三维水凝胶体系，实现了可控的细胞迁移，并初步研究了细胞与水凝胶之间的相互作用。这种光可控硬度的水凝胶材料，可用于研究干细胞能否存储"过去"的生长环境，以及这种记忆对于它们自身的影响。

四、光剪切反应调控水凝胶微环境

在生物体内，ECM 除了为细胞的生长提供物理机械支持外，其提供的三维空间动态分布的生物化学微环境贯穿于组织发育的不同阶段，控制着细胞的黏附、生长、迁移、分化乃至凋亡等行为。因此，要使水凝胶具有生物活性并推进其在组织工程、再生医学领域的应用，模拟 ECM 化学微环境并实现水凝胶表/界面功能蛋白、因子的三维空间可控分布是关键。其中，在水凝胶表/界面实现蛋白可控吸附并介导不同细胞行为，对加速和拓展水凝胶在组织工程与再生医学领域的应用具有重要意义。

例如，为了将生物活性蛋白引入水凝胶体系，研究人员通过将带有 ONB 保护的巯基功能基团引入琼脂糖水凝胶，在光照下释放巯基，进一步通过 CLICK 反应实现马来酰亚胺修饰的活性蛋白在水凝胶内的可控固定（如图 12.15），并通过蛋白作用介导细胞的迁移。将光敏化合物保护的巯基应用于多种生物蛋白分子（例如人血清白蛋白/黏附肽结合结构域，生物素/链霉抗生物素蛋白等）的图案化固定，指导了光化学图案化构建细胞微环境的新方法。例如，Anseth 等利用三种生物正交反应实现了水凝胶的原位构筑、蛋白的固定以及可逆释放。水凝胶的构建是基于环辛炔-叠氮的 CLICK 反应，然后以 enosin-Y 作为光引发剂，通过 thiol-ene 反应实现水凝胶上生物活性分子的可控固定，最后再利用 ONB 的光剪切反应实现蛋白的释放。"这种动态的、光可调控的生物活性分子的可逆固定与释放，为水凝胶提供了多重生物物理和化学信号的可控操作，更好地模拟了细胞外基质中的 3D 细胞微环境。

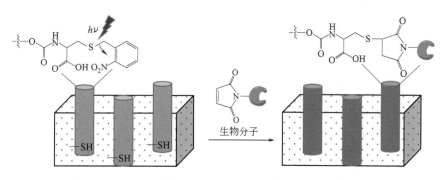

图 12.15　水凝胶内光剪切反应固定生物黏附分子

以上光固定生物活性分子的方法，一般都需要对目标蛋白进行化学修饰，如巯基化、Biotin 化、马来酰亚胺化等，这些化学修饰过程复杂、限制蛋白种类且容易导致变性，是当前生物材料表/界面可控吸附蛋白所面临的主要瓶颈。针对以上问题，一种可替代的策略就是结合光调控优势，直接在生物材料上实现天然未修饰蛋白的可控吸附，在简化操作方法的同时实现蛋白吸附的广泛适用性与安全性。于是，基于静电吸附作用，研究者们通过光化学反应调控水凝胶表面电荷的电负性，实现水凝胶上天然蛋白的时空可控吸附，进而调控细胞的黏附行为。如图 12.16 所示，该水凝胶在光照前由于 CM 的保护以阳离子季铵盐形式存在，负电性蛋白（pI<7）因静电作用而吸附，在紫外光 365nm 照射下，CM 保护基团离去，水凝胶从一种阳离子黏附状态，转变为一种两性离子的抗黏附状态，进而改变与蛋白的静电

作用，实现原位蛋白的释放，并实现抗黏附。利用这种水凝胶，可以通过改变光照条件实现水凝胶表面天然蛋白精确的时间、空间、剂量可控的固定，进而利用固定蛋白的调控作用调控水凝胶表面细胞黏附，改变细胞培养环境，影响细胞行为。这种基于静电作用固定蛋白的方式，不仅不需要对蛋白进行化学修饰，而且时空可控、操作简单、条件温和，保留了蛋白活性，为构建动态可控的细胞微环境提供了新的策略。

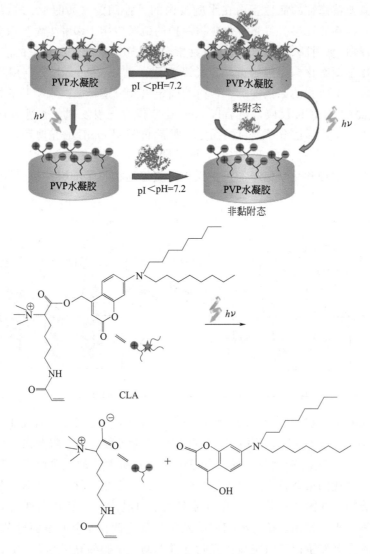

图 12.16　光控电荷转变调控水凝胶表面蛋白固定

　　静电作用吸附蛋白的方式是一种物理吸附，作用力较弱，容易受环境变化影响。相对于蛋白的物理吸附，材料与蛋白的共价作用无疑具有更高的稳定性。众所

周知，蛋白质中含有丰富的游离氨基，经常用作共价修饰蛋白的活性位点。ONB
类光扳机除光照发生剪切反应外，其自身生成的醛基也是一个活性基团，可以和氨
基进一步发生偶联反应。于是，研究人员利用邻硝基苄醇光扳机的光生醛基反应，
实现了水凝胶表面天然蛋白的共价吸附（如图 12.17 所示）。借助光的独特优势，
可以对不同等电点的天然蛋白实现定点、定量以及程序化的共价固定。与亲和标记
类分子相比，光生醛基固定蛋白在水凝胶表面具有更高的效率。此外，由于整个过
程没有自由基的参与，该方式具有更优秀的生物相容性，实现了水凝胶上蛋白介导
的细胞可控黏附、增殖和迁移。该共价固定蛋白的方式简单高效、条件温和，对蛋
白广泛适用，且无需任何修饰，为水凝胶在生物分子固定、细胞-材料作用以及在
组织工程领域的应用，提供了新的工具和策略。

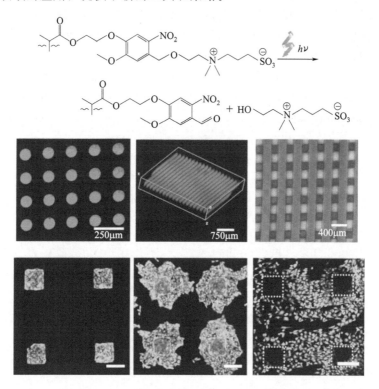

图 12.17　水凝胶光生醛基精确调控蛋白的吸附并介导细胞的黏附和迁移

　　从以上介绍可以看出，光扳机类紫外光化学反应，可以精确修饰水凝胶表
面、内部微环境，为动态地模仿细胞外基质提供了强有力的工具。虽然目前研究
大都局限于简单的蛋白或因子的单重调控，但随着新型有效生物正交光反应体系
的构建、多种蛋白因子的梯度固定与释放、水凝胶内部物理化学性质的精确调
控，以及新的光学技术的研发，都将完善其 3D 细胞微环境的构筑，为细胞培
养、行为调控提供仿生支架材料，从而加速水凝胶生物材料在细胞生物学和组织

工程学领域的应用与发展。

第三节   光偶联在生物材料领域的应用

　　不同于光聚合和光剪切反应，光偶联反应通常指两个功能基团在光照下发生共价偶联，有的体系也需要加入光引发剂来形成自由基引发偶联。除苯基叠氮等光亲和标签外，其他常见的光偶联反应包括巯基-烯烃（thiol-ene）反应、巯基-炔烃（thiol-yne）反应、Diels-Alder 反应等，都具有很高的反应选择性，所以经常被引入生物体系，通过生物正交反应实现生物材料的构建或改性。其中，碱催化条件下自由基引发的 thiol-ene 反应在生物材料领域得到了特别的青睐。光引发 thiol-ene 反应是指光照条件下光引发剂产生活性自由基，并从巯基中抽取一个氢，使得巯基变成活性巯基自由基进而与烯发生加成反应（如图 12.18）。与传统自由基聚合反应相比，光引发 thiol-ene 反应过程是逐步聚合的机理。因此该方法所需要的光引发剂的量相对较少，而且对水和氧气不敏感，可以通过调控光强以及光的剂量实现生物材料性能的可控构筑。

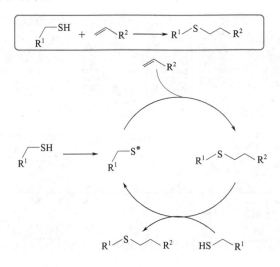

图 12.18   光引发 thiol-ene 反应过程

　　由于半胱氨酸中含有活性巯基，光引发的 thiol-ene 反应被广泛地应用于水凝胶的蛋白固定研究，通过光掩膜或者双光子激发的方式，将蛋白以一定的图案固定在水凝胶上。虽然 thiol-yne 反应也可以应用于蛋白的共价固定，但需要额外化学合成或者修饰。如利用光引发的 thiol-ene 反应，可将含有半胱氨酸的 RGD 肽可控固定在聚乙二醇水凝胶上，细胞实验证明 NIH-3T3 细胞可选择性地黏附在水凝胶 RGD 肽固定区域。结合纤维结构异质性，Burdick 等通过静电纺丝构建了共价交联的水凝胶，并通过光引发的 thiol-ene 反应进行 RGD 黏附肽的图案化固定。当蛋白图案与纤维排列平行时，NIH-3T3 细胞生长和铺展方向与水凝胶中纤维方向一致；而当它们为反平行时，细胞按照纤维排列方向生长。

虽然光引发 thiol-ene 可以在水凝胶生物材料中实现蛋白或其他生物分子的时空可控固定，并可实现细胞包裹条件下的生物分子偶联，但该反应是自由基参与的反应，自由基的存在可能增加蛋白失活的风险。尤其在生物体系中，自由基对细胞或组织存在潜在的毒性问题，这在一定程度上影响了该类反应在生物系统的应用。

受自然界许多生物过程的启发，利用光化学反应修饰生物高分子并调控其组装、功能和生物活性，已经开发出许多新型的光响应生物材料。利用光来控制生物材料的结构和功能，以及生物分子过程的能力，对光疗和生物光电系统的发展具有重要意义。在过去 30 年中，在化学、材料以及生物跨学科研究人员的共同努力下，光控技术在生物材料领域的应用取得了显著的进展。虽然目前大部分光控生物材料依赖于紫外的激发，具有组织穿透不良的缺陷，很大程度上限制了体内的正常使用，但是随着双光子系统和近红外响应材料的发展，光响应生物材料的应用也将得到发展，利用光控技术实现生物成像、药物输送和再生医学的临床应用指日可待。

参考文献

［1］　Kade M, Tirrell M. Free radical and condensation polymerizations: Monitoring polymerization reactions ［M］. Hoboken: Wiley, 2013.

［2］　Arakawa C, Ng R, Tan S, et al. Photopolymerizable chitosan-collagen hydrogels for bone tissue engineering ［J］. Journal of Tissue Engineering and Regenerative Medicine, 2017, 11: 164-174。

［3］　Lin Q, Yang L, Wang Z, et al. Coumarin Photocaging Groups Modified with an Electron-Rich Styryl Moiety at the 3-Position: Long-wavelength excitation, rapid photolysis, and photobleaching ［J］. Angewandte Chemistry Internation Edition, 2018, 57: 3722-3726.

［4］　Betzig E, Patterson G H, Sougrat R, et al. Imaging intracellular fluorescent proteins at nanometer resolution ［J］. Science, 2006, 313: 1642-1645.

［5］　Rust M J, Bates M, Zhuang X. Sub-diffraction-limit imaging by stochastic optical reconstruction microscopy (STORM) ［J］. Nature Methods, 2006, 3: 793-796.

［6］　Kobayashi T, Komatsu T, Kamiya M, et. al. Highly activatable and environment-insensitive optical highlighters for selective spatiotemporal imaging of target proteins ［J］. Journal of American Chemistry Society, 2012, 134: 11153-11160.

［7］　Burt J M, Spray D C. Single-channel events and gating behavior of the cardiac gap junction channel ［J］. Proceedings of The National Academy of Sciences, 1988, 85: 3431-3434.

［8］　Babin J, Pelletier M, Lepage M, et al. A new two-photon-sensitive block copolymer nanocarrier ［J］. Angewandte Chemistry Internation Edition, 2009, 48: 3329-3332.

［9］　Yang Y, Li Y, Lin Q, et al. In Situ Phototriggered Disulfide-Cross-Link Nanoparticles for Drug Delivery ［J］. ACS Macro Letters, 2016, 5: 301-305.

［10］　Huang Q, Bao C, Ji W, et al. Photocleavable coumarin crosslinkers based polystyrene microgels: phototriggered swelling and release〔J〕.Journal Materials Chemistry, 2012, 22: 18275-18282.

[11] Lin Q, Huang Q, Li C, et. al. Anticancer drug release from a mesoporous silica based nanophotocage regulated by either a one- or two-photon process〔J〕. Journal of American Chemistry Society, 2010, 132: 10645-10647.

[12] Lin Q, Bao C, Cheng S, et al. Target-activated coumarin phototriggers specifically switch on fluorescence and photocleavage upon bonding to thiol-bearing protein〔J〕. Journal of American Chemistry Society, 2012, 134: 5052-5055.

[13] Liu Z, Lin Q, Sun Y, et al. Spatiotemporally controllable and cytocompatible approach builds 3D cell culture matrix by photo-uncaged-thiol Michael addition reaction〔J〕. Advanced Materials, 2014, 26: 3912-3917.

[14] Yang Y, Zhang J, Liu Z, et al. Tissue-integratable and biocompatible photogelation by the imine crosslinking reaction〔J〕. Advanced Materials, 2016, 28: 2724-2730.

[15] Kloxin A M, Kasko A M, Salinas C N, et al. Photodegradable hydrogels for dynamic tuning of physical and chemical properties〔J〕. Science, 2009, 324: 59-63.

[16] Fisher S A, Baker A E, Shoichet M S. Designing peptide and protein modified hydrogels: selecting the optimal conjugation strategy〔J〕. Journal of American Chemistry Society, 2017, 139: 7416-7427.

[17] Luo Y, Shoichet M S. A photolabile hydrogel for guided three-dimensional cell growth and migration 〔J〕. Nature Materials, 2004, 3: 249-253.

[18] DeForest C A, Anseth K S. Cytocompatible click-based hydrogels with dynamically tunable properties through orthogonal photoconjugation and photocleavage reactions〔J〕. Nature Materials, 2011, 3: 925-931.

[19] Ming Z, Ruan X, Bao C, et al. Micropatterned protein for cell adhesion through phototriggered charge change in a polyvinylpyrrolidone hydrogel〔J〕. Advanced Functional Materials, 2017, 27: 1606258.

[20] Ming Z, Fan J, Bao C, et al. Photogenerated aldehydes for protein patterns on hydrogels and guidance of cell behavior〔J〕. Advanced Functional Materials, 2018, 28: 1706918.

[21] DeForest C A, Polizzotti B D, Anseth K S. Sequential click reactions for synthesizing and patterning three-dimensional cell microenvironments〔J〕. Nature Materials, 2009, 8: 659-664.

[22] Wade R J, Bassin E J, Gramlich W M, et al. Nanofibrous hydrogels with spatially patterned biochemical signals to control cell behavior〔J〕. Advanced Materials, 2015, 27: 1356-1362.

第十三章
光固化技术在光刻胶中的应用

光刻胶又称光致抗蚀剂、光阻（photoresist，resist），是光刻工艺的关键性材料，是指经过紫外光、准分子激光、电子束、离子束、X 射线等照射或辐射，其溶解性、熔融性和附着力在曝光后发生明显变化的耐蚀刻薄膜材料，被广泛应用于印制电路板、集成电路和半导体分立器件的微细图形加工等领域。曝光显影后，根据保留区域的不同，光刻胶可分为正性光刻胶（positive photoresist）和负性光刻胶（negative photoresist），曝光成像过程如图 13.1 所示。正性光刻胶是指曝光后曝光区域发生脱保护、解聚、断链等反应，从而可以溶解在显影液中，非曝光区域不溶于显影液，最终得到的图形与掩模版遮光图案一致。负性光刻胶是指曝光后光照区域产生交联反应不能溶解于显影液，而非曝光区域可以被溶解，最终获得与掩模版图案互补的图形。

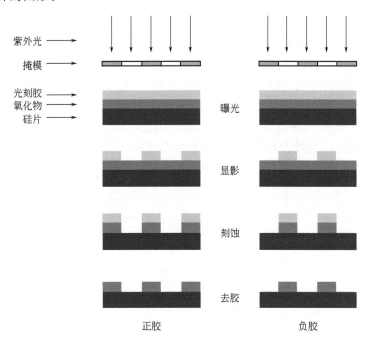

图 13.1　光刻工艺的成像过程

为了实现更高的分辨率，曝光波长在不断缩短的同时，与之配套的光致抗蚀剂材料也在不断地被研发出来。结合光刻加工的工艺流程，光致抗蚀剂材料需要满足以下要求：①在光刻胶常用溶剂中溶解性好；②在基材上具有良好的附着力，并能够形成均匀的膜层；③热稳定性好，满足前烘、后烘的温度要求；④具有合适的紫外吸收，与曝光光源相匹配；⑤具有较高的感度和分辨率；⑥抗蚀刻性能好；⑦工艺宽容性好；⑧具有良好的储存稳定性。

本章按照光刻胶的成像反应原理及其主要用途，分为四部分对光刻胶进行简要介绍，包括：光交联型负性光刻胶、光聚合型负性光刻胶、正性光刻胶-集成电路加工用高分辨率光刻胶、纳米压印光刻胶。

第一节　光交联型负性光刻胶

负性光刻胶最早是 1953 年由美国柯达公司的 Louis Minsk 合成出来的（聚乙烯醇肉桂酸酯），对基材有良好的黏附能力、耐酸耐碱、感光速度快。光交联型负性光刻胶可溶于特定的显影液，在光照时，曝光区在光的作用下发生交联反应而不溶于显影液，形成与掩模相反的图形。常见的负性光刻胶体系有下面几种类型。

一、双叠氮体系负胶

以叠氮化合物作为光交联剂的感光树脂体系，是负性光刻胶的主要种类之一。其中最有代表性的是双叠氮化合物和环化橡胶组成的环化橡胶-双叠氮型紫外负性光刻胶。光聚合反应原理如图 13.2 所示，带双键基团的环化橡胶为成膜树脂，芳香族双叠氮化合物作为交联剂，在紫外光照射下，叠氮基团分解成氮烯，氮烯在聚合物分子骨架上夺取氢或发生插烯反应，使聚合物分子间发生交联，光照区域变为不溶性。环化橡胶-双叠氮体系具有诸多优异性能，如良好的溶解性、成膜黏附性、光敏性、耐热性以及较低的溶液黏度和较高的强度。因此，这类光致抗蚀剂一度成为 20 世纪 80 年代电子工业的主要光刻胶。

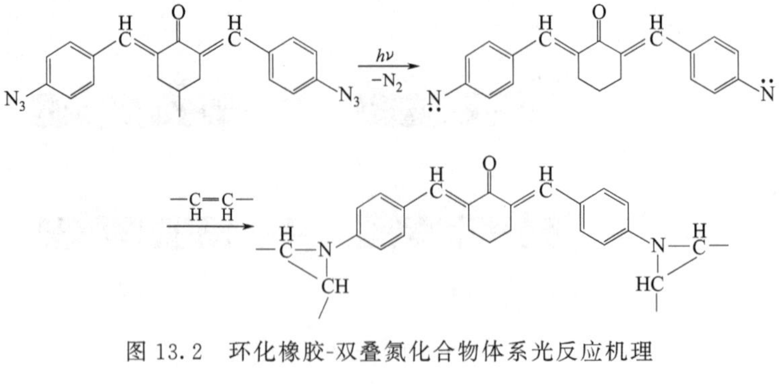

图 13.2　环化橡胶-双叠氮化合物体系光反应机理

此类光刻胶主要用于分立器件和 $5\mu m$、$2\sim3\mu m$ 集成电路的制作。但是随着微电子工业精细化程度的提高，该系列负胶在集成电路制作中的应用逐渐减少。

二、肉桂酸体系负胶

电子工业中最早出现的光致抗蚀剂是聚乙烯醇肉桂酸酯紫外负性光致抗蚀剂，并成功地应用于早期的集成电路加工。聚乙烯醇肉桂酸酯（图 13.3）在紫外光照条件下自身会发生光二聚反应而产生交联，因此曝光区域的树脂不溶于显影液，最终形成负性图形。此类光致抗蚀剂虽然有诸多优点，如无暗反应、储存期长、光敏性强、分辨率高等，但其在硅片上的黏附性较差，因此很难获得广泛应用。

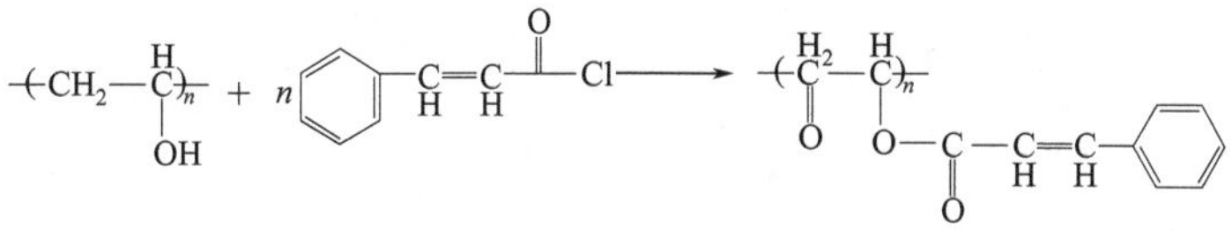

图 13.3 聚乙烯醇肉桂酸酯分子结构

三、重氮树脂感光胶

现代网印制版普遍使用的是光化学制版，网印制版是以丝网作为印刷版基，以网框作为版基的支撑体，将丝网以一定的角度和张力平整地紧绷在网框上，然后在网上涂布感光胶，形成感光版膜，再将阳图底片密合在版膜上晒版，经曝光、显影，印版上不需透墨的部分发生光化学反应形成固化版膜，将网孔封住，印刷时不透墨；印版上需要透墨的部分因未受光照射不发生光化学反应，版膜未固化而网孔不封闭，印刷时油墨透过，在承印物上形成墨迹。随着现代网版技术的发展，网版印刷这种不受承印材料、形状局限的万能印刷的应用领域不断扩展，在轻工、纺织、建筑、电子工业、包装、广告等领域中发挥着越来越重要的作用。重氮树脂感光胶由感光材料、成膜树脂、着色剂、表面活性剂等组成，其中感光材料为感光胶研发的重点。感光材料主要是重氮树脂，最常用的重氮树脂是对-重氮二苯胺盐酸盐的甲醛缩合物。成膜树脂目前采用最多的是聚乙烯醇。在感光过程中，重氮树脂感光胶的曝光区发生光化学反应，进而交联硬化，未曝光区仍保持原有的水溶性，在用水显影时被冲洗掉，获得清晰的图文，即可用于网版印刷。光交联固化过程中，作为光敏剂的重氮盐或重氮树脂首先在一定的光照射下吸收光能后分子迅速分解，产生活泼且极不稳定的自由基，自由基与聚乙烯醇中的羟基发生作用，形成醚键而交联固化。其可能的感光交联机理如图 13.4 所示。

重氮树脂感光胶的主要问题是热稳定性差，一般以二组分保存，用时混配，且必须在短期内用完。而新型的所谓"SBQ"负胶材料用作丝印感光胶，具有很好的储存稳定性和高感度等突出的优势。SBQ 感光胶由聚乙烯醇环缩醛苯乙烯基吡啶盐树脂、聚乙烯醇与其他助剂组成。在曝光时，苯乙烯基吡啶盐树脂受紫外光照射时发生光二聚反应，生成带四元环结构不溶于水的二聚产物（图 13.5）。未曝光部分仍保持原有的水溶性，水显影时被溶解除去，最后得到需要的性能良好的网版图形。

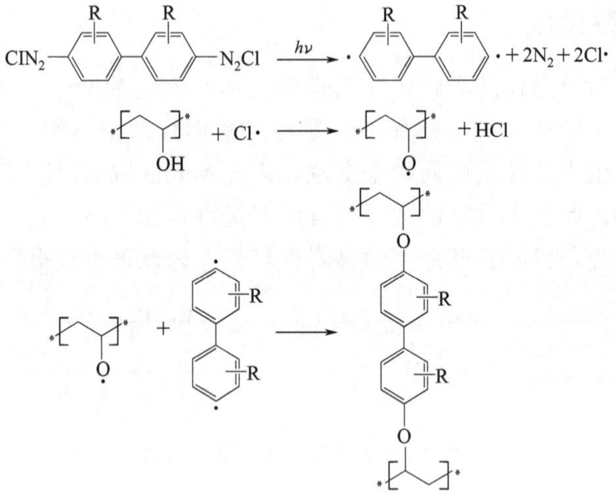

图 13.4 重氮树脂感光交联机理

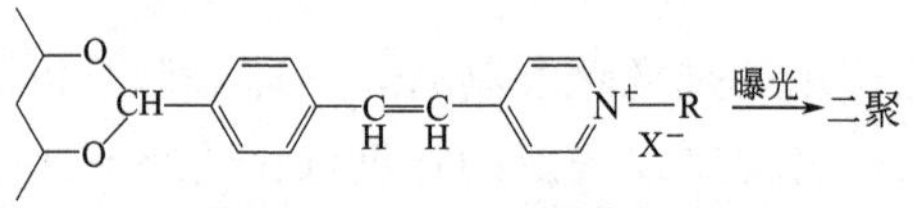

图 13.5 SBQ 的固化机理

四、PVA-重铬酸钾体系负胶

重铬酸盐型感光胶是由重铬酸盐和聚乙烯醇组成的。重铬酸盐作为光敏剂引发光交联的原理是氧化还原反应。重铬酸盐是强氧化剂，聚乙烯醇是还原剂，在光作用下，六价铬离子吸收光量子成激发态，与聚乙烯醇发生氧化还原反应，Cr^{6+} 被还原成 Cr^{3+}。具有强配位能力的 Cr^{3+} 与高分子化合物中含有共用电子对的氧原子形成配位共价键，使线型高分子链相互交联而成网状结构。其反应式如图 13.6。

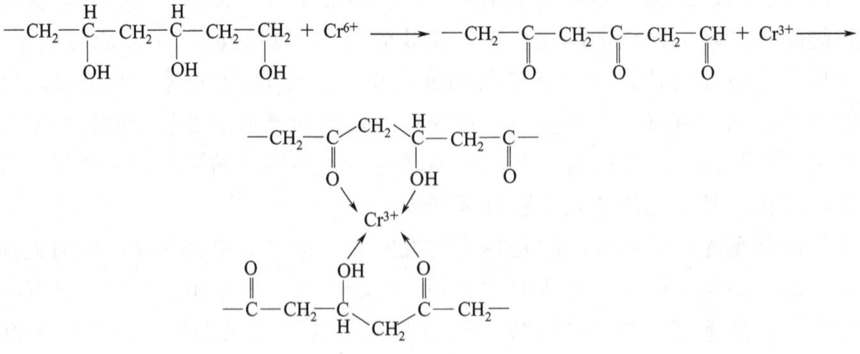

图 13.6 PVA-重铬酸钾体系光反应机理

由于重铬酸盐具有毒性，既损伤人体，又污染环境，而且这种体系的光刻胶只能现用现配，使用寿命短，解像力低，已逐渐被淘汰。

第二节 光聚合型负性光刻胶

光聚合型负性光刻胶主要为光引发自由基聚合体系和光引发阳离子聚合体系，前者主要为丙烯酸酯体系，后者主要为环氧化合物体系。

一、（甲基）丙烯酸光引发自由基聚合体系

传统的光致抗蚀剂主要由成膜树脂、光引发剂、活性单体等组成，其中成膜树脂对光致抗蚀剂的性能有着至关重要的作用，直接影响着光致抗蚀剂的成膜性、热稳定性、机械性能和显影性能。典型的负性光致抗蚀剂由聚合物成膜树脂、多功能单体（或交联剂）、光引发剂、溶剂和添加剂组成。（甲基）丙烯酸聚合物成膜树脂具有良好的透明性、成膜性及附着力等，研究者通过物理混合或将活性单体接入甲基丙烯酸树脂聚合物中，设计出了不同类型的甲基丙烯酸树脂聚合物。（甲基）丙烯酸光引发的自由基聚合体系的成像原理，主要是基于其体系中含有光引发剂和可以进行自由基聚合的不饱和碳碳双键基团，当体系受 UV 照射时，光引发剂可以产生活性自由基，引发碳碳双键发生自由基聚合反应，使得体系在曝光前后的溶解度发生改变，通过稀碱水显影达到将电路图形转移至基板上的目的。

这种成像材料可分为两种类型。一种是将含有不饱和碳碳双键基团的交联剂，如双季戊四醇五/六丙烯酸酯（DPHA），与甲基丙烯酸酯共聚物进行物理混合，在曝光时光引发剂产生活性自由基，引发 DPHA 发生自由基聚合反应，使得体系溶解度变化，而甲基丙烯酸酯共聚物只作为一种提高体系成膜性和机械性能的成膜树脂存在；另一种是将含有不饱和碳碳双键基团的单体，如甲基丙烯酸缩水甘油酯（GMA），通过与甲基丙烯酸酯共聚物中羧酸的开环反应，在聚合物中引入不饱和碳碳双键基团，发生甲基丙烯酸酯共聚物分子间的交联反应，这里的甲基丙烯酸酯共聚物既是成膜树脂，又是交联剂，这种方式克服了物理混合导致的混合不均匀，但对共聚物的各方面性能要求较高。

甲基丙烯酸酯共聚物的结构可设计性强，具有良好的透明性、成膜性和热稳定性，且其作为一种光固化材料，省去了化学增幅型光致抗蚀剂的后烘阶段，有助于克服由于加热固化时间长、固化阶段易形成部分重叠造成的缩孔、橘皮及有机溶剂挥发造成的环境污染等问题。同时，紫外光固化技术可以明显降低固化温度，提高生产效率，降低生产成本，具有操作简单易行，易于实现高速流水线工业化生产等优点。丙烯酸酯体系负性光致抗蚀剂材料的分辨率一般可以达到 $40\sim70\mu m$，满足工业上对印制电路板（PCB）光致抗蚀剂分辨率的要求，因此 PCB 用的干膜抗蚀

剂等耐蚀刻材料一般采用丙烯酸酯体系负胶。

二、环氧化合物阳离子催化开环聚合体系 SU-8 光刻胶

90 年代出现了微电子机械系统（MEMS）。微电子机械系统是指构成单元尺寸在微米、纳米量级的微型机电装置。MEMS 中很多微机构是用来传递力或作受力部件的，这就需要其具有足够的机械强度。因此要求微结构具有一定的高度或是深宽比，以满足所需的机械强度。而厚层光致抗蚀剂材料具有大的深宽比及良好的力学性能，所以厚层光致抗蚀剂材料的高深宽比是制造用于 MEMS 或封装应用的必要条件。它使得高层结构的垂直侧壁在整个高度上具有良好的尺寸控制。一个众所周知的例子是 LIGA 技术（光刻、电铸和模铸工艺），它利用 X 射线光刻来图案化非常厚的 PMMA（聚甲基丙烯酸甲酯）层，该 PMMA 层可用作电铸装置的模板或用于后续复制步骤的垫片。X 射线光刻技术具有抗蚀剂吸收低、无散射、接近效应小等特点，是获得超厚层光致抗蚀剂亚微米分辨率的高深宽比结构的理想技术。然而，昂贵的 X 射线源和苛刻的掩模技术极大地影响了 X-ray LIGA 技术的制造成本。而且，大部分 MEMS 应用不需要亚微米分辨率，因此如果可获得分辨率较低（微米到几十微米）和深宽比较低，但其他特性类似于 PMMA/X-ray 的近紫外抗蚀剂，就可以大幅度降低 MEMS 制造的成本，因此具有巨大的潜力。

IBM 公司 1995 年首先开发出 SU-8 胶，一种专为高深宽比的 MEMS 应用而设计的厚膜负性近紫外光刻胶产品，其主要材料是 Shell Chemical 开发的 EPON SU-8 环氧树脂，由双酚 A 酚醛缩水甘油醚组成（图 13.7）。

SU-8 胶在超厚抗蚀剂应用中具有如此吸引力的关键特性，是其在近紫外范围内有非常低的光吸收，具有很好的透光性能，这使得在整个抗蚀剂膜层上有均匀、良好的曝光剂量，可获得垂直侧壁轮廓，从而对整个结构高度进行良好地尺寸控制。如图 13.8 所示，100μm 厚度的 SU-8 胶膜在 365nm 曝光波长附近有很好的透明性，因此可以进行很厚结构的制造。同时，SU-8 胶的低分子量使其能够溶解在

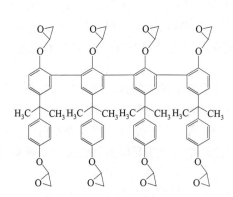

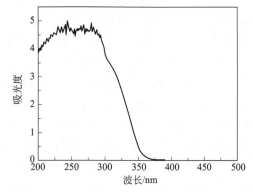

图 13.7　SU-8 的环氧树脂结构　　图 13.8　SU-8 胶膜层（100μm）的紫外光吸收谱图

许多种类的溶剂中，并且可以形成很高浓度的混合物，固体含量可高达 85%（质量分数）。SU-8 胶另外一个优点是它的自平整能力，前烘过程中能够自身实现表面的平整，消除边缘凸起效应，保证在曝光过程中掩模和光刻胶有很好的接触。对于SU-8 胶而言，不论厚度多厚（甚至是毫米以上），它的表面都不会存在边缘凸起效应，而这一点是其他光刻胶所实现不了的，也是进行超厚结构（毫米量级）微加工技术开展的前提和保证。除此之外，由于 SU-8 胶是由环氧基组成，使得 SU-8 胶具有非常好的机械性能和耐化学性。

SU-8 胶的成像原理是体系中的光产酸剂经紫外光曝光后产生微量的强酸，进而催化 SU-8 胶中多功能团、多分支的环氧基团发生阳离子开环聚合交联在一起，使得曝光区变得坚固且不溶于显影液。而未曝光的区域则不发生光化学反应，光刻胶不发生交联而溶于显影液中。最初，SU-8 胶主要用于制造高深宽比的微结构和电镀模具，1998 年首次将 SU-8 胶作为模具铸造聚二甲基硅氧烷（PDMS）微流体通道。与硅和玻璃模具相比，SU-8 胶模具的优点是制造容易，成本低，因此被迅速接受，并被广泛用于复制 PDMS 微流体通道。

目前国内主要使用的是美国 Microchem 生产的化学增幅型 SU-8 2000 系列光刻胶，其稳定性好，获得的图形具有高深宽比，常用于深度光刻。图 13.9 为 SU-8 2000 型负胶光刻图像，可得到大深宽比的陡直侧壁图形。此外，近年来国内外也相继研发性能类似的光刻胶产品，如北京师范大学研制的负性厚膜光刻胶。

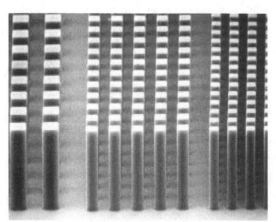

图 13.9　SU-8 2000 型负胶光刻图像

然而，SU-8 胶也存在一些缺点。由于 SU-8 胶与基底材料（如硅片）的线性热膨胀系数不同，会带来很大的应力，使膜层中产生裂纹，导致对金属的黏附力弱，甚至可能造成光刻胶结构脱落。SU-8 胶有较高厚度，表面曝光剂量总是高于底部剂量，为了保证底部的 SU-8 胶有足够的曝光剂量，常使表面剂量过大，但因此造成了胶结构的应力过大而脱落。除此之外，SU-8 胶曝光交联后的区域具有非常高的化学稳定性能，因此，SU-8 胶在不损坏周围结构的情况下很难去除。为解决这些问题，虽然有了一些方法，如高温灰化、RIE 蚀刻等，但至今还没有根本解决这些问题。

第三节   正性光刻胶-集成电路加工用高分辨率光刻胶

正性光刻胶在成像分辨率方面通常比负性光刻胶更具优势。因此，自 20 世纪 80 年代中期以来，正性光刻胶便占据了集成电路光刻加工的统治地位。其中至今仍在普遍使用的 g 线、i 线光刻胶主要是重氮萘醌-酚醛树脂体系正胶。80 年代初提出化学增幅概念后，化学增幅型正胶便逐渐成为 248-nm 光刻、193-nm 光刻等的最主要选择。

一、化学增幅型光致抗蚀剂

"化学增幅"的概念最初由 IBM 公司的 Hiroshi Ito 等提出。所谓化学增幅（chemical amplification，也称化学放大），是指在光刻胶的感光剂中加入了光产酸剂（photoacid generator，PAG）或者光产碱剂（photobase generator，PBG），其中被广泛应用的是光产酸剂。光照时，光产酸剂发生量子效率小于 1 的光化学反应，能够产生强酸（质子酸或路易斯酸），光照停止后，光产酸能够在后烘过程中作为光刻胶膜层发生化学反应的催化剂，使得最初的光化学反应量子效率得到提高，达到化学增幅的目的。相比于重氮萘醌体系，化学增幅型光刻胶的感度和分辨率有了很大的提高。

化学增幅型抗蚀剂一般由成膜高分子（又叫成膜树脂）、阻溶剂（dissolution inhibitor）、光产酸剂和其他添加剂组成。成膜树脂是光刻胶材料的主体部分，不同的曝光波长所需的成膜树脂也不一样，如早期的聚乙烯醇肉桂酸酯、环化橡胶、i 线光刻胶体系的线型酚醛树脂、248-nm 光刻胶所用的聚对羟基苯乙烯及其衍生物、193-nm 光刻胶所用的聚甲基丙烯酸甲酯及其衍生物等。选择何种聚合物作为成膜树脂，取决于该聚合物是否在相应的曝光光源下具有良好的透明性。若透明性不好，则容易使光刻胶膜层底部曝光不足，出现留底现象（图 13.10）。

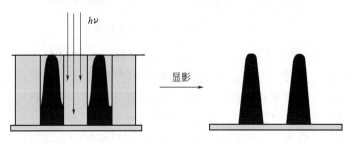

图 13.10   留底效果示意图

化学增幅型光刻胶体系存在典型的后烘延迟效应，即光刻胶膜层在曝光后须立即后烘，否则空气中极微量的碱性物质会将膜层表面的酸中和，使得酸催化反应的效率受到影响，最终形成 T-Top 图形，如图 13.11 所示。解决的方法包括加入碱性添加剂、降低脱保护反应的活化能、使用顶部保护涂层等。

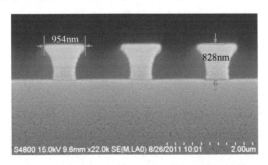

图 13.11　T-Top 结构扫描电镜图

通常，在成膜树脂中引入含有羟基、羧基等亲水性的极性基团，可提高光刻胶材料对基材的附着力。此外，有些成膜树脂本身即是酸敏树脂，结构中含有易离去的保护基，不需要额外的阻溶剂。曝光显影后需要对洗去部分的硅片进行蚀刻，这就要求未洗去部分能够耐受住蚀刻液体（湿法蚀刻）或者等离子体（干法蚀刻）的蚀刻。而光刻胶膜层的抗干法蚀刻性能很大程度上是由成膜树脂中的有效碳含量决定的。研究表明，成膜树脂中碳含量越高，树脂的抗蚀刻性能越好。因此光刻胶成膜树脂大多为含有环状结构，如芳香环、脂肪环的聚合物。

光产酸剂是指在辐射下能够发生光化学反应，产生质子酸或者路易斯酸的化合物，光产酸剂是化学增幅光刻胶体系的核心成分。已经应用的光产酸剂分为离子型产酸剂和非离子型产酸剂，离子型产酸剂包括重氮盐、鎓盐等，非离子型产酸剂主要包括有机多卤化合物、磺酸酯类及砜类化合物等。评价光产酸剂的指标主要有紫外吸收、产酸量子效率、在光刻胶溶剂中的溶解性、与成膜树脂的兼容性、热稳定性、成本等。

鎓盐产酸剂是目前使用最多的光产酸剂，其中以碘鎓盐和硫鎓盐为主，结构如图 13.12 所示，其中 MtX_n^- 为具有亲核性的阴离子，如 $CF_3SO_3^-$，$C_4F_9SO_3^-$ 等。

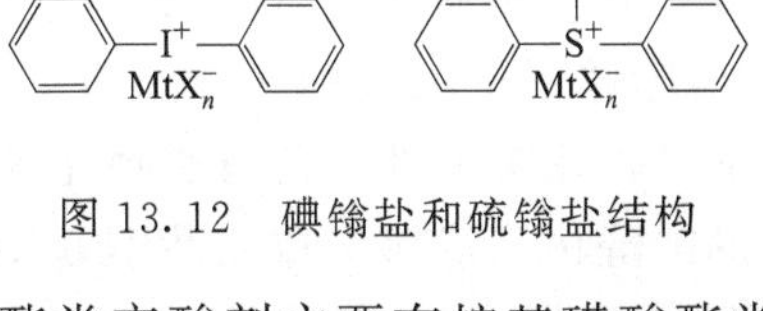

图 13.12　碘鎓盐和硫鎓盐结构

目前报道较多的磺酸酯类产酸剂主要有烷基磺酸酯类、硝基苯磺酸酯类、N-羟基酰亚胺磺酸酯类、重氮萘醌类、二芳基磺酰重氮甲烷、二砜类等，结构如图

13.13 所示。大部分磺酸酯类产酸剂都至少有一个芳香基团与磺酸酯基相连，在适当的光源下曝光后，产生磺酸。这类产酸剂的优点在于能够根据需要进行结构的设计和剪裁，因而成为能够和硫鎓盐分庭抗礼的产酸剂。

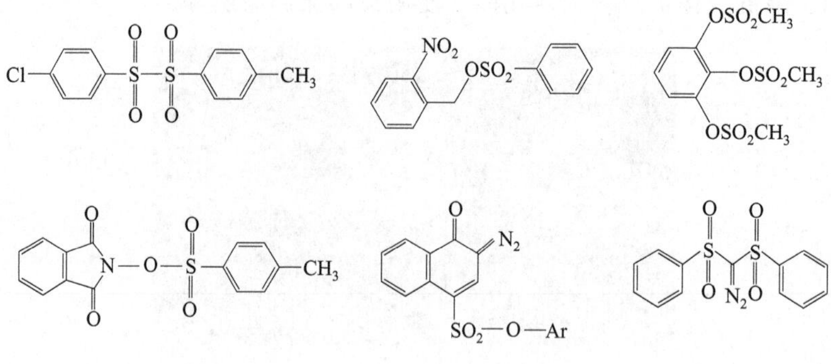

图 13.13　磺酸酯类产酸剂结构

　　通常在化学增幅光刻胶体系中还有其他组分，主要有阻溶促溶剂、酸扩散控制剂、表面活性剂、酸增值剂、光漂白剂等。阻溶促溶剂（又称溶解速率调节剂），顾名思义，其作用是在曝光区能够促进光刻胶膜层在显影液中溶解，而在未曝光区则能够阻止膜层在显影液中溶解。常见的阻溶促溶剂有 O,O-缩醛、$N、O$-缩醛、（去氧）胆酸衍生物、频哪二醇类物质、邻苯二醛、二酚类物质、环烷烃羧酸特丁酯等。这些物质对酸敏感，遇酸后能够发生分解，重新释放出碱溶性基团，由原来的碱水不溶变为碱水可溶，从而增大了光刻胶膜层曝光区与非曝光区的反差。有些光刻胶体系中，成膜树脂本身带有酸敏基团，可起到阻溶促溶作用；当成膜树脂中没有酸敏保护基，或者酸敏保护基提供的阻溶促溶作用不足以产生足够大的溶解度反差时，阻溶促溶剂就必不可少了。酸扩散控制剂（又称酸猝灭剂），主要作用是控制酸扩散，保证光刻的分辨率，同时还可增强光刻胶的稳定性，提高体系的抗污染能力。

二、i 线光致抗蚀剂

　　i 线光刻的曝光波长为 365nm，其常用的正性光致抗蚀剂为重氮萘醌磺酸酯-酚醛树脂体系。该体系由线性酚醛树脂和重氮萘醌光敏化合物组成。酚醛树脂作为成膜树脂，一方面含有酸性的酚羟基（—OH），具有良好的碱溶性和成膜性，另一方面分子中的芳环结构使其具有较高的 C/H 比，具有良好的抗等离子蚀刻性能。

　　重氮萘醌磺酸酯-酚醛树脂体系抗蚀剂的成像过程，除了与曝光区域光照分解产生羧酸基团导致的溶解促进作用有关外，还与非曝光区域的溶解抑制作用密切相关。研究表明，非曝光区的酚醛树脂能够与重氮萘醌基团发生偶联反应，图 13.14 表明了酚醛树脂与重氮萘醌基团偶联反应的溶解抑制作用机理，据此提出了一个建立在溶解抑制作用与溶解促进作用基础上的"石头墙模型"理论。

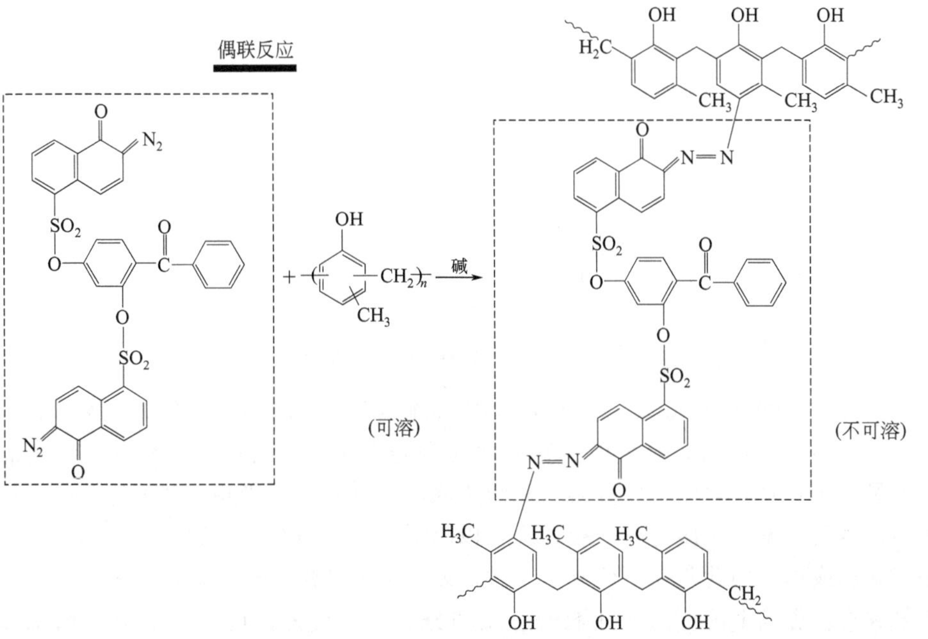

图 13.14 酚醛树脂与重氮萘醌基团偶联反应的溶解抑制作用

酚醛树脂是通过甲醛和甲酚等在酸催化作用下的缩合反应制得的。重氮萘醌基团与甲酚线型酚醛树脂的偶联作用，与甲酚的异构体结构、亚甲基位置和线型酚醛树脂的分子量及分子量分布有关。在酚醛树脂的制备过程中，通过控制甲醛用量、催化剂加入量以及反应温度和时间，可获得不同分子量的树脂产物。分子量高的酚醛树脂可提高抗蚀剂体系的耐热性能，但相应的副作用是降低体系的感度。

重氮萘醌感光剂具有阻溶促溶作用。一方面，重氮萘醌感光剂分散在成膜树脂中，与树脂材料发生偶联作用，使抗蚀剂膜层难溶于碱性显影液，起到阻溶作用；另一方面，重氮萘醌光敏基团在光照条件下生成高活性中间体卡宾，并释放出氮气。高活性中间体卡宾经过沃尔夫重排形成烯酮，之后烯酮遇到环境中的水迅速发生反应转变为茚羧酸，其光解示意图如图 13.15 所示。未曝光区域起到溶解抑制作用，而曝光区生成的茚羧酸具有良好的碱溶性，起到促进溶解的作用。最终使得曝光区和未曝光区具有良好的碱溶性反差，从而显影得到正性图形。

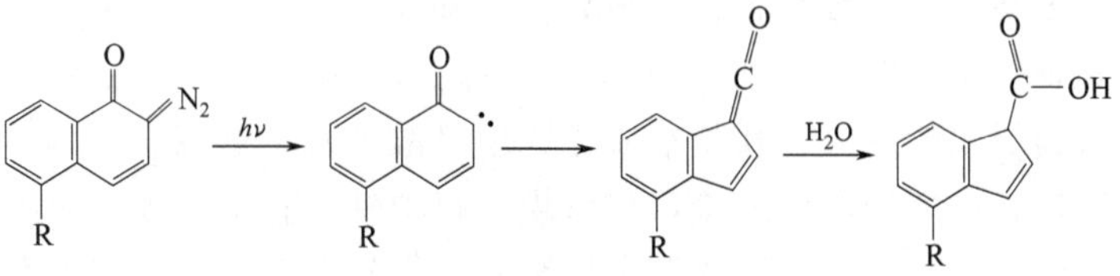

图 13.15 重氮萘醌基团的光解机理

　　重氮萘醌感光剂通常由多酚类化合物与重氮萘醌磺酰氯经酯化反应制得。传统常用的酚类化合物为二苯甲酮系列化合物，如 2,3,4-三羟基二苯甲酮。常用的磺酰氯包括 2,1-重氮萘醌-4-磺酰氯、2,1-重氮萘醌-5-磺酰氯和 2,1-重氮萘醌-6-磺酰氯（图 13.16）。

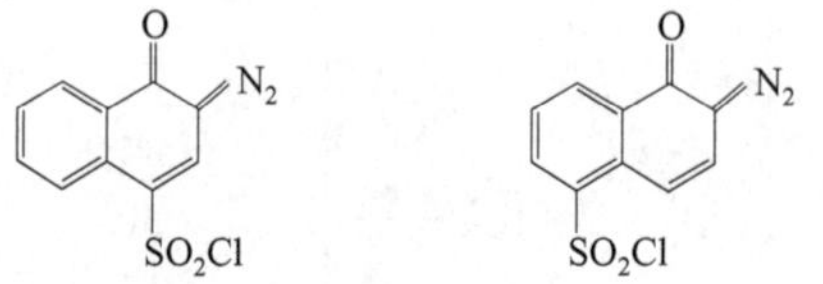

图 13.16　重氮萘醌磺酰氯的结构

　　当以 i 线光源曝光时，上述重氮萘醌光致抗蚀剂体系可以制作最小线宽为 $0.35\sim0.5\mu m$ 的图形，至今仍占有很大的市场份额。其缺点在于线型酚醛树脂的分子量分布较宽，对图形的分辨率和线边缘粗糙度有很大影响，若要进一步提高分辨率，需要对酚醛树脂进行分级处理，以降低其分子量分布系数，但会增加工艺流程，增加成本。因此，需要研制出可替代或部分替代酚醛树脂的成膜树脂，以降低工艺成本，提高 i 线光致抗蚀剂的感度和分辨率。此外，也有一些化学增幅体系 i 线光致抗蚀剂的研究和应用。

三、248-nm 光致抗蚀剂体系

　　248-nm 光致抗蚀剂的研究起源于 1990 年前后，在 20 世纪 90 年代中后期进入成熟阶段。248-nm 光刻技术不再采用汞灯为曝光光源，而是以激光器为曝光光源，F_2 和 Kr 气体电离后产生 KrF 准分子激光，波长在 248nm。248-nm 光刻技术是最早使用化学增幅原理光刻胶的技术。由于重氮萘醌-酚醛树脂在 248nm 处有着很强的非光漂白性吸收，导致其在 248nm 处透明性极低，光敏性差，无法继续使用。聚对羟基苯乙烯（PHS）及其衍生物在 248nm 处有较好的透明性（光学密度为 $0.22/\mu m$），且结合光产酸剂的使用，使得这类光刻胶体系的感度大大提高。当 PHS 的羟基被 t-BOC 保护后，其在 248nm 处更透明（光学密度为 $0.1/\mu m$），使它成为 248-nm 光刻胶的理想成膜树脂。

　　IBM 公司的第一代 248-nm 抗蚀剂以 t-BOC 全部保护的 PHS 为成膜树脂，以三苯基硫鎓盐为产酸剂，其缺点是酚羟基全部保护后，不但体系的感度较低，而且聚合物亲油性太高，导致胶膜脆、易破裂，与基片黏附性差。后来发现羟基只要部分保护即可实现碱水不溶，因此 t-BOC 部分保护的聚对羟基苯乙烯就成了 248nm 抗蚀剂成膜树脂研究的主流。其基本成像原理是酸催化的脱保护反应，如图 13.17 所示。曝光后，光产酸剂产生强酸，在后烘过程中催化叔丁氧羰基的离去，使得曝光区由亲脂性变为亲水性。当用稀碱水显影时，得到正性图像；利用有机溶剂苯甲醚显影时，可得到负性图像。

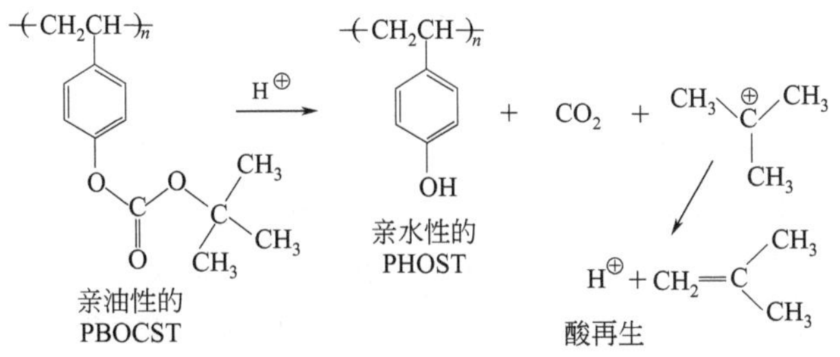

图 13.17　PHS 抗蚀剂体系成像机理

四、193-nm 光致抗蚀剂体系

为解决小于 $0.15\mu m$ 线宽的微细图形加工，需要进一步缩短曝光波长，以 ArF 准分子激光为曝光光源的 193-nm 光刻技术应运而生。为提高加工效率，从 i 线光刻到 248-nm 光刻，再发展到 193-nm 光刻，硅片的尺寸也经历了 6 英寸、8 英寸、12 英寸（1 英寸＝0.0254m）的变化历程。

193-nm 光刻技术同样使用了化学增幅光刻胶。相比 248-nm 光刻胶，193-nm 光刻技术要求膜层更薄，因此对成膜树脂的要求也更高。由于苯环在 193nm 处有强烈的非漂白性吸收，使得聚对羟基苯乙烯无法使用。目前应用于 193nm 光刻胶的成膜树脂主要有聚（甲基）丙烯酸酯体系、环烯烃-马来酸酐共聚物（COMA）体系、乙烯醚-马来酸酐共聚物（VEMA）体系、降冰片烯加成聚合物体系和环化聚合物体系等，结构如图 13.18 所示。

这些聚合物的特点是分子链中不含双键，因而在 193nm 处是高度透明的。同时，分子链中含有多个脂环结构，使得这些聚合物能够像芳香聚合物一样能经受住等离子蚀刻。

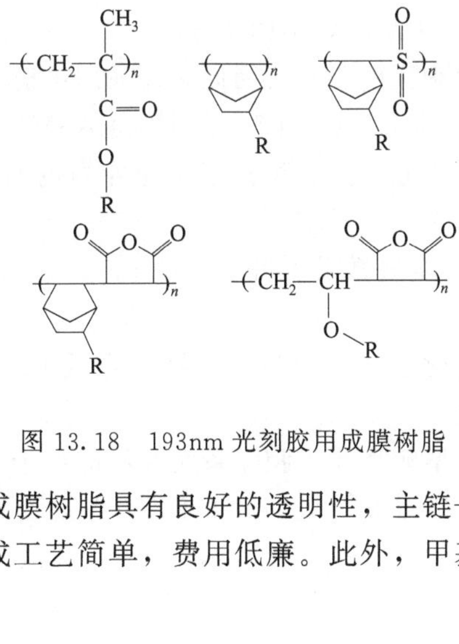

图 13.18　193nm 光刻胶用成膜树脂

聚甲基丙烯酸酯类成膜树脂具有良好的透明性，主链—CH_2—结构为树脂提供了良好的成膜性，且合成工艺简单，费用低廉。此外，甲基丙烯酸酯类的单体在聚合过程中可以有效地控制分子量。因此，被广泛应用于 193-nm 光刻胶材料，成像机理如图 13.19 所示。

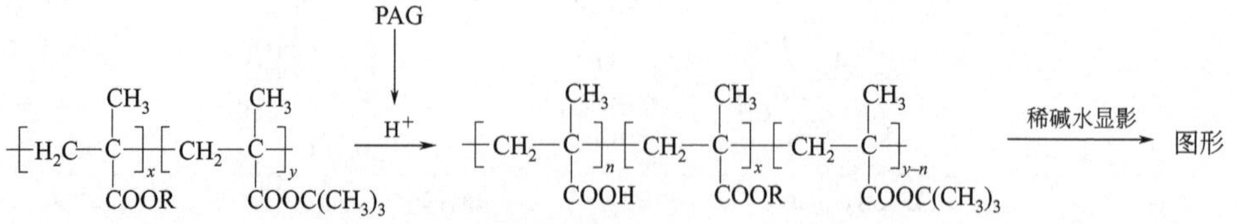

图 13.19　聚甲基丙烯酸酯类抗蚀剂成像机理

为了提高抗蚀剂材料的耐干法蚀刻性，通常引入大体积的支化烷基和脂环基，以提高树脂的玻璃化转变温度（T_g）及抗干法蚀刻性。为了提高光刻胶材料对基片的黏附力，通常在聚合物主链上引入亲水性的极性基团，如羧基、羟基、内酯，来平衡树脂的亲/疏水性。

193-nm 光刻胶所用的光产酸剂主要是锍盐和磺酸酯类，基本沿用了248-nm光刻胶体系的光产酸剂，但由于芳环在 193nm 处的强吸收，193-nm 光刻胶体系中产酸剂的含量较低，通常小于 5%，这在一定程度上限制了体系的光敏性。同时，锍盐化合物在 193nm 曝光下的产酸效率并不像在 248-nm 体系中高，且光解产物对193nm 光的吸收仍然较强，不利于光刻胶膜层的透明性。因此，开发不含苯环且产酸效率较高的产酸剂，是 193-nm 光刻胶体系的研究重点。

五、EUVL 光致抗蚀剂

在半导体工业中，随着集成电路特征尺寸进入 22nm 及以下技术节点，现有的紫外光刻技术已越来越难以满足光刻极限尺寸的生产要求。极紫外光刻（extreme ultraviolet lithography，EUVL）被认为是最有希望突破 22nm 及以下节点的下一代光刻技术。

EUVL 采用的曝光光源的波长为 13.5nm（92.0eV）的高能光子，在这个波长下几乎所有物质都表现出很强的吸收，因此必须采用反射式光学系统代替传统的透射式光学系统。2006 年全球第一台 EUV 光刻机由 ASML 研制出，标志着 EUV 迈出了量产的第一步。经过不断改进，又过了十年左右的时间，EUV 光刻技术才开始进入商业化生产。

光刻胶的三个主要性能参数分辨率（resolution）、线边缘粗糙度（line edge roughness，LER）和感度（sensitivity）相互之间存在着平衡制约关系，要提高光刻胶的性能，必须同时优化上述三个性能参数，降低 LER 仍是 EUV 光刻胶发展过程中所面临的最大难题。

现有的高分辨率化学增幅型光刻胶体系大都不适用于 EUVL，为 EUV 光刻胶的设计和制备带来了新的困难和挑战。对于 EUV 光刻胶，要求其应同时具备高分辨率、低线宽粗糙度（line width roughness，LWR）或线边缘粗糙度和高感度。

目前针对 EUVL 光刻胶的研究主要有聚合物体系、分子玻璃体系、金属有机配合物体系等。

（1）聚合物体系

对 EUVL 光刻胶而言，由聚合物电离产生的二次电子在光产酸剂的敏化机理中起着非常重要的作用，EUV 光刻胶的吸收强度必须通过聚合物吸收系数的调整得到优化。

聚对羟基苯乙烯（poly 4-hydroxystyrene，PHS）和苯乙烯衍生物共聚物被应用于 KrF 激光（248nm）光刻胶的主体聚合物，丙烯酸酯共聚物被应用于 ArF 激光（193nm）光刻胶材料。EUVL 光刻胶的厚度约为 100nm 时，用于 KrF 和 ArF 光刻胶的主体聚合物膜层的透明性约为 67%。因此，最初 EUV 光刻胶的开发多是基于 KrF 和 ArF 光刻胶体系。248-nm 和 193-nm 光刻中常用的化学增幅型光刻胶体系，由于光产酸剂在曝光后产生的强酸在后烘过程中会发生酸扩散现象，在一定程度上限制了图形分辨率的提高。为了减少酸迁移，可考虑采用光产酸剂键接（PAG-bound）聚合物体系，从而减小对图形分辨率、线边缘粗糙度以及感度（统称 RLS）的影响。一种基于聚合物光产酸剂的化学增幅型 EUV 光刻胶，结构式如图 13.20 所示，在曝光量为 $12mJ/cm^2$ 的 EUV 照射下，得到了线宽分辨率为 22nm，线边缘粗糙度为 4.2nm 的图形。

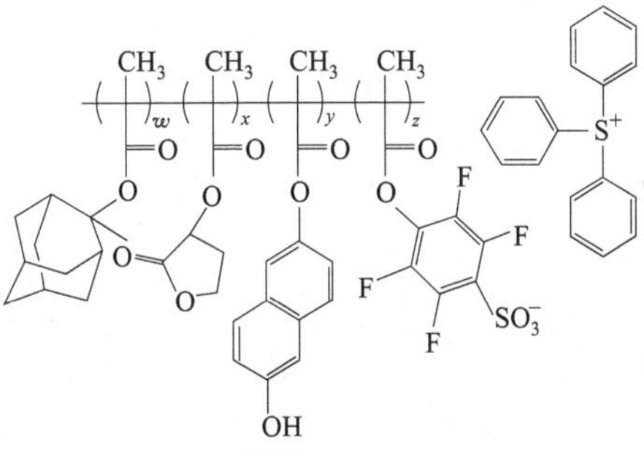

图 13.20 基于聚合物光产酸剂的 EUVL 光刻胶

此外，非化学增幅体系因避免了酸扩散现象也开始受到人们的关注。常见的包括聚对羟基苯乙烯衍生物和聚碳酸酯类衍生物等（图 13.21、图 13.22）。

（2）分子玻璃体系

随着特征尺寸的不断减小，光刻胶材料分子尺寸的缩小也不可避免。理论上，分子玻璃光刻胶体系的 LER 比聚合物光刻胶体系的低，分子玻璃光刻胶将是 16nm 及以下节点的关键技术之一。目前常见的化学增幅型分子玻璃光刻胶体系大多是将多元酚、杯芳烃衍生物、富勒烯、水轮状分子等作为母体化合物，引入可酸解保护基或其他感光基团，再组成光刻胶。图 13.23 为一些常见的用于分子玻璃光刻胶的多酚化合物。

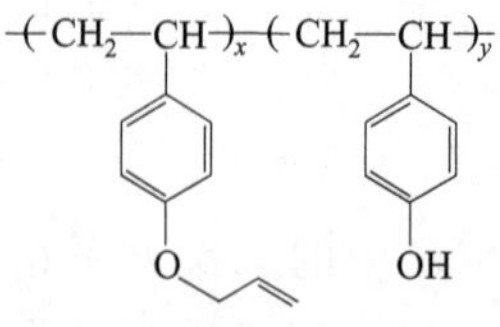

图 13.21 聚对羟基苯乙烯衍生物非化学增幅型 EUVL 光刻胶

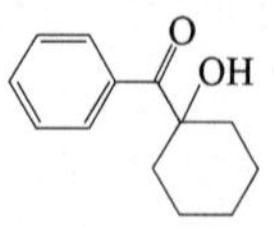

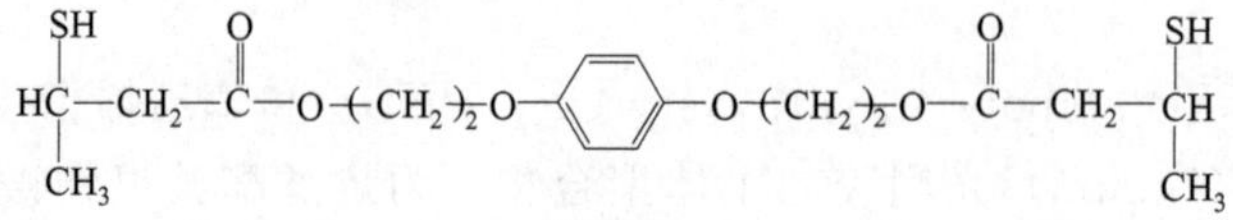

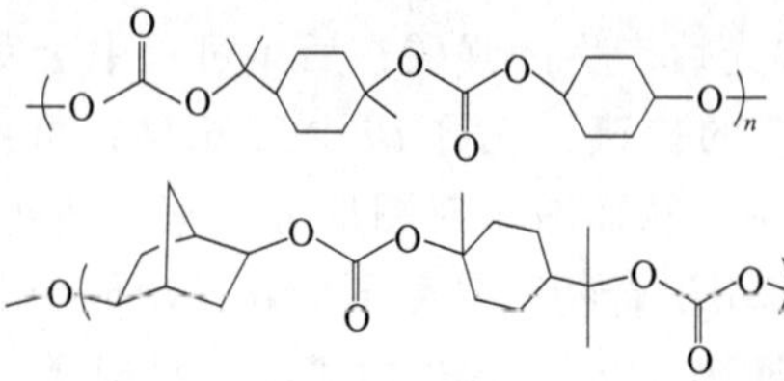

图 13.22 聚碳酸酯非化学增幅型 EUVL 光刻胶

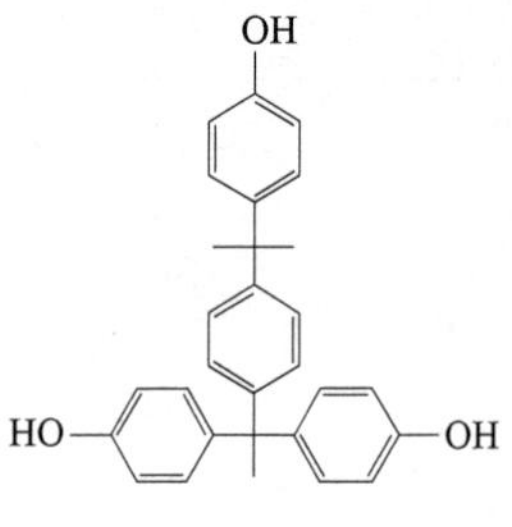

MG-1

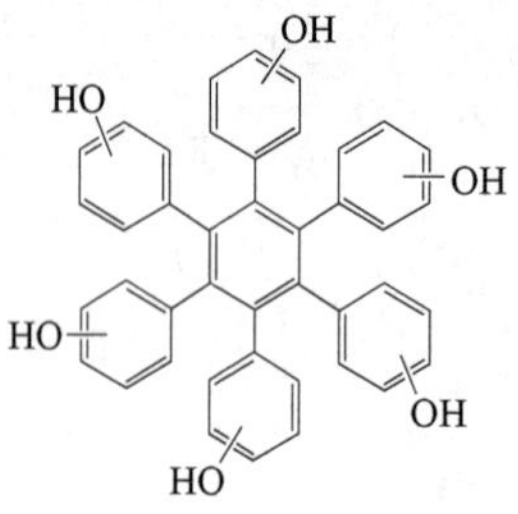

MG-2

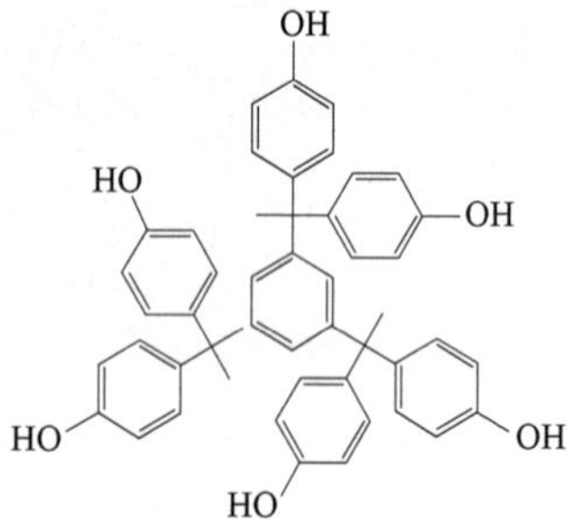

MG-3

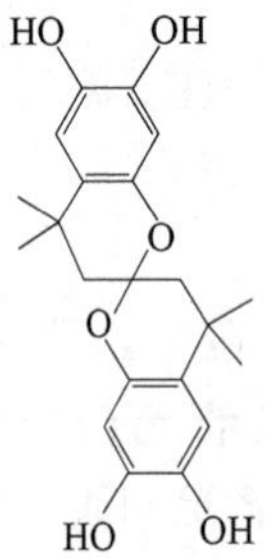

MG-4

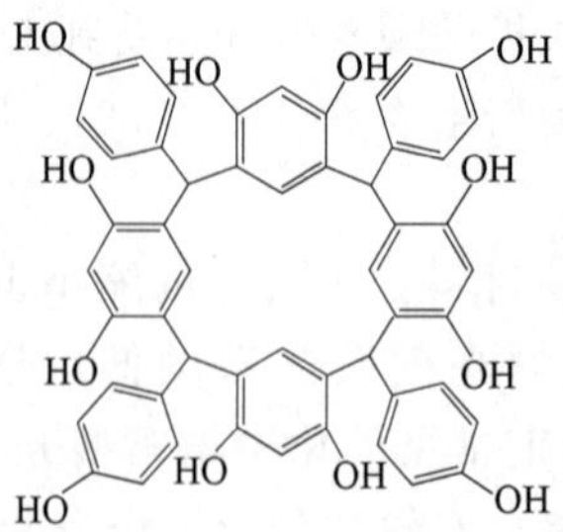

MG-5

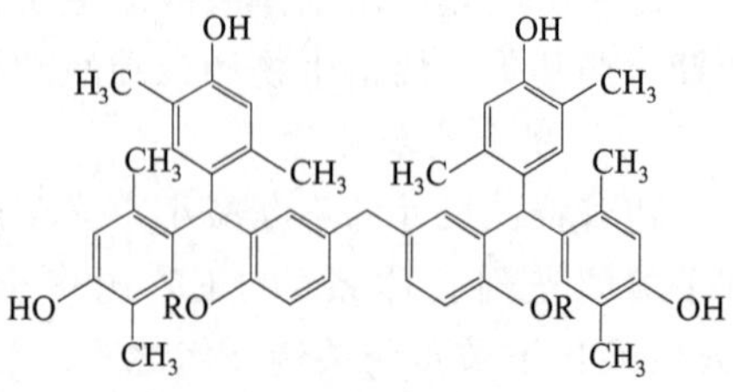

MG-6

图 13.23 分子玻璃体系光刻胶

（3）金属有机配合物体系

过渡金属元素与 C、H 等元素相比，在 EUV 波段吸收更强，此外金属氧化物纳米颗粒的引入可有效提高光刻胶的抗蚀刻性，近年来，基于过渡金属氧化物的光刻胶，作为极具应用前景的高分辨率光刻胶材料，受到越来越多的关注。

由一种含有 Zn 纳米颗粒的金属有机配合物（分子尺寸为 $1.6\sim1.9nm$）制备的 EUV 光刻胶，最终得到了线宽为 13nm 的图形。一系列基于金属铂（Pt）和钯（Pd）的碳酸盐和草酸盐化合物 $[L_2M(CO_3)$ 和 $L_2M(C_2O_4)$；$M=Pt$ 或 Pd] 的 EUV 光刻胶，如图 13.24 所示。金属碳酸盐用于负性光刻胶，而金属草酸盐用于正性光刻胶。基于 Pd 的光刻胶感度高于基于 Pt 的光刻胶，且当曝光量为 $50mJ/cm^2$ 时得到了线宽分辨率为 30nm 的线条图形。

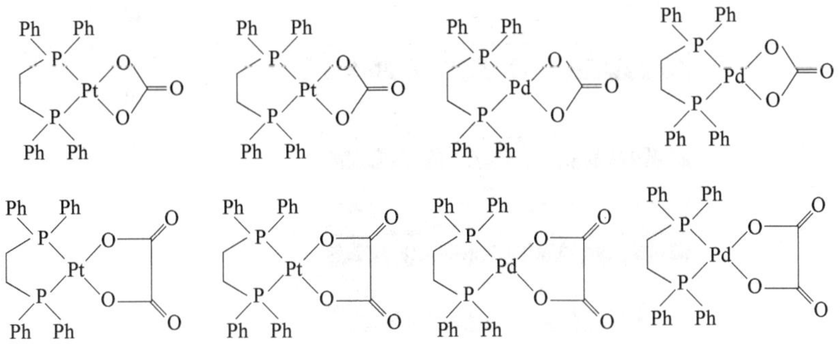

图 13.24　金属有机配合物光刻胶

EUVL 作为最新一代的光刻技术，光刻胶材料的性能，尤其是 LER，仍然需要进一步改进。分辨率、LER 和感度之间的平衡关系已成为 EUV 光刻胶技术领域最大的挑战。

第四节　纳米压印光刻胶

美国明尼苏达大学纳米结构实验室从 1995 年开始进行开创性的研究，提出了一种叫作"纳米压印成像"（nanoimprint lithography，NIL）的新技术。纳米压印技术基于机械压印原理，与传统光学光刻技术相比，避免了使用昂贵的光源及投影光学系统，同时不受光学光刻的最短曝光波长的物理限制，工艺过程更简便，在纳米图形加工技术中脱颖而出，引起了人们的广泛关注，曾被评价为可能改变世界的十项新兴技术之一。

按照加工方法的不同可将纳米压印分为热压印（HE-NIL）、紫外压印（UV-NIL）等。纳米压印技术已得到初步应用，如运用纳米压印技术蚀刻完成了光栅、场效应晶体管等微器件的制作；采用热压印方法制备血糖检测芯片；纳米压印技术还被应用到光探测器、晶带板、柔性电路板、有机电子装置、具有70nm长度的聚合物有机薄膜晶体管以及高密度数据存储器。

一、紫外纳米压印技术成像原理

紫外压印是采用绘有纳米图案的刚性模具，将基片上的液态抗蚀剂薄膜压出纳米级图案，再通过紫外光使抗蚀剂单体聚合固化，使得图案得以保持，最后利用常规的蚀刻、剥离等加工方法实现图案由模具向基片转移的一种成像原理。紫外压印与热压印相比，模具对紫外光是透明的，抗蚀剂薄膜在室温下有较好的流动性，不需要高温、高压的条件便可以廉价地在纳米尺度得到高分辨率的图形；成像效率高，无需升温降温过程。成像过程如图13.25所示。

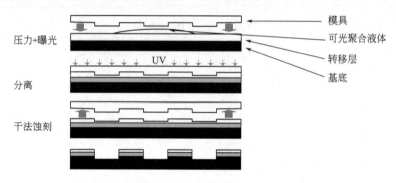

图 13.25　紫外纳米压印成像过程

二、紫外压印抗蚀剂材料的性能要求

压印的目标是将纳米级结构转移和复制，这个过程是在光刻胶表面进行的，因此光刻胶是纳米压印的关键材料，其性能将影响压印图形复制精度、图形缺陷率和图形向基底转移时的蚀刻选择性。为了得到好的压印图形，选择和设计抗蚀剂材料时需要多方面考虑。

紫外压印抗蚀剂一般是在紫外光下能发生聚合的液体单体，必须要具备很快的紫外光固化速度。固化速度直接影响生产效率，不同类型的紫外光刻胶，其光反应动力学的影响因素也不尽相同。如发生自由基聚合的丙烯酸酯体系易被氧气阻聚；发生阳离子聚合的乙烯基醚体系易被水汽阻聚。此外，光固化过程会造成膜层的体积收缩，严重影响成像质量，是紫外压印光刻胶面临的一个难题。

紫外纳米压印多采用涂膜方式，光刻胶材料在基底表面的润湿性要好，成膜性能优良，这样光刻胶膜层的厚度才均匀，且没有气泡、气孔等缺陷。应用于压印式的光刻胶与传统的曝光式光刻胶相比具有明显差异，纳米压印需要通过机械接触，使光刻胶形成与模板表面凹凸结构相反的图形。为了得到高质量的图形，光刻胶要具有较好的可塑性和流变性。光刻胶的硬度和黏度等性能，将对所得图形的精度和使用的压印力大小有很大影响,硬度太大则导致压印力增加,很可能造成对模板的破坏。良好的压印性能还要求光刻胶对基材具有大于对模板的附着力,这样才能避免脱胶现象发生,从而减小对压印图形的损坏。紫外压印时间与光刻胶黏度有关,黏度小压印时间会缩短,同时会利于涂布。但是,如黏度太低,涂膜的均匀性也会下降,影响图形质量。

材料的抗蚀刻能力是由材料中碳含量决定的,对于一般的有机聚合物而言,碳原子含量的提高有利于抗蚀刻能力的增强。若聚合物含有芳香环或脂肪环等结构,则其抗蚀刻能力一般也较强。同时,硅元素也会提高抗蚀刻能力。

好的紫外光刻胶应具有良好的基底黏附性。纳米压印使用的光刻胶在压印过程中与模板接触,固化完成后还需要脱模,如果黏附力太大又会影响到所成图形的完整性,而且残余在模板上的光刻胶也会降低模板的使用寿命,带来更高的加工成本。因此,光刻胶在固化后应具有较强的机械性能和良好的模具释放性能,确保脱模过程中结构的完整。

三、用于紫外压印的抗蚀剂材料

紫外压印光刻胶一般由低聚物、活性单体、引发剂和交联剂等组成,通过紫外光引发的固化反应获得压印图形。由于光固化反应可以达到很高的速率,有利于提高生产效率,具有较低黏度和较好的流动性,成膜性和加工性好。

紫外压印光刻胶按反应原理,可分为自由基聚合和阳离子聚合两大体系,它们各有优缺点:自由基聚合体系反应速度快、性能可调性高、技术成熟,但是其主要缺点是在空气中氧阻效应严重,固化体积收缩率比较高;阳离子聚合体系的固化体积收缩率低、不被氧阻聚,在空气氛围中可获得完全的聚合,但是反应速度慢,生产周期较自由基聚合长。自由基聚合体系最常见的是丙烯酸酯体系,产品种类很多,研究者可以用不同型号的丙烯酸酯调配出综合性能较好的光刻胶。阳离子聚合体系主要是环氧和乙烯基醚体系,商品化产品较少,具有较高的表面能,使得结合力较大,不利于脱模。下面是几种具有代表性的紫外压印光刻胶材料。

(1)(甲基)丙烯酸酯体系

将传统的甲基丙烯酸酯类的紫外光刻胶用于纳米压印技术,此类光刻胶在目前的紫外纳米压印胶中应用最广泛,技术最成熟,已有商业化产品。将90%的甲基丙烯酸苯酯单体、6%的聚甲基丙烯酸苯酯和4%的紫外光引发剂 Irgacure TM184混合组成具有较低黏度(3mPa·s)的液体抗蚀剂,在1个大气压下就能得到较好的图形。将98%的2,5-二甲基-2,5-正己二醇二甲基丙烯酸酯单体和2%的光引发剂2,2-二甲氧基-2-苯基苯乙酮混合制备液体紫外压印光刻胶,通过在365nm光源下曝光30s,再经蚀刻后得到线宽为130nm的图形。

该类体系的主要特点是自由基聚合机理,反应速度快,有很好的与模具分离能力,抗蚀刻能力较差。对于此类树脂而言,黏度和收缩率相互矛盾,要降低黏度需要降低分子量，但是分子量越小，双键含量越高，在固化过程中体积收缩率就会增大，从而导致复制图形的精度大大降低。因此其应用受到了一定的限制。

（2）有机硅改性的丙烯酸或甲基丙烯酸酯体系

以 3-丙烯酰氧丙基三甲基硅氧基硅烷（SIA）为单体制得的有机硅改性的紫外纳米压印抗蚀剂，得到了线宽约为 100nm 的图形。抗蚀剂的具体组成如图 13.26 所示。

单体 SIA 的质量分数为 44%，单体中含有硅元素，有利于其抗蚀性能的提高；单体 EGDA 的质量分数为 15%，单体中含有双官能团，有利于抗蚀剂固化性能的提高；单体 t-BuAc 的质量分数为 37%，有利于液体抗蚀剂黏性的降低，同时还能保持膜的强度；引发剂 Darocur 1173 的质量分数为 4%，作为自由基引发剂引发单体聚合。此外也可以选择 SIB 或 SIM 单体。

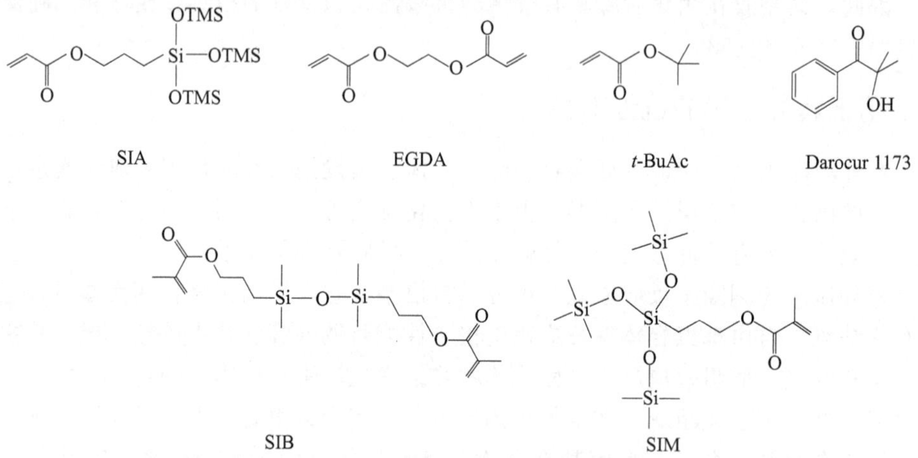

图 13.26　有机硅改性的丙烯酸酯体系抗蚀剂组成成分

这类抗蚀剂体系的主要特点是：抗蚀刻性好，紫外光固化的活性高，但黏性大（3.5mPa·s），不易和压模分离，而且自由基聚合易被空气中的氧气阻聚，得到的压印图案在边缘地带产生较多缺陷。

（3）乙烯基醚体系

乙烯基醚体系属于阳离子聚合原理，聚合速率大，受空气中氧气的影响小，黏度小，是紫外压印常用的抗蚀剂。紫外压印的抗蚀剂多为液体，蒸气压的大小是衡量抗蚀剂是否合适的重要因素。

通过对有机硅改性的乙烯基醚（图 13.27）的蒸气压和黏度进行了测试和计算，用 BVMDSO 组成的抗蚀剂体系用于紫外压印，可以成功得到 30nm 线宽的图形。

（4）环氧树脂体系

SU-8 是一种含八个环氧基团的环氧树脂，常与光敏剂混合应用于近紫外线负

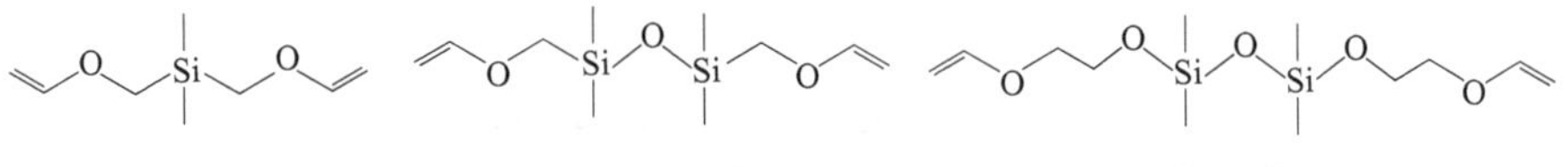

图 13.27　含硅抗蚀剂的分子结构

性光致抗蚀剂材料。因具有良好的力学性能、抗化学腐蚀性和热稳定性，也被用于压印抗蚀剂，但是由于抗蚀剂与模具的粘连严重，得到的图形表面不平整，有缺陷。有一种新型的紫外固化材料——环氧硅酮，结构式如图 13.28，可得到精度为 20nm 的图案。

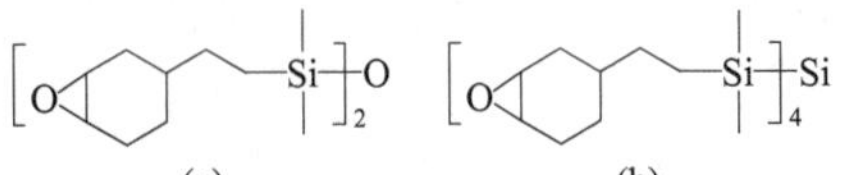

图 13.28　可紫外光固化的环氧硅材料的结构

在紫外光固化过程中，为了进一步减小收缩率，在光刻胶材料中加入了在阳离子开环聚合过程中会发生体积膨胀的单体，1,5,7,11-四氧杂螺 [5,5] 十一烷，将其与常见的环氧树脂以及光产酸剂以一定比例混合，制得了一种新型的开环聚合膨胀环氧树脂光刻胶，在固化前后体积基本不变，应力作用也明显减弱。

该类体系的主要特点是属于阳离子聚合，受氧气影响小，收缩率小，但是聚合反应速率相对较慢，黏度大且与模板之间的黏合性好，不易脱模，可选择加入硅或氟元素来提高抗蚀刻能力以及脱模能力。

紫外纳米压印较其他光刻技术具有特殊的优势，但仍面临着诸多技术问题，其中之一是继续改善光刻胶的性能，如固化速率、表面性质以及固化后光刻胶的剥离等。光刻胶的发展经历了热塑性、热固性和紫外固化三个阶段，固化速度逐渐得到了提高，但进一步提高固化速度仍然是纳米压印发展的目标。紫外纳米压印光刻胶目前存在的一个主要问题是：在固化过程中的体积收缩，对成像质量带来比较大的影响。此外，抗蚀剂的黏性、蚀刻的选择性等都是需要关注的问题，需要不断开发新的抗蚀剂体系。

参考文献

[1]　Moon S Y, Kim J M. Chemistry of Photolithographic Imaging Materials Based on the Chemical Amplification Concept [J]. Journal of Photochemistry and Photobiology, C: Photochemistry Reviews, 2007, 8: 157-173.

[2]　Ito H. Chemical Amplification Resists for Microlithography [J]. Advances in Polymer Science, 2005, 172: 37-245.

[3]　Crivello J V. The Discovery and Development of Onium Salt Cationic Photoinitiators [J]. Journal of Pol-

ymer Science,Part A: Polymer Chemistry, 1999, 37: 4241-4254.

［4］ 郑金红. i-Line 光刻胶材料的研究进展［J］. 影像科学与光化学, 2012,30(2)：81-90.

［5］ Yu J X, Xu N, Wang L Y, et al. Novel One-Component Positive-Tone Chemically Amplified i-Line Molecular Glass Photoresists［J］. ACS Applied Materials & Interfaces, 2012, 4: 2591-2596.

［6］ Kumada T, Kubota S, Koezuka Hiroshi, et al. Relationship between Patterning and Dissolution Characteristics of Chemical Amplification Resists Using Partly Protected Poly（p-vinylphenol）［J］. Journal of Photopolymer Science and Technology, 1991, 4: 469-472.

［7］ Reichmanis E, Nalamasu O, Houlihan F M. Organic Materials Challenges for 193 nm Imaging［J］. Accounts of Chemical Research, 1999, 32: 659-667.

［8］ Hong Xu, Kazunori Sakai, Kazuki Kasahara, et al. Metal-Organic Framework-Inspired Metal-Containing Clusters for High-Resolution Patterning［J］. Chmistry of Materials, 2018, 30: 4124.

［9］ 霍永恩, 贾越, 王力元. 纳米压印抗蚀剂研究进展［J］. 影像科学与光化学, 2008, 26: 148-156.

第十四章
光聚合复合材料

材料在现代社会的发展中起着日益重要的作用，不论是航空航天这样的高技术领域，还是日常生活实用的家居材料，都离不开各种各样的材料。材料的分类方式很多，单就材料本身化学成分而言，主要可以分为金属（含金属氧化物）材料，无机（硅及硅酸盐类、碳基材料）材料，有机（含小分子及聚合物）材料，以及由它们中的几种成分构成的复合材料。通过把不同成分的物质通过物理或者化学方式混合或连接，就得到了复合材料。与单一组分的材料相比，复合材料可以实现很多单一材料无法实现的复杂功能，以满足材料在物理、化学、生物等多方面的不同需求。

为了得到含聚合物组分的复合材料，除了使用共混和传统的热聚合等手段，也可以使用光实现对聚合反应的引发以及调控。与热引发聚合物相比，光引发聚合具有反应所需温度低，速度迅速且无需溶剂等优势，符合未来发展绿色化学的趋势。传统的光聚合复合材料的应用实例为用于牙齿修复的牙科树脂材料，本章重点介绍近年来基于光聚合技术制备复合材料的实例。

第一节　光聚合技术在制备不同形态的复合材料中的应用

光可以引发自由基型聚合反应或者离子型聚合反应。自由基型聚合反应主要通过加入 Type Ⅰ型（裂解型）或 Type Ⅱ型（夺氢型）光引发剂实现，其产生引发初始自由基的过程见图 14.1。对于光引发的离子型聚合反应，多以阳离子型聚合反应为主，其引发主要由锍盐在光照下产生引发阳离子聚合所需的 Brønsted 酸（图 14.2）。利用光聚合可以制备不同形态的材料，包括复合膜材料、表面修饰的复合材料、多孔光聚合物修饰材料。

值得注意的是，含双键基团的单体除了可以通过自由基聚合/离子型聚合以链式反应的方式形成聚合物，还可以与巯基通过加成反应（thiol-ene）实现聚合。相比于双键的自由基聚合反应，thiol-ene 反应对于水及氧气有更好的耐受性。

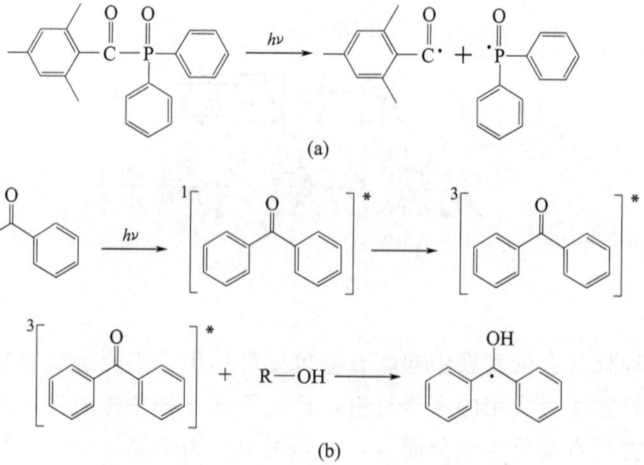

(a)

(b)

图 14.1　以（2,4,6-三甲基苯甲酰基）二苯基氧化膦（TPO）为代表的 Type Ⅰ 型（a）和以二苯甲酮为代表的 Type Ⅱ 型光引发剂（b）在光照下产生初始自由基的过程

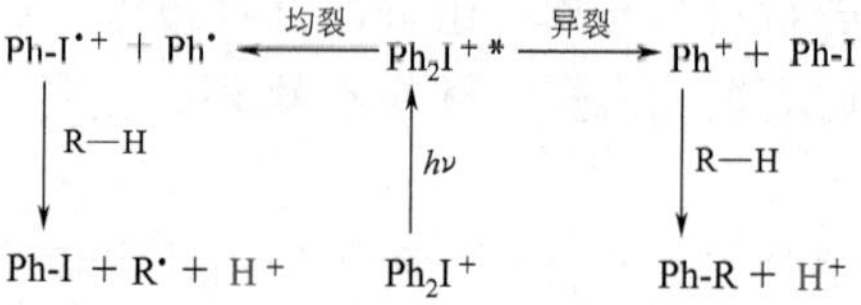

图 14.2　芳基碘鎓盐在光照下产生引发阳离子聚合所需 H$^+$ 的机理

一、复合膜材料

　　复合膜材料的主要制备方式是以共混（blending）的方式实现。但对于含有聚合物组分的材料，在制备聚合物基复合材料时，相比与直接将复合组分在分散聚合物（固体或溶液）中实现宏观上的组合相比，通过原位光聚合（in situ photopolymerization）实现材料的复合，可以改善复合组分的分散性质，实现微观甚至是分子层面的混合。在利用共混的方式结合光聚合手段制备聚合物基复合材料时，无机组分以微纳米颗粒或者颗粒前体的形式分散在聚合物单体基质中。随着光照聚合反应的进行，基质的流动性逐渐减弱形成凝胶，甚至固化形成弹性体、热塑材料等。通过这种方式可以将二氧化硅（SiO$_2$），金属及其氧/硫化物［如金纳米粒子（AuNP）、二氧化钛（TiO$_2$）、氧化锆（ZrO$_2$）、硫化镉（CdS）量子点等］，碳基材料［氧化石墨烯（GO），碳纳米管］，以及成分与结构更加复杂的黏土（clay）等组分包埋到聚合物基质中。

　　除了以将复合组分直接包埋的方式分散到聚合物基质材料中外，还可以结合溶胶-凝胶法（sol-gel reaction），利用无机材料的前体来制备复合材料。例如，硅氧烷组分可以正硅酸乙酯（TEOS）为原料通过溶胶-凝胶反应引入复合材料中，其中有机硅的溶胶-凝胶反应需要酸或碱的催化，其具体机理如图 14.3 所示。有机硅的溶胶-凝胶反应可以和光聚合反应相互独立进行。值得注意的是，如果在树脂中引入光生酸（photogenerated acid，PGA）或者光生碱（photogenerated base，PGB）型光引发剂，可以实现利用光对有机硅的溶胶-凝胶反应的触发。溶胶-凝胶反应除了可以用于引入含硅组分，也可用于 TiO_2 等纳米粒子的原位生成及复合。

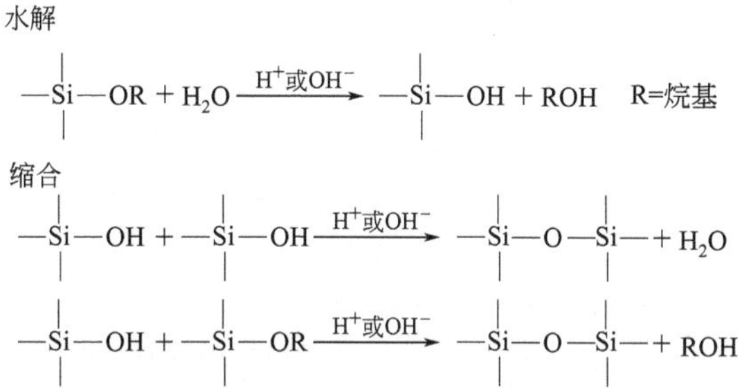

水解
—Si—OR + H2O —H⁺或OH⁻→ —Si—OH + ROH R=烷基
缩合
—Si—OH + —Si—OH —H⁺或OH⁻→ —Si—O—Si— + H2O
—Si—OH + —Si—OR —H⁺或OH⁻→ —Si—O—Si— + ROH

图 14.3 正硅酸酯的水解-缩合反应

对以金、银等为代表的贵金属纳米粒子，除了直接进行物理包埋，也可以在聚合的过程中以原位生成的方式引入聚合物基质中。其中，利用光辅助实现的金属粒子原位形成的机理可以分为两种（图 14.4）：①通过直接激发金属源（metal source），使其发生降解或还原；②利用自由基（光引发剂在光照下产生）、芳香族染料、多金属氧酸盐等通过光敏化还原途径（photosensitized reduction）对金属源进行还原。此外，在聚合反应基质中加入强还原剂组分，也可以实现对金属粒子的原位包埋。

直接光解
hν
金属源
降解或反应
M⁰
成核，生长
(M⁰)n
(a)
光敏化过程
hν
敏化物
产物
金属源
还原
M⁰
成核，生长
(M⁰)n
(b)

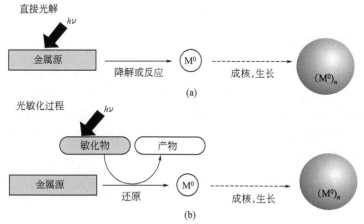

图 14.4 通过光化学合成金属纳米粒子的示意图

以 TiO_2 纳米粒子为代表的半导体材料，在光照下发生电荷（空穴和自由电子）分离（图 14.5），当电荷传输/扩散到纳米粒子的表面，通过相应的氧化还原反应，生成引发自由基聚合的初级自由基。因此半导体材料，如：TiO_2、CdS、g-C_3N_4、ZnO，可以作为光引发剂引入聚合基质中时，通过原位聚合就可以实现无机组分的包埋与分散。

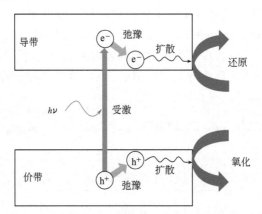

图 14.5　TiO$_2$ 纳米粒子在光照下发生电荷分离的示意图

二、表面修饰的复合材料

在具有光活性基团基质的表面，可以光聚合的方式引入聚合物涂层，从而改变基底材料的表面性质（亲疏水性、稳定性、分散性）。基质的表面可为平面（如硅晶片、氧化石墨烯等），也可以是曲面（如 SiO$_2$、TiO$_2$ 纳米粒子、金纳米粒子）。基质表面的活性功能基团可以来自基质材料自身，如 SiO$_2$ 纳米粒子、氧化石墨烯的表面往往具有活性的羟基。对于部分表面缺少活性基团的表面，可以通过表面自组装的方式引入具有功能基团的稳定涂层，如金纳米粒子表面与巯基有强的相互作用，因此可以通过含有巯基的化合物在其表面进行自组装引入功能基团。

三、多孔光聚合物修饰

先利用光聚合的手段得到具有的特定功能基团的多孔聚合物基质，然后通过物理或者化学手段引入复合成分，从而实现复合材料的制备。与通过光聚合的方式制备复合膜材料相比，在制备多孔光聚合物时需要加入造孔剂（porogen solution）或溶剂，从而使材料具有多孔结构，为后续引入复合组分创造条件。基于光聚合技术制备复合材料中各组分的引入方式见表 14.1。

表 14.1　基于光聚合技术制备复合材料中各组分的引入方式

复合材料组分	光聚合中的可能作用	引入方式	组分实例
（甲基）丙烯酸类单体	单体	自由基聚合	2-(二乙氨基)甲基丙烯酸乙酯（DMAEMA）
环氧基团		阳离子聚合	3,4-环氧环己基甲基 3,4-环氧环己基甲酸酯
乙烯基,巯基		加成聚合	烯丙硫醇与巯基乙胺
有机硅类		水解缩合反应,共聚反应	正硅酸乙酯（TEOS）

续表

复合材料组分	光聚合中的可能作用	引入方式	组分实例
无机氧化物纳米粒子	光引发剂，基底材料	共混、表面接枝	二氧化硅
碳基材料	光引发剂，聚合基底材料	共混，表面接枝	碳纳米管、石墨烯、氧化石墨烯
金属纳米粒子	光引发剂，聚合基底材料	共混	纳米铂、纳米金、纳米银
		原位还原	纳米金、纳米银
金属氧化物粒子	光引发剂	（光引发）水解	二氧化钛
		共混	二氧化钛，氧化锌

第二节　光聚合复合材料的制备及应用实例

光聚合技术的时空可控性，来源于光源的照射花样与强度可通过光罩（photo-mask）进行调节，而光照的时间则可以通过开关光源的方式实现。

Magdassi 研制了可用于 3D 打印的低黏度有机硅类水溶性墨水。该墨水经过室温条件下的 3D 光打印、陈化、密化、煅烧等步骤，即可得到密度与折射率可调的各种形状的熔融硅物件。3D 打印过程在较低温度下实现，且可以精确控制聚合区域，因此相较于传统的玻璃材质的成型具有明显优势。其中，制备水溶性墨水的过程如下：①将正硅酸乙酯溶解到由硝酸、水、乙醇构成的酸性水解介质中；②向水解产物中加入光引发剂 2,4,6-三甲基苯甲酰基-二苯基氧化膦（TPO）与含双键有机硅（3-三甲氧基硅烷丙烯酸丙酯，APTMS）单体；③加入含有缩合催化剂乙酸铵的水/乙醇混合溶液，最终得到含光引发剂、双键功能基团且无固体颗粒的低黏度水溶性墨水。

Bertino 基于光聚合对含有丙烯酸酯类单体和光引发剂的气凝胶进行局部增强。他们首先向水-乙醇共沸物中同时加入可以发生水解-缩合反应的原硅酸四甲酯、光引发剂（Eosin Y）、多功能度的丙烯酸酯类单体三羟甲基丙烷三丙烯酸酯（TMP-TA）或聚二季戊四醇六丙烯酸酯（DPHA）。制备该气凝胶时，首先将有机硅经水解-缩合反应形成凝胶网络；然后利用激光（532nm，2W）对凝胶的不同区域进行选择性曝光，引发丙烯酸单体的自由基聚合，从而得到蜂巢样图案的增强骨架；最后经过超临界干燥得到气凝胶。引入蜂巢形交联骨架的气凝胶的热导率与面外压缩模量介于未引入增强骨架的水凝胶（11mW/mK，<1MPa）与无差异整体交联的凝胶（65.8mW/mK，30MPa）之间，并且可以通过调节旋转台的移动速率进行调节。

原子力显微镜的探针不仅可以用来操控分子位置，还可以用来实现光的传输，因此在设计有微纳米结构的表面具有重要优势。Zheng 和 Mirkin 合作研究了使用无悬臂扫描探针光固化技术来制备形状、尺寸和组分可调的纳米结构的表面（图14.6）。其中，使用探针调控墨水传递的速率，是基于光引发了三羟甲基丙烷三（3-巯基丙酸酯）与含氨酯键的烯丙基醚的 thiol-ene 反应，或者丙烯酸酯的自由基聚合反应。聚合反应的发生导致墨水的黏度发生变化。基于墨水黏度的变化，实现了通过探针调控墨水传递速率的目标。除了通过直接改变墨水的组分，还通过在墨水中引入可发生光学异构的螺吡喃实现从内部改变其组分。特别地，该课题组通过在墨水中引入能与 HAuCl₄ 配位的聚氧化乙烯-b-聚乙烯基吡咯（PEG-b-P2VP）嵌段聚合物，后者在氩气氛 120℃陈化 24h 可以得到含有纳米金的微结构。另外，纳米金的尺寸与聚合物本身的尺寸相关。

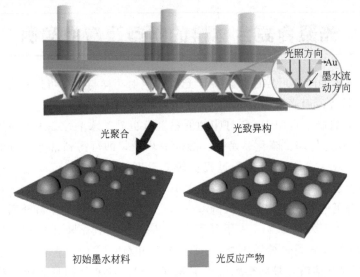

图 14.6　通过原子力显微镜的探针操控墨水的光聚合（左）或光异构（右）

Lee 的课题组使用光聚合技术，研究了用作原子力显微镜探针的纳米水凝胶材料。利用光聚合手段除了可以改善探针的性能，还可以将钴纳米颗粒、金纳米颗粒、CdTe 量子点、罗丹明 B 染料等组分包埋到水凝胶探针中，实现局部加热、温度感知、物质传递等多种功能（图 14.7）。在制备水凝胶探针时，使用的单体为聚（乙二醇）二丙烯酸酯（PEGDA，分子量为 250、575 或 700，使用时根据需要进行调整），苯基双（2，4，6-三甲基苯甲酰）氧化膦（BAPO）为光引发剂，UV-LED 为光源。在双轴挤压夹具的辅助下，可以得到不同形貌的探针（如：嵌入式球形、半球形、四方锥、变形四方锥）。由于可调整单体的分子量以及聚合时的交联密度，基于水凝胶的探针的弹性模量可在约 30MPa～1.5GPa 间进行调节，空气中的弹性常数可在 0.000027～1022N/m 间进行调节，均比传统硅探针的可调节范围更广。在空气中分析样品时，水凝胶探针测试的最大深度可达到对照用的硅探针的 4.1 倍，在高频模式下的图像品质也优于对照用的硅探针。在通过非接触模式对溶液中的 MRC-5 细胞进行成像分析时，水凝胶探针的成像表现也优于由于专门用于液体样品分析的硅探针。尽管在以接触模式分析硬质材料表面（如硅光栅），水凝胶探针会发生明显的疲劳现象，但可以通过更换探针或氧离子灰化使探针功能恢复。因此此项技术可以对传统的基于硅片的原子力悬臂探针的功能进行有效的补充。

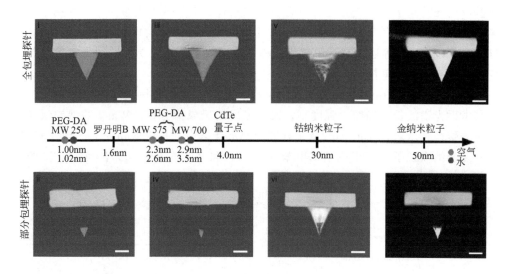

图 14.7　采用光聚合技术制备全部或部分包埋功能组分的 AFM 探针

　　Zou 将带有双键的 POSS 引入对紫外光透过率高的 SiO_2 毛细管柱中，并采用光聚合的方式实现了整体柱的快速制备。他们使用正丙醇/PEG 400 组成的两相体系为造孔剂，双键修饰的 POSS（POSS-MA）与含有环氧的甲基丙烯酸甲酯（Epoxy-MA）为单体，经聚合得到整体柱。对比经由光聚合与热聚合得到的整体柱材料，采用光聚合时反应在室温下进行，10min 内即结束，且柱效可高达 97000～98400 塔板/m。该数值远高于热聚合方式得到的 41100～48000 塔板/m 的柱效。在随后的研究中，他们还将带巯基的 C_{18} 烷烃引入聚合体系，得到适用于小分子和蛋白质分析的反相色谱柱。聚合反应一步即可完成，即采用紫外光同时引发双键的均聚反应和巯基-烯基（thiol-ene）的聚合反应。相比于采用热引发聚合制备整体柱的方式，其柱效更高（0.33mm/s 的流速下理论塔板数可达 60000～73500 塔板/m）。不同流速下对色谱柱分离时的塔板高度的分析也表明，通过一步法制备的整体柱的均一性也更好。与采用两步法（通过光引发的方式依次引发双键的均聚反应和 thiol-ene 反应）的结果对比，由于避免了氧阻聚反应以及制备过程中的反复洗脱操作，一步法制备整体柱在重现性、制备时间上更有优势。基于同样的原理，他们还制备了磺酸功能化的整体柱。Ye 也报道了利用光引发 thiol-ene 反应将带双键功能基团的 POSS 引入整体柱中。但为了改善 POSS 在由四氢呋喃和十二烷醇组成的造孔剂中的溶解性，他们利用 POSS 上的部分双键与 1-硫代甘油反应，在 POSS 上引入了多个羟基。使用毛细管液相色谱分析整体柱时，发现其具有均匀的微孔结构。对甲酰胺进行分离时，其分离柱效可达 65000 塔板/m，分离机制与亲水色谱一致。该整体柱依次经高碘酸钠和水合肼处理后可引入联肼基团，适用于糖肽链的富集。Tuncel 则利用双键功能化的 POSS 与巯基丁二酸反应，在 POSS 表面引入羧基以增强其亲水性。当把这种具有羧基和双键的 POSS 引入整体柱中并用于分离亲水性小分子时，色谱分离机制为亲水色谱机理，且保留时间与柱效无关。此外，Herrero-Martínez 等还研究了用氧化铁磁性纳米粒子、氧化单壁碳纳米管等改善以 GMA/EGDMA 为单体的分离柱。

　　量子点（quantum dot）在紫外光、可见光区较宽的范围内具有强烈吸收，同时其发射光谱波长分布窄，强度高，因此可以用于成像分析。Wang 的课题组探究利用光聚合技术对疏水的 ZnS 量子点进行亲水性修饰，并将得到的 ZnS 量子点/聚合物复合纳米粒子，用于三硝基甲苯（TNT）和 2,4,6-三硝基苯酚（TNP）的检

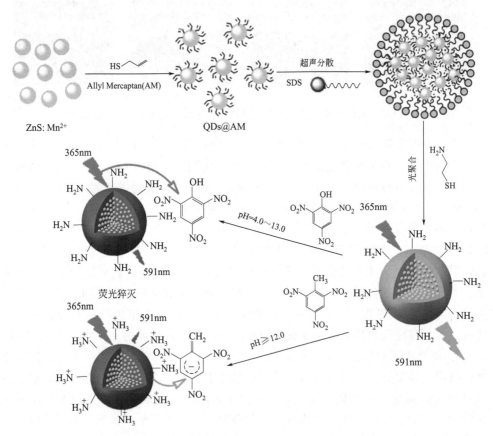

图 14.8　制备表面具有氨基亲水基团的 ZnS/聚合物复合粒子并将其用于检测 TNT 和 TNP 的示意图

测。复合材料的制备过程见图 14.8，在该工作中，利用的光聚合反应是由紫外光（$\lambda = 365nm$）引发的烯丙硫醇与半胱胺间的 thiol-ene 反应。使用光聚合技术的优势在于反应产物不需要复杂的纯化过程，且量子点的发光性质得到较好的保存。基于 TNT 和 TNP 对量子点荧光的淬灭原理，该复合材料可对浓度在 $0.01 \sim 0.5 \mu g/mL$ 之间的 TNT 和 $0.05 \sim 8.0 \mu g/mL$ 的 TNP 进行线性检测，且不会受到 2,4-二硝基甲苯（DNT）和硝基苯（NB）的干扰。

二氧化硅（SiO_2）粒子可以直接分散到单体基质中，然后在聚合的过程中实现共混。为了避免二氧化硅粒子在材料中的迁移、聚集等，可利用其表面的活性羟基对 SiO_2 粒子进行功能化修饰。可引入巯基、双键等基团，从而将纳米粒子通过化学键固定到聚合物网络中。另外，SiO_2 表面的活性羟基在特定的条件下，可以用于直接引发光聚合。

Dong 报道了以表面氧化的硅晶片为基质，通过两次连续的光聚合等步骤制备对酸性/碱性化学气体具有发光响应的功能膜（制备过程见图 14.9）。在第一次光聚合中，硅晶片表面引入的氨基〔(3-氨丙基) 三甲氧基硅烷在带氧化层的硅晶片表面经自组装引入〕，与乙二醇二甲基丙烯酸酯（EGDMA）经光聚合（$\lambda_{max} = 350nm$）得到第一层预聚层。在第二次光聚合中，以预聚层中未反应完全的双键为反应位点，实现甲基丙烯酸甲酯（MMA）、4-乙烯基吡啶（4VP）、2-（二乙氨基）甲基丙烯酸乙酯（DMAEMA）等不同单体的接枝聚合。这些接枝在硅晶片表面的聚合物经过氢氟酸溶液处理，得到自支撑聚合物膜。其中，使用 DMAEMA 为单体时，得到的聚合物膜经过季铵盐化处理后，基于静电作用，该聚合物膜可均匀负载多金属氧酸盐〔$Na_9(EuW_{10}O_{36})$，简称 EuW_{10}〕。由于 EuW_{10} 的分子内共振能

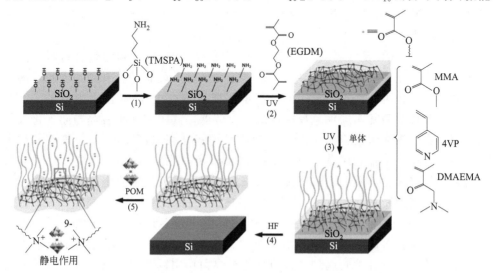

图 14.9 以具有 SiO_2 氧化薄层的硅晶片为基体，通过连续光聚合制备具有可逆化学响应发光性质复合膜的步骤示意图

量传递行为受环境配体、功能基团的影响，EuW_{10} 的荧光发射行为可以通过氯化氢或氨气进行可逆调节。类似地，Zhang 通过调控接枝到硅晶片表面的聚合物刷上的羧基基团的密度，来调控有机金属框架材料的生长。不同于在溶液中直接制备的有机金属框架材料呈现出块状或片状形貌，在聚合物刷表面得到的材料为球形。调节硅晶片表面聚合物刷的接枝密度以及聚合物刷上羧基的含量，可实现在 20nm ～ 1.4μm 之间调节有机金属框架材料的尺寸。

　　Liu 利用紫外光同时引发多巴胺的聚合和纳米银粒子的共沉积，在玻璃、不锈钢以及聚乙烯的表面引入了具有抑制菌生长和黏附的聚多巴胺-银复合功能涂层。其中，当 Ag 含量达到 40mmol/L 时，该三种表面的涂层对金黄色葡萄球菌的抑制率超过 90%。对于大肠杆菌，Ag 含量为 10mmol/L 时就可以观察到超过 90% 的抑制率。同时间段内，不含 Ag 纳米粒子的涂层对上述两种细菌的抑制率均不超过 35%。此外，这种聚多巴胺-银复合涂层可以有效抑制上述两种细菌在聚乙烯表面的黏附。Nie 在经 3-(甲基丙烯酰氧) 丙基三甲氧基硅烷处理的玻璃的表面引入含有聚甲基丙烯酰胺-银纳米粒子（PNIPAM-AgNP）的复合涂层，从而得到具有自清洁和抑菌功能的涂层。其中的 Ag 纳米粒子是以光引发剂安息香双甲醚（DMPA）裂解得到的自由基由原位还原 $AgNO_3$ 形成，尺寸在 1～10nm 之间。由于聚（N-异丙基丙烯酰胺）（PNIPAM）具有 LSCT 温度响应性，可以利用 Ag 纳米粒子在 37℃（高于 LCST 响应温度）杀死大部分大肠杆菌后在 4℃（低于 LCST 响应温度）时将它们释放，避免死亡的大肠杆菌造成污染。

　　Singh 将聚吡咯-银纳米颗粒组成的复合膜用于热电转换。该复合膜是以 $AgNO_3$ 为光引发剂，引发吡咯在双轴取向的聚对苯二甲酸乙二醇酯柔性膜上聚合得到。复合膜的热电转化率在温度为 335K 时可达到 $7.4×10^{-3}$，在温度差为 140K 时，其输出功率约为 30 皮瓦。

　　铂（platinum）是一种重要的贵金属，目前基于铂-聚合物的复合材料也主要用于化学催化。由于铂的价格高，目前基于光聚合手段制备含有铂纳米粒子的复合材料的研究较少。Cai 制备了具有蛋黄-蛋壳结构的金属-聚合物中空粒子，并将其作为催化对硝基苯酚加氢反应的纳米反应器，其中铂纳米枝晶与超支化聚甘油分别构成了该纳米反应器（Pt@hHPGD）的核与壳（图 14.10）。该空心粒子的制备中重要一步是利用紫外光（λ＝365nm）引发的 thiol-ene 反应，把具有双键的超支化缩水甘油酯 hHPGD 及 EGDMA 接枝到经巯基功能化的粒子 $Pt@SiO_2$ 的表面，得到同时具有 SiO_2 壳层和聚合物壳层的复合粒子 $Pt@SiO_2@hHPGD$。以 NaOH 为蚀刻液除去该复合粒子中的 SiO_2 层，即得到具有聚合物壳层的纳米反应器。在催化对硝基苯酚的加氢反应时，粒子中 Pt 纳米枝晶起到了传输电子的作用，超支化聚甘油壳起到了调节反应器界面作用以及提供反应物的进出通道的作用。

　　受到制备用于牙齿修复的复合树脂技术的启发，Cheng 的课题组探索了将

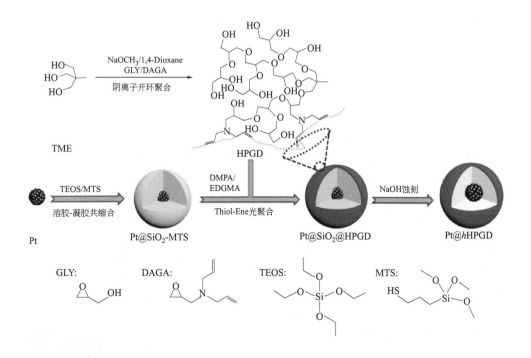

图 14.10　具有蛋黄-蛋壳结构的纳米反应器（Yolk-Shell Nanoreactors）的制备路线

TiO$_2$ 等电极材料通过光聚合包埋到聚合物中，然后经过惰性氛围的煅烧，得到碳基复合材料。这些碳基复合材料包括 TiO$_2$/C、SiOC/C、Li$_4$Ti$_5$O$_{12}$（LTO）/C 等。在最开始的工作中（图 14.11），他们将四异丙醇钛（TTIP）、浓盐酸以及两亲性聚合物 F127 加入由 Bis-GMA、TEGDMA、HEMA 以及光引发剂 Irgacure 819 组成的树脂中，经过光聚合、惰性氛煅烧、冷却，得到 TiO$_2$/C 的纳米复合材料。通过这种方法得到的复合材料中 TiO$_2$ 的粒子尺寸在 4～6nm 之间，复合材料的 TiO$_2$ 含量在 28%～65% 之间。相比于裸露的 TiO$_2$，可能是由于复合材料中 TiO$_2$ 纳米粒子晶体结构差，且在碳基质中的均匀分布，复合材料在充放电过程中的平台效应明显降低。材料的可充放电速率、充放电速率、振实密度等参数，相对于裸露的 TiO$_2$ 也均有明显提高。在随后的工作中，他们进一步改进了制备 TiO$_2$/C 复合材料的过程，如避免使用浓盐酸，使 TTIP 的水解/缩合过程减慢，且仅使用热固性的甲基丙烯酸单体（Bis-GMA 和 TEGDMA），使 TiO$_2$ 的尺寸进一步减小到 1～5nm。除了调节 TiO$_2$ 的尺寸，他们还在对复合材料球磨时引入适量的碳酸锂，改变材料中 TiO$_2$ 的晶型，得到尖晶石型 LTO/C 纳米复合材料。由于尖晶石型 LTO 的超小尺寸（约 17nm）和其在连续碳基质中的均匀分布，新的 LTO/C 复合材料作为电极时的充放电循环稳定性和大电流密度下倍率性能，相较于含有商品化的 LTO 的碳基复合材料有明显提升。同时，由于复合材料的层次结构，材料的振实密度（tap density）也达到了 1.78g/cm³。在制备 SiOC/C 复合电极时，他们发现以甲基丙烯酰氧丙基三甲氧基硅烷（3-methacryloxypropyltrimethoxysilane，MPTMS）作为硅源制备 SiOC/C 复合电极时，可以有效避免使用长链硅氧烷时易出现的聚集现象，并且材料中无序碳/有序碳的比例及充放电性能可以通过调节 MPTMS 的加入量进行调节。

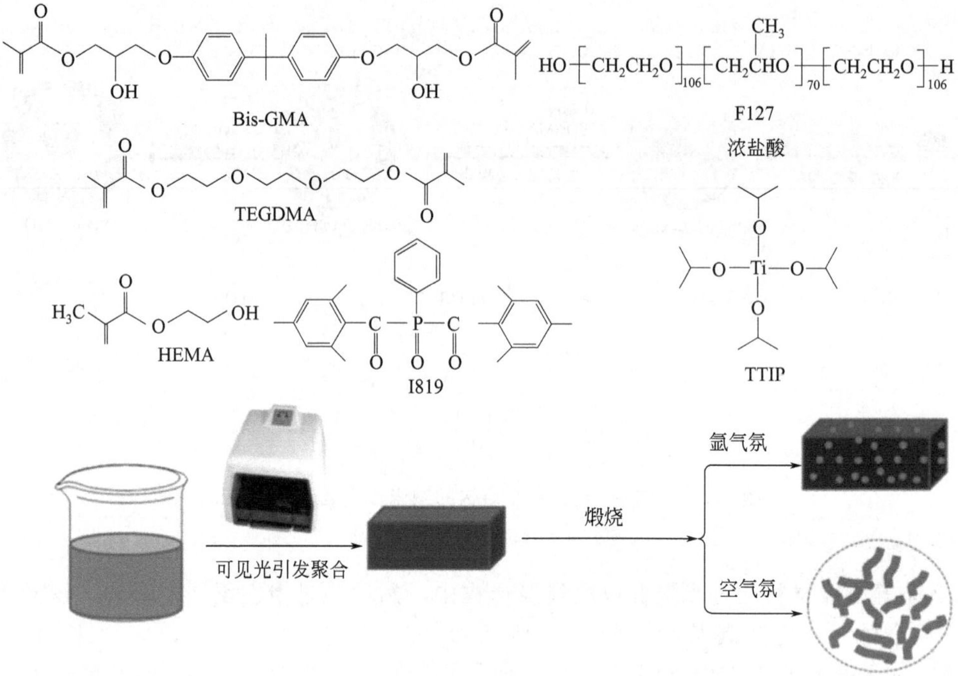

图 14.11　以光聚合、氩气氛煅烧制备 TiO₂/C 复合材料的流程
在空气氛下的煅烧仅得到蠕虫状 TiO₂ 纳米粒子

　　Roy 利用 thiol-ene 光聚合反应诱导相分离，制造了高性能的新型光响应三极管。由 2，7-二辛基［1］苯并噻吩并［3，2-b］苯并噻吩(C8-BTBT)/TMPTMP/1,3,5-三烯丙基-1,3,5-三嗪-2,4,6(1H,3H,5H)-三酮（TATATO）三组分组成的树脂，在硅晶片或 PET 膜表面发生光引发 thiol-ene 反应时，溶液在垂直方向发生聚合反应诱导的相分离，即在靠近基质的底部形成连续分布但具有高山状起伏形貌的聚硫醚层，C8-BTBT 层分布于聚硫醚的上表面（图 14.12）。对比这种基于相分离原理制备的半导体层与通过热聚合方式制备的半导体层，基于相分离原理制备的新型三极管，同时具有连续呈高山状起伏的激子分离（exciton dissociation）的异质界面（聚硫醚-C8-BTBT 界面）和可供空穴输运和搜集的连续传导区（热聚合形成的聚硫醚在基质上呈现出不连续的海岛状分布）。而与两步法（thiol-ene 光聚合-旋涂）制备的半导体层相比，利用相分离原理制备的三极管中的高山状起伏形貌的异质界面更有利于激子的分离。新型光响应三极管的光响应性可达 2.5A/W，衡量

探测器的灵敏度品质因素的归一化探测率可达 6.3×10^{14} jones（1jones＝1cm・$Hz^{\frac{1}{2}}$/W）。

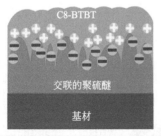 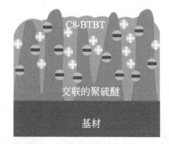

(a) 原位光聚合制备聚硫醚/C8-BTBT复合膜　　(b) 原位热聚合制备聚硫醚/C8-BTBT复合膜

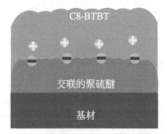

(c) 两步法制备聚硫醚/C8-BTBT复合膜

图 14.12　采用不同方式制备的聚硫醚/C8-BTBT 复合膜的
形貌及电荷分离情况

　　氧化石墨烯（GO）具有两亲性（基疏水面和亲水边缘），还具有光活性的羟基，在光照条件下可作为反应位点实现表面接枝。Chen 利用 GO 的这些特点制备了用于微接触印刷的碳纳米管/GO 复合墨水，并打印出复合膜（图 14.13）。该膜在经过紫外光（300～400nm）引发苯乙烯（St）或 DMAEMA 的自由基聚合后，得到 Janus 型的无机-有机杂化自支撑膜。由于碳纳米管具有良好的导电性，GO 导电性较差，而聚合物膜则起到了绝缘的作用，利用该复合膜材料在通电条件下可实现局部加热功能。由于碳基材料的光电效应，复合膜的加热功率可以借助可见光进行调节。类似地，Wang 以具有氧化石墨烯（GO）表层的硅晶片为基材，制备了金-聚吡咯复合膜，该复合膜可以用于 4-硝基苯酚的催化还原与 4-氨基硫酚的表面增强拉曼分析。Ni 基于光聚合得到的氧化石墨烯-聚合物复合膜材料，制备了可擦写存储设备、超级电容等器件。在制作可擦写存储设备时，选用的复合材料为以氧化石墨烯为光引发剂的条件下引发 3,4-乙烯二氧噻吩（PEDOT）得到的 GO-PE-DOT 复合膜材料。基于 ITO/GO-PEDOT/Al 的存储设备，开关电流比为 3×10^4，开关电压为 1.5V。复合材料的截止态的电阻表现出温度负相关性，具有半导体性。通态电阻随温度增加，表现出金属性。在另外一种 Al/PVK-GO/PEDOT：PSS/ITO［PSS 即 poly（styrene sulfonate），磺化聚苯乙烯］可擦写存储设备中，

PVK-GO复合膜由紫外光（365nm）在 GO 表面引发乙烯基咔唑（NVK）得到，该设备的通态/截止电流比可以达到 10^4。当包埋了 Mn_3O_4 的石墨烯-聚合物复合材料（聚合物由紫外光在 GO 表面引发 EDOT 和吡咯共聚得到）用作电容器电极时，比电容可以达到 520F/g，在充放电 1000 次后充放电效率仍然保持在 93%。

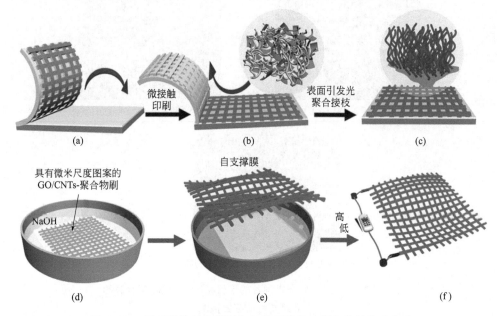

图 14.13　通过微接触印刷制备与光引发聚合制备接枝聚合物碳纳米管/氧化石墨烯复合功能膜的过程

第三节　光聚合技术在制备复合材料中的展望

由于光聚合相对于传统的热聚合在反应温度、反应时空可控性等方面的优势，基于光聚合技术制备复合材料的发展越来越受到重视。为了充分发挥复合材料的优势，未来的工作可以从以下几个方面进行。

（1）研发新的表征手段

由于采用光聚合技术制备复合材料时，不仅涉及聚合反应本身，还涉及材料的性能表征。尽管一些技术手段能够对很多现象做出合理的解释，但是在某些特定的情况下，表征手段还具有一定的局限性。比如在传统的光聚合中，由于样品的厚度比较小，聚合反应的动力学可利用傅里叶红外光谱分析、差示扫描量热法等手段进行表征。但是当样品的厚度增加时或者样品中引入的复合组分影响光的透过率以及样品的均一性时，这些传统手段表征的准确度就会降低。因此在利用聚合手段制备复合材料时，还需要开发更加便利的、重现性更好的表征手段。Lalevée 评价了使用热成像仪监测聚合反应动力学的可行性。尽管这一方式仅能用于样品的表面分析，但是实验结果表明，使用热成像仪分析时适用于大尺寸（＞30cm）分析、检测分辨率高（＜100μm），也可用于不规则表面的聚合反应的检测，及高含量填料树脂等非传统样品的聚合动力学的检测分析。

又如，传统的热学分析及力学分析往往得到的是材料经过平均化的信息，因此对于材料中各个复合组分之间的相互作用缺乏深入的分析。因此 Gojzewski 采用原子力显微镜在非共振动态成像模式下，研究了 SiO_2 填料与聚合物基质界面杨氏模量，这有利于研究复合组分与材料基质之间的相互作用。

（2）改善材料的成型加工技术

尽管光聚合反应相比于传统的热聚合反应的时空可控性明显改善，但是实际可能对材料的形态有新的需求，比如具有不对称/梯度结构的膜材料、具有特定组分的微球等。因此，可以将光聚合反应速度快的特点与微流控（microfluidics）、电纺（electrospin）以及最近兴起的增材制造技术（additive manufacturing）等进行结合。例如，通过微流控技术可以很方便地调控液体的组分和液体的尺寸，结合光聚合反应可原位进行且反应迅速的特点，可以制备具有多种组分的复合粒子。Yu 采用这一技术分别制备了包载磁性氧化铁和阿司匹林模型药物的聚季戊四醇三丙烯酸酯（PPETA）微球。Xu 通过结合微流控技术与光固化技术，制备了同时具有多种组分的 Janus 微胶囊。微胶囊的组分利用多重共轴流聚焦技术（multiplex coaxial flow focusing）进行调节，实验中微胶囊可包载 Fe_3O_4 磁性纳米粒子、活细胞等组分。Lee 的课题组报道了使用光聚合的方式结合微流控法，制备具备壳-核结构且尺寸可调节的单分散杂化粒子。粒子的内核为通过微流控法和原位光聚合制备得到的 2-甲基-2-丙烯酸-1,10-癸二酯（DDMA）与 MAPS 的共聚物，壳层为水解法得到的 SiO_2 纳米粒子。利用该技术可调控 SiO_2 的厚度，从而控制内核包载的活性物质的扩散速度。

（3）开发新的光引发体系，并根据需要引入新的复合组分

尽管目前光聚合技术发展迅速，但是传统的聚合反应中遇到的一些问题，如氧阻聚、深层聚合、聚合时的体积收缩等问题，依然阻碍着技术的发展。因此，有必要针对这些问题进行更加有针对性的研究。

在开发新的复合材料时，除了传统的硅、金属、碳等外，可以考虑更广泛的复合组分。例如，具有刚性支架的水凝胶在吸水膨胀过程中存在因为水凝胶基质和刚性支架膨胀率不匹配导致物理变形从而影响复合材料的性能的问题。针对这一问题，Gong 探索了在水凝胶基质中引入刚性的低熔点合金（Low-Melting-Point Alloys）作为水凝胶的刚性支架的解决方案。

参考文献

［1］ Sangermano M, Roppolo I, Chiappone A. New horizons in cationic photopolymerization［J］. Polymers, 2018, 10（2）: 136.

［2］ Michaudel Q, Kottisch V, Fors B P. Cationic polymerization: From photoinitiation to photocontrol［J］. Angewandte Chemie-International Edition, 2017, 56（33）: 9670-9679.

［3］ Hoyle C E, Bowman C N. Thiol-Ene click chemistry［J］. Angewandte Chemie-International Edition, 2010, 49（9）: 1540-1573.

［4］ Sakamoto M, Fujistuka M, Majima T. Light as a construction tool of metal nanoparticles: synthesis and mechanism［J］. Journal of Photochemistry and Photobiology C-Photochemistry Reviews, 2009, 10（1）: 33-56.

［5］ White L S, Selden T, Bertino M F, Cartin C, Angello J, Schwan M, Milow B, Ratke L. Fabrication of mechanically strong honeycombs with aerogel cores［J］. Industrial & Engineering Chemistry Research, 2018, 57（4）: 1197-1206.

［6］ Xie Z, He S, Shahjamali M M, Wang S, Mirkin C A, Xie Z, Zheng Z, Zhou Y, Chen P-C, Mirkin C A, Hedrick J L, Mirkin C A. On-tip photo-modulated molecular printing［J］. Angewandte Chemie-International Edition, 2015, 54（44）: 12894-12899.

［7］ Lee J S, Song J, Kim S O, Kim S, Lee W, Jackman J A, Kim D, Cho N-J, Lee J. Multifunctional Hydrogel Nano-probes for Atomic Force Microscopy［J］. Nature Communications, 2016, 7: 11566.

［8］ Zhang H, Ou J, Liu Z, Wang H, Wei Y, Zou H. Preparation of hybrid monolithic columns via "one-pot" photoinitiated thiol-acrylate polymerization for retention-independent performance in capillary liquid chromatography［J］. Analytical Chemistry, 2015, 87（17）: 8789-8797.

［9］ Bai J, Liu Z, Wang H, You X, Ou J, Shen Y, Ye M. Preparation and characterization of hydrophilic hybrid monoliths via thiol-ene click polymerization and their applications in chromatographic analysis and glyco-peptides enrichment［J］. Journal of Chromatography A, 2017, 1498: 37-45.

［10］ Hou L, Zhou M, Dong X, Wang L, Xie Z, Dong D, Zhang N. Controlled growth of metal-organic frameworks on polymer brushes［J］. Chemistry-A European Journal, 2017, 23（54）: 13337-13341.

［11］ Yuan Z, Zhao Y, Yang W, Hu Y, Cai K, Liu P, Ding H, Fabrication of antibacterial surface via UV-inducing dopamine polymerization combined with co-deposition Ag nanoparticles［J］. Materials Letters, 2016, 183: 85-89.

［12］ Xiao P, Wan C, Gu J, Liu Z, Men Y, Huang Y, Zhang J, Zhu L, Chen T. 2D Janus hybrid materials of polymer-grafted carbon nanotube/graphene oxide thin film as flexible, miniature electric carpet［J］. Advanced Functional Materials, 2015, 25（16）: 2428-2435.

［13］ Xing G, Wang W, Wang K, Li P, Chen T. Shape-controlled synthesis of Au-polypyrrole composites using poly（4-vinylpyridine）brush grafted on graphene oxide as a reaction chamber［J］. Chemistry-A European Journal, 2017, 23（69）: 17549-17555.

［14］ Wu Q, Yang C, Liu G, Xu W, Zhu Z, Si T, Xu R X. Multiplex coaxial flow focusing for producing multi-compartment Janus microcapsules with tunable material compositions and structural characteristics［J］. Lab Chip, 2017, 17（18）: 3168-3175.

［15］　Kim D-Y, Jin S H, Jeong S-G, Lee B, Kang K-K, Lee C-S. Microfluidic preparation of monodisperse poly-
meric microspheres coated with silica nanoparticles［J］. Scientific Reports, 2018, 8（1）: 8525.
［16］　Takahashi R, Sun T L, Saruwatari Y, Kurokawa T, King D R, Gong J P. Creating stiff, tough, and function-
al hydrogel composites with low-melting-point aloys ［J］. Advanced Materials, 2018, 30
（16）: 1706885.

第十五章

近红外诱导光聚合

以紫外光作为能量来源诱导材料体系中感光物质进行交联聚合的紫外光聚合具有节能环保、高效快速和时间-空间可控等诸多优点，于 20 世纪 60～70 年代开始形成光固化技术并进入实用领域。经过数十年光聚合基础理论与应用研究的不断发展，光固化技术在一般商品涂装、印刷、黏结等领域已形成规模市场。然而，由于紫外光在感光材料体系中的穿透能力有限，聚合主要发生在材料表面（通常固化深度小于 $200\mu m$）。造成紫外光穿透力不足的原因主要有两个：一是光引发剂的吸收造成的"内屏蔽效应"，使感光材料内部的入射光自上而下呈现强度渐弱的梯度变化，表层的引发剂（及其光解产物）吸收了大部分光，使深层的引发剂无法获取足够的光能来引发聚合；二是传统光聚合使用的是波长较短的 UV 光，瑞利散射强，大部分紫外光在感光材料表层即发生分子反射，无法深入内部来激发引发剂分子。因此，光聚合目前主要广泛应用于印刷油墨、胶黏剂、功能涂料等领域。

与 UV 光相比，长波近红外光（NIR）瑞利散射小，且有机介质在该波段基本无吸收，因此，NIR 光在材料内部具有更强的穿透能力，可有效增加光聚合深度，提高固化材料在纵深方向的均一性，并可用于高填料体系和有色体系的光固化。此外，光聚合在长波 NIR 激发下才发生，因此可将紫外吸收剂加入涂层中，增加固化材料的耐候性，有望使光固化技术从室内走向室外。目前近红外诱导光聚合主要包括 NIR 直接诱导光聚合、NIR 激发上转换纳米粒子原位发光诱导光聚合，以及基于 NIR 飞秒激光的双光子诱导光聚合。

第一节　NIR 直接诱导光聚合

NIR 直接诱导光聚合最早应用于印刷行业，主要使用波长为 808nm、830nm、940nm 及 980nm 的连续激光作为辐照源。近年来，高功率近红外 LED 光源得到快速发展，辐照面积的增大使该技术应用范围由传统的激光制版拓展到了涂料领域。因此，开发与 NIR 光源相匹配的光敏材料的需求与日俱增。理想的近红外光敏材料应满足如下要求：①其吸收光谱与辐射源的发射光谱匹配；②与树脂基体材料具有良好的相容性；③具有良好的光热稳定性，无需在特定的黄光保护下进行作业。

一、引发机理

近红外引发体系一般由近红外吸收剂（Sens）和引发剂（RI）两部分组成，其引发机理如图 15.1 所示。

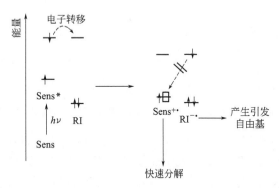

图 15.1　近红外吸收剂（Sens）和引发剂（RI）间的电子转移示意图

在近红外光辐照下，Sens 分子吸收能量后其外层电子由基态跃迁至激发单线态，激发态分子 Sens* 的弛豫时间通常在亚纳秒级。Sens* 可通过热转换回到基态，也可与光引发剂发生分子间电荷转移，形成由氧化物种 Sens$^+ \cdot$ 和还原物种 RI$^- \cdot$ 组成的单线态自由基对，RI$^- \cdot$ 进一步分解产生活性自由基引发聚合。通过吉布斯自由能可预测近红外吸收剂与光引发剂间电荷转移的可行性：

$$\Delta G_{el} = F(E_{ox} - E_{red}) - E_{00} - E_{coul}$$

式中，F 为法拉第常数；E_{ox} 为氧化电极电势；E_{red} 为还原电极电势；E_{00} 为激发能；E_{coul} 为库仑能。当 Sens$^+ \cdot$ 发生不可逆的歧化反应或分解反应时，可有效抑制逆电子转移，提高引发效率。Sens$^+ \cdot$ 的分解可赋予材料独特的光漂白特性，即吸收剂在近红外区域的吸收峰强度随光照时间的增加而减弱，相应的涂层在固化后会由绿色变为黄色。光漂白现象有利于近红外入射光进一步照射至树脂内部，可有效增加聚合深度。

通过加入具有供电子性能的第三组分（D）也可增加体系的引发效率（图15.2）。当电子供体 D 的最高占据轨道（HOMO）能量高于 Sens$^+ \cdot$ 的单电子填充最高占据轨道（SOMO）时，电子易从 D 转移到 Sens$^+ \cdot$ 的半占据轨道中。该过程一方面可有效抑制 Sens$^+ \cdot$ 与 RI$^- \cdot$ 间的逆电子转移；另一方面形成的 D$^+ \cdot$ 可通过分解反应产生活性自由基，提升体系的引发效率。

按照以上反应机理，由于重新生成了 Sens，该三元体系应不具备光漂白效应，但近期研究表明，Sens 在近红外区域的吸收峰强度仍随光照时间的增加而减弱，该过程可能与体系强烈的热效应有关。一方面，NIR 激光的辐照通常会使材料体系温度升高至 100℃ 以上，另一方面，热转化是激发态吸收剂分子的主要猝灭方

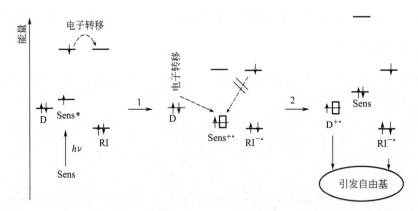

图 15.2　近红外吸收剂（Sens）、引发剂（RI）和电子供体（D）间的电子转移示意图

式，当分子的吸收峰在 750～850nm 时，85％的吸收能量通过热转换耗散；而当其吸收波长在 900nm 以上时，热转换耗散能量可高达 99％。因此，激光自身加热效应和吸收剂分子热转换的共同作用，使体系的温度迅速升高，而高温可导致引发体系发生热分解而产生活性自由基。从这个角度讲，近红外诱导光聚合是一种光热协同作用的双重聚合反应。

二、引发体系

近红外吸收剂一方面可将吸收的近红外光转化为热，另一方面可充当光敏剂的

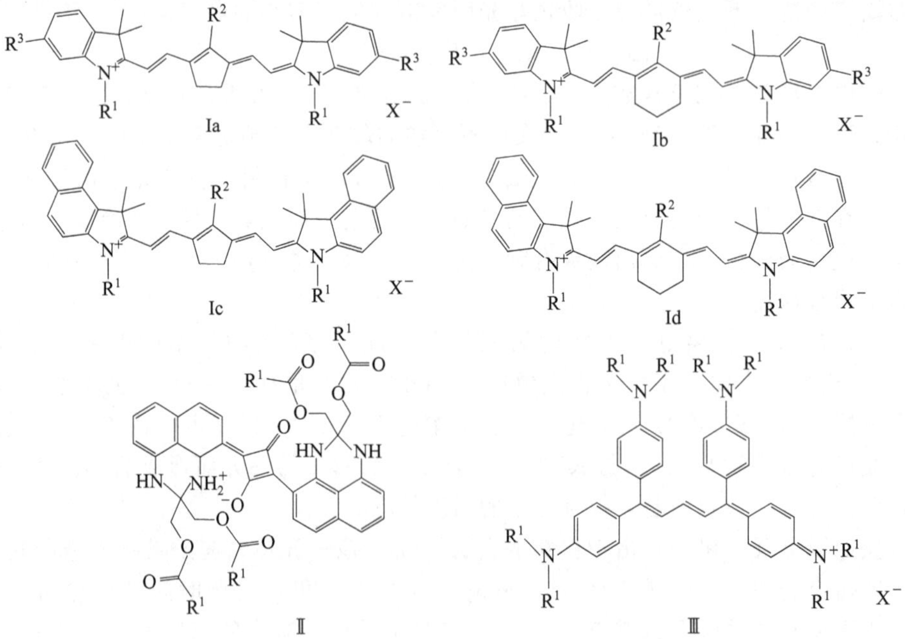

图 15.3　常见近红外吸收剂的分子结构

作用，通过激发态吸收剂分子与引发剂间的电荷转移，产生活性种引发聚合。常见的近红外吸收剂结构如图 15.3 所示，对于花青素类染料（Ia～Id）而言，中心环尺寸及取代基种类均对其感光性能有显著影响。表 15.1 总结了该系列 NIR 吸收剂的最大吸收波长和最大波长对应的摩尔消光系数。中心五元环结构分子（Ia 和 Ic）由于具有良好的共平面性，有利于增加分子的共轭程度，因此相比于分子构型会发生扭曲的六元环分子（Ib 和 Id），其吸收波长发生红移。此外，将端基由吲哚盐（Ia 和 Ib）变成苯并吲哚盐（Ic 和 Id）时，分子的共轭程度增加，吸收往长波移动。通过控制环中心取代基 R^2 的供/吸电子性能，可在不显著改变分子还原电极电势的基础上调控分子的吸收波长。Ⅱ 及 Ⅲ 类染料常用于平版印刷行业，其吸收波长主要在 800nm，但最大波长对应的摩尔消光系数远小于 Ⅰ 类分子。

表 15.1　近红外吸收剂的最大吸收波长（λ_{max}）和最大波长对应的摩尔消光系数（ε_{max}）

吸收剂	R^1	R^2	R^3	X^-	λ_{max}/nm	$\varepsilon_{max}/[L/(mol \cdot cm)]$
Ia1	CH_3	Cl	H	Cl^-	797	280000
Ia2	C_2H_5	联苯基	Cl	Cl^-	792	308000
Ia3	CH_3	联苯基	H	Cl^-	784	270000
Ia4	C_4H_9	二苯甲亚胺基	Cl	ClO_4^-	797	266000
Ia5	C_4H_9	二苯甲亚胺基	H	ClO_4^-	794	250000
Ia6	C_2H_5	二甲基尿嘧啶基	Cl	—	785	308000
Ia7	CH_3	二甲基尿嘧啶基	H	—	780	295000
Ib1	C_2H_5	Cl	Cl	Tos^-	785	290000
Ib2	CH_3	苯基三唑硫醚基	H	Cl^-	798	224000
Ib3	CH_3	Cl	H	Cl^-	775	252000

吸收剂	R¹	R²	R³	X⁻	λ_{max}/nm	$\varepsilon_{max}/[L/(mol \cdot cm)]$
Ib4	CH_3	（苯基—S—结构）	Cl	Cl^-	795	206000
Ib5	CH_3	（苯基—S—结构）	H	Cl^-	787	249000
Ib6	CH_3	（含两个—S—苯基结构）	H	Cl^-	787	228000
Ic1	C_4H_9	（二苯甲基—N＝结构）	—	ClO_4	831	264000
Ic2	CH_3	（苯基结构）	—	Cl^-	821	291000
Ic3	CH_3	（H_3C—N，N—CH_3，O，^-O 嘧啶二酮结构）	—	—	813	264000
Id1	CH_3	Cl	—	Cl^-	813	245000
Id2	CH_3	CH_3	—	Cl^-	800	247000
Id3	CH_3	（苯基结构）	—	Cl^-	790	260000
Id4	C_2H_5	（H_3C—N，N—CH_3，O，^-O 嘧啶二酮结构）	—	—	791	306000
II	C_5H_{11}	—	—	—	800	156000
III	C_2H_5	—	—	Tos^-	817	133000

　　除了吸收波长，NIR 吸收剂与树脂的相容性对其引发效率也有重要影响。长共轭的 NIR 吸收剂通常具有较好的分子平面性，易发生聚集，一方面难以直接溶解在树脂体系中；另一方面也容易在温度较低时结晶析出。通过以下方式可有效增

碘鎓盐阳离子

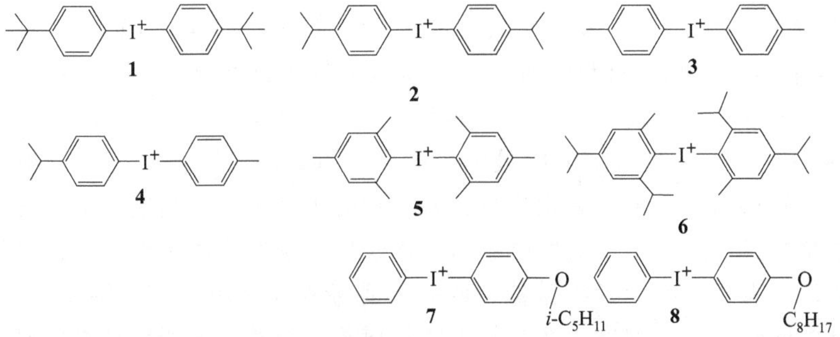

配对阴离子

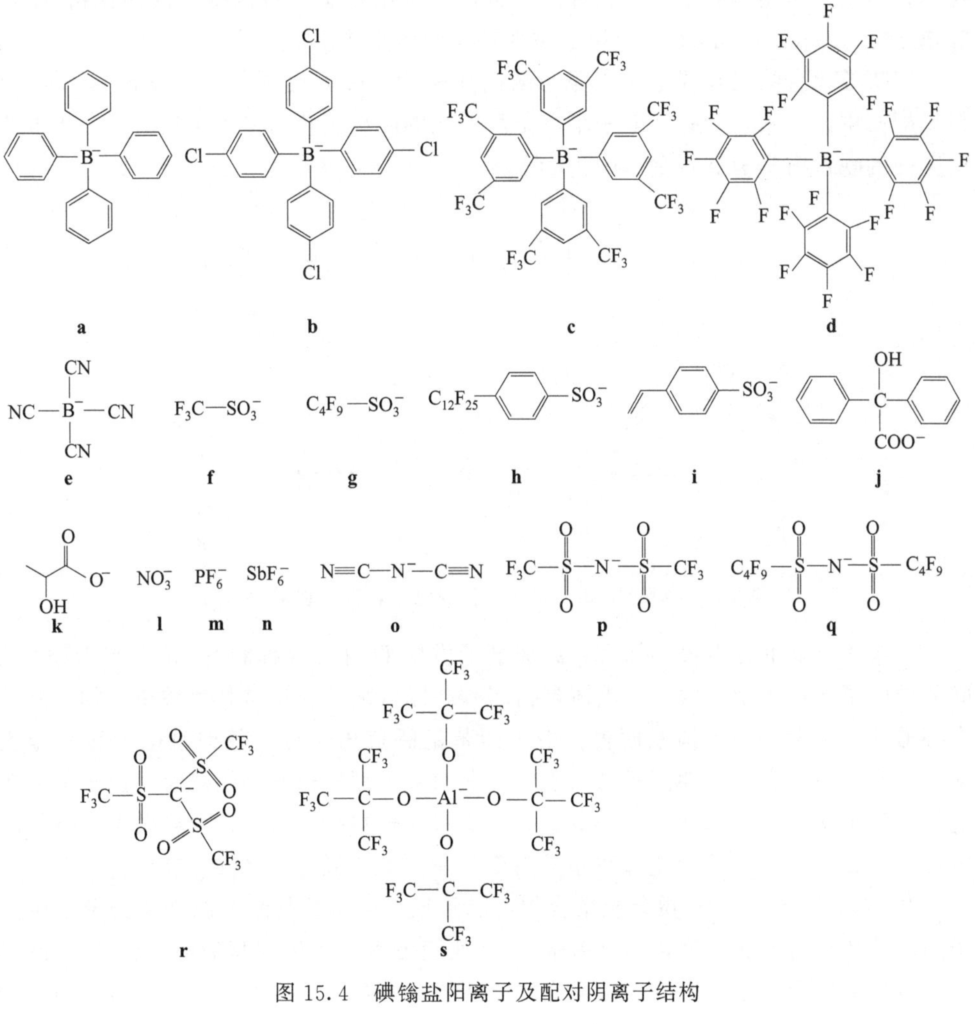

图 15.4 碘鎓盐阳离子及配对阴离子结构

加染料分子在树脂体系的溶解性：①对染料进行分子改性，如在末端 R^1 处引入长烷基链；②使用含中心六元环结构的染料，利用其分子扭曲构型来降低分子间的聚集程度，增加溶解性；③使用含长烷基链的阴离子，如十二烷基苯磺酸根（$C_{12}H_{25}$-Ph-SO_3^-）与花青素阳离子染料配对；④制备聚合物型近红外染料，既可增加体系的相容性，也能降低染料的迁移性，但其引发效率会受限。

二芳基碘鎓盐是与 NIR 吸收剂复配最常用的引发剂。激发态染料分子与碘鎓盐发生分子间电子转移后，形成的碘化物自由基快速分解，并释放高反应活性的苯基自由基，引发聚合。二芳基碘鎓盐由碘鎓盐阳离子以及配对阴离子组成，阴离子的种类包括硼酸盐、有机酸盐、无机酸盐、磺酸盐和酰亚胺负离子等。图 15.4 总结了不同化学结构的碘鎓盐。碘鎓盐在树脂中的解离程度对其反应活性具有重要影响，解离程度越大，反应活性越高。配对阴离子为酰亚胺负离子时，相应的碘鎓盐在丙烯酸酯类树脂体系中具有良好的溶解性，其中具有大位阻基团的碘鎓盐 5p 和 6p 在常温下是液体，因此可应用于黏度较大的树脂体系。

三嗪类化合物的还原电极电势与碘鎓盐相近，因此也可作为引发剂与 NIR 染料复配使用。三嗪化合物获取一个电子后形成的阴离子自由基可迅速分解，生成高反应性的碳自由基引发聚合（图 15.5）。

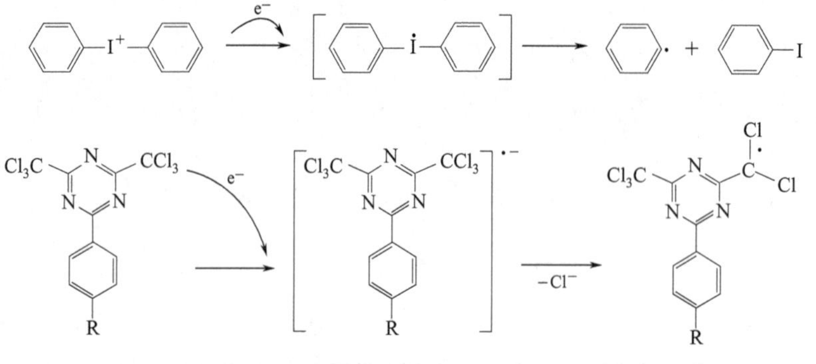

图 15.5　碘鎓盐和三嗪化合物的电子转移及裂解示意图

对带正电荷的花青染料而言，添加电子供体 D 可有效抑制 $Sens^{+}·$ 与 $RI^{-}·$ 之间的逆电子转移。常见的电子供体包括四苯基硼负离子和苯基甘氨酸衍生物。对于含硼酸盐的阳离子染料体系而言，由于四苯基硼负离子可高效地将电子转移至受体，具有较高的引发活性。而当向该体系中加入含硼酸根的碘鎓盐时，由于不需要进行负离子交换，其活性可进一步提高。苯基甘氨酸在失去电子后可发生快速的脱羧反应释放 CO_2，该不可逆过程也可有效抑制逆电子转移（图 15.6）。

图 15.7 展示了 NIR 诱导光聚合的可能路径。碘鎓盐与激发态染料分子发生分子间电荷转移后形成的碘化物自由基（4）快速分解，产生的苯基自由基（5）既可引发自由基聚合，也可发生夺氢反应生成新的自由基（8）。值得注意的是，染料自

由基阳离子（10）通过夺氢反应产生的超强酸（12）可引发阳离子聚合。

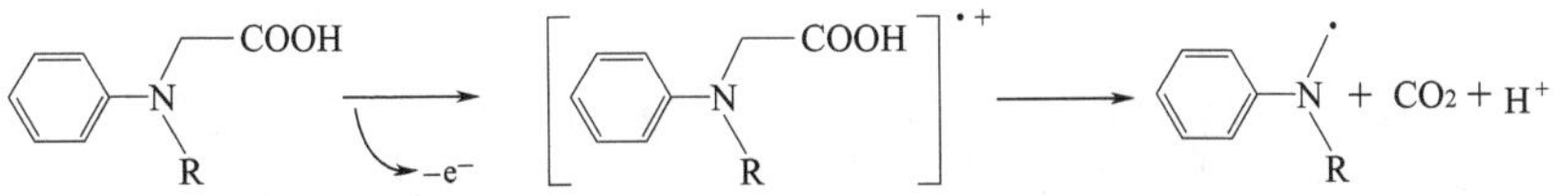

图 15.6　苯基甘氨酸的电子转移及裂解示意图

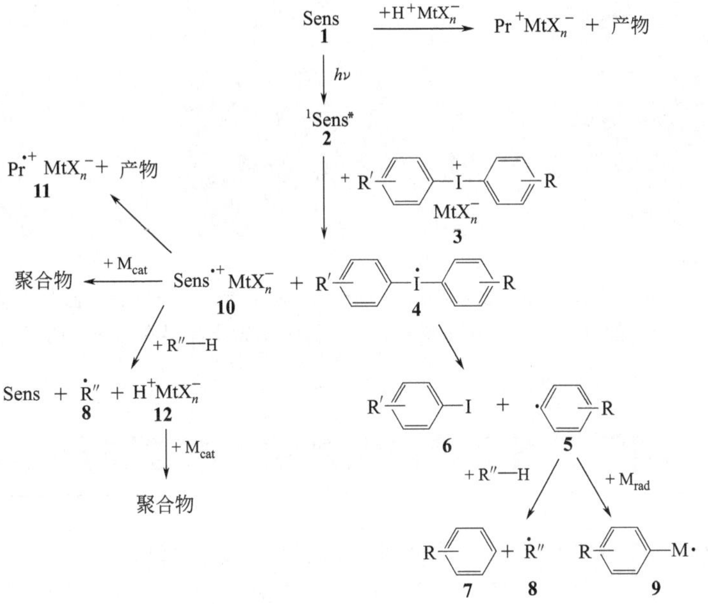

图 15.7　NIR 诱导光聚合的可能路径

三、应用

　　粉末涂料具有无 VOCs 排放、涂层综合性能优良等特点，但相对于溶剂型涂料而言，传统的粉末涂料固化温度高（180～200℃），固化时间长（10～30min），热能消耗量大。紫外光固化粉末涂料是一种新型的节能环保涂料，可实现低温固化，其工艺分为两个阶段：第一阶段，树脂在较低加热温度下熔融流平；第二阶段，在紫外光辐照下树脂发生快速交联固化（数秒内完成）。

　　紫外光固化粉末涂料的固化是由体系中的光引发剂吸收紫外光后产生活性自由基引起的，因此体系中紫外稳定剂、颜填料等对紫外光有吸收、折射、反射、散射等作用的组分都会对光固化阶段产生不利影响。针对该问题，研究者基于可同时发射 808nm 和 980nm 波长的激光线，开发了一种近红外光固化粉末涂料。该涂料包含了两种分别对 980nm 和 808nm 敏感的花青素类近红外吸收剂，前者的作用是通过非辐射能量耗散过程（效率高达 99%）产生大量的热，使树脂熔融流平；后者则通过光致电子转移，使引发剂碘鎓盐分解产生活性自由基，引发树脂交联聚合。树脂熔融和交联聚合两个过程几乎可以同时发生，极大提高了作业效率（图 15.8）。

图 15.8　NIR 引发剂体系在 808nm 和 980nm 激光辐照下引发粉末涂料固化（a）、

（h）为小型静电喷涂箱及喷涂操作；（c）为表层粉末涂料在辐照下的固化情况

第二节　NIR 激发上转换纳米粒子原位发光诱导光聚合

通过吸收两个或者两个以上低能量（长波）光子，然后发射出一个高能量（短波）光子的现象称为"上转换发光"。由于上转换发光所吸收的光子能量低于发射的光子的能量，违背了斯托克斯定律，所以又称为反斯托克斯发光。上转换发光的研究最早可以追溯到 1959 年，Bloembergen 用 960nm 的红外光激发多晶 ZnS，观察到 525nm 绿色荧光。后来 Auzel 在研究钨酸镱钠玻璃时，意外发现当基质材料中掺入 Yb^{3+} 时，Er^{3+}、Ho^{3+} 和 Tm^{3+} 在红外光激发下发光效率几乎提高了两个数量级，由此提出了"上转换发光"的概念。初期上转换发光材料主要有上转换玻璃、陶瓷和晶体等，直到 90 年代，随着"纳米热潮"的推进，研究者们制备出了高发光效率的稀土上转换纳米粒子（upconversion nanoparticles，UCNPs，其粒径小于 50nm），由此上转换发光研究进入新的发展阶段。

一、上转换纳米粒子（UCNPs）

常用的 UCNPs 一般由主基质、吸收子和发射子三个部分组成。其中，主基质通常选择声子能量较小、稳定性较好的氟化物；吸收子和发射子是掺杂的三价稀土离子，如 Er^{3+}、Eu^{3+}、Yb^{3+}、Tm^{3+}、Ho^{3+} 等。UCNPs 的发光机理主要有激发态吸收（excited state absorption，ESA）、能量转移（energy transfer，ET）和光子雪崩（photon avalanche，PA）三种类型。目前，UCNPs 主要制备方法包括沉淀/共沉淀法、水热/溶剂热法、热裂解法和溶胶-凝胶法等。

掺杂有 Yb^{3+} 和 Tm^{3+} 的 β 相 $NaYF_4$：Yb/Tm 是一种典型的 UCNPs。在 β 相 $NaYF_4$ 纳米晶体基质中，Yb^{3+} 敏化的 Tm^{3+} 和 Er^{3+} 体系是目前报道中最有效的两种 UCNPs。在 980nm NIR 光激发下，当 Tm^{3+} 吸收三个光子时，可以观察到蓝色激发光（470nm/$^1G_4$-$^3H_6$）；当其吸收四个光子时，可以观察到蓝紫光（450nm/$^1D_2$-$^3F_4$ 和 360nm/$^1D_2$-$^3H^6$）。而当 Er^{3+} 吸收两个光子时，可以观察到绿/红光（520nm/$^2H_{11/2}$-$^4I_{15/2}$ 和 540nm/$^4S_{3/2}$-$^4I_{15/2}$ 以及 653nm/$^4F_{9/2}$-$^4I_{15/2}$）。UCNPs 的发射光强随着外部 NIR 激光输出功率的增大而增加（图 15.9）。

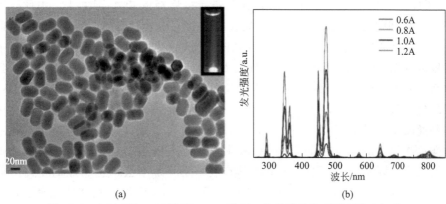

图 15.9 β-$NaYF_4$：18% Yb，0.5% Tm 的纳米晶体 TEM 图（a）和
UCNPs 荧光强度与近红外激光输出功率关系图（b）
插图为 980nm 激光辐照后 UCNPs 发射荧光的图片

表 15.2 总结了 UCNPs 在不同波长激光激发下的荧光发射波长。

表 15.2 UCNPs 在不同波长（λ_{ex}）激光激发下的荧光发射波长（λ_{em}）

UCNPs	λ_{ex}/nm	λ_{em}/nm
$NaYF_4$：Yb/Tm	980	290
$NaYF_4$：$Yb/Tm@NaYF_4$	980	340/360/450/470
$NaYF_4$：$Yb/Tm@CaF_2$	975	362
$NaYF_4$：Yb/Er	980	520/540
$NaYF_4$：$Yb/Er@NaYF_4$	974	520/540
$NaYF_4$：$Yb/Tm@NaGdF_4$：Yb	980	290/340/360
$NaYF_4$：$Yb/Gd/Tm@NaYF_4$	980	340/360/450/470
$NaYF_4$：$Yb/Gd/Er@NaYF_4$	980	520/40
$NaYF_4$：$Yb/Tm@NaYF_4$：Yb/Nd	808	290/340/360/450/470
$NaYbF_4$：$Nd@NaGdF_4$：$Yb/Er@NaGdF_4$	808	550/660

通过近红外光诱导 UCNPs 发出的紫外-可见光，既可作为发光体用于检测，

也可作为内部光源，触发各类光化学反应。UCNPs作为内部光源具有以下优点：①良好的化学和物理稳定性以及低毒性；②通过低成本的近红外连续激光即可激发；③近红外光在生物组织中的穿透性强，对生物样品光损伤小；④荧光发射稳定，无光漂白；⑤斯托克斯位移大，荧光发射波长可调节。目前，UCNPs已广泛应用于免疫分析及生物传感、生物成像、光动力治疗、药物控释、光信息存储及安全防伪等领域。

二、上转换纳米粒子原位发光诱导光聚合

UCNPs可吸收近红外光，并通过上转换过程释放紫外-可见光，因此，根据UCNPs的发射波长，选择具有合适吸收波长的光引发剂/光敏剂与之复配，即可实现在近红外激发下，UCNPs原位发光诱导光引发剂发生裂解产生活性种，进而引发聚合（图15.10）。与传统的紫外光源相比，长波近红外光瑞利散射小，且大多数有机介质在该波段无吸收，因此，近红外光可深入到树脂内部激发UCNPs。与近红外光直接诱导光聚合相比，UCNPs发射波长在紫外-可见光区域，因此可选择多种商品化光引发剂与之匹配，通用性好，避免了近红外染料种类少、溶解性差、颜色深等不足。均匀分散在树脂体系中的UCNPs在NIR激发下可作为内部光源持续发光，因此光引发剂（及其光解产物）的增加不会产生明显的"内屏蔽效应"，保证了固化材料的优良性能。NIR激发UCNPs原位发光诱导光聚合，已成为实现厚层材料光固化的一种高效、通用方法。

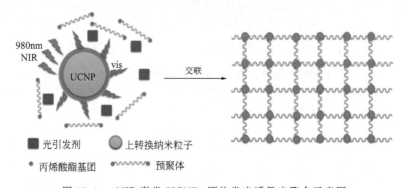

图15.10　NIR激发UCNPs原位发光诱导光聚合示意图

β-NaYF$_4$：18%Yb，0.5% Tm是目前上转换发光效率最高的UCNPs，在980nm激光激发下，β-NaYF$_4$：18% Yb，0.5% Tm的主发射波长在345～361nm和451～474nm两个区域，在291nm及650nm处也有较弱发射。通过选择与之匹配的光引发剂（图15.11），如常见的商品化可见光引发剂Irgacure 784，Irgacure 819、ITX、CQ、酰基锗等，或由可见光染料，如曙红Y、玫瑰红等，与胺复配组成的可见光引发体系（图15.12），均可用于引发丙烯酸酯的自由基光聚合。该策略也可用于巯-烯点击聚合，制备性能更加优异的厚层光固化材料。

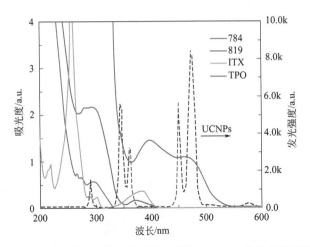

图 15.11 引发剂的紫外-可见吸收光谱与 UCNPs 荧光发射光谱图

表 15.3 总结了用于 NIR 激发 UCNPs 原位发光诱导光聚合的 UCNPs、光引发体系和树脂单体。

表 15.3 用于 NIR 激发 UCNPs 原位发光诱导光聚合的 UCNPs、光引发体系和树脂单体

UCNPs	光引发体系	λ_{max}	树脂单体	反应类型
$NaYF_4 : Er$	Eosin Y/TEA	520	HEMA,EbAM,GA,PA,AB	自由基
$Na_{0.6}K_{0.4}YF_4 : Yb/Tm$	BP/TEA	340	HEMA,EbAM,CEA,PA	自由基
$NaYF_4 : Yb/Tm$	Irgacure 784	405	BisGMA	自由基
$NaYF_4 : Yb/Tm@NaYF_4$	PAT	410	OH-maleimid	偶联
$NaYF_4 : Yb/Tm$	CQ/Amine	470	TMPTA	自由基
$NaYF_4 : Yb/Tm$	BP/CQ/Amine	340/470	TMPTMA	自由基
$NaYF_4 : Yb/Tm@NaYF_4$	Ivocerin	405	MMA	自由基
$NaYF_4 : Yb/Tm@NaYF_4$	ITX/IS-PF$_6$	380	RhB-L(指示剂)	阳离子
$NaYF_4 : Yb/Tm@NaYF_4$	FC-CA	450	CHO,BVE	阳离子

由于上转换荧光强度比传统的紫外光弱，且光子在材料内部传播过程中易发生损耗，降低了上转换材料与光引发剂间的能量传递效率，影响了聚合深度。针对该问题，笔者课题组将裂解型肟酯光引发剂通过共价键接到 UCNPs 表面，制备了一种"蒲公英"形近红外光引发剂，该引发剂在 980nm 的近红外光辐照下可产生如"蒲公英"种子般扩散的活性种，引发丙烯酸酯和硫-烯点击光聚合反应 [图 15.13（a）]。接枝型引发剂内部存在的 Förster 能量转移，可有效提升能量转换效率，其引发活性显著优于物理混合体系 [图 15.13（b）]。

目前，UCNPs 辅助光聚合主要基于自由基光聚合机理。作为光聚合的重要分支，阳离子光聚合由于具有无氧阻聚、单体刺激性小、固化材料收缩率低、可进行"后固化"等独特优势而迅速发展，但近红外激发 UCNPs 原位发光诱导的阳离子光聚合报道很少，其中一个重要原因是缺少与之匹配的高效阳离子光引发体系。

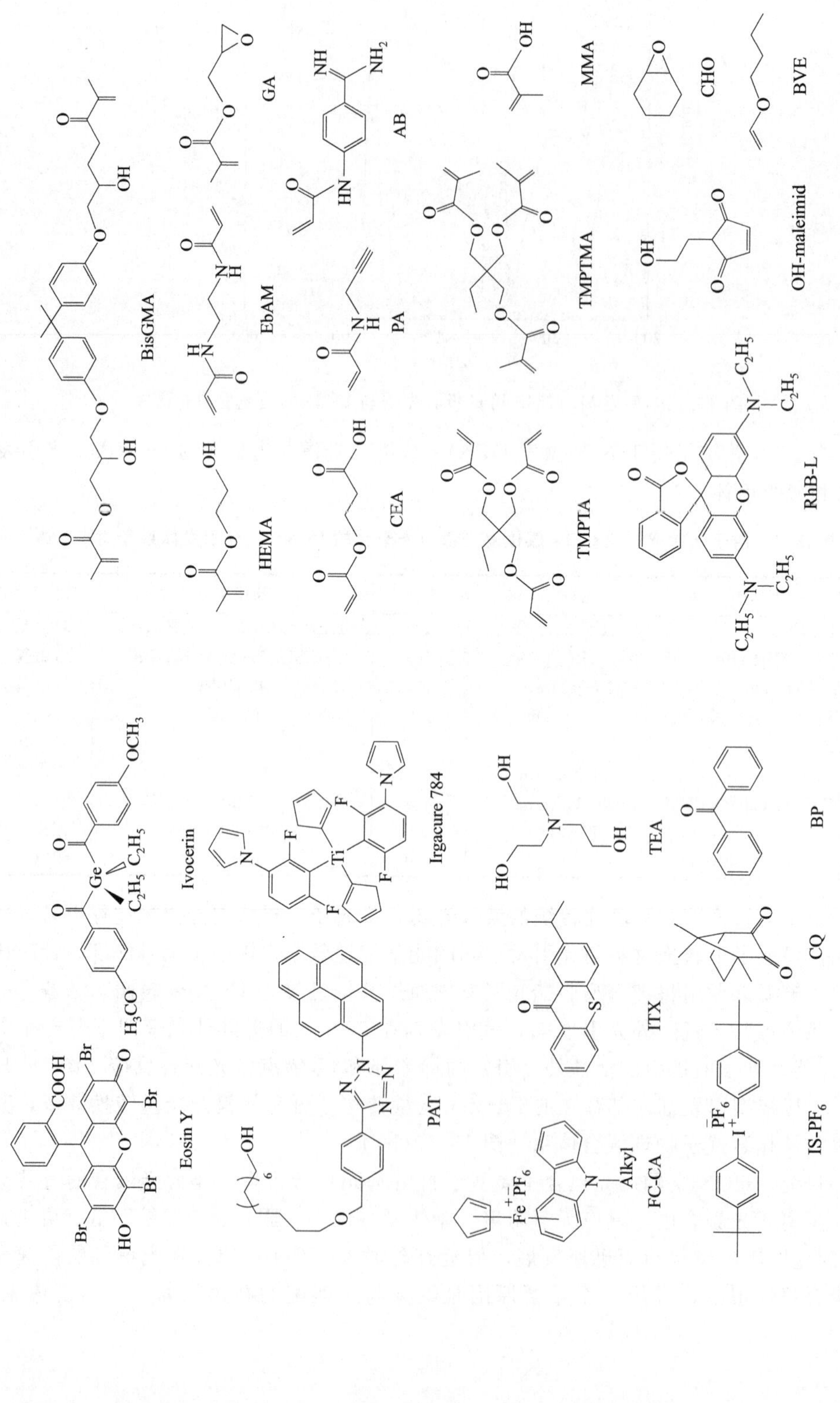

图 15.12　用于 NIR 激发 UCNPs 原位发光诱导光聚合的光引发剂、染料和单体

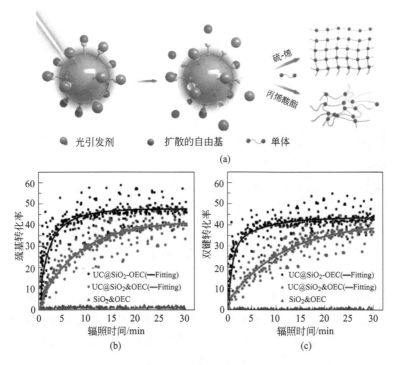

图 15.13　NIR 激发"蒲公英"形光引发剂裂解示意图（a）和
硫基和双键随辐照时间的转化率曲线（b）、（c）

UCNPs 的主要发射峰位于 UV-A 和可见光范围内，而常用的二芳基碘鎓盐和三芳基硫鎓盐的吸收位于 300nm 以下，因此发展高效的可见光阳离子光引发体系成为关键。以异丙基硫杂蒽酮 ITX 作为光敏剂，碘鎓盐作为阳离子光引发剂，研究者首次证实了通过 UCNPs 辅助的光致还原反应，可生成布鲁斯特酸。随后的研究利用荧光素/五甲基二亚乙基三胺/二芳基碘鎓盐、Irgacure 784/二苯基碘鎓盐体系，实现了 UCNPs 发光诱导的自由基促阳离子光聚合。考虑到多组分引发体系的效率会受到体系黏度、逆电子转移等影响，以芳茂铁盐作单组分阳离子光引发剂可实现 UCNPs 发光诱导环氧乙烷和乙烯基醚单体的阳离子光聚合。

三、应用

受限于紫外光在感光材料内部的低穿透性，以及光引发剂吸收造成的"内屏蔽效应"，感光材料的深层光聚合一直是感光材料基础领域的难题。笔者课题组以瑞利散射小、穿透能力强的 980nm 近红外光作为激发源，远程控制 UCNPs 原位发光进而诱导光聚合反应，在 2min 内成功获得了厚度达到 13.7cm 的环氧丙烯酸酯固化材料（图 15.14），双键转化率达到 60%～70%，与 450nm LED 光源辐照下获得的固化样品相比，通过 UCNPs 诱导光聚合获得的固化材料具有更优异的纳米压痕硬度和模量，且聚合材料性能均一。该方法也成功应用于巯基-烯体系的深层光聚合。

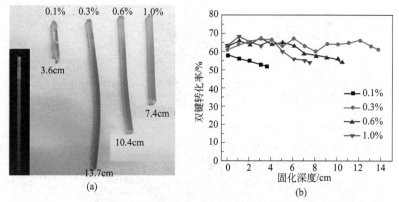

图 15.14　不同 UCNPs 浓度下，光固化样品实物（a）和固化样品
在各深度的双键转化率（b）

复合材料体系中的颜填料会对入射光产生反射、散射及竞争性吸收等不利影响，相对于无色体系，复合材料体系中辐射光能量梯度衰减更明显，因此进一步限制了光聚合深度。常用的颜填料对近红外光基本无吸收，因此近红外光在有色体系中具有更强的穿透能力。基于 NIR 激发 UCNPs 原位发光诱导光聚合的策略，在近红外光输出功率为 16.89W、引发剂（Irgacure 784）质量分数为 0.7%、UCNPs 质量分数为 0.9% 的条件下，可分别得到最大聚合深度为 25.5mm 和 11.6mm 的含红色和黄色颜料的固化样品［图 15.15(a)］，与通过传统 450nm 蓝光 LED 光源固化样品相比，其固化深度和双键转化率均有明显提升［图 15.15(b)］。

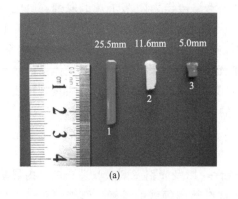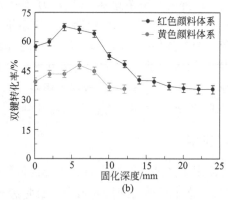

图 15.15　固化样品的数码照片，样品 1、2 使用 NIR 光；样品 3 使用 450nm 蓝光
LED 灯固化（a）和固化样品不同深度的双键转化率（b）

光固化齿科修复材料通常由基体树脂、光引发剂及无机填料组成。无机填料对蓝光有较强的散射，导致光固化深度不足，因此修复只能通过多次逐层填充-固化

的方式完成，修复效率低。利用近红外光穿透能力强、对人体组织伤害性小的特点，可将 UCNPs 作为内部光源应用于齿科修复材料的研究。在 NIR 激发下，稀土掺杂的 Y_2O_3 颗粒通过上转换过程发射蓝色可见光，诱导 Irgacure 784 引发甲基丙烯酸酯体系聚合，所制备材料的杨氏模量与商品化齿科复合材料相当，但硬度有所下降。进一步通过优化 UCNPs 种类（$NaYF_4$：Yb, Tm）和光引发剂（CQ）的方式，在 980nm NIR 激光辐照下，可实现深度为 $7 \sim 10mm$ 的甲基丙烯酸酯固化，其固化速度比 450nm 蓝光 LED 快两倍，单体转化率更高（超过 40%），固化 2mm 深度时，固化体系温度升高了 $(10.91 \pm 1.6)\,℃$（图 15.16）。

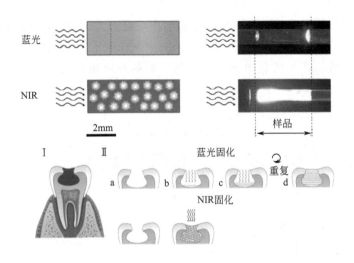

图 15.16　UCNPs 及蓝光 LED 光源用于齿科修复示意图

　　除了齿科修复材料，UCNPs 亦被用于制备水凝胶材料。利用 UCNPs 的上转换发光，以水溶性染料曙红 Y 作为光敏剂，实现了聚（乙二醇）二丙烯酸酯（PEGDA）在 UCNPs 表面的光交联，制备的 UCNPs-PEGDA 杂化水凝胶微球可负载酞菁锌（ZnPc），在 980nm NIR 激发下 ZnPc 产生 $^1O_2$，可用于深层组织中细菌的光灭活和光动力治疗（PDT）（图 15.17）。通过光聚合原位合成水凝胶是组织增强的一种有效策略。基于相同的光敏剂，通过将可聚合双键引入 UCNPs 表面，可实现 NIR 辐照下水凝胶的体型交联聚合。与 UCNPs 裸球相比较，Pluronic F127 改性的 UCNPs 不仅提高了胶体稳定性和光聚合效率，而且所需要的 NIR 光功率更低，因此这种 NIR 介导的原位聚合水凝胶在生物医学上具有潜在应用价值。以上制备水凝胶的方法均基于自由基链式聚合，产生的自由基会对细胞造成损伤，且链式聚合反应形成的是无规聚合物链，因此限制了其在特定生物领域的应用。针对该问题，研究者发展了 UCNPs 发光诱导四唑和马来酰胺的环加成反应，制备了一系列功能化的水凝胶嵌段共聚物。

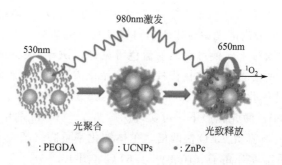

图 15.17　UCNPs 用于水凝胶原位光聚合及光动力治疗示意图

　　将含透明质酸的光敏剂玫瑰红通过静电作用吸附在含胺基的 UCNPs 表面，可制备一种近红外光敏组织黏合剂。在 980nm 激光辐照下，UCNPs 发射的绿色荧光可被玫瑰红吸收，产生的自由基可诱导伤口处的胶原蛋白交联，加速组织的修复（图 15.18）。

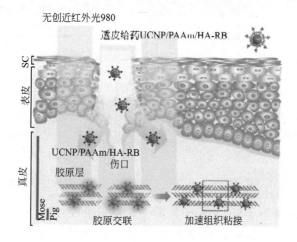

图 15.18　UCNPs 用于伤口组织修复示意图

　　当前，基于光聚合的 3D 打印技术（如 SLA 和 DLP），主要通过紫外-可见光诱导的逐层光固化来实现三维结构的构筑，其中短波紫外光能量较高，容易对成型结构造成破坏，而且短波紫外-可见光在材料体系中较强的瑞利散射会影响聚合深度，降低 3D 打印速度。利用长波近红外光作为激发源，可有效解决以上问题。以 980nm 连续激光激发 Tm^{3+} 掺杂的 K_2YbF_5 上转换纳米粒子原位发光，诱导商品化引发剂 Irgacure 819 裂解，可有效引发聚乙二醇二丙烯酸酯（PEGDA）的自由基光聚合，实现以价格低廉的连续 NIR 激光作为光源的 3D 打印（图 15.19）。通过设计具有较高上转换效率（2%）的核-壳上转换纳米颗粒 $NaYF_4$：Yb^{3+}，Tm^{3+}/$NaYF_4$ 可进一步提高成型分辨率，在低光强（$10W/cm^2$）、975nm 连续激光的辐照下，以 Irgacure 369 和 Darocure TPO 作为光引发剂，通过控制焦点区域的发光强度，以类似于双光子聚合加工的方式，直接在甲基丙烯酸酯树脂内部进行成型加工，可构筑直径为 1.5mm、高度为 2mm 的圆筒结构。

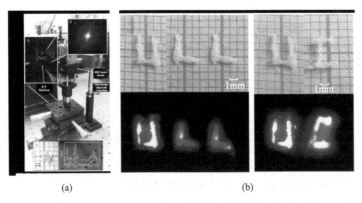

(a)　　　　　　　　　　　　(b)

图 15.19　基于 UCNPs 的 3D 打印示意图及打印样品图片

第三节　双光子诱导光聚合

双光子吸收（two-photon absorption，2PA）是一种三阶非线性光学吸收过程，早在 1931 年，M. Göppert-Mayer（1906—1972）首次在理论上预测了单一分子同时吸收两个光子（2PA）的可能性。1961 年，Kaiser 和 Garrett 采用连续激光诱导 2PA，第一次观察并报道了 CaF_2：Eu^{2+} 晶体样品中的双光子上转换荧光。尽管此后 2PA 在某些领域开始得到初步应用，但缺少高强度激光，且大多数材料的 2PA 较弱，因此发展缓慢。20 世纪 90 年代，随着固体飞秒激光（fs-laser）的出现和应用，2PA 和多光子吸收（multi-photon absorption，MPA）开始得到广泛研究和应用。

一、双光子聚合原理

2PA 需要基态分子同时吸收两个光子，通过"虚拟中间态"到达激发态（图 15.20），2PA 发生概率与入射光强的平方成正比。双光子吸收截面 σ^{2PA}（two-photon absorption cross section）是用于衡量分子 2PA 行为的物理量，单位为 GM（以纪念 Göppert-Mayer），σ^{2PA} 类似于单光子吸收中朗伯-比尔定律的摩尔消光系数 ε。

基于双光子吸收原理的双光子聚合，主要利用光引发剂在 NIR 飞秒激光激发下产生活性种（自由基或阳离子），进而引发单体或低聚物发生聚合交联。2PA 独特的非线性吸收特性，意味着只有在焦点附近极窄的区域才能提供足够的光强引发聚合，因此赋予了双光子聚合纳米级的高空间分辨率。此外，NIR 飞秒激光穿透

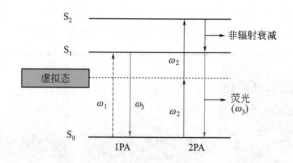

图 15.20　单光子激发及双光子激发的 Jablonski 能级示意图

力强，可以直接深入材料内部进行三维微加工。因此，基于飞秒激光直写的双光子聚合微纳加工，是一种高精度的真三维微纳成型技术。

双光子聚合微纳加工系统如图 15.21 所示，包括计算机图像生成和控制系统、激光光源和光束导向系统（左）、光束转向和运动平台（右）以及实时监控系统（中间栏）。

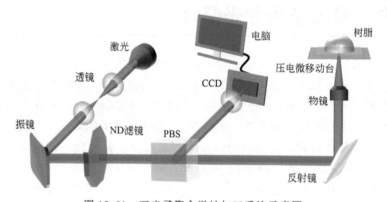

图 15.21　双光子聚合微纳加工系统示意图

在计算机的控制下，飞秒激光会选择性地在光刻胶内部进行定点扫描，辐照区域的光刻胶会由液态变为固态，加工结束后，未曝光部分会在显影环节被完全去除，从而获得高精度的三维结构（图 15.22）。

二、双光子引发剂

双光子聚合的光刻胶材料主要由双光子引发剂、单体和低聚物等组成。双光子聚合与单光子聚合的主要差别在于光引发剂的激发方式不同，后续激发态引发剂分子的光化学反应及聚合过程是基本相同的。因此，高效的双光子引发剂是实现双光子聚合的关键。根据引发活性中心种类的不同，可将双光子引发剂分为自由基双光子引发剂和阳离子双光子引发剂。

反应速度快、单体种类多的自由基链式聚合，是目前使用最广泛的双光子聚合

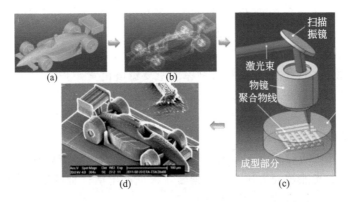

图 15.22 双光子聚合微纳加工示意图

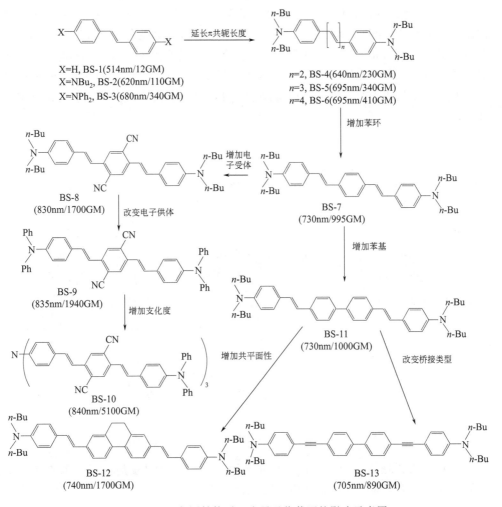

图 15.23 生色团结构对双光子吸收截面的影响示意图

类型。理想的双光子自由基光引发剂应具备以下特征：①特定波长（如 800nm）下具有大的双光子吸收截面，确保光能的有效吸收；②具有较高的活性自由基量子产率；③形成的自由基具有较高的引发活性。此外，自由基的移动能力以及引发剂与单体/低聚物的相容性，也是引发效率的重要影响因素。

分子内电荷转移是双光子吸收行为的有效驱动力，因此通过增加分子共轭链长度、引入供/吸电子基团，增加分子共平面性及支化度等方式，可有效增大分子的双光子吸收截面（图 15.23）。

较大的双光子吸收截面只能保证光能的有效吸收，还需要通过高效的引发机理，保证吸收的光能被充分用于引发聚合。根据产生活性种的途径不同，可将已报道的双光子聚合引发机理分为以下三类：

① 第一类是基于敏化机理，常见于由可见光染料与助引发剂组成的双组分引发体系，主要包括荧光酮/胺、氧杂蒽类染料/三乙醇胺、香豆素类染料/二苯基碘鎓盐和亚苄基环戊酮/二苯基碘鎓盐等。以荧光酮/胺体系为例，图 15.24 展示了该双组分引发体系的光解过程。在双光子激发下，受激荧光酮染料分子的电子通过系间窜跃，由激发单线态跃迁至激发三线态，随后与助引发剂胺发生分子间电子转移，形成自由基离子对，随后自由基离子对分离，助引发剂胺产生活性自由基引发聚合。

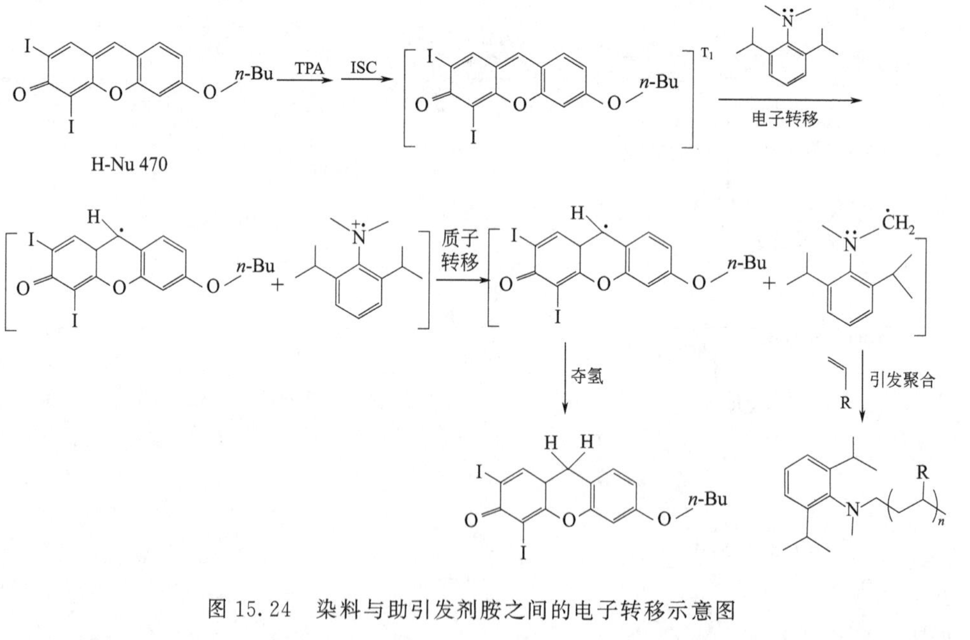

图 15.24　染料与助引发剂胺之间的电子转移示意图

② 第二类机理常应用于单组分双光子引发剂，该类引发剂分子以苯乙烯、烷基酮、咔唑、芴等基团为核心结构（图 15.25）。

在双光子激发下，引发剂分子发生分子内电荷转移，随后受激引发剂分子与单

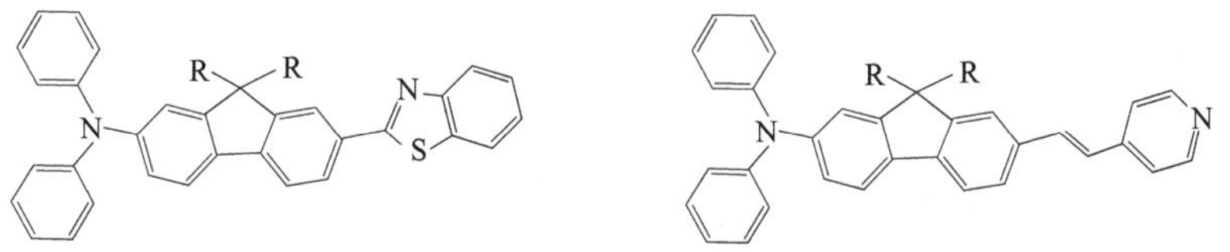

芴

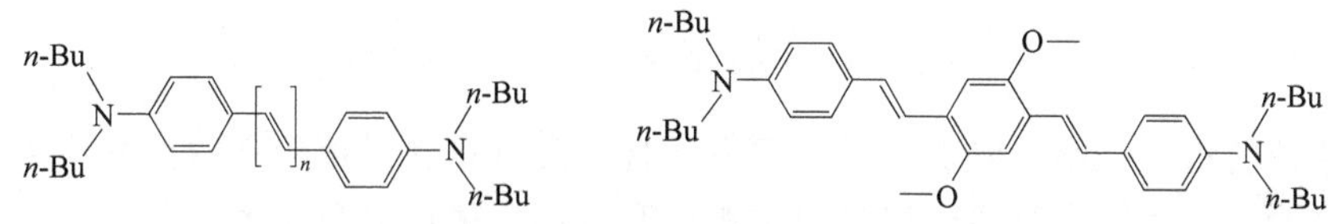

二苯乙烯

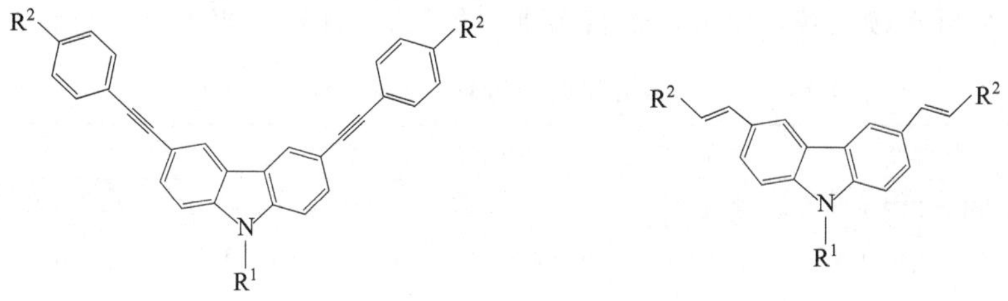

咔唑

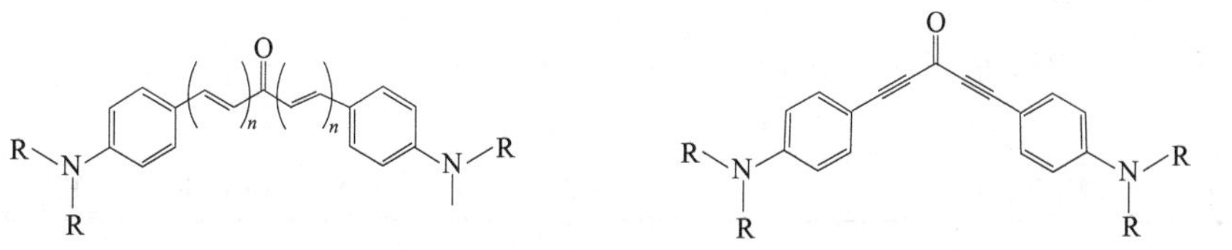

米蚩酮

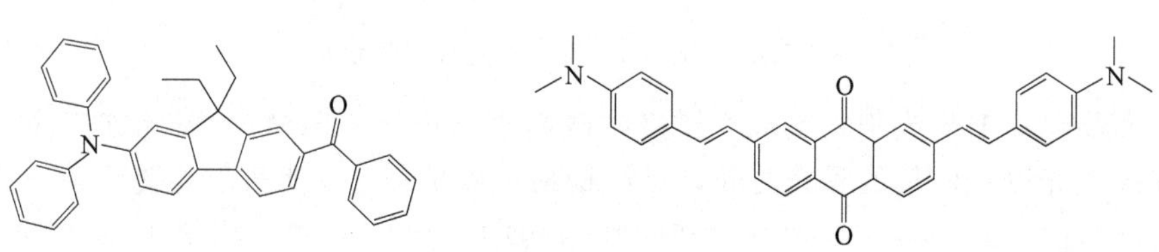

芳香酮

图 15.25 高效双光子引发剂的代表性结构

体形成激基复合物，并发生分子间电子转移，随着激基复合物的分解，形成的自由基离子对分离，单体阴离子自由基引发聚合（图 15.26）。

以上两类引发机理均存在逆电子转移，该过程会导致自由基离子对失活，从而

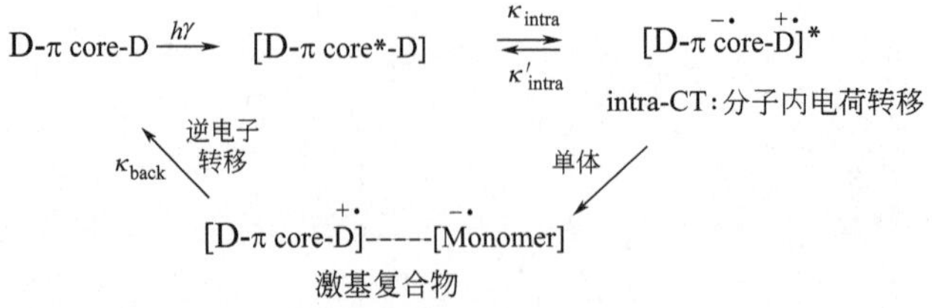

$$D\text{-}\pi\,core\text{-}D \xrightarrow{h\gamma} [D\text{-}\pi\,core^*\text{-}D] \underset{\kappa'_{intra}}{\overset{\kappa_{intra}}{\rightleftharpoons}} [D\text{-}\pi\,core\text{-}D]^*$$

intra-CT：分子内电荷转移

逆电子转移 κ_{back}

单体

$$[D\text{-}\pi\,core\text{-}D]\text{-----}[Monomer]$$

激基复合物

图 15.26　双光子引发剂与单体之间的电子转移示意图

减少活性种的量子产率，降低体系的引发活性，尤其是在黏度较高的聚合体系，笼蔽效应将严重阻碍自由基离子对从笼中逃逸和分离，失活现象尤为显著。

③ 第三类是基于光致裂解机理。含商品化光致裂解型 UV 光引发剂，如 Irgacure 369 的光刻胶常被用于双光子聚合（表 15.4）。该类 Norrish I 型光引发剂在飞秒激光辐照下可直接裂解，生成活性自由基引发聚合（图 15.27）。

表 15.4　用于双光子聚合的商品化光刻胶

树脂	材料类型	处理方法	固化类型	供应商
SCR500	氨基甲酸酯丙烯酸酯	直接使用	自由基	Japan Synthetic Rubber Co.
Ormocer	有机-无机杂化	直接使用	自由基和溶胶-凝胶	Fraunhofer Institute Silicatforschung
IPG	有机-无机杂化	添加光引发剂	自由基和溶胶-凝胶	RPO. Inc.
LN1	氨基甲酸酯丙烯酸酯	添加光引发剂	自由基	Sartomer
Nopcocure 800	丙烯酸酯	预曝光	自由基	San Nopco
SU-8	环氧树脂	预烘及后烘	阳离子	Micro Chem
IP series	有机-无机杂化	直接使用	溶胶-凝胶	Nanoscribe GmbH

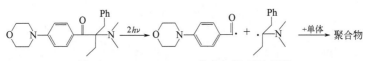

图 15.27　Irgacure 369 的光解机理示意图

商品化的 UV 光引发剂双光子吸收截面小（小于 40GM），因此加工需要较高功率的激光以及较长的曝光时间，微结构易遭到破坏。笔者课题组将含 N—O 弱键的肟酯基团接到长共轭的香豆素和咔唑结构中（图 15.28），构筑了一系列具有大双光子吸收截面的裂解型双光子引发剂，含该类引发剂的双光子光刻胶，其聚合阈值显著低于商品化双光子光刻胶 IP-L。

自由基双光子聚合所使用的丙烯酸酯材料，在聚合过程中易产生体积收缩，该现象会在以下两个方面影响成型精度：①液态树脂经飞秒激光扫描后，发生双光子聚合反应，转化为固体的过程中，丙烯酸酯基团间距从范德华力作用距离（0.3～0.5nm）缩短为共价键距离（约 0.154nm），导致成型结构发生体积收缩，偏离预

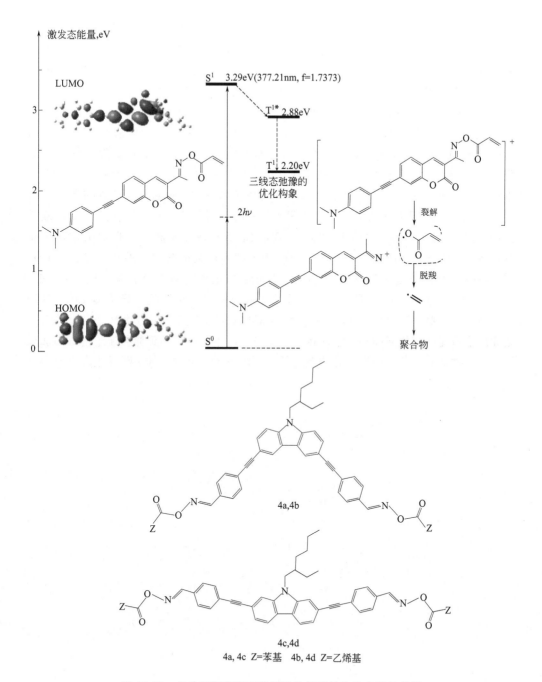

图 15.28 长共轭肟酯类双光子引发剂的结构及光解示意图

设尺寸；②通过层层累加的方式构筑复杂三维结构时，当前扫描层的聚合收缩将受到前一聚合层的约束，使得粘接面产生收缩应力，且收缩应力随着成型层数的增加而不断累加，易导致三维微纳结构变形。而在阳离子光聚合过程中，一方面环氧基团间距从范德华力作用距离缩短为共价键距离；另一方面由于环氧基团开环后其共价键键长增加，可有效补偿体积收缩。因此，阳离子光聚合体系通常具有极低的体积收缩率，该特性在构筑高精度三维微纳结构过程中具有重要作用，开发高效的阳离子光引发体系，也成为双光子聚合研究领域的一个重要方向。

　　常见的阳离子引发剂，如碘鎓盐和硫鎓盐，其分子中共轭长度短，因此双光子吸收截面小，无法有效应用于双光子聚合。一种方法是通过敏化法，如将 2-异丙基硫杂蒽酮（ITX）、香豆素衍生物、二亚苄基酮等作为双光子光敏剂与碘鎓盐复配，可用于 SU-8 制备微结构；另一种方法是将产酸官能团通过共价键接入双光子生色团中，形成具有大吸收截面的双光子阳离子引发剂。通过将硫鎓盐基团接入共轭苯乙烯生色团间位得到阳离子光引发剂 BSB-S2（图 15.29），其双光子吸收截面为 690GM，光生酸量子产率高达 0.5，BSB-S2 可在双光子激发下高效引发环氧光刻胶 SU-8 聚合。有趣的是，当将硫鎓盐基团接入长共轭芴结构的 2,7-位时（11），其 A-π-A 的分子结构与 BSB-S2 相似，但其光生酸量子产率急剧下降。该结果表明，取代位置对产酸性能具有重要影响。通过比较两种硫鎓盐的同分异构体 EtO-PS 和 EtO-MS，发现间位取代 EtO MS 的产酸效率比对位取代 EtO PS 增长了 2.4 倍，主要原因是双光子吸收截面和光生酸量子产率是一对矛盾体，当延伸共轭结构来增加双光子吸收截面时，分子的激发态能级降低，可能不足以提供能量来断键生酸。

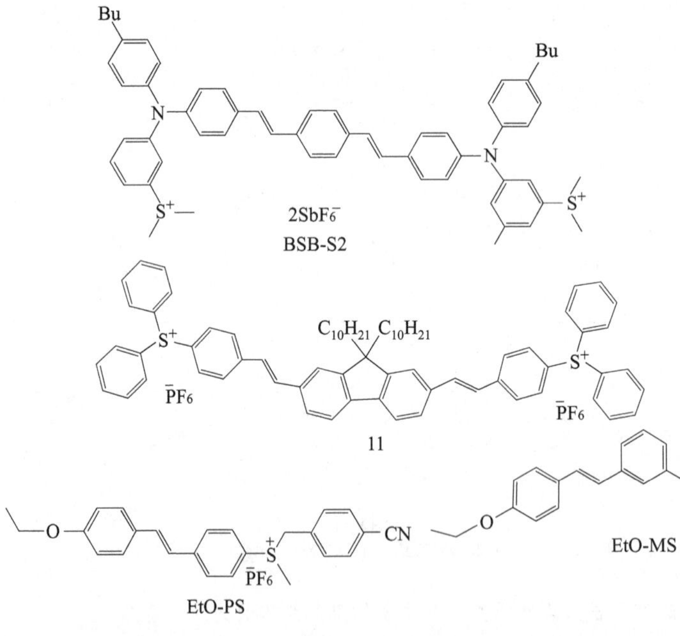

图 15.29　离子型双光子硫鎓盐阳离子引发剂结构

　　长共轭、高极性的鎓盐型阳离子双光子引发剂，在树脂体系中溶解度并不理想，针对该问题开发的 4 种非离子型双光子阳离子光引发剂，在树脂中展示了良好的溶解性，在双光子激发下既可以通过阳离子光聚合，也可以通过自由基聚合来构筑微结构。由于共轭长度较短，其在 800nm 的双光子吸收截面在 2～20GM 之间，通常需要与双光子增感剂 AF-69 配合使用（图 15.30）。

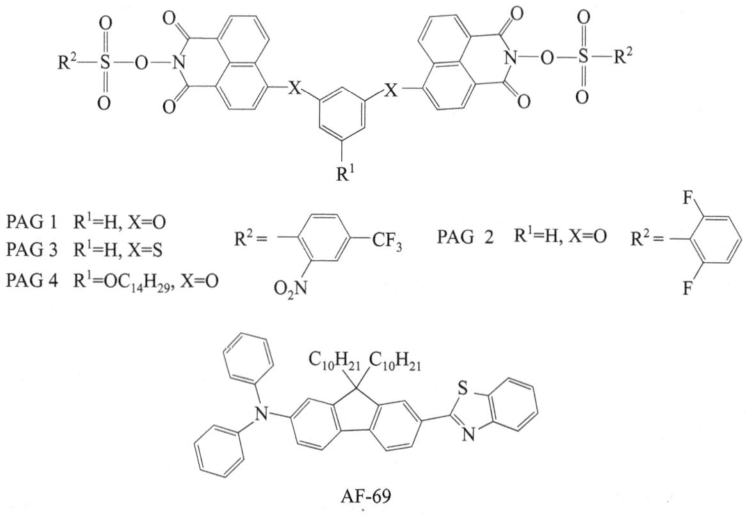
PAG 1 R1=H, X=O
PAG 3 R1=H, X=S
PAG 4 R1=OC14H29, X=O
PAG 2 R1=H, X=O
AF-69

图 15.30 非离子型双光子阳离子引发剂和双光子光敏剂结构

近年来，随着双光子聚合微纳加工技术在组织工程中的应用，水溶性双光子引发剂也逐步得到研究与开发应用。早期水溶性双光子引发剂，主要通过在油溶性引发剂结构中引入羧基或季铵盐基团，来增加其水溶性，比如通过在亚苄基环烷酮类双光子引发剂末端引入羧基钠盐，可制备一系列高效的水溶性双光子引发剂（图 15.31），用于构筑高精度的三维水凝胶支架，但此类引发剂的细胞毒性限制了其在生物领域中的进一步应用。

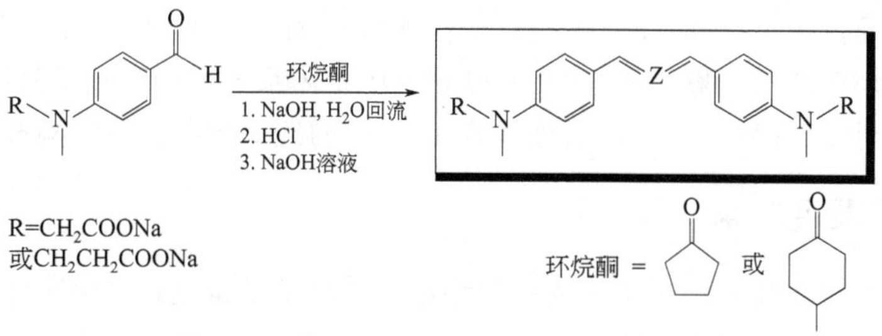
环烷酮
1. NaOH, H2O回流
2. HCl
3. NaOH溶液
R=CH2COONa
或CH2CH2COONa
环烷酮 =
或

图 15.31 亚苄基环烷酮类水溶性双光子引发剂的结构及制备路线图
Z 表示环烷酮结构

为了解决引发剂细胞毒性问题，研究者将光引发剂通过共价键接入天然大分子透明质酸结构中，构筑了一种大分子亚苄基环己酮水溶性双光子引发剂（图 15.32），以期通过增加光引发剂的分子尺寸，来减少细胞对引发剂的吞噬量，从而降低其细胞毒性。大分子引发剂的双光子吸收截面较小分子引发剂（460GM）略有下降

（400GM），但是其生物毒性以及光毒性均较低，并且利用该引发剂可实现细胞的原位三维封装，在组织工程上具有良好的应用前景。可裂解的水溶性二氮磺酸盐双光子引发剂（DAS），由于引发剂的激发态寿命短，其与氧气反应生成有毒单线态氧的概率降低，细胞相容性显著增加。与先前报道的亚苄基环烷酮类水溶性双光子引发剂相比，DAS通过双光子微纳加工进行3D直接封装的细胞存活率提高了近5倍。

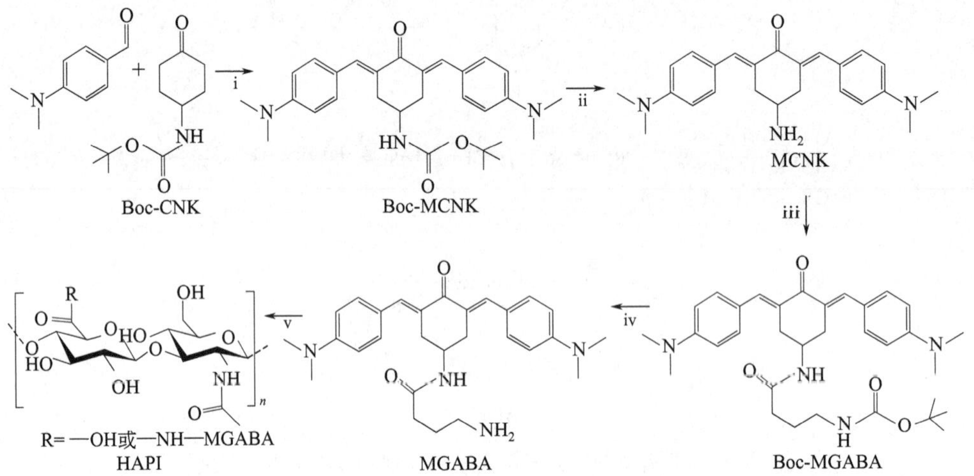

图15.32　大分子亚苄基环己酮水溶性双光子引发剂的结构及制备路线图

将疏水性的双光子引发剂通过主客体作用，与亲水性的环糊精配位是制备水溶性双光子引发剂的另一种有效策略。环糊精（Hp-β-CDs）——蒽醌衍生物类水溶性双光子引发剂，在双光子微纳加工中聚合阈值仅为6.29mW，线条分辨率达92nm。利用葫芦脲7（CB7）作为主体对3,6-双[2-(1-甲基吡啶鎓)乙烯基]-9-戊二咔唑二碘化物（BMVPC）进行包埋，得到的咔唑衍生物具有良好的水溶性（图15.33），在配位比1∶1时配合物的双光子吸收截面为客体的5倍。利用该水溶性双光子引发剂在聚乙二醇二丙烯酸酯（PEGDA）体系中进行双光子微纳加工成型，聚合阈值低至4.5mW，并实现最细线宽180nm的纯水相高精细结构成型。

三、双光子聚合应用

器件微型化和高度集成化的发展趋势给三维微纳结构制造领域带来了新的机遇和挑战。基于飞秒激光直写的双光子聚合微纳加工技术，因具有高度可设计性和远超光学衍射极限的高加工精度等显著特点而广受关注。随着光电子学、信息科学和生物医学等领域的快速发展，构筑具有光、电及磁功能的高精度三维微纳器件，成为近年来双光子聚合领域的研究重点。

加工功能性复合材料是构筑功能性三维微纳结构的有效途径。如将0.2%的碳纳米管均匀分散到巯-烯树脂体系中，通过双光子微纳成型可构筑电导率达46.8S/

m 的微结构阵列，且激光扫描方式会影响碳纳米管在微结构中的取向，进而影响其电导率（图 15.34）。

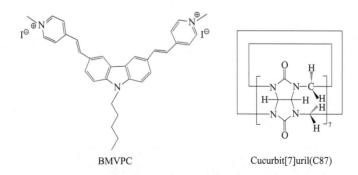

BMVPC

Cucurbit[7]uril(C87)

图 15.33 双光子引发剂 BMVPC 与葫芦脲 CB7 的结构

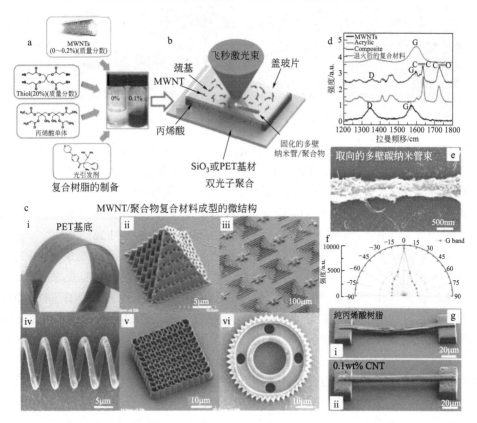

图 15.34 利用双光子聚合微纳成型技术构筑的含碳纳米管的微结构

使用丙烯酸酯配体修饰的磁性 Fe_3O_4 纳米颗粒，可有效分散在感光树脂体系中，并可用于制备可远程驱动的微螺旋桨。基于相同的策略，采用生物相容性良好的 SU-8 光刻胶和软体水凝胶材料，可进一步构筑在生物医药、软体机器人等领域有重要应用前景的磁性微结构（图 15.35）。

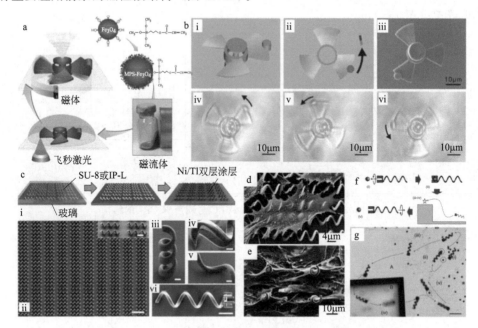

图 15.35　利用双光子聚合微纳成型技术构筑的磁性微结构

　　对双光子加工而言，复合材料中掺杂功能性填料的尺寸和分散性，对飞秒激光的传播路径有影响，因此会降低双光子成型质量。制备均相的功能性双光子光刻胶可有效解决该问题。研究者利用巯基-迈克尔加成对预聚物进行了改性，将功能性基团接入参与聚合的四官能度丙烯酸酯单体中，制备了均相的功能性双光子光刻胶，并构筑了具有亲/疏水性及荧光等功能的三维微纳结构（图 15.36）。

　　水凝胶是潜在的重要细胞支架材料，具有良好的生物相容性、高渗透性和理化特性，在药物释放、药物筛选、细胞操控及组织工程支架材料方面获得了广泛应用。水凝胶单体种类繁多，其本身或通过改性可进行光聚合，得到具有不同性能的聚合物。聚乙二醇双丙烯酸酯（PEGDA）是目前发展比较成熟的双光子聚合材料，结合双光子成型技术，可获取高精度的三维水凝胶微结构，用于细胞行为的研究。除了 PEGDA，生物大分子材料，如明胶、透明质酸、壳聚糖等已应用于生物支架的构筑，并实现了在活细胞存在的条件下，通过双光子微加工构筑明胶基太极结构的生物支架，完成对细胞的原位包埋（图 15.37）。

　　将双光子微纳加工技术与生物相容性好、细胞亲和性强且具有特殊响应性的蛋白质相结合，可构筑各类蛋白质基微纳功能器件。牛血清白蛋白、肌球蛋白、抗生素蛋白、溶菌酶等蛋白质均可通过飞秒激光直写技术，制备空间分辨率高、形貌和孔隙率高度可控的复杂蛋白质基微结构和微图案（图 15.38），在生物医药领域具有重要的应用前景。

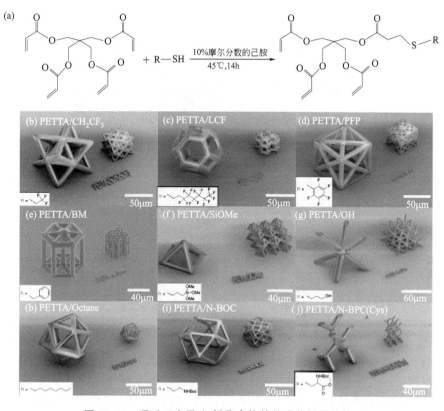

图 15.36 通过双光子巯-烯聚合构筑的功能性微结构

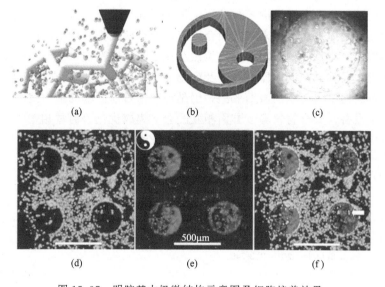

图 15.37 明胶基太极微结构示意图及细胞培养效果

图 15.38 双光子聚合微纳成型构筑的蛋白质基微结构和器件

具有强穿透性的长波近红外光，有效弥补了传统紫外-可见光在树脂体系穿透能力弱的问题，促使近红外诱导光聚合逐步发展成为光聚合领域的一个重要分支。近红外连续激光诱导光聚合已在激光制版领域得到了广泛应用，大功率近红外LED光源的快速发展将极大拓宽该技术的应用范围。丰富高活性近红外染料的种类，增加其在树脂体系的相容性，增强其光漂白性能，将是该领域的重要发展方向。对于近红外诱导上转换纳米粒子原位发光诱导光聚合，若能通过提高上转换发光效率和光引发体系的活性来降低聚合阈值，将有效减少高功率激光的热效应，在生物医药领域具有重要的应用前景。虽然双光子微纳成型技术已在高密度光信息存储、微纳光学器件、微流体器件加工及生物支架构筑等重要领域展现了巨大潜力，但如何实现高通量大面积的微纳成型，仍是该技术目前面临的最大挑战，需要成型工艺、加工设备、聚合材料等多方面相互配合、集成优化。通过相关学科的交叉发展实现技术革新，近红外诱导光聚合将迎来更加光明的未来。

参考文献

[1] Strehmel B, Brömme T, Schmitz C, Reiner K, Ernst S, Keil D. NIR-Dyes for Photopolymers and Laser Drying in the Graphic Industry. Dyes and Chromophores in Polymer Science. Lalevée J, Fouassier J-P, Eds, John Wiley & Sons Inc, 2015: 213-249.

[2] Strehmel B, Schmitz C, Cremanns K, Göttert J. Photochemistry with Cyanines in the Near Infrared: A Step to Chemistry 4. 0 Technologies. Chem Eur J, 2019, 25 (56): 12855-12864.

［3］ Strehmel B, Ernst S, Reiner K, Keil D, Lindauer H, Baumann H. Application of NIR-Photopolymers in the Graphic Industry: From Physical Chemistry to Lithographic Applications. Zf ür Phys Chem, 2014, 228（2-3）: 129-153.

［4］ Sarker A M, Strehmel B, Neckers D C. Synthesis, Characterization, and Optical Properties of Copolymers Containing Fluorine-Substituted Distyrylbenzene and Nonconjugated Spacers. Macromolecules,1999, 32（22）, 7409-7413.

［5］ Crivello J V. Redox Initiated Cationic Polymerization. J Polym Sci, Part A: Polym Chem, 2009, 47（7）: 1825-1835.

［6］ Schmitz C, Pang Y, G ü lz A, Gläser M, Horst J, Jäger M, Strehmel B. New High-Power LEDs Open Photochemistry for Near-Infrared-Sensitized Radical and Cationic Photopolymerization. Angew Chem Int Ed, 2019, 58（13）: 4400-4404.

［7］ Muhr V, Wilhelm S, Hirsch T, Wolfbeis O S. Upconversion Nanoparticles: From Hydrophobic to Hydrophilic Surfaces. Acc Chem Res, 2014, 47（12）: 3481-3493.

［8］ Wang X, Zhuang J, Peng Q, Li Y. A General Strategy for Nanocrystal Synthesis. Nature 2005, 437（7055）: 121-124.

［9］ Liu R, Chen H, Li Z, Shi F, Liu X. Extremely Deep Photopolymerization Using Upconversion Particles as Internal Lamps. Polym Chem, 2016, 7（14）: 2457-2463.

［10］ Lederhose P, Chen Z, M ü ller R, Blinco J P, Wu S, Barner-Kowollik C. Near-Infrared Photoinduced Coupling Reactions Assisted by Upconversion Nanoparticles. Angew Chem Int Ed, 2016, 55（40）: 12195-12199.

［11］ Beyazit S, Ambrosini S, Marchyk N, Palo E, Kale V, Soukka T, Tse Sum Bui B, Haupt K. Versatile Synthetic Strategy for Coating Upconverting Nanoparticles with Polymer Shells through Localized Photopolymerization by Using the Particles as Internal Light Sources. Angew Chem Int Ed, 2014, 53（34）: 8919-8923.

［12］ Li Z, Zou X, Shi F, Liu R, Yagci Y. Highly Efficient Dandelion-like near-Infrared Light Photoinitiator for Free Radical and Thiol-Ene Photopolymerizations. Nat Commun, 2019, 10（1）: 3560.

［13］ Kocaarslan A, Tabanli S, Eryurek G, Yagci Y. Near-Infrared Free-Radical and Free-Radical-Promoted Cationic Photopolymerizations by In-Source Lighting Using Upconverting Glass. Angew Chem, 2017, 129（46）: 14699-14702.

［14］ Belfield K D, Ren X, Van Stryland E W, Hagan D J, Dubikovsky V, Miesak E J. Near-IR Two-Photon Photoinitiated Polymerization Using a Fluorone/Amine Initiating System. J Am Chem Soc, 2000, 122（6）: 1217-1218.

［15］ Zhou W, Kuebler S M, Braun K L, Yu T, Cammack J K, Ober C K, Perry J W, Marder S R. An Efficient Two-Photon-Generated Photoacid Applied to Positive-Tone 3D Microfabrication. Science, 2002, 296（5570）: 1106-1109.

［16］ Xiong W, Liu Y, Jiang L J, Zhou Y S, Li D W, Jiang L, Silvain J-F, Lu Y F. Laser-Directed Assembly of Aligned Carbon Nanotubes in Three Dimensions for Multifunctional Device Fabrication. Adv Mater, 2016, 28（10）: 2002-2009.

［17］ Xia H, Wang J, Tian Y, Chen Q-D, Du X-B, Zhang Y-L, He Y, Sun H-B. Ferrofluids for Fabrication of Remotely Controllable Micro-Nanomachines by Two-Photon Polymerization. Adv Mater, 2010, 22（29）: 3204-3207.

［18］ Yee D W, Schulz M D, Grubbs R H, Greer J R. Functionalized 3D Architected Materials via Thiol-Michael Addition and Two-Photon Lithography. Adv Mater, 2017, 29（16）: 1605293. https: //doi. org/10. 1002/ adma. 201605293.

出处 "Strehmel B, Schmitz C, Bromme T, et al. *J Photopolym Sci Technol*, 2016, 29 (1): 111-121".

出处 "Stepuk A, Mohn D, Grass R N, et al. *J Dent Mater*, 2012, 28 (3): 304-311".

出处 "Xiao Q, Ji Y, Xiao Z, et al. *Chem Commun*. 2013, 49 (15) : 1527".

出处 "Han S, Hwang B W, Jeon E Y, et al. *ACS Nano*, 2017, 11 (10) : 9979-9988".

出处 "Méndez-Ramos J, Ruiz-Morales J C, Acosta-Mora P, Khaidukov N M. *J Mater Chem C*, 2016, 4 (4) : 801-806; Rocheva V V, Koroleva A V, Savelyev A G, et al. *Sci Rep*, 2018, 8 (1) : 3663".

出处 "Xiong W, Liu Y, Jiang L J, et al. *Adv Mater*, 2016, 28 (10) : 2002-2009".

出处 "Xia H, Wang J, Tian Y, et al. *Adv Mater*, 2010, 22 (29) : 3204-3207".

出处 "Yee D W, Schulz M D, Grubbs R H, Greer J R. *Adv Mater*, 2017, 29 (16) : 1605293".

出处 "Ovsianikov A, Mühleder S, Torgersen J, et al. *Langmuir*, 2014, 30 (13) : 3787-3794".

出处 "Spivey E C, Ritschdorff E T, Connell J L, et al. *Adv Funct Mater*, 2013, 23 (3) : 333-339".

第十六章
阳离子光固化技术的应用

近年来，随着人们环保意识的不断增强，UV 技术逐渐被应用于生活的方方面面。根据光引发剂生成的活性种不同，UV 技术可被分为自由基 UV 技术和阳离子 UV 技术。由于自由基 UV 技术的广泛应用，前面几章已做了详细的阐述。本章将详细描述阳离子 UV 技术的应用。阳离子 UV 技术的主要应用领域包括阳离子光聚合、光固化、光刻等，下面将逐一介绍。

第一节　阳离子光聚合

阳离子光聚合是指引发剂在光激发下产生阳离子活性种，之后活性种与单体结合，并在其后加聚过程中，单体不断加成至活性链端的反应。阳离子聚合有快引发、快增长、易转移、难终止的特点。与自由基聚合相比，阳离子聚合不受氧气的影响，因此聚合可以在空气中进行，这使得聚合条件的实施很容易。除此之外，因为阳离子聚合与自由基聚合的机理不同，所以阳离子本体聚合的产品收缩率小，而自由基本体聚合的产品收缩率很大。虽然目前很多产品是由自由基聚合制备的，但是阳离子聚合有着不可替代的优势，所以受到了越来越多的关注。阳离子光聚合的应用受限主要是因为光引发剂和可以聚合的单体数量及种类少。常见的光引发剂根据分子结构的不同，主要有离子型和非离子型两大类，见图 16.1。离子型光引发剂包括芳香重氮盐类、卤鎓盐类、硫鎓盐类等。这类光引发剂具有较好的引发性质，但是由于在有机溶剂中的溶解性问题，离子型光引发剂的应用受到了限制。非离子型光引发剂包括硝基苄酯类、偶氮苯醌类、亚氨基磺酸酯类等。与离子型光引发剂相比，非离子型光引发剂有良好的溶解性，但热稳定性较差。无论离子型还是非离子型，科学工作者们正努力通过改善分子结构来解决存在的问题。常见的单体包括富电子烯烃、环氧化物、硫化物、乙烯基醚、内酯、缩醛、环醚、硅氧烷及杂环化合物等，如图 16.2。在这些单体中，环氧树脂具有优良的耐溶剂性、耐化学性、低毒性及低气味的特点，可用于包括室外等多种环境中。对于光聚合，一般是在无溶剂的条件下进行的，单体转化率及分子量大小和分布是重要指标。单体转化

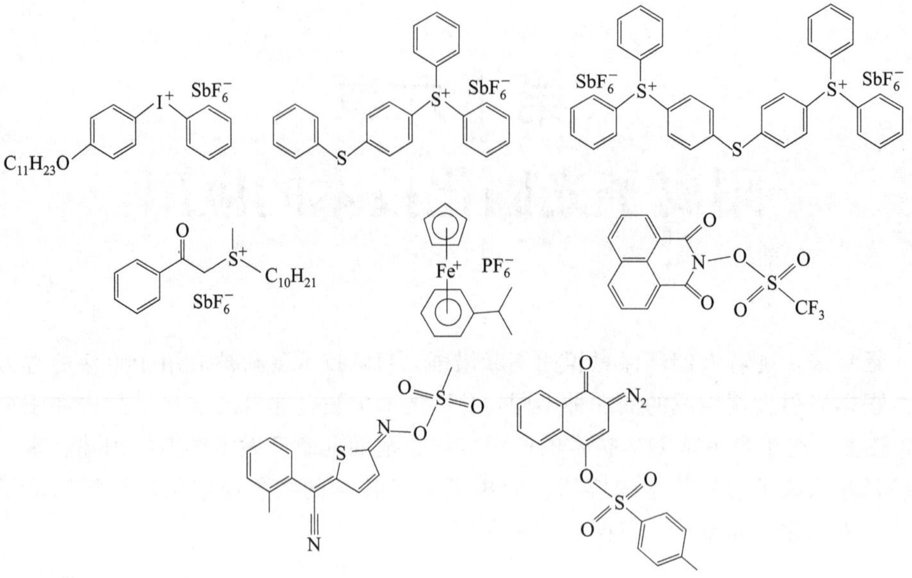

图 16.1　几种商品化阳离子光引发剂的结构式

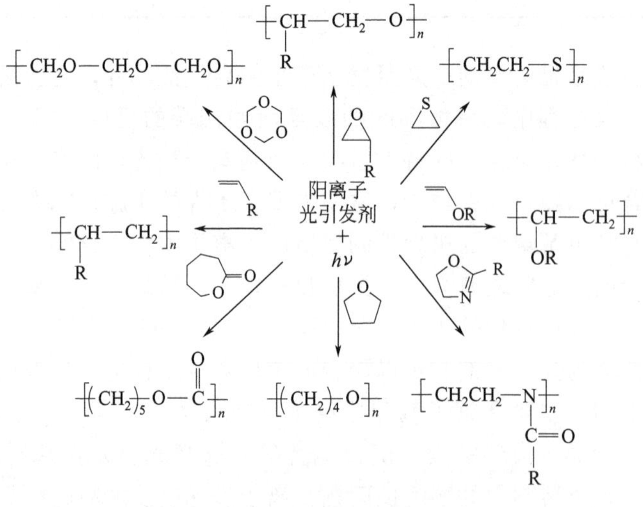

图 16.2　可用于光引发剂引发阳离子聚合的单体类型

率常见的检测手段有差示扫描光热法（differential scanning photocalorimetry，DSP）、傅里叶变换实时红外光谱（Fourier transform real-time infrared spectroscopy，FT-RTIR）、光学高温计（optical pyrometry，OP）以及将 OP 和 FT-RTIR 结合的 OP/FT-RTIR。除此之外，还有科学工作者通过在线拉曼光谱、体积膨胀法、电阻和流变法等测定单体转化率。对于 DSP 测试方法，它是通过检测单体聚合时的放热情况来反映聚合情况的。DSP 存在一些缺点，如它的结果重复性差，因为它高度依赖于样品的尺寸和形状，它提供的是放热情况，不能直接反映化学过程等。与 DSP 相比，FT-RTIR 是通过监测单体中某个化学键的变化，来实时监测化学反应的，它可提供化学反应情况，但不能提供周围环境和样品状态。OP 以及 OP/FT-RTIR 可以解决前面两种测试方法的问题，实现直接及远程监控聚合反应温度变化和单体转化率情况。由于其余方法，如在线拉曼光谱等，使用很少，这里将不进行描述。对于分子量大小及分子量分布，采用的是传统的测试方法，如凝胶渗透色谱法（gel permeation chromatography，GPC）、乌氏黏度计法等。

对于光聚合，开始时广泛使用的光源为汞灯，因为其便宜且发射光谱范围广。但后来人们意识到汞灯对环境污染严重，且发光效率低，因此新的光源（如 LED 灯）被大力推广。随着光源不断向长波长移动，新的光引发剂和单体也不断被开发。Crivello 作为最早研究阳离子聚合的化学家，为阳离子光引发剂和单体的开发做出了巨大的贡献。开始时，他的课题组主要研究锍盐类光引发剂，开发了许多此类光引发剂及合成此类光引发剂的方法，图 16.3 为此类光引发剂及其合成方法的例子。与此同时，他们还开发了很多单体，包括 "kick-started" 氧杂环丁烷。这类单体可用于阳离子前线聚合，即光激发下光引发剂生酸，之后与单体（如 3,3′-二取代氧杂环丁烷）结合形成稳定的阳离子，此阳离子可以保持数小时甚至更长时间，之后稍微加热可进行快速聚合，即前线聚合，见图 16.4。阳离子前线聚合非常适合用于胶黏剂连接两个不透光的基底，同时适用于一些涂料、复合材料、电子封装等。除 Crivello 外，Lalevee、Shirai、Seave 等也在光聚合领域做了大量工作。Lalevee 课题组发现菲衍生物适用于长波长激发的阳离子聚合体系；Shirai 课题组合成了大量的 i-线敏感非离子型光引发剂，可以用于光刻胶领域；Seave 课题组解释了 π-共轭结构对芳基烷基硫锍盐生酸性能的影响，共轭体系过大会影响生酸性

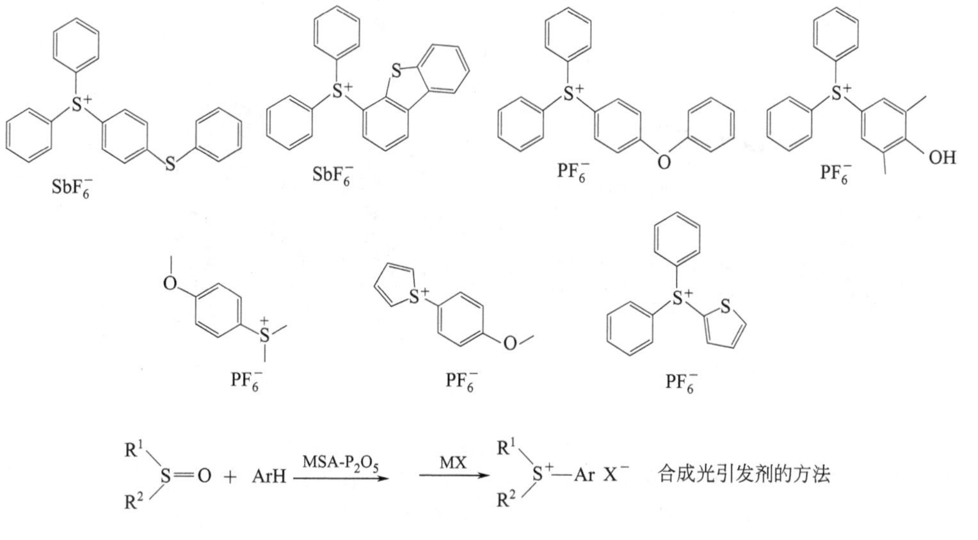

图 16.3　一种合成阳离子光引发剂的方法以及通过此方法制备的几种阳离子光引发剂

能；金明课题组合成了大量的适用于 LED 激发的硫鎓盐类光引发剂，在引发光聚合方面有良好的表现，见图 16.5，它们不仅本身可以引发阳离子聚合，光解产生的副产物还可敏化碘鎓盐等商品化光引发剂产酸，从而继续引发阳离子聚合，使得单体转化率进一步提高，起到节约原料、降低成本的作用。目前这些光引发剂正处于中试阶段，如果顺利，可以逐步推向市场。

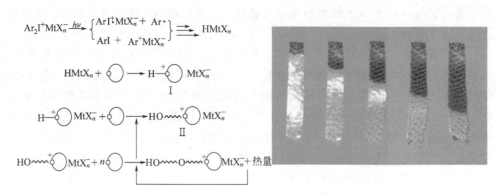

图 16.4　阳离子前线聚合的机理及实验效果图

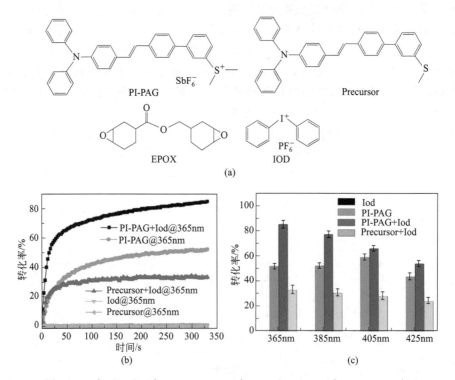

(a)

(b)　　　　(c)

图 16.5　在 IOD（3%）、PI-PAG（1%）、Precursor（1%）＋IOD（3%）
及 PI-PAG（1%）＋IOD（3%）引发下，单体 EPOX 的阳离子聚合
转化率图（LED@365nm，40mW/cm²）

阳离子光聚合是阳离子 UV 技术的一个最基本的应用，也是光固化、光刻等的基础。

第二节 阳离子光固化

光固化是指单体、低聚体或聚合体基质在光诱导下的固化过程，一般用于成膜过程。因为光固化具有速度快、无溶剂、污染小、所需能量低等优点，所以它的应用范围已远超过热固化过程。光固化在木材涂层、金属装饰、印刷等领域有广泛的应用。虽然目前此类应用主要是通过光引发自由基聚合的方式实现的，但是阳离子聚合也有广阔的前景。因为：①阳离子聚合可以发生在多种单体中，如图 16.2 所示的单体。其中，环氧树脂因其具有优良的耐候性、低气味、低毒等优点，已被广泛应用于绝缘涂料、木制品的清漆、饮料罐的保护套印涂层等领域。②阳离子聚合不存在氧阻聚问题，反应可以在空气中进行，不需要在惰性气体中进行。③阳离子聚合一旦引发，可以在去除光源后继续进行（暗反应），具有节能的效果。④阳离子聚合固化体积收缩小。本节将分为单体和树脂、光固化涂料、光固化胶黏剂、光固化油墨四个部分，对 UV 阳离子技术在光固化领域的应用进行详细阐述。

一、单体和树脂

阳离子聚合和自由基聚合相比，还有聚合机理方面的优势，阳离子聚合无终止的特点使得其光聚合即便从小分子开始，也会形成高分子量的聚合物，因此初始阶段大分子量的树脂不是不可或缺的。阳离子聚合单体也可以称为阳离子聚合的稀释剂，如图 16.2 所示，可以阳离子聚合的单体种类很多，然而适合阳离子光固化的单体和树脂种类并不多，目前得到实际应用的主要是乙烯基醚类、环氧类、氧杂环丁烷类等几种功能基团修饰的小分子和聚合物。

乙烯基醚类单体是一类高活性的阳离子聚合单体。乙烯基醚类是 20 世纪 90 年代开发的一类新型活性稀释剂，是含有乙烯基醚或丙烯基醚结构的活性稀释剂。氧原子上的孤对电子与碳碳双键发生 p-π 共轭，使双键电子云密度增大，所以乙烯基醚的碳碳双键是富电子双键，反应活性高。乙烯基醚具有低黏度、稀释能力强、沸点高、气味小、毒性小、皮肤刺激性低、反应活性优良等特点，但价格较高。目前商品化的乙烯基醚类活性稀释剂主要有三甘醇二乙烯基醚（DVE-3）、1,4-环己基二甲醇二乙烯基醚（CHVE）、4-羟丁基乙烯基醚（HBVE）、甘油碳酸酯丙烯基醚（PEPC）、十二烷基乙烯基醚（DDVE）。这 5 个乙烯基醚类活性稀释剂（图 16.6）的物理性能见表 16.1。

另一类阳离子聚合单体和树脂是环氧类（epoxy）化合物。在超强质子酸或路易斯酸作用下，容易发生阳离子聚合。其中，脂肪族环氧树脂具有低黏度、低气味、低毒性、高反应活性、低固化膜收缩率、优异的柔韧性和耐磨性以及耐候性好，成为阳离子光固化涂料最主要的单体，如 3,4-环氧环己基甲酸-3,4-环氧环己基甲酯（UVR 6110）和己二酸双（3,4-环氧环己基甲酯）（UVR 6128）。UVR 6110 可以由环己烯-3-甲酸和环己烯-3-甲醇先进行酯化反应，再用过氧乙酸对碳碳双键环氧化而制得。UVR 6128 由环己烯-3-甲醇与己二酸酯化，再由过氧乙酸环氧化而制得。还有其他以醚键连接的环氧环己烷类单体，由于没有酯键的存在，也有非常好的性能（图 16.7）。

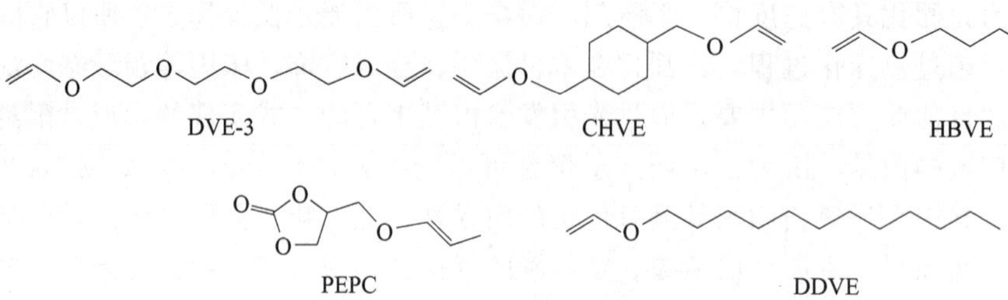

图 16.6　典型的阳离子聚合单体结构

表 16.1　乙烯基醚类活性稀释剂的物理性能

物理性能	DVE-3	CHVE	HBVE	PEPC	DDVE
官能度/个	2	2	2	1	1
外观	澄清液体	澄清液体	澄清液体	澄清液体	澄清液体
气味	淡	浓	淡	淡	淡
沸点(100mmHg)/℃	133	130	125	155	120～142(666.6Pa)
凝固点/℃	−8	6	−39	−60	−12
闪点/℃	119	110	85	165	115
密度(25℃)/(g/cm³)	1.0016	0.9340	0.94	1.10	0.82
黏度(25℃)/mPa·s	2.67	5.0	5.4	5.0	2.8
皮肤刺激性	极小	中等	弱	无刺激	弱

注：1mmHg=133.322Pa。

上述还是属于小分子结构，虽然在阳离子体系中也可以称为树脂，但更多的是作为单体或者稀释剂来使用。其他领域使用的环氧树脂也可以在光固化领域得到使用，例如，缩水甘油醚（或酯）类环氧树脂，具有代表性的有双酚 A 型环氧树脂、酚醛环氧树脂、聚醚二醇缩水甘油醚、邻苯二甲酸二缩水甘油酯。双酚 A 环氧树脂和酚醛环氧树脂因其聚合度不同，导致其环氧值（即环氧基团含量）不同，聚合度太高，产物软化点也高，溶解困难，施工不便，而且由于反应性基团浓度较低，光聚合活性受影响。一般 $x \leqslant 4$ 即可；酚醛环氧树脂的 y 值通常为 1～5，更高的聚合度在工业上也不易获得（图 16.8）。

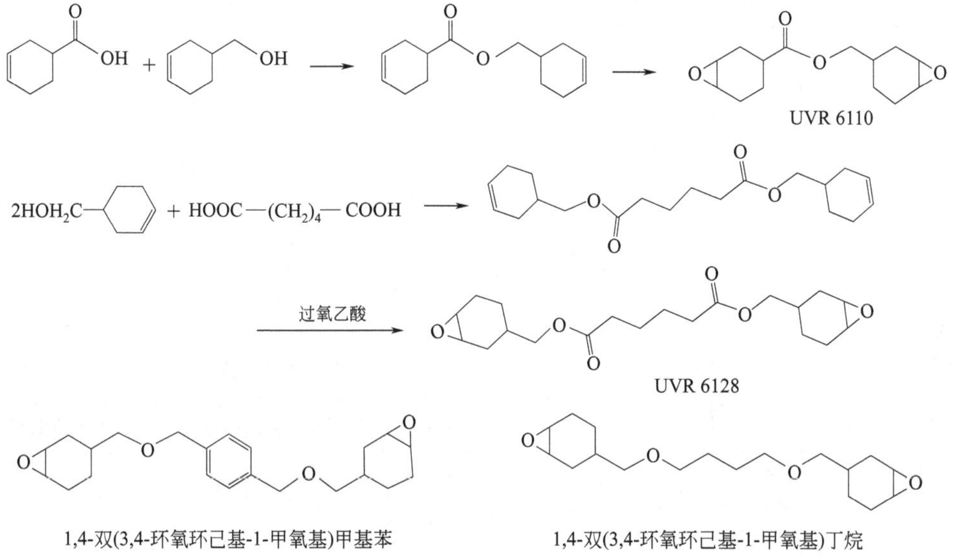

图 16.7　环氧化合物结构及合成

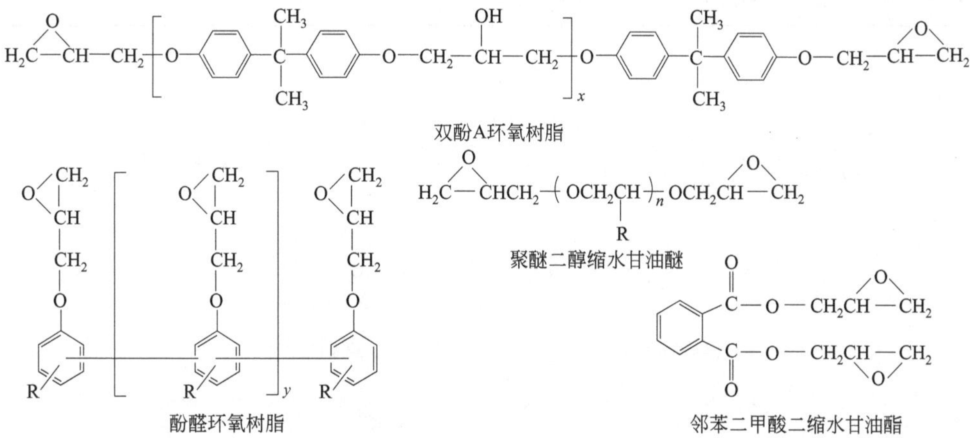

图 16.8　环氧树脂结构示意图

　　缩水甘油醚类环氧与脂环族环氧，在阳离子光聚合反应活性方面有较大差距，前者活性较低，反应慢，形成的聚合物分子量也较低，这就是双酚 A 环氧树脂虽然价格低廉，但在阳离子光固化领域始终占据不了优势地位的主要原因。脂环族环氧树脂反应活性较高，虽然价格相对较高，但在阳离子固化体系中仍然占主要地位。表 16.2 总结了陶氏化学一些牌号的环氧树脂及其用途，以供参考。

　　近年来，除了上述两类单体和树脂之外，还研究开发了多种阳离子光固化用的活性单体或稀释剂（图 16.9），对促进和推动阳离子光引发体系的应用起了重要的作用。

表 16.2　阳离子光固化用脂环族环氧树脂低聚物的性能和应用

公司	产品代号	化学名称	黏度(25℃)/mPa·s	环氧当量/(g/mol)	特点和应用
陶氏化学	UVR 6110	脂环族环氧树脂	350~450	131~143	低黏度、低气味、低毒性,快速固化,优异的柔韧性、耐磨性,对塑料、金属附着力好;用于纸张、塑料、金属涂料,丝印、凸印油墨,电器/电子涂料和灌封料
	UVR 6105	脂环族环氧树脂	220~250	130~135	低黏度、低气味、低毒性,快速固化,优异的柔韧性、耐磨性,对塑料、金属附着力好;用于纸张、塑料、金属涂料,丝印、凸印油墨,电器/电子涂料和灌封料
	UVR 6128	脂环族环氧树脂	550~750	190~210	低气味、低毒性,快速固化,更优的柔韧性、耐磨性和对塑料、金属的附着力好;用于罩光清漆,软硬包装材料的印刷油墨,电器/电子涂料和灌封料
	UVR 6100	混合脂环族环氧树脂	80~115	130~140	非常低的黏度;用于阳离子 UV 固化涂料以降低黏度
	UVR 6216	线型脂环族环氧树脂	<15	240~280	极低黏度;用于阳离子 UV 固化涂料以降低黏度

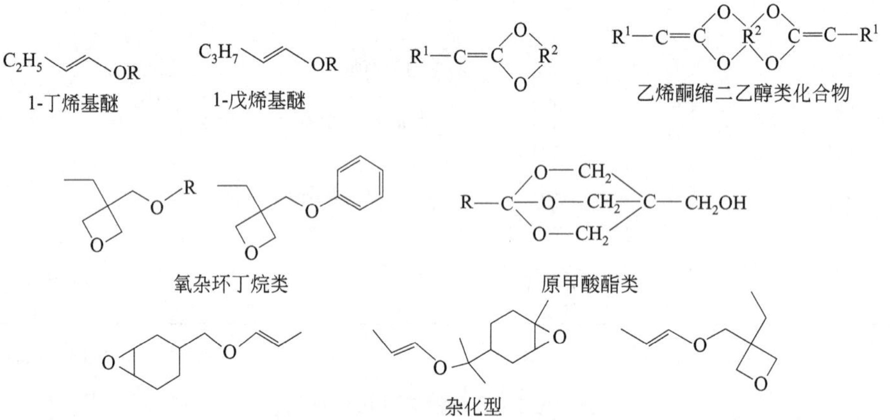

图 16.9　其他可阳离子聚合的单体

　　例如 1-丁烯基醚、1-戊烯基醚,与乙烯基醚和丙烯基醚相比,此类活性稀释剂多为无色、高沸点、低黏度液体,都具有很高的阳离子聚合活性。又如乙烯酮缩二乙醇类化合物,此类活性稀释剂中双键与两个强的推电子基团相连,因此特别易被亲电子试剂进攻,所以比乙烯基醚类活性稀释剂更活泼,更易进行阳离子聚合。近年还发展起来一类氧杂环丁烷类稀释剂,其黏度很低,发展速度很快。在脂环族环氧化合物基础上开发的一些多环化合物,如原甲酸酯,也可用作阳离子光固化低聚物,它们在聚合时可以发生体积膨胀。最后,还有一类含有环氧基和丙烯醚基团的混合型稀释剂，即氧杂环丁烷和丙烯基醚类稀释剂的混合。在光固化动力学方面，醚类的聚合速度更快，聚合时大量放热，这可以进一步促进环氧基团的开环聚合，使环氧基聚合活性显著增强。

总之，阳离子光固化的单体和树脂在数量上还不够丰富，性能上还有巨大的改进空间。

二、光固化涂料

光固化涂料的基本知识在前文中已经做了很多介绍，这里不再赘述。阳离子光固化涂料一般由 30％～50％低聚物、40％～60％活性稀释剂、1％～5％阳离子光引发剂体系（包括光引发剂和敏化剂等）及 0.2％～1％助剂组成。其中，低聚物是成膜物质，在整个体系中占有相当大的比例，对涂膜的性能起决定性作用。对阳离子光固化涂料来说，环氧树脂是应用最广泛的低聚物，如双酚 A 环氧树脂，因为它能赋予涂层优良的物理、力学和耐腐蚀性能，且对基材的附着力较强。因为目前所使用的低聚物一般具有较高的黏度，不易施工，所以需要在低聚物中加入活性稀释剂，以调节其黏度和流平性。活性稀释剂不仅可调节黏度，改善施工性能，而且可参与光固化反应，直接影响涂膜的性能，具体分子结构如上文所述。光引发剂是光固化涂料的重要组成部分，是影响 UV 固化速度和程度的主要因素。对于阳离子光固化涂料来说，光引发剂的数量和种类有限，通常所使用的光引发剂为鎓盐类光引发剂。为保证光固化涂料中各组分的相对稳定，同时解决配方中存在的一些问题，通常需要在配方中加入相应的助剂，如可改善配方稳定性和延长储存时间的阻聚剂，可改善流动性的流平剂，可提高强度的增强剂等。使用助剂时，应尽可能选用能参与反应的活性助剂，以避免助剂残留所带来的有针孔、腐蚀基底等问题。

虽然阳离子光固化涂料的种类远远少于自由基光固化涂料，但是阳离子光固化存在自由基光固化不具备的优势，有着不可替代的作用，因此受到许多科研工作者的关注。早在 1996 年，MillerCoors Brewing 公司就开始使用无溶剂、基于环氧树脂阳离子 UV 固化来制作保护金属罐耐磨的面漆清漆（图 16.10）。罐的总数大，固化速度快，充分证明了阳离子光固化涂料在高性能金属装饰应用中的实用性。环氧基涂料除了满足对杀菌、韧性和耐磨性要求相当苛刻的条件之外，还具有非常低的毒性、低气味和优异的环境适应性。此外，设备使用的光源比烤箱占地面积小、能耗低、维护需求少。不仅在生产上，在研发中科学工作者们也做了很多努力。Crivello 课题组也开发了许多可用于阳离子光固化涂料的单体，如带环氧官能团的硅氧烷单体，以及环氧化物基团之间引入各种不同的柔性主链结构的单体，例如杂化硅氧烷低聚物。这些低聚物在碘鎓盐的存在下，可以固化成柔软的、有弹性的且透明的膜，体系十分适合用于光固化涂料。如分别使用双酚 A 环氧树脂（E-51）、酚醛环氧树脂（F-51）为预聚物，三芳基硫鎓盐（UVI-6976）为光引发剂，可开发多种阳离子光固化涂料的配方（图 16.11）。利用阳离子 UV 技术，还可将环氧

图 16.10　阳离子 UV 固化制备的金属罐面漆

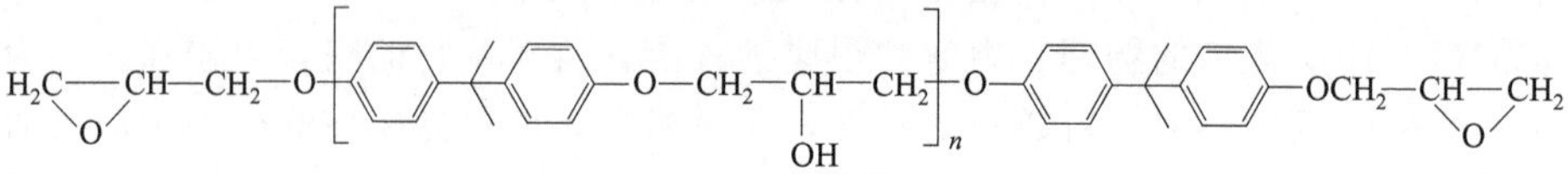

E-51

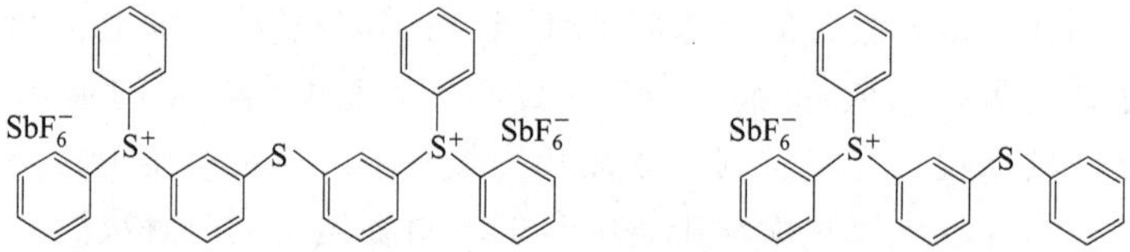

UVI-6976

图 16.11　一种阳离子光固化涂料，其中双酚 A 环氧树脂（E-51）为预聚物，
三芳基硫鎓盐（UVI-6976）为光引发剂

化合物接枝到改性的蒙脱石黏土上，制备聚环氧化合物/黏土纳米复合材料（见图16.12）。同时，还可利用 UV 技术制备银-环氧纳米复合材料（图 16.13）。这些复合材料可以作为光固化涂层，且赋予涂层一定的功能性，如银-环氧纳米复合材料的涂层有杀菌、导电等作用。

　　阳离子光固化涂料具有广阔的应用前景，未来的发展方向包括：①开发更多的光引发剂、低聚物及活性稀释剂；②双重固化体系，即自由基-阳离子固化体系的开发；③水性光固化体系及粉末化体系的发展。

三、光固化胶黏剂

　　胶黏剂是指通过界面的黏附和内聚等作用，能使两种或两种以上的制件或材料连接在一起的天然的或合成的、有机的或无机的一类物质。光固化胶黏剂是胶黏剂的一种，是在适当波长和强度的 UV 照射下，光引发剂引发光敏树脂及单体发生聚合反应，最终交联聚合成大分子的一类胶黏剂。光固化在胶黏剂领域的应用主要有两方面：一个是将两个组件黏合在一起，起快速固化胶的作用；另一个是用于生

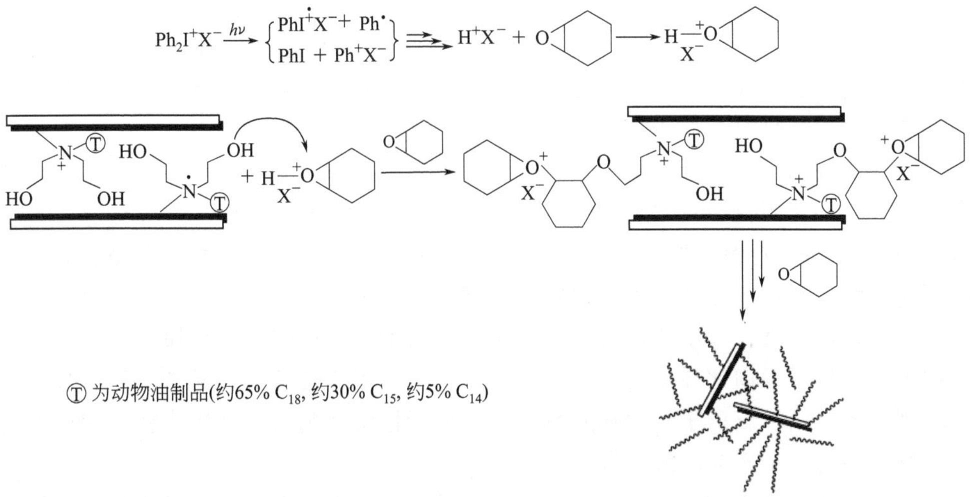
Ⓣ为动物油制品(约65% C_{18}, 约30% C_{15}, 约5% C_{14})

图 16.12　利用阳离子 UV 技术制备的聚环氧化合物/黏土纳米复合材料

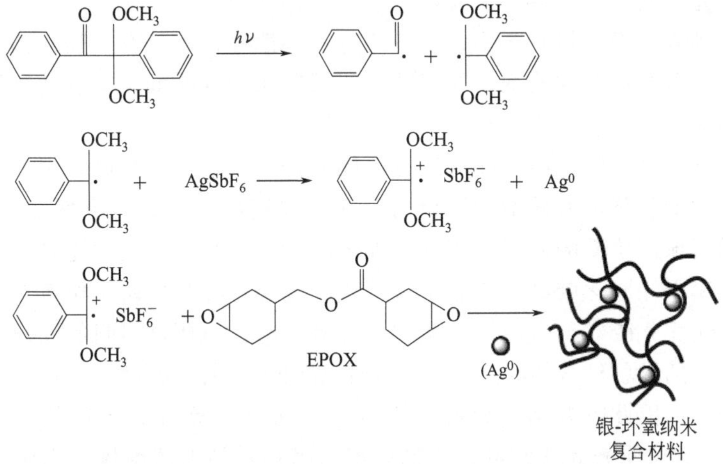
EPOX
(Ag^0)
银-环氧纳米
复合材料

图 16.13　阳离子聚合制备的银-环氧纳米复合材料

产压敏胶和离型膜。光固化胶黏剂具有固化时间短、能量利用率高、固化温度低、不污染环境等特点，因此它一出现便受到了人们的广泛关注，从 20 世纪 50 年代以来发展非常迅速。目前已广泛用于光学、电子、医疗、汽车、精密器械等领域。

光固化胶黏剂与光固化涂料相同，主要由基体预聚物、活性稀释剂、光引发剂（对于阳离子光固化胶黏剂，光引发剂为阳离子光引发剂）及助剂四部分组成。其中，基体预聚物是光固化胶黏剂的核心部分，决定了胶黏剂固化后的黏结强度、柔韧性、硬度、耐老化性等基本性能。性能良好的胶黏剂一般会选择含长链段的脂肪族化合物作为预聚物，因为选择含较多芳香族结构的化合物为预聚物时，得到的聚合物韧性差。对于阳离子光固化胶黏剂，目前应用较广泛的预聚体主要有环氧化合物和乙烯基醚化合物。环氧化合物主要包括双酚 A 型环氧树脂、氢化双酚 A 环氧树脂、酚醛环氧树脂等，最常用的是双酚 A 型环氧树脂，但因为其黏度较高、聚合速度较慢，所以通常不会单独使用，需要与黏度较低、聚合速度较快的环氧树脂或乙烯基醚化合物配合使用。

光固化胶黏剂中活性稀释剂的加入，主要是为了调节黏度。但与此同时，它还会影响胶黏剂的固化程度及物理化学性能，因此通常会选择可以参与反应，且气味、刺激性、挥发性低的单体。这些单体可以是单官能度、双官能度甚至更高官能度的化合物。在这些化合物中，单官能度的活性稀释剂黏度较低、稀释能力强，但反应速度较慢。当官能度增加时，交联密度会增加，反应速度会变快，结果会导致膜的硬度增加、柔韧性降低、黏附力减小。为了改善综合性能，通常采用几种活性稀释剂混合使用。阳离子光固化胶黏剂常用的活性稀释剂为环氧树脂稀释剂以及各种环醚、环内酯、乙烯基醚单体等。

光引发剂也是胶黏剂体系中至关重要的部分，如果引发剂的用量过少，会导致聚合速度太慢且不充分，影响黏结强度；如果用量过多，又会导致浪费。因此，常用的阳离子光引发剂需满足以下要求：①在紫外光源的光谱范围内，具有较高的吸光效率；②具有较高的量子产率；③各组分相容性好；④具有较长的储存期；⑤光固化以后不会引起颜色的改变，如黄变；⑥无气味、毒性低；⑦价廉易得、成本较低等。目前使用较多的是锍盐类光引发剂。

为了改善胶黏剂的性能，同时满足不同的性能要求，需在体系中加入助剂，如加入有机硅烷偶联剂可有效增加黏附力，加入增塑剂可降低体系黏度且降低成本，加入阻聚剂可保证体系的储存稳定性，加入阻燃剂可赋予防火性能等。

由于阳离子光固化胶黏剂有着不可替代的优势，许多科研工作者对其进行了研究。阳离子光固化胶黏剂常用的预聚体为环氧树脂，但环氧树脂的固化产物是具有较高交联密度的网状结构体，主链的运动非常困难，因而脆性很大，耐冲击性能和剥离强度较低，因此需要增韧改性。可以用不同分子量的脂肪族聚氨酯丙烯酸酯（PUA）对环氧树脂光固化胶进行增韧。离型膜是标签纸的载体，当标签纸需要应用到物体上时，标签可以容易地从载体上剥离，不会降低黏性。拥有环氧环己烷的硅氧烷在双十二烷基苯碘锍盐的光引发下可形成交联结构，起到离型膜的作用（图16.14）。另外，使用脂环族二环氧树脂的阳离子聚合，可以对金属丝和热塑性聚氨酯基体进行很好的黏合。

当使用光固化胶黏剂时，通常是将胶黏剂涂在一个组件的一面上，再将这个面与另一个组件的一面紧紧放在一起，之后使用 UV 光照，使两个组件黏合在一起。从使用过程可以看出，光固化胶黏剂存在一个弊端，即两个面中至少一面是透明的。在这种情况下，非透明材料不可以使用光固化的方式进行黏结，只能使用热固化，但很多材料不能加热到较高温度。针对这个问题，阳离子前线聚合的概念被提出，而且是一个理想的解决方案，机理见图16.4。具体的方式为将胶黏剂涂于某个组件的一面，之后用 UV 光照，接着将这个面与另一个组件的一面放在一起，稍微加热即可。阳离子前线聚合非常适合用于胶黏剂连接两个不透光的基底。

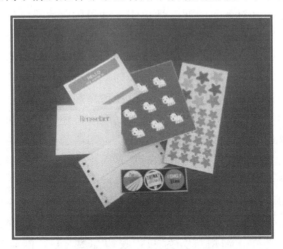

图 16.14　阳离子光固化离型膜

随着科技的不断发展，人们对光固化胶黏剂的性能要求越来越高，如在建筑工程、交通运输、航天航空等领域。因此，科研工作者除了需要努力解决胶黏剂本身存在的问题，如固化后有刺激性气味等，还需要开发新型的高性能光固化胶黏剂。

四、光固化油墨

油墨是指印刷过程中用于形成图文信息的物质，它直接决定了印刷品上图像的色调、色彩、清晰度等。光固化油墨是一种环保型油墨，当印刷完成后，油墨附着在承印物表面，经光照处理后，发生交联聚合反应，可瞬间固化成膜。20 世纪 70 年代，光固化在各种印刷和涂布上都有了重大发展。至 90 年代末，光固化油墨及固化系统技术日益完善，在北美、欧洲的包装印刷领域开始被广泛应用。在我国，光固化油墨起步较晚，经过 10 多年的发展，目前进入了快速发展阶段。光固化油墨在固化过程中产生了一种高度交联的结构，不但具有高度的韧性，也具有抗污染、抗磨损及抗溶剂的特性。光固化油墨不仅可以印刷在普通承印物上，还可以用于薄膜、塑料、金属等多种材料。印品有别具一格的视觉效果，可自由选择色彩、亮度、纹理等。与其他干燥方式相比，光固化有固化速度快、干燥快、设备占地面积小、节约能源、无溶剂、对环境污染小、印品质量高等优点，因而在印刷行业飞速发展，迅速占领大部分市场，并有着广阔的发展空间和强劲的发展势头。

光固化油墨的主要成分包括：颜料、预聚物、活性稀释剂、光引发剂（阳离子光固化油墨中的光引发剂为阳离子光引发剂）及助剂。颜料在油墨中主要起显色的作用，其分散性、着色力、遮盖力等直接影响了油墨的性能。很多颜料适用于光固化油墨，但仍需要慎重选择。因为很多颜料在黑暗中会促进载色剂自然聚合，虽然聚合速度慢，但仍会影响储存时间。另外，不同的色泽吸收紫外光的能力有差异，这往往会影响光固化油墨的聚合程度以及膜的机械性能和化学性质。预聚物是光固化油墨的重要成分，其对颜料的润湿性决定了油墨的分散稳定性，同时它是油墨的成膜物质，决定了固化膜的各种性能，如硬度、强度、柔韧性、附着力、耐候性、光学性能等。对于阳离子光固化油墨，主要的预聚物是环氧树脂，包括缩水甘油醚类、缩水甘油酯类、缩水甘油胺类、脂肪族环氧树脂、脂环族环氧树脂、环氧化烯烃类等。通常的预聚物黏度高，需要加入活性稀释剂调节黏度。体系中加入的活性稀释剂通常会参加固化反应，因此除了调节黏度外，还会影响油墨的流变性、固化速度、聚合程度及所形成的膜的物理化学性质。阳离子光固化油墨常用的活性稀释剂为环氧化物以及乙烯基醚等。光引发剂是光固化油墨的关键组分，关系到预聚物和活性稀释剂是否可以迅速发生反应及反应程度。阳离子光固化油墨常用的光引发剂与光固化涂料和胶黏剂一致，仍是鎓盐类光引发剂。光固化油墨同样需要加入一些助剂，以改善油墨性能，如阻聚剂、流平剂、分散剂、润湿剂、消泡剂等。根据印刷方式的不同，光固化油墨可分为 UV 胶印油墨、UV 网印油墨、UV 柔印油墨、UV 喷墨油墨等。油墨的性能必须满足印刷方式的需要，如不同印刷方式对油墨中颜料粒子的分散度有不同的要求，柔印的粒度在几微米至十几微米即可，但喷墨粒度需小于 $0.5\mu m$。

　　与自由基型油墨相比，阳离子型油墨有不受氧气影响、收缩率小、存在后固化等优点。另外，还有两个很重要的特点：一个是阳离子光固化油墨的挥发性低，气味小；另一个是阳离子光固化油墨对塑料片基及对电晕处理过的片基，表现出了特别好的附着性。基于这些优势，阳离子光固化油墨在食品材料及收缩膜等印刷领域有很大的潜力，一些公司已经开发了固化设备并在销售阳离子喷墨油墨，如柯尼卡美能达公司。除了生产，许多院校在科学研究方面也做出了很大的贡献。例如光照下通过逐步增长反应和阳离子开环反应，可形成导电的环氧-聚噻吩膜（见图16.15）。此配方含有双官能团的环氧单体、不同含量的噻吩（0～50％）及碘鎓盐。在光照下，碘鎓盐可分解出阳离子自由基，此阳离子自由基可释放质子，聚噻吩可通过与阳离子自由基间的电子转移反应和偶联反应形成。与此同时，环氧单体可在碘鎓盐产生的酸引发下进行阳离子聚合反应。此一锅法合成的聚噻吩和聚环氧化物聚合膜具有优异的导电性能。此配方特别适合作为导电油墨。另外一种导电油墨配方的主体是乙烯基醚，同时含有功能化的石墨烯片，UVI-6976 为阳离子光引发剂，碳酸丙烯酯为溶剂，用于调整黏度。当石墨烯片和表面活性剂的比例适当时，石墨烯片可以稳定地分散在乙烯基醚中。在 UV 光照下，此配方可形成交联的纳米复合材料，具有极小的电阻率。同时，这个配方可避免在喷墨过程中可能堵塞打印喷头的大量填料的存在。为了开发可用于电子设备的阳离子光固化油墨，且油墨固化后的膜可防指纹，邹应全课题组合成了含氟的芳香型氧杂环丁烷单体，这些单体有低的黏度和高的热稳定性，且在光照下形成的膜具有非常高的疏水和疏油特性与低的表面能，达到了预期的作用。而含有环氧化物和含硅烷官能团的有机-无机杂化油墨没有溶剂，曝光后可立即固化，获得具有优异黏合性和良好透明性的膜，非常适用于光子器件。

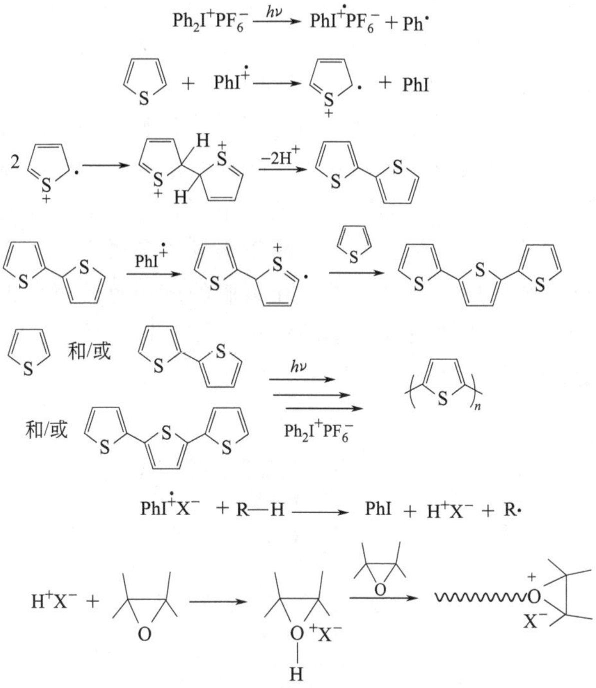

图 16.15　光引发合成的聚噻吩和聚环氧化物

　　未来阳离子光固化油墨的发展将继续加快脚步，还将开发出更多新型的光固化油墨体系，使其适用于更多领域，如食品、航空航天等。

第三节　阳离子光刻

　　光刻技术是指利用光刻材料（特指光刻胶）在可见光、紫外线、电子束等作用下的化学敏感性反应，通过曝光、显影、蚀刻等工艺过程，将设计在掩膜版上的图形转移到衬底上的图形微细加工技术。其中，光刻胶是光刻工艺的关键材料。自20世纪60年代光刻工艺发明以来，光刻技术不断发展，图形从简单到复杂，线条从粗糙到精细，光源从光子到电子，从表面光刻到深度光刻，现已成为大规模、超大规模集成电路的一项不可或缺的重要工艺。随着科技的不断发展，集成电路已从每个芯片上仅有几十个器件发展到目前每个芯片上可包含约10亿个器件。当然，随着集成度的提高，光刻技术所面临的挑战也越来越多。对于光刻胶，刚开始时，被开发的各种光刻胶在光或射线照射下发生的反应都是化学计量式的，因此效率很低。1982年，美国IBM实验室发表了关于化学增幅光刻胶的论文，标志着化学增幅概念开始被应用于光刻胶中。化学增幅是指一个光化学行为可引起一系列后续的反应，从而改变主体材料的溶解性。例如，化学增幅光刻胶在UV的照射下产生酸，少量酸即可引发一系列反应，如树脂交联或者脱保护反应，从而改变其溶解性（如图16.16）。根据光照部分化学反应的不同，光刻可分为正性光刻和负性光刻，当光照部分为树脂交联时为负性光刻，当光照部分为脱保护反应时为正性光刻。光刻胶通常有三要素：①树脂或聚合物基体；②光产酸剂；③能够引起曝光区域和非曝光区域溶解度差异的组分。光刻胶三者缺一不可，每一部分都有许多科学工作者进行研究。目前光刻技术和光刻胶主要应用于半导体和微电子产品领域，未来随着电子产业技术的进步和发展，光刻技术和光刻胶的应用范围将会越来越广。我国光刻技术的发展相对落后，需要投入更多的资源，使其迅速发展。下面将分别对正性光刻和负性光刻进行介绍。

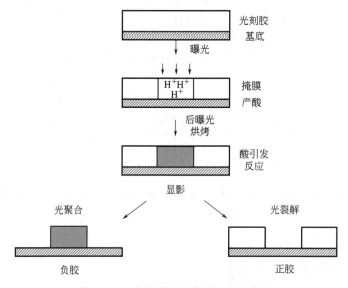

图16.16　化学增幅光刻胶工艺示意图

（1）正性光刻

1972年，酚醛树脂-重氮萘醌正性光刻胶体系首次用在了动态随机存取存储器（DRAM）中。1982年美国IBM公司的Ito等开发了一种正性光刻胶体系，此体系含聚（对-叔丁氧基碳酸酯基苯乙烯）、碘鎓盐或硫鎓盐及异丙醇显影液。在光照下，碘鎓盐将分解产酸，在酸的作用下，聚合物的保护基团对-叔丁氧基碳酸酯基转变成了羟基，从而使得光照部分和非光照部分在显影液中的溶解性有很大差异，原来的聚合物不溶于显影液中，而转变为羟基后的聚合物在显影液中的溶解性很好，这样的差异为图像的呈现提供了可能。对于保护基团，除了可使用叔丁基酯外，还可使用四氢呋喃基保护基团、酰胺基保护基团等。科学家们还发现，当光刻胶的树脂是酚醛树脂时，邻位树脂含量的增加有利于提高光刻胶的性能，同时茚羧酸的加入有利于提高图像的对比度。后来，一个类似却不同的方法被用于正性光刻胶中，即溶液中存在溶解抑制剂，在光照前树脂不溶于显影液，光照后，溶解抑制剂分解，成为溶解增强剂，大幅度提高了树脂在显影液中的溶解度，从而产生了溶解差异，常见的溶解抑制剂是重氮萘醌。据此，开发了含单取代氢醌杯［8］芳烃和重氮萘醌的正性光刻胶，并用其成功地制备了分辨率很高的图像，见图 16.17。之后，含部分叔丁氧基羰基保护基团的杯［4］间苯二酚和碘鎓盐的光刻胶，同样成功地制备了分辨率很高的图像。一类单组分的光刻胶在光照下不仅可产生茚羧酸，还可产生少量的磺酸，磺酸可催化脱保护基反应，产生溶解性差异，从而使图像显现出来，见图 16.18。

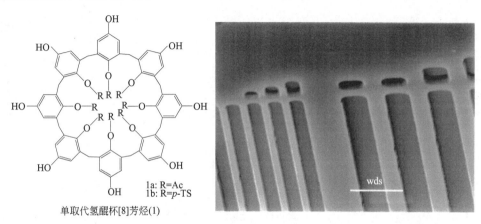

单取代氢醌杯[8]芳烃(1)

1a: R=Ac
1b: R=p-TS

wds

图 16.17　Ueda 等开发的含单取代氢醌杯［8］芳烃的正性光刻胶和用此光刻胶
制备的图像的 SEM 图

到目前为止，科学家对正性光刻胶的研究不仅包括光刻胶中各要素的开发，还致力于光刻技术的改进，如使用多个重叠的掩膜、直接自组装等。

（2）负性光刻

负性光刻与正性光刻不同，正性光刻的光照部分会溶解在显影液中，光产酸剂更多是酸性催化剂的作用。而负性光刻的光照部分会发生交联反应而不溶于显影液中，是真正的阳离子光固化反应。负性化学增幅光刻胶通常是通过酸催化进行交联的，有许多反应机理可实现交联，最常见的是阳离子聚合和缩合反应。例如，通过环氧树脂的阳离子聚合制备的光刻胶，具有良好的附着力、抗溶胀性、低的收缩率等优点。无论是脂肪族环氧树脂，还是芳香族环氧树脂，都是常见的负性光刻胶组分。但是因为脂肪族环氧树脂的热稳定性较差，所以应用范围较窄。如利用含酚醛-环氧树脂的光刻胶，可提高热稳定性。对于用缩合反应实现交联的负性光刻胶，通常由三部分组成，分别为含交联部分的树脂、光产酸剂及酸激活的交联剂。

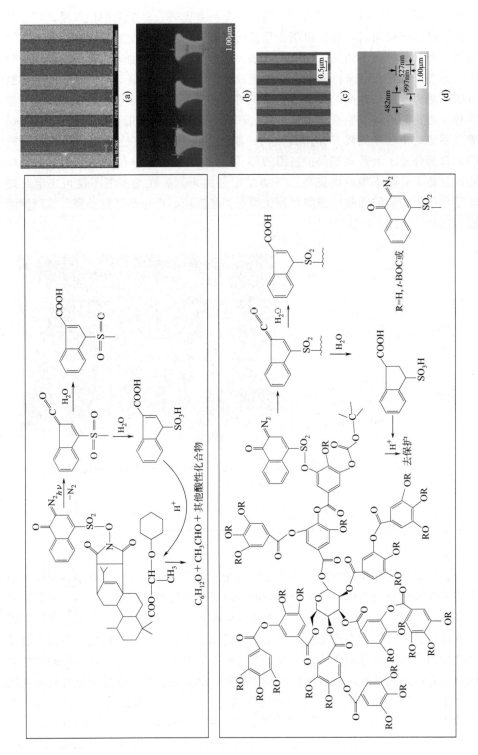

图 16.18 单组分正性光刻胶的光化学反应和用此类光刻胶制备的图像的 SEM 图

图 16.19为这三个组分的一些代表性结构。除了阳离子聚合和缩合反应外，还有的交联结构是基于光酸催化的重排机理形成的，如基于环丙基甲醇酯的重排。对于负性光刻，许多日本和美国科学家做了突出的贡献。除了合成许多可用于光刻的光产酸剂和树脂外，还开发了许多光刻胶体系，例如含供电子基团和卤素的芳香基乙烯聚合物和碘鎓盐或硫鎓盐的负性光刻胶。在负性光刻胶体系中，多官能团的双酚 A 环氧树脂 SU-8 作为明星产品，受到广泛关注，因为其不仅形成的厚膜性能优异，薄膜体系也有非常好的表现，不仅在微机电中有很多应用，还在微流体系统中有实际应用，图 16.20 为一些由 SU-8 制备的微流体系统。由 SU-8 制备的结构具有高的热稳定性、等离子蚀刻和耐化学性，同时它可以做厚的图案且有高的纵横比。

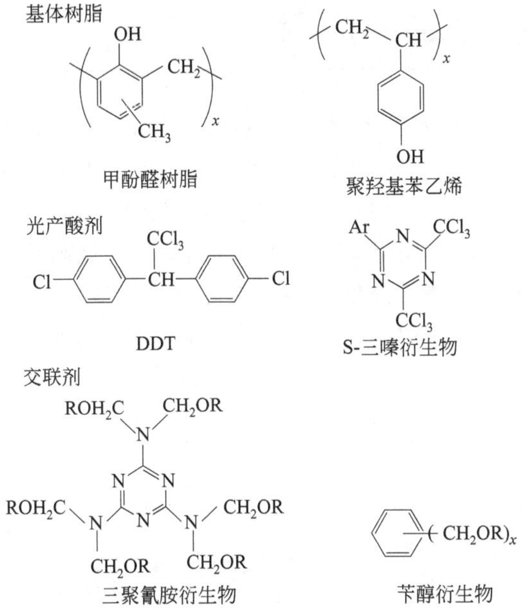

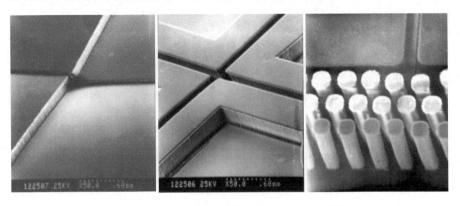

图 16.19　酸催化缩合反应光刻胶中具有代表性的树脂、光产酸剂和交联剂的分子结构

图 16.20　一些由 SU-8 制备的微流体系统的 SEM 图

随着科技的发展，电路要求的尺寸越来越小。为了使尺寸更加精细，科学家在光源、光刻胶、光刻技术等各个方面进行了研究。光源方面，初期几乎所有的光刻都采用 365～436nm 紫外光照，后来逐渐向深紫外（DUV）移动，特别是 248nm 和 193nm（ArF 准分子激光器），甚至到 X 射线（EUV）、电子束。光刻胶方面，科学家合成了许多适用的树脂、光引发剂、交联剂、溶解抑制剂等。除此之外，随着光刻技术的发展，不论正性光刻胶，还是负性光刻胶，可用于三维立体光刻的体系越来越多，如 SU-8 胶等，且可应用的领域越来越广，如 SU-8 与碳的复合材料可用作导电光刻胶。

第四节　新型领域的应用

近些年来，3D 打印技术作为增材制造技术飞速发展，其中双光子制造技术因可以突破衍射极限，制备 100nm 以下的分辨率的 3D 结构而备受关注。随着双光子技术的发展，双光子阳离子光固化的研究也日益深入。如 Perry 和 Marder 等通过双光子激发光产酸剂产酸，用于 SU-8 聚合，制备三维微结构，同时又将其用于正性光刻胶中，制备了分辨率很高的三维微通道（见图 16.21）。许多结构较新的光产酸剂，包括双光子光产酸剂，主要采用的是结合各种共轭结构，使分子的吸收波长红移，同时保证光产酸量子产率。图 16.22 为近年来合成的一些双光子光产酸剂

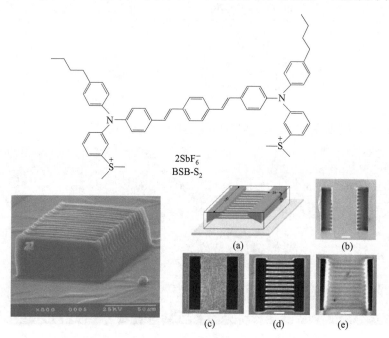

图 16.21　双光子活性光产酸剂 BSB-S$_2$ 的结构及用双光子激发制备的三维微结构和微通道

图 16.22 一些合成的硫鎓盐光产酸剂

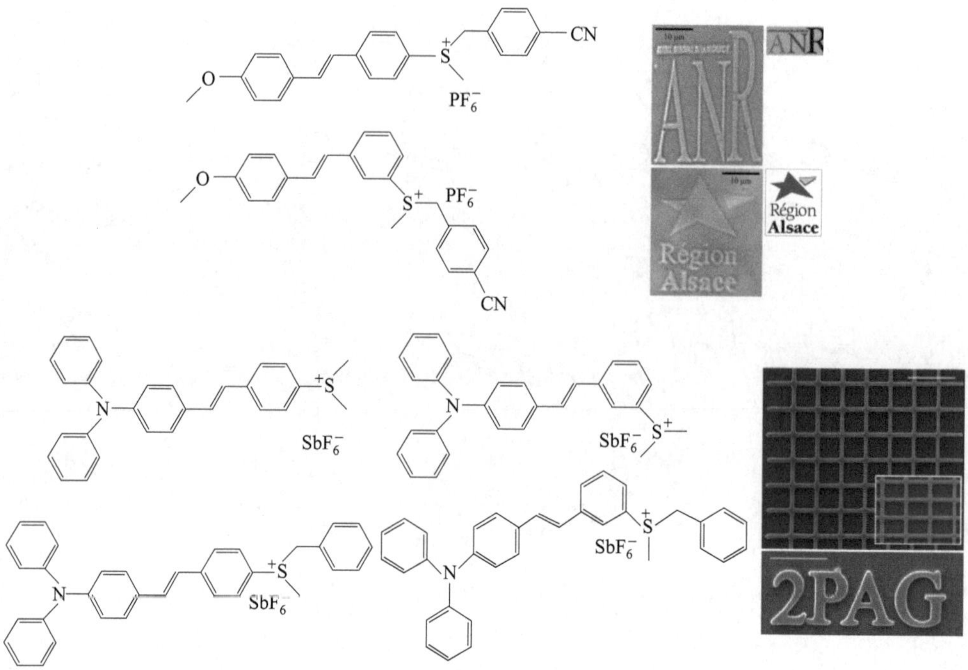

图 16.23   硫鎓盐光产酸剂和用 SU-8 胶制备的微结构

结构。这些分子的吸收波长在 350nm 以上，最大吸收波长甚至可延长至 500nm。与此同时，它们有高的光产酸量子产率。这些光产酸剂不仅适用于 LED 激发，用于引发多种单体的聚合，而且适用于双光子制造技术。这些分子通常有较大的双光子吸收截面，比商品化的光产酸剂的吸收截面要高好几倍甚至几十倍，这为双光子制造提供了坚实的基础。图 16.23 是用双光子激发制备的一些微结构，所用的是 SU-8 树脂。这样的一些精细结构很好地展示了这些光产酸剂在双光子制造技术中的应用潜力。因为三维精细结构在光学、生物芯片、微/纳机电系统等领域的重要地位，所以市场对双光子光产酸剂的需求也会越来越多。

下面列出了一些利用阳离子聚合在不同领域的参考性配方（以质量份数计），在此基础上进行适当的调整与改善，有望用于不同的新兴领域。

（1）阳离子 UV 涂料参考配方①

脂环族环氧树脂（Celloxide2021）	30	硫鎓盐 6976	3
双酚 A 环氧树脂（Epokate-828）	20	SiO$_2$ 粉末	60
双酚 A 环氧树脂（Epokate-1001）	50		

（2）阳离子 UV 涂料参考配方②

脂环族环氧树脂（UVR6110）	70	硫鎓盐 6992	4.0
三环戊基二甲醇（TCDM）	25	润湿剂 L7604	0.5

（3）阳离子 UV 涂料参考配方③

脂环族环氧树脂（ERLX-4360）	77	硫鎓盐 6992	4.0
三环戊基二甲醇（TCDM）	19	润湿剂 L7604	0.5

（4）阳离子 UV 涂料参考配方④

羟丁基乙烯基醚改性聚酯低聚物	49.5	硫鎓盐 6976	1
1,4-环己基二甲醇二乙烯基醚	49.5		

（5）阳离子 UV 涂料参考配方⑤

脂环族环氧树脂（Uvacure1500）	61.2	乙二醇	3.2
改性脂环族环氧树脂（Uvacure1533）	20.4	硫鎓盐（Uvacure1590）	2.4
1,6-己基二乙二醇醚	6.4	硅润湿剂（Silwet L-7602）	0.4
CAT003	6.4		

（6）阳离子-自由基混杂涂料参考配方①

脂环族环氧树脂（CY179）	87.0	三苯基硫鎓六氟锑酸盐	1.5
TMPTA	10.0	BP	1.5

（7）阳离子-自由基混杂涂料参考配方②

双酚 A 环氧树脂（环氧值 500）	46.0	双氰胺	3.5
双酚 F 环氧树脂（环氧值 170）	20.0	二苯基碘鎓六氟磷酸盐	2.0
GMA	7.0	BP	1.5
HDDA	20.0		

（8）阳离子 UV 纸张上光油参考配方

脂环族环氧树脂	75.0	三芳基硫鎓六氟锑酸盐	5
乙烯基醚类稀释剂	4.0	硅流平剂	1
聚己内酯二醇	15.0		

（9）阳离子 UV 塑料涂料参考配方①

脂环族环氧树脂（UVR6105）	72.5	硫鎓盐 6992	5.0
环氧树脂（Heloxy 48 Epoxide）	10.0	润湿剂（Silwet L7604）	0.5
环氧树脂（Vikolox 14 Epoxide）	5.0	流平剂（Resiflow L37）	0.5
一缩二丙二醇	7.0		

注：用于 OPP、PE、PVC 及 PET 等塑料薄膜。

（10）阳离子 UV 塑料涂料参考配方②

脂环族环氧树脂（UVR6110）	76.9	阳离子光引发剂（UVI-6974）	1
三甘醇二乙烯基醚	19.2	FC430	1
阳离子光引发剂（UVI-6990）	1.9		

（11）阳离子 UV 塑料涂料参考配方③

环氧树脂（Uvacure1500）	77.5	阳离子光引发剂（Uvacure1590）	4
DEG	18.0	Silwet L7602	0.5

（12）阳离子 UV 白色塑料涂料参考配方

脂环族环氧树脂（UVR6110）	45.0	阳离子光引发剂（Uvacure1590）	0.9
1,4-环己基二甲醇二乙烯基醚	27.0	FC430	0.9
三甘醇	8.2	TiO₂	16.4
阳离子光引发剂（UVI-6990）	1.6		

（13）阳离子 UV 金属涂料参考配方①

环氧化聚丁二烯（PolyBD-605E）	100	Cyracure 6974	2
环氧化聚丁二烯（Sarcat K126）	90.0	Silquest A189	1.5
Cyracure UVR6126	10.0	BYK341	0.1
Vikolox14	6.0		

（14）阳离子 UV 金属涂料参考配方②

环氧树脂（Epon828）	47.6	硫鎓盐（FX512）	3.8
三甘醇二乙烯基醚	47.6	FC430	1.0

（15）阳离子 UV 金属涂料参考配方③

环氧树脂（DER335）	79.3	硫鎓盐（KI85）	4.2
三甘醇二乙烯基醚	15.0	FC430	1.5

注：用于铝基。

（16）阳离子 UV 铝基涂料参考配方①

环氧树脂（Uvacure1500）	56.7	阳离子光引发剂（Uvacure1590）	5
环氧树脂（Uvacure1530）	37.8	Silwey L7602	0.5

（17）阳离子 UV 铝基涂料参考配方②

环氧树脂（Uvacure1500）	24.6	阳离子光引发剂（Uvacure1590）	5
环氧树脂（Uvacure1530）	69.9	Silwey L7602	0.5

（18）阳离子 UV 铝基色漆参考配方

组成	黄色	蓝色	红色	黑色
脂环族环氧 UVR6105	95.5	90.5	85.5	75.5
三乙二醇二乙烯基醚 DVE-3	20.0	20.0	20.0	20.0
聚酯二醇 TONE Poly0201	5.2	5.2	5.2	5.2
三芳基硫鎓六氟磷酸盐 UVI-6990	8.0	8.0	8.0	8.0
Yellow 13	12.0	—	—	—
Blue 154	—	12.0	—	—
Red 210	—	—	12.0	—
Black 250	—	—	—	12.0

（19）阳离子 UV 铝罐白色涂料配方

脂环族环氧树脂（CY179）	57	三芳基硫鎓六氟磷酸盐	2.25
钛白粉	40	ITX	0.75

（20）阳离子 UV PCB 保护涂料参考配方

环氧树脂（Uvacure1500）	46.5	阳离子光引发剂（Uvacure1590）	4.0
环氧树脂（Uvacure1530）	49.0	Silwey L-7602	0.5

（21）阳离子 UV 塑料油墨参考配方

脂环族环氧树脂（UVR6105）	53.8	三芳基硫鎓盐（UVI 6990）	15
环氧树脂（Tone 0301）	5.0	颜料	15
环氧树脂（Heloxy 505）	5.0	分散剂（BYK P104S）	0.4
萱烯二氧化物	5.0	润湿剂（Silwet L7500）	0.8

注：用于 OPP、PE、PP 及 PVC 等塑料。

（22）阳离子 UV 柔印油墨参考配方

脂环族环氧树脂	50	三芳基硫鎓盐（UVI 6990）	4
聚酯二醇	10	聚乙烯蜡	1
三甘醇	5	表面活性剂	1
乙烯基醚	15		

总之，阳离子 UV 技术的应用主要体现在光聚合、光固化和光刻三个方面。通过对阳离子光聚合的研究，合成更多适用于光聚合的光引发剂和单体，开发更新颖的聚合方法，掌握更深层的聚合机理，可以为光固化和光刻等应用奠定坚实的基础。阳离子光固化的应用主要体现在涂料、胶黏剂、油墨等领域，通过开发成熟的固化体系及配套的实施方式，可以使光固化的应用领域更广。除此之外，与自由基光固化相结合，以及与其他材料相结合赋予体系更多的功能，都是阳离子光固化未来的发展趋势。对于光刻，无论正性光刻，还是负性光刻，现在所面临的问题都是进一步提高分辨率，解决方法可以是开发更多的体系或者开发新的技术。目前光刻逐步向三维立体光刻发展，相信未来阳离子 UV 技术在 3D 打印等高科技领域的应用将会越来越多。

参考文献

［1］ Akhtar S, Crivello J, Lee J. Synthesis of aryl-substituted sulfonium salts by the P_2O_5-methanesulfonic acid promoted condensation of sulfoxides with aromatic-compounds［J］. Journal of organic chemistry, 1990, 55(13)：4222-4225.

［2］ Crivello J. Hybrid free radical/cationic frontal photopolymerizations［J］. Journal of polymer science, Part A: polymer chemistry, 2007, 45 (18)：4331-4340.

［3］ Xiao P, Dumur F, Frigoli M, et al. Perylene derivatives as photoinitiators in blue light sensitive cationic or radical curable films and panchromatic thiol-ene polymerizable films［J］. European polymer journal, 2014, 53: 215-222.

［4］ Shirai M, Okamura H. i-Line sensitive photoacid generators for UV curing［J］. Progress in organic coatings, 2009, 64 (2-3)：175-181.

［5］ Wu X Y, Jin M, Malval J, et al. Molecular engineering of UV/Vis lightemitting diode (LED)sensitive donorπ-acceptortype sulfonium salt photoacid generators: design, synthesis, and study of photochemical and photophysical properties [J]. Chemistry-A European Journal, 2017, 23 (62): 15783-15789.

[6]   Putzien S, Louis E, Nuyken O, et al. UV curing of epoxy functional hybrid silicones [J]. Journal of applied polymer science, 2012, 126 (4): 1188-1197.

[7]   翁子骧，黄笔武，谌伟庆，等. 双酚 A 型环氧树脂作为主要组分的紫外光固化涂料的制备及性能研究 [J]. 南昌大学学报(理科版), 2010, 34 (03): 249-254.

[8]   Sangermano M, Yagci Y, Rizza G. In situ synthesis of silver-epoxy nanocomposites by photoinduced electron transfer and cationic polymerization processes [J]. Macromolecules, 2007, 40 (25): 8827-8829.

[9]   Sangermano M, Sordo F, Chiolerio A, et al. One-pot photoinduced synthesis of conductive polythiophene-epoxy network films [J]. Polymer, 2013, 54 (8): 2077-2080.

[10]   Fang S Q, Pang Y L, Zou Y Q. UV-curing behavior and surface properties of new fluorine-containing aromatic oxetane monomers [J]. Chinese Journal of Polymer Science, 2018, 36 (4): 521-527.

[11]   Alaman J, Lopez-Valdeolivas M, Alicante R, et al. Photoacid catalyzed organic-inorganic hybrid inks for the manufacturing of inkjet-printed photonic devices [J]. Journal of Materials Chemistry C, 2018, 6 (15): 3882-3894.

[12]   Yu J, Xu N, Liu Z, et al. Novel one-component positive-tone chemically amplified i-line molecular glass photoresists [J]. Acs Applied Materials & Interfaces, 2012, 4 (6): 2691-2696.

[13]   Crivello J V. Applications for photoacid generation in photoimaging and Nanotechnology [J]. Journal of photopolymer science and technology, 2007, 20 (4): 599-603.

[14]   Zhou W H, Kuebler S M, Braun K L, et al. An efficient two-photon-generated photoacid applied to positive-tone 3D microfabrication [J]. Science, 2002, 296 (5570): 1106-1109.

[15]   Sun H B, Tanaka K, Kawata S. Two-photon photopolymerization and diagnosis of three-dimensional microstructures containing fluorescent dyes [J]. Applied Physics Letters, 2001, 79 (10): 1411-1413.

[16]   Xia R J, Malval J P, Jin M, et al. Enhancement of acid photogeneration through a para-to-meta substitution strategy in a sulfonium-based alkoxystilbene designed for two-photon polymerization [J]. Chemistry of materials, 2012, 24 (2): 237-244.

[17]   Jin M, Hong H, Xie J C, et al. π-conjugated sulfonium-based photoacid generators: an integrated molecular approach for efficient one and two-photon polymerization [J]. Polymer chemistry, 2014, 5 (16): 4747-4755.

[18]   金养智. 光固化材料性能及应用手册 [M]. 北京：化学工业出版社, 2010.

第十七章

光固化在航空领域中的应用

　　航空材料及其制备技术是航空现代化和高科技发展的物质基础，也是反映一个国家综合实力和技术发展水平的重要标志。航空材料由于其基础地位以及对航空产品贡献率的不断提高，已成为与航空发动机、信息技术并列的三大航空关键技术之一，也是对航空产品发展有重要影响的技术之一。美国空军在 2025 年航空技术发展预测报告中指出，在全部 43 项航空技术中，航空材料的重要性位居第二。此外，先进材料技术还被列为美国国防四大科技（分别为信息技术、材料技术、传感器技术和经济可承受性技术）优选项目之一，是其他三项技术的物质基础及重要组成部分。

　　通常意义上的航空材料泛指军用或民用航空飞行器所用到的材料。每一次航空技术的进步都是建立在航空材料技术进步基础之上。从 1903 年美国莱特兄弟以木材（占 47%）、钢材（占 35%）和布料（占 18%）为材料，制造出第一架装有活塞式航空发动机的飞机至今，人类对航空材料的探索和研究走过了一段曲折的历程。在航空材料逾百年的发展历史中，经过了几个主要的发展阶段：第一阶段以木、布为主要材料；第二阶段以铝合金和钢的应用为标志；第三阶段的主要标志是钛合金的加入；第四阶段以复合材料为主要标志。其中，第四阶段所采用的航空材料主要有以下特点：一是复合材料技术飞速发展，水平大幅提高，其标志是"全复合材料"大型民用运输机、通用飞机、支线飞机、军用运输机，以及直升机的亮相；二是传统的金属材料仍是制造飞机的骨干材料，但不断推陈出新，涌现出一批新材料品种；三是各种功能材料的品种、性能与应用高速发展。

　　2003 年，以波音 787 飞机的推出为标志，航空材料的发展进入了一个新时代，即"全复合材料"飞机时代，其意义不亚于 20 世纪以铝合金为主流的时代出现。虽然"全复合材料"的说法有一定夸张，但这表明，复合材料极大程度地改变了飞机工业的生产模式。当前，复合材料已成为飞机选材的主流，其在飞机中的结构重量比已从 20 世纪的 40% 左右上升到 50% 以上，有的机型甚至已达到 80%～90%。以 B-2 和 F-35 为例，其复合材料结构重量比均在 30% 以上。随着国外部分战机和客机结构材料的演变，复合材料的比重快速增加。国外军用战斗机及主要干线客机中各类组成结构材料演变见表 17.1 和表 17.2。当然，除了复合材料，表面防护也是航空飞行器的重要构成，以空客 A-380 为例，表面防护占 2%（质量分数）左右，对飞机的安全飞行也有非常重要的作用，尤其是一些特殊的表面功能，例如标志、防覆冰、防雾、隐身、防霉菌、防湿热和防盐雾等。

表 17.1　国外军用战斗机中各类组成结构材料演变（质量分数）　单位：%

机型	复合材料	钛合金	铝合金	结构钢
F-14	1	24	39	17
F-15	2	27	36	6
F-16	2	3	64	3
F-18	10	12	49	15
幻影 2000	12	23		
F-117	10	25	20	5
B-2	37	23	27	6
YF-22	23	24	35	5
F-22	24	41	15	5

表 17.2　国外主要干线客机中各类组成结构材料演变（质量分数）　单位：%

机型	复合材料	钛	铝	钢	其他材料
B747	1	4	81	13	1
B757	3	6	78	12	1
B767	3	2	80	14	1
B777	11	7	70	11	1
B787	50	15	20	10	5
DC10	1	5	78	14	2
MD11	8	5	76	9	2
A-320	5.5	4.5	76.5	13.5	
A-340	8	6	75	8	3
A-380	25	6	61	4	4

我国航空材料经过 50 多年的发展历程，依靠自主研发，在各类航空材料方面都与发达国家的距离越来越近。

光固化技术具有能耗小、固化速度快、无污染等诸多优势，在航空领域有着广泛的应用前景，本章内容分航空涂层材料和航空复合材料两个部分介绍。

第一节　光固化在航空涂层中的应用

航空航天涂料是指用于各种飞行器（飞机、飞船、火箭、导弹以及卫星等）的专用涂料。航空涂料只占涂料工业市场中很小的比例。航空涂料必须满足极端的使用条件，如温度起伏、高强度紫外线照射、潮湿环境、化学品侵蚀（诸如燃油、液压油、清洗化学品）、腐蚀等，这就对涂层的性能提出了更高的要求，如耐湿热、耐盐雾、耐老化、耐介质等。除此之外，航空涂料涂层必须具有尽可能低的厚度和密度，以降低能耗。轻质、高性能及对环境友好是航空涂料的发展方向。航空航天涂料种类繁多，一般情况下，航空是指飞行器在大气层内飞行，航天是指在大气层外飞行。相对应的，航空涂料通常指飞机用涂料，航天涂料则指火箭、导弹、卫星、飞船等用涂料。这种划分方式并非绝对，通常两者之间可以相互通用。据涂料的涂装部位及其对应要求的功能，主要分为飞机蒙皮涂料、发动机涂料、整体油箱内部耐油涂料、舱内装饰涂料、飞机零部件涂料、特殊专用涂料（包括抗静电涂料，防火、防雨、防冰、防雾涂料，耐磨涂料，隔热涂料和防滑涂料等）　等。

　　飞机蒙皮涂料主要分为金属外表面和非金属外表面两大类，金属的选材主要是铝合金、钛合金、镁合金等，非金属材料则主要指复合材料和陶瓷等。蒙皮涂层主要包括：预处理层、底漆层、面漆层。对于金属表面，预处理的功能主要是提高基材的防腐蚀能力以及基材与底漆层之间的结合力，常用处理方法有：阳极氧化法、化学氧化法、磷化底漆法、聚合物防腐蚀膜法、溶胶-凝胶法等；底漆的主要目的是提高防腐蚀能力，主要树脂类型有环氧、丙烯酸酯和双组分丙烯酸酯聚氨酯，颜填料主要含有锌黄、锶黄或铬绿，无铬化和水性化是发展趋势；面漆需要针对不同用途达到诸如防腐蚀、美观、标志、耐温、隔热、微波隐身、红外隐身等目的，主要类型有聚酯（或丙烯酸酯）聚氨酯、含氟聚氨酯、有机硅改性聚酯（丙烯酸酯）聚氨酯等几大类。对于非金属表面，采用复合材料成型后有较大孔隙率，加之部分材料吸水率较高，不但对后期使用过程中内部设备的"三防"（防湿热、防盐雾、防霉菌）造成不利影响，而且对自身的长期使用也有影响，因此对其进行表面封闭与防护尤为重要，这是和金属表面不同的地方。目前常用的底漆和面漆固化时间长、适用期短且溶剂含量高，光固化、水性化是重要的发展方向。

　　飞行器座舱是飞行员工作的主要场所，座舱内保护涂料在满足较为苛刻的使用环境要求的同时，对飞行员在视觉和触觉方面的舒适度感受的影响也需得到重视，例如耐久性、反光和质感是需要解决的技术问题。客机的客舱是乘客的主要活动场所，客舱内涂料主要在阻燃性、起烟和毒性三项技术指标上必须符合相关的安全规范，这些安全规范为乘客在遇上飞机起火事故时安全撤离机舱，提供了充分保障。除了安全方面，环保、外观印象和质感也是不容忽视的部分，目前水性化和光固化也是重要的发展方向。

　　在零部件方面，航空透明材料是重要的类型，主要用于制造飞行器风挡、座舱罩、舷窗和观察窗，是飞机重要的结构组成部分，其主要的性能指标要求为重量轻、透光率高且具有很好的强度和韧性。现代军用战机主要使用的透明材料为聚甲基丙烯酸甲酯（PMMA）和聚碳酸酯（PC），二者密度低、韧性好、透光性能好，主要的缺点是表面耐磨、耐刮伤能力较差，在执行任务过程中容易引起表面的损伤而使表面光洁度被破坏，光学性能下降，严重制约其使用寿命。对其保护除可采用涂料外，还可通过镀膜工艺来实现，但镀膜层一样需进行适当的保护。国外，尤其是美国和日本，在这方面的研究工作进行得较为充分，透明件保护涂料品种繁多，多采用丙烯酸酯聚氨酯、有机硅改性树脂和光固化树脂等，同时可加入溶胶-凝胶制备的无机纳米相。

雷达罩保护涂料是另外一种零部件涂料，可以按保护温度范围分为 3 大类：①弹性聚氨酯保护涂料（常温～250℃）；②耐高温保护涂料（250～400℃）；③耐超高温保护涂料（400℃以上）。

化学铣切是（化铣）航空的一种重要加工方式，是利用化学溶液对金属工件表面溶蚀的一种加工技术。化铣保护涂料又称为可剥性涂料，是化铣过程中的一种临时性保护涂层，在加工过程中起暂时保护作用，化铣完成后再去除该保护层。保护胶先后经历了氯丁胶、丁苯胶两代产品，氯丁胶容易产生"漏蚀"且溶剂毒性大，丁苯胶工艺复杂且"漏蚀"依然存在，目前主要采用苯乙烯-丁二烯-苯乙烯类嵌段共聚物（SBS）制造可剥性保护涂料。

从目前的发展来看，辐射固化技术尤其是光固化技术在航空涂层中的应用已有较多报道，接下来，围绕着光固化技术在蒙皮涂料、飞机透明件涂料以及部分特殊专用涂料三个方面进行介绍。

一、光固化技术在飞机蒙皮涂料中的应用

飞机蒙皮是指包围在飞机骨架结构外，且用黏结剂或铆钉固定于骨架上，形成飞机气动力外形的维形构件，主要是铝合金、钛合金、镁合金、复合材料和陶瓷等。蒙皮涂料即为涂覆在蒙皮表面的专用涂料。飞机蒙皮涂料可作为飞机外表面标识材料，发挥着装饰、标志、防腐等作用，甚至具备示温、防滑、阻尼、吸波和润滑等特种功能。随着飞机性能要求的提高，还需要防霉菌、防湿热和防盐雾等性能。

飞机是高技术密集型产品，对材料要求十分严格，作为保护机体的蒙皮涂料就显得更加重要，因此航空涂料性能要求非常苛刻，它必须适应飞机因高速飞行而产生的气动摩擦热、高速气流冲刷、雨滴砂粒的撞击以及机身腹部受到燃料油污染和海上盐雾腐蚀等条件。

国外从 20 世纪初开始发展飞机涂料，目前世界两大飞机公司美国波音公司和空客公司所生产的飞机。使用的涂料主要来源于荷兰的阿克苏诺贝尔公司、美国的 PPG 公司、德国美凯威奇涂料公司等涂料企业。随着世界范围内对环保节能问题的日益重视和航空涂料的绿色化进程，环境友好型航空涂料，如不含铅和铬等重金属的防腐蚀涂料、高固体分或低 VOCs 涂料、水性涂料和光固化涂料等已成为发展和应用的重点。

我国自 20 世纪 50 年代开始发展航空涂料，经过半个多世纪的发展和几代人的努力，技术已日趋成熟。近年来，国内生产航空涂料的企业不断提升自主研发和创新能力，使我国航空涂料得到了长足的进步和发展，基本能够满足国内各型飞机的需求。我国的飞机蒙皮漆经历了由硝基/醇酸涂料到热塑性丙烯酸树脂涂料，再进一步到常温固化聚氨酯涂料等几个阶段的发展。在 2000 年左右，随着国外氟碳树

脂的发展和应用，氟树脂超强的耐候性、抗腐蚀性、抗氧化性、耐高低温、耐磨等性能也引起了国内科研人员的注意，并通过引入氟树脂改性飞机蒙皮漆，开始了我国氟碳飞机涂料的研制和应用。近年来，国内已研制出聚氨酯改性环氧底漆-聚酯聚氨酯面漆-氟改性有机硅罩光清漆无铬涂层配套体系，可用作飞机蒙皮涂层，具有抗污能力强、防腐耐油效果好、耐候性优，以及良好的高低温交变柔韧性和可脱除性等特点，满足波音材料规范的技术要求。

针对飞机防护的特殊要求，所提供涂层必须具有全面的防腐能力，较强的耐化学介质能力、耐水渗透能力，足够的耐磨性、柔韧性、耐候性，且附着力强、流平性好、色泽丰满美观等。然而，仅依靠一种涂料或单一涂层是难以满足该要求的，所以需要多种涂料分层配合，组成有效的飞机蒙皮涂层系统。目前，常规的飞机蒙皮涂层系统主要包括：蒙皮基材预处理层、底漆层、面漆层。表面预处理的好坏将直接影响涂层的施工质量和使用性能。基材预处理完成之后需要进行底漆层的涂覆，底漆层以合适的基体树脂作为基础，通过颜填料的填充增加涂层的致密性，以减缓腐蚀性介质的渗透，依靠功能颜料的物理和化学作用阻止基体材料的腐蚀。航空蒙皮涂层具体的性能指标如表 17.3 所示，不同种类飞机的具体指标会有调整。可以看出，航空涂层对涂层性能指标的要求体系比较完备，且指标要求比较高。例如耐氙灯老化通常要求在 4000h 以上，耐湿热很多已经提高到 4000h 的要求，在完成这些要求以后，还需要到相应的户外试验站进行长达一年到数年的户外耐受性考察，例如耐老化、耐湿热、耐盐雾和防霉菌等。

随着雷达探测技术的发展，出于战术的需要，军用飞机对隐身、伪装的性能要求越来越高。隐身技术是当今世界三大尖端军事技术之一，是一种通过控制和降低目标的信号特征，使其难以被发现、识别跟踪和攻击的技术。隐身涂料作为一种最方便、经济的隐身技术已经在航空航天、军事装备上得到广泛应用。隐身涂料按其功能可分为雷达隐身涂料、红外隐身涂料、可见光隐身涂料、激光隐身涂料、声呐隐身涂料和多功能隐身涂料等。

表 17.3　国内外航空蒙皮涂层性能测试标准

检测标准	波音采用标准	空客采用标准	我国对应标准
不挥发含量	ASTM D 2369-10 ASTM D268-01(2012)	ISO 3251—2008 ASTM D 3960-05(2013)	GB/T 1725—2007
密度	ASTM D 1475-98(2008)	ISO 2811-1—2011 ISO 3675—1998	GB/T 6750—2007
细度	ASTM D 1210-05(2010)	ISO 1524—2013	GB/T 6753.1—2007
表面粗糙度	不要求	ISO 4288—1996	GB/T 1031—2009
黏度	ASTM D 1200-10	ISO 2431—2011	GB/T 9751.1—2008
喷涂性能	FED-STD-141(2001) Method 4331	不要求	无
干燥时间	BSS 10-72AA	ISO 1517—1973	GB/T 1728—1979

续表

检测标准	波音采用标准	空客采用标准	我国对应标准
颜色	ASTM E1347-06(2015)	AIMS 04-04-012(2001)	GB/T 11186.1—1989 GB/T 3181—2008
光泽	ASTM D523-14	ISO 2813—1994	GB/T 9754—2007
遮盖力	ASTM E1347-06(2015)	不要求	GB/T 13452.3—1992
耐胶带粘贴污染性	BSS 10-72AA	不要求	无
耐划痕（铅笔硬度）	BSS 7263(1988)	ISO 1518—2011	GB/T 9279—2007
附着力	BSS 7225(2000) ASTM D 714-02(2017)	ISO 2409—2013	GB/T 9286—1998
柔韧性	ASTM D522-13	ISO 1519—2011	GB/T 11185—2009
耐冲击性	BSS 10-72AA	ISO 6272-1—2011	GB/T 20624.1—2006
耐液体性	ASTM D 714-02(2009)	ISO 2812-1—2007	GB/T 9274—1988
耐湿性	不要求	ISO 6270-1—1998 ISO 6270-2—2005	GB/T 1771—2007 GB/T 1740—2007
耐盐雾腐蚀	BSS 7249(1988) ASTM B 117-11	ISO 7253—2001	GB/T 1771—2007 GB/T 1771—2007
耐交替侵蚀	不要求	EN 3212—1995	无
耐丝状腐蚀	BSS 7258(19987)	EN 3665—1997	GB/T 26323—2010
耐热暴露	BSS 7394—2011	AIMS 04-04-012(2001)	GB/T 1735—2009
延展性	不要求	ASTM D 2370-98(2010)	无
耐紫外	ASTM G53-96	ISO 11507—2007	GB/T 23987—2009
耐氙灯老化	SAE J 2527—2004 SAE J 1960—2003	ISO 11507—2007	无
耐雨蚀性	BSS 7393—2006	DIN 65183—1988	无
其他相关标准	FED-STD-141(2001) Method 3011	ISO 2431—2011 ISO 9514—2005	

　　为了协调耐化学品、耐水、耐候、柔韧性、防腐蚀、防盐雾、防湿热、防霉菌和美观等因素，目前常用的航空蒙皮涂层成膜树脂为双组分脂肪族聚氨酯树脂，主要存在三个方面的问题：

　　① 固化效率低：采用常温或者加热固化的方式，固化速度慢，常温下往往需要72h才能达到飞行条件，而完全固化则需要数周，由于固化太慢，延长了飞机的生产周期，而采用热固化方式需要建设大空间烘烤，虽然可以解决固化时间过长的问题，但投资大且能耗较高，而且也需要数小时的固化周期。

　　② 适用期短：由于树脂对热敏感，只能采用双组分的方式存放，稳定性较差，混合后适用期很短，往往只有数小时到几天。

　　③ 有机溶剂含量高：为了得到流平性能好的涂层，往往需要添加大量的有机溶剂，这带来了大量的可挥发污染物，同时有机溶剂的挥发不可避免地对涂层的致密性产生不良影响。

　　近年来针对这些问题，多种新的技术方案被提出，光固化技术由于具有众多优点，被尝试应用于蒙皮涂料的底漆和面漆。紫外光固化是指在紫外光的作用下，液态的低聚物（包括单体）经过交联聚合而形成固态产物的过程，具有高效率、低消耗的优点，并具有许多传统涂料无法比拟的优点，是一种环境友好型技术。而且紫外光固化还可以通过改变单体和低聚物来满足不同的要求。与其他固化法相比主要有下列突出的优点：

① 有益于环境保护：可以做到无溶剂配方，大幅降低可挥发溶剂含量。

② 固化速度快：一般仅需要几秒钟到几十秒的时间就能固化。

③ 低温固化：适合用于热敏基材，比热固化节能 $70\%\sim80\%$。

④ 投资和运行费用低：设备投资比热固化显著降低，设备占地面积小。

⑤ 涂层配方稳定：涂层配方可以做到单组分配方，活化期长。

早在 2007 年，拜耳公司就开始在 UV 固化飞机涂料方面与美国空军合作，其 UV 固化涂料在 F-16 战斗机上的应用取得了良好效果，该项技术还于 2008 年应用在了美国 C-130 911AW 空军运输机上，性能卓越，进而又将这种可即时固化的单组分 UV 固化涂料涂覆于大型运输机上。为了尽可能具有和热固型涂料相近的性能，UV 固化涂料需要满足以下几点要求：

① 喷涂性能接近传统热固性涂料；

② 良好的防流挂性能，在垂直机体表面上 $50\mu m$ 厚的涂料漆膜有足够长的时间不发生流挂；

③ 特殊的紫外固化设备，需安全可靠、便携轻巧，能够在可移动的涂装平台上操作，波长和光强能够满足各种色漆和复杂形状充分固化的要求；

④ 喷涂厚度适量，不同于热固化涂料，UV 固化涂料不能在飞机机体表面喷涂过厚，因为过厚的涂层会造成紫外固化不完全，产生飞行安全隐患。

目前，光固化涂料应用于飞机蒙皮涂层，主要在防腐蚀底漆、面漆、隐身涂层和防覆冰涂层等几个方面开展了相关的研究和应用探索。

（一）光固化航空蒙皮防腐蚀底漆

航空蒙皮中使用了大量的金属，以 2024-T3 航空铝合金（AA2024-T3）为例，因其独特的性能，如均衡的重量与强度比，高断裂韧性和低成本，而广泛应用于航空工业。在这种合金中，铜和镁金属间化合物颗粒增强了铝基体的机械性能，但代价是对局部腐蚀具有更高的敏感性。为了保护合金基板免受腐蚀，航空蒙皮底漆在其中起到非常关键的防腐蚀作用。从树脂来看常用的有环氧树脂、双组分聚氨酯树脂等，功能防腐蚀填料主要有锌黄、锶黄或铬绿等，虽然这些涂料在防止金属基材腐蚀方面非常有效，但它们往往含有挥发性有机化合物（VOCs）、危险空气污染物（HAPs）和有毒物质释放清单（TRI）中列出的化学品。除此之外，用于环氧底漆和转化涂层的铬酸盐腐蚀抑制剂具有毒性和致癌性，因此对进行表面处理的工人来说存在健康风险。使用有毒化合物不仅会污染环境，还会影响涂装的固化时间。

为了解决固化速度慢和有机溶剂含量高的问题，可以将环氧树脂和双组分聚氨酯树脂替换为光固化树脂，颜填料仍然以铬体系为主。基于多元异氰酸酯和多元羟基丙烯酸酯合成的光固化聚氨酯，采用原有的颜填料体系，结合光固化进行了适当优化，具有良好的耐介质和防腐蚀性能。为了进一步提高固化效果，引入巯基树脂是一个可行的方法。美国 RPC Desoto 公司采用巯基-烯体系制备了航空蒙皮底漆，主要配方包括含不饱和双键的聚合物、巯基树脂、光引发剂、颜填料等。典型的配方如表 17.4 所示（巯基-烯摩尔比为 0.2∶1）。

表 17.4　基于巯基-烯光固化的航空蒙皮底漆配方表

原料名称	质量分数/%	原料名称	质量分数/%
脂肪族聚氨酯丙烯酸酯	39.06	炭黑	0.04
SR 9003	2.75	石英粉	16.86
BYK-110	2.76	乙酸叔丁酯	1.60
铬酸锶	2.76	819（质量分数为 10% 的丙酮溶液）	28.52
二氧化钛	2.95	三官硫醇	2.70

但这些方法中，底漆要用到的铬酸盐化合物是一种有毒、致癌、致突变和对环境有害的物质。出于健康和环保的考虑，寻找铬酸盐的替代化学品或工艺已成为飞机工业的关键问题。利用正烷基三甲氧基硅烷和氢化双酚 A 环氧树脂，在紫外光照射下产生强酸诱导无机-有机杂化共混交联网络（如图 17.1 所示），涂层固化速度快，不含挥发性有机溶剂，绿色环保，且涂覆在 2024-T3 航空铝合金上，有着超过 2000h 的耐盐雾性能，有优异的防腐性能。

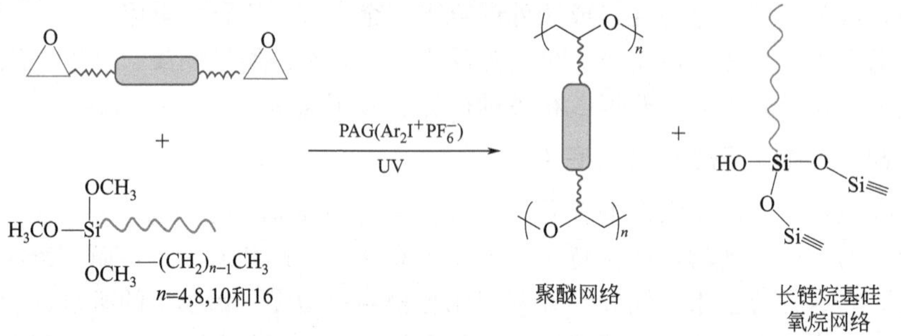

图 17.1　光诱导产酸无机-有机杂化交联网络形成示意图

用酸性磷酸酯作为掺杂剂对聚苯胺（EB）进行掺杂，制备了可在聚氨酯丙烯酸酯中进行纳米分散的导电聚苯胺（ES）紫外光固化防腐涂料，在光辐照下 3～5s 内实干，解决了双组分防腐涂料施工期短的缺陷，大幅提升了施工效率。同时，当涂层中 ES 质量分数为 1.0% 时，在氯化钠水溶液中浸泡 2400h 后，$|Z|_{0.1Hz}$ 阻抗值仍可高达 $1.0 \times 10^8 \Omega \cdot cm^2$；涂层的盐雾试验表明在 500h 盐雾试验后，板面无起泡现象，锈蚀宽度小于 1mm，表明 ES 质量分数为 1.0% 的涂层具有相当优异的防腐性能（图 17.2）。

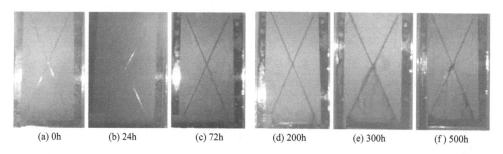

(a) 0h   (b) 24h   (c) 72h   (d) 200h   (e) 300h   (f) 500h

图 17.2　低碳钢交叉划痕盐雾试验

（二）光固化航空蒙皮面漆

航空蒙皮面漆性能要求很严格，要能够耐各种航空介质（航空液压油、航空润滑油、航空燃油、航空洗涤汽油等）的侵蚀；能够抵挡高速气流、灰尘、雨水等的冲刷；对于各种腐蚀环境如酸雨、盐雾、湿热、霉菌、紫外光照射等有较强的防护性；具有较长的使用寿命和良好的耐温变性。目前面漆主要采用双组分脂肪族聚氨酯树脂制备，一个组分为特殊的羟基丙烯酸酯或者含氟羟基树脂，另一个组分为脂肪族异氰酸酯。固化膜具有良好的耐水性、高弹性和耐化学性，结合羟基组分调节固化漆膜的耐候性。同时，航空蒙皮面漆通常要求光泽比较低，对军用飞机而言，更是要求亚光甚至无光漆。

从漆膜物理性能来看，由于要受到高速气流、灰尘、雨水等的冲刷，要求面漆具有很好的硬度和弹性，尤其是要适应高低温的循环变换，不能因为柔韧性的下降导致耐化学性下降，同时耐候性和耐水性也是需要重点考虑的内容。对光固化而言，柔韧性、耐候性等都是需要重点关注的内容，目前主要是从原有树脂的改性、粉末涂料、水性涂料、巯基-烯聚合体系等几个方面开展了相关工作。

在原有树脂改性方面，主要是基于双组分体系的含氟羟基树脂、异氰酸酯进行改性，并引入适当的光敏基团，采用的合成工艺为将异氰酸酯三聚体先和含氟丙烯酸羟乙酯反应，再加入羟基树脂扩链，制备光固化蒙皮涂层聚氨酯丙烯酸酯，这种方法可以在一定程度上保持原有涂层的性能，但黏度过大，难以解决添加有机溶剂的问题。可将商品化的光固化粉末涂料应用于玻璃纤维复合材料雷达罩，采用红外和紫外一体的机器人装置进行固化，来解决这些问题。

为了克服可喷涂光固化涂料中树脂和单体分子量不高导致的交联密度过高、交联点之间链段过短对柔韧性的影响，拜耳公司尝试采用水性光固化来平衡硬度和柔韧性的难题。水性光固化聚氨酯通常分子量比较高，不需要过高的光交联，同时水性光固化制备时采用可挥发胺中和制备，其可以在涂装和光固化过程中挥发掉，有利于耐水性能的提高。水性聚氨酯可采用脂肪族二异氰酸酯、脂肪族聚酯二元醇、二羟甲基丙酸和羟基丙烯酸酯（如丙烯酸羟乙酯）合成，其用于航空蒙皮面漆的配方如表 17.5 所示，通过调节光引发剂得到了初步达到耐候要求的配方，其性能根据美国标准 MIL-PRF-85285D-2007 的测试情况如表 17.6 所示。光泽和耐热方面尚没有达到要求。

表 17.5　水性光固化航空蒙皮面漆配方表

原料名称	质量分数/%	产品公司
脂肪族 UV-PUD	65.8	Bayer Material Science
二氧化钛色浆	28.12	Plasticolors
乙二醇醚助溶剂	1.67	the Dow Chemical Company
光引发剂(单酰基磷氧化物)	3.26	BASF
乙炔二醇表面活性剂	0.49	Air Products
聚硅氧烷消泡剂	0.10	BYK
改性尿素触变剂	0.49	BYK
增稠剂	0.59	Borchers

表 17.6　水性光固化航空蒙皮面漆性能

测试指标	要求	达到情况
GE 抗冲击	≥60%	≥60%
低温柔韧性	符合	符合
干/湿附着	≥4A/≥4A	4A/4A
60°光泽	≥90	80
氙灯老化实验(500h)	$\Delta E<1$;60° Gloss≥80	$\Delta E=0.7$;60° Gloss=75
初始铅笔硬度	≥2B	HB～F
发动机润滑油	下降 2 级以内铅笔硬度	下降一级
液压油	下降 2 级以内铅笔硬度	下降一级
JP-8 航空燃油	下降 2 级以内铅笔硬度	下降一级
耐湿 30 天	30 天	符合
耐热性(ΔE)	<1	1.1

　　PPG 公司基于巯基-烯光聚合体系，开发了一种可紫外光固化低光泽航空涂料，用以解决航空涂料固化时间较长的问题，其主要成分包括：不饱和双键树脂、巯基树脂、流平剂和颜填料及光引发剂。不饱和双键树脂主要采用聚氨酯丙烯酸酯，用异氰酸酯三聚体先和丙烯酸羟乙酯反应，再用己二醇扩链，最后稀释。光固化方式则采用两个灯分步固化的方式，先用 395nm 的 LED 灯固化（365mJ/cm²），再用 365nm 的 LED 灯固化。典型的面漆配方如表 17.7 所示。

表 17.7　光固化低光泽航空涂料面漆配方表

原料名称	质量分数/%	备注
脂肪族聚氨酯丙烯酸酯	15.74	GENOME 4425
二丙二醇二丙烯酸酯	12.27	
二己硫醇	9.20	
聚醚改性聚硅氧烷	0.23	
1173	2.07	
819	0.40	

续表

原料名称	质量分数/%	备注
TMPTMA	4.60	
TINUVIN 400	1.07	
TINUVIN 123	0.47	
二氧化钛色浆	7.33	TiO$_2$/TPGDA
黑色色浆	0.53	炭黑/(EO)TMPTA
EFKA-4050	0.23	
SYLOID RAD	11.13	消光粉
甲基丙烯酸酯酸性磷酸酯	5.07	
ORGASOL 2002 ES4 Nat	11.13	消光粉
乙酸乙酯	9.80	
丙烯酸 2-乙基己酯	8.73	

（三）底面一体的光固化航空蒙皮涂层

航空蒙皮涂层预处理层-底漆-面漆三层结构赋予了整体涂层优异的性能，但也带来很多问题，例如操作复杂、施工慢等问题，这些问题在修复过程中显得尤为复杂。可以将腐蚀抑制剂、单体、低聚物、添加剂以及光敏引发剂共混，开发多功能底面一体的蒙皮涂层，便于施工，更重要的是对蒙皮涂层的修复非常方便。树脂以脂肪族聚氨酯丙烯酸酯为主，单体也多选择耐候、耐水以及高玻璃化单体搭配。美国 Light Curable Coating 公司和波音公司尝试制备了多功能底面一体的蒙皮涂层，且不使用铬酸盐类防腐填料，其配方如表 17.8 所示。

表 17.8　底面一体航空蒙皮漆配方表

原料名称	质量分数/%	备注
CN991	21.38	二官脂肪族聚氨酯丙烯酸酯
Photomer 6892	10.42	三官脂肪族聚氨酯丙烯酸酯
Hybricor™ 204	37.86	环保防腐剂
SR 506D	8.48	
SR395	4.92	丙烯酸异癸酯
SR324	1.08	
SR257	1.08	丙烯酸十八烷基酯
Allyl cinnamate	1.08	
BYK 111	1.88	润湿分散剂
Airex 900	0.22	
PI 191	3.87	光引发剂
Sanduvor 3068	0.24	
Sanduvor 3206	0.35	
Ti-Pure R960	1.95	
Syloid Rad 2005	2.32	
Black 97076	1.06	
Ebecryl 170	1.81	

二、光固化技术在飞机透明件上的应用

航空结构透明件位于飞机前端，因其功能及重要性而被称为飞机的"眼睛"，是飞机上关键功能结构件之一。其主要性能包含三个方面：①透明性好，为飞行员提供良好的视野；②比强度高，透明件与前机身结构融合，一起构成气密座舱，能够承受强烈的气动载荷与飞鸟撞击，为飞行员提供封闭的生存空间与应急弹射时的离机救生通道；③具有多频谱隐身、电加温、电磁屏蔽、防高能射线辐射、防眩光、静电防护以及环境自适应性光致变色等功能中的一种或几种。

例如美国 F16 飞机的透明件内表面采用加硬涂层，外表面先涂覆金或者 ITO 导电涂层，再涂覆掺有导电聚合物的面漆。涂层试片首先测试如下性能：模拟气候条件下的加速老化、雨蚀、盐气流下的磨蚀、表面载石英砂的振荡磨蚀、耐介质性能、高低温循环和极限短时高温等；整体涂装后再进行加温加载地面试验及鸟撞实验以评估光学性能、结构完整性、耐久性。正是由于一系列先进涂层的使用，克服了 75% 以上的 F-16 透明件失效，也将 F-16 透明件的使用寿命由 2 年提高到 4 年。

从航空透明件的材料来看，主要使用聚甲基丙烯酸甲酯（PMMA）和聚碳酸酯（PC），二者密度低，韧性和透光性能均较好，主要的缺点是表面耐磨、耐刮伤能力较差，在执行任务过程中容易引起表面的损伤而使表面光洁度被破坏，光学性能下降，严重制约其使用寿命。因此，研究透明材料耐磨涂层是目前航空透明件安全使用的一个重要的研究方向，也是延长透明件使用寿命的有效方法。

透明件的耐磨涂层方面，可以通过配方设计使涂层具有足够的弹性，使受到刮擦后反弹而恢复，这种提高涂层柔韧性的方法是提高抗裂的重要措施。例如在聚氨酯涂层中引入长链聚醚、聚酯链段，采用六亚甲基二异氰酸酯代替较硬的异佛尔酮二异氰酸酯等。但这种涂层硬度很低，其过低的硬度致使涂层结构承受大的形变势能，容易导致其中的交联结构脱落或断裂，不利于抵抗刮伤。另一种提升涂层耐磨、耐刮伤性能的方法是通过涂层配方调整赋予涂层足够的硬度，使之不易被刮伤或使刮伤物不能传入表层太深，从而提高耐磨性能。典型的硬涂层为无机涂层，主要采用离子喷涂、物理气相沉积和化学沉积镀膜法等技术进行涂覆。美国 GE 公司申请了在 PMMA 和 PC 表面，通过等离子体化学气相沉积技术，制备复合功能涂层的专利，然而其涂覆工艺复杂、代价较高，且由于无机涂层与透明材料的热膨胀系数不同引起较差的黏附性，尤其是无机涂层韧性差，易破碎，从而限制了其应用。研究者又通过增加有机涂层的交联程度，来提高涂层的硬度，达到耐磨的目的。美国 Bilkadi Zayn 等提出采用多官能团丙烯酸酯与 N,N-甲基取代的甲基丙烯酰胺共聚物，作为有机玻璃表面耐磨涂层，具有良好的耐磨、耐候和附着力。

随着纳米技术的发展，有机-无机杂化材料在航空透明件领域的应用引起了研究者的重视，其结合了有机材料的柔韧性和无机材料的耐磨性、抗老化性、耐候性等。然而，纳米粉体的直接添加对漆膜的透明性有一定的影响，其添加量不能超过

3%（质量分数），因而不易直接用于航空透明件的防护。针对这个问题，采用溶胶-凝胶的方法制备有机-无机杂化透明耐磨涂层，用于航空件的防护。基于二乙烯三胺改性制备多官能团硅氧烷，并与正硅酸乙酯、钛酸四丁酯等共水解缩合制备有机-无机杂化涂层体系，结果表明杂化涂层具有良好的透光性和耐磨性能，并且钛的引入对涂层的耐老化性能有显著改善。

光固化技术因其室温快速固化的特点，使其适用于涂覆 PMMA 和 PC 类热敏感基材，将其与有机-无机杂化技术结合，制备光固化有机-无机杂化耐磨透明涂层，是目前航空透明材料耐磨涂层的发展趋势。国外的研究者制备了系列光固化树脂-SiO$_2$ 有机-无机杂化涂层，并用于 PMMA 或 PC 的涂覆，结果表明涂层可以室温下快速光固化，而且 SiO$_2$ 的引入大幅提升了涂层的耐磨、耐刮擦、耐腐蚀和耐老化等性能。

我国晨光化工研究院在 20 世纪 80 年代采用多官能团丙烯酸酯路线，进行了中试研究，并用于涂覆有机玻璃板，硬度有了明显提升。锦西化工研究院采用硅氧烷路线，并涂覆在有机玻璃上，显著提升了表面硬度。北京航空材料研究院钟艳莉以多官能团聚氨酯丙烯酸酯为基础，制备了光固化耐磨涂层，并用于聚碳酸酯的涂覆保护，得到的漆膜具有良好的耐磨性能。南昌航空大学梁红波合成了两种相似结构的聚氨酯丙烯酸酯和含氟聚氨酯丙烯酸酯低聚物，同时采用溶胶-凝胶法制备了无机溶胶，将其与聚氨酯丙烯酸酯和含氟聚氨酯丙烯酸酯进行复配，制备了紫外光固化有机-无机杂化涂层，漆膜中 SiO$_2$ 的引入显著提高了漆膜的硬度，ZrO$_2$ 粒子的引入使硬度得到进一步提高，而含氟单体的引入可以显著降低漆膜的摩擦系数，可以进一步提高漆膜的耐磨性能，尤其是在磨耗初期效果显著。表 17.9 是一个航空透明件的配方例表。

表 17.9　航空透明件耐磨涂料配方例表

原料名称	质量分数/%	备注	原料名称	质量分数/%	备注
低聚物	79	聚氨酯丙烯酸酯混合物	1173	3	
HDDA	5		纳米二氧化硅	5	溶胶
IBOA	5		Genadd 6300	3	

三、光固化技术在航空功能涂层上的应用

(一) 光固化技术在隐身涂层中的应用

现代军事技术的发展使得航空武器的生存能力依赖于速度和被探测发现的概率，于是一种全新的防护概念——隐身技术应运而生。采用涂料隐身是最方便、最经济和适应性最强的隐身技术，为此世界各军事强国不惜耗费巨资来研究和发展各种隐身涂料。

雷达吸波涂料 RAC（radar absorbing coatings）也被称作隐身涂料，是具有电

磁波吸收功能的涂料，在飞行器、导弹等领域具有广泛的应用。隐身涂层由树脂基体（胶黏剂）、吸波材料（吸波剂）以及各种助剂组成。吸波剂是主体，决定了涂层隐身性能的好坏。为了达到良好的隐身性能，隐身涂层一般加入的吸波填料较多，质量分数达 80% 以上，且涂层较厚，早期在 $400\mu m$ 以上，目前可以做到 $200\mu m$。胶黏剂是成膜物质，决定了涂层的力学性能，目前吸波涂料常用的胶黏剂有氯丁橡胶、聚氨酯及环氧树脂，其中环氧树脂为胶黏剂的吸波涂层具有优异的附着力、耐腐蚀性、耐化学性和耐水性，被广泛应用于吸波涂层。常用的涂层固化方式是热固化，一般采用多层喷涂，对于 $400\mu m$ 以上的涂层一般需要喷涂十几次，这种常规的固化方式固化时间长、环境污染大、能耗高、占地面积大。除此之外，有数据显示，隐身飞机平均飞行 1h 后涂料修补工时需要 39h 左右，这种长时间的修补会严重降低隐身飞机的作战效力。近年来，电子束固化和紫外光固化（包括光固化前线聚合等）因无 VOCs 或低 VOCs 排放、节能、固化温度低、固化速度快、空间可控、树脂存储期长等诸多优势，在飞机蒙皮隐身涂料制备/修复领域占据愈发重要的地位。利用光固化技术（包括光固化前线聚合技术）快速制备/修复吸波隐身涂层，取得了一系列有益的成果。

（二）光固化技术在防覆冰涂层中应用

飞行器表面冰雪的黏附会导致非常严重的航空事故，具有极大的安全隐患，已成为威胁飞行安全最为致命的因素之一。2014 年 11 月，一架由包头飞往上海的飞机起飞时发生故障导致坠机，造成严重的生命及财产损失。事故报告证实，机翼在结霜气象条件中积冰，机翼污染使机翼失速临界迎角减小，最终失去对飞行速度的控制，丧失升力导致坠机。2006 年 6 月，一架预警机在通过冷云区时飞机表面结冰，导致飞机失控，机组人员在此次事故中丧生。在人类航空史上，由于飞行器表面结冰造成的事故屡见不鲜，飞机结冰成为亟待解决的重大安全问题。

飞机结冰是指飞机迎风面上的结冰和积聚。一旦形成冰层，会严重影响飞行器的气动布局，降低飞机的临界迎角。这些变化导致一系列严重的飞行问题，包括翼型压力的重新分配、升力系数的降低、阻力系数的增加以及升力阻力比的快速减小。此外，升空速度和行驶距离显著增加，使得在结冰条件下，飞机的起飞和爬升变得更为困难。

大气中的云主要包含三种类型的水相：固体冰晶、过冷水滴和普通水滴。这些相位随高度和云温特性而变化。冰晶：水蒸气通过沉积过程在冰核上生长，指的是固体水合物。飞机结冰主要是固态冰，冰晶直接沉积在飞机表面。过冷水滴：指在冰点以下仍以液体形式存在的水滴。造成这种现象的主要原因是随着高度的增加，温度迅速下降到冰点以下。然而，液滴缺少成核中心，因此低于凝固点的水滴仍然是液体形式。这些水滴的温度范围通常在 $0\sim-40℃$ 之间。在这种情况下，飞机结冰是水滴结冰，并且在飞机的固体表面具有高冰黏附强度特性。普通水滴：主要指分布在云层中的水蒸气，这种类型的水滴通常出现在飞行高度以下，且不容易在飞机表面冻结。

　　不同的冰型对飞行性能有不同的影响。根据特定的结冰条件和不同形状的积冰，飞机结冰一般分为以下三种类型：透明冰、霜和混合冰。不同的冰型对飞行性能有不同的影响。透明冰的形成温度相对较高（一般高于−10℃），形成的冰层具有光滑透明的表面，具有高密度黏合性。霜主要在较低的温度（低于−20℃）下形成，在此温度下，过冷的水滴立即释放潜热，并在撞击基板表面后迅速冷冻。由于极快的冷冻过程，没有足够的时间去除冰粒之间存在的气泡，导致透明度差和冰层组织松散。结果，霜在衬底表面上显示出较低的冰黏附强度，这很容易被除去。包括霜和冰的混合冰同时具有透明冰和霜的双重特征。霜主要分布在冰层的最前端，而两侧主要是透明致密的透明冰，冰黏附强度较高。

　　对于飞行器表面结冰的问题，迫切需要相应的技术手段进行控制或者彻底去除。伴随着航空航天技术的发展，出现了多种较为成熟的抗冰手段，整体上大致分为防冰和除冰两种抗冰思路。防冰：通过相应手段预防完整结构的冰层在飞行器表面形成；除冰：允许飞行器表面出现少量冰层，通过加热或者其他措施将其除去。加热设备往往会增加机体重量，增加设计难度，提高飞行成本。

　　上述简要介绍了飞机表面结冰过程，表明飞机结冰主要通过过冷液滴撞击和润湿飞机表面，随后液滴和固体表面之间的快速热交换导致液滴在飞机表面上冻结。

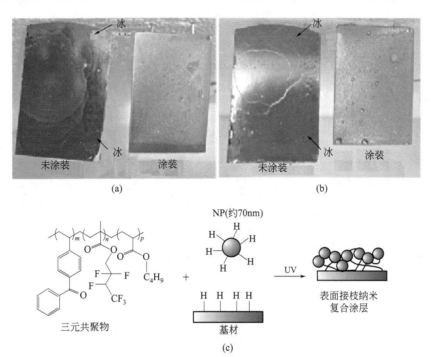

图 17.3　磨损前抗冰性能（a）和磨损后抗冰性能（b）的光学照片，以及紫外光聚合
制备超疏水抗冰涂层示意图（c）

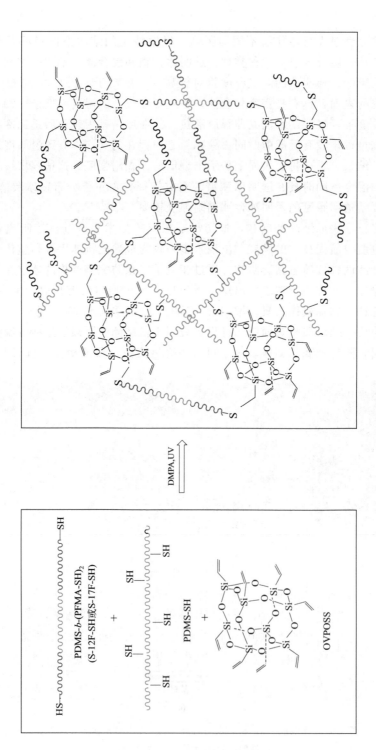

图 17.4　UV 固化氟硅氧烷三嵌段甲基丙烯酸酯共聚物膜结构示意图

因此，可以通过表面改性技术在铝、钛合金和其他基材等表面制备仿荷叶结构的功能表面，使得液体不能在基体表面很好地润湿，达到防冰的目的。

利用二苯甲酮改性的含氟预聚物，采用光聚合共价接枝法成功制备出了有机-无机复合涂层（如图 17.3 所示）。这种一步式的光聚合接枝反应简单可靠，易于实施，制备出的涂层具有较强的附着力、优异的耐磨和抗覆冰性能，为抗冰材料的设计和制备提供了有效的方法。

使用硫醇封端的氟硅氧烷三嵌段共聚物 [PDMS-b-(PFMA-SH)$_2$] 制备了可 UV 固化的氟硅氧烷三嵌段甲基丙烯酸酯共聚物膜，并研究了不同氟化侧基对薄膜润湿性和防冰性能的影响（如图 17.4 所示），制备的涂层不仅可以防止冲击水滴的冻结，还可以降低冰剪切强度。

第二节　光固化在航空复合材料中的应用

树脂基复合材料成功地用作飞机结构材料迄今已有 20 多年的历史。由于其具有比强度高、比模量大、可设计性强、抗疲劳性能好、耐腐蚀性能优越和便于大面积整体成型等显著优点，树脂基复合材料显示出比传统钢、铝合金结构材料更优越的综合性能，在飞机上已获得大量应用，可实现飞机结构相应减重 25%～30%。先进树脂基复合材料以其优异的性能，成为继铝合金、钢、钛合金之后的第四大航空结构材料，日益广泛地应用于航空航天等现代高科技领域。作为 21 世纪的主导材料，复合材料的用量已成为飞机先进性，乃至航空领域先进性的一个重要标志，是世界强国竞相发展的核心技术，也是我国的重点发展领域。

玻璃纤维增强树脂基复合材料，是一种以玻璃纤维增强不饱和聚酯、环氧树脂与酚醛树脂等基体材料的复合材料。玻璃纤维是由熔融玻璃快速抽拉而成的细丝，按原材料组分可分为有碱、无碱、中碱及特种玻璃纤维，如高硅氧、石英纤维等。玻璃纤维制品主要有玻璃纤维布、毡及特种立体织物等。常用的玻璃纤维复合材料指树脂基复合材料，可采用手糊、缠绕、压制等成型工艺，也可采用注射及拉挤成型工艺。玻璃纤维增强树脂基复合材料具有重量轻、比强度高、耐腐蚀、电绝缘性能好、传热慢、热绝缘性好、耐瞬时超高温性能好、容易着色、能透过电磁波等特性，可广泛应用于机械、化工、交通运输等领域。在军事领域可用于雷达罩、整流罩、导弹弹头及固体火箭发动机抗烧蚀防热层、导弹发射筒、枪械及山地战斗车辆结构件等。

自 20 世纪 60 年代以来，以碳纤维增强树脂基复合材料为典型代表的先进复合材料，被广泛用于航天器的结构材料和以热防护为主的功能材料，对实现航天器结构减重和功能最大化起到了不可替代的作用。碳纤维增强树脂基复合材料（CFRP）作为先进复合材料的典型代表，贯穿整个先进复合材料的发展历程，是先进复合材料的中流砥柱，是目前航天器结构应用范围最广、技术成熟度最高的材料，同时也是实现航天器结构轻量化、多功能化的关键材料。空客公司的A350XWB客机复合材料用量达到53％，波音公司的B787客机复合材料用量也达到了50％，美国F-22战斗机复合材料用量超过25％，军用直升机复合材料用量也达到50％以上。针对未来第四代战斗机结构质量分数27％～28％的设计目标，复合材料构件的用量必将再次提升。我国飞机中复合材料用量距离先进国家差距较大，主要应用于飞机的尾翼、球面框、升降舵、方向舵、扰流板等次承力结构，C919大型客机复合材料用量仅为12％。目前，我国高性能树脂基复合材料构件的研制生产仍主要依赖于热压罐成型工艺，存在设备成本高、运行能耗大、成型效率低、构件尺寸受限及工装模具费用高等固有缺点，制造成本在总成本中所占比例高达70％～80％，严重制约了树脂基复合材料的进一步扩大应用。其制造成本和制造周期不符合航空领域复合材料构件大批量、低成本的发展趋势。

光固化树脂基复合材料通过光照或电子束固化的树脂基体和增强体复合而成，属于树脂基复合材料。树脂基复合材料具有比强度高、比模量高、耐腐蚀、可设计性强等突出的优点。相较于传统热压罐成型工艺，光固化可以在室温，甚至更低的温度下实现快速固化，能耗低、无污染，而且树脂具有更长的储存周期和不苛刻的储存条件，二者的性能对比如表17.10所示。因此，将光固化引入树脂基复合材料的制备中，将能够极大地降低成本，提高生产效率。

表 17.10　电子束固化和热固化树脂基复合材料对比

项目	电子束固化树脂	热固化树脂
预浸料的存放与运输	20℃,储存期长	≤0℃,储存期短
固化时材料收缩	2％～3％	4％～6％
玻璃化温度	≤400	≤300
残余应力	很小	中等到大
最大部件厚度/mm	50	20
模具成本	低到中等	中等到高
固化时间(厚部件)	数分钟	数小时
能源需求	小到中等	中等到大
设备成本	高	高到很高
生产成本(总)	低	高

一、光固化在复合材料成型中的应用

早期的UV固化体系穿透深度不够，固化大多发生在材料表面，而在零部件较深处却无法完全固化，尤其是碳纤维增强树脂基复合材料，直到以TPO等为代表的在长波长范围内都有吸收的光引发剂的问世，才使得这一领域的研究逐渐引起众多研究者的关注。常见的纤维增强树脂基复合材料（CFRP）制备工艺主要有手糊、真空袋压、树脂传递模塑（RTM）、模压、缠绕、拉挤、热压罐等。其中树脂的固化时间、流动性以及浸润性对于工艺的实施具有较大影响。对于紫外光固化树脂，紫外光不照射时几乎不会发生固化反应，因此流动性好坏主要依赖于树脂的流动性。固化过程需要紫外光照射，要求成型模具至少有一面能透过紫外光，手糊工艺可以直接使用紫外光固化技术，真空袋压工艺需要使用透光模具进行光固化。由于阳离子光固化反应具有后固化效应，也有学者采用改进的模压-手工工艺制备CFRP预浸料，紫外光照射后放入平板压机中进行后固化。

　　树脂基复合材料结构在生产制造和使用过程中不可避免地会存在缺陷或遭受损伤，影响结构的安全服役，为了满足构件的正常使用或延寿的需要，必须对受损部位进行维修或更换。复合材料的修理方法可分为机械修理和粘接修理两大类，粘接修理方法作为一种优质、高效的结构修理方法，在复合材料结构损伤修理中得到广泛应用。对于大型复合材料构件，如飞机结构、风电叶片等，其维修经常需要在外场条件下完成，受外场条件的制约，固化工艺参数的控制存在一定难度，尤其在低温环境下，固化问题更是一个关键难题。通常采用快速固化剂和创造局部固化环境两种方法来解决这一固化问题，但快速固化剂适用期短，树脂在完全浸透织物之前就已凝胶；创造局部固化环境则需要频繁测量固化件表面温度，以方便随时调整，修补效率较低。紫外固化技术作为一项节能环保型新技术，已在涂料、黏结剂等领域中获得广泛应用，将该技术用于树脂基复合材料的制备是近年来又一个新的发展方向。由于紫外固化技术具有固化速度快、污染小、储存时间长、能在室温及低温条件下固化以及可以选择区域固化等优点，尤其适合复合材料构件的外场修复。

　　从增强纤维分类来看，光固化树脂基复合材料主要分为玻璃纤维增强树脂基复合材料和碳纤维增强树脂基复合材料。从目前研究和应用来看，主要以前者为主，近期开始有光固化碳纤维增强树脂基复合材料的报道陆续出现。从固化机理来看，主要采用 3 种固化机理进行固化：①阳离子固化，主要树脂体系为原有的热固化树脂 E-51、E-44 以及它们的氢化树脂等，也有价格相对较高的脂环族环氧树脂、氧杂环丁烷等；②自由基光固化，早期树脂为不饱和聚酯，目前主要为含丙烯酸双键的树脂，以环氧丙烯酸酯为主，也有聚氨酯丙烯酸酯、聚酯丙烯酸酯等类型；③光引发前线聚合类型，利用光引发反应释放的热量推动或者保持固化反应的进行。

(一) 阳离子光固化树脂基复合材料

　　采用 E-51、E-44 制备光固化玻璃纤维增强树脂基复合材料的方法比较简单，原材料价格也比较便宜，通常所使用的光引发剂为锍盐类光引发剂，纤维材料以玻璃布为主，可以手糊，也可以提前制备为预浸料，光固化可以单面固化，也可以双面固化。主要的优点是价格低、工艺简单、树脂储存期长，缺点是活性较低、反应慢，形成的聚合物分子量也较低，可以通过适当的链转移剂诱导发生链转移反应，提高强度和凝胶率。表 17.11 是一个光固化玻璃纤维增强树脂基复合材料配方表，拉伸强度达到 102MPa。

表 17.11   E-51 体系光固化玻璃纤维增强树脂基复合材料配方表

原料名称	质量份数
E-51/E-44	100
二苯基碘鎓六氟磷酸盐	5
丙三醇	5

E-51 和 E-44 环氧树脂的黏度较高，可以采取向其中加入活性稀释剂的方法以便于结构修复过程中的施工。表 17.12 是一个适合用于结构修复的光固化玻璃纤维增强树脂基复合材料配方表，其具有良好的综合力学性能，复合材料中树脂基体与纤维之间结合良好；紫外固化复合材料制成的修补贴片对缺陷试样的修补效果显著，修补后试样的拉伸强度可以达到标准试样的 84.1%，是缺陷试样的 1.21 倍。

表 17.12   用于结构修复的光固化玻璃纤维增强树脂基复合材料配方表

原料名称	质量份数
E-51	100
三芳基硫鎓六氟锑酸盐	5
环氧丙烷丁基醚	10

为了提高复合材料的耐候性，可以采用氢化双酚 A 环氧树脂，由双酚 A 加氢后制成的脂环状二元醇与环氧氯丙烷缩聚反应制得。因此，固化产物除了具有双酚 A 二缩水甘油醚的特性之外，还具有耐候、耐紫外线照射的特点。表 17.13 为一个以氢化双酚 A 环氧树脂为基体树脂的光固化玻璃纤维复合材料配方，可以固化 5 层复合材料，复合材料强度超过 100MPa。

表 17.13   氢化双酚 A 环氧树脂光固化玻璃纤维复合材料配方表

原料名称	质量份数
氢化双酚 A 环氧树脂	100
二苯基碘鎓六氟磷酸盐	5
二苯甲酮	5
丙三醇	5

双酚 A 类环氧树脂价格低，但是其用于光固化时固化速度慢，可以采用脂环族环氧树脂提高固化速度，表 17.14 为一个脂环族环氧树脂的光固化玻璃纤维复合材料配方表，有机硅树脂的加入显著改善了脂环族环氧树脂复合材料的韧性。

表 17.14   脂环族环氧树脂光固化玻璃纤维复合材料配方表

原料名称	质量份数
双[(3,4-环氧环己基)甲基]己二酸酯	85
有机硅环氧树脂 ES06	15
二甲苯基碘鎓六氟磷酸盐	2

玻璃纤维复合材料采用光固化主要得益于玻璃纤维的透光性比较好，可以固化

一定的层数。对碳纤维来说，采用光固化存在光的穿透问题。普渡大学 Jui-Hsun Lu 等利用光敏树脂胶的阳离子光固化后固化的特性初步解决了碳纤维复合材料的阳离子光固化难题。

（二）自由基光固化树脂基复合材料

自由基光固化玻璃纤维复合材料最初从不饱和聚酯开始，施文芳和 Ranby 教授在 1994 年研究了环氧丙烯酸酯改性的不饱和聚酯玻璃纤维复合材料的光聚合性能，澳大利亚国立大学的 Paul Compston 等系统对比了光固化、常温固化和高温固化玻璃纤维不饱和聚酯复合材料的性能，结果表明 10min 光固化玻璃纤维复合材料的性能已经明显优于 24h 常温固化的玻璃纤维复合材料，相当于 90℃下 4h 后固化的复合材料，同时苯乙烯的挥发显著降低。

为了改进不饱和聚酯的光固化效率不高的问题，可以引入丙烯酸酯和乙烯基的光固化玻璃纤维复合材料。空军第一航空学院的魏东等报道了一种用光敏树脂浸渍纤维增强材料制成柔性预浸料修理补片，以胶接的方法贴补到飞机蒙皮的损伤区，在紫外光的照射下迅速固化，从而实施快速修复的方法。该方法修理操作方便，从准备到使修复件投入使用的时间短。修理时不用螺钉或铆钉，无需钻孔，修理后不会形成新的应力集中源且承载面积大，缺陷部位修复后强度高。表 17.15 是一个自由基光固化的玻璃纤维复合材料配方例表，施工工艺图如图 17.5 所示。表 17.16 是另一个自由基光固化的璃纤维复合材料的配方例表。

表 17.15　自由基光固化的玻璃纤维复合材料配方例表 1

名称	质量	公司
ESCORENE UL02825CC	20g	Exon
丙烯酸异辛酯	100g	
己二醇二丙烯酸酯	10g	
苯偶酰二甲基缩酮（BDK）	总质量的 2％	
玻璃纤维	低于总质量的 85％	

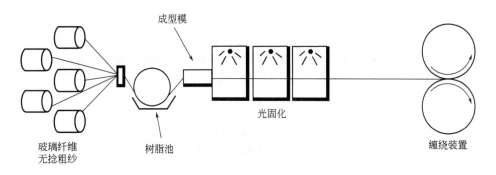

图 17.5　自由基光固化的玻璃纤维复合材料施工工艺图

表 17.16   自由基光固化的玻璃纤维复合材料配方例表 2

组分名称/代号	质量分数/%	公司
CN151	17.1	沙多玛
SR368(ISOTRI)	10.2	沙多玛
甲基丙烯酸异冰片酯	23.9	
GENOMER 4302	23.9	Rahn
GENOMER 1223	23.9	Rahn
Photoiniator(184/819 3∶1)	1	瑞士汽巴
玻璃纤维	占复合材料总质量的 30%～70%	Abaris 或 BGF

(三) 光引发前线聚合制备树脂基复合材料

由于光固化受制于光穿透深度的限制，一次性固化的层数有限，玻璃纤维增强树脂基复合材料研究和应用比较多，但碳纤维增强的体系很少。近年来随着自蔓延光固化研究的深入，将其和碳纤维增强复合材料结合，使光固化碳纤维增强树脂基复合材料成为可能。

前线聚合是一种以自身反应放热为推动力，通过反应区域连续移动，最终实现将单体全部转化为聚合物的聚合方法，也叫自蔓延固化或者多米诺固化。其具有固化速度快、不需要外界供热、无溶剂排放和设备简单等诸多优点。引发前线聚合可以是热引发，也可以是光引发。光引发前线聚合可以用于制备梯度材料，环氧树脂也可以用光引发剂引发前线聚合。将光引发前线聚合和碳纤维增强树脂基复合材料结合，可以用于修补。表 17.17 是光引发前线聚合制备树脂基复合材料配方例表。表 17.18 是三菱重工公布的光引发前线聚合制备树脂基复合材料配方例表。

表 17.17   光引发前线聚合制备树脂基复合材料配方例表

组成	质量/g
3,4-环氧环己基甲基-3,4-环氧环己基甲酸酯	80
环氧改性有机硅树脂 ES-06	20
4,4-二甲基-二苯基碘鎓六氟磷酸盐	0.7
过氧化苯甲酰	0.5
碳纤维布	250

表 17.18   三菱重工光引发前线聚合制备树脂基复合材料配方例表

产品名称	类型	质量分数/%
CELLOXIDE 2021P	脂环族环氧树脂	48.54
EXA-4850-1000	改性双酚 A 型环氧树脂	29.13
JER807	缩水甘油醚型环氧树脂	19.42
SI-60	阳离子热引发剂	2.33
UVI-6976	阳离子光引发剂	0.58
碳纤维		总质量的 30%～70%

二、电子束固化在复合材料成型中的应用

电子束固化是利用电子加速器产生的高能电子束，引发树脂聚合或交联。与热固化成型技术相比较，其具有许多独有的优点：可以实现低温固化，降低了固化后材料的残余热应力；固化速度快，成型周期短；可选择区域固化；适用于制造大型复合材料制件；可与纤维缠绕、手糊成型以及拉挤成型等工艺结合起来，便于实现连续化。20世纪80年代以来，法国航空航天公司（Aerospatile）、意大利 Proel 技术公司等研究机构先后将电子束固化技术应用于复合材料发动机壳体及气瓶等压力容器的固化，在缩短生产周期与降低能耗的同时，发动机壳体及气瓶的爆破压强也达到了热固化工艺的水平。加拿大航空公司采用电子束固化技术，对客机复合材料整流罩进行快速修补，并进行了数百次飞行试验，飞行时间达 1000h，效果良好。国内树脂基复合材料电子束固化技术研究尚处于起步阶段，多以树脂配方及复合材料界面研究为主，北京航空航天大学、北京航空材料研究所、南京航空航天大学、上海航天技术研究院 810 所等主要研发电子束固化用树脂体系、固化模具及辅助固化材料，这些研究为电子束固化树脂基复合材料工程化应用奠定了技术基础。

适用于电子束固化的树脂主要是带有游离基团的乙烯基不饱和双键化合物，如用于涂层方面的乙烯基醚和苯乙烯，双马来酰亚胺也较易实现电子束固化。而对于航空领域最为重要的是，用电子束可以固化环氧树脂体系，由于该类树脂具有高玻璃化转变温度、高断裂韧性、固化低体积收缩和与热固化匹敌的高机械性能，使电子束固化在航空复合材料制备领域备受青睐。这些成功应用的环氧树脂包括 Dow Tactix 123、Shell Epon 862、3,4-环氧乙烯己烯树脂以及加有异丁烯酸酯改性的环氧/硅环氧等。

IBA 工业有限公司以改性的环氧丙烯酸酯为基体材料，采用电子束引发的 X 射线进行固化，制备了碳纤维增强树脂基复合材料，并在汽车上实现了应用，图 17.6 为制备的 X 射线固化四层碳纤维宽轮摩托车挡泥板。

西北工业大学采用电子束固化技术制备了 T700 碳纤维增强树脂基复合材料压力容器，并通过水压试验验证。结果表明：电子束固化环氧体系（EB-1）具有较好的工艺性能和力学性能，耐热性能优良，达到 191.4℃；采用电子束固化工艺制备的 T700 碳纤维/EB-1 复合材料 NOL 环的拉伸强度为 2020MPa（其断面如图 17.7 所示），层间剪切强度为 68.9MPa；制备的 ϕ150mm 压力容器的特性系数 PV/WC 为 44km，达到了目前同类热固化复合材料的水平，固化周期仅为热固化复合材料的 1/15。在树脂基复合材料制造领域有着可观的应用前景。

辐照固化剂量（IDR）是影响层间黏结性能的关键因素。西安交通大学针对碳纤维/高分子复合材料中低能电子束固化的辐照剂量对复合材料固化特性的影响进行了一系列研究，首先利用低能电子束对树脂基复合材料预浸带进行分层辐照，引发树脂基复合材料开始固化反应；后将经过电子束辐照过的树脂基复合材料预浸带

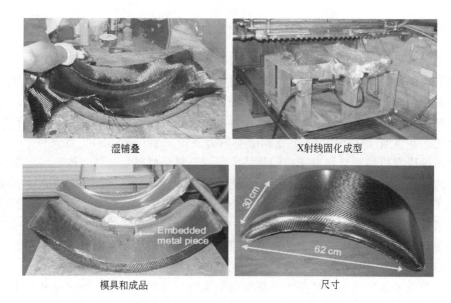

湿铺叠　　　　　　　　　　　　X射线固化成型

模具和成品　　　　　　　　　　　尺寸

图 17.6　X 射线固化的碳纤维复合材料摩托车挡泥板

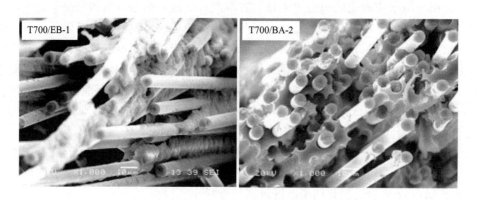

图 17.7　复合材料 NOL 环拉伸断面电镜照片

使用超声压辊进行分层铺压，完成对该复合材料的成型。通过对固化度、后热固化（第二阶段的后固化及第三阶段的热诱导固化）、层间结合质量（剥离强度及层间剪切强度）等测试，得到了辐照固化剂量对固化性能的影响规律。固化过程如图 17.8 所示。

法国阿丽亚娜公司和兰斯学院分析了碳纤维的表面改性对自由基反应的影响，发现芳香族添加剂可以抑制丙烯酸酯的辐照，巯基官能团可以使其辐照更加敏感化（如图 17.9 所示），因此通过巯基丁二酸对碳纤维进行改性，可以提高复合材料的机械性能。

与传统热固化复合材料相比，电子束固化的复合材料横向力学性能较差。为了解决该问题，法国阿丽亚娜公司和兰斯学院对碳纤维增强树脂基复合材料的基体表

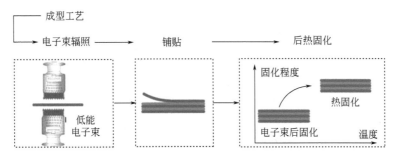

图 17.8　预浸料辐照过程示意图

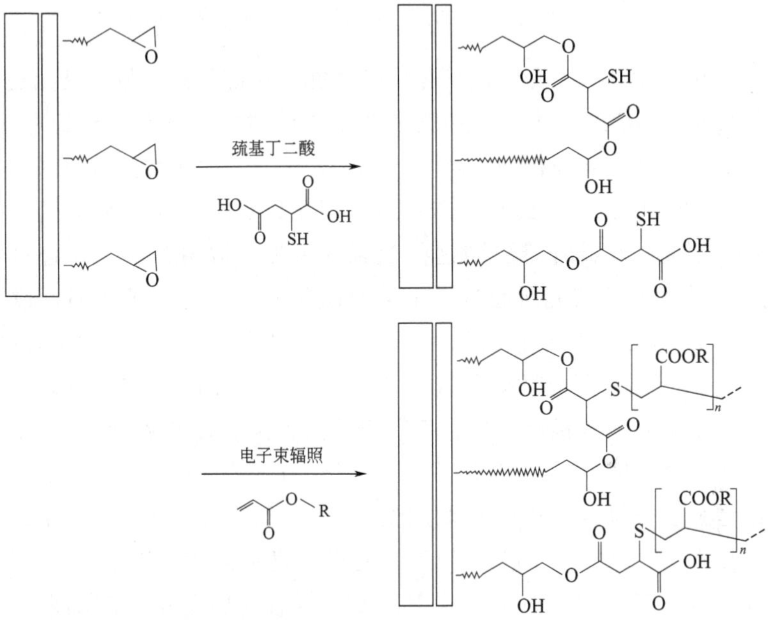

图 17.9　环氧树脂在碳纤维表面通过巯基丁二酸进行化学改性示意图

面化学机制进行了研究（如图 17.10 所示），为了提升界面层的性能，对界面相聚合的几个相关因素进行了探讨，分别研究了碳纤维类石墨表面结构对丙烯酸聚合和自由基活性的影响，最后提出了提高纤维-基材界面附着力的方法。

目前用于电子束固化的树脂体系种类不是很多，且树脂基体与纤维的界面黏结性不是很好；通常电子束固化的复合材料的孔隙率比预期的高；电子束对材料的穿透能力有限，对于厚截面复合材料，温度梯度仍然存在；电子束固化设备投资高，对设备要求严格，所以电子束固化树脂基复合材料尚未在航空航天等领域中得到大规模应用。

随着科学技术的发展，航空航天、军工武器装备等领域对高温材料的性能提出了更高的要求。在高温环境下，材料应当具备高强度、高模量、良好的耐化学腐蚀

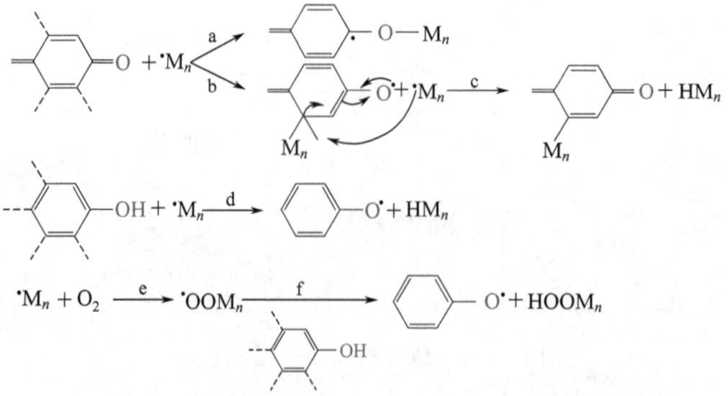

图 17.10   碳纤维表面存在的石墨类结构对电子束固化的影响机制

性、抗蠕变、抗氧化和抗疲劳性破坏等优越性能。传统的高温材料已无法满足这些
领域的发展要求，SiC 纳米线是一种宽带隙半导体材料，具有优异的电学、磁学、
光学、力学和散热性能，在机械、电子、化工、医疗、生物传感等领域得到了广泛
的应用，在 1200℃ 以上仍能长期工作，同时碳化硅纤维与陶瓷和金属基体具有良
好的相容性，因此碳化硅纤维受到这些领域的关注，被用来增强复合材料。早在
20 世纪初，日本原子能研究所通过电子束对碳化硅纤维进行了辐照，成功得到了
可以耐 1800℃ 的超耐热碳化硅纤维。2002 年，国防科技大学关于电子束辐射交联
对聚碳硅烷 PCS 纤维的不熔化效果进行了分析，并研究了其对热分解特性的影响，
探究了电子束辐射交联的机理，并制备得到了低氧含量的碳化硅纤维，对其耐高温
性能也进行了测试研究。2005 年美国宇航局 DiCarlo 等通过特殊工艺制备了五种新
型 SiC 纤维增强复合材料，并对该系统的工艺和性能进行了研究，结果表明该复合
材料系统可以在 1204℃、1315℃、1427℃ 的机械载荷和氧化条件下工作数百小时，
耐高温性能远远高于金属，该工艺制备的 SiC 复合材料可用于高温发动机。2009
年厦门大学在 1% 氧气氛围下采用 PCS 为原料，以低剂量的电子束为光源对 PCS
原丝进行辐照，后在惰性气体下退火处理得到碳化硅纤维，研究了退火温度对
PCS 的氧含量、化学结构的影响，并对其在退火过程中发生的化学反应进行了分
析研究。哈尔滨工业大学分别采用短 SiC 纤维、单向连续的 SiC 纤维制备出两种纤
维增强聚合物基复合材料，对纤维含量及纤维长度对复合材料微观结构和力学性能
的影响进行了分析，并对复合材料的断裂行为和增韧机理进行了研究。国防科技大
学通过透射电镜、纳米压痕、纤维推入等新型表征方法，对聚合物浸渍和热解法制
备的 SiC 纤维增强复合材料的微观结构、微观和宏观力学性能进行了测试，研究了
不同加工温度对其力学性能的影响机制。2018 年湖南大学吴翠兰等通过扫描电镜
和透射电镜对典型 SiC 纤维的横截面结构及热稳定性进行了详细的表征分析，发现
梯度组织的 SiC 纤维比均匀组织的纤维性能更好，对提高 SiC 纤维的力学性能和高

温性能具有重要参考意义。随着对碳化硅纤维复合材料研究的逐步深入及其优异的性能表现，制备高性能的碳化硅复合材料在航空军用等方面有重要应用前景，而电子束技术的快速发展也为碳化硅纤维的制备及应用提供了广阔思路。

参考文献

[1] Mrazova M. Advanced composite materials of the future in aerospace industry [J]. Incas Bulletin, 2013, 5(3): 139.

[2] Baird RW. Progress Toward a Heat-Resistant, UV-Curable Clearcoat for Aircraft Exteriors [J]. Rad Tech Report, 2013, 27(3): 9-15.

[3] 杜楠, 梁红波, 王力强, 等. 基于多元异氰酸酯和多元羟基聚丙烯酸酯的紫外光固化聚氨酯树脂的制备方法: 201010577067. 3 [P]. 2010-12-7.

[4] Leezi E B, Bowman M P, Walters D N. Multilayer Coatings Suitable For Aerospace Applications: US8414981B2 [P]. 2009-4-9.

[5] Geib C W. UV-Curable Powder Coatings with Robotic Curing for Aerospace Applications [J]. Rad Tech Report, 2011, 25: 19-24.

[6] Toddwilliams C, Callen K, Gambino C A, et al. UV-curable polyurethane: Dispersions for aerospace top-coat applications [J]. Jct Coatings Tech, 2012, 9(5): 28-32.

[7] Bowman M, Muschar H. Low gloss UV-cured coatings for aircraft: US8906468B2 [P]. 2014-12-9.

[8] Deantoni J R, Curatolo B S. Corrision-resistant, Chromium-free, Self-priming coatings curable by ultraviolet light: US20150086797A1 [P]. 2015-3-26.

[9] Razd S J, Conley D J, Reed C W. Method of preparing UV absorbent and abrasion-resistant transparent plastic articles: US5156882 [P]. 1992-10-20.

[10] Bilkadi Z. Photocurable abrasion resistant coatings comprising silicon dioxide dispersions: US4885332 [P]. 1989-12-5.

[11] Gao J, Martin A, Yatvin J. Permanently grafted icephobic nanocomposites with high abrasion resistance [J]. Journal of Materials Chemistry A, 2016, 4(30): 11719-11728.

[12] Li X, Zhang K, et al. Enhancement of icephobic properties based on UV-curable fluorosilicone copolymer films [J]. RSC Advances, 2015, 5(110): 90578-90587.

[13] Lu J H, Youngblood J P. Adhesive bonding of carbon fiber reinforced composite using UV-curing epoxy resin [J]. Composites Part B: Engineering, 2015, 82: 221-225.

[14] Fernyhough A, Fryars M. Pultrusion process for preparing fiber-reinforced composite rod: US5700417 [P]. 1997-12-23.

[15] Bulluck J W, Rix B A. Ultraviolet Loght Curing Compositions for Compisite Repair: US7144544 [P]. 2006-12-5.

[16] 杨建文, 曾兆华, 陈永烈. 光固化涂料及应用 [M]. 北京: 化学工业出版社, 2006:102-104.

[17] Herer A, Galloway R A, Cleland M R, et al. X-ray-cured carbon-fiber composites for vehicle use [J]. Radiation Physics and Chemistry, 2009, 78(7-8): 531-534.

[18] Weiling Y, Haitao L, Haifeng C. Processing-temperature dependent micro-and macro-mechanical properties of SiC fiber reinforced SiC matrix composites [J]. Composites Part B: Engineering, 2017, 129:

152-161.

［19］ Yong Z, Cuilan W, Yingde W, et al. A detailed study of the microstructure and thermal stability of typical SiC fibers ［J］. Materials Characterization, 2018, 146: 91-100.

［20］ Zayachuk Y, Karamched P, Deck C, et al. Linking microstructure and local mechanical properties in SiC-SiC fiber composite using micromechanical testing ［J］. Acta Materialia, 2019, 168: 178-189.

第十八章
电子束固化技术及应用

电子束辐射固化技术是指在具有一定能量（运动）的电子的作用下，使得液态的低聚物（包括单体）经过交联聚合快速形成固态材料的技术。该技术的过程主要包括：电子束在液态低聚物或单体中随机产生自由基（包括阳离子自由基、阴离子自由基、低聚物与活性稀释剂裂解自由基），引发带不饱和双键的低聚物和活性稀释剂聚合交联，且产生的自由基本身也可交联或进攻不饱和体系，使不饱和体系产生交联，甚至可与基材发生反应（接枝），与紫外光聚合相比，新键的产生范围更广、更复杂。

从 20 世纪 60 年代初美国福特汽车公司首次采用电子束固化涂料，60 多年来电子束辐射固化技术发展非常迅速，但是由于受到核心技术发展的限制，我国电子束固化技术发展相对缓慢。在 20 世纪，我国在低能电子束固化技术上基本处于空白，主要依赖于进口。20 世纪 90 年代我国开始重视发展低能电子束技术。1998 年国家自然科学基金委将树脂基复合材料的电子束固化技术研究列为重点项目，现已经取得了一些有实际意义的成果。

第一节　电子束辐射概述

电子束（electron beam，EB）：是指具有一定能量（运动）的电子在空间聚集在一起，沿着同一方向运动的电子流。电子在电场中，受正电极吸引向正极移动，获得移动能量，此过程称为电子加速，这是电子获得能量的过程。

电子束的特性用电子束能量 E 和电子束强度 I 来表示。

电子束能量 E 用电子伏特来表示：$E = eU$

式中，e 表示 1 个电子的电量；U 表示加速电场的电压。

1 电子伏特（1eV）表示一个电子通过电位差为 1V 的电场所获得的能量。常用的电子束能量单位有：eV（电子伏特）$= 1eV$，keV（千电子伏特）$= 10^3 eV$，MeV（兆电子伏特）$= 10^6 eV$，GeV $= 10^9 eV$，TeV $= 10^{12} eV$。

$$1eV = 0.446 \times 10^{-25} kW \cdot h(千瓦 \cdot 时) = 1.602 \times 10^{-9} J(焦耳) = 1.602 \times 10^{-6} Gy(戈瑞)$$
$$\qquad\qquad （电能）\qquad\qquad\qquad （热能）\qquad\qquad\qquad （吸收剂量）$$

这是电子伏特对应于电能、热能和吸收剂量的三个关系式。

电子束的另一个特性为电子束强度 I，用安培 A 来衡量：

$$I = Q/t$$

式中，Q 为电子束的电荷，单位为 C（库仑）；t 为电荷通过的时间，单位为 s（秒）。

当单位时间电子束流过电荷的电量为 1C 时，其电子束强度（流强）为 1A，常用电子束强度单位有：A（安培）=1A，mA（毫安）=10^{-3}A，μA（微安）=10^{-6}A。

此外，还有两个物理量：吸收剂量 D 和辐射化学产额 G，与电子束固化有关。

吸收剂量 D 表示被辐照物质单位质量吸收辐照能量的多少，单位为戈瑞（Gy）。$D=E/m$，1Gy=1J/kg，每千克物质吸收 1J 辐照能量为 1Gy。

辐射化学产额 G 表示被辐照的物质，每吸收 100eV 的辐照能量后，发生化学物理变化的数量，也称为化学产额。G=100eV/分子数。

被辐照物质接收到的辐照剂量，理论上可以根据机器的工作条件来计算，与给定时间内通过的物质的质量相关。假设电子束产生的全部能量都到达被辐照物质且被完全吸收，那么，根据公式可以计算辐照剂量。

首先，单位时间内通过电子束的物质的质量计算式如下：

质量(g/s)＝线速度(cm/s)×宽度(cm)×深度(cm)×密度(g/cm^3)

那么，给定时间内辐照物质接收到的辐照剂量计算式如下：

剂量＝(UI)/(线速度×宽度×深度×密度)

式中，U 为加速电压（V）；I 为电子束强度（A）。

但是，当电子束穿过钛窗以及被辐照物与钛窗之间的间隙时，都会发生能量损耗，实际到达被辐照物表面的能量低于理论计算，这给实际生产带来一些不确定因素。因此，在实际生产中，需要对每台设备进行剂量标定。

电子束的加速电压决定了电子的穿透深度，换言之，加速电压决定了可被固化的涂层厚度。对于表面固化而言，加速电压在 $80\sim200$keV 之间即可以使大多数涂层固化。图 18.1 为不同电压下，电子束在水中（或者辐照物密度为 1g/cm^3）的穿透深度（COMET AG，Ebeam Technologies 公司提供）。

不同物质对电子的吸收能力不同，因此在考虑电子束的固化深度或厚度时，需要考虑以下两点。

① 电子到达涂层前的能量吸收。包括钛窗、钛窗与被固化涂层之间的空气、惰性气体等一切物质在内。

② 剂量在涂层内部随深度逐渐减退。如图 18.1 所示，当把加速电压为 200keV 的电子束到达水面的剂量计为 100%，到 250μm 时其剂量仅为表层的 50%。到 400μm 时剂量已降为 0。

在实际生产中，对不同设备、生产环境以及不同配方，为实现最好的固化效果，所需要的加速电压是不同的。从某种程度上讲，这也是阻碍电子束技术应用的重要原因之一。

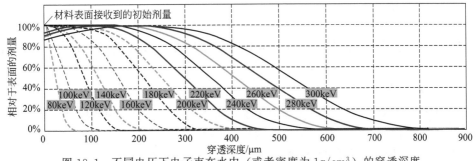

图 18.1　不同电压下电子束在水中（或者密度为 $1g/cm^3$）的穿透深度

第二节　电子束设备

一、电子加速器

要想达到可利用的具有足够能量的电子束，必须提供足够高的电压，以形成足够强的电场使电子加速，这类使电子加速的设备为电子加速器（electron generator 或 electron accelerator）。电子束是由电子加速器产生的，作为工业应用的电子加速器发展于 20 世纪 50 年代。1957 年德国拜耳公司和意大利 Pirelli 公司开发了 2MeV 的电子加速器，用于研究和开发聚烯烃的交联技术；1967 年荷兰将绝缘芯型电子加速器用于研究涂料的固化；1973 年第一条木材表面涂层电子束固化生产线在荷兰 Svedex 公司投入运行；1978 年德国 WKP 公司率先装备了 200cm 宽的电子加速器固化系统，用于装饰制品的色漆固化；20 世纪 80 年代初出现的电子帘加速器，是一种结构紧凑、体积小巧的电子加速器，也是辐射固化应用最理想的加速器。

（一）电子加速器的结构组成

不同种类的电子加速器具有基本相同的结构组成，主要包括电子枪、加速结构、导向聚焦系统、束流运输系统和高频功率源或高压电源五部分。

（1）电子枪

顾名思义是用于产生电子束的结构。电子枪是电子束的源头，由灯丝（兼作阴极）和阳极组成，灯丝一般由金属丝（如钨丝）绕制成螺旋形，由灯丝电源加热后发射电子束。电子枪一般都带有聚焦和导向系统来提高输出束流的品质。

（2）加速结构

用于将电子束加速到较高的能量，电子束可以在不同类型的加速管、高频加速腔等设备内进行加速。带电粒子束一般是在真空中加速，从一定形态的电场中获得能量。电子加速器的加速结构主要是加速管，它是加速器的主体。电子在加速管内被一系列的电极或微波电场加速，按照设计目标达到预定的能量级别。

（3）导向聚焦系统

可以引导和约束被加速的电子束，使其沿着预定的轨道运动。电子束导向聚焦功能的实现一般是靠各种形式的电磁场，如偏转磁铁或四极磁铁等设备产生的磁场。

（4）束流运输系统

用于在加速器各个系统间运输电子束，是各个系统之间的连接部分，主要由透镜和偏转磁铁构成。

（5）高压电源或高频功率源

在加速器结构中形成加速电场提供高压或高频功率。低中能加速器中通常使用的是直流高压电源，加速的是连续电子束。高能电子加速器也可能是高频功率源，经过这样加速的电子束具有时间脉冲的特点。

除上面介绍的几个基本组成部分外，电子加速器通常还有束流监测和诊断系统，用以维持加速器所有系统正常运行的电源系统、真空系统、控制系统、恒温系统等各种辅助系统。另外，用于工业辐照生产的电子加速器，通常还需要束流扫描系统来保证被辐照的物品受到均匀的电子束辐照。加速管输出的电子束截面为圆形斑状，并且圆斑内的电子密度呈正态分布，所以对于工业辐照用的电子加速器，为了保持加工面上的辐照剂量均匀，通常要求电子束具有扫描功能，从而将电子束扩展成为均匀的、有一定宽度的电子束。此外，钛窗也是加速器中一个很重要的结构部件。因为电子束的加速是在真空中完成的，而在对产品进行辐照时必然需要将电子束引入空气环境中，所以一般在扫描盒出口的地方用钛窗隔离大气和真空。由于电子束能量高，穿过钛窗时损耗的能量转化成热量，使钛窗温度升高，如果不进行冷却，钛窗会被击穿，钛窗一旦破裂就会发生非常严重的事故，如瞬间造成周围电子辐射超出安全极限，对周围人员的身体健康带来一定的危害。因此，在实际使用时，钛窗需要不断地进行冷却。

电子加速器的组成示意图如图 18.2 所示。

（二）电子加速器的分类

按照能量大小，可以将电子加速器分为低能电子加速器、中能电子加速器和高能电子加速器（见表 18.1）。低能电子加速器主要应用于橡胶硫化、水处理、表面固化、燃煤烟气脱硫脱硝、薄膜辐照、油墨固化、乳胶硫化等方面。中能电子加速器主要应用于电线电缆、热缩材料、发泡材料、有机 PTC 材料辐射交联以及辐射接枝等领域，中能加速器也是我国目前应用最多的电子加速器。高能电子加速器主要应用于食品保鲜，医疗用品消毒，中药、食品、粮食等的辐照消毒，灭菌，杀虫以及海关检疫等。低能电子加速器最主要的形式是电子帘加速器，它是一种高压型加速器，没有加速管和扫描装置，体积小，外形规整，具有自屏蔽功能，其主要应

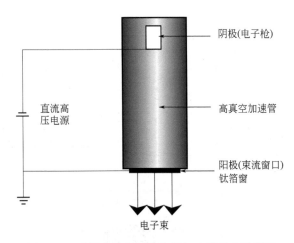

图 18.2　采用直流电源的电子加速器组成示意图

用于表面涂层固化和辐射灭菌。中能电子加速器则通常是高频高压加速器，也是目前世界上应用最广泛的加速器。高能电子加速器则主要是直线电子加速器，利用微波对电子进行加速，可以赋予电子几百吉电子伏特的能量，但在工业辐照应用中，为了避免发生危险，通常将辐射加工用直线加速器的能量控制在 10MeV 以下。随着电子加速器研究的不断发展，目前已经研制出低能直线电子加速器，也可用于要求电子束能量较低的工业应用中。

表 18.1　电子加速器的分类

类别	高能电子加速器	中能电子加速器	低能电子加速器
电子束能量/eV	5～10M	300k～5M	<300k
穿透能力	深	较深	浅
电流密度	小	不大	可很大
主要用途	辐射消毒,食品处理	聚烯烃交联,热收缩料	辐射固化

适用于电子束辐射固化的电子加速器为低能电子加速器，它有三种类型，分别为扫描式、帘式（也叫电子帘）和多阴极式。这几种类型的低能加速器原理如图 18.3所示。

扫描式电子加速器是由阴极枪发出的电子在 $133×10^{-6}$ Pa 的真空下加速，通过控制电子束方向的电磁线圈，通常以正弦波形被扫描成加工区的宽度。从高真空发生的高能电子，穿过既能让电子通过又能保持真空的金属钛箔窗或铝箔窗发射出来，到达被辐照物表面。箔窗必须用风冷和水冷同时进行冷却，以防被熔化。最早扫描式电子加速器都是供聚合物和橡胶交联用，这些加速器的电压非常高，500kV到若干 MV，不适用薄层液体涂层的辐射固化。随着技术的发展，电压较低（300～500kV）的电子加速器设备也被开发出来，在 20 世纪 60 年代末和 70 年代初，应

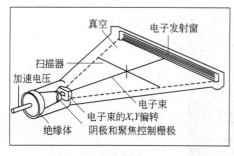

(a) 扫描式

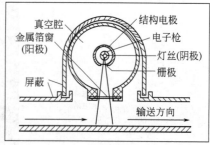

(b) 电子帘式

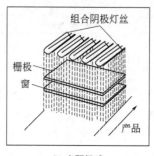

(c) 多阴极式

图 18.3   低能电子加速器

用于木器涂装、汽车塑料仪表板涂装生产线以及金属线圈涂装线。到 80 年代末 90 年代初，电压低于 200keV 的扫描型设备也被开发出来。

电子帘加速器不用点状电子源，而是把加热的金属灯丝引出的电子排成电子瀑布（也称电子帘）。该技术是在 20 世纪 60 年代初期到中期，由英国 Harwell 的原子能研究院和电子管投资有限公司首先开发的技术。但是，他们自己并未生产该机器，而是被能量科学公司（ESI）吸收并采用了该技术思路，开发出电子帘加速器。同时，ESI 把几根平行的线状阴极纳入同一支阴极枪中，使辐射剂量比早期电子帘加速器高出很多倍，加工区也得到扩展，使加工区更长，辐照强度更高。电子帘加速器比扫描型电子加速器设备紧凑，更易安装到生产线上，而且屏蔽的难度相对较小。

电子帘加速器作为一种典型的低能高压加速器，目前被应用在逆渗透海水淡化膜、电池隔膜及其他功能膜的制备，工程塑料、建筑装饰材料、板材及玻璃等涂料的固化，汽车子午线轮胎体层和内衬里层、薄型橡胶和橡胶胶乳辐射硫化，废水处理，烟气净化，水凝胶、甲壳素、壳聚糖及其衍生物，医用材料制备等多个领域，是一种安全、高效、节能、绿色、低成本、低投资的加速器，发展空间较为广阔，且是低能电子束辐射固化工业生产的主要加速器。电子帘加速器主要由高压电源、真空室、控制系统、真空系统、冷却系统和供气系统组成。其原理是利用长灯丝阴极发射电子，经过 150~300kV 电压一次加速，从钛窗引出，形成帘状电子束。机外壳包裹铅皮，以避免 X 射线逸出，因此可以安装在车间生产线上使用，不需要外加防护墙。国际上已大量用在辐照塑料薄膜、涂料固化、印刷等行业。其束帘的宽度已可长达 2m。为提高束流，已由单灯丝发展为多灯丝的电子发射系统。根据不同用途，能量有 150～300keV 不等。

随后，美国的 PRC 工业公司开发了多根直线阴极枪的组合，其灯丝顺生产线的输送方向排列成行。这种配置产生的束流较高，使给定剂量要求下的流水线速度大大提高。但是，电子束流分布可能存在均匀性的问题，阴极枪下方和两根阴极枪空隙下方的电子束流强度可能不同。

目前能生产电子束固化用的低能电子加速器仅有少数国家，如美国、日本、英国、瑞士、意大利、法国等。我国也正在开发中，主要厂家有无锡爱邦、中广核达圣、绵阳核九院等。

二、屏蔽装置

高能电子与物质碰撞时产生 X 射线，而 X 射线穿透性强，对人体有害，因此，为防止辐射泄漏到周围工作场所，必须给电子加速器做好充分的屏蔽，并配备自动保险装置。

对于电压较高的设备（300～500kV），要求安装在隔离的水泥房内。对于电压较低的设备，如涂料领域较常使用的电压较低（≤200kV），辐射区周围用铅板屏蔽即可实现设备的自身屏蔽，从而可在一般车间环境下安全作业。

自动保险装置包括联锁装置和在线辐射监控器。如果屏蔽物不在适当位置，联锁装置便切断高压电源；如果辐射高于预定的最高标准，监控器也会切断电源。

现在电子加速器的屏蔽装置主要有两种形式：自屏蔽系统和带有防辐射屏蔽性能的输送通道。用于辐射固化的电子束加速器是低能电子加速器，因此本节主要介绍两种低能电子帘加速器的自屏蔽系统。

电子帘加速器的自屏蔽系统是根据 "OSHA-Standards"（Occupational Safety and Health Administration Standards）职业安全与健康标准设计的，表面的 X 射线量低于 0.025mSv/h。屏蔽系统长 10m，采用 "Shutter" 方法。平均每个工人每年承受 0.17mSv 的辐照剂量，仅是美国国家剂量标准（0.5mSv/a）的三分之一。

另一种自屏蔽电子束辐照装置的结构是电子枪、加速管、漂移段与扫描盒密封成为一体结构，束流系统整体密封效果好，排气彻底。束下传送装置采用同步双链式结构，可靠性高，且体积小巧。双链位于扫描电子束的外侧，避免了受到电子束的直接辐照。屏蔽装置在结构上分为三大部分：一是加速管的屏蔽；二是扫描盒及辐照区域的屏蔽；三是传送通道的屏蔽与出入口的转动屏蔽门。排风系统通过在屏蔽装置中设置细长多弯迷宫式风道，来排出辐照区域产生的臭氧。

对于连续板材表面的涂层，采用电子束固化技术，其防辐射屏蔽性能是保证安全生产的关键技术。板材相比膜材厚度大大增加，因此板材进出电子束装置通道，包括进料口和出料口，都需要具有较高的高度，如果没有很好的屏蔽系统，电子辐射到外环境中的概率增加，操作者的安全性难以保障。国内外对于板材的电子束辐射固化技术由于需要较高的自屏蔽技术，发展相对缓慢。对于该方面的技术，专利技术报道较多。下面介绍两种专利技术，以供参考。

一种板材连续进料的电子束固化屏蔽装置（专利号：ZL201910560566.2），包括用于运输板材的输送组件，输送组件包括多个间隔设置的输送辊；输送组件的外侧罩设有密闭的屏蔽罩，屏蔽罩内设有沿输送组件的输送方向延伸的输送通道，输送通道在屏蔽罩的两端分别形成进料口和出料口；输送通道包括沿输送方向顺次设置的进料区、辐照固化区和出料区，辐照固化区设有电子加速器，进料区和出料区均设有多个屏蔽组件，屏蔽组件包括固定在屏蔽罩内壁上的屏蔽板以及用于和屏蔽板一起隔断输送通道的屏蔽门，屏蔽板上设有供板材通过的开口，屏蔽门可相对屏蔽板转动，并且屏蔽门上设置有复位机构。此种屏蔽装置在保证屏蔽效果和气体环境的基础上，提升了生产线的生产效率。

一种用于平面板材涂装电子束固化的防辐射屏蔽输送通道（专利号：ZL201612393243.5），包括辐射、进料及出料通道。辐射通道上设置有电子束发射装置，并设有屏蔽壳；进料通道从辐射通道进料端的屏蔽壳侧面连通至辐射通道；出料通道低于辐射通道，辐射通道通过斜向出料连接通道。工作时所产生的韧致辐射绝大部分沿着辐射通道平面发射，由于屏蔽壳的进料口设置在侧面，形成小型迷宫，可有效减少辐射泄漏，出口通过斜向下屏蔽壳，减少从出料口泄漏的辐射，避免对人体造成伤害，还可保证平板工件在进入固化工序前大致保持水平状态，使得工件上各处的涂料层厚度保持均匀，涂层的固化效果好。

除了电子加速器和屏蔽装置之外，现在我国对低能电子束固化仪控制系统设计的研究，已经可以实现加速器根据预设自动升压/出束，传动系统运行可靠，操作界面简洁易操作，联锁保护系统可实时显示报警。该控制系统与传统的电子辐照加速器控制系统相比，自动化程度更高，更易操作，可降低对电子束固化设备使用者的辐照加速器背景要求。

第三节　电子束辐射固化技术

一、电子束辐射化学原理

电子束辐射固化是指液态低聚物或单体在具有一定能量的电子辐照作用下发生从液态到固态的交联聚合反应。电子束将其自身携带的能量转移给被辐照物，当能量高于被辐照化学物质原子某一轨道电子的能量，该轨道电子就会脱离原子轨道，原子被电离；而当能量不足以使原子发生电离，则轨道电子被激发到某一高能级的轨道，轨道电子处于激发态（图 18.4）。单体或低聚物发生电子束辐射固化聚合机理如图 18.5 所示。

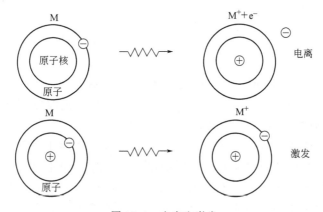

图 18.4 电离和激发

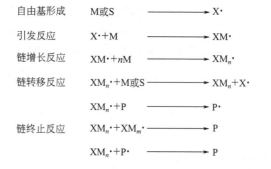

图 18.5 单体或低聚物发生电子束辐射固化聚合机理

M 表示单体；S 表示溶剂；X· 表示单体或溶剂产生的自由基；P 表示聚合物；P· 表示聚合物自由基

二、电子束辐射固化技术的特点

① 可室温或低温固化，自由基生成速度与温度无关。电子束辐射固化技术的室温或低温固化，与传统升温固化相比有很多优越之处。例如，可以避免升温导致的树脂流失，因此可以将成型与固化分离开来，在固化前就能较为准确地确定制件的尺寸、重量等参数，从而制得尺寸稳定的制件，同时减少了树脂流失和成型后再切削打磨的加工费用。升温固化时层与层之间及纤维与基体之间存在温度差，会产生残余应力，当制件较薄时会发生翘曲变形；而室温固化则可以消除或减少这种残余应力，避免翘曲，提高制件的力学性能。当固化温度为室温或接近室温时，可以忽略不同性质的材料在流动性、热膨胀系数等方面的差异，因此允许同时固化或胶接不同的材料。这也可以减少复合材料加工环节，从而降低制造成本。室温固化的另一个重

要优点是可以使用耐热性低、易于制造的模具材料,大大降低了工装费用。

② 自由基产生速度快,生成的自由基浓度比 UV 体系高,可缩短固化时间。这一特点对大型制件的快速成型具有特别重要的意义。由于可室温固化及固化时间大大缩短,采用电子束固化方式可以节约能源。

③ 可以成型大型制件。传统的热压罐固化方式由于受热压罐尺寸的限制,对其制件尺寸的要求相对较高;而采用电子束辐射固化方式,从理论上讲制件尺寸仅受屏蔽室的限制。目前已知最大的电子束固化室是在法国宇航公司(Aerospatiale),它可以成型直径 5m、长 10m 的制件。能够成型大尺寸制件的特点,对于保证结构整体性、减少装配是具有很大意义的。

④ 可以选择区域固化。电子束固化是"可瞄准"的固化,所以在制造或装配过程中可以只固化所选择的区域,而不影响其他区域。这不但可以通过降低材料装配成本来大大降低制造成本,还在材料修理领域有很大的应用前景。

⑤ 树脂的储存期长。实际上,在避光保存的前提下,电子束固化的材料几乎可以达到在室温下无限期储存。现在已经有实验证明室温储存了四年的树脂仍然可以使用。这不仅有效减少了材料过期导致的损失,而且非常有利于大型、复杂制件的制造。

⑥ 可以减轻污染。电子束固化的树脂体系中不含固化剂,并且所选树脂的黏度通常都不高,因此可以不用或少用溶剂,从而减少挥发份的产生,同时减少材料成型过程中对人体和环境的污染。

因此,电子束固化材料具有高性能、低成本、对环境友好的优势,有很好的发展前景。

电子束固化与热固化相比其技术优势见表 18.2。

表 18.2　电子束固化和热固化技术比较

项目	电子束固化	热固化
温度	低(室温)	高(一般 100℃以上)
固化速度	快(几秒)	慢(几小时)
设备占地面积	较小(15～20m 长)	大(30～90m 长)
大气污染	无(无溶剂)	有(有溶剂)
火灾危险	小(无溶剂)	大(有溶剂)
对热敏材料	可使用	不能使用
产品质量	高	较高
生产启动和停止	方便	不方便
设备投资	大	较大
总成本核算	较低	较高

研究表明,在涂料的凝胶率上,如果使用相同的配方,EB 固化涂料一般要比

UV 固化涂料高 20% 以上。更高的凝胶率意味着 EB 固化涂料拥有比 UV 固化涂料更佳的耐磨性和耐划伤性，其耐溶剂性也远优于 UV 固化涂料，但柔韧性不及 UV 固化涂料。同时，EB 辐射固化时，接枝聚合反应程度高于 UV 体系，接枝部分又可以产生新的自由基再聚合，使接枝继续生长，分子量增加；而且，接枝反应同样可以发生在被涂的高分子基材上面，使得固化涂层和基材的结合力强。同时，由于 EB 固化由电子束引发，不需要添加额外的引发剂，EB 固化涂料的耐黄变性更优，散发的气味也更少。尽管 UV 固化涂料的断裂伸长率优于 EB 固化涂料，但弹性模量、硬度、耐酸、耐碱、耐盐水等性能与 EB 固化涂料有较大的差距，热机械性能也更差，甚至在一些体系中的附着力和柔韧性都差于 EB 固化涂料。同样属于辐射固化涂料，在大多数情况下，相同配方的 EB 固化涂料的各项性能均优于 UV 固化涂料。当然，也不能排除在某些特定体系或应用场景中，UV 固化涂料的一些性能更佳。

EB 油墨中不含有对人体有害的有机挥发物，成分中不含有溶剂，对环境和包装物没有污染，且印刷气味较小，不含 VOCs，对工作人员的危害非常小。而且，EB 固化的速度非常快，在电子束的照射下，只需 1/200 秒，固化非常彻底。在高速印刷状态下，不仅提高了印刷质量，而且解决了在塑膜类基材上的抗刮擦性问题。EB 固化的墨点更加细小，对于油墨附着力的要求更高，应用于高精度数字印刷领域的空间更为广阔。因为 EB 油墨与 UV 油墨在组成上基本相似，所以在 EB 油墨中加入一定的光引发剂，可转制成 UV 油墨。

在黏合剂方面，EB 固化无需有机溶剂，没有公害；固化所需要的时间短暂，使黏结速率加快；所固化的黏合剂可以作为功能黏合剂；无需直接加热，设备占地面积较小。

电子束固化与紫外光固化相比，其技术优势见表 18.3。

表 18.3 UV 和 EB 技术的对比

项目	UV	EB
设备尺寸	较小	较大
热量排放	光源产生大量热	相对而言是冷固化过程
清漆固化厚度	$130\mu m$	$500\mu m$
色漆固化厚度	$50\mu m$	$400\mu m$
光引发剂	需要	不需要
环保程度	较低	较高
设备投资	低	高
能耗	较低	较高
惰性气体	不需要	需要
转化率	95%	95%～100%
运营成本	利用率不到 50%，其余以热量的形式损失，冷却设备需要能量	电能转换率大于 90%，冷却、惰性气体需要能量
安全性	UV 光对人体皮肤、眼睛等有害	开机才会产生次级 X 射线

相比于 UV 固化技术，EB 固化技术的不足之处在于：在金属基材上粘接力不够好，容易裂开；在形状较为复杂的物体上固化困难；设备和工作环境的营造过于昂贵。还有一个缺点就是需要隔绝氧气。一方面电子束会与氧气发生反应，生产臭氧，降低了电子束到达被照物体表面的数量；另一方面，由于氧气分子的稳定态是三线态，有两个自旋方向相同的未成对电子，氧气会与自由基快速反应，从而使自由基的聚合反应下降，不利于固化成型。目前最普遍的做法是用惰性气体氛围保护所固化的材料，从而除去氧气，解决氧阻聚所带来的影响。

三、电子束辐射固化材料的组成

电子束辐射固化材料的组成与紫外光固化材料的组成基本上是一样的，不同之处是电子束固化材料不用光引发剂。电子束辐射固化材料的基本组成是低聚物、活性稀释剂、颜料、填料及其他助剂，这些原材料与紫外光固化材料是相同的。

所用低聚物或树脂主要包括：

① 环氧丙烯酸酯，是目前应用最广泛、用量最大的辐射固化低聚物，其固化后的涂膜具有硬度高、耐腐蚀、光泽度好、耐热性及电化学性优异等特点，并且环氧丙烯酸酯还有原料来源广、价格低廉、合成工艺简单的优势，其中双酚 A 环氧丙烯酸酯还是在低聚物中辐射固化速度最快的一种。

② 聚酯丙烯酸酯固化后的漆膜具有较好的外观、耐候性、防腐蚀性等，如采用脂肪族多异氰酸酯作固化剂，则耐光、保色性更好，可用于机械设备、航空航天、交通等设备的装饰和保护涂装。

③ 聚氨酯丙烯酸酯（PUA）的分子中含有丙烯酸官能团和氨基甲酸酯键，固化后的胶黏剂具有聚氨酯的耐磨性高、黏附力好、柔韧性强、剥离强度高、耐低温性能优良等特点。

④ 聚丙烯酸酯具有卓越的光学性能和耐候性，也是一种综合性能优良的辐射固化材料。

活性稀释剂主要包括丙烯酸酯单体、乙烯基醚类单体等，对低聚物起到稀释和调节黏度的作用，并参与聚合反应。

颜料、填料和助剂等和 UV 光固化没有显著区别，本章不再赘述。

第四节　电子束固化涂料

涂料（coating）是一种覆盖于物体表面并能结成坚韧保护膜的材料，一般由有机高分子构成，主要作用为保护、装饰等。我国古代涂料被称作油漆，是因为早期的涂料大多由植物油制得，其发展历史已有数千年。到了近代，涂料工业飞速发展，早已不仅仅局限于油漆，还发展出粉末涂料、辐射固化涂料等新类型，广泛应用于社会生活的各个方面，是现代社会不可或缺的重要工业产品。

涂料的基本组成为成膜物质、颜料、溶剂和助剂四部分。成膜物质是涂料形成的基础，其成分多为高分子聚合物；颜料是涂料呈现出各种颜色的来源；溶剂溶解其他三个组分，起到便于施工和改善性能的作用；助剂包含消泡剂、流平剂、润湿剂等，尽管用量不大，但对涂料的性能有重要影响。

我国是重要的涂料生产和消费大国，产量约占全球的四分之一，在世界涂料行业具有重要地位。根据中国涂料工业协会产业发展部发布的《2019年前三季度中国涂料行业经济运行分析》，仅2019年1～9月，中国涂料行业总产量就达到1852.6万吨，较上年同期同比增长了9.2%，主营业务收入总计2289.5亿元，利润总额165.6亿元，因此拥有广阔的市场空间和极佳的发展前景。

电子束固化属于辐射固化，电子束固化机理与紫外光固化机理有本质区别。紫外光固化需要光引发剂，其机理是光引发剂吸收紫外光后，产生自由基（或阳离子），引发带不饱和双键（或环氧基、乙烯基醚）的低聚物和活性稀释剂聚合、交联，该体系中所有新键都是通过不饱和双键（或环氧基、乙烯基醚）的交联聚合而产生的。而电子束固化不需要光引发剂，是体系中的有机物受到电子束轰击随机产生自由基（包括阳离子自由基、阴离子自由基和低聚物与活性稀释剂裂解自由基），从而引发带不饱和双键的低聚物和活性稀释剂聚合交联。

EB固化涂料是一项复杂的技术，过程中任何条件的变化都会导致所得涂层性能的巨大变化，对涂层性能影响较大的主要有辐照剂量、能量或加速电压、氧含量等因素。EB固化的辐照剂量一般在10～200kGy之间，与涂料种类、基材种类、电子加速器的能级、束流、扫幅宽度等因素有关。在其他条件不变的情况下，随着辐照剂量的增加，涂料固化的凝胶率和涂层性能大多有所提高（某些涂料体系中也会出现减少现象），但辐照剂量并非越高越好。一方面，辐照剂量增加到一定值后，继续增加对性能的影响变得十分有限，因此在生产应用中考虑到成本问题，不会选择过高的辐照剂量；另一方面，由电子加速器发射的电子束撞击材料时，会引发高分子的分子键的断裂降解并引发不饱和分子键的断裂聚合，不同材料的两种反应倾向不同，所以必须先确定电子束辐照对基材本身的影响，确定保证基材性质的最小辐照剂量，以此为涂层固化的辐照剂量上限。另外，一些情况下辐照剂量过高会使涂层变脆，削弱了涂层的性能。因此，辐照剂量的选择需要经过充分研究，选取最优的剂量用于固化。

利用电子束固化技术对涂层处理时，一般使用低能电子束，其加速电压一般为150～200kV，能量由数百keV至数个MeV不等，具体情况视涂层厚度、涂料体系、性能要求、处理速度等多种因素而定。如果电子束能量过低，会导致固化不完全或固化速度缓慢；如果电子束能量过高，有可能会击穿涂层以致损伤基材，因此电子束的能量必须合理控制才能达到最优的固化效果。

电子束固化需要在无氧或低氧环境下进行，一方面因为涂层的固化程度受氧气浓度的影响，氧气的浓度愈大，氧阻聚现象愈严重，涂层的固化愈不完全，导致表干不好、凝胶率低；另一方面当加速的电子遇到氧气分子时，会使氧分子电离形成臭氧，臭氧对人体有害，并具有强烈的氧化作用，会对设备造成腐蚀，属于空气污染物。因此，进行电子束固化时必须严格控制环境中氧含量，一般采取通入惰性气体或氮气的方法，以保证涂层性能并减少污染，气体的量取决于涂料对氧气的敏感程度。

　　EB 固化涂料最重要的部分就是它的配方，涂料配方直接决定涂层的性能。涂料的配方不仅取决于它的应用目的，还与涂层所附着的基材密切相关。EB 固化涂料配方与 UV 固化涂料配方比较相近，两者的主要区别在于 UV 固化涂料配方中含有光引发剂，而 EB 固化涂料配方不含。因此，在对 EB 固化涂料配方进行研究时，往往可以参考 UV 固化涂料配方。

　　表 18.4 是一种常见的用于木材的涂料配方；表 18.5 是经过大豆油脂肪酸改性的木材涂料配方，具有硬度大、附着力和光泽度较好的应用特点。

表 18.4　木材用 EB 固化涂料配方①

原料名称	封闭底漆(质量分数)/%	亚光面漆(质量分数)/%
环氧丙烯酸酯	7.2	25.0
新戊二醇二丙烯酸酯	67.7	25.0
1,6-己二醇二丙烯酸酯		10.0
N-乙烯基吡咯烷酮		10.0
Gasil EBC		8.0
钛白粉		22.0
滑石粉	25.1	
合计	100.0	100.0

表 18.5　木材用 EB 固化涂料配方②

原料名称	质量分数/%	原料名称	质量分数/%
大豆油脂肪酸改性的丙烯酸酯	55.2	滑石粉	0.6
HDDA(交联剂)	33.1	合计	100.0
EA(黏度调节剂)	11.1		

　　表 18.6 是用于镀金属铬、铝表面涂层的典型配方，可用于金属罩光、卷材和汽车工业；表 18.7 是用于食品包装金属罐的内层涂料，需要有较高的食品安全性能。

表 18.6　镀铬、铝表面涂层的典型配方

原料名称	质量分数/%	原料名称	质量分数/%
环氧丙烯酸酯	55.0	二甲氨基乙醇	2.0
三羟甲基丙烷三丙烯酸酯	20.0	FC430(3M公司,阴离子表面活性剂)	5.0
丙烯酸-2-己基己酯	10.0	合计	100.0
N-乙烯基吡咯烷酮	8.0		

表 18.7　食品包装金属罐内壁涂料配方

原料名称	质量分数/%	原料名称	质量分数/%
季戊四醇环氧丙烯酸酯	98.8	消泡剂	0.2
基材润湿剂	0.5	合计	100.0
流平剂	0.5		

表 18.8 是织物的 EB 涂料配方，可以提高织物的强度和耐老化性能；表 18.9、表 18.10 分别是基于 ε-己内酯和油脂改性的 EB 涂料，在硬度和附着力等方面有较好的表现；表 18.11 是辊涂 EB 涂料的基础配方。

表 18.8　织物的有机硅涂料配方

原料名称	质量分数/%	原料名称	质量分数/%
聚甲基乙烯基硅氧烷（黏度 5000cP，乙烯基摩尔分数 3%）	95.8	气相白炭黑 R202	0.4
含氢硅油（含氢量 1%）	3.8	合计	100.0

表 18.9　ε-己内酯改性聚氨酯丙烯酸酯涂料

原料名称	质量分数/%	原料名称	质量分数/%
ε-己内酯改性聚氨酯丙烯酸酯	51.2	润湿剂	0.3
TPGDA	48.2	合计	100.0
流平剂	0.3		

表 18.10　亚麻油醇酸改性丙烯酸聚氨酯 EB 固化涂料

原料名称	质量分数/%	原料名称	质量分数/%
亚麻油醇酸改性丙烯酸聚氨酯	50.0	HDDA	15.0
TMPTA	12.0	合计	100.0
TPGDA	23.0		

表 18.11　适用于辊涂法的 EB 固化涂料

原料名称	质量分数/%	原料名称	质量分数/%
TPGDA 或 HDDA	28	硅酮丙烯酸酯	6
三官能丙烯酸酯（如 Chemlink 173）	45	环氧丙烯酸酯（如 Ebecryl 600）	15
单官能丙烯酸酯（增柔剂）	6	合计	100.0

EB 固化涂料附着在材料表面，对材料起到保护、装饰作用。在设计 EB 固化涂料配方时，在参照 UV 辐射固化涂料的同时，也要注意 EB 辐射固化技术的独特性，改善涂层的性能，使其拥有更高的应用价值。

第五节　电子束固化油墨

油墨（ink，printing ink）是用于印刷的基本原料。油墨至今已有 2000 年以上的发展历史，我国是世界公认的最早使用油墨的国家，西汉时期古人便已经开始使用油墨记录文字。油墨某种意义上来说也是一种涂料，发展至今不仅仅用于书籍报刊记录文字，在包装领域也有极大的用处，例如对包装袋、化妆品瓶、水瓶、钱包印刷印字。自 20 世纪起，辐射固化油墨问世并飞速发展，虽然目前只占整个油墨市场不足 10％，但因为固化程度高、效率高等特点，发展势头良好。辐射固化油墨，可分为 UV（紫外光固化）油墨和 EB（电子束固化）油墨两种，两种油墨都各有优缺点。相较于 UV 油墨，EB 油墨目前的产量较少，但是 EB 油墨无光引发剂、气味小、污染低，在包装尤其食品包装领域有很大的发展前景。近年来，全球油墨年产量约为 420～450 万吨，其中中国油墨产量约占全球油墨总产量的 17％。从产量上看，中国已经成为全球第二大油墨生产制造国。EB 固化油墨在我国目前相对较少，主要受限于国产化 EB 固化设备技术尚不是非常成熟，而进口设备非常昂贵。理论上，所有印刷方式如丝网印刷、凹版印刷、凸版印刷、胶版印刷、柔性印刷都可以使用 EB 固化油墨来实现，但设备成本、油墨成本、印刷数量等方面需要综合考虑。2019 年，陕西北人印刷机械公司使用 EB 固化技术实现油墨固化，是我国第一台用 EB 固化的胶版印刷设备，开启了我国 EB 固化油墨的国产化先河。图 18.6 是该设备的照片。

图 18.6　陕西北人 EB 固化设备

EB 油墨中连接料的主要成分是丙烯酸酯的树脂预聚物和活性单体，具有不饱和双键，在 EB 照射下，预聚物、单体的双键发生聚合而形成交联网络。油墨的各组分及其作用如下。

（1）连接料

连接料是 EB 油墨的主要成分，它对其他组分起到分散、黏结的作用。EB 固化油墨连接料主要成分是丙烯酸酯类树脂和单体，树脂决定着油墨的附着力、着色力、返黏性、复溶性、存储稳定性等特征。单体一般具有如下作用：①稀释高黏度树脂，调节预聚物的黏度；②调节油墨的附着力；③增强墨膜的强度；④加快固化速度等。EB 油墨中的树脂，一般选择流动性较好的丙烯酸酯低聚物，如：环氧丙烯酸酯、聚酯丙烯酸酯、聚氨酯丙烯酸酯、氯化聚酯丙烯酸酯等。表 18.12 是典型的 EB 油墨的基础配方。

表 18.12　典型 EB 油墨的基础配方

原料名称	质量分数/%	原料名称	质量分数/%
环氧丙烯酸酯	33.5	N-乙烯吡咯烷酮	15.0
三羟甲基丙烷三丙烯酸酯	15.0	润湿剂	0.5
三丙烯基乙二醇二丙烯酸酯	15.0	卡诺巴蜡	1

注：表中是树脂材料的基础配方，剩余 20% 根据实际配方需要添加其他成分。

（2）颜料

颜料不仅有赋予油墨颜色的功能，还可以使涂层有更高的硬度、力学强度、附着力，有些颜料还可以提高墨膜的防腐蚀能力、耐光性和耐候性。EB 油墨在颜料选择上应首先保证无毒，还应保证颜料在电子束的照射下不发生颜色变化，同时颜料浓度要高，色泽鲜艳，具有优良的分散性和足够的着色力，颜料拼混后油墨不会在有效期内胶化。颜料的稳定性在 EB 固化中非常重要，因为电子束能量非常高，会对很多分子的结构产生破坏，而颜料中恰恰含有很多活性基团，容易发生反应，因而颜料的选择十分关键，甄别颜料的稳定性，最直接的方法就是对各种颜料进行 EB 辐照实验，通过有无颜色变化，找出稳定的颜料或者颜料在 EB 辐照下的稳定参数。

（3）助剂

不同产品需要的印刷效果不同，印刷条件自然也不同。通过添加不同种类、不同比例的助剂，可以调节油墨的综合使用性能。油墨的助剂品种很多，如增黏剂、稀释剂、催干剂、慢干剂、防干剂等。加入催干剂，可以促进油墨的干燥，比如速干墨水；加入慢干剂，则可以减缓油墨干燥的速度，用于油印线条细、复杂、精度高的图案。

总之，连接料是 EB 油墨的核心，是油墨的骨架，影响油墨的基本性能；颜料给予油墨特定的颜色；助剂调控油墨的各项性能，提高油墨的印刷适性。

（4）EB 油墨配方

纸质材料应用广泛，材料充足，价格也较低廉，并具有良好的印刷性能。纸质材料也易回收重复利用，更为环保，这些都是纸质材料的优点。图 18.13 是用于纸质材料的 EB 油墨配方。

表 18.13　纸箱用橙色片料印刷油墨

原料名称	质量分数/%	原料名称	质量分数/%
石玉红	4	三官能稀释剂	20
二芳基化黄（diavylide yellow）	16	碳酸钙（"抗弥散"）	2
环氧丙烯酸酯树脂	30	聚乙烯粉状蜡	3
聚酯丙烯酸酯树脂	25	合计	100

表 18.14 所示配方提出了一种电子束固化的 PET 黑色油墨，通过各组分之间的协同作用，使得油墨能够在极短的固化时间下形成高度交联的高分子网络体系，使得墨膜同时具有较高的硬度、附着力、耐化学性、耐摩擦性、耐热性和耐蒸煮性能，且经济环保，可以满足一般涂布以及网纹辊涂布的各种需求。

表 18.14　PET 黑色 EB 固化油墨

原料名称	质量份数	原料名称	质量份数
聚丙烯	10～35	流平剂	0.1～5
聚醚胺	5～20	消光剂 SiO₂	2～15
三缩丙二醇双丙烯酸酯	15～25	黑色颜料	1～20
甲基丙烯酸环己酯	15～25		

在 ABS 塑料上印刷高附着力的电子束油墨，在极短的固化时间下形成高度交联的高分子网络，墨膜具有较高的硬度、附着力、耐化学性、耐摩擦性、耐热性和耐蒸煮性能，经济环保，可以满足各类丝印移印要求，配方如表 18.15 所示。

表 18.15　ABS 用 EB 固化丝网印刷油墨

原料名称	质量份数	原料名称	质量份数
低密度聚乙烯	10～25	聚硅氧烷丙烯酸酯	5～15
聚氨酯丙烯酸酯	1～10	聚乙烯蜡粉	1～10
三羟甲基丙烷三丙烯酸酯	10～20	润湿剂	1～10
1,6-己二醇双丙烯酸酯	15～25	颜料	1～20

在 PET 塑料上印刷具有良好耐化学性的电子束油墨，墨膜具有较高的硬度、附着力、耐化学性、耐摩擦性、耐热性和耐蒸煮性能，可以满足各类丝印移印的需求。配方如表 18.16 所示。

表 18.16　PET 丝网印刷 EB 固化油墨

原料名称	质量份数	原料名称	质量份数
低密度聚乙烯	10～25	聚硅氧烷丙烯酸酯	5～15
聚氨酯丙烯酸酯	1～10	聚乙烯蜡粉	1～10
环氧丙烯酸酯	1～5	润湿剂	1～10
三羟甲基丙烷三丙烯酸酯	10～20	颜料	1～20
1,6-己二醇双丙烯酸酯	15～25		

表 18.17 所示配方提出了一种辐射固化模内装饰（IMD）防冲油墨的方法，配合电子束辐射固化工艺，得到了附着力好、在高温注塑时不变形、提高了耐热性以及耐冲击性能的产品。

模内装饰技术是为了解决传统装饰技术不足而发展起来的塑料成型新工艺。IMD 工艺是首先将产品所要求的图案、色彩印刷在透明塑料薄膜（PC、PET、透明 ABS）上，薄膜厚度约 0.1～43.2mm，然后将薄膜片材预成型、冲切成一定形状与尺寸，再将片材嵌入模具的型腔内并固定，最后向模具内注塑，塑料熔体在片材的内侧成型并与片材接触熔合在一起。这样薄膜片材便牢固地附着在产品的表面，生产出具有表面装饰的高档塑料制品。

表 18.17　EB 固化用于 IMD 的油墨

原料名称	质量份数	原料名称	质量份数
环氧大豆油改性水性聚氨酯	40～60	丙烯酸异辛酯	20～30
环氧丙烯酸酯	3～18	己二醇二丙烯酸酯	10～25
聚丙烯酸酯	5～20	三羟甲基丙烷三丙烯酸酯	10～20

表 18.18 是电子束固化金属表面印刷油墨的一种配方，在聚丙烯、聚氨酯丙烯酸酯、聚醚胺、甲基丙烯酸正丁酯等各组分的相互协同作用下，使得油墨能够在极短的固化时间内交联，墨膜同时具有较高的硬度、附着力、耐化学性、耐摩擦性、耐热性和耐蒸煮性能。

表 18.18　金属用 EB 固化印刷油墨

原料名称	质量份数	原料名称	质量份数
聚丙烯	10～20	二氧化钛	10～20
聚氨酯丙烯酸酯	1～10	分散剂	0.1～2
聚醚胺	10～20	防腐蚀颜料	1～30
甲基丙烯酸正丁酯	20～60		

研发人员提出分别用于不同金属材料表面的 EB 印刷油墨。表 18.18 是一种可用于铝制品表面的 EB 印刷油墨的配方，表 18.19 是用于金属铁的 EB 印刷油墨配方，表 18.20 和表 18.21 是用于铁制品和铝制品表面的抗划伤 EB 固化油墨的配方。这些油墨能在极短的固化时间内形成高度交联的高分子网络，使墨膜具有较强的硬度、附着力、耐化学性、耐摩擦性、耐热性和耐蒸煮性能。

表 18.19　金属表面印刷 EB 固化油墨

原料名称	质量份数	原料名称	质量份数
高密度聚乙烯	10～20	稀释剂	10～25
三羟甲基丙烷三丙烯酸酯	1～10	二氧化硅	10～20
丙烯酸乙基己酯	5～15	分散剂	0.1～2
聚醚胺	10～20	防腐蚀颜料	1～30
甲基丙烯酸正丁酯	20～60		

表 18.20　一种抗划伤电子束固化铁制品表面印刷油墨

原料名称	质量份数	原料名称	质量份数
高密度聚乙烯	10～20	稀释剂	10～25
三羟甲基丙烷三丙烯酸酯	1～10	二氧化钛	10～20
聚醚胺	10～20	分散剂	0.1～2
甲基丙烯酸正丁酯	20～60	防腐蚀颜料	1～30

表 18.21　高抗划伤电子束固化铝制品表面印刷油墨

原料名称	质量份数	原料名称	质量份数
高密度聚乙烯	10～20	稀释剂	10～25
三羟甲基丙烷三丙烯酸酯	1～10	二氧化钛	10～20
丙烯酸乙基己酯	5～15	分散剂	0.1～2
聚醚胺	10～20	防腐蚀颜料	1～30
甲基丙烯酸正丁酯	20～60		

表 18.22 是一种用于轮胎的 EB 固化油墨配方，表 18.23 是 PE 用 EB 油墨配方。利用 EB 固化技术，解决了轮胎用传统溶剂型烘烤油墨的高能耗、高 VOCs 排放的问题，以及传统 UV 固化油墨的附着力、深层固化以及重涂性的问题，同时使得墨膜同时具有较高的硬度、附着力、耐化学性、耐摩擦性、耐热性和耐蒸煮性能。

表 18.22　用于轮胎的 EB 固化油墨

原料名称	质量份数	原料名称	质量份数
季戊四醇聚氨酯丙烯酸酯	11.1	TMPATMA	6
CN966J75	16.7	红色浆	30
CN704	22.2	BYK-168	1
BMA	30	BYK-358N	0.5

表 18.23　高密度聚乙烯表面用 EB 固化印刷油墨

原料名称	质量份数	原料名称	质量份数
高密度聚乙烯	10～20	稀释剂	10～25
三羟甲基丙烷三丙烯酸酯	1～10	二氧化钛	10～20
聚醚胺	10～20	分散剂	0.1～2
甲基丙烯酸正丁酯	20～60	防腐蚀颜料	1～30

（5）电子束固化油墨面临的问题

① EB 油墨的配套设备目前昂贵，且还主要是应用于平面固化，在曲面上的应用仍较难实现；印刷多为彩色印刷，每一种颜色印刷之后都需要干燥，使用 EB 固化时会大大增加设备成本。

② EB 固化需要在没有氧气的情况下进行，一般氧气的浓度要低于 100ppm（μL/L），这对设备的密封程度要求非常高，会给设备制造带来一定的难度，而且惰性气体的使用也会使成本上升。

③ EB 油墨目前的配方还不十分完善，很多固化机理、固化参数等问题还没有解决，这给 EB 固化油墨的稳定使用带来一定的风险。

④ EB 油墨固化后油墨交联密度很大，难以降解，所以如何处理废弃的 EB 油墨，实现回收再利用，也是要考虑的问题之一。

第六节　电子束固化胶黏剂

　　胶黏剂是通过其黏性将两种材料粘合在一起的物质。胶黏剂固化是通过化学和物理作用，使其胶层变成固体的过程。固化是获得粘接性能的关键，也是最后一步，对粘接强度影响极大。胶黏剂固化时间及其对环境的污染已成为生产上的关键问题。因此，在高性能电子领域，要求短时间固化胶黏剂，目前只有紫外线固化胶黏剂和电子束固化胶黏剂能满足这些要求。

　　受紫外线的穿透能力限制，UV 固化的胶黏剂要求被粘材料必须有一面是透光的，如果两面都不透光，UV 固化粘接不能发生。而 EB 固化电子束能量高，穿透力强，因而可以粘接两个不透光的材料。另外，对于粘接工艺，胶黏剂的两面都被材料覆盖，因而氧气无法渗透到胶黏剂表面及内部，胶黏剂中的氧气浓度非常低，因此 EB 固化胶黏剂使用时不需要特殊设备来隔绝氧气，可以大大降低使用成本，同时对设备和固化工艺的要求相对容易，因而 EB 固化胶黏剂有其自身的优势。表18.24 和表 18.25 是 EB 固化胶黏剂的基础配方。

表 18.24　EB 固化胶黏剂配方①

原料名称	质量份数	原料名称	质量份数
氢化链烯芳香共轭双烯共聚物	7	抗氧剂	2
Escorez(烃类高温增黏树脂)	50~80	三羟甲基丙烷三甲基丙烯酸酯	25
增黏树脂	80		

表 18.25　EB 固化胶黏剂配方②

原料名称	质量份数	原料名称	质量份数
Aronix M5100(丙烯酯低聚物)	80	Desmocoll 130(聚氨酯)	20

　　表 18.26 和表 18.27 是 EB 固化胶黏剂在使用后的老化性能测试结果。

表 18.26　不同介质中老化对电子束固化的改性丙烯酸类胶黏剂抗剪强度的影响

胶黏剂	单面搭接抗剪强度(磅/平方英寸)				
	初期	在介质中老化 500h			
		空气中(350°F)	水中(室温)	JP-4 中(室温)	丙酮中(室温)
306	1890	1830	1830	1890	1850
312	1960	1940	1990	1870	275
317	2070	1540	1820	1900	2080
X-353	1940	1790	1510	1880	1780

$t/°C = \dfrac{5}{9}(t/°F - 32)$；1 磅=0.4536kg；1 英寸=0.0254m。

表 18.27　不同介质中老化对电子束固化的改性聚酰胺胶黏剂抗剪强度的影响

胶黏剂	单面搭接抗剪强度(磅/平方英寸)				
	初期	在介质中老化 500h			
		空气中 (350℉)	水中 (室温)	JP-4 中 (室温)	丙酮中 (室温)
聚酰胺-C	410	460	390	420	410
聚酰胺-E	440	450	420	430	390
聚酰胺-F	410	460	410	430	360

　　EB 固化胶黏剂的主要用途包括：①磁带等磁性记录介质；②食品包装用复合薄膜的粘接；③制作优良性能的压敏胶带；④微电子用特种胶黏剂；⑤离型膜的生产；⑥金属间的粘接等。

　　EB 固化应用的展望：EB 固化技术随着 EB 设备的日趋成熟，以及配方新产品的不断开发，未来将会有一个快速的发展，可能的应用主要包括以下几个方面：

　　① EB 固化金属临时保护涂层。对于容易腐蚀的金属，在出厂的时候都需要进行临时保护，以免发生不必要的腐蚀，而且这些产品往往产量都非常大，比如钢材，因而需要高速、低成本的防腐涂料及涂装技术来满足这一需求，EB 固化涂料正是这一应用的最好选择之一。

　　② 压敏胶带的制备。压敏胶带的离型层及压敏层都是非常薄的涂层，在几微米左右，这么薄的涂层对 UV 固化是不合适的，因为氧气的阻聚使得其很难固化，而溶剂型的涂层又受到环境保护的限制，因而 EB 固化的优势将会十分明显。

　　③ 室外涂装产品的 EB 应用。由于 UV 固化含有光引发剂，其对太阳光的敏感性非常强，因而 UV 产品不适合应用于户外；而 EB 固化产品一方面不含光引发剂，另一方面其交联程度非常高，使得其耐户外老化性能非常好，因而可以用于户外产品的加工生产中。

　　④ 复合材料的制备。EB 固化辐射能量高、穿透力强、对颜色不敏感，因而可以实现对厚层复合材料的制造，而 UV 固化就很难实现在复合材料中的应用，因为光线无法穿透。

　　随着 EB 固化技术、设备及配方的完善，其应用领域也将逐步扩展，它可以解决 UV 固化不能解决的问题，两者可以很好地实现互补。有了 EB 技术的深入应用，辐射固化技术与产品将拓宽到更多的领域，辐射固化产品也将拥有更广阔的市场。

参考文献

[1]　严琪, 周慕尧, 马瑞德. 利用低能自屏蔽电子帘式加速器进行木器表面涂料辐照固化的研究 [J]. 核技术, 1988(04)：49-53.

[2]　唐华平, 唐传祥, 刘耀红, 张化一. 小型化自屏蔽电子束辐照装置研制 [J]. 中国物理 C：英文版, 2008,

32(z1)：250-252.

［3］　中山易必固新材料科技有限公司. 一种板材连续进料的电子束固化屏蔽装置: ZL201910560566. 2［P］. 2019-09-17.

［4］　中山易必固新材料科技有限公司. 一种用于平面板材涂装电子束固化的防辐射屏蔽输送通道: ZL201610393243. 5［P］.2016-09-07.

［5］　王宇光, 黎观生, 张庆茂, 李黎, 江璐霞. 电子束固化技术及可电子束固化环氧树脂体系［J］. 绝缘材料, 2002, (6) :25-29.

［6］　杨保平, 王文忠, 崔锦峰, 等. EB 固化涂料［J］. 现代涂料与涂装, 2004, 10（3）：11-13.

［7］　伊敏, 李军, 张剑波, 等. EB 辐射固化大豆油脂肪酸改性丙烯酸涂料［J］. 辐射研究与辐射工艺学报, 1998, 16（3）：177-179.

［8］　谈伟成.低粘度环氧丙烯酸酯的合成与研究［D］.武汉: 武汉工程大学, 2013.

［9］　张翔.利用电子束辐照技术对织物有机硅涂层固化的研究［D］.武汉: 武汉纺织大学, 2018.

［10］　于浩, 刘朋飞, 刘仁, 等. ε-己内酯改性聚氨酯丙烯酸酯的制备及电子束固化涂料性能研究［J］. 影像科学与光化学, 2020, 38（1）： 1-8.

［11］　居学成, 翟茂林, 伊敏, 等. 亚麻油醇酸改性丙烯酸聚氨酯的合成及其电子束固化涂料［J］. 涂料工业, 2000, 30（1）：8-12.

［12］　王尚伟. EB 油墨的性能及应用前景［J］. 丝网印刷, 2006(5)：36-38.

［13］　曾晓鹰, 詹建波, 余振华. 电子束固化涂料与应用［M］. 天津: 天津大学出版社, 2014.

［14］　欧亚. 光固化粘合剂［J］. 粘接, 1988(02)：30-34.

［15］　夏之昌. 紫外线和电子束硬化型粘合剂［J］. 中国胶粘剂, 1986, (3) :12.

［16］　Campbell B J , Rugg B A , Kumar R P, et al. 电子束固化胶粘剂的环境老化研究［J］. 粘接, 1980, (1)：76-80.

［17］　杨啸. 电子束固化的汽车轮胎彩色油墨［D］.武汉: 武汉工程大学, 2015.

［18］　周世生, 孙帮勇. EB 固化油墨的研制及发展前景［J］. 包装工程, 2006, 27(2)：9-12.

［19］　尚玉梅.简述我国油墨行业发展现状［J］. 印刷技术, 2019, (6)：50-51.

［20］　王忠强, 胡国胜, 钟毅文. IMD 技术材料的应用进展［J］. 广东化工, 2013, 40(23)：115-118.